JOY OF COOKING

廚藝之樂

75 週年紀念版 | 從食材到工序，烹調的關鍵技法與實用食譜

海鮮・肉類・餡、醬料・麵包・派・糕點

Irma S. Rombauer & Marion Rombauer Becker & Ethan Becker

厄爾瑪・隆鮑爾、瑪麗安・隆鮑爾・貝克、伊森・貝克——著

廖婉如、周佳欣——譯

目錄

編按：《廚藝之樂》一書分三冊出版，相關資料皆可相互參考，為方便查詢，在內文或菜單上
會分別標示★與☆的記號，說明如下：

標示★，請參考《廚藝之樂［飲料・開胃小點・早、午、晚餐・湯品・麵食・蛋・蔬果料理］》

標示☆，請參考《廚藝之樂［蛋糕・餅乾・點心・糖霜、甜醬汁・果凍、果醬・醃菜、漬物・
罐藏、燻製］》

帶殼水產

Shellfish

　　沒有什麼比烹煮帶殼水產更能夠把大海的鹹香帶到廚房裡了。當我們談到帶殼水產，通常指的是兩大家族：**甲殼綱動物**（crustaceans）和**軟體動物**（mollusks）。（儘管烏龜和蛙腿照我們的定義不屬於帶殼水產，不過因為烹煮和處理的方式類似，我們也把它們納入這一章來說明）

　　甲殼綱動物有足，有時候有鉗螯，包括了**螃蟹、龍蝦、蝦和小龍蝦**（crayfish）。大部分的甲殼綱動物都是以生猛、冷凍或煮熟的狀態販售。龍蝦最常以生猛狀態來賣，所以一定要購買養在乾淨水槽裡的龍蝦，而且要挑選活力旺盛的。蝦類最常在超市裡販售，而且會標上「生鮮」二字，它們其實都是在冷凍的狀態下被送進超市裡，然後再解凍來賣。檢查新鮮度的方式是，聞一聞帶殼海產，假使有腥味或氨的味道，千萬別買。假使買了，當天就煮來吃。如果你買冷凍蝦，解凍後尚未清洗和烹煮之前，用同樣的方式來檢驗新鮮度。去殼、挑除沙腸、煮熟的蝦也很容易買到。

　　大部分可食的**軟體動物**都棲居在防護殼裡，這防護殼有助於偵測食物或敵人，而且可以控制水流的進出。軟體動物包括**牡蠣、蛤蜊、扇貝、貽貝、海螺、蛾螺和蝸牛**。最高等的軟體動物，**頭足綱**（cephalopods），包括魷魚、章魚和花枝。購買帶殼而殼緊閉，並且放在冰塊上蓋一層濕布的活體軟體動物。➠記得，煮雙殼貝譬如帶殼的貽貝、牡蠣、扇貝和蛤蜊時，煮好後沒開殼的一定要丟棄。所有的軟體動物都可以蒸食。

　　大多數的帶殼水產都是海產的，不是野生就是養殖的。有些帶殼水產世界各地都有出產，尤其是蝦類。很多帶殼水產，諸如蛤蜊和貽貝，一定要買生鮮的，否則就買煮熟的。只要處理得當，很多帶殼水產離開水之後可以短暫存活，儘管滋味不如剛捕撈的好，但品質仍相當優良。烹煮貽貝、牡蠣和蛤蜊的食譜都可以互通，也可以混合甲殼綱動物和軟體動物，組搭出令人驚喜的菜色。

　　然而食用一些軟體動物時要當心。➠若是生吃，牡蠣和蛤蜊裡可能含有致病的污染物，會造成小而立即的危險。➠一定要跟信譽良好的商家購買這類的帶殼水產。假使有疑問，可以要求查看依法必須附在裝著帶殼牡蠣、蛤蜊、貽貝和扇貝的個別水槽裡的標籤。標籤上會說明捕撈的日期和地點，以及捕撈者的登錄資料或辨識號碼。

綜合帶殼水產佐番茄醬（Mixed Shellfish in Tomato Sauce）（4至6人份）

若要濕潤得足以拌義大利麵，加額外的番茄或1/2杯煮麵水進去。

在一口大的厚底平底鍋裡以中大火混合：

3大匙橄欖油、1根小的辣椒乾

3瓣蒜仁，粗切

爆香後，撈除大蒜和辣椒。加：

3杯去皮去籽剁碎的番茄或壓碎的罐頭番茄

1小匙剁碎的新鮮迷迭香或1/2小匙乾的迷迭香、鹽和黑胡椒，適量

轉中火，偶爾拌炒一下，煮到番茄變軟爛。拌入：

1又1/2至2磅綜合帶殼水產——去殼的蝦子、清洗過的魷魚，30頁，貽貝，刷洗過且揪掉小鬍子，11頁，和／或文蛤，刷洗過，13頁、煮熟的蛾螺，37頁，和／或章魚，35頁——切成一口大小

蓋上鍋蓋，轉中小火，煮5至10分鐘，直到帶殼水產熟透，貽貝或蛤蜊開殼，如果有加的話。點綴上：

切碎的荷蘭芹或羅勒

燉帶殼水產佐蕈菇和青蔬（Shellfish Stew with Mushrooms and Greens）（4人份）

在一口大的厚底平底鍋裡混合：

1/4杯橄欖油、2杯切碎的綜合蕈菇

1大匙蒜末

以中火拌炒至蕈菇軟身，約5分鐘。加：

1杯粗切的青菜，譬如蒲公英、芥藍菜、蒸菜或羽衣甘藍

2杯液體（參見「關於煮帶殼水產的液體」，7頁）

把火轉大，煮至菜葉變軟，液體收汁至剩一半的量，約10分鐘。拌入：

1又1/2至2磅綜合帶殼水產——去殼的蝦子、清理過的魷魚、貽貝，刷洗過且揪掉小鬍子，和／或文蛤，刷洗過、煮熟的蛾螺，和／或章魚，切成一口大小

蓋上鍋蓋，轉中小火，煮到帶殼水產熟了，貽貝和蛤開殼，如果有加的話，5至10分鐘。加：

鹽和黑胡椒，自行酌量

調味。將帶殼水產、蕈菇和青菜舀到上菜盤，倒入些許的煮汁，再淋上：

特級初榨橄欖油

｜關於生的帶殼水產｜

生的帶殼水產的美妙之處，在於它的細緻滋味和口感。牡蠣尤其是如此，其滋味和口感變化很大。▶記得，生吃帶殼水產時，它一定要新鮮得無可挑剔，而且適當地冰鎮過；如果處理不當，生的帶殼水產可能會致病。

跟信譽良好的商家購買帶殼水產。避免向臨時停靠的貨車或路邊攤或其他流動的「商家」買帶殼水產。▶自行捕撈帶殼水產時一定要當心；務必要事先諮詢海岸巡防署——資訊會公告在網路上。只要水質經常被檢驗，而且有害的細菌含量不超過法定限制，食用的風險很小。

檸檬漬扇貝（Scallop Seviche）（4人份）

酸漬海鮮（seviche）是用酸性汁液醃漬的生海鮮。雖然嚴格上來說這不算是烹煮，但海鮮會在酸的作用下變得不透明而且扎實。務必只用最新鮮的海鮮來做。你可以多方發揮這基本的作法。用檸檬汁來醃漬可以點綴上荷蘭芹，如果有加醬油可以點綴上蔥花。若想加點辣勁，加1/2小匙或更多的辣椒碎粒或切丁的墨西哥青辣椒、哈巴內羅辣椒或小燈籠辣椒。要加點甜味，加切丁的紅甜椒或黃甜椒，最後再撒上生薑末或醃薑片或紅洋蔥丁，或者用番茄丁，311頁，圍成一圈。

在一口中型的碗裡混合：
1磅海扇貝或海灣扇貝，去除「干貝唇」，18頁，切成1/8吋至1/4吋片狀或小塊
1/2新鮮檸檬汁或萊姆汁，或兩者混合（1大匙醬油）
冷藏，偶爾攪拌一下，直到扇貝變得不透明，約1小時，或長達90分鐘。瀝出，加：
鹽和黑胡椒，自行酌量
調味，點綴上：
荷蘭芹末、芫荽末、蝦夷蔥末或蔥花
現擠的些許檸檬汁或萊姆汁

檸檬漬鮮蝦（Shrimp Seviche）

把扇貝換成1磅煮熟去殼的中型至大型蝦，切成1/4吋小塊。檸檬汁和萊姆汁分別減至3大匙，冷藏不超過1小時。瀝出，依指示拌入鹽、胡椒和辛香草，最後擠些許新鮮檸檬汁或萊姆汁。

帶殼水產雞尾酒（Shellfish Cocktails）

這道菜要充分冰涼，蝦子最好掛在馬丁尼杯杯緣，或鋪在一盤冰上。至於蛤蜊和牡蠣，撬開殼後，盛在一片殼上，放在大盤子或裝有冰塊的托盤上排成一圈；將沾醬置於中央。你也可以把醬汁淋在海鮮上或者和海鮮拌勻，然後用萵苣葉、菊苣葉片盛著，又或者用一層水田芥襯底。如果要個別盛盤，每人約1/3杯海鮮，或5至6個貝類或蝦，加大約1/4杯醬汁。
帶殼水產的部分：
絕不失手的白灼蝦，30頁
生牡蠣、生文蛤、帶殼的熟蟹腿

熟龍蝦，把殼敲裂，蝦肉留在殼裡
醬汁的部分：
雷莫拉醬，339頁
貝克版海鮮醬，318頁
木犀草醬，319頁
墨西哥綠番茄辣根醬，318頁
配上：
鹹蘇打小餅乾（Oyster crackers）
簡易版起司棒或威化餅★，166頁
蘇打餅★，169頁
無酵餅、裸麥餅或米果
大蒜麵包，437頁
菊苣葉片或義大利紫菊苣葉片

蟹肉椰奶雞尾酒（Crab Coconut Cocktail）（4人份）

在一口大碗裡攪勻：
2杯無甜味的椰奶、3至4大匙辣椒醬

2顆萊姆汁、1/4杯切碎的芫荽
2大匙蜂蜜、1/2小匙鹽，或自行酌量

1/4小匙黑胡椒

加蓋後靜置15分鐘。輕輕地拌入：

1又1/2磅大塊蟹肉，挑除蟹殼和軟骨

1顆熟芒果，去皮去核切碎

1顆比利時菊苣，去心橫切成片

1球義大利紫菊苣，切片

輕輕地拌勻。均分成4盤，點綴上：

（每盤9至12片炸大蕉，488頁，或薄烙餅脆片）

（芫荽葉）

龍蝦酪梨雞尾酒（Lobster Avocado Cocktail）（4人份）

在一口中型碗裡攪勻：

1/2杯新鮮萊姆汁、2小匙蜂蜜

2大匙辣根泥，瀝乾

1大匙烏斯特黑醋醬

1小匙辣椒醬、1大匙剁碎的龍蒿

鹽和黑胡椒，適量

再加：

2磅熟龍蝦肉，26頁，粗切

1顆熟酪梨，去核去皮切碎

1/4杯剁碎的水田芥

輕輕地拌勻。盛在馬丁尼杯、碗或：

（酪梨盅★，279頁）

｜關於煮帶殼水產的液體｜

很多帶殼水產的食譜，在開始或結束烹煮時需要用到些許液體。你可以從各種液體裡挑選一種或隨意組合。一般而言，這些液體如下，依照受喜愛的程度高低排列：

魚高湯★，206頁

速成魚高湯★，209頁

蒸帶殼水產的水，濾過，喜歡的話熬煮收汁增添滋味

蝦高湯，禽肉高湯，或蔬菜高湯★，207-208頁

瓶裝蛤蜊汁

不甜的白酒

水

｜關於牡蠣｜

雖然任何季節均可食用，但滋味最棒的是產卵前的牡蠣。大多數的牡蠣在夏季月分產卵，不過南方牡蠣終年產卵；南方牡蠣滋味溫潤甘甜，沒有北方牡蠣的清冽滋味。殼內的牡蠣必須是活的。假使殼有破損，或者進行處理時微開的殼有沒有立即闔上，便丟棄不用。這些軟體動物的雙殼辦一淺一深，一般都是盛在深殼瓣裡生食或焙烤。據知有些精明的食客會要求餐廳把生牡蠣盛在淺殼瓣裡，以確保吃下肚的生牡蠣絕對是剛撬開殼的。

在牡蠣的眾多品種當中，在美洲有四個區域性品種很重要：**東部牡蠣**（Eastern oyster）、**太平洋牡蠣**（Pacific oyster）、**歐洲扁牡蠣**（European flat oyster）以及**奧林匹亞牡蠣**（Olympia oysters）。許多名稱讓人聽得心花怒放的牡蠣便屬於這些主要品種，反映了這種雙殼貝類的地理多樣性：**韋爾弗利特牡蠣**（Wellfleet）、**熊本牡蠣**（Kumamoto）、**欽柯蒂格牡蠣**（Chincoteague）、**藍點牡蠣**（Blue Point）、**貝隆牡蠣**（Belon）、**威斯考灣牡蠣**（Westcott Bay）、**瑪皮克牡蠣**（Malpeque）、**阿帕拉奇科拉牡蠣**（Apalachicola）、**布雷頓灣牡蠣**（Breton Sound）、**瘋河灣牡蠣**（Mad River）和**馬雷納牡蠣**（Marennes）。牡蠣的滋味取決於它生成的水域：鹽度、礦物內容和溫度都會影響它的質地和滋味。

「第一個吃牡蠣的人真勇敢！」文學大師斯威夫特（Jonathan Swift）這麼說。而且依我們看，就算只是把殼撬開，這個人也相當果斷。▶**要把殼撬開**，首先要備妥一把濾器和一口碗，以便盛住牡蠣汁，稍後可以把濾過的牡蠣汁淋到盛著生牡蠣的殼瓣上食用——熱食的話可用粗鹽襯底，冷食的話可置於碎冰上。若要把牡蠣加到醬料理，連同牡蠣汁一起加進去。

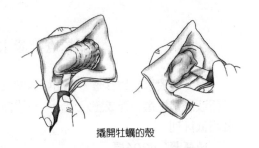

撬開牡蠣的殼

現在回頭談談如何把殼撬開。一手的掌心隔著摺好的餐巾握著徹底刷洗乾淨的牡蠣，深殼瓣在下，就著擱在碗上方的濾器來操作。將牡蠣刀邊緣插入殼韌帶那一端的殼縫，輕轉刀子刺探一下，同時把上殼撐到足以切斷韌帶。然後刀子沿著殼縫隙推移便能打開殼，小心不要戳進牡蠣肉裡。

除非你把握到要領，否則要把殼撬開並不容易。要是你弄得有點氣餒，你可能願意犧牲一些滋味換取便利。倘若如此，把牡蠣放進約兩百度的烤箱裡烤五至七分鐘，視大小而定，然後丟進冰水裡短暫冰鎮一下即瀝出。這樣一來要撬開殼會容易許多，只是烤過之後，把牡蠣肉繫在殼上的肉柱會變韌，要從殼上把牡蠣肉挑下來會困難一些。比較好的主意是請魚販替你把殼撬開，不過盡量逼近食用時再撬開。切記要把牡蠣汁和殼留下來！

不管你是怎麼撬開殼的，用刀子把牡蠣肉從殼上剔下來，▶用手指翻撥牡蠣肉，確保沒有碎殼黏在肉上。如果你只取牡蠣肉不要殼，把牡蠣肉丟入濾器裡，保留牡蠣汁。假使牡蠣肉含沙，可以另外用一口碗來清洗，▶每一夸特去殼生牡蠣用半杯冷水。把水澆在生牡蠣上，仔細地過濾，把濾過的水保留下來。牡蠣汁和洗牡蠣水要加到醬汁裡之前，一定要▶用雙層紗布過濾，去

除任何沙粒。➡牡蠣肉下鍋油炸或加到鮮奶油醬菜餡之前，用吸水布仔細地吸乾水分。

　　如果是大批購買開殼的牡蠣肉，一定要再次確認沒有碎殼殘留。牡蠣肉應該鼓膨，呈乳白色，汁液清澈不混濁，而且沒有酸味或腥味。如果牡蠣在烹煮的過程裡爆破，這代表事先泡過淡水才變得鼓脹，它的滋味已經遭破壞了，質地也是。➡一夸特未過濾的去殼牡蠣肉可供六人份。帶殼的牡蠣肉很難估算它的肉量，因為大小有差別——六顆中型的東部牡蠣大約等同二十顆小巧的西岸奧林匹亞牡蠣。

　　要貯存帶殼的牡蠣，裝在碗裡或網袋裡冷藏，最好是在四度低溫，不要直接放在冰上；要保持乾爽。去殼牡蠣也貯存在相同的冷度下，要裝在密封盒裡用它本身的汁液淹蓋著。密封盒可以放在碎冰中，碎冰的高度可達盒子高度的四分之三。如果夠新鮮，去殼牡蠣肉用這種方式貯存可放上三天。

　　其他關於生牡蠣的建議，參見「開胃菜和迎賓小點」。其他關於熟牡蠣的建議和牡蠣湯品，參見牡蠣歐姆蛋；肯瓊爆米蝦；馬背上的天使；牡蠣濃湯；洛克斐勒式焗烤牡蠣；以及海鮮秋葵濃湯，以上請參考《廚藝之樂〔飲料‧開胃小點‧早、午、晚餐‧湯品‧麵食‧蛋‧蔬果料理〕》。

帶殼生牡蠣（Oysters on the Half-Shell）（每人約5至6顆生牡蠣）———

將：
牡蠣
刷洗乾淨然後冰涼，食用前再撬開殼。將盛在一片殼瓣裡的生牡蠣平鋪在上菜盤上的一層碎冰上，中央放一種或多種盛在玻璃皿的下列醬料：
木犀草醬，319頁

貝克版海鮮醬，318頁
墨西哥綠番茄辣根醬，318頁
羅倫佐淋醬，328頁
或者配上：
檸檬角和新鮮辣根泥
和：
奶油煎黃的麵包

炙烤牡蠣（Broiled Oysters）（每人6顆）———

炙烤爐預熱，烤架置於火源下方約5吋之處。將：
牡蠣
刷洗乾淨，撬開殼，生牡蠣留在其中一片殼瓣裡，放在鋪了厚厚一層粗鹽的金

屬派盤或烘焙紙上，炙烤約2分鐘，烤到牡蠣裙鬈曲。點綴上：
荷蘭芹末或檸檬奶油，303頁
配上：
檸檬角和新鮮辣根泥

燒烤牡蠣（Grilled Oysters）（每人6顆）———

你可以把帶殼生牡蠣直接放在木炭上烤，而不會把牡蠣肉烤韌了，不過如果

你要烤體型小一點的東部牡蠣或奧林匹亞牡蠣，把牡蠣放在戳了洞的鋁箔紙

上，再放到烤爐上烤。

I. 燒烤爐升大火。刷洗：牡蠣
   烤到殼啪一聲打開。調味並配上：
   檸檬角、融化的奶油
II. 燒烤爐升中大火。撬開：

刷洗乾淨的牡蠣

牡蠣肉留在一片殼上，撒上：

義式香檸調味料☆，見「了解你的食材」

放在燒烤架上烤幾分鐘。

炸裹粉的牡蠣（Fried Breaded Oysters）（4人份）

將：

24顆大牡蠣，去殼，用紙巾拭乾

裹上麵包屑，一如裹麵包屑或餅乾屑的油炸蛤蜊、牡蠣、蝦子或干貝。等麵包屑盡可能地吸收了生牡蠣的水分後，在一口大的平底鍋裡以中大火加熱：

6大匙蔬菜油、1/4杯（1/2條）奶油

生牡蠣下油鍋，需要的話分批油炸，輕輕地翻面一兩次，炸到金黃。

立即享用，佐上：

塔塔醬，338頁；或綠色辛香草美乃滋，337頁

烤帶殼牡蠣（Baked Oysters on the Half-Shell）（4人份）

烤箱轉250度預熱。將：

24顆大牡蠣

刷洗乾淨，撬開殼，牡蠣肉留在一片殼瓣上，並保留牡蠣汁。用預留的牡蠣汁準備：

兩倍分量的配奶油牡蠣的醬料

每一顆生牡蠣上覆蓋1大匙醬料，撒上：

乾的麵包屑

烤約10分鐘，或烤到麵包屑變得金黃。撒上：

剁碎的山蘿蔔菜或荷蘭芹

焗牡蠣（Scalloped Oysters）（6人份）

烤箱轉180度預熱。將一口深槽焗盅抹上奶油。備妥：

1夸特去殼生牡蠣，連汁一起

混勻：

2杯粗略壓碎的蘇打餅乾

1杯乾的麵包屑

3/4杯（1又1/2條）融化的奶油

在一口小碗裡混合：

1杯濃的鮮奶油

1撮肉豆蔻屑或粉，或荳蔻粉

鹽和黑胡椒，適量

（芹鹽，自行酌量）

在焗盅底層鋪上薄薄一層麵包餅乾屑混料，用半數的生蠔覆蓋其上，再淋上一半的鮮奶油混液。接著再把四分之三剩下的麵包餅乾屑以及剩下的生牡蠣鋪上去，再把剩下的鮮奶油混液淋在牡蠣上面，繼而鋪上剩餘的麵包餅乾屑。烤到麵包餅乾屑變酥黃而且醬料冒泡，20至25分鐘。

奶油牡蠣（Creamed Oysters）（4人份）

將：

1品脫去殼生牡蠣

瀝乾，保留牡蠣汁。生牡蠣用紙巾拭

乾。在一口中型醬汁鍋裡以中火融化：

2大匙奶油

加：

2大匙中筋麵粉、1/2小匙鹽

1/8小匙匈牙利紅椒粉或紅椒粉

（1/2至1小匙咖哩粉）

拌勻，煮2至3分鐘。再徐徐拌入：

1杯預留的牡蠣汁或魚高湯，或牡蠣汁或

魚高湯加鮮奶油或牛奶的混合

繼續拌煮到醬汁滑順火燙。生牡蠣下

鍋，加熱到熱透，1至2分鐘；別讓醬汁滾

沸。加：

1小匙新鮮檸檬汁或1/2小匙烏斯特黑醋醬

調味。立即用：

麵包碗★，195頁，或小餡餅，485頁

盛著牡蠣肉，或放在：

熱騰騰的奶油吐司

上，豪邁地撒上：荷蘭芹末

｜關於貽貝｜

　　甘甜美味又產量大，這些軟體動物一度被稱為「窮人的牡蠣」。▶這類
鮮美的軟體動物不會快速腐敗，不過若是生食很可能會致病。若要貯存，千萬
不要用塑膠夾鏈袋來裝，貽貝可能會窒息而死。最理想的是用碗或網袋裝著，
放冰箱冷藏，輕輕地罩上一張濕巾。未必要用冰塊；▶在四度左右的冷度，
貽貝可以存活好幾天。

　　若要測試貽貝的新鮮度，試著扭動雙殼，▶要是雙殼微微移動，殼內大
概充滿泥沙，而不是貽貝肉。殼瓣有破損的，或是輕敲之後雙殼無法閉合的，
又或放冷凍庫一兩分鐘後無法閉合的貽貝，都要丟棄。

　　不管新鮮或罐頭的貽貝都可能含沙。去沙的方法是，泡冷水讓貽貝吐沙，
然後邊沖水邊用菜瓜布刷洗外殼。有些貽貝的特色是有**小鬍子**，這些呈三角形
的深色纖維，有助於貽貝附著在岩石上，通常在烹
煮前會被揪掉。需要的話，在臨要下鍋之前再揪掉
小鬍子，因為小鬍子一揪掉，貽貝就活不了了。▶
深色纖維絲揪拉一下就會掉了。

　　貽貝清蒸後可以從殼上剔下來，像牡蠣或蛤蜊
那樣食用，或帶殼佐上醬料等等食用。你可以用手

揪掉貽貝的小鬍子

把雙殼扒開來食用貽貝——無疑是因為有需要這樣做。有些人建議，其中一
片殼瓣可用來盛汁液，一口飲盡。▶四人份需要大約一夸特未過濾的去殼貽
貝，或三夸特（約六磅）帶殼貽貝。

清蒸貽貝（Steamed Mussels）（4人份）

如果你把貽貝充分刷洗乾淨，如上，你
可以用它們自身的汁液來蒸煮，然後放
到清湯裡，再配著酥脆的麵包蘸湯汁

吃。你也可以在鍋裡加進切塊的煙燻香
腸，譬如葡萄牙香腸或西班牙臘腸，或
用一杯剁碎的番茄來取代白酒，或連同

白酒一併加進去。
將：4至6磅貽貝
刷洗乾淨並揪掉小鬍子。然後放進一口
大鍋裡，加：
1/2杯不甜的白酒、1/2至1杯荷蘭芹末
山蘿蔔菜末或羅勒末、2大匙剁碎的大蒜

蓋上鍋蓋，放到大火上，煮到大部分的
貽貝都開殼，8至10分鐘，其間偶爾晃
蕩一下鍋子。用漏勺把貽貝撈到上菜碗
裡，用鋪了紗布的細眼篩將煮汁過濾，
直接澆在貽貝上。在貽貝上淋上：
1大匙特級初榨橄欖油、1顆檸檬的汁

奶油烤貽貝（Buttered Baked Mussels）（每人份約10至12顆）

烤箱轉230度預熱。在一口大鍋裡將：
貽貝，刷洗過並揪掉小鬍子
2大匙橄欖油
平鋪一層。放入烤箱裡加熱至開殼；別
煮過頭。就著一口碗把貽貝的上殼瓣剝
除，好讓汁液滴淌到碗裡。如果有汁液

流到鍋裡，過濾後加到碗裡。用下殼瓣
盛著貽貝，佐上：
融化的奶油或融化的蒜香奶油，305頁
　（現榨的些許檸檬汁）
以及用小杯或玻璃杯盛的漂洗液；見清
蒸蛤蜊。

燒烤貽貝（Grilled Mussles）

按照燒烤牡蠣I的方法進行，把牡蠣換成
貽貝。

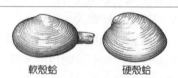

軟殼蛤　　　　　硬殼蛤

｜關於蛤蜊｜

　　蛤蜊的品種有數十種，不過可以粗略地分成兩大類：**軟殼蛤**和**硬殼蛤**。市
面上販售的蛤蜊有新鮮的、帶殼的、去殼的或罐頭的。如果帶殼，➡測試看
看殼是否緊閉，假如殼微開，被碰觸之後也會立刻緊閉。➡丟棄殼瓣有破損
的蛤蜊。裝在碗裡或網袋裡，輕輕地罩上一片濕布，放冰箱冷藏貯存。別放入
塑膠夾鏈袋裡，否則蛤蜊會窒息而死。未必要放冰上；➡在四度左右的低溫
下，蛤蜊可以存活幾天。

　　八夸特帶殼的蛤蜊可得出大約一夸特去殼蛤蜊肉。➡若要清蒸蛤蜊，每
人份約估一夸特帶殼蛤蜊，去殼後是六至八顆中型蛤蜊。

　　罐頭蛤蜊在緊急的情況下完全可行，而且應該是食櫃裡的必備品。有切
末、剁碎或整顆販售的，是加到巧達湯和醬料裡的新鮮蛤蜊的優良替代品。挑
選不加防腐劑的品牌。

軟殼蛤，或稱沙海螂（longneck clams）

　　大多出現在鱈魚岬北邊，**軟殼蛤**或**沙海螂**最常被用來整顆清蒸，所以

它又被稱為「蒸蛤」。在西岸，占大宗的軟殼蛤是**刀蛤**（razor）和**象拔蚌**（geoduck）。所有的軟殼蛤都含沙。撬開殼之前要先**去沙**，➠蛤蜊應該先刷洗，換幾次冷水清洗過，然後再泡在每一加侖水加三分之一杯鹽的冷鹽水裡泡三至十二小時吐沙。蛤蜊煮好之後甚至還需要用冷水沖以徹底去沙。將一把短尖刀插入雙殼間，沿著上殼邊緣劃一圈便可以輕易開殼。就著一口碗來進行，就像處理牡蠣一樣，好攔截滴淌下來的蛤汁。將蛤肉從底殼切下來。劃開頸子或進水管、出水管的皮，剝掉頸子外皮。

儘管很容易撬開殼，➠軟殼蛤從來不被生吃。體型小的品種通常清蒸或油炸。➠食用蛤時，捏著頸子把蛤肉從殼拉離，浸到清湯裡涮一涮，去除可能的泥沙，然後再蘸奶油吃。除了頸鞘之外，蛤蜊的所有部分均可食。

硬殼蛤

硬殼蛤包括**簾蛤**（quahogs）、**小頸蛤**（littleneck）、**頂頸蛤**（top necks）、**伯爵頸蛤**（count necks）、**小圓蛤**（cherrystones）、**菲律賓花蛤**（Manila clams）、**紅蛤**（mahogany clams）、**巧達蛤**（chowder clams）、**海蛤**（sea clams）、**文蛤**（hard clams）和**泥蚶**（cockles）。浪蛤（surf clams），出現在東岸的三角形大型貝類，是含沙最多的蛤類。可用在巧達湯、清湯或雞尾酒裡，不過它們的甜味得要用鹽來突顯出來。**太平洋奶油蛤**（Pacific butter clams）有別於大西洋產蛤蜊的特點是體型小——即使成年也很小巧——而且稀有，但是兩者都鮮美多汁。另一個西岸品種是甘甜肥嫩的**皮斯莫蛤**（pismo）。

體型大、滋味濃烈的硬殼蛤譬如簾蛤，最常被用來做巧達湯，體型小一些的則帶殼食用。把蛤放在流水下沖洗。硬殼蛤很少含沙，所以不需泡水吐沙。硬殼蛤的殼不容易撬開，不過➠若用可淹過蛤表面的水泡個五分鐘，然後輕輕取出，快速將刀子插進開口，也可輕鬆撬開它。或者，如果你要把蛤加到煮熟的菜餚裡，不介意蛤減損些許滋味的話，可以把蛤放到烤盤裡以中火烤至開殼。蛤開殼後，切斷肉柱。➠用銳剪剪開蛤肚，刮出並丟棄內容物。體型大的硬殼蛤具有韌質的上層，這部分可以和軟嫩的部分分開，剁碎或絞碎，加到各式菜餚裡：奶油風味的、焗烤的、裹麵糊油炸；或加到巧達湯裡。

撬開蛤殼

清蒸蛤（Steamed Clams）（4至8人份）

你喜愛的任何蛤類都可以清蒸，不過傳統上清蒸用的都是軟殼蛤。大體說來，軟殼蛤會被用來清蒸，是因為它所含的泥沙很難盡數清乾淨。清蒸產生的蛤汁，正好是風味十足的沾汁，可讓你在食用前再次潤洗蛤肉。每次清蒸的數量多寡隨你高興。

刷洗：4至8磅軟殼蛤

並泡水吐沙，如上。吐沙完把蛤放進裝有一吋高左右的水的一口大鍋裡。蓋上鍋蓋，把火轉大，偶爾晃蕩一下鍋子，將蛤煮到全數開殼，5至10分鐘。煮過頭蛤肉會變韌。煮蛤的同時，在一口小的醬汁鍋裡以小火融化：

1杯（2條）奶油

蛤煮熟後，撈到一口大碗裡，過濾蛤汁，嚐嚐味道，加：鹽和黑胡椒，適量

將融化的奶油倒到每位用餐者個別的小碟子裡。蛤汁盛在小杯子裡，連同蛤一起上桌，點綴上：檸檬角

蛤汁喝起來也很美味，但要避免有沙子殘留，別把杯裡的蛤汁全數用光。

烤軟殼蛤（Baked Soft-Shell Clams）（4人份）

烤箱轉220度預熱。

刷洗：36顆軟殼蛤

並泡水吐沙。

在烘焙紙上鋪一層岩鹽或抓皺的鋁箔紙，好讓蛤蜊可以穩當地擺在上面，然後整個移到烤盤上。烤約15分鐘，直至開殼。就著一口碗小心地去除蛤的上蓋，把盛著蛤肉的下殼置於個別的盤子上，佐以：

融化的奶油或融化的基本調味奶油，304頁

貝克版海鮮醬，318頁

墨西哥綠番茄辣根醬，318頁

點綴上：檸檬角

炙烤帶殼的蛤（Broiled Calms on the Half-Shell）（每人約得6至8顆中型蛤）

炙烤箱預熱。在烤盤上鋪一層岩鹽或抓皺的鋁箔紙，好讓蛤蜊可以穩當地擺在上面。

在鋁箔紙上鋪排：

1片殼瓣盛著的小圓蛤

在每個蛤上加：

1注烏斯特黑醋醬

1片1至1又1/2吋方形的培根

1片檸檬薄片

將蛤蜊炙烤到冒泡，約4分鐘。食用前把熱檸檬的汁液擠到蛤蜊上。

燒蛤大餐（Clambake）

不管聚會規模大小，在前一天採買蛤蜊。徹底刷洗乾淨去沙。➡將蛤存放在冰涼處，烹煮前再刷洗瀝乾。方法I的作法適合大型聚會；小型聚會見方法II，這往往也比較務實，數量可以按比例裁減。

除了食物之外，你也需要海草。岩草（rockweeds）最理想，因為它蓄滿水的小囊可提供大量蒸氣。如果海灘沒有岩草，你找得到的海草都可以使用。如果採用方法I，你還需要足夠的漂流木（或

木材）來升大火，約15顆大岩石，和一張大帆布來罩住食物，好把熱力和蒸氣封鎖在坑穴裡。

I. 約20人份

在沙裡挖出大約2呎深、2呎寬、3呎長的坑穴。在坑穴底部鋪上圓滑的大石頭，在石頭上方升大火，讓火持續燒個1至2小時，任火把所有木頭燒成木炭，約2小時。

備妥：

3磅馬鈴薯或番薯，刷洗乾淨

8夸特小頸蛤或小圓蛤，清洗並瀝乾

2打帶殼玉米穗，剝除玉米鬚

2磅大型的洋蔥，剝皮

（8夸特貽貝，刷洗過並揪掉小鬍子）

12隻雞大腿

（3磅辣味香腸，包在紗布裡）

當火力全部變成炭火，將木炭撥散，在石頭上覆蓋一層6至8吋厚的海草，最好是岩草。依序層層疊上馬鈴薯、蛤蜊、玉米、洋蔥、貽貝、雞肉和香腸，每層之間鋪上薄薄一層海草。你可以用紗布把食材包成一大袋。

放上：12隻1磅的活龍蝦

最後再覆蓋上3至4吋厚的一層海草。如果用的不是岩草，在最上層的海草澆大約8杯海水。用一張被海水充分泡濕的大帆布把坑穴整個罩起來。帆布上壓幾塊岩石來固定帆布。蒸煮期間，帆布會鼓起來，這是「燒烤」得很順利的徵兆。蒸煮1至1個半小時。要測試熟了沒，小心拉起帆布的一角，免得沙進到坑穴裡，看看蛤開殼沒。假使開殼了，整個饗宴應該已經煮得恰到好處。從坑穴裡取出一袋袋食物和龍蝦，趁熱享用，用上大量紙巾和：

融化的奶油

II. 8人份

更居家型的「燒烤」，可以用20夸特的高湯鍋在爐頭上進行，或用戶外燒烤爐。

將可以在鍋底鋪成4吋厚的夠多海草泡水45分鐘，然後清洗幾遍，徹底去沙。

把海草鋪在鍋底，加大約：

4杯水

煮沸後加：

8顆馬鈴薯

6至8磅雞肉塊，切成可食用的大小，包在紗布裡

蓋上鍋蓋，火轉小，慢煮30分鐘。然後放入：

8隻1又1/2磅活龍蝦

加蓋續煮8分鐘，接著在龍蝦上放：

8根玉米穗，去殼

加蓋煮10分鐘。再放入：

48顆軟殼蛤，充分刷洗過

加蓋蒸到蛤開殼，再5至10分鐘。佐上：

融化的奶油

蠔油炒蛤蜊或貽貝（Stir-Fried Clams or Mussels with Oyster Sauce）（4人份）

用小頸蛤或貽貝來做這道熱炒。

請參見「關於蛤蜊」，或「關於貽貝」。備妥：

4磅小頸蛤，清洗並瀝乾；或貽貝，刷洗過並揪掉小鬍子

以大火將一口中式炒鍋或大的平底鍋熱鍋。鍋熱後倒進：

2大匙花生油或其他蔬菜油

再下：

1大匙蒜末、1小匙去皮生薑末

接著蛤蜊或貽貝下鍋。加蓋煮2分鐘。掀蓋繼續拌煮，煮到貝類開殼，再幾分鐘。下：

2大匙醬油、2大匙蠔油
1大匙不甜的雪莉酒或不甜的白酒
1大匙蔥花

拌炒大約30秒。假使鍋物看起來乾乾的，加：

1/4至1/2杯液體

點綴上：

蔥花、蝦夷蔥末或芫荽末

配上：米飯

泰式蛤蜊鍋（Thai Clam Pot）（4至6人份）

這是最香辣可口的蛤蜊料理。義大利麵可以換成可口的日式流水素麵（somen noodles）。備妥：

8顆蒜瓣，切薄片
8根青蔥，切2吋小段，再縱切對半
1至2小匙紅椒碎片
1杯味霖加1杯水
3磅小頸蛤，清洗並瀝乾
1杯羅勒葉，切細絲
2大匙魚露

準備好要開始煮時，把一大鍋水煮開，將：

8盎司天使髮絲麵或細流水素麵

下鍋煮軟。煮好後馬上用瀝水器瀝乾出，稍微沖洗一下去除澱粉。趁煮麵時，以大火加熱一口大得足以容納蛤蜊的厚底鍋，鍋熱後倒入：

2大匙花生油

拌一拌，等油燒得火燙，蒜、蔥和紅椒碎片下鍋，炒15秒爆香。後退一步，把味霖混液倒進鍋裡，隨後蓋上鍋蓋煮沸。接著蛤蜊下鍋，再加蓋煮沸，然後轉中火，煮到蛤蜊開殼，7至8分鐘，其間晃蕩鍋子3或4次，好讓蛤蜊均勻受熱。放入羅勒葉，加蓋煮30至45秒。再加魚露進去，拌一拌。把麵條均分到個別的碗裡，放入蛤蜊，將湯汁澆淋其上。

炸裹麵粉的蝦貝類（Fried Shellfish with Flour Coating）（4人份）

麵衣若不摻絲毫液體，炸出來的酥皮便輕盈透明。

在一口深油炸鍋或深槽厚底鍋裡以中大火將：

2吋高的蔬菜油

加熱至185度。

備妥：

1又1/2至2磅綜合帶殼水產，譬如去殼的蛤蜊，和生牡蠣；蝦子，去殼挑除沙腸，蝦背開蝴蝶刀；扇貝，剝除「干貝唇」；和/或魷魚，清除乾淨，切塊

在一口淺碗裡倒：

1又1/2杯牛奶或酪奶

在另一口淺碗裡混勻：

2杯中筋麵粉
1又1/2小匙鹽
1小匙黑胡椒

將蝦貝浸牛奶再充分瀝乾，然後敷上調味麵粉，抖掉多餘的麵粉。下油鍋時一次放幾個下去，避免鍋內擁擠。炸到成金黃色，偶爾攪動一下（大塊的可能需要翻面）。炸好後撈到紙巾上瀝油。佐上：

檸檬角和辣椒醬、塔塔醬，338頁、大蒜蛋黃醬，339頁、調味美乃滋，334頁，或大蒜番茄醬，310頁

炸裹玉米粉的蛤、蝦或牡蠣（Fried Clams, Shrimp, or Oysters with Cornmeal Coating）（4人份）

喜歡的話，油炸後撒上香料，譬如孜然粉、辣粉或咖哩粉。

請參見「關於深油炸」☆，見「烹飪方式與技巧」。在一口深油炸鍋或深槽厚底鍋裡以中大火將：

2吋高的蔬菜油

加熱到185度。

備妥：1又1/2至2磅蛤蜊或蛤邊肉；蝦子，去殼挑除沙腸；或去殼的生牡蠣

在一口淺碗裡倒：1杯牛奶或酪奶

在另一口淺碗裡混勻：

1又1/2杯玉米粉、1/2杯中筋麵粉

1又1/2小匙鹽

黑胡椒粉或紅椒粉，自行酌量

蝦貝浸牛奶後充分瀝乾，然後敷上調味的玉米粉，抖掉多餘的粉，置於架上或蠟紙上。下油鍋時一次下幾個，避免鍋內擁擠，炸到成金黃色，偶爾攪動一下（大塊的可能需要翻面）。炸好後撈到紙巾上瀝油。佐上：

檸檬角和辣椒醬、塔塔醬，338頁、大蒜蛋黃醬，339頁、調味美乃滋，334頁

炸裹麵包屑或餅乾屑的蛤、牡蠣、蝦或扇貝（Fried Clams, Oysters, Shrimp, or Scallops with Bread Crumb or Cracker Coating）（4人份）

將：

1又1/2至2磅帶殼水產，諸如去殼的蛤蜊，和牡蠣；蝦子，喜歡的話，去殼挑除泥腸；或扇貝，剔除「干貝唇」，如下去殼，清洗並備妥。

在一口淺碗裡打散：3顆大的蛋

在另一口淺碗裡混勻：

2杯乾的麵包屑、日式麵包粉（panko）或餅乾屑、鹽和黑胡椒，自行酌量

蝦貝先沾蛋液，然後再敷上加味的粉屑，抖掉多餘的粉屑，放到架上或鋪了蠟紙的烘焙紙上，冷藏1至2小時。在一口深油炸鍋或深槽厚底鍋裡以中大火把：

2吋高的蔬菜油

加熱至185度。蝦貝下油鍋時一次下幾個就好，免得鍋內擁擠，炸到呈金黃色，偶爾攪動一下（大塊的可能需要翻面）。炸好後撈到紙巾上瀝油。佐上：

檸檬角和辣椒醬、塔塔醬，338頁、大蒜蛋黃醬，339頁、調味美乃滋，334頁

炸蝦、扇貝、魷魚、蛤蜊或牡蠣天婦羅（Shrimp, Scallops, Squid, Clams, or Oysters Tempura）（4人份）

加些許的炸蔬菜條到這綜合天婦羅裡，譬如蘆筍、四季豆、蕈菇或櫛瓜，就是一道完整的天婦羅餐。

請參見「關於深油炸」。在一口中碗裡備妥：

天婦羅麵糊，464頁

在一口深油炸鍋或深槽厚底鍋裡以中大火把：2吋高的蔬菜油

加熱至185度。將：

1又1/2至2磅帶殼水產，諸如蝦子，去殼挑除泥腸，蝦背開蝴蝶刀；扇貝，剔除「干貝唇」，如下；去殼的蛤或牡蠣；魷魚，清理乾淨切塊

從殼裡取出，洗淨後備妥。

務必把每塊蝦貝都充分拭乾。彈幾滴麵糊到油鍋裡，測試油溫：麵糊應該會稍

微沉下去，隨而迅速浮起並膨脹，但不會立即上色。分批進行，一次將一塊蝦貝肉沾裹麵糊，再下到油鍋裡，避免鍋內擁擠。下鍋後別去動它，炸約1分鐘，然後翻面再炸1分鐘，或炸到蝦貝肉呈不透明，麵衣酥脆但幾乎沒有上色。撈到紙巾上瀝油。佐上：

檸檬角或薑味醬油，323頁

| 關於扇貝 |

這些美麗的貝類，法國菜單上的**聖賈克扇貝**（coquilles St. Jacques），也是西班牙境內星原聖雅各（Santiago de Compostela）古城的聖雅各聖壇的象徵。造訪該城的朝聖者食用扇貝當作苦行（肯定不是嚴苛的那一種），事後把扇貝殼別在帽子上。扇貝也是烹飪用語「scalloped」的出處，其最初的意思是，海鮮加鮮奶油加熱烹調後，盛在貝殼裡端出。我們在市場裡買到的扇貝，幾乎都不是一整個扇貝肉，而是控制外殼開闔的貝柱的可食部分。

如果你的是帶殼扇貝，徹底刷洗乾淨。由於扇貝會自然張口，殼很容易撬開。用一把利刀開殼，然後挖取貝柱（以及紅色或白色的卵，如果有的話）。此外殼裡其他的全都丟棄。不管要帶殼烹調或不帶殼，一定要**剝除「干貝唇」**，也就是連在貝柱周圍的部分。

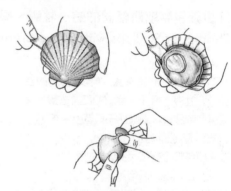

撬開扇貝的殼並剝除「干貝唇」

很多人喜歡個頭小而肉質軟嫩，呈乳粉紅色或棕褐色的**海灣扇貝**（bay scallops），甚於個頭較大、肉質較扎實、色澤較白，但也相當美味的**海扇貝**（sea scallops）。如果只能買到海扇貝，可以在烹煮之前或之後攔腰切成二或三片，用到沙拉、酸漬海鮮、熱炒、加鮮奶油的料理或醬料中。**花斑扇貝**（calicos）是小扇貝——比小指的末梢關節還小——通常在超市販售，價格往往很吸引人。花斑扇貝較甘甜細緻，不過▶烹煮時要格外留意，免得煮老了。用大部分的烹煮法只需煮個一或二分鐘即可。煮得軟嫩，值得吃下肚，煮過頭，肉質會韌得有如橡膠。

檢驗扇貝新鮮度的方法是，聞聞看有沒有甜味。去殼販售的扇貝很可能泡過水和防腐劑，因此拉長了保存期限，也人為地增加了重量。▶盡量買未浸泡過的扇貝，也就是「乾的」干貝。乾干貝的滋味更清爽，因為含水量少，香煎時也較容易煎黃。若見海扇貝呈純白色要格外當心，這是泡過液體的充分指標；海扇貝的天然色澤從白至灰白、淺橘、淺粉紅、淺棕都有。急速冷凍的海

扇貝最划算，通常保留了大部分的滋味。

　　若要香煎、炙烤或油炸，➡每人份約三分之一磅海扇貝或四分之一磅的海灣扇貝。熟干貝可以用在任何魚肉沙拉裡，干貝也可以做成串燒。干貝很適合佐搭滋味較醇厚的帶殼水產，像是蝦和蟹。也請參見《廚藝之樂[飲料・開胃小點・早、午、晚餐・湯品・麵食・蛋・蔬果料理]》「早午餐、午餐和晚餐菜餚」裡有關海鮮的建議。

水煮扇貝（Poached Scallops）（4人份）

在一口大的平底鍋裡將：
可淹沒扇貝的夠多的水
3枝荷蘭芹、1片月桂葉
煮至微滾，放入：
2磅去殼的海灣扇貝或海扇貝，剝除「干貝唇」

煮至軟嫩，3至5分鐘。撈除辛香草料，取出干貝並保溫。把火轉大，將汁液熬煮收汁至原來一半的量。調味後澆淋在干貝上。

麥年式干貝（Scallops Meuniere）（4人份）

用上下各一層紙巾將：
1磅去殼的海灣扇貝或海扇貝，剝除「干貝唇」
拍乾，敷上：
吉利炸粉和蛋液☆，見「了解你的食材」
放在架上晾乾15分鐘左右。在一口大的厚底平底鍋加熱：
2大匙奶油、2大匙蔬菜油

油熱後干貝下鍋煎，若用海灣干貝要頻頻翻面，海干貝則翻面一次，煎到兩面黃得很均勻，海灣干貝煎約3至5分鐘，海干貝煎5分鐘。起鍋前，撒上：
新鮮檸檬汁、剁碎的荷蘭芹
鹽和黑胡椒，適量
配上：普羅旺斯風味番茄

焗烤海扇貝（Sea Scallop Gratin）（焗聖賈克扇貝）（2人份）

醬汁可以在數小時前預先準備好冷藏備用；使用前煮到微滾。
請參見「關於扇貝」。在一口碗裡混勻：
2大匙無鹽融化的奶油
1/2杯新鮮麵包屑、3大匙帕瑪森起司屑
1大匙荷蘭芹末、1小匙切碎的百里香
1/8小匙鹽、黑胡椒，適量
在一口中型平底鍋裡以中火融化：
1大匙奶油
放入：
2顆紅蔥頭，切末、2瓣蒜仁，切末
拌炒至軟身但不致焦黃，約2分鐘。再下：

8盎司小蘑菇，切4等分、1小匙鹽
偶爾拌一拌，煮至蘑菇軟身，約7分鐘。
倒進：1/4杯不甜的白酒
把火轉大，煮至酒差不多蒸發光了，約3分鐘。加：
1杯濃的鮮奶油
煮至溫和地沸滾至變稠，約5分鐘。炙烤箱預熱。火轉小，讓醬汁微滾，加
12盎司去殼扇貝，剝除「干貝唇」，橫切對半
煮到干貝不再透明，約1分半鐘。鍋子離火，拌入：

1小匙新鮮檸檬汁
將混液舀到扇貝殼瓣裡或個別的焗盅裡。把麵包屑混料撒在干貝和醬料上。

炙烤到表面呈金黃色而且邊緣冒泡,約1分半鐘。

| 關於鮑魚 |

這美味的貝類是從墨西哥和日本來到美國市場,有罐頭的也有冷凍的,通常已去殼而且被捶打過,可立即烹煮。野生美洲鮑魚,原產於阿拉斯加和加州外的太平洋,產量慢慢減少而且受管制,不過幼嫩的品種則在夏威夷和加州被養殖。然而鮑魚始終是珍稀昂貴的食材。**如果你取得帶殼鮑魚**,把刀插進殼和鮑魚肉之間,將可食的部分切挖下來,修切掉深色的部分。▶鮑魚需要被多加捶打,好讓肉質軟化。保留一整粒或切成四分之一吋條狀,▶再以平穩的動作捶打,不要太用力。當鮑魚被捶打得像達利畫筆下的時鐘軟趴趴的,就可以烹煮了。**若要做成鮑魚排**,逆紋切片再捶打。喜歡的話可以敷上乾粉屑或吉利炸粉和蛋液☆,見「了解你的食材」,然後油煎。或者水波煮,52頁,像處理其他魚類一樣。做巧達湯的話要絞碎或剁碎。▶一磅可供二至三人份。

油煎鮑魚(Sautéed Abalone)(2至3人份)

將:1磅鮑魚
逆紋切成3/8吋厚排並捶打,敷上:
吉利炸粉和蛋液

在一口厚底平底鍋裡以中大火融化:
2大匙蔬菜油或澄化奶油,302頁
鮑魚排下鍋煎,每面煎1至2分鐘即成。

| 關於螃蟹 |

烹調蟹肉的食譜適用於幾乎所有種類的可食蟹類,不過螃蟹的種類或取用的蟹肉部位,則會在色澤、滋味和口感上造成差異。▶所有螃蟹在販售時都應該是活的,或是煮熟的。如果螃蟹摸起來黏滑,就要刷洗乾淨。▶熟蟹肉除非開封否則都不會腐壞。若要用熟螃蟹或罐頭螃蟹來做菜,或用罐頭蟹肉塊或新鮮蟹肉塊,▶一定要挑除碎殼和軟骨。若要使用蟹殼重新填餡,挑選大而完美的殼,用刷布刷洗乾淨。將蟹殼放在一口大鍋裡,加熱水淹蓋蟹殼表面,再加一小匙蘇打粉。瀝出、清洗並晾乾之後,蟹殼就可以填餡了。

青蟹(Blue Crabs)

這些棲居大西洋,在陸地上容易受驚嚇而頗滑稽,在水裡又是體態優美的泳者,占市場上新鮮蟹肉的大宗。取自蟹身的背鰭肉或大肉塊,色澤雪白而且好

看。其他等級的肉包括蟹柳片和蟹螯。可能的話，購買現挖的蟹肉，不要買消毒過的蟹肉；滋味明顯好得多。➠挖出來的蟹肉一定要冷藏或冷凍保存。

若是活捉，青蟹分兩種，硬殼和軟殼，這兩者的烹調和食用方式大為不同。生的軟殼蟹，也就是脫下老硬殼的螃蟹，多以活體販售，而且會用繩草五花大綁、用紙或海草包裝。他們可能不是很有活力，但聞起來是新鮮的。市面上販售的軟殼蟹也可能是熟的或冷凍的。活蟹要置於冰上放冷藏室保存；➠盡早食用。

硬殼青蟹，是處在週期性脫殼或脫「蟹蓋」之間，殼已經硬化時被捕捉到的青蟹。烹煮和食用的方式，參見白灼硬殼蟹，23頁。清理過並放進微滾的液體裡煮過後，加到湯裡或醬汁裡也是很棒的配料；烹煮完畢即可撈除。

要漂燙活青蟹以取出蟹肉，讓青蟹沒入滾水中三十秒，直到它死了，接著取出用冷水沖洗。挖取蟹肉時，喜歡的話可以保留蟹膏（tomalley）以及殼和蟹腿的下半節，用在鮮蝦和龍蝦奶油，306頁，取代蝦殼或龍蝦殼。**要從漂燙過或煮全熟的青蟹挖取蟹肉**，將蟹翻身使腹部朝上，掰開位在底部有尖角的蟹臍，穩穩握住寬的一端，把臍扭開，同時去除腸管。一如圖示，母蟹臍蓋比公的要寬。摘掉大蟹鉗，用槌子或擀麵棍輕輕敲裂，挑出蟹肉。拔開蟹腳，每一隻蟹腳從關節處折斷，挑出前節的蟹管肉。掰開上殼蓋，清出殼底下兩側絲狀的鰓並丟棄。將蟹身折成兩半，挑出蟹肉，丟棄碎殼或軟骨，也把蟹膏和蟹黃挖出。

處理軟殼蟹的方式，換幾次冷水把青蟹洗乾淨。用剪刀修清眼睛和口器。掰開

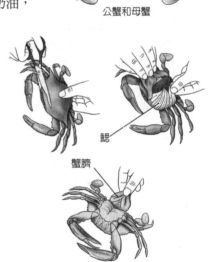

公蟹和母蟹

鰓

蟹臍

清理軟殼蟹

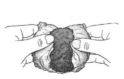

清理硬殼蟹

上殼蓋收尖的兩側，取出鰓和沙囊丟棄。將蟹翻過身使腹部朝上，掰開被稱為「蟹臍」有尖角的蓋口，穩當地握住寬的一端，慢慢扭轉扯開。軟殼蟹幾乎每個部分都可食，通常會炙烤、裹麵包屑油煎或油炸，參見以下食譜。

黃金蟹（Dungeness Crab）

原產於西岸，這種體型大的蟹類以其如龍蝦一般甘甜的蟹肉著稱。這種螃蟹很難保持在活跳跳的狀態，因此，跟帝王蟹和雪蟹一樣，通常會預先煮熟並冷凍。體型在二磅半至三磅的滋味最棒。

岩蟹（rock crab）是黃金蟹在東岸的親戚，肉呈褐色。黃金蟹不需要清理，可以像硬殼青蟹那樣食用。

帝王蟹（King Crab）

大多數產自阿拉斯加水域，體型碩大，呈粉紅色。主要是食用蟹腿，通常是以冷凍的方式販售。炙烤、蒸煮或燒烤前，在腿殼的下側切劃十字。雪蟹比帝王蟹小也較便宜，但也是以煮熟冷凍的狀態販售。

石蟹（Stone Crab）

產自佛羅里達，肉色呈淡白，肉質和滋味非常細緻。石蟹已經變得非常稀有，現今若是活捉了一隻，可能只會摘下其中一隻螯便放生，好讓牠回到棲息地，但願能再長出一隻螯——因為蟹螯再生力很強。以煮熟冰涼的狀態販售，石蟹不需先行準備。用鎚子敲裂螯殼，挑出蟹肉食用。

油炸軟殼蟹（Deep-Fried Soft-Shell Crabs）（每人份2至3隻）

若要鍋煎軟殼蟹，請參見炸軟殼蟹三明治★，308頁。請參見「關於深油炸」。
用上下兩層紙巾拍乾：
軟殼蟹，清理過，如上
敷上：吉利炸粉和蛋液
在一口深油炸鍋或深槽厚底鍋以中大火
把：2吋高的蔬菜油

加熱至185度。螃蟹下鍋，一次幾隻，別讓鍋內擁擠，炸3至5分鐘，或炸到呈金黃色，翻面一次。炸好後撈到紙巾上瀝油。
撒上：鹽和黑胡椒
配上：
塔塔醬，338頁；雷莫拉醬，339頁；荷蘭芹，或榛果奶油，302頁

燒烤、炙烤或烘烤軟殼蟹（Grilled, Broiled, or Roasted Soft-Shell Crabs）（4人份）

燒烤爐升中大火，或炙烤爐預熱。確認燒烤架乾淨，而且置於火源上方4吋之處，或者炙烤架置於火源下方2或3吋之

處。又或烤箱轉260度預熱。
在一口小碗裡混勻：
1/4杯（1/2條）融化的奶油，或橄欖油

（1小匙大蒜末）、（1撮紅椒粉）

鹽和黑胡椒，適量

將：

8隻軟殼蟹，清理過，而且擦乾

兩面刷上奶油混料。燒烤或炙烤至肉質扎實，每面約4分鐘，小心別把殼烤焦

了，尤其是螯的部分，它們不像其他螃蟹一樣會變紅。或者放在烤盤上送入烤箱烤，不需翻面，烤約10分鐘。配上：

檸檬角或萊姆角和辣椒醬，或檸檬奶油醬，303頁

蒸青蟹（Steamed Blue Crabe）（每人約5至10隻蟹）

會吃得一片凌亂但吃得很開心的傳統吃法，是把蒸好的青蟹扔到鋪了報紙的桌子中央。把小鎚子、鉗子、胡桃鉗、海鮮叉和挑蟹棒分發下去。桌上放一卷紙巾也很有用。

將貼合鍋身的長筒架或可抽取的漏籃放進一口非常大的高湯鍋裡。在鍋裡倒進：

2杯蘋果酒醋

再加水進去，補至水面高出架底或籃底大約三分之二的鍋身。將醋水煮沸。快

速用冷水沖洗：

24隻活的青蟹

層層鋪排在架子上，總共不超過6層，每一層之間撒：

1大匙粗鹽（最多總共6大匙）

（1大匙煮蟹調味料〔crab boil seasoning〕——最多總共6大匙）

把火轉小至鍋液小滾，緊密地蓋上鍋蓋，蒸煮到蟹變成鮮粉紅色，蟹腿可以輕易地從腿窩上扯開，15至20分鐘。配上：

融化的奶油、檸檬角

白灼硬殼蟹（Poached Hard-Shell Crabs）

這裡的作法很基本。5盎司的硬殼蟹可期待有1又1/2盎司左右的蟹肉。全蟹上桌，佐上融化的奶油和檸檬汁或檸檬角，或者把熟蟹肉用在其他食譜裡。

將一大鍋鹽水煮開（每夸特水加1大匙鹽）。

用夾子把：

活的硬殼蟹，洗淨或刷洗乾淨

夾入水裡，一次一隻，讓水保持沸煮狀

態。全數放入後，立刻把火轉小至鍋液呈微滾狀態，煮約15分鐘。再把蟹夾到盤子上。

全蟹端上桌，佐以：融化的奶油

食用時，挑起腹面的蟹臍並剝掉，然後把兩個蟹蓋拆開。有時候需要一把利刀才有辦法做到。取出殼底下的海綿物質並丟棄，將蟹身折成兩半，挑出蟹肉，剔除鰓、腸和沙囊。可用核桃鉗取出螯肉。

蟹餅（Crab Cakes）（8個小蟹餅或4個大蟹餅）

騰出時間，讓被塑好形狀的蟹餅可以冷藏一段時間，這樣蟹餅下鍋煎時較能保持形狀。

在一口小平底鍋裡以中火加熱：

2大匙奶油或橄欖油

等奶油冒泡的狀態消失，或者油熱之

後，下：

1/2杯蔥花、（1大匙紅甜椒末）

1小匙蒜末

拌炒至蔥花軟身但不致焦黃，約10分鐘。

置旁備用。在一口大盆裡輕輕地混勻：

1磅大塊蟹肉，挑除碎殼和軟骨

1顆蛋，稍微打散、1/4杯美乃滋
1大匙第戎芥末醬、（1/4小匙紅椒粉）
鹽和黑胡椒，適量
（1小匙煮蟹調味粉）
1/4杯切末的荷蘭芹、芫荽或蒔蘿
2大匙新鮮麵包屑

把爆香的菜料拌進來並混勻。在一只盤子上放：

1至2杯新鮮麵包屑，烤過

將蟹肉混料捏成8個小蟹餅或4個大蟹餅。將蟹餅裹上麵包屑，一次一個，裹的時候輕壓一下，讓麵包屑附著上去。處理好的蟹餅放在鋪了蠟紙的架子或盤子上，冷藏1至2小時。在一口大的平底鍋裡以中火加熱：

1/4杯奶油（1/2條）或1/4杯澄化奶油，302頁，或蔬菜油

油熱後，蟹餅下鍋，別讓鍋裡擁擠——需要的話，可以分兩批煎。調整一下火力，讓油滋滋響但不會把麵包屑煎焦，蟹餅要翻面，煎到兩面呈漂亮的金黃色。小的蟹餅總共約需8至10分鐘，大的蟹餅需12至15分鐘。若是分批煎，煎好的蟹餅放150度的烤箱保溫。趁熱食用，佐上：

檸檬角、大蒜蛋黃醬，339頁、調味美乃滋，334頁、或鮮莎莎醬，323頁

｜關於龍蝦｜

美洲龍蝦或**北方龍蝦**，如圖示，蝦螯和蝦尾的肉滋味非常甘美。在加拿大到卡羅萊納州之間的沿海被捕獲，往往被稱為緬因龍蝦。體型非常相似但稍小的是**歐洲龍蝦**。

刺龍蝦（spiny lobster）或**岩龍蝦**（rock lobster），或又叫做**大螯蝦**（langouste，在澳洲和紐西蘭叫做小龍蝦〔crayfish〕）是從佛羅里達、加州澳洲、南非和地中海運送來的。這類龍蝦的觸鬚特長，沒有螯，大部分的肉都集中在厚實的尾部。

美洲龍蝦和歐洲龍蝦，蝦身有深藍青色斑點，我們認為這種龍蝦最美味，尤其是趁熱吃。刺龍蝦的肉質可能偏韌，重量超過十盎司尤其是如此，而且抵達我們手中時通常是冷凍的。做冷盤最好用新鮮的龍蝦肉。刺龍蝦的顏色從棕褐至紅橘到褐紫紅都有，斑點較淡，刺鬚多寡也有別。

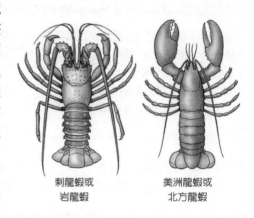

刺龍蝦或
岩龍蝦　　　　美洲龍蝦或
　　　　　　　北方龍蝦

要把龍蝦剖半，刀子先朝前把頭部切穿，
再朝後把身體和尾部切穿。

挪威龍蝦在大西洋此岸很罕見，因為牠原產於歐洲水域，是刺龍蝦的親戚，法國人管牠叫**小螯蝦**（langoustine），在義大利則被叫做**大蝦**（scampo）（通常以複數形態scampi出現）。

不管什麼品種，大部分的龍蝦烹煮的時間都差不多，也都可以用26頁的圖示來剖半和清理。不過處理龍蝦的慣常方式，比處理美洲龍蝦要複雜得多，我們將在後面進一步解說。

對饕客行家來說，母龍蝦的滋味更為細緻。挑選蝦身和蝦尾交接處下側的鰭狀附肢柔軟似羽毛的母龍蝦。在公龍蝦身上這些附肢硬得像骨頭。剖開母龍蝦時，你會看見煮過後會變紅的美味**蝦黃**（roe）或**蝦卵**（coral）。蝦黃可連肉一併吃下肚，或當作飾菜或醬汁的染料。公龍蝦的肉煮過後會更扎實。在公或母龍蝦體內的綠色物質是龍蝦肝或龍蝦膏，看起來不吸引人但相當美味。

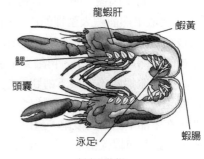

龍蝦肝　蝦黃
鰓
頭囊
泳足
蝦腸

剖半的龍蝦

每人份一隻龍蝦。買重量介於一又四分之一至二磅半之間活跳跳的龍蝦。➤二磅半龍蝦可得出大約兩杯的熟蝦肉。有些人會說，體型較大的龍蝦肉質韌，但並非如此。事實上，有個說法是很有道理的，那就是一隻三磅重的龍蝦身上可食的肉量，比兩隻一磅半的龍蝦還多。龍蝦越大隻，蝦螯和蝦身裡不容易挑出來的肉也越多，這使得吃龍蝦趣味無窮。沒錯，有些龍蝦肉偶爾會韌而多筋，不過這通常是把肉煮老了的結果，和體型大小無關。

貯存活龍蝦的方式是，把牠們放在冷藏室裡，或是放在一層濕潤的水草上或濕報紙上，不要直接放在冰上或泡在水裡。蝦螯應該用一小截木頭拴著或用橡皮筋綁著。烹煮前，測試看看你的龍蝦是否仍有活力，當你拉直了龍蝦尾，尾巴會猛力彈回來，龍蝦就是有活力。也要確認這隻甲殼類很乾淨。穩穩抓住龍蝦背部，用冷水沖洗牠。

如果你買預煮過的帶殼龍蝦，確認色澤呈鮮紅色，而且聞起來有海的鮮香。➤最重要的是，蝦尾——跟生龍蝦一樣——一經拉扯，會鬈回身體下方。這代表龍蝦下鍋煮時是活體的，而且本應如此。

若要整隻龍蝦上桌，頭尾保持完整，拱起的殼朝上。上桌前可以先把螯摘下，瀝除多餘的水分。用手指抓著龍蝦，將柔軟的部位轉向上，彎折蝦身，直至尾部和身體分離。把尾扇往回彎折，直到它也斷裂，即可去除。接著讓尾部上下顛倒，在尾扇斷裂的地方插入龍蝦叉，把蝦肉從開口順勢推出來。

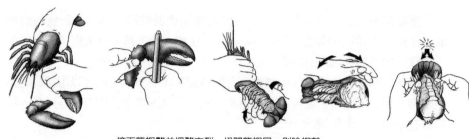

摘下龍蝦螯並把螯夾裂；扭開龍蝦尾；剝除蝦殼

　　抽出蝦尾肉後，雙手抓著胸部，取出圖示的內容物。

　　要取出熟龍蝦大螯裡的肉，用胡桃鉗或鎚子將螯敲裂。把螯放在平坦的案板上，重量較輕的下側朝上。用鎚子敲蝦螯內側隆起處，即可破殼，在大螯爪裡的肉即可全部取出。再敲裂小螯的殼，抽出裡頭的肉。

　　要吃龍蝦腿肉，摘下蝦腿，把每一隻的斷口放進嘴裡，吸吮內容物——不要出聲。大型龍蝦的腿肉很多。要摘除尾部，➠從尾部和身體的連接處扭開。在尾部下側中央縱劃一道口子，然後把殼掰開。拉出肉來；會拉出一大塊肉。龍蝦殼可以保留下來做龍蝦奶油，306頁。

清蒸龍蝦（Steamed Lobster）

家庭廚子處理龍蝦最簡便的方式。

I. 在一口深槽高湯鍋（至少12吋深，16至18吋寬）上擺一個架子或瀝水籃，高湯鍋裡裝有1又1/2吋高大滾的水。
　　放入：1又1/2至2又1/2磅龍蝦數隻
　　上蓋後鍋蓋上壓重物，免得蒸氣逸散，也別讓龍蝦從鍋裡掙脫。火轉小，1又1/2磅龍蝦蒸約12分鐘，每多

出1/2磅多蒸2分鐘。佐上：
　　融化的奶油、檸檬角
II. 如此處理的大龍蝦常用在沙拉、迎賓小點或醬燒菜餚裡，按照I的方法準備，用：
　　1隻2又1/2至3磅龍蝦
　　煮熟後瀝出龍蝦，泡到冰水裡停止進一步烹煮。食用的方式，參見上述。

水煮（或白灼）龍蝦（Boiled Lobster）

在一口大型厚底鍋裡放夠多的水，好讓龍蝦下鍋時可以完全沒入水中。每1夸特水加：

1大匙鹽

將水煮至大滾。小心地把：

1/2至2又1/2磅龍蝦數隻

沒入滾水中，頭部先入水，當心滾水噴濺。煮到水又沸滾，馬上把火轉小，1又

1/2磅龍蝦煮約5分鐘，每多出一磅多煮2至3分鐘，煮至龍蝦呈鮮紅色。瀝出。
起鍋後佐上裝在小碗裡的：

煮蝦汁或融化的奶油

以及：

檸檬角

供給每位食客大量的紙巾和一件圍嘴。食用龍蝦的方式，見上述。

燒烤或炙烤龍蝦（Grilled or Broiled Lobster）（2人份）

切龍蝦之前可將龍蝦沒入滾水中2分鐘使之斃命。如果不打算先把龍蝦煮半熟，那麼先把龍蝦放入冷凍庫裡幾分鐘，把牠凍僵再來處理。這對你們雙方來說會輕鬆得多。燒烤爐升中大火，或將炙烤爐預熱。

準備：

2隻1又1/4磅活龍蝦

用一把厚重的利刀切斷頭後方的脈管：將龍蝦置於砧板上，腹部朝下；穩穩地握住牠讓牠固定一處。找到龍蝦頭後方的頭殼和胸殼相交的陰影處（crosshatch），筆直地戳入刀鋒，如圖所示。利索地刺穿龍蝦頭，將龍蝦一刀斃命。刀子先往前把頭部對剖開來，再往後把身體和尾部對剖開來。

活剖龍蝦，用一把厚重的利刀刺穿頭的後方

這時龍蝦即可攤平。在烹煮過程會變成紅色的美味黑色龍蝦卵或龍蝦黃，以及綠褐色的龍蝦肝或龍蝦膏，毫無疑問是可食的。若要炙烤龍蝦，可取出龍蝦卵和龍蝦肝加：

（2大匙新鮮麵包屑，烤過的）

（2小匙新鮮檸檬汁或不甜的雪莉酒）

混勻，做成餡料，填入凹口裡。將曝露在外的龍蝦肉和餡料，如果有做的話，刷上：

融化的奶油或橄欖油

加：

鹽和黑胡椒，適量

調味。

若是不填餡燒烤或炙烤，殼朝下放在燒烤架上，或殼朝上放在烘焙紙上，烤10分鐘，刷上：

融化的奶油

保持肉的濕潤。若是填餡炙烤，殼朝下放在烘焙紙上炙烤10分鐘。佐上：

檸檬角

融化的奶油

美式龍蝦（Lobster Americaine）（2人份）

用這種方式煮出來的龍蝦，好吃得讓人不禁要讚賞大西洋兩岸的地區性烹飪創意。

備妥：

1/2杯魚高湯

將：

2隻1又1/2磅活龍蝦

置於立出邊框的烘焙紙上，盛住活剖龍蝦時流出的汁液。按照「燒烤或炙烤龍蝦」的方法縱剖龍蝦。切下蝦螯。從分節處把尾部切成3或4塊。去除頭部裡的粒囊（grain sac）。保留蝦卵，如果有的話，以及龍蝦肝，用來做醬汁。備妥兩

口大型平底鍋，在其中一口裡融化：

3大匙奶油

放入：

1杯調味用蔬菜丁

1/2杯切碎的紅蔥頭

以中火拌炒至軟身。與此同時，在另一口大的平底鍋裡混合：

1/2杯橄欖油

1瓣蒜仁

爆香後放入切開的帶殼龍蝦，不時翻炒，炒至蝦殼變紅而且肉質扎實，約4分鐘。把龍蝦肉倒到第一口平底鍋裡的調味用蔬菜丁裡。保留第二口平底鍋裡的

油，撈除大蒜；該鍋置旁備用。用：

2大匙白蘭地

熖燒☆，見「烹飪方式與技巧」，龍蝦肉混料。鍋子離火。在第二口平底鍋裡放：

1杯不甜的白酒、1/2杯番茄泥

3顆番茄，去皮去籽並剁碎，或3罐李子番茄，去籽並剁碎

煮至微滾，續滾個5分鐘。把依舊帶殼的龍蝦肉加到番茄醬料裡，連同：

1小匙切碎的龍蒿

再把切龍蝦流淌的汁液、龍蝦卵，如果有的話，以及龍蝦肝加進來。煮15分鐘，加：

鹽和黑胡椒，自行酌量

調味，喜歡的話，加：

（馬尼奶油，283頁）

稍微增稠。起鍋後把熱醬汁澆在龍蝦肉上，撒上：

切碎的荷蘭芹

烤鑲餡龍蝦（Baked Stuffed Lobster）（2人份）

烤箱轉190度預熱。在一口中碗裡拌勻：

1又1/2杯炒黃的麵包屑☆，見「了解你的食材」

1/4杯切碎的荷蘭芹

1又1/2小匙蒜末

1/4小匙鹽

1/4小匙黑胡椒

2大匙橄欖油

按照「燒烤或炙烤龍蝦」的方法，將：

2隻1又1/2至2磅活龍蝦

縱剖對半，在一張立出邊框的烘焙紙上進行，以便盛住活剖龍蝦時流出的汁液。去除頭囊和尾部脈管。剖開的龍蝦

置於烘焙紙上，切面朝上。將麵包屑混料輕壓填入胸和尾部的凹口處。用一根叉子，把滋味豐腴的部分龍蝦肝帶到餡料上，然後用1大匙的龍蝦汁濕潤每一隻龍蝦的餡料。將：

3/4杯不甜的白酒

倒進烘焙紙內。龍蝦烤30至35分鐘，用烤汁為蝦螯潤上油脂。如果餡料看起來乾乾的，再澆烤汁潤濕一次，但用量不要超過一兩小匙，不然餡料會變得濕軟。當餡料非常燙而且表面烤黃，尾肉用手指去壓感覺上很結實，龍蝦就是烤好了。

法式焗龍蝦（Lobster Thermidor）（2人份）

準備：

2隻水煮（白灼）龍蝦，每隻約1又1/2磅

摘下並敲裂蝦螯，取出螯肉。切下尾部，保持尾殼完整，取出蝦肉，去除腸脈。取出身體裡的肉、蝦膏，以及蝦卵，如果有的話。將尾肉和螯肉切成1/2吋大塊。把蝦膏和蝦卵壓入篩網過篩。

準備：

莫內醬，293頁

把蝦膏和蝦卵加進去，連同：

1小匙第戎芥末醬

（1至2大匙不甜的雪莉酒）

把三分之一的醬料填入尾殼或1杯容量的陶盅裡，再把龍蝦肉加進去，最後覆蓋上剩下的醬料。喜歡的話，在最表層撒上：

（帕瑪森起司屑和融化的奶油）

的混合物。

炙烤箱預熱。把龍蝦或陶盅烤到醬料呈金黃色。

新堡龍蝦（Lobster Newburg）（4人份）

請參見「關於龍蝦」。準備：　　　　　　　2杯熟的龍蝦肉丁
新堡醬，309頁　　　　　　　　　　　　　拌入那摻了紅蔥頭的奶油裡。配上：
把：　　　　　　　　　　　　　　　　　　熱的奶油吐司

｜關於蝦子｜

　　了解蝦子有兩個重點：首先，蝦子的種類非常多。其次，蝦子已經是全球化商品，被捕撈後隨即冷凍，再以冷凍或解凍狀態販售。現今在超市裡最常見的蝦子幾乎都是養殖的，而且幾乎都產於亞洲。

　　蝦子是按體型大小或每磅的數量來出售。U-10等級的蝦子，也就是每磅少於十隻的蝦子，屬大型蝦；51/60等級的，也就是每磅數量達五十一至六十的蝦子，則屬相當小型的蝦。既然自己動手剝蝦殼最好（蝦殼用一杯左右的水來熬煮，可做成很棒的高湯；熬好後裝在塑膠袋裡冷凍，留待他日使用），那麼負擔得起的話，理當買最大隻的蝦子。從荷包大小、體型大小和相對上容易剝殼與否來考量，16/20或26/30等級的最划算。

　　也別忘了從西岸和斯堪地那維亞來的迷你蝦——廣泛用於迎賓小點上。巨型蝦品種——有時又叫做**明蝦**（prawns）——每人二或三隻便相當足夠。明蝦很適合用來燒烤。儘管滋味和肉質稍有差異，所有的蝦子，包含淡水蝦在內，在烹煮時都可以相互替換，只要考慮到分量和烹煮時間即可。若要燒烤、炙烤或白灼蝦子，▶最好購買帶殼蝦，而且要帶殼烹煮，這樣能避免肉質乾柴，留住最多滋味。

　　檢驗蝦子鮮度的方式是，看看蝦子是不是乾爽而結實。▶三人份的量，準備大約一磅帶殼蝦或半磅熟蝦仁。購買時記得，二至二磅半帶殼蝦，大約只得出一磅熟蝦仁，或者兩杯的量。要避免蝦肉捲曲或變韌，一經沸滾馬上瀝出。烹煮前或烹煮後蝦子都很容易剝殼，從尾部稍微拉一下即可抽出蝦肉。

　　蝦子的「沙腸」可能會釋出苦味，所以一般會建議要挑除沙腸，尤其是大型的蝦子，不過也不是非挑除不可。**挑除沙腸的方式是**，順著去殼的蝦背淺淺地劃一刀，然後手握著蝦子，一面沖冷水，一面用小尖刀的刀尖或去沙腸工具

將蝦子剝殼

沙腸

開蝴蝶刀切蝦肉

挑除沙腸。**開蝴蝶刀的方式是**，將帶殼或去殼的蝦子側放在案板上，從距尾端四分之一吋處下刀，沿著蝦子內側弧度切開（切穿蝦足），但不要把蝦子或殼整個對半剖開，也可以蝴蝶刀開背。然後用手指掰開蝦肉，用手掌把對開的蝦肉壓平。

更多蝦子料理的食譜，參見「開胃菜和迎賓小點」；「義大利麵、麵食和餃子」；以及「早餐、早午餐和晚餐菜餚」，以上請參見《廚藝之樂〔飲料‧開胃小點‧早‧午‧晚餐‧湯品‧麵食‧蛋‧蔬果料理〕》。

南卡羅萊納鍋燒蝦（South Carolina Skillet Shrimp）（2人份）

住在南卡羅萊納艾蒂斯托島（Edisto Island）的摯友茱莉，教我們用最簡單明瞭的方法來料理蝦子。僅需要新鮮的蝦子、一口平底鍋和少許時間，就能帶出蝦貝類最甘甜的精華。不妨配上一杯冰涼的夏多內白酒或香檳。

在一口大型的不沾平底鍋裡放入：

1磅帶殼的蝦子

不管蝦子大小，蓋上鍋蓋，以中火或中大火用蝦子本身的汁液燒煮2分鐘。掀開鍋蓋，再拌炒2分鐘，或炒到蝦殼呈粉紅色。放到冰上冰鎮或趁熱享用。餐桌鋪上報紙，準備一卷紙巾，食用時佐上：

融化的奶油、檸檬角

絕不失手的白灼蝦（No-Fail Boiled Shrimp）（4人份）

喜歡的話，單純用白開水煮也行。

在一口大的醬汁鍋裡混合：

2枝西芹梗，切2吋小段

1顆中型洋蔥，切8等分

1顆小的檸檬，切4等分

1/2把荷蘭芹、8顆整粒的黑胡椒

2片月桂葉、1大匙鹽

1/2小匙紅椒粉、10杯水

煮沸，然後轉小火，不該鍋蓋，熬煮10分

鐘。過濾出液體，再倒回鍋內。加：

2磅蝦子（大小不拘），最好帶殼

再把鍋液煮沸，滾了之後轉小火，不加蓋，煮整整2分鐘。瀝出蝦子，盛盤放涼。佐上下列一種或多種醬料：

貝克版海鮮醬，318頁

雷莫拉醬，339頁、塔塔醬，338頁

墨西哥綠番茄辣根醬，318頁

貝克版BBQ蝦（Becker Barbecued Shrimp）（2人份）

若用脆皮麵包沾醬汁，會好吃到簡直忘了蝦子。若要加一倍分量，用另一口鍋子分兩批烹煮。

用香料研磨臼或咖啡磨豆機把：

2小匙乾的羅絲瑪莉、1小匙乾的奧瑞岡

1小匙壓碎的紅椒片

1小匙甜味的匈牙利紅椒粉

1小匙整顆的黑胡椒、1小匙鹽

研磨成粉末。

在一口大的平底鍋裡以中火融化：

1/4杯（1/2條）奶油

放入綜合香料粉，連同：

4瓣蒜仁，切末

拌炒2分鐘。再放入：

16至20隻中型至大型蝦子，去殼挑除沙腸

煮4至5分鐘，拌炒一兩回。將蝦子盛到碗

裡。把：
1/2杯雞高湯、1/2杯啤酒
加到鍋裡，轉大火煮沸，滾個1又1/2至2

分鐘。熄火，把蝦子放回鍋裡熱透。加：
2大匙荷蘭芹末、2大匙新鮮檸檬汁
調味。

蒜頭檸檬炒大蝦（Shrimp Scampi）（6人份）

在1950年代，義式的美國餐館把這道料理
主食材的名稱轉變成一種菜式。這道菜至
今依然可以在餐館裡找到，而且冠上同樣
的名稱，遠至東京也吃得到。不論如何，
這是實至名歸的一道經典菜色，用相同分
量的海灣扇貝、切開處理乾淨的魷魚，或
煮熟的章魚，或蛾螺，來做也同樣美味。
在一口大的平底鍋裡混合：
1/2杯橄欖油、1大匙蒜末
以文火煎煮，偶爾拌炒一下，直到蒜末

呈金黃色，約10分鐘。這過程急不得。撈
除蒜末。轉中大火，放入：
1又1/2至2磅大型或特大型蝦子，去殼去
沙腸
煮到蝦子底部呈粉紅色，隨而翻面。再
下：
1/4杯荷蘭芹末、1小匙蒜末
煮到蝦肉變得扎實呈粉紅色，總共約5分
鐘。撒上：
1大匙新鮮檸檬汁、荷蘭芹末

燒烤或炙烤蝦子或扇貝（Grilled or Broiled Shrimp or Scallops）（4人份）

由於蝦子和扇貝所需的烹煮時間差不多，
而且彼此搭配非常對味，喜歡的話，可以
加在一起煮。別煮過頭很重要。
燒烤架升中大火預備，或者炙烤爐預
熱。若是燒烤，烤架盡可能地靠近火
源。在一口淺碗裡把：
1又1/2至2磅大蝦，去殼去沙腸，或海扇
貝，剝除「干貝唇」，或兩者的組合
2大匙橄欖油
（1大匙雪莉酒醋）
拌勻。若是燒烤，為了避免蝦貝掉到火
上，建議用鐵絲網籃或以串燒的方式來

烤；不管是燒烤或炙烤，蝦子的第一面
變成粉紅色之後要翻面，約烤2分鐘左
右；或在扇貝的第一面變成不透明之後
翻面，2至3分鐘。隨興地加：
鹽和黑胡椒
調味，續烤到第二面呈粉紅色或不透
明；切開一隻蝦或扇貝，確認熟透了
沒。食用時佐上：
檸檬角、荷蘭芹末或芫荽末，以及特級
初榨橄欖油或斯堪地那維亞芥末蒔蘿
醬，316頁

燒烤或炙烤辣味蝦子或扇貝（Grilled or Broiled shrimp or Scallops with Chili Paste）（4人份）

如果你愛吃辣，可以多加點辣椒；如果
你喜歡滋味溫和一點，可以整個略過辣
椒——辣粉本身就會增添很多滋味。
燒烤架升中大火預備，或者炙烤爐預
熱。若是燒烤，烤架盡可能地靠近火
源。在一口大的淺碗裡混勻：

1大匙蒜末
1大匙辣粉，或自行酌量
1/2小匙紅椒粉，或自行酌量
1大匙花生油、橄欖油或其他蔬菜油，或
者視需要把混料調成濕糊狀
鹽和黑胡椒，自行酌量

把：1又1/2至2磅大蝦，去殼去沙腸，29頁，或海扇貝，剝除「干貝唇」，或兩者的組合

充分敷上辣味糊，按照「燒烤或炙烤蝦子或扇貝」的作法來烤，趁熱吃或放涼至室溫食用，佐上：

檸檬角

荷蘭芹末或芫荽末或香橙油，352頁

BBQ風味燒烤或炙烤蝦子或扇貝（Grilled or Broiled Shrimp or Scallops Basque-Style）（4人份）

燒烤架升中大火預備，或者炙烤爐預熱。若是燒烤，烤架盡可能地靠近火源。在一口上菜碗裡混勻：

1/3杯新鮮檸檬汁、1/3杯特級初榨橄欖油

1大匙蒜末

1/4至1/2小匙辣椒醬，或自行酌量

1/2杯粗切的辛香草（荷蘭芹、鼠尾草、百里香、羅勒、馬鬱蘭、奧瑞岡和／或山蘿蔔菜的組合）

鹽和黑胡椒，適量

在一口淺碗裡拌勻：

1又1/2至2磅大蝦，去殼去沙腸，或海扇貝，剝除「干貝唇」，或兩者的組合

2大匙橄欖油

按照「燒烤或炙烤蝦子或扇貝」的作法來烤，把熱騰騰的蝦貝放到辛香草混料裡，輕輕地拋翻混勻，立即享用。

炙烤蝦或扇貝佐大蒜荷蘭芹醬（Broiled Shrimp or Scallops with Persillade）（4人份）

大蒜荷蘭芹醬混合了剁碎的大蒜和荷蘭芹，往往會拌上麵包屑，抹在炙烤海鮮滋味非常棒。

炙烤箱預熱。將：

1又1/2杯新鮮麵包屑

1/2杯荷蘭芹葉、1瓣大蒜，去皮

一同剁成末並混勻，加：

鹽和黑胡椒，適量

調味。在一口淺烤盤上將：

1又1/2至2磅大蝦或特大蝦，去殼去沙腸，或海扇貝或海灣扇貝，剝除「干貝唇」，或兩者的混合

2大匙橄欖油

混勻。放入炙烤箱裡，盡可能靠近火源。蝦子的第一面烤成粉紅色後翻面，約2分鐘左右；扇貝的第一面烤成不透明後翻面，約2至3分鐘後。把麵包屑混料抹在蝦貝上，置於火源下方約4吋之處繼續炙烤，烤到麵包屑變焦黃；3至4分鐘。佐上：

檸檬角

燒烤或炙烤蝦子或扇貝佐中式海鮮醬或烤肉醬（Grilled or Broiled Shrimp or Scallops with Hoisin or Barbecue Sauce）（4人份）

一旦把醬汁刷在蝦貝上，就要留意別把醬汁烤焦——把蝦貝移到烤架上溫度較低的地方，或者將炙烤架往下移，離火源遠一點。

燒烤架升中大火預備，或者炙烤爐預熱。燒烤架置於火源上方4吋之處，或者炙烤盤置於火源下方2或3吋之處。

在一口淺碗裡混勻：

1又1/2至2磅大蝦或特大蝦，去殼去沙腸，或海扇貝或海灣扇貝，剝除「干貝唇」，或兩者的混合

2大匙醬油

1大匙清酒或不甜的白酒

從醬油料裡取出蝦貝，用紙巾吸乾，置於燒烤架或送進炙烤爐裡，烤到開始變黃，約2分鐘。翻面，在表面刷上：

中式海鮮醬或番茄醬為底的烤肉醬，346頁

續烤2分鐘。再次翻面，把蝦貝移到燒烤架上溫度較低的地方，或者炙烤架往下移一格，然後再刷一次醬汁。大約每分鐘翻面並刷醬料一次，持續3至4分鐘，直到蝦貝裹著漂亮的光滑表層而且熟透。趁熱或者放涼至室溫食用。喜歡的話，點綴上：（蔥花或剁碎的胡桃）

炸蝦（Deep-Fried Shrimp）（3人份）

請參見「關於深油炸」☆，見「烹飪方式與技巧」。將：

1磅蝦子

去殼去沙腸。

在一口碗裡混勻：

2/3杯牛奶、1/4小匙鹽

1/8小匙匈牙利紅椒粉

蝦子用牛奶混液醃30分鐘。充分瀝乾後灑上：

新鮮檸檬汁、鹽

放到：玉米粉

裡壓滾，然後置於架上晾乾15分鐘。於加熱至190度的熱油裡炸至金黃色。撈出放紙巾上瀝油。佐上：

新鮮檸檬汁或美乃滋，335頁，加打成泥的甜酸醬調味

裹麵衣炸蝦（Shrimp Fried in Batter）（12人份）

請參見「關於深油炸」。準備：

炸蔬菜、肉品和魚類的炸物麵糊，464頁

將：1磅蝦

去殼去沙腸，保留尾鰭。捏著蝦尾將蝦身裹上麵糊，一次數隻──蝦尾不要裹上麵糊，隨而下到加熱至190度的熱油裡炸至金黃色。炸好後放紙巾上瀝油。佐上：

檸檬角、貝克版海鮮醬，318頁

塔塔醬，338頁

蝦子天婦羅（Shrimp Tempura）（2人份）

請參見「關於深油炸」。在一口深油炸鍋或深槽厚底鍋以中大火將：

3吋高的蔬菜油

加熱至185度。把：

1磅生蝦

去殼挑除沙腸，保留尾巴。蝦身開蝴蝶刀，把蝦身充分擦乾。

臨要油炸之前再準備：

天婦羅麵糊，464頁

將蝦子一一裹上麵糊然後下鍋炸，炸約1分鐘，別去攪動它。翻面再炸約1分鐘。炸好後撈到紙巾上瀝油。馬上享用，佐上：

醬油、薑味醬油，323頁

烤鑲餡大蝦（Baked Stuffed Jumbo Shrimp）（4人份）

把烤架置於烤箱上三分之一處，烤箱轉230度預熱。備妥：

14隻帶殼大蝦（2磅或更多）

以蝴蝶刀對開其中12隻蝦子，稍微加：

鹽和黑胡椒

調味。將剩下的蝦子去殼並粗略切碎。加：

1又1/2杯細磨的新鮮麵包屑

6大匙（3/4條）融化的奶油

1/4杯切碎的荷蘭芹

2小匙蒜末、1/4小匙鹽

1/4小匙黑胡椒

混勻。在一只淺烤盤上將蝦子平鋪一層，然後覆蓋上餡料，稍微壓一壓，讓餡料附著在表面。在蝦子周圍淋：

3/4至1杯不甜的白酒

淹過烤盤底層即可。將蝦子烤到滾燙，10至12分鐘；小心別烤過頭。舀一點烤盤裡的烤汁澆淋每隻蝦子，趁熱享用。

香草椰子蝦（Vanilla Coconut Shrimp）（6至8人份）

在一口大的平底鍋裡以中大火加熱：

1/4杯橄欖油

油熱後下：

1杯剁細的紅蔥頭

煎至紅蔥頭開始焦黃，3至4分鐘，加進：

1又1/2杯不甜的白酒

1根香草莢，縱向對開，把籽刮除

煮至小滾，讓酒液收汁剩一半，約5分鐘。再下：

1杯雞高湯、蔬菜高湯或魚高湯

1罐14又1/2盎司椰奶

2至3小匙去皮生薑末

1/4小匙鹽、1/4小匙黑胡椒

煮至小滾，讓醬汁收汁剩一半，約7分鐘。再加：

1又1/2磅大蝦，去殼挑除沙腸

進去，煮約10分鐘，蝦子翻面一次，煮至剛好熟透。撈除香草莢，再下：

1/4杯切碎的羅勒

佐上：

米飯或天使髮絲麵

鮮蝦燴飯或小龍蝦燴飯（Shrimp or Crawfish Étoufée）（4至6人份）

備妥：

3磅中型至大型的蝦，去殼挑除沙腸，或3至4磅小龍蝦

加：

1小匙匈牙利紅椒粉、1小匙乾的百里香

1小匙鹽、1/2小匙黑胡椒粉

1/2小匙乾的羅勒、1/4小匙紅椒粉

混勻置旁。在一口平底的大鍋或平底鍋裡，以中火攪勻：

3大匙蔬菜油、3大匙麵粉

不時攪拌，直到油糊的顏色和牛奶巧克力差不多，約20分鐘。拌入：

1杯切碎的洋蔥、1/2杯切碎的西芹

1/4杯切碎的紅甜椒、1/4杯切碎的青甜椒

1/4杯切碎的內臟香腸或煙燻火腿

拌炒至蔬菜丁呈金黃色，5至6分鐘。油糊的顏色會持續變深至深紅褐色。再下：

2大匙剁碎的大蒜

1/4小匙乾的鼠尾草，壓碎

1/4小匙乾的百里香

充分拌勻，續煮1分多鐘。拌入：

2杯雞高湯、2大匙番茄糊

1大匙烏斯特黑醋醬

1/4小匙辣的紅椒醬，或自行酌量

不時拌一拌，把醬料煮至小滾，然後把裹香料的蝦或小龍蝦加進鍋裡，再把鍋液煮至小滾，接著火轉小，讓醬汁微滾，蓋上鍋蓋，把蝦或小龍蝦煮至肉質扎實、呈粉紅色而且卷曲，約10分鐘。

加：

1/4杯蔥花、1/4杯切碎的新鮮荷蘭芹

再加：

鹽和黑胡椒粉、辣的紅椒醬

調味，配上：米飯

｜關於小龍蝦或淡水小龍蝦｜

我們的曾祖父母最開心的事之一，就是在密蘇里的小溪流找到他們在歐洲享用過的小龍蝦。這些外觀像迷你龍蝦的甲殼類被端上桌時，總像一座熱氣蒸騰的深紅色小山，也許點綴著蒔蘿，或者洇泳在自身的汁液裡——也就是法國的「à la nage」菜式。順道一提，光是一隻澳洲小龍蝦就大得足供一人份。

如果你準備這些甲殼類是為了做小菜，按照下方的食譜來煮，但只進行到水徹底滾沸，蝦完全沒入水中，接著鍋子離火，讓小龍蝦浸泡在開水裡慢慢冷卻。去殼後，可以搭配各式菜料或醬料，不過行家通常會單吃，享受它的原汁原味。

採買活的小龍蝦時，一定要挑除死翹翹的。若是冷凍小龍蝦，就應該是整隻而且個別包裝。活的小龍蝦可以放冰箱冷藏，要覆蓋上一張沾濕的廚巾或紙巾，冷藏不超過一兩天。

水煮小龍蝦（Boiled Crayfish）（每人份約1打）

備妥：
新鮮或冷凍的小龍蝦
若用新鮮的小龍蝦，換幾次冷水充分洗淨。如果你買下它們之前，它們被保存在流動的淡水裡，就不需取出內臟。假使不是，趁牠們還活著時取出內臟：握住中尾鰭，穩穩地扭轉，要扭好一下子才行，抽出胃和腸脈。將一口大鍋裝水，加：
1枝韭蔥，只取白段，切碎
荷蘭芹枝、1根胡蘿蔔，切碎
（3大匙白酒醋或蘋果酒醋）

調味。把水煮開，將小龍蝦——丟進滾水裡煮，下鍋的步調以水維持在滾沸狀態下為原則，煮至殼轉呈粉紅色，但不超過5至7分鐘。連殼端上桌，佐上：
蒔蘿末
大量調味的：
融化的奶油
直接用手剝小龍蝦吃；一定要附上餐巾和洗指碗。先把蝦尾從身體拆下，然後用雙手的拇指和食指將尾部逆著蝦殼的弧度反折，即可從殼裡抽出蝦肉。

｜關於章魚、魷魚和花枝｜

這些會噴墨汁的魚類，屬於長相古怪的海中生物，一定要吃進嘴裡才知箇中美妙。牠們都有可食的長足，以及天生像袋子似的身體可以填餡，還有會噴墨汁的墨囊，用來在遭遇敵人時於水中製造煙幕效果，伺機逃跑。

不管哪種墨魚，預先被冷凍，販賣前才解凍的情況很常見，這樣的處理不會顯著地減損品質，只要牠們的外觀仍保持鼓膨、有光澤而且聞起來新鮮。你可以把牠們放冷凍保存，可放上三個月。**解凍的方法是**，烹煮的前一天移到冷

藏室退冰。在市面上販售的**章魚**重量介於一至四磅之間，二磅重的最理想。**魷魚**和**花枝**要買小的（八吋長或更小），這樣肉比較嫩。魷魚在義大利叫做 *calamari*。►每人份的量約半磅。

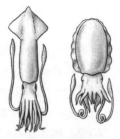

魷魚和花枝

花枝煮熟後和魷魚很相像，這兩者都是從歐洲進口，偶爾才買得到，也比較貴。小隻的魷魚和花枝，肉質比較嫩，短暫煮一下即可。通常是白灼加到沙拉裡，或者裹上麵包屑或麵糊油炸。章魚的肉質較韌，煎炒、燒烤或油炸前要先預煮到軟嫩。如果是要燴燒的話，只需先煮半熟（大約三十分鐘）。**預煮章魚的方法是**，用可淹蓋章魚表面的水煨煮，水裡加一大匙鹽、一片月桂葉、兩粒壓碎的蒜瓣和少許幾顆黑胡椒。煮四十五分鐘後，用一把刀戳戳看測試軟了沒；►當刀戳下去時沒什麼阻力就是熟了，煮到這個程度約需兩小時。

墨魚在販售時通常已經清理乾淨，但若需要自己動手，也很容易清理。**清理新鮮章魚的方法是**，修切口器和眼睛，小心別把附近的墨囊戳破。切下頭部，將內部往外翻，把內臟全數沖洗掉。將章魚嘴內的硬喙從身體末端的開口推出來。在流水下按摩章魚腳上的吸盤，把卡在吸盤內的泥沙清洗掉。章魚的皮是可食的，不過在烹煮過程中多半會自行脫落。**清理魷魚的方式是**，把手深深伸進身體裡，揪住魷魚的頭和內臟，輕輕往外拽，連同半透明的鞘也拽出來。把眼睛以下的觸手切下來。用刀身鈍的一側刮除內臟和偏紫色的皮膜。把魷魚筒和觸手沖洗乾淨。魷魚筒可保持完整來包餡（觸手可以剁碎加到餡料裡），或者把魷魚筒切成一圈圈，觸手也切成大小相似的小段。►**按照清理魷魚的方法來清理花枝**，只不過要先把身體縱切開來，清理內臟較方便。你也許需要用刀來把骨板（cuttlebone）切掉。►魷魚或花枝的灰色小墨囊可以被小心地切下來，裡頭的墨汁可以為湯、燉菜、醬汁、義大利麵或燉飯增添鹹香滋味和墨黑色澤。

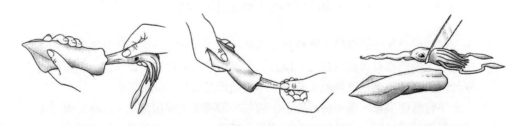

清理魷魚

燒烤魷魚（Grilled Squid）（4人份）

上述食譜裡為蝦和扇貝調味的處理都可以用在魷魚上。

把燒烤架的火燒旺。燒烤架盡量靠近火源。

在一口淺碗裡把：

2磅清理好的魷魚，觸手切除，身體縱切對半

2大匙特級初榨橄欖油

（1大匙雪莉酒醋或其他的醋）

混勻。等火燒旺，把魷魚放在烤架上，烤約1分鐘，頂多2分鐘，烤到向火的那一面結實而有烙痕。翻面再烤1至2分鐘。注意—烤過頭會使得肉質變韌。立即享用，佐上：

檸檬角和荷蘭芹末、義式青醬，317頁；或檸檬奧瑞岡油醋醬，326頁

包餡魷魚（Stuffed Squid）（6人份）

清理，如上：

12隻5吋魷魚

將觸手剁碎，置旁備用。

烤箱轉165度預熱。備妥：

1/2份填塞魚肉的荷蘭芹麵包屑餡料，269頁

把剁碎的觸手拌進去。每個魷魚筒裡填2大匙餡料。用廚用細繩把魷魚筒的開口

綁死，置於烤盤上平鋪一層。

混勻：

1/4杯橄欖油

1/4杯番茄醬或壓碎的罐頭番茄

1/2杯不甜的白酒、1/2杯水

1/4杯切細碎的荷蘭芹

澆淋在魷魚筒上。烤約1小時又15分鐘，或烤到魷魚軟身。趁熱或放涼再吃都可以。

｜關於海螺和蛾螺｜

　　海螺和蛾螺雖然外觀相似，但分別屬於不同的軟體動物家族。牠們事實上是大型的海蝸牛。➡現今在美國水域捕撈活海螺是違法的——海螺名列瀕臨絕種的動物之一。大多數的海螺都是從加勒比海島嶼來的。你可以跟網路商家訂購合法捕撈的海螺，通常是養殖的。一般買到的是熟的，而且是冷凍的。如果你有活海螺，➡丟進滾水裡灼燙三至五分鐘。一旦煮熟，很容易用叉子或籤子把肉掏出來，而且會掏出厚厚一大塊肉——四盎司左右。海螺和蛾螺的烹煮方式相同。鮮食或最低限度地烹煮一下，均鮮嫩可口；更常見的作法是，把牠們煮得夠久，久到肉質一度變韌，然後再次變得非常軟嫩，像煮魷魚一樣。

　　海螺和蛾螺也可以燴燒、燉煮或油炸（就像裹油炸麵糊去炸）。由於牠們的滋味溫和甘甜像蛤肉，所以兩者都可以取代蛤肉加到巧達湯、義大利麵或酸漬後加到沙拉裡。

海螺（或蛾螺）沙拉（Conch Salad）（4人份）

將：4個海螺或蛾螺（2杯），切大塊
修清所有橘色和暗色的肉。
把一大鍋醬汁鍋的水燒開，放入海螺沸
煮30分鐘，瀝出。
在一口大碗裡混勻：
1杯切碎的番茄、1/2杯切碎的紅洋蔥
1/2杯切碎紅甜椒、1/2杯切碎的小黃瓜

1根墨西哥青辣椒，去籽切碎
1/4杯切碎的芫荽或薄荷
1/3杯新鮮萊姆汁、2大匙橄欖油
鹽和黑胡椒，適量
把海螺加進來，拌勻，用：
蘿蔓萵苣葉
盛著食用。

｜關於仿蟹肉和龍蝦肉（魚板〔surimi〕）｜

魚板，往往以仿蟹腿肉或仿龍蝦肉的形式販售，是把白魚肉排（通常用太平洋明太鱈〔pacific pollack〕，但也有例外）加工後的魚漿製品，塑形並染色得神似蟹肉，也確實真假難辨——製程講究到只有把外緣染成粉紅色。魚板最好是用在以美乃滋為底的菜餚裡來取代蟹肉，譬如沙拉、香濃的奶製沾醬和湯。參見海鮮沙拉★，278頁。熱的蟹肉蘸醬★，139頁，或壽司捲★，591頁。

｜關於龜類｜

在美國，只有養殖的淡水烏龜以及少數品種的淡水野生龜，可以合法食用。ⁿ►海龜族群自一九七三年以來一直受到瀕臨滅絕物種保護法的保護，鑽紋龜（diamondback terrapin）——燉成湯肉質軟嫩，一度享有盛名——如今也受東部沿岸各州法令保護。在溫帶的北美地區最常被捕撈或養殖的食用龜類是**淡水龜**，譬如**鱷龜**（snapping turtle），盛產於北達科他至佛羅里達的沼澤和溪流。以性情來說，鱷龜這名字取得頗貼切，牠們和普通烏龜很不一樣：脾氣暴躁，囓食的咬合力驚人。

我們►不建議在自家廚房裡處理活龜。大家也都樂於從網路商家或海產店裡購買享有口碑、富含膠質的龜肉，也許是做成罐頭的熟龜肉丁，也可能是冷凍生肉。解凍的說明，參見「關於冷凍」。

烏龜湯（Turtle Soup）（4至6人份）

在一口厚底醬汁鍋裡以中火融化：
2大匙奶油
接著煎黃：

1磅罐頭或退冰的龜肉，切成1/2吋塊狀
約7分鐘。加：鹽和黑胡椒，適量
調味，再下：

1顆洋蔥，切碎、3枝西芹梗，切碎

3瓣蒜仁，切細碎

1顆墨西哥青辣椒，切細碎

1/2杯切碎的青甜椒

1又1/2小匙乾的百里香

2片月桂葉

煮到蔬菜料軟身，約5分鐘。倒進：

4杯牛高湯或仔牛高湯或肉湯

煮沸，接著火轉小煨煮25分鐘。煨肉的同時，在一口小的醬汁鍋裡融化：

1/4杯（1/2條）奶油

拌入：

1/4杯中筋麵粉

開中火翻炒，把油糊炒黃，約8分鐘。漸次地把油糊攪進湯裡，再煨煮20分鐘，偶爾攪動一下。加：

1又1/2杯切碎的去皮番茄

3/4杯不甜的雪莉酒

1大匙辣椒醬

1又1/2小匙烏斯特黑醋醬

1/2顆檸檬的汁液

煮個10分鐘。加：

鹽和黑胡椒，自行酌量

調味，點綴上：

水田芥

剁碎的水煮蛋

| 關於蝸牛 |

羅馬人愛吃蝸牛成痴，闢有專門養蝸牛的農場，餵食特殊食物來預先調味，譬如月桂葉、葡萄酒和香料湯。有些事情是不會改變的——時至今日，大部分的蝸牛還是養殖的。如果你自行採集蝸牛，照以下的方式來進行：在十天至二星期的時間裡，餵蝸牛吃萵苣葉，每幾天就汰除舊的換上新菜葉。接著，

➡️刷洗野生蝸牛——或買來的養殖蝸牛——刷洗到沒有黏液殘留。將蝸牛放進一口不鏽鋼大鍋或搪瓷鍋裡。準備足以淹蓋五十隻左右蝸牛的酸性水☆，見「了解你的食材」，混合：

水、1/4杯醋、1/2杯鹽

清洗蝸牛，再重複兩次這整個過程，或直到酸性水變得清澈。處理到這個程度時，頭沒有伸出殼外的蝸牛，便挑除不用，其餘的瀝乾。將蝸牛沒入滾水中，煮五分鐘。瀝出放涼，然後用小叉子把蝸牛肉從殼裡挑出來；保留蝸牛殼備用。用拇指和食指捏著蝸牛上半部，劃開下半部，以便摘除腫脹的腸管。用快煮湯底煮蝸牛：

1份清水或淡色高湯兌1份不甜的白酒

煮3小時，或煮至軟身。在起鍋前30分鐘加：

1束綜合辛香草束☆，見「了解你的食材」

2瓣蒜仁

讓蝸牛在快煮湯底裡冷卻，瀝出。

蝸牛（Snails）（每人6至9個蝸牛）

I. 按上述方式準備蝸牛。用一塊布把蝸牛肉和殼擦乾。在每一個殼裡填入一大坨：

蝸牛奶油，305頁

然後再把蝸牛肉塞回殼裡，把肉緊緊地往殼裡塞，讓肉淹沒在大量的辛香草奶油裡，直至蝸牛殼開口只見奶油的地步。填好餡後蝸牛可以放冰箱冷藏，或者立即烘烤。烤箱轉220度預熱。把蝸牛鋪排在烤盤上，烤盤裡稍微撒上足使蝸牛變得滾燙——只消幾分鐘的時間——的一些水。出爐後盛在加熱過的蝸牛盅裡。

II. 若用罐頭蝸牛，以下的作法可化平庸為神奇。準備可填滿48個蝸牛殼的：

3份蝸牛奶油

在一口中型醬汁鍋裡混勻：

1杯罐頭清湯

1杯不甜的白酒

1/2片月桂葉

1瓣蒜仁

煮沸，再繼續熬煮收汁至剩一半的量，置旁備用。熬煮的同時，將蝸牛殼充分洗淨並瀝乾。在一只瀝水籃裡放：

48顆罐頭蝸牛肉

把4杯溫水澆淋在蝸牛肉上，充分瀝乾。把蝸牛肉放進濃縮滾燙的摻酒清湯裡短暫煮一下，瀝出。按上述方式把蝸牛肉和奶油填入蝸牛殼，再按上述方式加熱和食用。

III. 把蝸牛殼換成：

炒蕈菇

每個蘑菇蓋填入一或多個蝸牛肉，視大小而定。蝸牛肉上再敷上：

蝸牛奶油

送入炙烤爐裡，短暫的加熱至熱透。

｜關於蛙腿｜

淡粉紅色、多肉的蛙腿，在肉質和滋味上常常被比擬為雞肉，得要文火細燉才能保留甘甜。市售蛙腿肉主要是冷凍、去皮、即食的居多，而且多從亞洲進口。新鮮的蛙腿取自美國南方和中西部於春季捕獲的青蛙，很多人在那期間去捕蛙。**如果青蛙沒被處理過**，切除蛙足並丟棄；然後再切下靠近身體的後腿一青蛙被拿來入菜的唯一部位。用冷水把蛙腿一一清洗乾淨。從頂端開始，像脫掉手套那樣剝除蛙皮。從蛙腿抽搐的一項實驗裡，伽伐尼（Galvani）發現了以他的名字命名的電流。如果你不想在你的廚房進行這種科學實驗，把蛙腿冰涼後再剝皮。▶讓每人分得二至三隻大的或六隻小的蛙腿。

燴燒蛙腿（Braised Frog Legs）（4人份）

清洗：8隻大型蛙腿

放到：調味麵粉☆，見「了解你的食材」

滾一滾。在一口大的平底鍋裡融化：

6大匙澄化奶油，302頁

放入：

1/2杯切碎的洋蔥

炒軟，接著蛙腿下鍋，煎黃。把火轉小，倒進：
3/4杯滾燙的雞高湯或肉湯
緊密地蓋上鍋蓋，把蛙腿煮軟，約10分鐘。
與此同時，在另一口中型平底鍋裡融化：
6大匙（3/4條）奶油
倒進：

1又1/4杯調味的乾麵包屑
（3/4杯剁細碎的榛果）
用奶油焙炒一下，再加：
1小匙新鮮的檸檬汁
把蛙腿放到麵包屑裡滾一滾，起鍋後點綴上：
切碎的茴香枝
或者，如果有加榛果的話，點綴上：
切碎的荷蘭芹

炸蛙腿（Deep-Fried Frog Legs）

請參見「關於深油炸」，見「了解你的食材」。
清洗：
蛙腿
敷上：

吉利炸粉和蛋液，見「了解你的食材」
置於盤子或架子上晾乾1小時。把蛙腿丟入加熱至185度的3吋高熱油裡炸到呈金黃色。瀝油後佐上：
塔塔醬，338頁

魚類

◆━━━━━━━━◆

Fish

因為具有大量的海岸線、海灣、湖泊、河流和澗溪，美國的大多數地區都能享用豐盛鮮美的魚類，就連最內陸的地區，高品質魚類的品項也越來越多。從海灘邊的炸魚屋到高檔餐廳乃至於家庭廚房，魚料理的烹調與擺盤，和漁市裡或休閒釣客釣到的魚類品種一樣變化萬千。很少有什麼比得上現釣現煮的鮮魚鮮甜。不管是你自個兒釣來的還是買來的，野生魚往往比養殖的魚更有滋味，因此價格比較高也是值得的。當然，垂釣客得要跟當地機關確認，垂釣的水域是否乾淨，以及哪些魚類食用無虞。

在市場選購魚貨時，信譽好的魚販是無價的資源，適當的烹煮方法也是。然而不管在哪裡買魚，具有挑選魚貨的知識，而且懂得類似品種如何替換，就能無往不利，見73頁。

近來有關魚體裡汞和殺蟲劑含量的疑慮，似乎和多吃魚的建議相衝突，然而大多數研究指出，除了非常幼小的孩童和孕婦或哺乳的婦女以外，就所有人來說，吃魚的好處大過潛藏的危險。含汞量最高的四種魚是鯊魚、劍魚、王鯖和馬頭魚。魚肉的顏色越深的部分往往含有越高濃度的毒物（就像魚卵和魚肝一樣），因此這些深色肉可以修切掉或避免食用。

從食用安全和營養多樣化的角度來看，食用各種來源的各種魚類，比只吃愛吃的特定種類要來得好，因為不同的魚提供不同的營養，而且特定種類的魚含有少量毒物，若是經常食用也會累積在體內。

｜魚類的購買和貯存｜

幾個簡單的原則可幫助你把高品質的魚帶回家。首先，➡️在吃魚的當天去採買或垂釣，頂多在前一天張羅。如果你改變計畫，沒辦法在當天煮掉，就把魚冷凍起來。用保鮮膜緊密地把處理過並清洗乾淨的魚包裹起來，然後再重複包一層。參見魚類的冷凍及烹煮的說明，如下。

採買魚的時候，記得，魚肉表面發白發乾，或者說外觀像白粉筆似的，很可能代表著水分流失或凍傷，再者，有些商家➡️會賣退冰的冷凍魚，卻沒有特別標示這種魚得要立即烹煮，不能重複冷凍。可能的話，一定要跟魚販問清楚；不然就要相信自己的直覺。好品質的魚，肉質應該扎實而沒有損傷，好品

質的鹹水魚聞起來有海水味。魚的表面應該光亮清澈而且幾乎是透明的，不該有粉紅色的斑（通常是撞傷）或褐斑（代表腐敗），也不該有深紅色或褐色的色塊，或者看起來油油的、帶有微微彩虹色澤。若是新鮮的一整條魚，查看鰓是否鮮紅、魚眼是否凸出而清澈、魚身帶有毫無損壞的一層魚鱗、按壓魚肉時感覺要結實，而且沒有任何褐變的地方。再者，氣味應該是甘甜的。上好品質的全魚看起來像是活的，彷彿剛離開水一般。

買好魚之後，在回家途中盡可能用冰塊保冷或者裝在冷藏箱裡。家用冰箱其實冷度不夠，無法充分防腐，因此，➡最好是以原包裝置於冰塊上冷藏。整條魚可以直接置於冰塊上，只要排水順暢，因而魚不會浸潤在水裡即可。使用裝滿冰塊而且套在一個盆子上的大瀝水籃，效果最好。貯存的長度多半得看魚本身的狀態而定，越早食用越好。

冷凍魚

由於大型魚船一出海就是好幾個星期，魚一上船甲板便馬上被冷凍，會比僅僅只是冷藏要來得新鮮。只要盡快冷凍，而且慢慢退冰，冷凍魚也可以有高品質（事實上，壽司店裡供應的魚肉很多是冷凍的）。查看包裝上是否有「冷凍過」字樣，避免退冰後又重複冷凍的魚貨。

只買結凍且包裝牢固的魚。包裝不該被劃破或變形，或者有重複結凍的跡象。冷凍魚要不放冷藏解凍，要不就是以冷凍狀態直接烹煮。魚柳或個別裹上麵包屑的魚排烹煮前不該解凍。➡解凍後的魚要立即烹煮，也不要重複冷凍。解凍後的魚肉的烹煮方式和新鮮魚肉相同。➡若是以冷凍狀態直接烹煮，最好是烘烤、炙烤或以紙包（en papillote），或鋁箔紙包的方式烹煮。烹煮時間比新鮮的魚多一倍。➡冷凍魚烹煮前要先去皮。

｜烹煮前的準備｜

煮魚最重要的一點就是盡量保持魚肉的鮮美。其次是，不管魚體型大或小，也不論是哪個品種，選擇最能夠保留肉汁的烹煮方式。➡千萬不要煮過頭。脂肪較少的魚，譬如大比目魚和石斑魚，煮的時候需要多一點油，若先醃過，343-345頁，也會比較美味。較肥美的魚，譬如竹筴魚和鯖魚，滋味較濃厚，經得起較濃郁的醬汁。➡烹煮前一定要洗淨並擦乾。

小魚

清理諸如雪香魚、沙丁魚、鯷魚或圓腹鯡（sprat）等小魚，將魚頭捻斷後朝下拉扯；部分內臟會順勢被抽出。用手指從前端把魚體撐開，掏出剩下的內

臟，再用手指捏住魚脊，把它抽出來。最後會剩下連著魚皮的兩小片魚排。

小魚也可以**開蝴蝶刀**。採用這刀法來切時，先切除頭和尾，隨而將魚脊和背鰭兩側的魚肉俐落地整片切開但不切斷；腹鰭用開槽（slot-cutting）的刀法切下來。切下來的魚肉是一整片，不帶魚脊，如蝴蝶兩翅攤平，方便清洗、擦乾和烹煮。

大魚

如果魚重達兩磅或更重，清蒸、水煮、烘烤或切成輪切片來料理，如下。這種體型或稍小的魚也可以片成魚排。有時候你也會看到把整條大魚的魚皮剝除再烹煮的建議，這主要適用於肉質扎實的魚，好讓魚肉快速受熱和入味，或者魚皮的表面積太大，就像一整尾大菱鮃，魚皮不去除的話會裂開。

清理待煮的全魚，先在平穩的案板上鋪幾層報紙再疊上三層牛皮紙。如果魚需要刮鱗片，先用剪刀剪掉魚鰭，這樣刮魚鱗時才不會卡手。用冷水短暫地沖洗魚身——魚身濕潤的話，魚鱗比較容易刮除。穩固地抓著魚尾底端，假使魚尾太滑手，可以隔著一條布巾抓著或者戴上塑膠手套。從尾端開始刮起，➡️將一把堅硬利刀的刀背或一把魚鱗刨以略微偏斜的角度壓抵著魚身，刨刮的同時順勢拔起魚鱗。靠近魚頭的「小鱗片」要逆向短促地刨，避免魚鱗亂飛。一定要把頭部後面和魚鰭周圍的鱗片刮乾淨。刮好後，把第一層牛皮紙連同飛落其上的魚鱗丟棄。

刮除魚鱗

接下來，**去除魚內臟**。從靠近尾部的肛門下刀，把魚肚縱向劃開至頭部，掏出內臟。這些內臟都包在囊一般的膜裡，很容易從魚肉裡取出，因此去除魚內臟未必是一件麻煩事。如果你打算去魚頭，從鎖骨上方下刀，讓魚頭突出案板邊緣，把脊骨整個切斷。胸鰭如果之前沒有被切除的話，應該也會跟著魚頭脫落。接著從緊鄰魚尾的魚身處把魚尾切除。再用牛皮紙把內臟包起來丟棄，留下精選的修切部分——尤其是魚頭——來熬魚高湯★，206頁。

若要輪切魚片，從頭部下刀，均勻地橫剖至少一吋厚的厚片，如圖示。

你也可以把大片的輪切片切成兩小片魚排，方法是沿著其中一邊的皮和骨的內側切，如圖示。另一邊也如法炮製，喜歡的話可以把扁扁的一端切除。

將圓身魚去內臟；切頭去尾；切輪切片

如果要做包餡魚，一如剔除不要的魚骨一樣把背鰭切除。先從背鰭的其中一側整個縱向劃開，然後把背鰭快速往魚頭的方向拉，使之鬆脫，順帶的也把連著的魚骨取出。把魚肉放到冷水下沖洗，把血、零碎的內臟或膜都沖掉。ー▶確認脊骨下方的血脈也都清除。把魚身充分擦乾即可烹煮，包不包餡都可以。

要將圓身魚切魚排（魚眼在魚頭的兩側，每一側可以片下一片魚排），不管是一磅的鯖魚或八磅的鬼頭刀，不需刮鱗片、去鰭或除去內臟。把它放在鋪了幾層牛皮紙或蠟紙的案板上，先去頭去尾，然後沿著背部整個縱向劃開，接著刀以某個斜角從鎖骨後方插入。刀面和魚身平行，刀鋒朝向魚尾，刀尖朝向沿著背部切開的切口，刀面貼著脊骨以滑動的方式把整面魚肉一路片開到尾部，片下來的魚肉是一整片。翻面重複這道手續，把另一面的魚肉片下來。

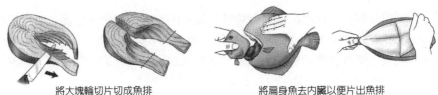

將大塊輪切片切成魚排　　　　將扁身魚去內臟以便片出魚排

要將魚排去皮，魚片帶皮的那一面朝下，用空手緊緊握住尾端，從尾端算起二分之一吋的地方下刀，切穿魚肉，然後把刀面轉成水平貼著魚皮，刀鋒朝向魚肉表面，然後刀往前切移，如圖示，同時讓刀面一直平貼著魚皮，而你另一隻手始終緊緊拉著魚皮。

將圓身魚切魚排；將魚排去皮

｜扁身魚烹煮前的準備｜

扁身魚的處理方式和上述的步驟完全不同，雙眼很窘地同在上側的這種魚，要用特殊的方式去皮和片魚排。這種魚體型像扁平的橢圓，每一隻可切下四片魚排，一概可以用煮比目魚或鰈魚的食譜來做，包括大菱鮃這種比大多數扁身魚來得不扁身的魚。

要將扁身魚去內臟，在頭部周圍切出一個V形凹口，將頭部從身體扯離，需要扭動一下才行。內臟會跟著頭部一起被抽出。

要將扁身魚片魚排，➡你很可能會想要先把魚皮去掉（有時候白皮魚是不去皮的）；將尾柄的魚皮切一道深口。將魚皮往後剝大約四分之三吋，一手牢牢抓著被剝離的魚皮，一手平握著魚尾，平穩地把魚皮往頭部方向拉。➡剝的時候，扁身魚的中央會露出一道縱向的凹槽，從中把每一面分成兩片一組的魚排。將第一面脊柱兩側的魚排片下來。把刀滑入其中一片魚排底下，刀面盡量貼近魚骨，刀鋒朝魚的外緣，把魚肉切離脊柱。重複一次把第二片魚排切下來。然後將魚翻身，在第二面重複上述動作。丟棄不用的內臟，除非魚的滋味濃厚或者富含脂肪，保留骨架、魚皮、魚頭和魚尾來熬煮魚高湯。

｜關於煮魚｜

我們的很多魚料理都需要用烤盤烹理。如果這類菜色夠體面，上得了餐桌，宴客會簡單很多。用這種方式烹理，魚——本身很嬌嫩——經歷較少的處理，餐後你要清理的碗盤也比較少。➡每人份約估一磅的小型全魚，假使去頭去尾去鰭則四盎司；輪切片八盎司；或八盎司魚排。

測試魚熟了與否的方式是，把溫度計斜斜插入魚肉最厚的地方，若要全熟，煮到內部溫度達六十三度。➡當內部溫度達四十九度至五十七度，對大部分人而言魚肉已經夠熟。

魚肉熟了的一般指標是：肉質變得扎實、開始出現片狀的肉，以及整體呈不透明。當你猜想某片魚肉應該差不多熟了，用一支薄刀葉的刀輕輕地戳進魚排或輪切片的片狀肉之間。如果你希望鮭魚或劍魚將熟未熟，或者鮪魚三分熟，先搞清楚片狀肉的間隙看起來應該如何。在魚達到你想要食用的熟度之前取出，因為如果盛在溫熱的盤子上，魚肉會持續在烹煮狀態中。

如果你沒有溫度計，把一根木籤插入魚身最厚的部分；如果插的時候沒什麼阻力，而且抽出後木籤很乾淨，那麼魚肉十之八九熟了。判別肉質細嫩的魚熟了與否的「一指神功」法，就跟烤蛋糕一樣，用手指按壓，看看魚肉有沒有回到原來的形狀。好的廚子根據經驗知道魚應該煮多久，不過即便如此烹煮過程他們也會時時留意，免得把魚肉煮老了。

很多滋味溫和的魚可以加佐醬提味。相反的，如果魚肉的滋味濃郁，很多老練的廚子➡會把煎煮這類魚的奶油或烹飪油倒掉。不然的話，也可以把鍋底脆渣溶解出來做成醬汁，284頁。

如果煮好的魚要當冷盤食用，冷藏至最後一刻再端上桌。假使是自助式餐會，把它擺在碎冰上。➡要將全魚保溫，把魚放在溫熱的上菜盤上，擺在溫度盡量轉低的烤箱裡，烤箱的門微開。魚排的保溫方式和全魚相同，但是要蓋上溫熱的濕紙巾或濕布。➡確認佐魚的醬料是熱騰騰的。**醬燒魚的保溫方式**

是，置於不加蓋的雙層蒸鍋裡，或是置於裝有滾水的鍋子裡，不蓋鍋蓋。

要將魚去腥，⇢在醃漬或烹煮的過程中加檸檬、酒、醋、薑、蔥、蒜。要去除器皿和抹布上的魚腥味，用一小匙小蘇打粉兌四杯水的溶液清洗。鍋子可以用熱的肥皂水刷洗，沖乾淨並擦乾後，再用少許醋清洗，接著再用水沖乾淨。要去除手上的魚腥味，用檸檬汁、醋或鹽搓一搓，然後再用水清洗。

其他以煮熟的魚貝類為底的菜色，請參見《廚藝之樂〔飲料‧開胃小點‧早、午、晚餐‧湯品‧麵食‧蛋‧蔬果料理〕》「早午餐、午餐和晚餐菜餚」，以及「開胃菜和迎賓小點」、「關於魚湯和海鮮湯」。製作燻魚的方法☆，見362頁。形形色色適合搭配魚肉的醬料，均附在這一章裡的個別食譜中。其他的請參考「鹹醬、沙拉醬、醃汁、乾醃料」篇，277頁。

有很多迷人的方式端上魚料理或裝飾魚料理。做成冷盤很體面的魚類有鮭魚、大湖鱒魚、大比目魚、大菱、多佛鰨魚、大眼狗魚和鯉魚。在夏天，燒烤魚佐上綜合蔬菜沙拉或莎莎醬非常清爽，請參見《廚藝之樂〔飲料‧開胃小點‧早、午、晚餐‧湯品‧麵食‧蛋‧蔬果料理〕》「沙拉」，和「鹹醬、沙拉醬、醃汁、乾醃料」。點綴魚料理的一個美妙盤飾是鮮麗可口的油炸荷蘭芹。

下列是格外適合魚類的烹煮方式解說，譬如烘烤、蒸、水煮、燴燒、微波、燒烤、炙烤、板烤（plank-roasting）、香煎（sauté）、煎炸（pan-fry）和油炸，一一列在該種烹理方式所附的食譜裡。本章也囊括了適合特定種類的魚的鹽醃（curing）和醋醃（pickling）方法及食譜的說明。

｜關於烤魚｜

烤魚是最被推薦的一種料理魚的方式：它近乎完整地保留了魚肉細膩特殊的鮮味。以一百八十度或更低的溫度烤，不僅時間上更有餘裕，而且也更能留住魚肉裡的水分。高溫當然較快烤好，而且可以烤出漂亮的酥皮，多加了焦黃滋味。

你會發現，這裡高溫烤或低溫烤的食譜都有；好讓你把烹煮時間和脂肪含量減至最低，不需時時留意烹煮中的魚，而且喜歡的話，可以把蔬菜加進去。一般而言，⇢全魚、輪切片和厚魚排烤出來的效果最好。任何魚都可以整尾烤——體型沒有限制。非常巨大的魚烤起來和一磅重的魚一樣可口，說不定更美味，因為烤的時間一拉長，魚皮會越酥脆。薄的輪切片和魚排也可以烤到焦黃，只不過很可能還沒烤黃就已經先烤乾了，因此用炙烤爐烤會比較好，57頁。

稍微抹油的魚置於寬大的烤盤內，或置於烤盤內抹了油的架子上，架子架高得足以讓魚滴淌的汁液不僅不會沾到魚身，而且可以蓄積起來，用來塗抹魚身潤澤魚肉。烤盤要置於略高於烤箱中央的地方。烤盤可以鋪一層鋁箔紙，這樣事後比較容易清理。肉質較扎實的魚需要烤久一點，包餡的魚也是。如果要

把魚翻身，翻一次就好，用兩根鏟子來翻，降低把魚身翻破的風險。要測試魚肉熟了沒，參見「關於煮魚」。

| 關於端上全魚 |

　　要把煮熟的整尾圓身魚去骨，用手或一根叉子從魚的一側挑起魚皮，再整個剝除。用一把柳葉刀，在露出魚肉的這一面，順著中線從頭至尾劃一刀，再從這一道口子的兩側，切出二吋半至三吋寬的魚肉，從骨架上移開。接著，用刀子或叉子背部壓著底層的魚肉，從魚尾端開始，將脊骨剝除。露出來的下層魚排便可以上桌了。

　　要把煮熟的整尾扁身魚去骨，用一把刀或鍋鏟，沿著魚身上緣和下緣，把小刺都鏟開。順著魚身的中線劃一刀，把上層的兩片魚排切開。從脊柱的地方下手，把這兩片魚排剝離骨頭，盛到盤子上。將頭部的脊骨切斷，挑起脊柱並丟棄。再切開底下的兩片魚排，盛到盤子上。

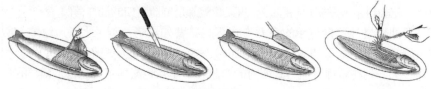

端上全魚

烤全魚（Roasted Whole Fish）（6人份）

可以用較大的魚來烤，但需要烤久一點。
烤箱轉165度預熱。將：
一尾3磅的魚，諸如紅鯛、馬頭魚、黑線鱈、石斑魚、嘉魚（char）或鮭魚
刮鱗、清洗，並擦乾。
假使魚皮很韌，在魚身斜劃幾刀，置於架在烤盤上抹了油的架子上。大量刷上：
澄化奶油，302頁，或橄欖油
假使魚肉精瘦，可以包油（bard），140頁。如果不包油，那麼烘烤期間就要常常在表面塗：

澄化奶油，或橄欖油
烤約30分鐘，或烤到肉質扎實而且整個呈乳白。盛到溫熱的盤子裡，點綴上：
檸檬片、荷蘭芹枝或羅勒枝
（熱騰騰的鑲餡番茄）
（杏仁片☆，見「了解你的食材」）
適合的佐醬有：
蝦醬，294頁，或芥末醬，293頁
以及，佐配滋味很淡的魚肉，用：
羅倫佐淋醬，328頁、水果莎莎醬，325頁，或義式青醬，317頁

烤包餡全魚（Roasted Stuffed Whole Fish）（6人份）

包的餡料味道不要調得太重，免得蓋過魚肉天然細緻的滋味。如果魚先剝骨再

包餡的話，魚皮一定要保持完整。
烤箱轉165度預熱。將：

1尾3磅的魚，諸如紅鯛、馬頭魚、黑線鱈、石斑魚、嘉魚或鮭魚
刮鱗、清洗，並擦乾。包上：
1又1/2杯加牡蠣的麵包丁餡料，265頁、填塞魚肉的荷蘭芹麵包屑餡料，269頁、或配魚肉或雞肉的綠色辛香草配料，270頁
或者包：
奶油或橄欖油、新鮮麵包屑和杏仁片

混合物。
把魚置於烤盤裡抹了油的烤架上烤約40分鐘，或烤到魚肉扎實而整個不透明。
配上：
洋蔥醬，293頁、鮮奶油醬，295頁、檸檬荷蘭芹奶油，305頁、荷蘭醬，307頁，或貝亞恩醬，308頁
萊姆角或檸檬角

烤整尾鮭魚（Roasted Whole Salmon）（8至10人份）

這道食譜也可以用燒烤方式來做。按照以下的說明進行，用間接加熱來燒烤☆，見「烹飪方式與技巧」。標準烤箱或22又1/2吋的壺型烤爐頂多可寬裕地容納1尾7磅的鮭魚。
烤箱轉250度預熱。將：
1尾7磅鮭魚
刮鱗、清理乾淨，並拭乾。在鮭魚的裡裡外外搓抹：
2大匙橄欖油、鹽和黑胡椒，適量
在魚肚裡塞：

1顆小的檸檬，切片、數枝百里香
用鋁箔紙把魚頭和魚尾鬆鬆地包起來。置於架在烤盤上抹了油的烤架上，烤到魚肉扎實，而且徹底不透明，約45分鐘。
用兩把鏟子把魚移到上菜盤，拆掉鋁箔紙。切開頭和尾周圍的魚皮，隨而順著背脊上緣劃一刀，輕輕地把魚皮撕下來。用一把鈍刀把魚背上緣的一整排小刺挑出來，再把魚腹下緣的一排刺挑出來。輕輕地切掉褐色的肉。在盤子裡點綴上：
剁碎的荷蘭芹和百里香、檸檬角

烤白酒魚排（Baked Fish Fillets in White Wine）（4人份）

烤箱轉180度預熱。在抹了油的烤盤裡放：
1又1/2磅去皮的比目魚、石斑魚或其他白皮魚排
假使魚排很大塊，可以切兩半。在魚排上澆淋：
1杯不甜的白酒

（2大匙不甜的雪莉酒）
烤到肉扎實而且徹底不透明，25至30分鐘。淋上烤魚的烤汁，烤汁可以稍微熬煮濃縮一下。撒：
鹽和黑胡椒，適量
調味。點綴上：
檸檬角、（炒蘑菇）

迪格雷比目魚（Sole Dugléré）（4人份）

烤箱轉180度預熱。用上下兩層紙巾將：
2磅去皮的比目魚排
充分擦乾。淋上：
2大匙新鮮檸檬汁
在一口耐烤的平底鍋裡融化：
3大匙奶油

加：
1/4杯切細碎的紅蔥頭
1/4杯切細的蘑菇
2大匙剁細的荷蘭芹
再把魚放進去，連同：
1杯不甜的白酒

煮沸，馬上把火轉小，用抹了奶油的烘焙紙蓋住鍋子，送進烤箱裡烤約10分鐘，或烤到魚肉結實而徹底不透明。與此同時，將：

1磅番茄

去皮去籽並切丁。把魚移到抹了奶油的烤盤裡；保留高湯備用。需要的話，把高湯熬煮至約1/2杯的量，用它來做：

配魚的白酒醬，294頁

取代該食譜裡的高湯和白酒。炙烤爐預熱。一等醬汁變稠，加番茄丁進去。把醬汁倒到魚肉上，撒上摻混了：

1撮匈牙利紅椒粉

大量：

帕瑪森起司屑

送進炙烤爐烤到醬汁變色。

高溫烤魚排（High-Heat Roasted Fish Fillets）（4人份）

大部分的魚排都可以用這方法來烤。諸如石斑魚或比目魚這類的扁身魚魚排烤3至5分鐘。鱈魚和其他細緻的白魚魚排，按每一吋厚度約需烤8分鐘的比率計算時間；肉質更結實的白魚，譬如紅鯛，每一吋厚度約需烤9至10分鐘。為避免煮過頭，在最後一絲半透明的狀態開始消失之際便把魚從烤箱取出。

烤箱轉260度預熱。用少許油或奶油把立出邊框的烘烤紙或淺烤盤稍微抹油。在盤裡鋪：

1又1/2至2磅去皮魚排，共1至4片，洗淨並拭乾

刷上：1大匙橄欖油或融化的奶油

加：鹽和黑胡椒，自行酌量

調味。烤到肉結實而徹底不透明，其間不去翻動魚排。佐上：

荷蘭芹末和檸檬角

配魚的香檳醬或白酒醬，295頁

洋蔥醬，293頁、白奶油醬，303頁

調味奶油，304頁，或調味油，351頁

或油醋醬，325頁

文火烤魚排（Slow-Roasted Fish Fillets）（4人份）

幾乎任何醬料都可以淋在這些魚排上：香橙油，352頁；加少許麻油和幾滴醋的溫熱醬油；松子青醬，320頁，摻油或高湯稀釋過或新鮮番茄醬，311頁。你甚至可以把薯泥，擺在魚排上。文火慢烤可以讓魚肉多汁軟嫩。

烤箱轉華氏165度預熱。將一口淺烤盤抹上：1小匙橄欖油

在盤裡放：

2片帶皮的厚魚排，譬如鮭魚、鱈魚、大比目魚或劍魚，每一片約12盎司重，最厚的地方約1又1/4吋厚，洗淨並拭乾

魚皮朝上，送入烤箱。15分鐘後，用速讀溫度計（instant-read thermometer）查看內部溫度，當溫度達到52度，把魚排移出烤箱，靜置3分鐘。或者片一小塊魚肉下來，看看是否徹底變得不透明。把魚皮剝下來，將魚排翻面。

包餡魚肉盅（Paupiettes）（4人份）

烤箱轉180度預熱。備妥：

8片去皮的比目魚排或竹筴魚魚排，或其他薄片魚排

將4只個別8盎司容量的模子或陶盅抹奶

油。每個模子裡鋪2片魚排，魚排在模子底部呈十字交叉，兩端順著模子邊壁往上伸展。魚排要長得可以在模子頂部翻折交疊。在一口碗裡用叉子混勻：

1/4杯（1/2條）融化的奶油

1又1/2杯新鮮的麵包屑

1/4杯切碎的西芹、1大匙切碎的荷蘭芹

1小匙切碎的洋蔥、1/4小匙鹽

　（1/8小匙乾的羅勒）

把這餡料填入模子裡，將魚排末端交疊包住餡料。把模子置於裝有熱水的烤盤裡，烤到魚肉結實且徹底不透明，約30分鐘。烤好後移至熱盤子上脫模，點綴上：

檸檬角、幾株荷蘭芹或水田芥

佐上：

檸檬奶油，303頁、牡蠣醬，294頁、荷蘭醬，307頁、或鯷魚醬，294頁

紙包魚（Fish en Papillote）

若是做派對料理，預先備妥個人份包裝並冷藏。烤之前放在室溫下回溫10至15分鐘。

烤箱轉230度預熱。每一人份，在一張心形烘焙紙上放：

2片中型的去皮的鯧鰺、河鱸、鯛魚或鱒魚魚排

覆蓋上：

蝦醬，294頁

再星布著切小塊的：

1大匙奶油

把烘焙紙包折起來，邊緣捏皺。烤約15分鐘，烤到烘焙紙變黃而且鼓膨，魚肉結實而且徹底不透明。立即享用。

法式烤鱈魚（Cod Boulangère）（4人份）

烤箱轉180度預熱。在一口裝了滾水的中型醬汁鍋裡把：

16顆小的馬鈴薯，去皮

煮到軟而不糊，15至20分鐘。與此同時，在另一口裝了滾水的小型醬汁鍋裡煮：

12顆剝皮的珍珠洋蔥

在抹了奶油的一口淺烤盤裡鋪排：

1片中段鱈魚排（約24盎司）或1小尾鱈魚，刮鱗，清理乾淨，而且拭乾

再把馬鈴薯和洋蔥擺在四周，撒上：

1小撮百里香

鹽和黑胡椒，自行酌量

烤到魚肉扎實而且徹底不透明，20至30分鐘，其間不時刷上：

融化的奶油

烤好後，盛在烤盤裡直接上桌，點綴上：

切碎的荷蘭芹、檸檬片

鹽焗魚（Fish Baked in Salt）（4人份）

用粗鹽烤魚是最精巧、簡單又留住最多滋味的煮魚方式之一，因為鹽殼形同保濕的「烤箱」罩住整尾魚，溫和而均勻地加熱。

烤箱轉260度預熱。在大得足以容納整尾魚的烤盤底部鋪上1/2吋的一層：

粗鹽

將：

1片2至3磅中段魚排，譬如鮭魚排，或1尾2至3磅全魚，譬如紅鯛、石斑、刺鬣魚、馬頭魚、礁石魚或其他白肉魚，清理乾淨，但不需刮鱗

把魚放在鹽層上，將夠多的鹽撥到魚身上，整個覆蓋魚的表面，至少1/4吋厚。烤30分鐘。用溫度計戳穿鹽層插進魚肉最厚的部分，溫度達54度魚就是熟了；很

可能要花10至15分鐘以上才會達到這個溫度。烤盤移出烤箱，靜置5分鐘。

將魚移到大盤子上，把鹽全刷掉（有一些會結塊，但很容易刷下來）。再把魚盛到上菜盤，剝除魚皮（也很容易剝下來）。點綴上：

檸檬角

在魚肉上淋：

特級初榨橄欖油

或佐上：

香檳醬或白酒醬，295頁、洋蔥醬，293頁，或檸檬奶油，303頁

燜烤魚（Fish Baked in a Covered Dish）（4人份）

烤的時間視魚排形狀而定。

烤箱轉180度預熱。混合：

2大匙放軟的奶油

1/8小匙黑胡椒或匈牙利紅椒粉

少許現磨肉豆蔻

將混料搓抹在：

2磅去皮黑線鱈、石斑魚、羅非魚或其他白肉魚魚排

把魚排放到烤盤上。用蓋子或鋁箔紙緊密地封住，烤到魚肉扎實而且徹底不透明，20至25分鐘。烘烤期間可以加：

（2大匙不甜的白酒）

烤好後把魚盛在熱盤子上保溫。在一口醬汁鍋裡加熱：

3大匙奶油

放入：

2大匙酸豆、1小匙切碎的荷蘭芹

1小匙切碎的蝦夷蔥、2小匙新鮮的檸檬汁

鹽和黑胡椒，適量

把醬汁澆到魚肉上。

鋁箔紙烤魚（Fish Baked in Foil）（2人份）

請參見「鋁箔紙料理」☆，見「烹飪方式與技巧」。烤箱轉260度預熱。將：

1磅或不到1磅的小尾全魚、魚排或輪切片刮鱗，清理乾淨。塗上：

調味奶油，304頁

把每尾魚或每片魚排放在一張大得足以把魚肉充裕地包裹起來、抹了奶油的鋁箔紙上。包裹好之後置於烘焙紙上，烤到魚肉扎實而且徹底不透明，10至15分鐘。

｜關於蒸魚以及水波煮魚或燜魚｜

烹煮肉質細膩、油花不多的魚比較好的方式之一是清蒸，假使你想保有魚原味的話。水波煮魚——在魚的烹調法裡又叫做**燜魚**——緊接其次。

蒸魚盤（steamer tray）是設計來把魚肉保持在水面上的用具。煮魚鍋（fish poacher）是附有架子的特殊烹調器具，可以讓魚沒入液體或保持在液體上方。➠➤水波煮架（poaching rack）一定要先抹油再把魚置於其上。魚可以用魚原汁、快煮湯底，或速成魚高湯來水波煮，端看你想要魚肉入什麼味和／或魚肉白至哪個程度。如果你最關心的是保留魚的原汁原味，那麼你也許只想用鹽水來煮。➠➤每兩夸特的水加一大匙鹽。

如果用魚原汁或淡色高湯來蒸或煮，你可以用部分的湯汁來做醬汁，有沒有先行熬煮濃縮都可以。要熬煉煮汁，把煮汁濾入寬口醬汁鍋裡，熬煮濃縮至你想要的稠度（如果不小心熬得太稠，隨時加一點水進去）。

快煮湯底不會用來做醬汁，因為它含有過多的醋和鹽。如果你要把煮魚汁留起來再利用，魚煮好後，讓煮汁滾個兩分鐘左右，放涼過濾，冷藏可放上三天，冷凍則無限期。每次使用時加點新鮮辛香草、香料和醋，能讓湯汁更鮮活。

請參見水波煮☆，見「烹飪方式與技巧」。小型魚或魚排或輪切片從滾水開始煮起，大型魚或魚塊從冷水煮起，因為➤體型可觀的魚沒入滾水裡，會使得魚皮皺縮而裂開。不管怎樣，當液體達到沸點，➤馬上把火轉小，讓液體呈微滾狀態，直到煮熟。每磅約需五至八分鐘，端看魚的大小而定。

如果沒有煮魚鍋，要把魚的表面經常保持在液體中或蒸氣中會有問題。使用烘焙紙或水波煮專用紙，或者把魚鬆鬆地包在紗布裡，也許是個辦法。包紗布的作法倒是可讓你輕鬆地從鍋裡取出煮好的魚。

如果沒有大鍋子可用，把一整條魚攔腰切兩半，兩半並排地放進小一點的鍋子裡煮。煮好後魚可以在盤子上重組，切口可以用醬汁掩蓋。不管用什麼鍋子煮，煮的時候不妨加幾顆洋蔥和檸檬片、一根切塊的胡蘿蔔和幾枝西芹梗進去。鍋裡倒滿你選用的湯水，液面和鍋緣的距離在一吋寬之內。如果你用紗布包魚肉，那麼魚肉在爐火上或烤箱裡煮時，要常用煮汁澆淋魚肉，➤確認紗布永遠是濕潤的。這樣魚的頂端才會和底部同步煮熟。

魚煮好後，有時候會浸在煮汁裡冷卻。我們不建議這麼做，因為這樣會把魚肉煮老了，也會水漉漉的。➤如果魚肉要當冷盤，趁溫熱來剝皮和修切比較容易。

水波煮魚（Poached Fish）（4人份）

用這簡單的方法始終可做出鮮美多汁的魚肉，拿整尾魚、一截魚或大塊魚排來做，效果一樣好。試著用鱈魚、鱒魚、大菱、鱸魚、嘉魚（char）、大比目魚以及鮭魚做看看。如果你要水波煮輪切片，見白酒煮輪切魚片，如下述。

將：

1尾3磅鮭魚，刮鱗洗淨，1截2至3磅中段鮭魚塊，或1片2至3磅中段鮭魚排

放進一口大得可以充裕容納之的鍋子裡，加冷水蓋過表面。加：

1大匙鹽

以大火煮沸，之後鍋子馬上離火，靜置10分鐘。撈出魚肉瀝乾，立即享用，或者冷藏至上桌前。上桌前，將魚放室溫下回溫，把魚皮剝除。加：

鹽和黑胡椒，適量

調味。點綴上：

辛香草枝

佐上下列一種或數種醬料：

加酸奶稀釋過的任何調味美乃滋，334頁、斯堪地那維亞芥末蒔蘿醬，316頁、匈牙利紅椒醬，296頁、亞洲豆豉醬，322頁，或薑味香橙醬，289頁

白酒煮輪切魚片（Fish Steaks Poached in White Wine）（4人份）

你想吃的任何輪切魚片都可以：鮭魚、鱈魚、鱘魚、大菱鮃和大比目魚都很棒。喜歡的話，也可以把魚放進快煮湯底煮，請參見《廚藝之樂[飲料‧開胃小點‧早、午、晚餐‧湯品‧麵食‧蛋‧蔬果料理]》。

在一口深槽平底鍋或大得足以把魚平鋪一層的砂鍋裡混合：

2杯不甜的白酒、2杯水
2大匙米酒醋、雪莉酒醋或白酒醋
1小匙鹽、10顆黑胡椒粒、2整顆丁香
1片月桂葉、1顆蒜瓣

幾枝荷蘭芹，或1/2小匙乾的百里香或龍蒿
以大火不加蓋地煮沸，然後煮小火續煮5分鐘。輕輕地把：

1又1/2至2磅輪切魚片（4片小的，或2片大的），洗淨

放進煮汁裡，蓋上鍋蓋，把火調整至讓煮汁微滾。煮8分鐘，然後查看魚肉熟了沒。在魚肉仍稍微半透明時撈出。可趁熱吃，也可放涼至室溫或冰涼著吃。佐上：

美乃滋，335-340頁、油醋醬，325-330頁，或慕斯蓮醬，308頁

燜燒全魚佐紅酒醬（Braised Whole Fish with Red Wine Sauce）（4至6人份）

做這道料理最理想的魚是紅鯛或石斑，這類的魚很容易買到大尾的；銀花海鱸或鱸滑石斑魚和鮭魚也可以。提供大量的脆皮麵包來沾醬吃。

用蓋過表面的熱水泡：

1至2大匙乾的牛肝蕈
與此同時，在一口大得足以容納魚的深槽平底鍋、砂鍋或烤盤以小火加熱：

1/4杯蔬菜油
準備：

1杯調味麵粉☆，見「了解你的食材」
將：

1尾3至5磅紅鯛或其他的魚，刮鱗洗淨並拭乾

裹上調味麵粉。將鍋子底下的火轉大，把油鍋加熱至火燙。魚下鍋煎黃，每面煎約5分鐘，小心地翻面，翻一次就好，確認表皮煎得漂亮焦脆。把魚移到盤子上。倒掉鍋裡的油，用紙巾把鍋子擦乾淨。以中火把鍋子重新加熱，放進：

2大匙橄欖油或奶油、8盎司蘑菇，切片
翻炒一兩分鐘。撈起泡水的牛肝蕈，泡

蕈水用紗布濾過。牛肝蕈切碎後下鍋，連同2大匙泡蕈水，加到煮蘑菇的鍋子裡，再下：

1杯切碎的洋蔥
1小匙蒜末
1小匙新鮮的百里香葉或1/3小匙乾的百里香
鹽和黑胡椒，自行酌量

偶爾拌抄一下，煮到洋蔥軟身，約8分鐘。把剩下的泡蕈水倒進去，連同：

1杯不甜的紅酒
1片月桂葉

煮沸，拌一拌，把火轉至中小火。把煎黃的魚放進鍋子裡，蓋上鍋蓋，以文火煮到魚肉結實而且徹底不透明，3磅的魚要煮15至20分鐘，5磅的魚煮25至30分鐘。小心地把魚移到盤子上。

假使醬汁太稀，轉大火攪拌攪拌，熬煮至你想要的稠度。撈除月桂葉，舀醬汁澆淋魚肉，食用時點綴上大量的：

荷蘭芹末

水波魚丸（Quenelles）（4至6人份）

一旦嚐過做得好的魚丸，那口感令人難忘。要做得好不僅攪打魚肉漿的功夫要到位，塑形也很重要。用任何肉質細緻的白肉魚來做，放到魚高湯或清水裡煮。

備妥充分抹了奶油的寬底鍋或大型平底鍋。在食物調理機裡攪勻：

1又1/2磅新鮮洗淨的狗魚、比目魚、去殼的蝦仁或龍蝦

把絞碎的肉料倒到一口大碗裡，置於裝冰塊的大盆上冰鎮。用一根木勺，把肉料攪成滑順的肉泥。少量地漸次拌入：

2顆蛋的蛋白

加：

肉豆蔻屑、鹽、白胡椒
少許干邑白蘭地、少許卡宴辣椒醬

調味，混勻。這時，魚肉漿的質地應該很結實。碗依舊架於冰塊上，用湯匙漸次地把：

2至2又1/2杯充分冰涼的打發鮮奶油

舀到魚肉泥裡拌勻。稠度應該像扎實的打發鮮奶油。經典的塑形方法是用兩支大小相同的湯匙來做。一支湯匙先過一下熱水然後舀起一匙魚肉泥，接著用另一支湯匙倒扣在肉泥上，將之塑成橢圓形，並且把魚丸表面抹得滑順。烹煮後魚丸會脹大一倍。塑形好便放進抹奶油的鍋裡，重複這手續直到鍋子裡擺滿魚丸。將：

魚高湯或水

煮沸，倒到鍋裡淹至魚丸的一半高度，小火煨煮8至10分鐘，隨著下半部的烹煮，魚丸會浮起來並翻身。用漏勺撈起。

佐上：

新堡醬，309頁；褐醬，297頁；或鮮奶油醬，295頁

猶太魚丸（Gefilte Fish）（10人份）

將：

3磅魚瘦肉和魚肥肉的混合，73頁：白魚、竹筴魚、六帶鰺、鮭魚、狗魚和／或鯉魚

片成魚排並去皮。放進食物調理機裡，連同：

1顆大的洋蔥、1枝西芹梗
1/4杯切碎的荷蘭芹

打成細粒狀。將魚漿混料倒到碗裡，拌入：

3顆蛋，打散
3大匙壓碎的猶太逾越節薄餅
1大匙鹽、1大匙黑胡椒或白胡椒
1大匙糖

接著再徐徐把：

3/4至1杯冰水

拌進去，攪打到質地蓬鬆。

手用冰涼的水沾濕，把混合物捏成1吋大小的丸狀。在一口大鍋裡煮沸：

4夸特魚高湯或魚原汁

輕輕地把魚丸丟進高湯裡（應該有充裕的空間讓魚丸膨脹），加蓋煨煮1個半小時。放進：

1根胡蘿蔔，切片

再掀蓋繼續煨煮30分鐘。用漏勺把魚丸撈到深槽大烤盤上。保留高湯備用。把：

2包（4又1/2小匙）無味明膠

灑進：

1/2杯冷水

使之軟化，約5分鐘。把明膠拌入8杯高湯裡直到溶解。如果還有剩下高湯，可以冷凍起來。把明膠溶液澆到魚丸上，蓋上蓋子冷藏直到凝固，約需2小時。魚丸當冷盤吃，可附上些許凝膠，連同：

辣根泥、幾枝蒔蘿

佛羅倫斯比目魚排（Fillets of Sole Florentine）（6人份）

請參見「關於蒸魚以及水波煮魚或燜魚」，52頁。水波煮☆，見「烹飪方式與技巧」：

6片比目魚排或其他白肉魚排

炙烤爐預熱。在一只耐烤的深盤裡放：

1又1/2杯奶油菠菜

把瀝乾的水波煮魚排平鋪其上，覆蓋上：

1杯調味過的白醬II，291頁

再撒上：

焗烤料III☆，見「了解你的食材」

送進炙烤爐裡，烤到表面的碎粒呈焦黃。

｜關於微波魚｜

若要烹煮和清蒸魚差不多的簡單魚料理，而且量又少的話，微波爐是得力助手。原則很簡單：多用微波爐來煮魚，熟練之後就能掌握到微波的時間（另一個作法是，每三十秒開一次門查看熟度）。➡️少量微波，絕不要超過一磅，最好少於一磅。也避免使用大量液體。添加的食材越少越好——加得越多，越可能發生半生不熟的情形。

微波魚排（Microwaved Fish Fillets）（2人份）

肉質呈片狀的白肉魚，諸如鱈魚、河鱸或鱒魚用這基本的食譜來做效果最棒。

在一個盤子上平鋪：

8至12盎司魚排，至多1吋厚，最好分兩片，洗淨並拭乾

最厚的邊緣朝外。加：

鹽和黑胡椒，自行酌量

調味。淋上：

1大匙魚高湯或魚肉湯、快煮湯底★，209頁、不甜的白酒，或新鮮檸檬汁或萊姆汁

將另一只盤子倒扣其上，或者用保鮮膜封好。以強火力微波3分鐘，若是用鰈魚或其他扁身魚，微波2分鐘，若是厚度達1吋的魚排則微波4分鐘。檢查熟了與否的方法，見46頁。如果魚差不多熟了，先不掀蓋，燜個1分鐘使之全熟。假使還需要再煮一下，短暫微波個1至2分鐘即可，免得煮過頭。在魚身上淋：

特級初榨橄欖油

佐上：

檸檬角

｜關於燒烤和炙烤魚｜

老子說：「治大國若烹小鮮。」他的意思是，這兩件事都需要審慎以對，不能處置過當。我們通常很尊重古聖先哲的建言。不過就燒烤魚和炙烤魚這件事，我們發現，用大火烤的滋味更勝文火烤。燒烤和炙烤的料理方式很適合很多魚類。強火藉由把魚的表面燒焦而補足了魚肉的滋味；額外添加一點滋味往往很

有需要。在燒烤的作法裡，火源在食物下方；在炙烤的作法裡，火源在上方。

　　細緻的白肉魚和薄魚排幾乎是禁不起燒烤的。最適合燒烤的是厚的輪切魚片，諸如劍魚、鮭魚、鮪魚和肉質扎實的小尾整條魚，譬如鯖魚、鯧鰺和紅鯛——當然還有很多帶殼海產。**燒烤時**，確認燒烤架是乾淨的，而且魚身和燒烤架都要用橄欖油刷過。使用中大火。測試木炭火力或燒烤爐火力的方式☆，見「烹飪方式與技巧」。

　　燒烤爐的樣式多變，但是燒烤架通常架在火源上方四吋之處。若是燒烤魚排，從帶皮那一面朝下開始烤起。如果魚皮黏在架子上，別擔心。用燒烤籃烤魚排會輕鬆很多。如果魚排不算太大，把燒烤爐的蓋子蓋上，燒烤全程都不要翻面。

　　炙烤時，▶使用稍微抹油的烘烤紙。炙烤爐轉大火預熱。如果魚需要翻面，在炙烤盤裡用鐵絲網籃也很便利。烤籃抹上橄欖油，魚也抹上橄欖油或澄化奶油。精瘦的魚肉可以先敷上麵粉再星布著小奶油塊。

　　魚排、扁身魚和對開的魚通常置於火源下方二至三吋。如果魚帶皮，帶皮那一面朝下。魚不需翻身，但建議你炙烤期間魚身要塗抹幾次油脂。

　　如果要炙烤大的輪切片或大型魚，炙烤架置於火源下方大約六吋之處。一面可能要烤到五或六分鐘。

　　適合炙烤的魚包括：大比目魚或鮭魚輪切片、比目魚及其表親、對開的鯡魚、鯖魚和海鱒魚。若烤劍魚輪切片，一定要用大量奶油塗潤魚身，否則肉質會變乾柴。融化的奶油、檸檬角和荷蘭芹很適合佐配炙烤魚。

　　除了這裡列的食譜，可用地中海大蒜辛香草濕醃料，350頁，塗抹魚身再燒烤，或者單純用以下的醬料之一搭配燒烤魚或炙烤魚，挑選較濃郁的醬搭配較瘦的魚肉，反之亦然：調味奶油，304頁；調味油，352頁；檸檬奶油醬，303頁；白奶油醬，303頁；番茄丁，311頁；或鮮番茄醬，311頁；義式青醬，317頁；油醋醬，325頁；水果莎莎醬，325頁；烤墨西哥綠番茄菠菜醬，319頁；或烤紅椒醬，289頁。

燒烤或炙烤全魚（Grilled or Broiled Whole Fish）（4人份）

將：
4尾1至1又1/2磅魚，刮鱗、清洗，並拭乾
刷上：1大匙橄欖油
撒上：鹽和黑胡椒
置於燒烤架上或炙烤架下，烤到肉質扎

實而徹底不透明，而且第一面焦黃，3至6分鐘，翻面繼續烤到第二面也焦黃，3至5分鐘。立即享用，佐上：
檸檬角、幾滴醋或酸嗆醃玉米粒☆，見「醃菜和碎漬物」

燒烤或炙烤包培根的全魚（Grilled or Broiled Whole Fish with Bacon）（4人份）

如果你自己釣鱒魚，那麼再好不過，但如果你上市場買，新鮮的鯖魚是可口又便宜的選擇。

將：

4尾鯖魚或鱒魚（每尾1至1又1/4磅），需要的話刮除鱗片，清洗乾淨，44頁，並拭乾

撒上：鹽和黑胡椒，適量

每一尾包上：

1或2片培根

把魚放在燒烤架或炙烤架上。可能的話蓋上燒烤爐的蓋子，烤3至4分鐘，小心別把培根烤焦。接著把魚移到燒烤架上溫度較低的地方，或者需要的話把炙烤架往下移。翻面繼續烤，需要的話再翻面一次。當培根烤到酥脆，魚肉烤到扎實而且徹底不透明，整尾魚就是烤熟了，全程約12至15分鐘。

燒烤整尾紅鯛（Grilled Whole Red Snapper）（4人份）

這道食譜也可以改用炙烤的方式來做。

在一口小的平底鍋裡以中大火乾焙：

3/4杯芫荽籽、2大匙壓碎的紅椒片

放進香料研磨器裡磨成粗粒，加：

鹽和黑胡椒，自行酌量

將混合香料塗在：

2尾紅鯛或其他魚類（每尾1又1/2至2磅），刮鱗、洗淨並拭乾

全身上下、裡裡外外。將魚置於燒烤架上，可能的話蓋上爐蓋。烤到朝向火源的那一面焦黃起泡，約8分鐘，期間不要翻動它。然後小心地翻面，烤到靠近魚骨的肉扎實而且徹底不透明，8至10分鐘。馬上享用，佐上：

薑味醬油，323頁

燒烤填鑲青醬的整尾鱒魚（Grilled Whole Trout Stuffed with Pesto）（4人份）

這道食譜也可以改用炙烤的方式來做。鱒魚是最容易整尾燒烤的魚種之一。

準備：

1又1/2杯松子青醬，320頁，或普羅旺斯青醬，320頁

燒烤架升中大火。確認烤架抹了油。

將：

4尾小鱒魚（每尾約12盎司），清理乾淨，並拭乾

撒上：鹽和黑胡椒，適量

將1/4的青醬抹在每尾魚的體腔內。抹好後把魚置於烤架上，每面烤4至5分鐘，或烤到外表呈漂亮的金黃色而且起泡，魚肉徹底不透明。

炙烤檸檬魚排（Broiled Fish fillets with Lemon）（4人份）

這道食譜也可以改用燒烤的方式來做。這是很基本的一種作法，可以用在很多種類的魚。喜歡的話可以把橄欖油換成奶油。炙烤油腴的魚排，諸如竹筴魚或

鬼頭刀魚，用1或2小匙新鮮檸檬汁或醋來取代油。

炙烤箱預熱。將一張烘烤紙或一只淺烤盤抹油。在抹油的烤盤上放：

1又1/2至2磅魚排，去不去皮均可，1片或多片，洗淨並拭乾

稍微刷上：

1至2大匙橄欖油或融化的奶油

撒上：鹽和黑胡椒，自行酌量

送入炙烤箱烤4分鐘，其間不要翻動它。1/2吋厚或更薄的魚排，當外部變得不透明便是烤熟了。如果魚排更厚，6分鐘後查看一下。厚至1吋的魚排這會兒應該熟了；更厚的魚排需要再多烤個2分鐘，而且要多用一點油塗潤表面。厚度超過1又1/2吋的魚排應該翻面，再多烤個5或6分鐘，烤到肉質扎實且徹底不透明。撒上：

2小匙新鮮檸檬汁

佐上：荷蘭芹末和檸檬角

炙烤辛香草魚排（Broiled Fish Fillets with Herbs）

這道食譜也可以改用燒烤的方式來做。準備炙烤檸檬魚排，如上。把2大匙剁碎的辛香草（荷蘭芹、山蘿蔔菜、羅勒、百里香和／或茴香的組合）拌入橄欖油。如果魚排是1/2吋或更薄，炙烤前把辛香草泥抹在魚排上。更厚的魚排，在差3或4分鐘就會烤熟之際，先搓抹些許橄欖油到魚排上，再抹上辛香草泥。

炙烤敷調味麵包屑的魚排（Broiled Fish Fillets with Seasoned Bread Crumbs）

這道食譜也可以改用燒烤的方式來做。

在一口平底鍋裡以中火加熱：

3大匙橄欖油或奶油

把油加熱到火燙，奶油則加熱到融化而且冒泡的情形開始消退。放入：

3/4杯新鮮麵包屑☆，見「了解你的食材」

鹽和黑胡椒，適量

翻鍋拌煎，直到麵包屑顏色變深而且酥脆，約1分鐘。倒到紙巾上瀝油。

準備：炙烤檸檬魚排

如果魚排1/2吋厚或更薄，略掉橄欖油或奶油，把麵包屑混料敷在魚排表面再炙烤。更厚的魚排，在差3或4分鐘就會烤熟之際，先搓抹些許橄欖油到魚排上，再敷上麵包屑混料。佐上：

荷蘭芹和檸檬角，或58-59頁上推薦的任何佐料

燒烤或炙烤輪切魚片（Grilled or Broiled Fish Steak）（4人份）

輪切片應該至少要1吋厚，這樣烤起來才不會太快熟。買2大塊而不是4小塊。可考慮佐配油醋醬，325頁，（任何燒烤或炙烤的魚都對味），用微波或低溫稍微加熱過。燒烤架升中大火預備，或炙烤爐預熱。將：

1又1/2磅輪切魚排，諸如鮪魚、鮭魚或劍魚（2大片或4小片），起碼1吋厚，洗淨並拭乾

刷上：1大匙橄欖油

撒上：鹽和黑胡椒，適量

放在燒烤架或炙烤架上。烤到魚肉扎實、徹底不透明而且第一面焦黃，3至6分鐘。翻面，把第二面烤到焦黃，再3至5分鐘。立即享用，佐上：

檸檬角、幾滴醋、58-59頁建議的任何佐料，或酸嗆醃玉米粒☆，見「醃菜和碎漬物」

刷烤肉醬的燒烤竹筴魚（Barbecue-Rubbed Grilled Bluefish）（4人份）

這道食譜也可以改用炙烤的方式來做。

這道料理借用搓抹香料的形式讓魚肉增添南方烤肉醬的渾厚滋味。魚在烤的期間，烤肉醬會在外層形成濃郁的酥殼，讓裡頭的魚肉軟嫩多汁。其他肉質扎實的魚像是鬼頭刀、鮭魚或紅鯔魚也可以用這作法試試看。

燒烤架升中大火預備。確認燒烤架抹了油。備妥：甜味香料乾醃料，349頁

大量抹在：

4片去皮竹筴魚排（每尾8盎司）兩面，約1又1/2吋厚

抹好後放燒烤架上烤，每面烤8至10分鐘，或烤至魚肉徹底不透明。盛盤立即享用，佐上：

香辣塔塔醬，338頁

燒烤輪切魚片佐醃漬番茄橄欖（Grilled Fish Steaks with Tomato-Oliver Relish）（4人份）

這道食譜也可以改用炙烤的方式來做。燒烤架升中大火預備。在一口小碗裡混勻：

2顆熟成番茄，切丁

1顆大的紅洋蔥，切丁

1/2杯去核黑橄欖，喜歡的話對剖開來

1/4杯橄欖油、1/4杯新鮮檸檬汁

1/4杯剁碎的羅勒、1小匙蒜末

鹽和黑胡椒，自行酌量

在：

4片劍魚、鮭魚或鮪魚輪切片（每片6至8盎司），1吋厚，洗淨並拭乾

刷上：2大匙蔬菜油

撒上：鹽和黑胡椒，適量

把魚排放在燒烤架上，每面以中火烤5至6分鐘，或烤到徹底不透明。佐上醃漬番茄橄欖。

燒烤鮪魚佐醃薑、醬油和日本山葵醬（Grilled Tuna with Pickled Ginger, Soy Sauce, and Wasabi）（4人份）

這道食譜也可以改用炙烤的方式來做。

燒烤架升中大火預備。在：

4片輪切鮪魚片（每片10至12盎司），約2吋厚，洗淨並拭乾

刷上：1/4杯蔬菜油

撒上：鹽和黑胡椒，自行酌量

放在燒烤架上以中大火烤，翻面一次，要一分熟的熟度每面烤4至5分鐘，三分熟則每面烤5至7分鐘，五分熟每面7至9分鐘。享用時每人份佐上：

2至3大匙醬油（總共1/2至3/4杯）

日本山葵泥、醃薑☆，見「醃菜和碎漬物」

| 關於烏魚子 |

烏魚子呈囊袋狀，數百萬個小魚卵由一層膜包裹起來。新月形的一副囊袋通常會被分開，一半是一人份，滋味極其濃郁飽滿，無可比擬，細緻而毫無腥味，質地稠密而有嚼感。唯有在早春烏魚洄游季節才可得。小心別煮過頭，離火之後魚子會持續在烹煮狀態裡好一會兒。中央的顏色較深，粉紅的色澤並不均勻。

炙烤烏魚子（Broiled Shad Roe）（2人份）

炙烤箱預熱。輕輕地把：

1副烏魚子

兩半掰開並拭乾，放在炙烤盤裡抹了油的烤架上，淋上：

新鮮檸檬汁

在魚子上披掛：

4片生培根

炙烤5至7分鐘，烤到摸起來結實有彈性。如果魚子很大片，可以翻面烤，塗上油脂潤澤表面，持續烤到結實。配上：

溫熱的吐司

佐上：

檸檬荷蘭芹奶油，305頁

剁碎的荷蘭芹

魚肉串燒（Fish Kebabs）（4人份）

請參見「關於燒烤和炙烤魚」，56頁，以及「串燒料理」☆，見「烹飪方式與技巧」。燒烤爐升中大火預備，或炙烤爐預熱。將：

1又1/2至2磅厚的輪切魚片或魚排

洗淨、拭乾並切成1又1/2吋方塊。

在一口小碗裡攪勻：

1/2杯巴薩米克醋、1/4杯新鮮檸檬汁

1小匙蒜末、1/2小匙糖

鹽和黑胡椒，適量

置旁備用。在一口大碗裡攪勻：

1/3杯橄欖油、1/4杯新鮮檸檬汁

1/3杯剁碎的羅勒

鹽和黑胡椒，自行酌量

把魚肉塊加進來拌勻，再把：

2顆油桃或水蜜桃，去核，切4等分，每1/4再橫切對半

2顆紅甜椒，去核去籽，切4等分，每1等分再橫切對半

2顆紅洋蔥，每顆切成8瓣

加進來拌勻。用金屬籤或木籤（如果用木籤，最好先泡水）把魚肉、油桃、甜椒和洋蔥串成4串（或8串，喜歡的話）；別串得太密。多餘的羅勒也串上去。燒烤或炙烤魚肉串，每一面烤焦黃就翻面，不時刷上剩下的醃汁，烤10至15分鐘。盛盤，淋上巴薩米克醋佐料，立即享用。

照燒輪切魚片（Teriyaki-Grilled Fish Steaks）（4人份）

照燒料理鮮嫩多汁的祕訣是，在燒烤的末了一點一點地把照燒醬塗抹上去，好讓它烤得黃而不焦。鰻魚、無骨雞胸肉或雞腿肉用照燒的作法來做非常好吃。

在一口小的醬汁鍋裡混合：

2/3杯醬油、1/2杯味霖、1大匙糖

以中火拌煮到糖溶解。把火略微轉大，煮到冒泡，其間偶爾拌一拌。再把火轉小，熬煮收汁，要經常攪拌，煮到混液濃縮至一半。放涼。（全部的量足夠做10人份照燒魚；剩下的照燒醬冷藏可以放

上1個月）

在烤盤上放：

4片鮭魚、鮪魚或其他魚的輪切片（每片6至8盎司），起碼1吋厚，洗淨並拭乾

倒進：1杯清酒

翻面讓魚身浸潤清酒。加蓋放冰箱醃15分鐘，翻面2或3回。

醃魚的同時，燒烤爐升大火預備，或炙烤爐預熱。確認燒烤架抹了油而且置於火源上方4吋之處，或者炙烤架置於火源下方2至3吋之處。把魚片從清酒裡取出並

拭乾，放在燒烤架或炙烤架上，並撒上非常少量的：

粗鹽

烤2分鐘，直到魚肉開始變黃。翻面續烤2分鐘。將魚肉移到燒烤架上溫度較低的地方，或把炙烤架往下移一格。將魚肉刷上照燒醬繼續烤，刷上照燒醬那一面朝向火源，等照燒醬變乾，約1分鐘，另一面再刷上照燒醬繼續烤，同樣地刷上醬的那一面要朝向火源，烤到醬汁變乾。這會兒魚肉應該熟了或差不多熟了。如果需要再烤幾分鐘，重複刷照燒醬的步驟一兩回。食用時可配上額外的照燒醬。

炙烤魚排佐番茄拌辛香草（Broiled Fish Fillets with Tomatoes and Herbs）（4人份）

這道食譜也可以改用燒烤的方式來做。
在一口碗裡混合：
2顆熟透的牛番茄，去核去籽切成1/2吋小丁
5大匙橄欖油、3大匙醬油
2大匙新鮮檸檬汁、1又1/2杯新鮮羅勒葉
2小匙切細碎的薄荷
1/2小匙壓碎的黑胡椒粒
將這莎莎醬加蓋，靜置30至40分鐘。炙烤箱預熱。豪邁地在：
4片扎實的魚排（每片6至7盎司），諸如鮭魚、黑鱸魚或黑線鱈的每一面刷上：
2大匙橄欖油

加：鹽和黑胡椒
調味。在：
8片1/2吋厚的洋蔥片
刷上：橄欖油
加：鹽和黑胡椒
調味。
把魚排放到炙烤盤上，每片魚排疊上2片洋蔥。置於火源下方8吋之處烤到洋蔥萎軟且焦糖化，12至15分鐘。如果洋蔥多處烤焦，不用擔心，不過要是洋蔥開始變黑，就罩上鋁箔紙。查看魚肉熟了沒：它應該要徹底不透明。將魚盛盤，佐上番茄莎莎醬。

燒烤鮭魚排佐煙燻辣椒美乃滋（Grilled Salmon Filllets with Mayonnaise）（4人份）

這道食譜也可以改用炙烤的方式來做。
燒烤架升中大火預備。在：
4片鮭魚排（每片8盎司），洗淨並擦乾
撒上：鹽和黑胡椒

放在燒烤架上烤，每面烤5至6分鐘，或烤至徹底不透明。佐上：
路易斯醬，339頁；煙燻辣椒美乃滋，337頁；或水田芥美乃滋，338頁

板烤魚（Plank-Roasted Fish）（4人份）

這種烹調方法，很多調味料都適用。試著用第戎芥末醬加紅糖或辣根泥敷魚肉烤看看。
把：1片6×12吋末處理過的硬木板

泡水至少6小時。烤箱轉230度預熱，或者燒烤爐升大火預備。在木板上稍微塗抹蔬菜油，把：
4片扎實的魚排或輪切片（每片6至7盎

司），諸如鮭魚、黑鱸魚、鱒魚、大比目魚或鮟鱇魚

放在木板中央，帶皮那一面朝下。在魚肉上刷：

3至4大匙橄欖油或融化的奶油

加：

鹽和黑胡椒

調味。把木板送入烤箱或置於燒烤架上，蓋上爐蓋。烤到魚肉徹底不透明，約20分鐘。佐上：

檸檬角

（風月醬，312頁，或芥末醬，293頁）

| 關於香煎（sautéing）魚或煎炸（panfrying）魚 |

相對於魚肉放入大量油裡深油炸而言，香煎或煎炸是用少量的油在爐火上煮魚。➤務必要使用耐得了煎魚所需的高溫的油品——蔬菜油、澄化奶油，或一半油一半奶油的調和油都可以。➤魚在清洗過後一定要徹底擦乾，以降低油爆的情形。你可以用防油濺網，或者把瀝水籃倒扣在煎鍋上。

香煎魚是用少量的油來煎魚排或輪切片，最好是用肉質扎實的魚來煎。煎魚的鍋汁可以伴隨魚排盛盤，也可以用來做醬。一整尾魚也可以下鍋煎炸，這結合了煎和炸兩種技巧。油溫一般而言都很高，因為是用油來煮魚，而不是用鍋子的熱力，不過油不會淹蓋魚，所以魚得要翻身一次才會熟透。這種方法也會產生一層漂亮酥脆的外皮。當油開始滋滋響時把魚放入鍋中，稍微把火轉小。等底部完全熟時，翻面再把第二面煎熟。體型相當大的魚可以兩面烙燒至焦黃，然後放進以一百九十度預熱的烤箱烤十分鐘。

要把肉質細緻的魚排翻面，相當考驗你的功夫，寬口的鍋鏟很有幫助。或者，你可以把一面煎黃，然後蓋上鍋蓋來蒸煮魚的上部，或者，用耐烤的鍋子送進炙烤爐把上部烤黃。記得，➤魚排越薄越小片，香煎或煎炸的溫度就可以越高。➤敷上麵包屑的魚肉要用較低的溫度來煎，免得把外層煎得過於焦黃或煎焦。

如果魚肉要裹麵包屑，可以先放進一碗牛奶、鮮奶油或酪奶裡沾濕，再敷上麵粉或玉米粉，這樣有助於粉屑附著。敷在魚肉外表的粉料可以簡單到用玉米粉或麵粉加鹽和胡椒。➤或者按以下的比例混合兩者：三份的玉米粉配一份麵粉。粉料的調味則關乎個人口味。除了傳統上會加的鹽和胡椒之外，也可以試著加辣粉、辛香草末、白胡椒、咖哩粉、紅椒片或粗磨黑胡椒。摻少許的帕瑪森起司屑更是無上美味。也請參見調味麵粉☆，見「了解你的食材」。

煎炸全魚（Panfried Whole Fish）（2人份）

這基本的煎魚食譜適用於各種魚類，從小巧的雪香魚或沙丁魚到中體型的銀鯧、大翻車魚、莓鱸和翻車魚一直到石首魚和刺鬚魚。每人約1磅全魚。

如果你不想先把魚放到牛奶裡浸泡，下鍋煎之前充分裹上玉米粉或麵粉。

在淺碟裡倒：

1杯牛奶或鮮奶油，或視情況斟酌，液面要淹蓋魚肉表面

把：1至1磅的小尾魚，刮鱗並清理乾淨

放到牛奶裡送入冰箱浸泡15分鐘。在一口淺碗裡混勻：

1杯調味的玉米粉或中筋麵粉

鹽和黑胡椒，自行酌量

從牛奶裡取出魚，裹上調味玉米粉；擱置在盤子上。開中大火加熱一口大型平底不沾鍋2至3分鐘，倒進：

1/2杯橄欖油、花生油或芥花油混合融化的奶油、培根油或豬油

把油加熱到火燙。魚下鍋煎，翻面一次，把每一面煎黃，調整火力，好讓油始終滾燙但不致煎焦。魚的兩面都煎黃通常就是熟了，不過煎較大的魚還是要查看內部，確認裡頭沒有血水，而且魚肉扎實又徹底不透明。煎好後放紙巾上瀝油。趁熱食用或放涼至室溫，佐上：

荷蘭芹末和檸檬角，或鮮莎莎醬，323頁，或塔塔醬，338頁

或者將魚保溫，同時做以下這道清爽的醬汁：

平底鍋裡只留1大匙左右的油，其餘的倒掉，在鍋裡放：

1大匙紅蔥頭末或1小匙薑末

以中火拌炒至軟身，約30秒，再下：

（1小匙龍蒿末或1/2小匙乾的龍蒿）

1杯不甜的白酒、魚高湯或魚肉湯或水

轉中大火，拌煮到液體收汁剩一半的量，約5分鐘。拌入：

1大匙新鮮檸檬汁或任何淡色（非紅酒的）醋

再煮30秒。嚐嚐味道，調整鹹淡，佐配魚吃。

煎炸魚排或輪切片（Panfried Fish Fillets or Steaks）（4人份）

以中大火加熱一口大的平底不沾鍋3分鐘。與此同時，在：

1又1/2至2磅帶皮鮭魚或其他的輪切魚片或魚排（2片大的，或4片小的），清洗並拭乾

稍微刷上：

2大匙橄欖油

魚下鍋煎，帶皮那一面朝下，別去動它，煎到皮焦黃而且肉扎實又徹底不透明，4至5分鐘。撒上：

鹽和黑胡椒

把魚翻面續煎，三分熟煎1至2分鐘，近乎熟透煎3至4分鐘，全熟煎5分鐘或更久。喜歡的話，佐上：

（新鮮番茄醬，311頁）

點綴上：

荷蘭芹末、檸檬角

煎炸裹粉魚排（Breaded Panfried Fish Fillets）（4人份）

用鰈魚、比目魚或其他扁身魚來煎最棒，用這基本作法來煎較厚的魚排也不錯，譬如煎鱈魚。記住幾個原則：用你有的最大的平底鍋來煎；用油千萬別省；需要的話分批煎；煎第二批時第一批要保溫。

烤箱轉95度預熱。以中火加熱一口大型平底不沾鍋3至4分鐘。與此同時，混合：

1杯調味玉米粉或中筋麵粉

鹽和黑胡椒，自行酌量

將：

1至1又1/2磅薄的（厚度少於1/2吋）白肉

魚排（約8片），譬如鰈魚或比目魚，去皮，洗淨並拭乾

裹上調味麵粉，抖掉多餘的粉，置旁備用。在平底鍋裡倒：

1/4杯（1/2條）奶油，1/4杯蔬菜油或兩者的混合

油熱後，3或4片魚排下鍋，別讓鍋內擁擠，把火轉大，煎到魚排底面焦黃好看，要不時晃蕩鍋子，等魚肉扎實且徹底不透明，約3分鐘後，翻面把第二面煎黃。煎好的魚排盛盤，放進烤箱裡保溫。將剩下的魚排煎完，如果油焦掉的話要換新油。魚全數煎好後，點綴上：

荷蘭芹末、檸檬角

煎炸香料脆皮魚排（Panfried Spice-Crusted Fish Fillets）（4人份）

這個作法可煎出近乎深油炸的脆皮，而且要加多少香料就加多少隨你高興。用肉質扎實的魚來做，譬如鯰魚、角鯊魚（dogfish）、黑魚（blackfish）、石斑魚或紅鯛。

在一口淺碗裡混勻：

1又1/2杯中筋麵粉、1又1/2杯水

1大匙（或更多）咖哩粉、印度什香粉☆，見「了解你的食材」、辣粉或你選用的其他綜合香料

鹽和黑胡椒，自行酌量

在：

1又1/2磅魚排，呈2片或4片，洗淨並拭乾

搓抹上：

新鮮萊姆汁或檸檬汁或醋

用中火將一口大的平底鍋熱鍋，倒進：

1/8吋花生油、玉米油或芥花油

把油加熱至火燙。把每一片魚排輪流放進香料麵糊裡沾裹，讓多餘的麵糊滴落後再放進鍋裡煎。轉中大火煎，翻面一次，煎到兩面都焦黃好看，視情況調整火力，讓油保持滾燙但不會燒焦。魚煎好後放紙巾上瀝油。佐上：

芫荽末、萊姆角

香煎醋漬鰈魚排（Marinated Flounder Fillets）（6人份）

在淺烤盤裡放：

2磅鰈魚排

倒進：1杯龍蒿醋

翻動魚排使之沾裹醋汁，醃10分鐘。混勻：

1/2杯黃玉米粉、1/2杯中筋麵粉

1/4小匙鹽、1/8小匙黑胡椒

瀝出魚排，裹上玉米粉混料。在一口大的平底鍋裡以中大火融化：

4大匙（1/2條）奶油

魚排下鍋煎黃，每面約煎4分鐘。佐上：

法式酸辣醬，296頁，或蝦醬，294頁

香煎裹粉雪香魚（Breaded Smelts）（2人份）

將：12尾雪香魚

清除內臟，徹底洗淨，並拭乾。淋上：

新鮮檸檬汁

加蓋靜置15分鐘。把雪香魚沾上：

濃的鮮奶油

再敷上：

麵粉或玉米粉或調味麵粉☆，見「了解你的食材」

在一口大的平底鍋裡以中火融化：

1/4杯（1/2條）奶油

雪香魚下鍋煎，需要的話分批煎，偶爾翻面，煎到兩面呈金黃色，魚肉扎實又徹底不透明，約6至8分鐘。

麥年式河鱒（Brook Trout Meunière）（4人份）

將：

4尾河鱒，每尾約8盎司

清除內臟。切除魚鰭，頭尾留下。敷上：

調味麵粉☆，見「了解你的食材」

在一口大的平底鍋裡以中大火融化：

1/4杯澄化奶油，302頁

河鱒下鍋煎，翻面一次，煎到肉質扎實呈好看的金黃色。盛到熱盤子上。加：

3大匙奶油

到鍋中油汁裡，把奶油煎黃。把：

剁碎的荷蘭芹

敷蓋在煎好的魚上，再把焦黃的奶油淋在魚身上。點綴上：

檸檬角

香煎鰩魚佐黑奶油（Panfried Skate with Black Butter）（4人份）

烤箱轉95度預熱。混勻：

1杯中筋麵粉、鹽和黑胡椒，自行酌量

將：

2片鰩魚排，橫切對半

裹上麵粉。將大得足使鰩魚排平鋪一層的平底鍋以中火加熱，放入：

2大匙奶油、1大匙橄欖油

加熱至冒泡的情形消退。魚排下鍋煎，把火轉大，快速把兩面煎黃；當你可以把魚肉一截一截分開來，鰩魚就是熟了，煎熟所需的時間和煎黃的時間差不多。魚排盛盤，放烤箱保溫。將平底鍋擦乾淨，放回開中火的爐上，加：

3大匙奶油

煮到乳固形物（milk solids）沉到鍋底而且呈深褐色，隨即拌入：

2大匙瀝乾的酸豆

1大匙白酒醋

煮個10秒。把醬汁澆到魚排上，點綴上：

荷蘭芹末

烙燒胡椒脆皮輪切魚片（Seared Pepper-Crusted Fish Steaks）

烙燒（searing）需要很少的油和火燙的鍋子，在這過程裡，魚的外表迅速焦黃，而內部仍濕潤生鮮，甚至透明。用這烹理法來料理最新鮮的厚切輪切魚片，諸如鮪魚或劍魚。這兩種魚可以當紅肉來處理，讓喜歡大口吃肉的人享受海中尤物。

把：

2大匙粗略壓碎的黑胡椒粒，或壓碎的黑胡椒粒、白胡椒粒、粉紅胡椒粒和綠胡椒粒的混合

壓在：

4片鮪魚或劍魚的輪切片的兩面（每片6至8盎司）

以中大火加熱鑄鐵鍋或其他厚底平底鍋5分鐘。輪切魚片下鍋，把火轉大，每一面乾烙2分鐘。這時，小一點的鮪魚輪切片是一分熟；較厚一點的輪切片，譬如劍魚，每面再烙2分鐘（另一種作法是，烙煎一面，然後不翻面，連鍋子一併送進火燙的炙烤爐烤到想要的熟度）。盛到溫熱的盤子上。轉中火，在鍋裡倒：

1杯不甜的紅酒

1大匙紅蔥頭末

拌煮到酒收汁至原來三分之二的量，而且紅蔥頭變軟，約2分鐘。拌入：

1至2大匙放軟的奶油、1小匙鹽

拌煮到奶油融入鍋中料，再下：
1小匙新鮮龍蒿末或一小撮乾的龍蒿，或2

大匙荷蘭芹末
把醬汁舀到魚肉上即可享用。

黑燻輪切魚片或魚排（Blackened Fish Steaks or Fillets）（4人份）──

最初的黑薰魚排用的是紅鼓魚，香料混合物及伴隨的烹理法始於紐奧良。凡是肉質扎實的輪切片或魚排都可以做這道料理，譬如劍魚、紅鯛、石斑或鯰魚。不過，除非你的火爐附有強力的抽油煙機，否則不要輕易做這道菜。而且要關掉煙霧探測器。

請參見「黑薰法」☆，見「烹飪方式與技巧」。準備：

肯瓊乾醃料，348頁
把一口大的鑄鐵平底鍋放在大火上，打開抽油煙機。備妥：

1/2杯澄化奶油，或橄欖油
4片肉質扎實的魚排或輪切片（6至8盎司），洗淨並拭乾
等鍋子火燙，5至10分鐘後，在魚排兩面刷上少許奶油或油，然後平鋪在香料醃料裡，翻動魚排以便裹上醃料。裹好之後放進鍋裡，在每一片上淋少許奶油或橄欖油。翻面一次，烙燒3至5分鐘，視魚排的厚度而定，烙至魚肉扎實而且徹底不透明。需要的話把火轉小，別把香料醃料燒焦。佐上：

檸檬角

｜關於深油炸魚｜

　　用深油炸的方式料理，魚熟得很快，魚肉要在呈室溫的狀態下鍋炸，適當的油溫也很關鍵。▶️如果要深油炸大塊的魚肉，一百八十度的油溫可確保魚肉熟透而且表層不致太過焦黃；小一點的魚肉塊可用更高的油溫來炸，可高至一百九十三度。確認油的高度足使魚肉完全淹沒其中。若要油炸整尾魚，要有夠大的容器和夠多的油量。要測試魚肉熟了沒，你得要把魚肉切開查看。如果要炸好幾塊魚肉，先炸一塊「試驗品」確立所需的油炸時間，然後油溫和魚肉塊的大小要保持一致。若是油炸整尾魚，魚熟了之後會浮到表面。關於裹在外層的粉料的說明，參見「關於香煎魚和煎炸魚」，63頁。

深油炸魚（Deep-Fried Fish）（每人份約1/3磅）──

用肉質扎實的魚來炸──鯰魚、鯛魚、黑魚、角鯊魚、石斑之類的最好。
備妥：1吋的大塊魚肉
沾裹：
蔬菜、肉品和魚類的炸物麵糊，464頁，或吉利炸粉和蛋液☆，見「了解你的食

材」
丟進加熱至188度的深油裡炸5至8分鐘，或炸到金黃色。撈出放紙巾上瀝油。趁熱食用，佐上：
檸檬奶油醬，303頁、塔塔醬，338頁，或俄式辣根奶醬，339頁

南方風味炸魚排（Southern-Style Deep-Fried Fillets）（4人份）

鯰魚是這道魚料理的首選。

在深油炸鍋裡或深槽厚底鍋裡以中大火
將：

2吋高的蔬菜油

加熱至180度。混勻：

1杯玉米粉、（1大匙辣粉）

鹽和黑胡椒，適量

將：

1又1/2至2磅魚排，洗淨並徹底拭乾

敷上調味的玉米粉，按壓玉米粉使之附
著在魚肉表面。將魚排放進熱油鍋裡，
一次一片，別讓鍋內擁擠，把火轉大，
維持油溫的熱度。需要的話分批炸─炸
的時間不長。油炸時攪動個一兩回，別
讓魚排沾黏在一起。炸到呈金黃色便撈
出，放紙巾上瀝油。立即享用，佐上以
下其一或全部：

黃金玉米球，423頁

塔塔醬，338頁；貝克版海鮮醬，318頁；
或墨西哥綠番茄辣根醬，318頁

檸檬角、番茄片

炸魚和薯條（Fish and Chips）（4人份）

又被稱為「沙虎鯊」的角鯊，其實是做
這道料理傳統上會用的魚肉。任何白肉
魚都適合做這道菜，只不過要找肉質扎
實的，譬如黑線鱈或大比目魚，這樣油
炸時才不會像細緻魚肉那樣潰散，譬如
鱈魚。

將：

4顆大型去皮的烘焙用馬鈴薯

切成比炸薯條稍大、大小一致的粗條，
切好後泡冷水30分鐘。

在一口中碗裡攪勻：

1杯中筋麵粉

1小匙發粉

1小匙鹽

1/2小匙黑胡椒

（1/2小匙肉桂粉）

再加：

1杯牛奶或水，或兩者混合

1顆大的雞蛋

攪散，置旁備用。在一口深油炸鍋或深
槽厚底鍋裡以中大火把：

3吋高的花生油或蔬菜油

加熱至166度。瀝出並擦乾薯條，一次放
1杯的量到熱油裡，炸到油噴濺的情形消
失，約2分鐘。用漏勺撈出，放牛皮紙袋
上或紙巾上瀝油。薯條炸好後，把油溫
加熱至185度。攪拌一下麵糊，把：

1又1/2磅角鯊或其他白肉魚排（6或8
片），清洗並充分拭乾

沾裹麵糊，一次一片，讓多餘的麵糊滴
落，小心地將魚排滑入熱油中，需要的
話把火轉大，以維持油溫。魚肉炸成金
黃色便是熟了。撈到紙巾上瀝油。

再把薯條分小批炸成金黃色，約2至3分
鐘，炸好後放紙巾上瀝油。把薯條和魚
排盛盤，佐上：

溫熱的麥芽酒醋或蘋果酒醋

檸檬角

塔塔醬，338頁，或香辣塔塔醬，338頁

炸醃魚（Marinated Deep-Fried Fish）（3人份）

這樣做出來的魚肉外酥內軟又多汁。

將：

1又1/2磅輪切魚片，諸如鱈魚、大比目魚、鯰魚或白魚

去皮切成2至2又1/2吋的魚肉塊。放進：

6大匙不甜的白酒或2大匙新鮮檸檬汁

醃漬30分鐘。瀝出後拭乾，一次一塊地放進：

6大匙鮮奶油

裡沾裹，接著再敷上：

調味麵粉☆，見「了解你的食材」

丟進加熱至188度的深油裡炸到金黃色，約7分鐘。佐上：

塔塔醬，338頁

泰式魚丸（Thai Fish Cakes）（4人份）

這些魚餅香辣酥脆又鮮美。佐上香辣的醋味涼拌捲心菜絲★，272頁，或香濃的小黃瓜沙拉★，282頁。

在食物調理機裡打勻：

1顆紅蔥頭，切碎、2瓣蒜仁，切碎

1截1/2吋去皮生薑段或南薑（galangal），粗略切碎

2大匙魚露、1小匙檸檬皮屑

1小匙壓碎的紅椒片、1/2小匙鹽

1小匙糖

再加：

1磅白肉魚排，洗淨並拭乾

1顆大的雞蛋

打成泥。再加：

2大匙切碎的芫荽、2根青蔥，粗略切碎

打打停停地攪打到混勻，倒到盆子裡。在一口深油炸鍋或深槽厚底鍋裡以中大火把：

2吋高的蔬菜油或花生油

加熱至188度。把魚漿混物揉得滑順，然後搓成1吋的丸子。漸次地把魚丸放進熱油裡，把火轉大以維持油溫。需要的話分批炸，炸到呈好看的金黃色，2至3分鐘。炸好後放紙巾上瀝油。享用時佐上：

芫荽末、萊姆角

魩仔魚或雪香魚（Whitebait or Smelts）

挑揀：

魩仔魚

需要的話清洗一下，放到：

調味麵粉☆，見「了解你的食材」

滾一滾，丟進加熱至191度的油裡炸2至3分鐘，視體型大小而定。點綴上：

檸檬片

| 關於鹽醃（curing）魚或醋醃（pickling）魚 |

市面上賣的醃漬魚——煙燻的、風乾的、鹽醃或醋醃的——分魚乾（preserved）和即食的兩種。黑線鱈和數種的鯡魚通常用冷燻法（cold-smoked）處理☆，360頁。這些魚先被鹽醃，然後用悶燒的火煙燻至乾燥，但沒被烹煮過。白魚、鰷魚（chub）和鮭魚通常用熱燻法（hot-smoked）處理☆，360頁，所以被冒煙的火力烹煮過，可以即食。煙燻過的黑線鱈就是燻鱈（finnan haddie）。煙燻過的鯡魚就是一般說的**燻魚**（kipper）——事實上這個詞成了所有醃燻魚的通稱。➠所有的煙燻魚都要裝在保鮮盒裡冷藏。如果你自行煙燻新鮮的魚☆，362頁，要先行烹煮過再食用。

鱈魚、鯖魚和鯡魚往往會鹽醃並風乾，烹煮前一定要泡水，帶皮那一面朝下，要泡個幾小時。如果泡在流動的清水裡不可行的話，浸泡期間要經常換水。烹煮的方式，參見鱈魚，75頁。在冰箱問世之前，常常會以醋醃方式保存魚貨，在十八世紀的英國及美國食譜書裡，記載著用香料、油和醋的「醋醃」（caveaching）魚食譜。我們不難想像法文的*escabeche*和它的西班牙文同義字*seviche*有同樣的字源和作法。在今天，鯡魚和鯖魚通常以醋醃的方式保存，雖然醋醃魚，如下，也可以用小型魚來做，像是新鮮鯷魚、沙丁魚、幼烏魚和沙鮻。

醃鮭魚（Gravlax）（15人份）

這瑞典傳統的醃鮭魚方法很容易在自家裡進行。魚一定要無可挑剔的新鮮。醃鮭魚很容易保存，加蓋冷藏可以放上好幾天。

把：

1尾4至5磅鮭魚

片成兩大片魚排，魚皮留著。

混勻：

2又1/2杯糖、1又1/2杯鹽、1大匙黑胡椒

把這混合物搓抹在魚排的每一吋表面。

在其中一片魚排的肉那一面鋪上：

2杯粗切的蒔蘿，連梗一起

淋上：

2大匙白蘭地、北歐燒酒（aquavit）、原味或檸檬口味的伏特加，或其他烈酒

把另一片魚排的肉那一面覆蓋在鋪有蒔蘿的魚排上。把剩下的蒔蘿和糖混料撒在魚排外表，用保鮮膜或紗布把兩片魚排包起來，放到盤子上，用另一個盤子倒扣其上，最上面再壓上3或4磅重物。冷藏2至4天。每天拆封兩回，舀魚肉釋出的汁液澆淋魚肉，將魚排整個翻身，再包回去並壓上重物。讓魚肉變得不透明醃鮭魚就完成了。切薄片食用，佐上：

斯堪地那維亞芥末蒔蘿醬，316頁，或用鮮奶油或酸奶稀釋的芥末美乃滋，337頁

酸漬海鮮（Seviche）（6人份）

這是用柑橘類水果的汁液醃漬的魚肉或帶殼海產。雖然魚肉嚴格說來並未烹煮過，但是在醃汁裡的酸的作用下，魚肉變得不透明而且扎實，所以看起來不像是生的。做這道料理可選用的魚包括石斑、大比目魚、鰈魚和鯛魚。

把：

1磅極其新鮮、肉質扎實的魚排

去皮和剔骨，切成約3/8吋小方塊，放進玻璃碗或不鏽鋼碗裡。拌入：

1/2杯新鮮檸檬汁、1/2杯新鮮萊姆汁

用保鮮膜封口並冷藏，偶爾拌一拌，醃至魚肉變得徹底不透明（鏟開一小塊查看一下），4至6小時。徹底把魚肉瀝乾（喜歡的話，食用前可以冷藏長達18小時）。將：

1杯番茄汁、1又1/2大匙橄欖油

1顆中型熟番茄，切丁

1顆小的洋蔥，切細丁

1/4杯粗略切碎的綠橄欖

2大匙切碎的芫荽

1至2顆墨西哥青辣椒，去籽切末

1小匙乾的奧瑞岡

1/2小匙鹽，或自行酌量

1/2至1小匙糖，或自行酌量

拌入瀝乾的魚肉裡，嚐嚐味道，調整鹹淡，冷藏至上菜前。食用時點綴上：

芫荽枝

酪梨丁

醋味魚（Escabèche）（6人份）

用任何滋味溫和、肉質扎實的白魚來做，效果都不賴。

在一口小的醬汁鍋裡混勻：

1杯白酒醋、1杯水、1大匙蒜末

1大匙糖、1小匙孜然粉

1小顆墨西哥青辣椒或其他辣椒，去籽切末

鹽和黑胡椒，適量

以大火煮沸，接著鍋子離火。混合：

1/2杯中筋麵粉、1小匙鹽

1小匙壓碎的黑胡椒粒

把：

1磅去皮的鱈魚、鯛魚或大比目魚魚排沾裹上調味麵粉。

在一口大的平底鍋以中大火把：

1/4杯蔬菜油

加熱到火燙而不致冒煙。魚排下鍋，煎到呈金黃色而且中間完全不透明，每面約煎3至4分鐘。盛到寬口淺碗裡，把醋料淋在魚肉上，撒上：

1/4杯切碎的芫荽

2顆萊姆的汁液

放涼至室溫下享用。

鱈魚球或鱈魚餅（Codfish Balls or Cakes）（4人份）

備妥：

1杯剝成一片片的脫鹽的鹽漬鱈魚

把：

6顆中型馬鈴薯，或一半馬鈴薯一半歐洲防風草根，水煮過的

搗成糜或泥。把魚肉和馬鈴薯放進一口中型碗裡，把：

2顆蛋

打進去，一次打一顆，再加：

2大匙濃的鮮奶油

（1小匙洋蔥末）、（1小匙芥末粉）

（1小匙烏斯特黑醋醬）

鹽和黑胡椒，自行酌量

打到混合物蓬鬆。把混合物捏成丸子狀或肉餅狀，用以下的烹理法之一來做：

I. 捏成2吋的糕餅狀，敷上麵粉用熱鍋裡的奶油煎黃，立即享用。

II 捏成肉餅狀。放在抹油的烤盤裡，送進190度的烤箱烤3分鐘，散布上小奶油塊即可享用。在上：

芥末醬，293頁，或鯷魚醬，294頁

奶油燻鱈（Creamed Finnan Haddie）

把：煙燻黑線鱈

放到一口醬汁鍋裡，倒進：牛奶

液面高度幾乎淹過鱈魚表面，泡1小時。慢慢把牛奶煮沸，煨煮20分鐘。把魚瀝

出，把魚肉劃成一片片，去魚皮和魚骨。把魚肉和非常燙的：

白醬I，291頁

混合在一起，白醬的量約是魚肉量的三

分之二。每一杯的魚肉片加：
1顆水煮蛋，剁碎
1小匙剁碎的青甜椒
1小匙剁碎的柿子椒

用：圓吐司片
盛魚肉，撒上：
新鮮檸檬汁
剁碎的蝦夷蔥或荷蘭芹

鹽醃鯡魚佐薯片（Salt Herring and Potatoes）（4人份）

把：2大尾鹽醃鯡魚
泡在淹蓋過魚表面的水或牛奶裡一夜。
瀝出後把魚對剖開來，去皮和骨。魚排
切成1吋寬小塊。烤箱轉190度預熱。把：
6顆馬鈴薯，去皮
2顆中型洋蔥

切薄片。把一只烤盤抹奶油。把薯片、
洋蔥片和鯡魚層層交替地鋪排在烤盤
內，最底層和最上層都鋪馬鈴薯片。最
上面覆蓋上：
焗烤料☆，見「了解你的食材」
烤45分鐘，或烤到馬鈴薯片軟身。

鯡魚佐蘋果（Herring and Apples）

準備鹽醃鯡魚佐薯片，如上。把洋蔥換
成酸味蘋果，鹽醃鯡魚換成新鮮鯡魚。

每一層鯡魚灑鹽和黑胡椒調味。

沙丁魚吐司（Sardine Toast）（4人份）

將：
12條罐頭沙丁魚
去皮去骨。將其中6條連同：
1小匙洋蔥末、2小匙奶油
1/2小匙美式芥末醬、1小匙新鮮檸檬汁
搗成泥。把這混合物抹上：

6條細的吐司條
再把每一整尾沙丁魚置於每片吐司條
上，送進炙烤爐烤一下。享用前，點綴
上：
（剁細碎的茴香）
少許現磨的黑胡椒粉

印度香料飯（Kedgeree）（4人份）

在一口中型醬汁鍋裡把：
1杯濃的鮮奶油
煮滾，加：
1/4小匙紅椒粉
1/4小匙薑黃粉
1/2小匙鹽
續滾2分鐘。再下：
3杯煮熟的長梗米、印度香米或茉莉香米
煮到熱透。與此同時，把：
4根青蔥

切蔥花，蔥白和蔥綠分開。把蔥白和飯
拌合，連同：
2片煙燻鱒魚片（共約8盎司），呈室溫狀
態，掰成1吋小塊
把香料飯倒進5杯容量的舒芙蕾烤盅或焗
盅，最上面覆蓋著蔥綠和：
3顆大的水煮蛋，剁碎
另一種作法是，把烤盅抹奶油，填滿香
料飯，然後在上菜盤上脫模，再在上面
放蔥綠和蛋屑。

| 常見的食用魚 |

　　魚要如何料理通常取決於切片的厚度及整體大小，當然還有鹹水魚或淡水魚的差別。肉質扎實，切片通常也較大的鹹水魚，幾乎耐得住你想要的任何烹煮方式，從燒烤到水波煮都可以。一般而言體型較小，肉質也較 ▶ 細緻的淡水魚，通常以炙烤或鍋煎的方式料理最輕鬆。另外要考慮的兩個面向是魚的油腴程度，以及是否來自較溫暖的淡水。 ▶ 油腴的魚滋味濃郁，最適合煙燻和燒烤。溫水魚滋味也較濃郁，煎炸或深油炸是最理想的烹煮方式。以下所列是最常見的食用魚，而且附上了最佳烹煮方式的詳細說明。

鯷魚（Anchovy）

　　鯷魚味道強烈而精瘦，肉質軟而顏色深。罐頭或鹽醃的鯷魚應該清洗過，並且當調味料來用。白鯷魚，從西班牙進口的醋醃鯷魚，滋味格外的細緻（不需要清洗）。燒烤是烹煮新鮮的整尾鯷魚的經典作法，不過如果魚很小尾的話，炙烤也許最簡單。新鮮鯷魚也可以做成醋醃魚。鯷魚屬於鹹水魚。

北極紅點鮭（Arctic Char）

　　鮭魚和鱒魚的親戚，有著相似的脂肪含量和粉紅偏象牙白的美味扎實肉質，北極紅點鮭怎麼烹煮都好吃。市面上大部分的紅點鮭都是飼養的。**北嘉魚**（Dolly Varden）和**茴魚**（grayling）是相似的魚類。北極紅點鮭是淡水魚。

鱸魚（Bass）

　　精瘦而刺相對較少，真正的海撈鱸魚有著甘甜美妙、相當扎實的白肉，整尾或片成魚排上桌最理想。**鱸滑石斑魚**（Black sea bass）在市場上很熱門，也很受漁夫青睞。市面上賣的以二或三磅的魚居多，雖然它可以長得更大尾。烹煮海鱸魚要格外小心別煮過頭，否則肉質會變韌。**銀花鱸魚**（Striped bass，在切薩皮克〔Chesapeake，維吉尼亞州城市〕通常又叫做礁石魚〔rockfish〕）生活在海洋鹹水裡，但會游入淡水產卵；而且不管是野生或養殖的，肉質都同樣細緻。在美國人氣扶搖直上的**地中海鱸魚**（branzino），及一般所說的**海鱸魚**，在地中海長久以來因其令人聯想到干貝的扎實微甜的白肉質而享有美名。用橄欖油鍋煎。

　　石斑魚也屬於鱸魚這個大家族。產於南大西洋和太平洋，夏季的產量較大。大部分以多肉的白色魚排在市場上出現。滋味豐富、精瘦扎實的片狀肉質禁得起大多數的烹理方式，包括用液體煮。石斑屬鹹水魚。

　　小口鱸魚（Smallmouth）和**大口鱸魚**（largemouth bass）是美國釣客最喜歡

釣到的淡水魚。其適度扎實的肉質適合炙烤、燒烤、鍋煎、爐烤和乾煎。兩者當中小口鱸魚比較好吃，因為牠生活在較冷的水域裡。

黑魚（遍羅魚〔Tautog〕）

也是很受釣客歡迎的魚，夏季時可以在東岸的某些漁市裡看到。其結實精瘦的白肉在炙烤、乾煎、水波煮或燒烤之前，要先剝皮（皮可能帶苦味）。屬鹹水魚。

吹肚魚（Blowfish）（氣鼓魚）

可食的鹹水魚，屬於多半具有毒性的魚種（包括河豚在內，在日本被視為珍饈，只能由專門受訓過懂得如何去除有毒內臟的專家可以料理）。吹肚魚滋味溫和精瘦，屬多肉的白肉魚，烹煮上力求快速，免得肉質變得乾柴。魚排和雞大腿肉很像。吹肚魚可以取代干貝、蝦子或蛙腿。

竹筴魚

頗受漁夫歡迎，在夏季的東岸漁市裡販售，這種滋味濃郁、油腴的鹹水魚，一被捕撈就要把內臟清理乾淨並低溫保存。其深色肥腴鮮美的肉質軟嫩，但全魚也可以小心地燒烤，魚排可以炙烤、鍋煎、油炸或乾煎。

銀鯧（Butterfish）（太平洋鯧　〔Pacific Pompano〕）

鯧鰺的近親，這些體型小的鹹水魚最好是整尾帶皮食用；銀色的魚皮不需要刮鱗。銀鯧滋味豐富，油脂含量適度，多肉的灰白肉質，鍋煎很美味。

鯉魚（Carp）

這種體型大、懶洋洋的軟鰭淡水魚，會被放在錦鯉潭或水族箱裡讓人觀賞，在中國城，這些魚是活體買賣的。鯉魚烹煮前一定要去皮，經典的作法是做成猶太魚丸，55頁。

鯰魚（河貓〔Channel Cat〕，大頭魚〔Bullhead〕）

現今大多是養殖的，鯰魚肉滋味清爽溫和，肉質色白扎實呈片狀，很適合鍋煎、油炸、燒烤、炙烤或乾煎。

智利大海鱸（Chilean Sea Bass）（小鱗犬牙南極魚〔Patagonian Toothfish〕）

這美味的白肉鹹水魚不算是鱸魚，在一九九〇年代末大受歡迎，因此在它

的原產地南美水域已經過度捕撈。由於漁業不容易管控，也很難判斷你買的智利大海鱸是否是從黑市來的，很多有良心的廚師、魚販和家庭廚子已經不再購買或供應這種魚了。

鱈魚

　　大西洋鱈魚的供應量下降，**青鱈**（pollack）、**狗鱈**（hake）、**牙鱈**（whiting）、**單鰭鱈**（cusk）和**黑線鱈**（haddock）全屬於鱈魚家族——大多數都滋味細緻，白色肉質扎實或適度扎實，煮過後呈大塊片狀（狗鱈的肉質軟嫩）。**小鱈**（Scrod）指的是鱈魚家族裡重量不超過兩磅的魚。由於肉質過於細緻，除了燒烤之外，任何烹理方式都可行。**鹽漬鱈**（Salt cod）是用鹽醃漬並曬乾至硬梆梆的鱈魚，在葡萄牙、法國、西班牙和義大利料理裡是很熱門的食材。挑選厚、白、結實的魚排。**脫鹽的方法是**，烹煮前將鹽漬鱈泡清水放冰箱十八至二十四小時，其間要換水幾次。**要做成鹽漬鱈魚片**，把脫鹽的鱈魚放進淹過魚肉表面的無鹽的冷快煮湯底，煮沸然後▶轉小火煨煮二十至三十分鐘。瀝出，去皮挑除魚刺再撥散成一片片。一磅的鹽漬鱈魚乾可得出約兩磅的鱈魚片。

　　煙燻去骨切片的黑線鱈，燻鱈，原產於蘇格蘭，不過加拿大、丹麥和新英格蘭現今也有生產。燻鱈也可以爐烤，或加鮮奶油煮，71頁，炙烤、塗潤奶油，或放牛奶裡煨煮，這些方法都可以緩和它濃烈的滋味。鱈魚家族的魚屬鹹水魚。

石首魚（Croaker）（黃花魚〔Spot，Spotfin〕）

　　這家族的魚，肉質扎實精瘦，色澤偏淡，滋味甘甜。屬於鹹水魚，適合各種烹理方法，鍋煎、深油炸至水煮或爐烤皆宜。

多利魚（Dory）

　　扁身魚有著突出下巴，魚身兩側各有一個暗色斑點，據說是聖彼得的拇指印，因此魴魚又叫做聖彼得魚。歐洲**多利魚**（John dory）是最知名的，雖然也有**美洲多利魚**。這肉質扎實、精瘦又鮮美的白肉魚，因為多刺，應該切成魚排烹煮。魴魚屬鹹水魚。

鼓魚（Drum）（紅鼓魚〔Red Channel Fish〕、黑鼓魚）

　　紅鼓魚是市面上最常見的鼓魚。其白色魚肉滋味甘甜溫和，脂肪少。鼓魚最適合鍋煎、油炸、燒烤和水煮。屬鹹水魚。

鰻魚

鰻魚是迴游千里之遙的鹹水魚。牠在西大西洋的馬尾藻海（Sargasso Sea）產卵，從那裡游回美國或歐洲的淡水棲息地，在牠的父母常出沒的溪水河流覓食成長。經過漫長的迴游旅程，依然只有二或三吋長的鰻苗（elver）呈透明而偏黃。可炙烤、燒烤或水煮。小的鰻魚和大一點的一樣可以烹煮、煙燻或醋漬做成美味的開胃菜或前菜。

大部分的廚子喜歡買剝皮的鰻魚，但對於膽子大的人，我們提供以下的作法：剝皮前鰻魚要保持活體，往牠的頭部施以重擊便足以斃命。如果鰻魚死了，魚身仍在扭動，不必驚慌；那只是肌肉攣縮罷了。用一個套索圈住鰻魚頭部，繩索另一端高掛在牆面鈎子上。在鰻魚頭下方三吋的地方，用刀把魚皮劃開一圈，避免刺穿靠頭部很近的膽囊。把魚皮用力往下剝——需要的話可以用一把老虎鉗——像脫手套一樣將魚皮整個剝掉。縱向切開魚肚，取出位在肚皮表面下的內臟，清理乾淨。煮熟後，豐腴的鰻魚肉扎實而滋味細緻。

鰈魚（冬鰈）

這白色肉質細緻的鹹水扁身魚，通常片成魚排販售，有時候會標示為比目魚。其烹煮的方法和處理其他扁身魚一樣。所謂的**龍利**（gray sole）其實是體型纖長而肉質更扎實的鰈魚。大的鰈魚排往往叫做**檬鰈**（lemon sole）。

叉尾魚（Fluke）（夏鰈）

休閒的釣客常釣到的魚，這些鹹水魚可能重達五磅，其厚實片狀的白色魚肉排格外能吸收其他食材的味道。叉尾魚以醃漬或加醬的方式料理很不賴，可以燒烤、鍋煎、乾煎或爐烤。

大比目魚

大西洋大比目魚比美國市售的其他扁身魚都來得大，通常切成輪切片販售，而輪切片可以進一步沿著中央骨分切成四段。這肉質扎實呈片狀的白肉魚精瘦而滋味細緻，耐得住煮湯或燜燉。太平洋大比目魚相類似，不過更常切成魚排來販售，滋味也稍差。加州大比目魚其實是鰈魚（見鰈魚，如上）。

鯡魚

體型小而豐腴的鹹水魚，肉質色深，滋味濃厚，在市場上鯡魚偶爾會被誤認為沙丁魚，不過更常見的是醃製或煙燻的鯡魚。新鮮的鯡魚可以在春季的漁市裡找到，用來燒烤、炙烤或爐烤（如同「鹽醃鯡魚佐薯片」，72頁的變化版），甚至可以裹上燕麥粉油煎。鯡魚有細刺，多到數不清。如果你用一把銳

利的刀，順著魚背中央剖開，挑起背骨，小心地拉拔出來，大多數這些細刺都會跟著出來。細刺清理好後，魚肉可以整塊或者剖成兩半來烹煮。

醃燻鯡魚（kippered herring）是用鹽醃漬，對開後冷燻至魚肉帶淡紅色（雖然有時候是用紅色食用色素染的）。整尾的銀色**膨風鯡魚**（bloaters），因外觀稍微豐滿或者說臃腫而得名，可以夾在麵包和奶油裡當冷食，或者用奶油炙烤。

醃漬過的鯡魚外觀多變。**鯡魚卷**（rollmops），是新鮮去刺的鯡魚片包捲而成，通常會包一截小黃瓜，用竹籤固定好後再泡醃汁。**醋漬鯡魚**（Bismarck herring）是醋醃的帶皮扁魚排，往往會加洋蔥一起醃，有時會加甜味。**糖醋鯡魚**（Matjes herring或virgin herring）會泡在糖和醋混合的酸甜滷汁裡。

六帶鰺（Jack）

這肉質扎實、滋味豐富的白肉魚家族，有時候味道非常濃烈。六帶鰺的種類有二十一種，全是鹹水魚。可食的小型六帶鰺（五磅以下）可以用煮竹筴魚的方式烹理；燒烤的最棒。不是所有的六帶鰺都值得食用，有些可能帶有珊瑚礁魚毒素（ciguatera）。

龍薑（Ling Cod）

和鱈魚沒有親戚關係，這種鹹水魚肉質精瘦略帶青色，烹煮後轉呈白色，滋味細緻。扎實得可以燒烤、煮湯和紅燒。

鯖魚

鯖魚和鮪魚同屬一個大家族，但體型小得多。**大西洋鯖魚**是最常見的，肉質和滋味比**西班牙鯖魚**或**王鯖**更軟嫩濃郁。王鯖通常切輪切片販售。不管哪一種，鍋煎、炙烤、燒烤或做成醋味魚，都很棒。酸可以沖淡這黃褐色魚肉油膩濃厚的味道。鯖魚很容易會有魚腥味，所以隨時要低溫冷藏。鯖魚屬鹹水魚。

鬼頭刀（Mahimahi）（海豚魚〔Dolphinfish〕，飛烏虎〔Dorado〕）

和海豚沒有親戚關係，多半在南大西洋和太平洋被捕撈，漁夫若捕到鬼頭刀會樂開懷，在溫暖月分漁獲量最多。其扎實、滋味豐富、灰白色的肉質禁得起所有的烹煮方式，但深油炸除外。

馬林魚

馬林魚肉質精瘦，和鮪魚很像，可用烹煮鮪魚的方式料理。目前這大型鹹水獵用魚的數量下降，很多有良心的廚子、商家和家庭廚子已經不再購買或供

應馬林魚。

魚（琵琶魚〔Anglerfish〕，扁鯊〔Lotte〕）

魚滋味溫和，白色肉質緊實，有時又被稱為「窮人家的龍蝦」。這精瘦的鹹水魚魚尾或尾排通常會包著一層灰色薄膜，烹煮前要用刀剔除。可燒烤、炙烤、爐烤、乾煎或水煮。

烏魚（Mullet）

當地捕撈而且極其新鮮的烏魚非常美味，不管是條紋烏魚（striped mullet）或銀烏魚（silver mullet）均重約一磅和四磅之間。肉質扎實，耐得住燒烤，用直接加熱或熱燻方法烹理最美味。烏魚屬鹹水魚。

金獅魚（Orange Roughy）

澳洲和紐西蘭進口的去皮金獅魚排有著扎實精瘦的白肉。可鍋煎或以濕性加熱法烹煮。其滋味溫和，很適合取代較昂貴的鱈魚或比目魚排。金獅魚屬鹹水魚，肉質夠緊實，耐得住大部分的烹調方法，但燒烤除外。

平魚（Panfish）

這一大類總括了大家兒時常釣到的小魚，通常是淡水魚：太陽魚（有時又叫做歐〔bream〕）、大翻車魚（bluegills）、莓鱸、大頭魚和岩鈍鱸（rock bass）。這類魚占美國垂釣魚的最大宗，湖泊池塘到處可釣到。如果你不打算「釣到又放生」，鍋煎來吃。

河鱸（Perch）

常見的正宗鱸魚只有兩種。大眼藍鱸（walleye，有時候被誤稱為大眼狗魚〔walleye pike〕）的魚刺相對少，滋味細緻甘甜，肉質精瘦，可以爐烤、鍋煎或用文火水煮。黃鱸是很受歡迎的垂釣魚，肉質扎實精瘦，鍋煎或紅燒前要去皮。鱸魚屬淡水魚。

狗魚（Pike）

甘甜精瘦的淡水魚，通常用在猶太魚丸，**白斑狗魚**（Northern pike）可以長到二十磅重。狗魚越大尾，魚刺越容易被發現並挑除。**北美狗魚**（musellunge），狗魚家族成員中最大尾的，是熱門的獵用魚。這種魚的脂肪很少，肉質適度扎實，最適合鍋煎、爐烤和乾煎。

鯧鰺（Pompano）

重達一至三磅，整尾銀色的鯧鰺以燒烤或鍋煎的方式烹理滋味最棒。**青鮒**（Yellowtail）是太平洋鹹水魚，也是壽司店最愛用的魚肉（在壽司店裡這種魚肉叫做**油甘魚**〔hamachi〕）。世上最棒的垂釣魚，鯧鰺很適合整尾燒烤、爐烤、水煮和乾煎。

刺鬣魚（Porgy）

又被稱為海鯛魚（sea bream，法文是dorade，義大利文是orato）或尖口鯛（scup），這些鹹水魚肉質精瘦呈片狀，滋味溫和細膩，但是很多刺。文火烹煮，調味時下手要輕，免得壓過細膩滋味。

胭脂魚（Red Mullet）

和真正烏魚沒有親戚關係，這些歐洲鹹水舶來品有著扎實、精瘦、多滋多味的白肉，大多數的烹調方式都適用，不過鍋煎或燒烤尤佳。

礁石魚

這個鹹水魚家族囊括了各式各樣的太平洋魚類（別和切薩皮克灣地區對銀花鱸魚取的俗名搞混了）。其非常精瘦的白肉煮過後呈小塊片狀，水煮或深油炸最理想。

魚子和魚白

母魚的卵即所謂的**魚子**（roe或hard roe）；公魚的精子叫做**魚白**（milt或soft roe），質地滑順而不是呈顆粒狀。魚子和魚白都可以入菜。某些魚的魚卵比魚本身更有價值，參見魚子醬。

鯡魚子（Shad roe）

是另一種選擇。鯡魚子應該煮到中央呈淡紅色；若是煮過頭，會變得又乾又硬沒有滋味。魚子若要被烹煮並且單獨食用，就要用針把膜刺破，免得膜爆開、裡頭的小卵飛濺。如果要用胡椒調味，白胡椒比較好，不僅味道較不突兀，顏色也較相配。

你也可以用其他魚類的魚卵或魚白，諸如鯡魚、鯖魚、鰈魚、鮭魚、鯉魚或鱈魚，按照炙烤鯡魚卵的食譜做。鮭魚的魚白一定要把脈管切除。

魚卵可以當做午餐的菜色，或開胃菜或當作魚本身的餡料或盤飾。魚卵也可以生吃，如同壽司上鋪的魚卵（尤其是雪**魚卵、飛魚卵**〔日本蟹籽〕、**鯡魚卵**或**鮭魚卵**，或者被稱為雲丹的海膽卵這項珍饈，一定要吃非常新鮮的），當

作小菜，或者像醃漬鯡魚那樣處理。

購買魚卵時，一定要挑選未經過滅菌處理，稍微加鹽，而且魚卵始終要冷藏保存。

銀鱈（Sablefish）（阿拉斯加鱈〔Alaska Cod〕、黑鱈〔Black Cod〕）

有時會被誤稱為**銀鯧**，這種鹹水魚其實不是鱈魚，肉質濃郁且扎實，烹煮後呈大塊片狀，由於脂肪多，以煙燻方式料理很理想。烹煮前黑色的魚皮要先去除。

鮭魚

美國最熱門的人氣魚之一，鮭魚適用幾乎任何一種烹煮方式（雖然脂肪含量太高，不適合深油炸）。鮭魚可分成大西洋和太平洋品種。其肉質的色澤從淡珊瑚色至朱砂紅都有。大西洋鮭魚有五種品種，大多是野生的，包括著名的阿拉斯加品種，這又涵蓋了**契努克鮭**（chinook）或**帝王鮭**（king salmon）、**銀鮭**（coho或silver salmon），以及**紅鮭**（sockeye），這些鮭魚以肉質肥腴濃郁而馳名，比養殖鮭魚更出色得多。鮭魚不管用冷燻、熱燻或鹽醃，一如鹽醃鮭魚，都很美味。鮭魚是溯河產卵的海魚，可以在淡水和海水生活。

沙丁魚

沙丁魚事實上屬於鯡魚家族的一員。歐洲進口的沙丁魚比在美洲大西洋捕撈到的要更肥腴濃郁，後者通常做成罐頭。整尾沙丁魚清洗去鱗，掏挖出鰓和內臟，之後便可直接烹煮，或者切除背骨用來鑲餡。佐以檸檬角，或者烹煮時加另一種酸，譬如醋，來沖淡其深褐色肉質油膩濃厚的滋味。沙丁魚是鹹水魚。

西鯡（Shad）

鯡魚的親戚，以其魚卵出名，**美洲西鯡**（American shad）有著甘甜濃郁軟嫩的肉質，最理想的是購買切成魚排的魚肉，而且最好是由可以在很多小刺之間游刃有餘的專家片下來的魚排。板烤，62頁，是烹煮整尾美洲西鯡最傳統的方式，而西鯡的產季在春天。美洲西鯡是溯河產卵的海魚，可以在淡水和海水裡生活。

鯊魚

鯊魚通常切成輪切片販售，有著甘甜的白肉。粗糙的灰色魚皮通常會剝除。扎實的肉質禁得起大部分的烹調方式。挑選沒有氨味且顏色淡的鯊魚肉，

小心別煮過頭，因為牠的肉很精瘦，很容易就煮柴了。最常見的是**尖吻鯖鯊**（Mako shark），有時會被誤稱為**鰹魚**（bonito）。

鰩（魟魚）

你可以買去皮並片成魚排的鰩魚和魟魚，也可以自行片成魚排，方法和處理扁身魚一樣，45頁。其扎實精瘦的美味魚肉很適合鍋煎或油炸。一定要熱熱的吃，因為鰩具有軟骨，冷卻後肉質會變得黏滑。鰩魚屬鹹水魚。

雪香魚（Smelts）

若是非常小尾的，往往標示為**魩仔魚**或**虹香魚**（rainbow smelts）販售，雪香魚滋味甘甜溫和。**蠟燭魚**（Eulachon），體型小、生命期短的雪香魚，有著更濃郁強烈的滋味。這些小巧的整尾魚很適合鍋煎或油炸。雪香魚是淡水魚。

真鯛（Snapper）

真鯛具有無可非議的甘甜滋味和一般說來很扎實的肉質，很適合燒烤。其他品質沒那麼好的魚通常被標示為鯛魚。很受歡迎的紅皮**紅鯛**，有著略帶甜味的精瘦白肉，烹煮後會形成大塊片狀。**黃鯛**（Yellowtail snapper），魚體呈灰色，有一條黃色帶從魚頭一直延伸至魚尾，滋味較溫和，具有粉紅色肉質。真鯛屬鹹水魚。

比目魚（Sole）

多佛鰈魚（Dover sole，又叫channel sole），是歐洲進口魚，相對的也比較昂貴。這肉質扎實的比目魚有著細緻滋味，是人氣火紅的魚，因此冒牌貨譬如差一等的**太平洋鰈魚**，有時候會被標示為多佛鰈魚來賣。烹煮前要先去除質韌的魚皮；可燒烤（只限全魚）、鐵板燒、乾煎、爐烤或水煮（文火快煮）。在美洲水域捕撈並被標示為比目魚的扁身魚，其實是鰈魚；真正的比目魚只產於歐洲海域。比目魚的經典食譜都可以用其他肉質扎實的肉魚來做。比目魚屬鹹水魚。

劍魚（Swordfish）

除非你在海鮮餐廳或海產店看過展示在牆上的這種身型有如長劍的魚，否則你見到牠們的機會少之又少，因為這種大型魚都是切塊販售的，最常見的是切成對稱的輪切片，帶有圍著中央脊骨的四塊同心的輪狀肉塊。扎實而多滋多味，劍魚很適合以高溫處理——燒烤、炙烤、爐烤或鍋煎。現今這種大型鹹水獵用魚的數量下降，很多有良心的廚師、店家和家庭廚子已經不再採買或供應劍魚。

羅非魚（Tilapia）

市面上大部分的羅非魚都是養殖的，魚排也多是冷凍的。羅非魚是滋味溫潤的萬用鹹水魚，肉質精瘦而相當扎實。適合水煮或爐烤或油炸。

馬頭魚（Tilefish）

馬頭魚是結實的白肉鹹水魚，肉質精瘦滋味細緻，在東岸整年都可見到，片成魚排或切成輪切片販售，價格通常很便宜。除了燒烤之外，任何的烹理方式都可行。

鱒魚

養殖的鱒魚品種很多，品質可能相當優良。剛被釣上岸的河鱒很搶手，湖鱒則從滋味鮮美至肥腴變化不一。格外豐腴的品種，以熱燻處理尤佳。**虹鱒**（Rainbow trout）游向大海時，即所謂的鋼頭鱒（steelhead trout），據說滋味尤其豐富。所有鱒魚，包括**褐鱒**、**割喉鱒**和**金鱒**，都很適合燒烤（如果你有一尾的話，放到魚籃裡小心地烤）、炙烤、鍋煎和爐烤。除了鋼頭鱒之外，鱒魚屬淡水魚。

鮪魚

鮪魚的分布廣泛，特色的差異很大，體型上的變化大如**黑鮪魚**（bluefin）——可能重達一千五百磅的華貴獵用魚——小得多的**長鰭鮪魚**（albacore），其加工過的肉通常製成罐頭或標示為「白鮪魚」或「低脂鮪魚」（light tuna）的真空包裝魚。

黑鮪魚的紅色魚肉幾乎呈半透明，做成壽司或生魚片生吃非常美味，其肉質扎實得可以用強火力烹煮（燒烤、鍋煎或烙燒）。只要魚肉非常新鮮，外表烙燒一下，中間仍保持生紅狀態，最能吃出它的鮮美滋味。處理鮪魚時，你可以把暗色條狀的肉修清，這部分的肉味道濃烈。當今鮪魚的數量也在下降。

僅次於黑鮪魚的**大目鮪**（bigeye tuna），以其濃郁滋味和鮮紅色肉質聞名。**正鰹**（skipjack）通常在十磅以下，魚肉滋味濃烈。雖然大多數的正鰹都做成罐頭，但還是可以在市場裡買到小尾的全魚。**鰹魚**（bonito），別和鯊魚搞混了，它和正鰹的味道很相似但價格更便宜，雖然魚肉的顏色淡很多。**黃鰭鮪**（yellowfin）也很常見，通常呈大長條狀（loin），再由此切成輪切片（最好是買預先切成輪切片的，比較新鮮），用來做壽司。鮪魚屬鹹水魚。

大菱鮃（Turbot）

享有盛名的歐洲鹹水扁身魚，激發法國人發明菱形燒魚鍋（*turbotière*）

來配合牠菱形的身軀以利烹煮，真正的大菱鮃有著扎實細緻的白肉，非常昂貴。

犬牙石首魚（Weakfish）

事實上是一種鼓魚，但外型不像紅鼓魚或黑鼓魚。牠又被叫做**海鱒**（sea trout）和**雲斑海鱒**（spotted sea trout），這不是沒有理由，因為牠是絕佳的食用魚，肉質細膩、滋味細緻得像鱒魚。犬牙石首魚屬鹹水魚。

魩仔魚（Whitebait）

體型如鯉科小魚的任何品種的淡水魚，有時候會以這名稱來統稱，但嚴格說來，魩仔魚是太平洋海岸的**雪香魚**品種。魚身近乎透明瘦骨如柴，整尾大量油炸，可當酥脆的點心吃。

白鮭（Whitefish）

偶爾可以在漁市看到，更常的是被釣客釣到，牠是鮭魚的遠親，有著銀色的皮和豐腴溫和的滋味，很適合煙燻。過於豐腴而不適合油炸。屬淡水魚。

狼魚（Wolffish）

狼魚有著白色肉質，肉多又相當扎實，滋味豐富，通常切成魚排或輪切片販售，烹煮後會形成大型片狀。雖然肉質扎實得可以燒烤（但要刷上充分的油，減少沾黏），大多數其他的烹調方法也行得通，尤其是油煎和爐烤。

家禽和野禽

◆━━━━━━━━━━━━━━◆

Poultry and Wild Fowl

雞遍布全球各地：火雞、鴨和鵝，以及在各大洲之間遷徙的很多野禽，都深受世人喜愛。每個國家都有獨門的雞肉料理。老練的廚子不會以炸雞和烤火雞為滿足，他們也會把世界各國的特色料理帶到廚房裡：法國的紅酒燉雞、義大利的獵人燉雞、印度的坦都里烤雞和印尼的沙嗲雞。

正確地來說，「家禽」指的是在牧場飼養的禽類，而「野禽」指的是在野外被獵捕的禽類。在今天，這兩大類的禽類被進一步定義：家禽也包括了可以在網路購得，或者透過在地的肉品商訂購的特產禽類，例如**家鴨和家鵝、珠雞、鴕鳥、鷓鴣和乳鴿**。野禽包括主要是獵捕來的禽類，通常無法在市面上買到，譬如**野鴨、野鵝和野火雞**，牠們和牧場飼養的同類差異很大，另外還有**雉雞、鷿鷈、松雞、鵪鶉、小鴿、家鴿、山鷸和鷸**。雉雞、鵪鶉和其他歐洲品種的鷿鷈和松雞也買得到，不過牠們被納入野禽一類，是因為牠們更常是獵人獵捕來的。

不管是買來的還是獵來的，你得要評估禽肉的品質和潛力，考慮用哪種烹煮方式最能呈現好滋味。➠比方說，參見乾式加熱法（dry-heat）☆，見「烹飪方式與技巧」，來烹理雛禽。看不出熟老程度的大多數家禽和野禽，不妨使用濕式加熱法（moist-heat）☆，見「烹飪方式與技巧」，或者醃漬以軟化肉質。

| 關於購買家禽 |

挑選豐滿多肉的禽類，查看包裝上的「有效」日期。如果包裝裡的液體含量不太尋常，感覺黏黏的，甚至略微走味，就算沒有過期，內容物也是可疑的。避免有撞傷的禽類。雞皮應該不是黃的就是白的；從雞皮的顏色看不出脂肪含量。生禽肉要立即冷藏，而且要和其他食物分開來放。

採買禽肉時，記得➠一磅的無骨禽肉可得四分之三磅可食用的肉；一磅帶骨的禽肉可得約半磅的熟肉。每一磅全雞可得大約一杯的熟肉。如果把雞剁成肉塊，三盎司肉塊可得三分之二杯熟肉。

很多人信誓旦旦的說，**現宰的火雞**滋味最棒。生鮮的火雞也買得到，不過你會發現價格會貴一些，因為生鮮火雞必須特別處理過。正因為如此，向你的肉販詢問如何、何時訂購生鮮火雞。

放牧和有機的家禽普遍可得。根據美國農業部標準，放牧雞和放牧火雞必須可以自由走到戶外晃蕩。有機家禽的規章各不相同，這些規章各州也不一樣。不過，大致說來，要被認為是有機的，家禽在飼養過程不能被施打抗生素，而且吃的必須是有機種植的飼料；美國農業部明定，「家禽或可食用的家禽肉品，必須來自從出生的第二天起便在持續性的有機管理環境裡長大的家畜。」

| 關於貯存和處理家禽的安全須知 |

把家禽存放在冰箱底層的最裡面，➡️購買後的兩天之內要烹煮完畢，不然就要冷凍。假設冷凍庫的溫度是零下十八度或更低，家禽冷凍個幾個月再煮來吃都安全無虞，不過要享有最佳滋味和口感，在一個月內煮完。

冷凍的家禽在烹煮前一定要➡️徹底退冰，可以放冷藏室退冰也可以泡冷水退冰，所以一定要買事先充分冷凍的家禽，尤其是大型禽類，譬如火雞。

若是要整隻烘烤的禽類，退冰不完全後果悽慘。常有的情況是外層烤熟了，中間還是生冷的。要是放冷藏室解凍的整隻禽類在你打算烤來吃的那一天仍是冷冰冰、硬梆梆的，把牠放到冷水裡泡至完全退冰。在家部分退冰或完全退冰的禽肉千萬別再重新冷凍。我們不建議購買馬上可以鑲餡的生禽體。

放冷藏室解凍的話，把留在原始包裝裡的家禽放在烘焙紙上，每六磅需要一天時間解凍。泡冷水退冰的話，禽類留在原始包裝裡，整個泡進冷水中，拿一口重鍋壓在上面，好讓牠全部浸在水裡。解凍的時間需要一至八小時，端看重量而定，要經常翻動並換水。在禽類真正解凍之前，很可能看起來像已經解凍了，除非禽肉摸起來是軟的又容易彎曲，扭動大腿和翅膀時關節可以自由活動，否則別以為牠已經充分退冰。➡️冷凍禽類一旦退冰很容易腐敗，所以一定要立即烹煮。

沒煮熟的禽肉可能會罕見地引起沙門氏桿菌中毒。腸道沙門氏桿菌在七十度下可以徹底被滅除，而且大多數人也認為，用這個最低溫度煮出來的雞肉或火雞肉最滑嫩好吃。感染沙門氏桿菌和其他細菌的常見途徑是，吃了沒煮熟的肉，或者煮熟的食物接觸到被感染的生禽肉或血水，常常是接觸到砧板、料理台或刀子上的殘屑。➡️為減少感染的機會，千萬別把生禽肉放在打算生食或沒有裝袋的食物旁，譬如沙拉菜葉、新鮮水果或麵包。此外➡️切完或處理完生禽肉之後，一定要用肥皂水清洗手、砧板、廚檯表面、刀子和禽肉剪，然後再去處理其他食物。➡️如果用圍裙或紙巾擦手，要立刻換上乾淨的。

| 關於切家禽 |

用一把銳利的刀，外加稍微練習一下，你就可以輕易地把一整隻雞、鴨、火雞或鵝切成可食用的肉塊。自己動手剁切肉不僅省錢，還可以準確地切出你要的部位，照你想的方式來切分。▶隔著紙巾握住禽體，可幫助你握得穩固。

把背部、頸子、心臟和內臟包起來冷藏保存，供日後使用。這些用來熬高湯很棒。將整隻家禽大卸六塊、八塊或十塊。

要把整隻家禽切成大塊，拎起一隻翅膀，讓雞隻本身的重量拉開翅膀關節的皮，如圖所示，切穿雞皮、雞肉和關節，把翅膀從畜體切下來。用同樣的方式切下另一隻翅膀。若想方便食用，你可以把翅膀改造成假腿。方法是，切掉翅膀尖端，用手把剩下的兩節拉直，拉成一條線，使之看起來像一隻小的雙節腿。**要把大腿切下來**，把大腿往外下方拉，如圖示。把刀戳進大腿和身體的交接處，切斷韌帶。當大腿鬆脫後，劃一道深長口子，繼續往背部切，越多的皮留在大腿上越好。**要把棒棒腿從腿排上切下**，屈起大腿節扭斷球窩關節。把大腿放在砧板上，讓內側朝上，切斷雞皮上區隔棒棒腿和腿排的那條細縫。

切下翅膀和大腿後，即可著手切畜體。**要把胸部從背部剪下來**，用雞骨剪或一把利刀從背骨兩側剪斷或切斷肋骨。胸部可以留一整塊，或者用雞骨剪剪成二或四塊。雞背沒什麼肉，除了背脊末端嵌在略微凹下的小骨盤裡的兩球上等「精肉」（oysters）。

要把一整隻禽類開蝴蝶刀，用剪子把背骨兩側的肋骨剪斷，取出背骨，如圖示。讓雞胸部朝上，把手掌放在胸骨上，用力往下壓，把雞身徹底壓平。要讓雞腿在烹煮過程中固定不動，在雞胸尖端的兩側各劃一道二分之一吋的口子，把棒棒腿的末端塞進口子裡。

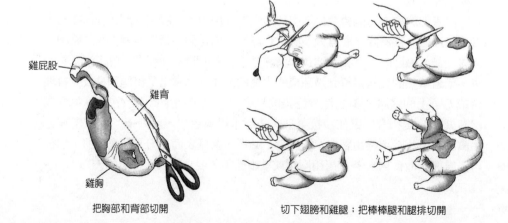

雞屁股

雞背

雞胸

把胸部和背部切開

切下翅膀和雞腿；把棒棒腿和腿排切開

要把一整隻雞剖兩半，像開蝴蝶刀那樣取出背骨並整個壓平。讓帶皮那面朝下，用手指掏出胸骨和相連的軟骨。從胸骨被掏除之處切對半。

要切出無骨去皮雞胸肉，找出位於胸骨寬端的叉骨，用刀尖把它刮切出來並剝離。雞胸置於案板上，帶皮的那一面朝上，用手掌根使勁地往下壓，把包覆胸骨的那一層膜壓破。將雞胸翻身，用一把削刀的刀尖，在與胸骨寬端相連的肩骨周圍切劃，取出肩骨。用手指把胸骨和軟骨從肉裡掏挖出來。再把手指或削刀滑進肋骨底下，把肋骨從肉裡取出。剝除雞皮，連同雞骨一起保留下來，可供日後熬高湯。雞胸肉切對半，剝除或切除貫穿每個半邊的細長白腱。

要切雞片或雞柳，用去骨去皮的雞胸肉來切。可能的話，為確保切得厚薄均勻，先把雞胸肉冷凍至冰凍硬實，約二至四小時。用一把非常利的刀，順著和原本在那裡的胸骨平行的方向來切，調整一下角度，切出來的雞柳越長越好，每條約二分之一吋寬。要使厚度一致，把雞柳夾在兩張蠟紙之間，用肉槌輕輕捶打。

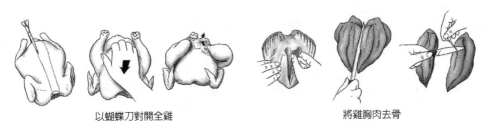

以蝴蝶刀對開全雞　　　　　　　　　　　　　將雞胸肉去骨

｜關於把整隻家禽去骨｜

把整隻家禽去骨，填鑲餡料並塑造成令人驚豔的原本樣貌，在特殊場合端出來，沒你想像的那般困難。➠在去骨的整個過程裡，除了一開始下的那一刀之外，小心別把皮刺破。皮沒有破洞才能在烹飪過程裡保護禽肉，完封禽體鎖住肉汁。➠刀尖務必要朝向骨架並貼近骨頭。

首先把禽體放在砧板上，胸部朝下。順著背脊的全長劃一道口子，切穿皮和肉。用一把鋒利的刀（可能的話，用剝骨刀）來切，切劃時刀鋒盡量貼近畜體，一面切劃一面把皮和肉撥開。先朝肩骨的球窩關節切劃，將肩胛骨切出來。從禽體內拉出翼骨，皮也一起帶上來。把翅膀部分的肉剝下來備用。接著再往另一個球窩關節切劃，取出另一個肩胛骨，把肉剝下來備用。在你把兩隻翅膀和兩條腿的肉剝下來之後，先從禽體的一側把肉切離，然後另一側也一樣，直到碰觸胸骨中央。➠這時候要把皮從骨頭上劃開要特別小心，因為這地方的皮肉很薄，不小心就會戳破。這會兒你應該可以把骨架整個取出。用冷水沖洗皮和肉，再用紙巾擦乾。要把一整隻去骨的雞鑲餡，參見94頁。

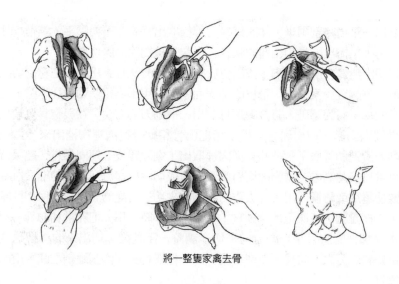

將一整隻家禽去骨

｜關於把家禽泡鹵水｜

　　泡鹵水──亦即，把家禽浸泡在水加鹽的溶液裡──有助於留住禽肉的水分，也能讓肉充分吸收鹹味。▶記得：鹵水泡越久，肉越鹹。務必使用不起化學反應或塑膠的容器，這容器要大得足以容納淹沒畜體表面的水，但又小得可以放進冰箱裡。▶以滴水潤澤法（self-basting）處理過或符合猶太規範的潔淨手續的火雞，因為已經加鹽，不要泡鹵水。一杯鹽或二杯猶太鹽兌每一加侖水。大型禽鳥譬如火雞，浸泡十二至二十四小時，浸泡期間一定要放冰箱。體型較小的禽鳥，泡鹵水的時間相應地要減少。你也可以在鹵水裡添加其他味道試看看：胡椒粒、多香果、紅糖、蘋果汁，甚或是煮湯會用到的材料──切大塊的洋蔥、胡蘿蔔和辛香料。用過的鹵水要倒掉；鹵水不能重複使用。

　　泡過鹵水的禽類可以填餡料，這樣的話，從鹵水取出後，禽體要用清水沖洗幾遍，把鹵水沖乾淨後再填餡。▶餡料裡的鹽分也要減少，或者乾脆不要用鹽，如果要把鍋裡的油汁做成肉汁或醬汁，更是如此；殘留在禽體內的鹵水會使得餡料和肉汁過鹹。

｜關於填餡和紮綁家禽｜

　　務必▶等到要烤之前再把禽鳥填餡。這也許不太方便，不過這樣做才衛生無虞。預先填好餡料的禽體常常會滋生細菌。就算放冰箱冷藏，冷度也未必能穿透餡料。

將一整隻火雞鑲餡和紮綁

把禽鳥置於大盤子上，填餡會容易一些。餡料必須是熱的，起碼也要呈室溫狀態，➡鬆鬆地填進畜體和頸部的空洞裡——只填四分之三滿就好——因為烹煮過程中餡料會膨脹。用紮綁肉的縫針和廚用棉線來縫合。或者，用頸部的皮蓋住頸部開口，然後用小木籤或牙籤固定，畜腔的開口也用小木籤固定或用細線綁好。大部分的果菜行都有賣紮綁肉專用的針線組。你可以用湯匙或手指把胸部的皮撐鬆，填更多的餡進去，或把奶油和新鮮辛香草抹在皮和肉之間。

紮綁是少數幾件非做不可的差事之一，有了這道手續，不僅雞隻形狀美觀，而且在烘烤過程中也比較容易翻面。把棒棒腿末端綁在一起，並且往禽體方向拉緊，順道把翅膀部位轉向後方，纏上細繩後整個綁緊。

紮綁雞的一個簡單方法

｜關於把一整隻家禽切開的方法｜

從烤箱取出後，小隻的家禽要靜置十至十五分鐘，大型的禽鳥譬如火雞要靜置二十至四十分鐘，這樣肉質會更鮮嫩多汁，肉的切分也比較容易進行。➡開始切肉前，一定要把內餡全數取出。如果要在餐桌上切肉，一定要備妥溫熱的上菜盤，盤內稍微點綴上新鮮的辛香草和烤蔬菜。

切肉需要一點技巧，基本上需要一把鋒利的刀和雙尖齒的長柄叉。胸部朝上置於淺盤上。將叉子穩穩地插進膝關節，把大腿扯離禽體。從腿排處下刀，切到球窩髖關節露出來的地步。要把大腿關節切斷，刀要稍微扭一下，同時叉子要繼續穩當地固定膝關節。再把連接腿排和棒棒腿的關節切斷。另一邊如法炮製。切下來的肉塊美美地擺在上菜盤。

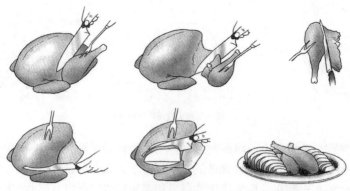

把整隻禽鳥的肉切下來

　　如果是切大型禽鳥，這時候可以把腿排和棒棒腿的肉切下來。用同樣的方法把翅膀切下來。如果禽鳥很大隻，從翅膀的第二關節處切成兩段。要把胸肉切片，從最靠近頸部的地方切起，逆紋切薄片，沿著胸肉的全長切到底。若是切火雞一類的大型禽鳥，先切一側就好，除非分量不夠。

　　切鴨或切鵝時，你會發現大腿關節更不容易切斷，因為它更深入畜腔裡，而且有點隱蔽。如果對切肉不是很有經驗，或者不是很有耐心，禽肉剪是很好用又最受歡迎的配備。

｜關於烤家禽｜

　　烤之前要不要抹鹽見仁見智。儘管不是真有必要，我們還是會把禽體的裡裡外外都抹上鹽和胡椒。說到加鹽，就得提起很多大廚和家庭廚子會極力推薦的另一個手續，泡鹵水，也就是把家禽泡在鹽水裡。不管是抹鹽或泡鹵水，禽體都要充分塗上融化的無鹽奶油或油，置於抹油的烤架上，▄▶再放到烤盤內置於烤箱中央。

　　小型的雞或童子雞放在淺烤盤或立出邊框的烘焙紙上烤，烤出來最焦黃好看又滑嫩。其他的禽鳥則放在深烤盤裡烤。在烤盤裡擺上架子可促進空氣流通，讓肉受熱更均勻。重量不到十磅的禽鳥可以用鋼絲堅固的晾網來烤，更重的禽鳥一定要放烤架上烤。若用翻面烘烤法來烤禽鳥，V字型的架子格外方便，它可以把禽鳥固定在架子上。

　　烤家禽時——特別是烤火雞時——廚師會面臨的最大挑戰是，如何同時烤兩種肉類——比方說，較軟的胸肉和較韌較肥腴的棒棒腿及腿排一起烤——而且把兩者都烤得水嫩。我們找到兩種方法可以解決這個問題，而且兩者都可以用來烤各種家禽。如果處理的是很大型的禽鳥，第一種方式最簡單。

　　烤火雞之類的大型禽鳥，**擋避和潤澤**（shield and baste）是最簡單也是最傳

統的方式：擋避從上方來的高溫，同時持續地塗油潤澤慢烤中的肉以保住水分。首先，用融化的無鹽奶油或橄欖油或兩者的混合搓抹家禽，隨後將之置於抹油的烤架上。烤盤不加蓋。用浸泡過融化的無鹽奶油或橄欖油或兩者混合的紗布，整個覆蓋在禽體的表面。➡烤了半小時之後，不管禽體大小，用烤盤裡的油汁潤澤紗布的表面和底面，而且後續每半小時都要潤澤一遍。需要的話，最後的半小時可以移走紗布，把肉表面烤得酥黃好看。

另一個把淡色和深色禽肉烤得均勻的方式是**翻面烘烤法**。禽體側放著烤，每二十至三十分鐘翻面一次，讓深色肉暴露在烤箱上蓋的反射火力下，敏感的胸肉則面向相對低溫的烤箱側壁。這樣深色肉可以充分烤熟，同時也讓胸肉軟嫩多汁。由於較大型的禽鳥比較不容易處理，所以每三十分鐘翻面一次。烤任何體型的整隻家禽，用V型烤架會省事安全得多。如果沒有這種烤架，把鋁箔紙抓皺，塞在禽體下方使之平穩。我們當然要提醒你，使用這種烤法要小心。矽膠手套或超級隔熱手套可保護你的手，穩固的夾子也可以幫忙你移動或翻動禽體。➡如果你要用翻面烘烤法烤重達十五磅以上的家禽要非常小心。使用翻面烘烤法的烤雞食譜見94頁，烤火雞見120頁。

把家禽烤熟的時間計算，要考量很多因素：禽鳥熟老或幼嫩、脂肪含量、體型大小、有沒有填餡。使用溫度計是最可靠的方法。把溫度計插進大腿內側的肌肉，小心別讓溫度計的頂端碰到骨頭。➡烤到內部溫度達到七十五度至七十七度。禽體被移出烤箱「靜置」之際，烹煮的狀態仍舊會持續一會兒，而且溫度最後會達到八十二度。➡有填餡的話，餡料中央的溫度起碼要達到七十五度。如果不用溫度計，➡**重達六磅的禽鳥**，每磅約需二十至二十五分鐘。➡**重量介於七至十五磅之間的禽鳥**，每磅約需十五至二十分鐘。➡**重達十六磅以上的火雞**，每磅約需十三至十五分鐘。不論如何，➡你的烤禽有填餡的話，每一磅要多烤大約五分鐘。如果禽肉烤得差不多熟了，但➡餡料還沒達到七十五度的話，取出餡料並放在抹了油的烤盤上送進烤箱烤，禽體則靜置一旁。

其他測試烤熟與否的方法包括，戳破腿排的皮看看流出的汁液是否清澈，以及扭動棒棒腿看看髖關節是否鬆了。有時候雛禽即使經過適當的烘烤，骨頭附近的肉，顏色仍是褐裡帶紅。這是因為雛禽的骨髓尚未完全硬化，紅血球往往會滲入鄰接的肌肉裡，使得這部分的肉看似生的。參見溫度表☆，見「了解你的食材」。

有些人偏好把禽鳥放進以一百六十五度預熱的烤箱裡，全程用均勻的慢火來烤，其間完全不用烤汁來潤澤禽肉。這種烤法變得熱門是因為，禽肉一旦被送進烤箱後基本上可以擺著不管它。有些人發現，一開始用高溫把肉汁鎖住後滋味絕佳。烤箱轉二百三十度預熱，把禽鳥送進烤箱後，馬上轉低到一百八十度。

至於**烤雞肉塊**，只需叮嚀一句。說也奇怪，「烤雞」一詞通常意指用切塊的雞肉來烤的一道菜。烘烤肯定是料理雞肉塊最輕鬆的方式，而且成品滋味絕妙。如果你只有烤棒棒腿和／或腿排，可以烤到流出的汁液變清澈，或者烤到肉從骨頭剝落的程度。不過若是烤雞胸肉，一但肉不再呈粉紅色就要移出烤箱，免得把肉烤柴了。➤如果是看食譜做，依照食譜指示的烘烤時間來烤，但記得一點，➤無骨雞熟得比帶骨雞要快。也請參見以下「關於雞肉」的雞肉塊部分。

｜關於雞肉｜

一般而言，➤一磅的帶骨雞，每人得八盎司的肉量。**春雞**（Poussins）是市面上買得到的最小的雞，是單人份的最佳選擇。也可以考慮**雛雞**（baby chicken）或**嫩雛雞**（squab broiler），這些純粹是非常幼嫩的雞。**童子雞**（Rock Cornish hens），117頁，是比春雞要大，比一般雞要小的雞。市面上最常見的雞是**肉雞／炙烤或油炸用的雞**（broiler/fryer），有時候被簡單標示為「全雞」。這些雞通常介於三磅半至四又四分之三磅之間。大一點的雞——重量一般介於五至七磅之間——被稱為**大肉雞**（roasters）。可以整隻烤或切大塊烤，也可以做法式紅燒雞或燜燉。閹雞是被閹割的小公雞。小公雞的損失是饕客的福氣——被閹割的公雞會長得肥碩，重達八至十磅，足足可供應八人或更多的分量。傳統上來說，閹雞被宰殺的十天前會被餵食牛奶和麵包，好讓雞肉長得又白又嫩。閹雞要留做烤雞用。**燉煮用的母雞**，有時又叫做老母雞，是比一般市售的幼雞要老得多的母雞，但是肉的滋味香醇濃郁。這種母雞用來烤或炸雖然不是頂好的，但是以濕式加熱法來烹煮，譬如法式燒雞、燜燉和煮湯，極其美味。

當食譜要求使用雞肉塊，用重達三又四分之一至五磅的肉雞或其他全雞來剁塊。參見「關於切家禽」，86頁。如果你要把大肉雞切大塊，要注意的是，➤越大塊煮越久。而且這種雞肉塊不適合油炸或炙烤。同時也要記住，➤去骨雞肉塊比帶骨雞肉塊更快熟。

在超市可以買到各種的雞肉塊。一整包切塊的全雞包括了兩隻棒棒腿、兩塊腿排、兩塊半邊雞胸、兩隻雞翅，也許還有內臟。其他的選擇包括切四大塊的全雞；整副或切對半的帶骨雞胸；去骨去皮的雞胸肉；嫩雞柳；整隻大腿（腿排連著棒棒腿一整塊）；棒棒腿；腿排；無骨去皮腿排；雞翅；以及翅腿（翅膀肩關節與肘關節之間多肉的那一節）。越來越熱門的是包含單一部位的加量「超值」包——很適合宴客用、家族聚會或冷凍保存。參見「關於貯存及處理家禽的安全須知」，85頁。雞肝的烹理，見116頁。

雞絞肉和火雞絞肉也很容易買到。兩者的滋味溫和，很容易吸附與之同煮的材料的滋味——很適合做成肉丸子或和其他絞肉摻和在一起。見「關於火雞

絞肉和雞絞肉」，124頁。

水波煮雞肉或火雞肉（Poached Chicken or Turkey）（4至6人份）

準備皇家奶油雞★，197頁，墨西哥烙餅捲或雞肉鍋派等需要大量雞肉菜餚的絕佳方式。請參見「關於水波煮」☆，見「烹飪方式與技巧」。在一口荷蘭鍋裡放：

3又1/2磅雞肉塊或火雞肉塊，或1又1/2磅去骨去皮雞胸肉或火雞胸肉

2根胡蘿蔔，切成2吋小段

2枝西芹，切成2吋小段

1又3/4至2杯雞高湯或肉湯

1顆中型洋蔥，切4等分

1束綜合辛香草束

在鍋裡補水，補至水面高出肉塊表面2吋。煮至水滾，然後火轉小，讓鍋液幾乎不翻騰冒泡。蓋上鍋蓋，留個小縫，煮到用叉子戳時，肉流出清澈的汁液，雞肉塊或火雞肉塊煮25至30分鐘，去骨去皮雞胸肉或火雞胸肉煮8至12分鐘。把肉撈出並放涼。若是用雞肉塊，剝皮並去骨。雞肉切成一口大小或者剝成絲。用湯匙撇除肉湯的浮油，撈除蔬菜料。肉湯如果不馬上利用的話，可以放涼冷凍備用，可參考《廚藝之樂[飲料・開胃小點・早、午、晚餐・湯品・麵食・蛋・蔬果料理]》，210頁。

烤雞（Roast Chicken）（4至8人份）

烤箱轉230度預熱。

I. 將烤架置於烤箱中央。去除：

1整隻雞

頸子和內臟。喜歡的話可以把雞紮綁起來。雞胸那一面朝上置於架在烤盤內的烤架上。也可以在畜腔內塞：

（3至6枝荷蘭芹、龍蒿、百里香、迷迭香或鼠尾草，或一顆檸檬，切對半）

用：2至3大匙融化的奶油或橄欖油

搓抹雞身，撒上：

鹽和黑胡椒，自行酌量

把雞送進烤箱裡，火轉小至180度，每磅烤20分鐘，偶爾要用烤汁潤澤雞身。烤好後盛到淺盤裡，靜置10至15分鐘再切開。當腿排的溫度達到80度，就烤好了。

喜歡的話，準備：

（禽肉鍋底醬或肉汁，285頁）

II. 重約4磅的雞可以用以下的食材比例來做。體型更大的雞，材料要多一倍。

混合：

2小匙新鮮迷迭香末或百里香末，或3/4小匙乾的，壓碎

（1小匙檸檬皮屑）

2至3瓣中型的蒜粒，切末

1/4小匙壓碎的紅椒碎片、1/2小匙鹽

用手指小心地把雞胸、腿排和棒棒腿部分的皮撐開鬆脫，把辛香草混料抹在雞皮下方。按照上述的方法烤，或按照翻面烤雞的作法來烤，如下。

III. 重4至5磅的雞，準備較少量的蔬菜和其他食材，更大的雞則準備較大量的材料。在一只大型烤盤裡混勻：

2至3大顆水煮用馬鈴薯，削皮切4等分

2至3根中型胡蘿蔔，縱切對半，再切成1吋小段

2至3顆中型洋蔥，縱切成4等分

2至3枝西芹梗，切1吋小段

2至3大匙融化的奶油或蔬菜油

1/2至3/4小匙乾的百里香

1/2至3/4小匙鹽、黑胡椒，自行酌量

把雞置於架在烤盤內的烤架上，按上述

方式或以下的翻面烤雞的作法。每一回用烤汁潤澤雞肉時，順便把蔬菜料拌一拌。雞烤到一半時才把蔬菜料放進去烤，蔬菜料需要45分鐘才會軟身焦黃。如果雞還沒烤熟，菜料已經烤好了，就先取出，等雞烤好靜置之際，再把菜料重新加熱。在烤盤裡倒：

（1/3至1/2杯熱的雞高湯或肉湯）

刮起鍋底的脆渣，使之融入湯汁裡，然後澆在蔬菜料上。

翻面烤雞（Turned Roast Chicken）

準備烤雞，如上，但是把雞身側放在烤架上。烤20分鐘後，戴上矽膠手套或超級隔熱手套保護手，握住雞身的兩端，把雞胸朝下翻轉，需要的話可以用穩固的夾子來穩住雞身。續烤20分鐘，同時用烤汁潤澤雞身。再次翻面並潤澤雞身，直到雞肉烤熟。若要把雞胸烤得酥黃，最後20至30分鐘，雞胸那面朝上來烤。靜置10至15分鐘再切分。

鑲餡烤雞（Roast Chicken with Stuffing）（6至10人份）

把烤架置於烤箱中央。烤箱轉230度預熱。準備：

1/2份基本的麵包丁餡料或變化款之一，264頁；1/2份基本的玉米麵包丁餡料或變化款之一，267頁；或1/2份馬鈴薯泥餡料，272頁

將：1隻6至8磅的雞

去除頸子和內臟。把餡料鬆鬆地塞進體腔和頸部的空洞裡，喜歡的話，紮綁起來。按照上述的烤雞或翻面烤雞的作法烤。因為填餡的緣故，烤的時間要增加30至40分鐘。切分之前靜置10至15分鐘。

雞皮下塞餡的烤雞（Roast Chicken Stuffed under the Skin）（4人份）

把烤架置於烤箱中央。烤箱轉200度預熱。準備：

菠菜瑞科塔起司餡，273頁，或法式蘑菇泥★，472頁

去除：

1隻3又1/2至4磅的雞

頸子和內臟。

開蝴蝶刀。從雞胸靠近雞翅末端的地方，把手塞進雞皮底下，將雞胸、腿排和棒棒腿等處的雞皮撐鬆。豪邁地把餡料塞進雞皮下，先在棒棒腿和腿排的地方推抹，然後再搓抹雞胸。在雞胸兩側的雞皮上分別劃開一道1/2吋的口子，兩道口子距離雞胸尖端約1吋，把棒棒腿的末端穿進開口。用手把餡料推勻，讓雞隻看起來豐滿又自然。帶皮那一面朝上，置於架在淺烤盤的烤架上烤。刷上：

1至2大匙融化奶油或橄欖油

烤到插進腿排的溫度計溫度達到75至80度，約需45至50分鐘。上桌前靜置15至20分鐘。

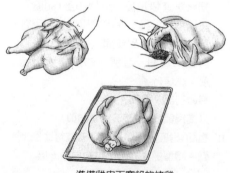

準備雞皮下塞餡的烤雞

燒雞佐40顆蒜粒（Roast Chicken witn 40 Cloves of Gablic）（4人份）

因為是用加蓋的砂鍋煮的，煮出來的雞肉鮮嫩多汁，但不會酥黃。

去除：1隻3又1/2至4磅的雞頭子和內臟。用：

橄欖油

搓抹雞皮。混勻：

1小匙乾的百里香、1小匙乾的鼠尾草

1/2小匙鹽、1/2小匙乾的迷迭香

1/2小匙黑胡椒

抹在體腔內部和雞皮上。把：

1顆檸檬，切4瓣

放進禽體內。喜歡的話紮綁起來。雞胸朝上地放進耐燒的砂鍋裡，加蓋冷藏2至24小時，好讓雞肉入味。烤架置於烤箱中央。烤箱轉190度預熱。把：

3球蒜球，蒜瓣掰開成一粒粒但不剝皮

1又3/4杯雞高湯或雞肉湯，或自行酌量

1杯不甜的白酒，或自行酌量

放進砂鍋裡。置於爐火上煮沸，用鍋蓋或鋁箔紙封住砂鍋，移入烤箱裡烤。烤25分鐘。接著火力加強至230度，掀開罩蓋，烤到插入腿排的溫度計達到75至77度，約再30至45分鐘。確認鍋底隨時都有少許的汁液；需要的話加多一點酒或高湯進去。

從砂鍋裡取出雞和蒜頭，保溫備用。用湯匙盡量把鍋汁上的油撇除乾淨。如果鍋汁水水的或沒什麼滋味，轉大火熬煮濃縮。把鍋汁倒到一口醬汁鍋裡。喜歡的話，把6粒或更多的蒜瓣剝皮並搗成泥，然後拌入醬汁裡，滾1分鐘。醬汁離火，拌入：

（2大匙荷蘭芹末或羅勒細絲或2小匙百里香末、龍蒿末或迷迭香末）

加：**鹽和黑胡椒**，自行酌量調味。

雞肉切成容易食用的大塊，放在淺盤上。舀起醬汁澆淋在雞肉塊上，把蒜頭散落在雞肉塊周圍。

烤雞胸肉佐一層蕈菇襯底（Chicken Breasts Baked on a Bed of Mushrooms）（4至6人份）

把架子置於烤箱中央。烤箱轉200度預熱。修切掉：

6副帶骨或無骨雞胸肉（帶皮）

多餘的油脂。加：

1小匙乾的百里香

鹽和黑胡椒，自行酌量

調味。

在大得足以讓雞肉塊剛好平鋪一層的烤盤或淺烤盤上略微抹油。切除：

6朵大型龍葵菇或12至18朵大香菇或鈕釦菇

蕈柄，或者把：

足以覆蓋烤盤底部的小一點的蕈菇

切成1/4吋片狀。把蕈菇鋪在烤盤上，均勻撒上：

2杯不甜的白酒，或視需要酌量增減

1大匙蒜末

鹽和黑胡椒，自行酌量

把雞胸肉擺在蕈菇上，帶皮那面朝上。稍微刷上：

橄欖油

不加蓋，烤到雞皮變得焦黃好看，約20分鐘。查看烤盤底部是否有少許汁液；如果沒有的話，加多一點酒進去。舀烤汁潤澤雞肉，並且翻面。續烤到雞肉溫度達到75度，約再10至20分鐘。

用一把漏勺把雞肉和蕈菇移到一只大盤子上，雞皮朝上，蕈菇墊在下面。將烤汁倒到一口小醬汁鍋裡，用湯匙撇除浮油。加：

1/2杯雞高湯或雞肉湯
1/2杯濃的鮮奶油
以大火煮到濃縮成1杯，帶有略微像糖漿的稠度。嚐嚐味道，調整鹹淡。舀少許

的醬汁澆淋在雞肉上，其餘的分裝後在席間傳遞。在雞肉上撒：
（2大匙荷蘭芹末）

香辣蒜味烤雞（Baked Chili-Garlic Chicken）（4人份）

在一口淺烤盤裡放：

3又1/2至4又1/2磅雞肉塊

在每一塊雞塊的整個表面充分抹上2大匙的：

辣椒大蒜香料濕醃料，350頁，總共1杯

加蓋冷藏2至24小時。把架子置於烤箱中央。烤箱轉180度預熱。淺烤盤或烘焙紙

稍微抹上油。皮朝下地把雞肉塊放在烤盤裡，烤20分鐘。然後把帶皮那一面翻至朝上，烤到腿排用叉子戳時流出清澈汁液，而且溫度達到82度，約再20分鐘。若想要有脆皮，把雞肉塊放到炙烤爐裡短暫炙烤一下。

薑味烤雞（Ginger Spice Baked Chicken）

準備香辣蒜味烤雞，如上，把辣醬換成1　杯亞洲薑味香料濕醃料，350頁。

泰式咖哩烤雞（Thai Curry Baked Chicken）

準備香辣蒜味烤雞，如上，把辣醬換成1　杯泰式綠咖哩濕醃料，351頁。

｜關於炙烤雞｜

　　小隻的全雞和小塊雞肉塊最適合炙烤來吃。大塊雞肉塊要烤到熟，雞皮也烤焦了，而且廚房會濃煙瀰漫。購買你找得到的最小隻雞，對剖開來或剁成塊，或者乾脆買最小塊的雞肉塊。另一個作法是炙烤童子雞：切對半，剔除背骨，每人供應一個半邊或兩個半邊。

　　炙烤雞得要慢慢來。一般而言，炙烤時帶骨的那一面朝上，擺在預熱過的火源下方六至八吋的地方，炙烤約十五分鐘，然後翻面讓帶皮那一面朝上，續烤十至十五分鐘。➠帶骨那一面一定要先朝向火源炙烤，不然雞皮不會酥脆。如果使用的炙烤爐火力強大，雞肉擺放的位置要離火源遠一些，免得烤焦。

　　抹在炙烤雞表面的濕醃料或乾醃料會燒焦。醃漬料、釉汁和醬料也會黑掉。➠若要醃漬，挑選不含糖、糖蜜、蜂蜜、膠凍或果醬的醃料。➠用在醃料裡的大蒜也要搗壓成近乎蒜泥。如果要用到上述的材料，在雞肉差不多就要烤熟前，抹在每一面上稍微炙烤一下即可。

　　一定要用➠附有開槽或漏孔的上盤的兩件式炙烤盤來炙烤雞肉，這麼一

來，從雞身滴淌下來的油可以被瀝除並收集在下盤裡。如果用扁平的烤盤炙烤、在烤盤內的架子上炙烤，或者置於有溝槽的拋棄式鋁箔盤上炙烤，油脂直接暴露在熱源下，很可能會起濃煙，甚至起火。

炙烤雞（Broiled Chicken）（4人份）

炙烤箱預熱。若是炙烤一整隻雞，把雞切對半，剔除背骨，86頁，在每一隻大腿內側，棒棒腿/腿排的關節處各劃淺淺的一道口子，好讓熱力穿透。帶皮那面朝下，在炙烤盤上排放：

1隻3又1/2至4磅的雞，或3又1/2磅雞肉塊

在外露的表面刷上：

2大匙融化的奶油或橄欖油

豪邁地撒上：

鹽和黑胡椒

把盤子置於火源下方8吋之處，炙烤12至15分鐘。將帶皮那一面向上翻，刷上：

1至2大匙融化的奶油或橄欖油

撒上：

鹽和黑胡椒

將第二面炙烤到雞皮焦黃酥脆，腿排的溫度達到77度，半隻雞需要15至20分鐘，雞肉塊需要8至10分鐘。假使雞肉還沒熟透，雞皮開始變焦，把烤盤往下移，進一步遠離火源。烤好後移到大盤子上靜置10至15分鐘。

要把烤汁做成醬汁，在炙烤盤裡倒進：

（1/2杯雞高湯或雞肉湯）

一面用湯匙刮起盤底脆渣。撇除浮油，把烤盤置於雙爐頭的爐台上，以中火把汁液熬煮濃縮。舀起醬汁澆淋在雞肉上，再撒上：

2大匙荷蘭芹末

炙烤刷烤肉醬的雞（Broiled Barbecued Chicken）

準備炙烤雞，如上。在雞肉差2分鐘就會熟透時，在雞身兩面刷上1杯烤肉醬，364頁，或搭配禽肉的烤肉醬，347頁。再回到炙烤爐烤，帶皮那一面朝上，烤到雞皮和醬料稍微焦焦的，而且肉熟透。佐上額外的烤肉醬。

炙烤照燒雞（Broiled Teriyaki Chicken）

準備炙烤雞，如上。炙烤前將雞肉塊刷上蔬菜油，省略鹽和胡椒。準備照燒醃汁，345頁，倒進小型醬汁鍋裡，以中火加熱至稍微變稠。在雞肉差2分鐘就會熟透時，在雞身兩面刷上大約3/4杯照燒醬。再送回炙烤爐裡烤，帶皮那面朝上，烤到皮稍微焦焦的。佐上額外的照燒醬。

炙烤蒜味檸檬雞（Broiled Lemon Garlic Chicken）（4人份）

在一口大碗裡混合：

1/4杯新鮮檸檬汁、1/4杯橄欖油

1至2大匙蒜泥或蒜末、1大匙第戎芥末醬

1/2小匙乾的百里香、1小匙鹽

1小匙黑胡椒

準備：炙烤雞

省略掉鹽、胡椒、奶油或油。把雞肉塊放進醃料裡，翻動一下使之裹上醃料。加蓋冷藏1至3小時。按照炙烤雞的方式來烤。刷上預留的醬汁。烤好後把雞肉移

到大盤子上。喜歡的話可以把烤汁做成醬汁，作法是把剩下的烤汁和醃料一同熬煮濃縮，偶爾拌一拌，讓鍋底的焦脆精華融入鍋料中。

| 關於燒烤雞 |

帶皮的雞若直接置於火燙的木炭上燒烤，很容易滴油，可能會著火。有鑑於此，帶皮的雞直接置於火上燒烤，烤到皮慢慢變得酥脆而且開始釋出油脂，就要從火上移開，包覆起來，再用間接的火力加熱；見「關於燒烤」☆，見「烹飪方式與技巧」。單憑經驗而言，➡雞肉塊直接加熱，約需十分鐘可以烤得焦黃好看，接著需要以間接火力加熱十至二十五分鐘才會熟透。➡白色的肉比深色的肉要快熟，小的肉塊當然也比大的更快熟。無骨去皮的雞胸肉、腿排和烤肉串，因為很快熟而且釋出的油脂不多，所以可以從頭到尾直接放在火上燒烤，不過➡它們也需要你密切注意，免得烤過頭。如果你的燒烤爐沒有蓋子，別用大火燒烤，而且烤架上一定要留有溫度較低的區域，萬一雞肉突然著火，可以迅速移過去。

抹在燒烤雞上的乾醃料和濕醃料很容易著火，這情形和炙烤雞一樣。醃漬料、釉汁和醬汁也會燒黑。要用醃漬料的話，挑選不含糖、糖蜜、蜂蜜、膠凍或果醬的醃料。醃料若要用大蒜的話，也要搗壓剁碎成近乎蒜泥。若用上述的任一種材料，要在雞肉差不多要熟透前才抹在肉上。

這一節的食譜儘管是為**炭火燒烤**的的方式而寫的，但幾乎全都可改用**瓦斯燒烤**的方式來做。如果用瓦斯燒烤，兩個爐頭都轉強火力，開個十分鐘預熱，然後熄掉其中一個爐頭，騰出一處來進行間接加熱。

燒烤全雞（Grill-Roasted Whole Chicken）（4人份）

在燒烤爐上烤雞可以把肉煮到恰到好處，又帶有美妙的煙燻味。
把燒烤爐燒得火旺。去除：
1隻3又1/2至4又1/2磅的雞
頸子和內臟。豪邁地把：
鹽和黑胡椒
抹在和畜體內和頸部空洞裡，並撒在雞皮上。喜歡的話可以紮綁起來。在整個雞身刷上：
2大匙融化的奶油或橄欖油
把燒烤爐底部的通風口完全打開。如果燒木炭的話，讓木炭燒到表面覆蓋著白灰的程度。將木炭分兩半，把每一半推到燒烤爐兩側。擺上燒烤架，把雞放在兩堆木炭中間的架面上，雞胸朝上。蓋上燒烤爐的蓋子，把蓋子上的通風口整個打開。45分鐘後，喜歡的話，在雞身上刷：
（1/2至1杯烤肉醬，346頁，或搭配禽肉的烤肉醬，347頁）
烤到腿排的溫度達到77度，60至80分鐘。烤好後靜置10至15分鐘再切開。

雞肉串燒（Chicken Kebabs）（4至6人份）

木籤或竹籤在使用之前要泡水至少30分鐘。幾乎任何蔬菜都可以用，但是諸如胡蘿蔔、馬鈴薯、白花椰菜和青花菜等質地扎實的蔬菜，應該先蒸到差不多軟了再串燒。在一口大碗裡準備：

3/4杯新鮮辛香草油醋醬，326頁；黑胡椒油醋醬，326頁；或檸檬奧瑞岡油醋醬，326頁

把一半的醃醬倒到一口中碗裡，放入：

4副無骨去皮雞胸肉，或6片無骨去皮雞腿排，切成1吋方塊

翻動一下讓肉裹上醃醬，放冰箱裡醃漬，起碼醃個30分鐘，至多醃2小時。

準備好要開始燒烤時，在剩下的醃醬裡加：

1顆大的紅洋蔥，切成1吋大塊
16朵小的蘑菇
16顆櫻桃番茄
1顆紅甜椒、黃甜椒或青甜椒，切成1吋正方，或2顆小的櫛瓜或夏南瓜，縱切對半再切成1/2吋片狀

燒烤架稍微抹油，準備中火力的炭火。從醃醬裡取出雞肉並串到籤子上，每塊之間留點空隙好讓雞肉均勻受熱。如果你把肉塊串到兩根平行的籤子做成一支串燒，翻面時會很穩固。用同樣的方法串蔬菜。把火燙的木炭撥到燒烤爐的一側。蓋上蓋子將燒烤架加熱5分鐘。然後把雞肉串擺在木炭上方的火燙烤架上，蔬菜串則置於燒烤爐的另一側上，遠離直接火力。把鋁箔紙片放在外露的籤子末端下方。燒烤4分鐘，然後翻面，烤到蔬菜脆嫩而且邊緣焦黃，雞肉中間變得不透明而外表焦黃，再3至4分鐘。

燒烤檸檬雞（Grilled Lemon Chicken）（4人份）

準備炙烤蒜味檸檬雞的醃料。
在一口淺烤盤裡放：
2副帶骨雞胸肉（帶皮）
倒進醃料，翻動一下讓雞肉裹上醃料。加蓋冷藏醃漬1小時。準備中火力，預留間接加熱的空間。直接把雞肉置於木炭上方，帶皮那一面朝下，烤到雞皮金黃酥脆，2至5分鐘。將雞肉從直接加熱的火力上移開，雞皮朝上，蓋上蓋子燒烤，烤到肉徹底不透明而且溫度達75度，約再20至25分鐘。

牙買加香辣雞（Jamaican Jerk Chicken）（8人份）

雞肉、豬肉和魚肉都可以用名為「混蛋」（jerk）的這款熱門牙買加醃肉醬來燒烤。這一款醬是所有牙買加香辣菜式的基底，混合了乾的辛香草和哈巴內羅辣椒，帶有醋味的極辣辣醬，比墨西哥青辣椒要辣上五十倍。如果你買不到，可以用哈巴內羅辣椒為底的辣醬來代替。雞肉刷上香辣醬後可以馬上燒烤，也可以加蓋冷藏醃上12小時。

準備：牙買加香辣濕醃料，349頁
把香辣濕醃料刷在：
8隻大腿排或4副帶骨雞胸排
燒烤架稍微抹油，準備中火力的炭火。把火燙的木炭撥到燒烤爐的一側。皮朝下地把雞肉塊擺在遠離木炭的一側。蓋上爐蓋燒烤20分鐘。翻面續烤15至20分鐘。

坦都里烤雞（Tandoori Chicken）（4人份）

在印度料理中，「坦都里料理」意指用坦都爐灶，一種燃燒熾熱炭火的直立爐灶，烘烤的雞肉排、肉串和薄餅。烤之前，雞肉和其他的肉通常會用優格加辛香草的馨香混料醃過。這種醃肉醬含有天然染料，有時是薑黃，因而使得坦都里烤雞呈現橘黃色的招牌特色。燒烤爐蓋上爐蓋，再用非常熾熱的火來烤，可做出絕佳的坦都里烤雞。要確保雞肉熟透之前外表不會燒焦，用最小塊的雞肉塊來烤，或者自己動手把3又1/2至4磅的雞切成小塊。兩半切對半的童子雞烤出來的效果也很棒。你也可以把雞肉放在稍微抹油的烘焙紙上送進260度的烤箱裡烤25至30分鐘，來取代燒烤，只是，這樣的話，要有心理準備，廚房裡可能濃煙密布。打開抽油煙機，關掉煙霧偵測器。

在一口大碗裡備妥：
坦都里醃汁，344頁
將：
3又1/2磅的雞肉塊
去皮。雞肉塊放進醃汁裡，翻動一下使之裹上醃汁，加蓋冷藏醃個4至6小時。

把炭火燒得很旺。將火燙的木炭撥到燒烤爐的一側，蓋上爐蓋把烤架加熱5分鐘。帶皮那面朝上把雞肉塊擺在木炭上方的架面上，蓋上爐蓋烤15分鐘。接著把雞肉塊移到烤架上遠離木炭的那一側，帶皮那一面朝下，再蓋上爐蓋，續烤10至15分鐘。

餘燼焙燒雞腿排 （Ash-Roasted Chicken Thighs）（3至6人份）

這是一年四季都可以派上用場的烤法——夏天用燒烤爐裡熾熱的木炭，冬天用營火或壁爐餘燼。把雞肉埋進炭火周圍的餘燼裡，而不是埋在炭火正下方。這裡的食譜可以依人數加倍計量，但是每一包只裝2隻腿排，這樣才好處理。

將：6塊帶骨雞腿排
去皮，豪邁地撒上：
鹽和黑胡椒
備妥：
1/4杯荷蘭芹末、6瓣蒜仁，切薄片
1顆檸檬，切極薄的薄片
裁一張約18吋長的加厚、寬版鋁箔紙。把2塊腿排置於中央，撒上1/3的荷蘭芹末和蒜末，再鋪上2或3片檸檬片，覆蓋上大小相同的第二張鋁箔紙，將邊緣捏皺牢牢封合，然後往中央包捲，做成8至9吋的方正包裹。再用第三張錫箔紙把這包裹整個封住。重複以上步驟，包好總共三個包裹。

把炭火燒得熾熱，然後撥到燒烤爐的一側，雞肉包裹置於燒烤爐的底部平鋪一層，接著把木炭撥到包裹上，也是平鋪一層。焙燒35分鐘。

用夾子從木炭中夾出包裹，靜置10分鐘。打開包裹時要小心，免得被蒸氣燙傷。

餘燼焙燒雞肉包（Ash-Roasted Chicken Hobo Packs）（4人份）

這些雞肉包—又叫做「斜背包」（hobo pack）——可以包肉和蔬菜的任何組合。
在一口大碗裡混勻：

12瓣未剝皮的蒜頭、1顆萊姆，切薄片
1/3杯剁碎的芫荽或荷蘭芹
1/4杯橄欖油、1小匙辣椒末

鹽和黑胡椒，適量
把：
4片去骨去皮的雞胸肉排或腿排
8顆小巧的新生馬鈴薯
加到混料裡，翻動一下使之裹上醃料。
把2片雞胸肉排和4顆馬鈴薯擺在約18吋長
的加厚寬版鋁箔紙中央，覆蓋上第二層
錫箔紙。把兩張錫箔紙的邊緣捏皺，穩

當地封合然後往中央包捲3至4吋。再用第
三張鋁箔紙將包裹雙層密封。重複上述
步驟，包好第二個包裹。
把炭火燒得熾熱。燒烤爐騰出一個空
位，把包裹擺上去。把木炭堆到包裹上
頭和周圍，焙燒30至40分鐘。用夾子夾出
包裹，靜置10分鐘。打開時要小心免得被
蒸氣燙傷。

| 關於炸雞 |

你可以用形形色色的方式做炸雞，包括用烤箱烤。炸雞比較不是以烹煮過
程來定義，而是以成品來看，也就是說雞肉要鮮嫩多汁，外皮要酥脆，而且絲
毫不油膩。

用煎炸的方式來做的話，肉下鍋之際油要熱得嘶嘶響。要緊盯著雞肉，要
翻面好幾次，好讓雞肉均勻上色。以下的食譜需要用奶油或蔬菜油或酥油來
炸；也可以試著用豬油混奶油來炸。

不管用哪種方式炸雞，➡裹上外層之前可以先去除雞皮，這樣可以大大
減少脂肪含量。所有的炸雞都可趁熱吃或放涼了吃，不過室溫下的炸雞比冰涼
的炸雞要酥脆多汁。➡如果你把雞肉置於紙巾上或牛皮紙上瀝油，而不是置
於架子上瀝油，脆皮最能保有酥脆口感。

煎炸（或香煎）雞肉（Panfried〔or Sautéed〕Chicken）（4人份）——

最簡單快速的一道炸雞食譜。因為沒有
裹麵粉，所以雞肉沒有真正的脆皮，不
過雞皮還是金黃可口又酥脆。
將：
3又1/2至4又1/2磅雞肉塊
豪邁地撒上：鹽和黑胡椒
在一口大型厚底平底鍋中以中大火加熱：
1大匙奶油、1大匙蔬菜油
需要的話分批下鍋煎炸，帶皮那一面朝下

在鍋中平鋪一層。煎到第一面呈漂亮的金
黃色，而且可以輕易地脫離鍋面，約5分
鐘。用夾子把雞肉翻面，把第二面煎炸得
焦黃好看，約再5分鐘。火轉小至中火繼
續煎，不時翻面，煎到用叉子戳肉時腿排
流出的汁液很清澈的地步，約再20分鐘。
煎好後雞肉盛盤。在鍋裡調製：
（禽肉鍋底醬或肉汁，285頁）

炸雞（Fried Chicken）（4人份）——

這道炸雞有著咔滋酥脆的皮和特有的紅
褐色，這種顏色是頂尖的南方廚子的料
理標誌。可加可不加的酪奶醃汁可以讓

肉質更軟嫩。可能的話使用經過養鍋處
理的鑄鐵平底鍋，這樣雞肉才能達到它
馳名的深色而不致燒焦。需要的話分批

煎炸。用蔬菜酥油而不是一般的油來煎炸，外皮更咔滋鬆脆。

將：

3又1/2至4又1/2磅雞肉塊

大腿分成腿排和棒棒腿，每半邊雞胸斬斷骨頭斜切對半。如果想把雞肉醃一醃，在一口大碗裡混勻：

（1又1/2杯酪奶）、（1小匙鹽）
（1/2小匙黑胡椒）

把雞肉放進醃汁裡，翻滾一下使之裹上醃料，蓋上蓋子冷藏2至12小時，要敷上外皮時再瀝出。

在牢固的紙袋或塑膠袋裡放：

2杯中筋麵粉、2小匙鹽
1小匙黑胡椒、（1撮紅椒粉）

抖一抖袋子把粉料混勻。一次把幾塊放進袋裡抖一抖，讓雞肉均勻敷上麵粉料，然後置於架上在室溫下晾乾，晾個15

至30分鐘。在一口深槽厚底平底鍋裡，最好是鑄鐵鍋，放入：

1/2吋高的蔬菜酥油

轉中大火加熱。等油溫夠燙，也就是雞肉的一小角浸到熱油裡會猛烈沸騰冒泡的程度。輕輕地把雞肉塊放進熱油裡，帶皮那一面朝下，在鍋底平鋪一層。蓋上鍋蓋，煎炸10分鐘，或煎到第一面焦黃；5分鐘後查看一下，如果雞肉上色不均勻便移動位置，又或假使雞肉焦黃得太快就把火轉小。用夾子把雞肉翻面，不蓋鍋蓋，煎炸至第二面也焦黃濃豔，約再10至12分鐘。煎炸好之後把雞肉移到鋪了紙巾或牛皮紙袋的烘焙紙上瀝油。假使不馬上吃的話，送進勉強溫熱的烤箱裡保溫。

你可以把煎鍋裡的油倒掉，僅留鍋底脆渣，用牛奶來做：

（紅肉鍋底肉汁，285頁）

超脆炸雞（Extra-Crispy Fried Chicken）（4人份）

如果原味炸雞對你來說不夠酥脆的話，不妨試試這道食譜。它的脆皮簡直和肉一樣多。備妥：

3又1/2至4又1/2磅雞肉塊

把大腿分切成腿排和棒棒腿，每半邊的雞胸斬斷骨頭斜切對半。豪邁地撒上：

鹽和黑胡椒

在一口中型碗裡攪勻：

2顆雞蛋、1/2杯牛奶、1小匙鹽

在一只淺盤上混勻：

1又1/2杯中筋麵粉
2小匙鹽、2小匙黑胡椒

在一口深油炸鍋或深槽厚底鍋把：

2至3吋蔬菜油或酥油

加熱至180度。把雞肉塊放到麵粉混料裡翻滾一下，再移到蛋液裡，翻滾至每一面都徹底濕潤。一次一塊地從蛋液裡取出雞肉，讓多餘的液體滴落，然後再放到麵粉混料裡滾一滾，充分裹上粉料，接著讓肉塊滑進熱油裡。炸10分鐘。其間用夾子把肉塊翻面幾次，油溫保持在160度至182度之間。炸好後把雞肉置於鋪了紙巾或牛皮紙袋的烘焙紙上，送進溫熱的烤箱裡保溫。重複這步驟，把腿排和棒棒腿炸完，炸15分鐘。佐上：

（雷莫拉醬，339頁，或溫熱的蜂蜜）

裹粗玉米粉的脆皮炸雞（Oven-Fried Chicken with Cornmeal Crust）（4人份）

備妥：

3又1/2至4又1/2磅雞肉塊

在一口大碗裡攪：

優格或酪奶醃汁，345頁

再加：

（1小匙檸檬皮屑）、1/4杯新鮮檸檬汁

2大匙紅蔥頭細末

1大匙新鮮百里香或迷迭香細末，或1小匙乾的細末、2小匙鹽、2小匙辣粉

把雞肉塊放進去，翻滾一下裹上醃料。加蓋冷藏2至4小時。把烤架置於烤箱的中央，烤箱轉220度預熱。烘焙紙稍微抹油。在一口寬口淺盆裡混勻：

2/3杯帕瑪森起司屑或陳年蒙特雷傑克起司屑

1/2杯乾的麵包屑、1/2杯粗磨玉米粉

3大匙荷蘭芹末、1小匙辣粉

1小匙鹽、1/2小匙黑胡椒

在一口淺碗裡攪勻：

2顆蛋、2大匙融化的奶油

從醃料裡取出雞肉塊，抖掉多餘的醃料。浸到蛋液裡，再裹上玉米粉料，用手指輕輕拍壓雞肉塊，讓粉屑附著在雞肉上。把雞肉塊置於烘焙紙上，帶皮那一面朝下（可以在烘烤前的3小時預先把雞肉塊準備到這個程度，不加蓋地放冰箱冷藏備用）。在雞肉上淋：

（2至3大匙融化的奶油或橄欖油）

烘烤35至40分鐘。冷熱皆宜。

雞柳（Chicken Fingers）（3至5人份）

佐上沾醬，這是一道很不賴的迎賓小點，小孩子當然愛死了。

備妥：

4塊去骨去皮的半邊雞胸肉

修切掉油脂，剝下位於下側的肌腱和白色的筋。把每半邊的雞胸肉橫切成6塊。在一只寬口的淺盆裡混合：

2杯乾的麵包屑

（1/2杯帕瑪森起司屑）

1大匙荷蘭芹末或1小匙匈牙利紅椒粉

1小匙鹽、1/2小匙黑胡椒

在一口淺碗裡攪勻：

2顆大型雞蛋、2小匙水

把雞柳和筋腱浸到蛋液裡，然後再敷上麵包屑混料，用手指輕輕拍壓好讓粉屑附著。在一口10至12吋寬的厚底平底鍋裡以中大火把：

3大匙蔬菜油或橄欖油

加熱到發燙，在不致讓鍋內擁擠的情況下盡量把雞柳條放入鍋中，煎到兩面都焦黃好看，4至5分鐘。煎好後盛盤，需要的話在鍋裡倒更多的油，以同樣的方式把剩下的雞柳煎完。佐上：

（蜂蜜芥末沾醬，315頁，或薑味醬油，323頁）

| 關於法式紅燒雞、燉雞和其他的燴燒雞料理 |

全世界的料理當中，拿雞肉來紅燒（fricassees）、燜燉（stew）、雜燴（ragout）的菜餚相當豐富。這一路數的菜餚，定義大同小異，全都不脫用高湯或水來燴燒煎黃的或素白的雞肉，往往會加進蔬菜或其他添加物一起煮。燉煮汁液成了滋味豐富的醬汁或肉汁，可在燉完肉之後加麵粉或蛋黃增稠，或者加鮮奶油使之更香醇。大多數的燴燒（braised）雞料理都可以配上北非小米★，595頁；米飯★，583頁；麵食★，531頁；水煮馬鈴薯★，490頁；或德式麵疙瘩★，555頁。

法式紅酒燉雞（Coq au vin）（4人份）

當一隻公雞老得沒法再啼叫，牠的下一步就是當上這道經典法國鄉村紅燒菜餚的主角。通常會用紅酒來燉煮，假使你想用白酒燉煮，挑選富含果香的，譬如麗絲玲或夏多內。

備妥：3又1/2至4又1/2磅雞肉塊

撒上：鹽和黑胡椒

調味。在一口荷蘭鍋裡以中大火把：

4盎司厚切培根，橫切成1/4吋條狀

煸黃，撈到盤子裡。雞肉塊下鍋，在鍋內可以容納的範圍內盡量放，把兩面都煎黃，約7分鐘。盛到盤子裡。再把剩下的雞肉塊都煎黃。倒掉鍋裡大部分的油，只留3大匙左右。放進：

1杯切碎的洋蔥、1/2杯切碎的胡蘿蔔

煮約10分鐘，其間偶爾要拌一拌。

拌入：

3大匙中筋麵粉

火轉小，煮到油糊開始變成淡黃褐色，約5分鐘，其間要經常攪拌。再拌入：

3杯不甜的紅酒、1杯雞高湯或肉湯

2大匙番茄糊、2片月桂葉

1/2小匙乾的百里香

1/2小匙乾的馬鬱蘭或奧瑞岡，壓碎

轉成大火，把醬汁煮沸，要經常攪拌。培根和雞肉塊放回鍋中，盤裡累積的汁液也一併倒進去。再把醬汁煮沸，接著火轉小讓汁液呈要滾不滾的狀態，蓋上鍋蓋，燉煮到插入腿排的溫度計達到82度，25至30分鐘。

燉煮的同時，在一口寬口平底鍋裡以中大火加熱：

3大匙奶油

油熱後下：

（1至2杯珍珠洋蔥，剝皮的）

煮到稍微焦黃而且剛好軟身，5至8分鐘，其間要經常攪拌。再下：

8盎司蘑菇，切片

拌炒到蘑菇釋出汁液。鍋子離火。雞肉移到盤子上蓋上鋁箔紙。撈除月桂葉。轉大火把醬汁煮沸，接著熬煮至呈現糖漿的稠度，當浮油越積越多時，用湯匙撇除。把蘑菇和洋蔥連同鍋裡汁液加到醬汁裡，加熱至熱透。加：

鹽和黑胡椒，自行酌量

調味。把醬汁澆淋到雞肉上，點綴上：

（2至3大匙荷蘭芹末）

椰奶咖哩雞（Coconut Chicken Curry）（4至6人份）

備妥：2磅雞腿排或雞胸肉

撒：鹽和黑胡椒，自行酌量

調味。在一口大的平底鍋或中式炒鍋裡，以大火加熱：

2大匙蔬菜油

油熱後雞肉下鍋，把每一面都煎黃，撈出鍋外。在鍋裡放：

1杯切碎的洋蔥

1大顆胡蘿蔔切片

1/2杯青豆，冷凍的要退冰

2根青蔥，切蔥花

1顆墨西哥青辣椒，去籽切碎

1大匙去皮生薑末

2至3瓣蒜仁，剁碎

煮到蔬菜軟身，約5分鐘。再加：

1又1/2杯無甜味椰奶

1/2杯黃金葡萄乾

1大匙咖哩粉、1小匙鹽

雞肉回鍋，火轉小，雞胸肉煨20分鐘，腿排煨25分鐘，或煮到醬汁變稠，雞肉熟透。配上：

米飯

紅椒雞（匈牙利辣子雞）（Chicken Paprika〔Paprikás Csirke〕）（4人份）

配上甜味匈牙利紅椒粉☆，見「了解你的食材」，格外美妙。

備妥：3又1/2至4又1/2磅雞肉塊

豪邁地加：鹽和黑胡椒

調味。在一只寬口厚底平底鍋裡以中大火加熱：

2大匙奶油或豬油

油熱後雞肉下鍋，別讓鍋內擁擠，煎到金黃色，翻面一次，每面煎5分鐘左右。把雞肉塊移到盤子裡，將剩下的雞肉塊都煎黃。用平底鍋裡的餘油來炒：

3杯切細絲的洋蔥

火稍微轉小，拌炒到洋蔥開始上色，約10分鐘。撒上：

1/4杯甜味匈牙利紅椒粉、2大匙蒜末

1又1/2杯雞高湯或雞肉湯

1片月桂葉、1/2小匙鹽、1/2小匙黑胡椒

煮沸，要經常攪拌。雞肉回鍋，盤裡累積的汁液也一併倒進去。火轉小，讓湯汁呈現要滾不滾的狀態，蓋上鍋蓋，燉煮到腿排用溫度計量達到82度，20至30分鐘，其間雞肉要翻面一兩次。

把雞肉盛盤，加蓋保溫。撈除月桂葉。讓醬汁短暫地靜置一會兒，再用湯匙撇除浮油。開大火把醬汁熬煮得非常稠，幾乎像漿糊的稠度。鍋子離火，在醬汁裡拌入：

1至1又1/2杯酸奶

醬汁回到大火上煮，沸滾至變稠。加：

鹽和黑胡椒，自行酌量

幾滴新鮮檸檬汁

把醬汁澆到雞肉上即可享用。

芝麻雞絲（Sesame Chicken）（4人份）

開大火把一大鍋水燒開。把：

3塊帶骨的半邊雞胸，連皮一起

放進鍋裡，等水又開始滾，把火轉小，將雞肉煮到不再呈粉紅色，8至10分鐘。把雞肉撈到盤子裡放涼。在一口中型碗裡充分攪勻：

1/4杯芝麻醬（中東芝麻醬）或滑順的花生醬

2至3大匙麻油（足夠讓芝麻醬或花生醬變得水水的）

再加：

2又1/2大匙生抽

1大匙蒸餾白醋

1又1/2至1大匙辣油，或自行酌量

2小匙去皮生薑末

1小匙糖

1根青蔥，切蔥花

將雞肉去皮去骨，順著紋路把雞肉剝成約略2又1/2吋長1/2吋厚的肉絲。剝完後盛在上菜碗裡，把芝麻醬料倒在雞絲上，充分拌勻。準備：

1根中型小黃瓜，切對半，去籽後切成1/4吋片狀

喜歡的話，分別把雞肉和小黃瓜加蓋冷藏，可放上24小時。食用前要回溫。上桌前將小黃瓜片堆在雞絲上。

法式紅燒雞或紅燒火雞（Chicken or Turkey Fricassee）（4至5人份）

備妥：

3又1/2至4又1/2磅雞肉塊或火雞肉塊

把大腿切分成腿排和棒棒腿；將每半邊雞胸斜切對半，連骨頭一併斬斷。想的話可以去皮。撒上：

鹽和黑胡椒或白胡椒，自行酌量

調味。在一口大型厚底平底鍋以中火加熱：

1/4杯（1/2條）奶油

油熱後雞肉下鍋，在鍋內不致擁擠的範圍內盡量放，翻面一次，煎到呈淡金黃色，每面3至5分鐘。煎好後把雞肉移到盤子裡，用同樣的方式把剩下的雞肉都煎黃。用鍋裡的餘油炒：

1又1/2杯切碎的洋蔥

偶爾拌炒一下，炒到軟身但不致焦黃，約5分鐘，接著拌入：

1/3杯中筋麵粉

拌炒1分鐘，然後把火轉成中小火，倒入：

1又3/4杯雞高湯或雞肉湯或水

不時攪一攪，轉大火煮沸，加：

8盎司蘑菇，切片

3根中型胡蘿蔔，切片

2枝大型或中型西芹梗，切丁

1/2小匙乾的百里香、1小匙鹽

1/2小匙白胡椒或黑胡椒

雞肉塊回鍋，盤裡蓄積的汁液也一併倒進去，煮到微滾。把火轉小，讓湯汁呈現將滾未滾的狀態。蓋緊鍋蓋，燉煮到腿排用溫度計量達到82度，20至30分鐘。用湯匙將鍋子內緣周圍的浮油撇除。拌入：

（1/4至1/2杯濃的鮮奶油）

加：

鹽和黑胡椒，自行酌量

幾滴新鮮檸檬汁

調味。雞肉燉好後越早吃越鮮嫩多汁。然而這道菜也可以預先做好。若在燉好後1小時之內吃，只要蓋上鍋蓋，整鍋移到爐頭上溫暖的一角。或者，加蓋放冰箱冷藏，可放上3天。

雞肉拌麵團子（Chicken and Dumplings）（4至5人份）

準備：

法式紅燒雞，如上

將雞肉往下壓，使之沒入醬汁中。將：

麵團子★，553頁；粗玉米粉團子★，554頁滿滿地覆蓋表面。加蓋按煮麵麵團子的方式煮。

布倫斯威克燉肉（Brunswick Stew）（8至10人份）

這道南方的特色菜餚有很多種變化。可以用雞肉、豬肉、兔肉、松鼠肉或多種肉的組合來煮。通常也會摻著番茄、利馬豆和玉米一起煮。若想加一點美味的花樣，取出燉熟的雞肉，蓋上鋁箔紙，用醬汁煮玉米粉團子。

備妥：5磅雞肉塊

撒上：

鹽和黑胡椒，自行酌量

（1/2小匙紅椒粉）

調味。在一口荷蘭鍋裡以中大火加熱：

2大匙培根油或蔬菜油

油熱後雞肉塊分批下鍋，把每一面都煎黃。取出雞肉置於盤上備用。倒掉鍋裡大部分的油，僅留2大匙左右。轉中火，加：

1杯切碎的洋蔥、1杯切碎的西芹

煮到軟身，其間偶爾拌炒一下，約5至7分鐘。雞肉回鍋，盤裡蓄積的汁液也一併倒進去。加：

3杯新鮮或冷凍的利馬豆

（2杯手撕豬肉，211頁，或煙燻火腿，切成1/2吋角塊狀）

1又1/2至2杯去皮去籽剁碎的新鮮番茄，或剁碎的去籽罐頭番茄

1杯烤肉醬、1杯番茄泥

1杯雞高湯或雞肉湯或水

（1大匙蒜末）、2片月桂葉
鹽和黑胡椒，自行酌量
紅椒粉，自行酌量
轉大火煮沸，接著再轉小火，加蓋溫和
地煨煮到雞肉差不多軟了，35至40分鐘。
加：
3杯新鮮或冷凍玉米

不加蓋地續煮10分鐘。用湯匙撇除浮
油。撈除月桂葉。加：
鹽和黑胡椒，自行酌量
幾滴烏斯特黑醋醬、幾滴辣椒醬
調味。撒上：
（荷蘭芹末）
（炒黃的麵包屑）

獵人燉雞（Chicken Cacciatore）（4人份）

「cacciatore」這義大利文，意指獵人風
味，這道燉雞有無數版本，有些是用兔
肉來做。傳統上會用玉米糕*，576頁，
當配菜。將：
3又1/2至4又1/2磅雞肉塊
撒上：鹽和黑胡椒，自行酌量
調味。
在一口大型厚底平底鍋裡以中大火加熱：
3大匙橄欖油
油熱後雞肉分批下鍋，把每一面都煎
黃。夾到盤子上備用。倒掉鍋裡大部分
的油，僅留2大匙左右。轉中火，放入：
1杯切碎的洋蔥、1片月桂葉
1又1/2小匙切碎的新鮮迷迭香，或1/2小
匙乾的迷迭香，壓碎
1小匙新鮮鼠尾草末，或1/2小匙乾的鼠尾
草，壓碎

拌煮到洋蔥成漂亮的金黃色，約5分鐘。
加：
1大瓣蒜仁，切末
再炒個30秒，小心別把蒜末炒得焦黃。雞
肉回鍋，接著倒入：
1/2杯不甜的紅酒或白酒
以中大火煮沸，煮到酒全數蒸發，將雞
肉翻面，用木匙刮起鍋底的脆渣。加：
8盎司罐頭番茄，切碎，連汁液一起加
3/4杯雞高湯或雞肉湯
煮沸，再把火轉小，加蓋以文火燜煮25分
鐘。放入：
（1/2杯油漬黑橄欖，去核切片）
8盎司蘑菇，切片
加蓋續煮10分鐘。掀開鍋蓋，以大火沸煮
鍋汁，煮至稍稍變稠。嚐嚐味道，調整
鹹淡即可起鍋。

馬倫哥燉雞（Chicken Marengo）（8至12人份）

相傳這是拿破崙在馬倫哥一役戰勝後，
御廚所供應的一道菜。當時這道燉雞用
的是從馬倫哥附近的農家找到的食材拼
湊而成，拿破崙吃了大喜，從此每次戰
役之後都要吃上這一道菜。這是很棒的
一道自助式砂鍋菜，其好處是可以前一
天做好冷藏，讓雞肉更入味。
備妥：6至8磅雞肉塊
將：1顆切薄片的洋蔥
用：1/2杯橄欖油

香煎至上色精美，撈出備用。接著雞肉
塊下鍋，把每一面都煎黃。再下：
1/2杯不甜的白酒、2瓣壓碎的蒜頭
1/2小匙乾的百里香、1片月桂葉
荷蘭芹枝、1杯雞高湯或雞肉湯
2杯義式番茄
加蓋燜煮1小時，直到燜軟。肉燉好後，
移到盤子上，醬汁過濾後熬煮5分鐘並調
味。將：
16至20顆小巧的白洋蔥，去殼

1磅蘑菇，切片
用：
1/4杯奶油、1顆檸檬的汁液
煎香。把雞肉塊、蘑菇、洋蔥和：
1杯去核黑橄欖
鋪排在深槽的陶土砂鍋內，在所有材料

上澆淋：
1杯量酒器的白蘭地
再把醬汁倒進去。送進180度烤箱重新加
熱。撈除月桂葉。點綴上：
剁碎的荷蘭芹
配上：米飯

番茄咖哩燉雞（鄉下船長〔Country Captain〕）（4人份）

這道菜在美國很風行，很可能不是得名
自帶回食譜的美國船長，而是最初教他
做這道菜的印度軍官。我們家的摯友，
已故的賽西莉・布朗史東這麼說，以下
是她歷久不衰的食譜。
烤箱轉180度預熱。備妥：
3又1/2至4又1/2磅雞肉塊
把每一塊裹上：
調味麵粉☆，見「了解你的食材」
用：
1/4杯奶油
煎黃。撈出瀝油後放到砂鍋裡。用鍋裡
的油汁以小火把：
1/4杯切細丁的洋蔥

1/2切細丁的青甜椒，去籽去膜
蒜末
1又1/2至3小匙咖哩粉
1/2小匙百里香
煎炒成金黃色。再加：
2杯燉煮過的番茄或罐頭番茄
繼續煨煮到鍋底粹渣都溶解。把這醬汁
澆到雞肉上，不加蓋地烤40分鐘左右，
或烤到雞肉軟爛。差5分鐘就要烤好時，
加：
3大匙無核葡萄乾
配上：米飯
點綴上：烤杏仁片

咖哩雞（Chicken Curry）（4人份）

將：3又1/2至4又1/2磅雞肉塊
去皮。在一口寬口厚底平底鍋以中大火
加熱：
2大匙蔬菜油
放入：1顆大的洋蔥，切薄片
偶爾拌炒一下，炒至焦黃，7至10分
鐘，再下：
2小匙蒜末、2小匙去皮生薑末
1又1/2小匙印度什香粉☆，見「了解你的
食材」
1小匙薑黃粉
拌炒30秒。雞肉分批下鍋，煎到呈金黃
色，翻面一次，每面煎2至3分鐘。拌入：
1/2杯原味低脂優格

把火轉大，煮到優格濃縮變稠，油分散
成一汪一汪的，約3至5分鐘，其間偶爾要
攪拌一下。再拌入：
1杯水、2大匙剁碎的芫荽
1顆塞拉諾辣椒或墨西哥青辣椒，縱切4
等分
3/4小匙鹽
加蓋燜煮到腿排用叉子戳時釋出清澈的
汁液，30至40分鐘。雞肉移到盤子裡，加
蓋保溫。假使醬汁稀稀的，開大火熬煮
濃縮。熬好後澆在雞肉上，配上：
米飯
杏桃酸甜醬☆，見「果凍和果醬」

巴斯克燉雞（Basque Chicken）（4人份）

備妥：3又1/2至4又1/2磅雞肉塊
在一口荷蘭鍋裡以中大火加熱：
3大匙橄欖油
雞肉分兩批下鍋，把兩面煎得略微焦黃。
撈起後放在盤上。倒掉鍋裡大部分的油，
僅留3大匙左右。雞肉回鍋，再加：
2磅紅或/和黃甜椒，切成1/2吋寬的條狀
4顆小的墨西哥青辣椒，去籽切末
8盎司火腿，切成1/2吋方丁
1/4杯剁碎的蒜頭、3/4小匙鹽
1/2小匙黑胡椒粉
將鍋子置於中小火上，蓋緊鍋蓋，保持
在輕聲滋滋響的狀態下燉煮，經常翻
面攪動，燉至插入腿排的溫度計達到82
度，而且甜椒也軟了，約45分鐘。

趁燜燉的同時來製作醬汁。在一口大的
醬汁鍋裡以中大火加熱：
2大匙橄欖油
下：2至3杯剁碎的洋蔥
不時拌炒到軟身但不致焦黃，約7分鐘。
再下：
2磅新鮮番茄，去皮去籽剁碎，或1罐28盎
司的整顆番茄，去籽壓碎，連汁一起加
1/2小匙鹽、1/2小匙黑胡椒
煮沸，然後轉中火，煨煮至醬汁變稠，
約20分鐘，其間要經常攪拌。用湯匙撇除
雞肉釋出的多餘油脂。加：
鹽和黑胡椒，自行酌量
分別為雞肉和醬汁調味。配上：
米飯

西班牙雞肉飯（Arroz Con Pollo）（4人份）

將：3又1/2至4又1/2磅雞肉塊
加：鹽和黑胡椒
調味。在一口荷蘭鍋裡以中大火加熱：
2大匙蔬菜油或橄欖油
雞肉分批下鍋，把兩面都煎黃。煎好後
移到盤子裡。倒掉鍋裡大部分的油，僅
留3大匙左右。轉中小火，放入：
2杯切碎的洋蔥
（1顆青甜椒，切丁）
4盎司火腿，切細丁（約1/2杯）
偶爾攪拌一下，煮至洋蔥軟身但不致焦
黃，約5分鐘。再下：
2杯中梗或長梗白米
攪拌攪拌，等米粒均勻裹上油，下：
1大匙蒜末、1大匙匈牙利紅椒粉

1小匙鹽、1/2小匙黑胡椒
拌炒1分鐘，再下：
3杯雞高湯或雞肉湯
（1/2小匙乾的奧瑞岡）
（1/2小匙散裝的番紅花絲）
開大火煮沸，用木匙刮起鍋底的精華。
把雞肉塊嵌進米飯中，盤裡蓄積的汁液
也一併倒進去。加蓋以中小火燜煮20分
鐘。接著拌入：
1杯退冰的冷凍青豆
1/3杯瀝乾的柿子椒或烤紅椒，切成1吋長
的細絲
1/4杯剁碎的綠橄欖
加蓋煮到米飯變軟，約再10分鐘左右。嚐
嚐味道，調整鹹淡。

雞肉佐鷹嘴豆塔吉鍋（Chicken Tagine with Chickpeas）（4人份）

將：3又1/2至4又1/2磅雞肉塊
去皮，洗淨並拭乾。

在一口平底鍋或荷蘭鍋裡以中大火加
熱：

2大匙奶油

把雞肉的兩面煎黃。煎好後移到盤子裡。用鍋中餘油煸炒：

2杯切碎的洋蔥、1/2杯蔥花

5至7分鐘。拌入：

1罐15至19盎司鷹嘴豆，沖洗並瀝乾

1杯水、1大匙蒜末、1小匙薑粉

3/4小匙鹽、1/2小匙肉桂粉

1/2小匙黑胡椒、1/8至1/4小匙紅椒粉

雞肉回鍋，使之裹上醬料。煮沸後，火轉小，維持在要滾不滾的狀態。蓋緊鍋蓋，燜煮至腿排用溫度計量達到82度，35至45分鐘，其間雞肉要翻面一兩次。鍋子離火，拌入：

1/2杯剁碎的荷蘭芹和／或芫荽

加：

鹽和黑胡椒，自行酌量

調味。

青辣椒燉雞（Chicken Chili Verde）（4人份）

可配著米飯、豆類或玉米薄烙餅吃，或者當墨西哥烙餅捲、塔可的餡料。想省時的話，也可以用2至3杯剁碎的吃剩雞肉或火雞肉和2杯罐頭雞高湯來做。

準備：

2又1/2磅雞肉塊

放進一口中型鍋裡，倒進：

4杯雞高湯或雞肉湯或4杯水外加1小匙鹽

煮沸後轉小火，維持要滾不滾的狀態。蓋上鍋蓋但留個小縫，煮30分鐘。鍋子離火。取出雞肉，靜置放涼。去除雞皮雞骨，肉保持越大塊越好。撇除浮油。在一口平底鍋或荷蘭鍋裡以中火加熱：

2大匙蔬菜油

油熱後下：

1杯切碎的洋蔥、1/4杯切碎的西芹

1大匙剁細碎的蒜頭

偶爾拌炒一下，煮至菜料軟身，約5分鐘。撒上：

2小匙辣粉、1小匙孜然粉

1/2小匙乾的奧瑞岡、1/2小匙鹽

拌炒1分鐘，然後鍋子離火，加：

1杯瀝乾的剁碎罐頭墨西哥綠番茄，或者4顆大的或6顆中的新鮮墨西哥綠番茄，去皮，洗淨並切丁

分開：1大把芫荽

葉子和莖梗，分別剁得細碎。莖梗的部分加到鍋裡，加2杯雞高湯進去，連同：

3顆安納海姆辣椒或波布拉諾辣椒，烤過的，去皮並剁碎，或者7盎司罐頭切丁的青辣椒，瀝乾

（2根墨西哥青辣椒，去籽剁細碎）

煮至微滾，然後不加蓋地以文火煮10分鐘。把雞肉和1/2杯的剁碎芫荽葉加進去，連同：

2大匙新鮮萊姆汁

煨煮5至10分鐘使之熱透。加：

鹽，自行酌量

調味，點綴上剩下的芫荽葉即可起鍋。

紐澳良燉雞（Chicken Étouffée）（4至6人份）

這是經典的肯瓊風味燉雞。

請參見「油糊」，280頁。準備：

4至5磅雞肉塊

混勻：

1小匙匈牙利紅椒粉、1小匙乾的百里香

1小匙鹽、1/2小匙乾的羅勒

1/2小匙黑胡椒、1/4小匙紅椒粉

將香料混物塗抹在所有雞肉塊表面。在一只牛皮紙袋裡倒入：

1杯中筋麵粉

把雞肉塊放進袋內抖動抖動，好讓它裹上麵粉；取出雞肉塊，抖掉多餘的麵粉。麵粉保留備用。在一口寬口厚底平底鍋或荷蘭鍋裡以中火加熱：

3大匙蔬菜油

把雞肉塊的兩面都煎黃。煎好後移到盤子裡。倒掉鍋裡大部分的油，僅留3大匙左右。轉中火，拌入3大匙預留的麵粉，經常攪拌，煮至油糊的顏色幾乎如牛奶巧克力一般深，要煮上20分鐘。然後拌入：

1杯切碎的洋蔥、1/2杯切碎的西芹
1/4杯切碎的紅甜椒、1/4杯切碎的青甜椒
1/4杯剁碎的內臟香腸或煙燻火腿

拌炒5至6分鐘。這期間油糊的顏色會持續變深。再加：

2大匙剁細的蒜頭
1/4小匙乾的鼠尾草，壓碎

1/4小匙乾的百里香

充分拌勻後再煮個1分鐘多，再拌入：

2杯雞高湯或雞肉湯
3大匙番茄糊
1大匙烏斯特黑醋醬
1/4小匙辣椒醬，或自行酌量

煮到微滾，要經常攪拌。雞肉塊回鍋，連同汁液一起加進去，煮至微滾。蓋上鍋蓋，燉煮至腿排用溫度計量達到82度，約30分鐘，其間偶爾要翻面一下。把雞肉夾到盤子裡，撇除醬汁上的浮油。加：

1/2杯蔥花、1/4杯剁碎的荷蘭芹

進去，沸煮至醬汁變稠。豪邁地加：

鹽和黑胡椒、辣椒醬

調味。雞肉回鍋，加熱至熱透。配上：

米飯

關於無骨去皮雞胸肉

　　無骨去皮雞胸肉脂肪含量低，烹煮起來快速又輕鬆，適合各種烹理方式，煎、炸、燒烤、水煮、烘烤皆宜。記住一點很重要，➠雞胸肉很容易煮過頭。煮到用叉子戳時，肉會流出清澈汁液的程度即可，否則肉質會又乾又柴令人喪氣。➠你會發現，雞胸肉在半結凍的狀態下很容易切條或切片。你可以自己動手從帶骨帶皮的雞胸來切，這不失為省錢之道。

香煎無骨雞胸肉排（Sautéed Boneless Chicken Breasts）（2至4人份）

香煎過後，這雞肉應該外表香酥呈深栗色，內裡則鮮嫩多汁。煎得成功的祕訣是火候要大。油夠熱的話，雞肉每一面只需4分鐘便能熟透，佐上用煎完肉的鍋做的醬汁，見284-286頁。

準備：

4塊半邊的無骨去皮雞胸肉（約1又1/2磅）

修除邊緣的脂肪。想的話也可以切除貫穿每一塊雞里肌的白筋。在雞胸肉的兩

面撒上：

鹽和黑胡椒，自行酌量

在一口淺盤上裡鋪上：

1/4杯中筋麵粉

將雞肉兩面都裹上麵粉；抖掉多餘的麵粉。在一口10至12吋的厚底平底鍋裡以中火加熱：

1又1/2大匙奶油
1又1/2大匙橄欖油

直到飄出香味而且呈深栗色，把奶油和

橄欖油攪勻。雞肉下鍋，油煎整整6分鐘，用夾子翻面，繼續煎到雞肉摸起來結實，約再5至6分鐘。

酸豆檸香雞排（Chicken Piccata）（2至4人份）

準備：香煎無骨雞胸肉排，如上
並放進95度的烤箱保溫。
倒掉平底鍋裡大部分的油，僅留1大匙。
開中火熱鍋中餘油，下：
2至3大匙紅蔥頭末或蔥花
拌炒至萎軟，約1分鐘，火轉大，倒進：
1杯雞高湯或雞肉湯
煮沸，用木匙刮起鍋底的粹渣精華。加：

3至4大匙新鮮檸檬汁
2大匙瀝乾的小酸豆
熬煮至醬汁濃縮至約1/3杯的量，3至4分鐘左右。把盛雞肉的盤子裡蓄積的汁液也倒進去，再次熬煮至剩1/3杯的量。鍋子離火，攪進：
2至3大匙放軟的奶油
把醬汁澆在雞排上，立即享用。

香煎雞排佐蘑菇醬（Sautéed Chicken Breasts with Mushroom Sauce）（2至4人份）

準備：香煎無骨雞胸肉排
並放進95度的烤箱保溫。
倒掉平底鍋裡大部分的油，僅留2大匙。
開中火熱鍋中餘油，下：
2至3大匙紅蔥頭末或蔥花
拌炒至萎軟，約1分鐘，火轉大，放入：
8盎司蘑菇，切薄片
拌炒至軟身而且稍稍焦黃，2至3分鐘。倒進：
1/3杯甜味或不甜的雪莉酒

煮沸，繼續沸滾至雪莉酒幾乎全數蒸發，1分鐘。加：
1杯濃的鮮奶油、1/2杯雞高湯或雞肉湯
煮至醬汁稠得可以稍微裹覆湯匙，約5分鐘。拌入：
2大匙剁細碎的荷蘭芹
1小撮肉豆蔻屑或粉
鹽和黑胡椒，適量
幾滴新鮮的檸檬汁
把醬汁舀到雞排上，立即享用。

香煎裹粉的無骨雞排（Sautéed Breaded Boneless Chicken Breasts）（2至4人份）

準備：
4塊半邊的無骨去皮雞胸肉排（約1又1/2磅）
修除邊緣的脂肪。你可以切除貫穿每一塊雞里肌的白筋。一次一片地把雞胸肉排夾進兩張蠟紙之間，用肉槌或擀麵棍槌扁或壓扁。
在一只寬口淺盆裡混勻：
1杯乾的麵包屑

（1/4杯帕瑪森起司屑）
（1大匙荷蘭芹末或羅勒末，或者1小匙乾的迷迭香、百里香或奧瑞岡，壓碎）
1小匙鹽、1/2小匙黑胡椒
在一口淺碗裡打勻：
1顆大的蛋、1小匙水
在一只淺盤上鋪：1/4杯中筋麵粉
把雞排裹上麵粉，抖掉多餘的麵粉，接著沾裹蛋液，然後再敷上麵包屑混料。

用你的手指按壓一下，好讓麵包粉附著
其上。裹好粉後置於盤子上備用。在一
口厚底平底鍋裡以中大火加熱：

1/3杯橄欖油

雞排下鍋，煎至略微焦黃，每面煎2至3分
鐘。如果鍋子看起來乾乾的就再多加點
油進去。雞排煎好後放紙巾上瀝油。立
即享用，或放涼至室溫再吃。

帕瑪森起司雞排（Chicken Parmigiana）（2至4人份）

這道義大利式的美國經典菜餚可以在食
用當天稍早組合好，放冰箱冷藏，需要
時再烘烤。假使時間不多，就佐上你最
愛的市售醬料。

準備：

香煎裹粉的無骨雞排，如上

把烤架置於烤箱中央。烤箱轉180度預
熱。將一只13×9吋的烤盤或相似的淺烤
碟稍微抹上油。備妥：

番茄醬，310頁

舀1杯的番茄醬到烤盤裡。將雞排放在番

茄醬上，稍微重疊。撒上：

3至4大匙的帕瑪森起司屑

再把剩餘的番茄醬舀到雞排上，最上面
再疊上：

6盎司莫扎瑞拉水牛起司，切薄片

1/2杯帕瑪森起司屑

用鋁箔紙覆蓋烤盤，烤至熱透，20至30
分鐘。如果你希望表面焦黃，掀開錫箔
紙，送進火燙的炙烤爐裡短暫烤一下。
趁熱吃，撒上：

（荷蘭芹末）

藍帶雞排（Chicken Cordon Bleu）（2至4人份）

修除：

**4塊半邊的無骨去皮雞胸肉排（約1又1/2
磅）**

邊緣脂肪。你可以切除貫穿每一塊雞里
肌的白筋。一次一片，把雞胸肉排夾進
兩張蠟紙之間，用肉槌或擀麵棍槌或壓
至3/8吋厚。撒：

鹽和黑胡椒，自行酌量

調味。將每塊雞排的一半面積覆蓋上：

1片火腿薄片或義式火腿薄片（共4片）

火腿片上再疊上：

**1片葛呂耶起司薄片或其他的瑞士起司薄
片（共4片）**

疊的時候火腿周圍要留點空間。將雞排
對折，夾起火腿和起司，使勁地按壓邊
緣讓肉排黏合。在包折起來的那一側劃
一道1/8吋的口子，以免肉排在烹煮過程
中產生裂口。在一只寬口淺盆裡混勻：

1杯乾的麵包屑、1/4杯荷蘭芹末

1小匙鹽、1/2小匙黑胡椒

在一口淺碗裡打勻：

1顆大的蛋、1小匙水

在一只淺盤裡鋪：

1/4杯中筋麵粉

把每一份雞排包的兩面放在麵粉上壓一
壓，接著沾裹蛋液，然後再裹上麵包屑
混料。用你的手指按壓一下，好讓麵
包粉附著其上。裹好粉後置於盤子上
備用。在一口厚底平底鍋裡以中大火加
熱：

1又1/2大匙奶油

加熱到飄出香味而且呈深栗色，再加：

1又1/2大匙橄欖油

把奶油和橄欖油攪勻。雞排包下鍋煎到
兩面焦黃，每面煎3至4分鐘。煎好後放紙
巾上瀝油，趁熱享用。

香煎包餡雞排（Sautéed Stuffed Chicken Breasts）（2至4人份）

按照做藍帶雞排的方式把：
4塊半邊的去骨去皮雞胸肉
調味，包上：
4片火腿薄片或義式火腿薄片
4片葛呂耶起司薄片或其他的瑞士起司薄片
當餡料，不過不要裹粉。
在一口大型厚底平底鍋以中大火加熱：
3大匙奶油
雞肉下鍋煎，翻面一次，煎到熟透而且
起司開始融化，每面約煎2至3分鐘。煎好
後移到盤子上，蓋上蓋子保溫。用鍋中
餘油煎：
12朵蘑菇蓋、1/4杯紅蔥頭細末

煎炒至蘑菇萎軟而且開始出水，約3分
鐘，再下：
1/4杯不甜的白酒
1/2杯去籽去皮剁碎的番茄
煮到汁水差不多都蒸發光了，再加：
1/2杯濃的鮮奶油
煮至醬汁稍微變稠，1至2分鐘。雞排回
鍋，加熱到熱透，其間翻面一兩次；別
讓醬汁沸滾。加：
2大匙剁細碎的荷蘭芹
鹽和黑胡椒或白胡椒，自行酌量
立即享用，配上：
米飯或拌奶油的麵條

基輔炸雞捲（Chicken Kiev）（4至8人份）

這道經典菜餚是用槌薄的去骨去皮雞胸
肉包捲調味奶油後裹粉酥炸而成。做得
好吃的關鍵在於，雞排要包捲得緊密，
而且要裹粉，以防奶油在酥炸過程中外
漏。你可以在前一天把雞捲準備好。
在一口中型碗裡把：
1杯（2條）放軟的無鹽奶油
2大匙新鮮檸檬汁或2小匙檸檬皮屑
1大匙荷蘭芹末
（1大匙新鮮蝦夷蔥碎段或2小匙乾的蝦夷
蔥）
1小匙蒜末、1/2小匙鹽、1/4小匙黑胡椒
攪勻，把奶油倒到一張蠟紙上，塑成一
條6×3吋圓條狀，用蠟紙包起來，冷藏2
小時。
修除：8片去骨去皮雞胸肉（約3磅）
邊緣的脂肪。你可以切除貫穿其中的白
筋。一次一片，把雞胸肉排夾進兩張蠟
紙之間，用肉槌或**擀**麵棍槌或壓至1/4吋
厚。兩面撒：
鹽和黑胡椒
調味。把冰過的奶油橫切成8段。把雞排

鋪在案版上，嫩的那一面朝上，把1小段
奶油條橫放在每一片肉排上靠近窄端的
1/3處，拉起窄端蓋住奶油條，如圖示，
然後把奶油條包捲在肉排中，捲的時候兩
側的肉也要往內翻折收攏，包成完全密封
的小包裹。如圖示。在一口碗裡混合：
2杯乾的麵包屑、1小匙鹽
1小匙黑胡椒
在一口淺碗裡打勻：
2顆大的蛋、2小匙水
在一只淺盤裡鋪：
1/2杯中筋麵粉
把雞捲包裹上麵粉，確認兩端也都裹了
粉，接著放到蛋液裡滾一滾，然後再把
每一面都裹上麵包屑，用手指按壓一
下，讓麵包屑附著其上。將裹粉雞捲置

包基輔雞捲

於架上，接縫朝下，用鋁箔紙或烤盤紙鬆鬆地蓋住，冷藏1至8小時。

在一口大的平底鍋裡以中大火把：

1/2杯蔬菜油

加熱至180度至185度，雞捲下鍋，接縫朝下，煎炸到第一面呈深栗色，2至3分鐘。翻面繼續煎炸，把每一面都炸黃，每面約炸1分鐘。

烤包餡雞排（Baked Stuffed Boneless Chicken Breasts）（4至8人份）——

把烤架置於烤箱中央，烤箱轉180度預熱。在一口平底鍋裡以中大火加熱：

2至3大匙奶油

油熱後下：1/3杯切細碎的洋蔥

拌炒到洋蔥軟身但不致焦黃，約5分鐘，拌入：1小匙蒜末

煮30秒，然後全數倒到一口碗裡，再把：

1/2份義式麵包丁餡料，266頁

拌進來，再加：

1/3至2/3杯雞高湯或雞肉湯

餡料應該濕潤得用手使勁擠捏可以黏合成一小丸的地步；不要過濕。嚐嚐味道，調整鹹淡。

將：8片去骨去皮雞胸肉（約3磅）

邊緣的脂肪修除。你可以切除貫穿每一片雞里肌的白筋。一次一片，把雞胸肉排夾進兩張蠟紙之間，用肉槌或擀麵棍槌或壓至3/8吋厚。兩面撒：

鹽和黑胡椒

將一口13×9吋的烤盤稍微抹油。把雞肉排攤開，平滑的那一面朝下，將1/4杯餡料放在每一片肉排中央，稍微按壓一下讓餡料密實。拉起雞排的上下左右側往內翻折，整個包住餡料，再用牙籤或棉線固定。包好後置於烤盤上，接合處朝下，並刷上：

橄欖油

撒：鹽和黑胡椒

調味。烤到雞肉略微焦黃，按壓時感覺扎實，20至30分鐘。

西西里式烤包餡雞排（Baked Stuffed Bondless Chicken Breasts Sicilian-Style）

準備烤包餡雞排，如上。

把麵包屑餡料裡的麵包屑減至1又1/2杯，補上：

1/4杯油漬黑橄欖，去核剁碎

1/4杯葡萄乾，剁碎，或紅醋栗乾

1/4杯松子或剁細碎的核桃

（3至4片鯷魚柳，沖洗、拭乾並剁碎）

2大匙瀝乾的小酸豆

地中海式烤錫箔包雞排（Mediterranean Boneless Chicken Breasts Baked in Foil）（4人份）——

請參見「關於紙包料理」☆，見「烹飪方式與技巧」，以及「關於去骨去皮雞胸肉」，87頁。

把烤架置於烤箱中央，烤箱轉230度預熱。將：

4片去骨去皮雞胸肉（約1又1/2磅）

邊緣的脂肪修除。你可以切除貫穿其中的白筋。兩面撒：

鹽和黑胡椒

調味。在一口小碗裡混勻：

10顆鹽漬黑橄欖，剁碎

8顆油漬日曬番茄乾，切成細絲

3大匙橄欖油、2大匙羅勒絲或荷蘭芹末

裁四張18吋的加厚鋁箔紙或烤盤紙，在每一張的其中一面稍微抹上油。把一片雞胸肉鋪在抹油那一面，將番茄餡料舀到

肉排上。將雞排鬆鬆地對折起來，將鋁箔紙包的邊緣捏皺使之緊密封合。把紙包雞放在烘焙紙上，烤20分鐘，烤到紙包鼓脹。取出烤箱，靜置5分鐘。打開時要小心，以免被蒸氣燙傷。

炒蒜香雞片（Stir-Fried Garlic Chicken）（3至4人份）

參見「炒蔬菜」*，404頁。
在一口中型碗裡充分混勻：
1大匙玉米粉／太白粉
1大匙中式料理酒或不甜的白酒
2小匙生抽、2小匙蠔油
1小匙鹽、1小匙糖
把：1又1/2磅去骨去皮雞胸肉或腿排
切成1又1/2×1/2吋片狀，放到醬油混料裡拌勻，用保鮮膜封口，靜置20至30分鐘。備妥：
4小匙蒜頭細末、1大匙去皮生薑細末
2/3杯雞高湯或雞肉湯
1/2杯雪豆，修切過
1顆中型洋蔥，切成1/4吋片狀
3根青蔥，縱切對半，再切成2吋小段

在一口小碗裡混勻：
1大匙海鮮醬、1大匙番茄醬
1大匙麻油、1又1/2小匙老抽
1/2小匙壓碎的紅椒片
開大火把一口中式炒鍋或大的平底鍋燒熱，倒進：
2大匙花生油
蒜末和薑末下鍋爆香，短暫地炒到蒜末微黃。接著雞肉下鍋，快速在油裡翻炒，並且把雞肉片都攪散。翻鍋拌炒約3分鐘。加點雞高湯進去，拌至高湯熱透。再下雪豆和洋蔥，攪拌一下，蓋上鍋蓋，煮個2分鐘。把海鮮醬混液倒進去，溫和地拌攪至雞肉片全數裹上醬汁。撒上蔥花，溫和地拌一拌，即刻起鍋。

香煎雞肝（Sautéed Chicken Livers）（3至4人份）

煎雞肝的訣竅是少量少量地煎，煎鍋要非常火燙，而且要用大量的油。這麼一來，保證雞肝外表微黃而且受熱均勻。
把：1磅雞肝
放到瀝水藍裡翻動一下，輕輕沖洗。摘除繫帶，一葉葉分開來。盡量拭乾。豪邁地加：鹽和黑胡椒
調味。在一口大的平底鍋裡以大火把：
3大匙奶油，或按需要酌量增減
加熱至微黃而飄出香味。半數的雞肝下鍋，用鍋鏟或漏勺快速地撥開，使之平鋪一層，然後別去動它，煎個1分鐘，接著輕輕挑起每一葉使之翻面，續煎到肉質結實而且開始出水，再1至2分鐘左右。撈到盤子上，用同樣的方式把剩下的雞肝煎

完，需要的話多加點奶油進去。
用鍋中餘油煎炒：
1/2杯剁得很細的紅蔥頭末或洋蔥末
拌炒到焦黃而且邊緣酥脆，約2分鐘，倒進：1/2杯不甜的白酒或蘋果汁
煮沸，用木匙刮起鍋底的脆渣，熬煮到鍋液濃縮收汁剩一半的量。再倒入：
1/2杯雞高湯或雞肉湯
再次煮沸，濃縮至剩一半的量，略帶糖漿的稠度。雞肝回鍋，連同盤子裡蓄積的汁液也一併倒進去，拌一拌，加熱至醬汁滾沸。鍋子離火，拌入：
2大匙荷蘭芹末
加：鹽和黑胡椒，適量、幾滴醋
調味。

炸雞肝（Fried Chicken Livers）（3至4人份）

把：1磅雞肝

去膜，分開來，並且擦乾。混合：

1/2杯中筋麵粉、1小匙蒜味鹽

1小匙黑胡椒

把雞肝放進粉料裡裹粉。在一口大的厚

底平底鍋裡加熱：

1吋蔬菜油

雞肝分批下熱油鍋，別讓鍋中擁擠。第一面炸到黃，約3分鐘，翻面再把另一面炸黃。撈到紙巾上瀝油，立即享用。

雞肝肉凍（Chicken Liver Pâté）（8人份）

把：1又1/2杯（1條）奶油

切成小塊並放進冷凍庫。在一口大的平底鍋裡以中小火融化：

2大匙奶油

下：2顆大的紅蔥頭，切細碎

拌炒至軟身，2至3分鐘。再下：

1顆小的金冠蘋果，削皮、去核、磨成屑

煮至軟身，要經常拌一拌，約3分鐘，然後倒進食物調理機裡。把：

1磅雞肝，修切後切對半

清洗一下並拭乾。

在一口小的平底鍋裡把：

1大匙奶油

加熱至起泡的情形消退，雞肝下鍋，撒：

鹽和黑胡椒，自行酌量

調味，用大火把外表煎黃，但内裡依然

粉紅，每面煎2分鐘左右。鍋子離火，拌入：

3大匙蘋果白蘭地或干邑白蘭地

如果你用的是電子加熱的方式，點火柴熖燒，假使你用瓦斯加熱，小心地傾斜鍋子引火。鍋子移回熱源上，旋盪鍋子讓酒精燃盡。接著全數倒到食物調理機裡，連同：

2大匙濃的鮮奶油

攪打至滑順。趁機器在運作，把冷凍的奶油塊丟進去，一次一塊。嚐嚐味道，調整鹹淡。倒進小瓦罐或小碗裡，用抹刀把表面抹平。把保鮮膜直接壓貼在表面，送進冰箱冷藏，直到質地變得結實，起碼要2小時。可以冰冰的吃，也可以等回至室溫再吃。

| 關於童子雞（cornish hens） |

就如冰茶和花生醬，童子雞——又叫康寧雞（Rock Cornish hen）——也是美國人發明的，而且時間上晚得教人吃驚，遲至一九六○年代中期才出現。雖然有時候又叫做「野雞仔」（game hen），這種雞純粹是白石（White Rock）品種和康瓦爾（Cornish）品種的雞交配出來的雞種，天生體型小。童子雞的重量介於一磅和二磅之間，平均是一又四分之一磅。➡️如果你想供應每人一隻全雞，就挑你找到的最小隻的雞。➡️大隻的童子雞，整隻烤或剁半炙烤或燒烤，供兩人份剛剛好。若要炙烤，炙烤雞的任何作法都適用。

烤童子雞（Roast Cornish Hens）（4人份）

把烤架置於烤箱中央，烤箱轉200度預熱。將一只大得足以讓雞和雞之間隔上幾吋寬的立出邊框的烘烤紙或淺烤盤稍微抹點油。去除：
4隻小隻的童子雞或2隻大隻的童子雞，剁成對半
的頸子和內臟。雞胸朝上地排在烤盤上。混勻：
1又1/2小匙乾的百里香
1小匙鹽
1小匙黑胡椒

把一半的抹料搓抹在雞的體腔內。雞皮刷上：
2至3大匙融化的奶油或橄欖油
再把剩下的抹料撒在雞皮上。烤到腿排最厚的地方用叉子戳時流出清澈的汁液，而且用速讀溫度計來量達到77度，小隻的童子雞約需30至35分鐘，大一點的40至50分鐘。把雞移到淺盤上，靜置10分鐘。準備：
（禽肉鍋底醬或肉汁，285頁）

蜜汁包餡童子雞（Glazed Stuffed Cornish Hens）（6人份）

把烤架置於烤箱中央，烤箱轉200度預熱。去除：
4隻小隻的童子雞
頸子和內臟。在畜腔和頸內的空洞以及雞皮撒
鹽
在畜腔內塞1/2杯以下的餡料：
配野味的菰米餡，275頁；米飯餡加杏仁、葡萄乾和中東香料，274頁；北非小米餡加杏桃乾和開心果，274頁；菰米餡加牛肝蕈，275頁；米飯餡加西班牙紅椒臘腸和辣椒，274頁（總共約3杯）

把腿紮綁在一起。雞胸朝上，置於擺在淺烤盤裡的烤架上。烤25分鐘。
在一口小的醬汁鍋裡以小火加熱：
1/3杯膠凍、無籽果醬，或濾過的果醬或柑橘醬
2大匙醬油或巴薩米克醋
攪拌至滑順。置旁備用。從烤箱取出雞，豪邁地刷上糖汁。為避免冒煙，在烤盤裡倒1/8吋高的水。雞回到烤箱裡，烤到腿排最厚的地方用溫度計量達到82度，15至25分鐘。雞烤好後移到淺盤上，靜置10分鐘。

炙烤童子雞（Broiled Cornish Hens）

按照炙烤雞的作法或任何的變化版來做，用2隻童子雞（每隻1又1/2至1又3/4磅），炙烤全雞。

香料波特酒醃過的烤童子雞（Grilled Cornish Hens in Spicy Port Marinade）（4人份）

在一只大的淺烤盤裡混合：
2杯紅寶石波特、1/2杯紅酒醋
1/4杯橄欖油
混合：

2小匙杜松子、1小匙芫荽籽
1小匙茴香籽、1小匙壓碎的黑胡椒粒
粗略地磨碎。把香料加到烤盤裡，連同：

1顆小的洋蔥或2根青蔥，粗切

3瓣蒜頭，稍微壓裂

1大匙去皮生薑末

用一把刀或家禽剪把：

4隻小的童子雞

開蝴蝶刀，86頁。放到醃料裡，翻動翻動以沾上醃料。加蓋冷藏醃漬，最好醃一夜；其間要經常把雞翻面，好讓雞肉均勻入味。燒烤前的半小時，從冰箱取出雞。燒烤架升中大火。

把熾熱的木炭撥到燒烤爐中央，雞圍著木炭排成一圈，帶皮的那一面朝下。蓋上燒烤爐的蓋子，把排風口完全打開。10分鐘後，把雞翻面，移到木炭正上方，續烤15分鐘。再翻面一次，烤5分鐘。當腿排用溫度計量達到82度，就烤熟了。

｜關於火雞｜

美國開國元老富蘭克林曾在給女兒的一封信裡寫道：「我真希望禿鷹沒被選為國鳥……比較起來，火雞是更高尚的鳥，況且牠才是真正美國土生土長的動物。」如今火雞在他同胞的餐宴裡已經躍居首位，富蘭克林若地下有知，應該會很高興。

超市販售的整隻火雞重量一般在十磅至二十五磅之間。重量不到十八磅的通常是母的，重量超過的幾乎都是公的。公的或母的，就肉質來說沒有明顯差別，所以根據用餐人數來選擇火雞的大小。▶每人份約估一磅，如果你想的話，多準備一些當剩菜用。雖然被標示為「新鮮」的火雞事實上已經保存在零度至零下三度之間好幾星期，但是「新鮮」的顯然還是比冷凍火雞美味得多，價格較高也是值得。至於被標上「有機」、「放牧」或「天然」的火雞，其售價是否值得，則看你怎麼想。關於野生火雞的說明，見142頁。

經過潤澤處理的火雞（Self-basting turkeys），被注入高湯或蔬菜油，或者添加調味料和增味劑的奶油，以提升濕潤度和滋味。假使注入的溶液達到總重量的百分之三至八，標示上可能只寫著「水潤」、「醃過」或「添加調味劑」。假使那溶液超過總重量百分之八，包裝上得要說明準確的百分比以及加工方式。

很多火雞和火雞胸肉會附帶**彈出式「溫度計」**（pop-up thermometer）販售。依我們的經驗，這種溫度計不是很可靠的熟度指標，往往不是肉還沒熟就彈出來，就是彈出來時已經過熟了。▶判定肉熟了沒的最可靠方式，是腿排用溫度計量達到八十二度而且內餡達到七十五度。溫度計要插到腿排最厚的部位，不要碰觸骨頭。當溫度達到七十七度，把火雞移出烤箱，「靜置」或「放上」二十至四十分鐘。在這段期間，溫度會持續上升，最終會達到八十二度。

這裡提供的**肉汁食譜**，我們拍胸脯保證，絕對滑順可口。速成火雞肉汁，286頁，全是在烤盤裡做出來的。內臟肉汁，285頁，需要準備內臟高湯，不過

可以預先做好，甚至在烤火雞的前一兩天就做好也行。火雞烤好時留在烤盤底的脆渣和黏稠的褐色膠汁，是完美肉汁的基底，所以你在撇除這些烤汁的浮油時，千萬別刮走這些寶貴的精華。

在我們家，感恩節如果沒有留下剩菜，感覺就不像真正在過節。**吃剩的火雞肉**除了做成三明治或沙拉之外，還有很多的用途。如何妙用吃剩火雞肉，參見奶油雞或奶油火雞，125頁；鍋派★，182頁；焗盅料理★，171-175頁；以及可樂餅★，498頁。或者把火雞肉切角塊或切條，拌上醬菜、莎莎醬或印度甜酸醬，放在一層綜合沙拉嫩葉上，做成一道優雅的沙拉。

同時，火雞骨架可以再利用，熬出美妙的火雞高湯。見「關於高湯」★，199頁。

烤火雞（Roast Turkey）（10至25人份）

如果你不打算為火雞填餡料，也可將一兩把剁碎的洋蔥、胡蘿蔔和西芹，以及幾枝荷蘭芹、鼠尾草或百里香塞進去，為肉和肉汁增添巧妙味道，做出來的淋汁滋味也更好。

請參見「關於家禽填餡和紮綁」；「關於烤家禽」；以及「關於切家禽」。

把烤架置於烤箱的最下層，烤箱轉165度預熱。

如果你想填餡，準備熱騰騰或呈室溫的以下餡料：

麵包屑餡料或淋醬或某個變化款，263-266頁；或者玉米麵包丁餡料或某個變化款，267-268頁

去除：

1隻火雞（10至25磅）

脖子和內臟，在畜腔、脖子內部和雞皮搓抹：

鹽

把餡料鬆鬆地塞進畜腔和脖子內，把開口縫合或者用木籤串起。喜歡的話，紮綁起來。把火雞放到架在烤盤內的烤架上，雞胸那面朝上。將火雞皮整個刷上：

3至6大匙融化的奶油，端看火雞體型大小，或視需要酌量增減

每烤30分鐘就用額外的奶油或烤盤裡的油汁潤澤外皮，烤到插進腿排最厚部位的溫度計達到77度，沒有填餡的火雞每磅需12分鐘，有甜餡的每磅需12至15分鐘。

為保險起見，餡料的溫度起碼要達到75度。假使火雞肉熟了但是餡料還沒熟，趁火雞肉靜置期間，把餡料挖出來放進抹了奶油的烤盅裡烤。

火雞烤好後移到淺盤裡靜置20至40分鐘再切開來。

趁靜置期間，你可以製作：

（速成火雞肉汁，286頁，或內臟肉汁，285頁）

翻面烤火雞（Turned Roast Turkey）（12至15人份）

這種高溫烤法烤出來的火雞焦黃漂亮，滋味濃郁，而且只需要注意幾個細節就行了。由於每30分鐘就要翻面一次，重量少於15磅的火雞最容易操作。一定要使用不沾黏的烤盤或烤架。為避免油汁燃燒，一定要用大截面的烤盤。

把烤架置於烤箱的最下層，烤箱轉220度預熱。

如果你打算填餡，備妥：

麵包屑餡料或淋醬或某個變化款，263-266頁；或者玉米麵包屑餡料或某個變化款，267-268頁

去除：

1隻火雞（10至25磅）

脖子和內臟，在畜腔、脖子內部和雞皮豪邁地搓抹：

鹽

把餡料鬆鬆地塞進畜腔和脖子內，然後紮綁起來。把火雞放到擺在厚底不沾烤盤內的烤架上，將外表整個刷上：

4至5大匙蔬菜油

把火雞側翻，如果搖搖晃晃會翻倒，就用抓皺的鋁箔紙支撐。烤30分鐘。把火雞移出烤箱，戴上矽膠手套或超厚隔熱手套來保護手，握住火雞的兩端。你也可以找個穩固的夾子來幫你抬起或穩住火雞。把火雞的另一側翻向上，需要的話再次用鋁箔紙支撐。用盤裡的油汁來潤澤所有暴露的雞皮，續烤30分鐘。再翻面和潤澤兩次，讓火雞的每側各烤兩次，烤到插進腿排最厚部位的溫度計達到77度，再10至13分鐘。餡料必須起碼達到75度。假使火雞肉熟了但是餡料還沒熟，趁火雞肉靜置期間，把餡料挖出來放進抹了奶油的烤盅裡烤。火雞烤好後移到淺盤裡，鬆鬆地蓋上鋁箔紙，放個至少20分鐘再切開來。喜歡的話，製作：

（速成火雞肉汁，286頁，或內臟肉汁，285頁）

烤鹽水火雞（Roast Brined Turkey）（10至25人份）

去除：

1隻火雞（10至25磅）

脖子和內臟。在一口大得足以容納火雞的塑膠容器或不起化學反應的容器裡混合：

2杯食鹽或4杯猶太鹽、2加侖水

攪拌至鹽溶解。把火雞浸到鹽水裡，冷藏12至24小時。把烤架置於烤箱的最下層，烤箱轉165度預熱。把火雞從鹽水裡取出，裡裡外外徹底沖洗一遍，把外皮和畜腔內部都拭乾。把：

1顆洋蔥，去皮切4份

1根胡蘿蔔，切1吋角塊

1小枝西芹梗，切1吋角塊

（1小匙乾的百里香或8枝新鮮的百里香）

塞進體腔裡，不需要封口，喜歡的話可以紮綁。把火雞表皮整個刷上：

4至6大匙（1/2至3/4條）融化的奶油

置於架在烤盤裡的V型架上，雞胸那面朝下，或者用抓皺的鋁箔紙支撐住。在烤盤裡倒3/4杯水。如果火雞重18磅或以下，烤2小時，18至21磅之間烤2又1/2小時，超過21磅烤3小時。背部和大腿塗：

2至3大匙融化的奶油

潤澤一兩次。

把火雞從烤箱裡取出，戴隔熱手套或用紙巾保護手，握住火雞兩端，將火雞側翻。再送進烤箱烤，用盤裡油汁潤澤肉表皮一兩次，烤到插進腿排最厚部位的溫度計達到77度，再30至90分鐘，端看火雞體型大小。假使火雞快熟了但胸肉尚未焦黃，烤最後5至10分鐘時把烤箱溫度轉至200度。火雞烤好後移到淺盤裡，靜置20至40分鐘再切開來。趁靜置期間，你可以製作：

（速成火雞肉汁，286頁，或內臟肉汁，285頁）

燒烤鹽水火雞（Grill-Roasted Brined Turkey）（12人份）

在戶外燒烤整隻火雞很有趣，結果也很棒。燒烤重量在11至14磅之間的火雞比燒烤更大隻的效果要好。你也可以省略泡鹽水這一步，只不過泡過鹽水的火雞肉格外濕潤入味，很值得你花這道功夫。這個作法不適用於填餡的火雞。請參見「關於用鹵水泡家禽」☆，以及「關於燒烤」☆。

去除：

1隻11至14磅的火雞

脖子和內臟。在一口乾淨的桶子或大得足以容納火雞的容器裡混合：

2杯食鹽或4杯猶太鹽

2加侖水

攪拌至鹽溶解。把火雞浸到鹽水裡。假使火雞沒有整個被鹽水淹蓋，按1/4杯食鹽或1/2杯猶太鹽兌4杯水的比例準備額外的鹽水。泡鹽水的火雞冷藏4至6小時。

把火雞從鹽水裡取出，裡裡外外徹底清洗一遍，把畜腔和表皮都拭乾。將火雞置於架在一只拋棄式大烤盤內的V型架上或鐵網架上，胸部朝下。如果你用平式烤架，可能需要用抓皺的鋁箔紙支撐火雞。在火雞背和大腿刷上：

2大匙融化的奶油

在烤盤裡倒1/2杯水。

燒烤爐底面的排風口完全打開。點燃厚厚一層炭磚，燃燒至覆蓋著白灰，然後把半數的炭撥到燒烤爐兩側。把燒烤架擺上去，將放在烤盤裡的火雞置於烤架中央。蓋上爐蓋，也把上蓋的通風口完全打開。烤1小時。

烤了40分鐘左右時，用煙囪型點火器點燃更多木炭。烤1小時後，把火雞從燒烤爐取出，移開燒烤架，撥動木炭，添加半數的新的熾熱木炭至每一堆上，蓋上爐蓋。用紙巾或隔熱手套保護手，握住火雞兩端，把雞胸那面翻向上。在雞胸上塗：

2大匙融化的奶油

加以潤澤。假使烤盤已經乾了，多補一些水進去。把火雞放回烤架中央，蓋上爐蓋，烤到插進腿排最厚部位的溫度計達到82度，約再60至80分鐘。把火雞移到大淺盤上，靜置起碼20分鐘。

靜置期間，喜歡的話可以製作：

（速成火雞肉汁，286頁，或內臟肉汁，285頁）

深油炸火雞（Deep-Fried Turkey）（12人份）

把油倒進油炸鍋之前，先在鍋裡注入可淹蓋火雞表面的水，好讓你決定需要多少油量。把鍋子充分擦乾再倒油進去。一口40夸特容量的鍋子需要6加侖的油來炸一隻12磅的火雞。假使火雞很重，最好用兩名人力來進行這種烹煮法。

在戶外一具燃燒丙烷、40夸特容量的火雞油炸鍋裡把：

6加侖花生油

加熱到177度。喜歡的話，可以用烹飪用皮下注射器（hypodermic meat injector，在食品店或網路商店都買得到）把調味料注入火雞內。在注射筒裡裝：

（8杯檸檬香橙油醋醬，353頁）

注入：

1隻12磅的火雞

全身好幾處。用：

肯瓊乾醃料，348頁；咖啡香料乾醃料，349頁；或乾焙過的多香乾醃料，349頁

搓抹整個表皮。

戴上矽膠手套或隔熱手套，把火雞放進油炸籃裡，然後小心地讓籃子沉至熱油中。身子往後退，因為冷火雞浸入熱油之際，熱油可能會噴濺。讓油溫回到177度，炸42分鐘左右，或者每磅炸3分半鐘。用長柄夾或衣架找出油炸籃的把柄。把提桿塞進把柄下方將火雞從油裡抬起。抬高到油鍋上方時稍微停留一下，讓多餘的油流淌下去。然後將火雞和炸籃置於立出邊框的烘焙紙上。

| 關於火雞肉塊 |

　　每人份約估四分之三磅帶骨的火雞肉塊。帶骨帶皮的**整副火雞胸肉**重量一般在四至七磅之間。感恩節或其他節慶大餐，你也許會考慮端出「飯店式」（hotel-style）整副火雞胸肉，也就是保有完整雞翅，同時附帶一袋內臟以調製肉汁用。**無骨半副火雞胸肉**，不管有沒有帶皮，在超市裡往往被標示為**倫敦式炙烤火雞**（turkey London broil），格外適合炙烤或戶外燒烤。去骨去皮切片的火雞胸肉，有時候又叫做**火雞肉排**（turkey cutlets），如果切得很薄，也叫做**火雞薄片**（turkey scaloppine）。這些都可以取代食譜中需要用到的去骨去皮雞胸肉或仔牛肉片或仔牛薄片。最後，超市有時候也賣一包包的**火雞里肌肉或火雞嫩柳**，這是在胸骨兩側四至六盎司的胸肉條，很適合串燒、煎炸或炻煎。

　　市面上也買得到**整隻火雞大腿、火雞棒棒腿**和**火雞腿排**個別包裝的肉品。大腿可以烘烤、燴燒或做成好喝的湯或燜燉菜餚。**火雞翅**通常整隻販售。烘烤或燒烤最適合，熬湯也很棒。多肉的第一和第二節可按照烹煮雞翅的方法料理。

　　內臟通常指的是禽鳥的胗、心和肝。雖然這些小東西都以一個總稱被歸併在一起，但是很少被混在一起煮，除非是做內臟肉汁。火雞胗和火雞心需要長時間文火慢燉才會軟嫩。家禽的肝相反的要快煮才會好吃，而且應該在內裡仍然呈粉紅軟綿之際便起鍋享用。一般而言，在超市裡只有雞胗才會成批販售，不過成批的火雞胗和火雞心在過節期間有時候也會在超市販售。火雞胗和火雞心通常會混在一起賣，火雞肝則裝在塑膠管桶裡。

烹煮火雞肉塊

　　火雞胸肉和或雞腿肉要各別用最能呈現該部位肉質的方法煮。烘烤、燒烤、炙烤、水煮或油煎火雞胸肉時，煮到肉不帶一絲粉紅色即可——內部溫度達到七十一度。烤火雞腿則要烤到內部溫度起碼達到七十七度，或者燉肉軟爛得和骨頭分離。腿排要達到八十二度。

烤火雞胸肉（Roast Turkey Breast）（5至9人份）

把烤架置於烤箱中央。烤箱轉180度預熱。準備：

1整副火雞胸肉（4至7磅）

在帶皮和帶骨兩面豪邁底撒：

鹽和黑胡椒

調味。帶皮那一面朝上，放到立出邊框的烘焙紙或一口淺烤盤上。在皮上刷：

2大匙融化的奶油

烤到肉用叉子戳時流出清澈汁液，而且最厚的部位用溫度計量達到71度，每磅約需15至20分鐘。烤好後靜置20分鐘再切。

喜歡的話，準備：

（速成火雞肉汁，286頁，或內臟肉汁，285頁，或禽肉鍋底醬或肉汁，285頁）

火雞佐辣巧克力醬（Turkey in Red Mole）（6人份）

墨西哥經典的節慶料理，端出以這款巧克力醬做的菜餚時，讓熱騰騰的玉米薄烙餅在席間傳遞。

準備：

辣巧克力醬，290頁

烤箱轉165度預熱。備妥：

半副2磅無骨火雞胸肉，或2至2又1/4磅帶骨火雞腿排

將一口大型厚底平底鍋以中大火加熱。

鍋熱後倒進：

1大匙蔬菜油

油熱後，火雞肉下鍋，把每一面都煎黃。從鍋中撈起，放進辣巧克力醬裡。蓋上蓋子，送進烤箱，烤到火雞胸肉最厚的地方用溫度計量達到71度，腿排達82度，約40分鐘。將火雞肉從巧克力醬取出，切成塊或厚片，佐上大量的辣巧克力醬，點綴上：

荷蘭芹葉

烤芝麻☆，見「了解你的食材」

｜關於火雞絞肉和雞絞肉｜

對很多人來說，火雞絞肉和雞絞肉是取代牛絞肉的美味健康選擇，尤其是高度調味的菜餚，譬如塔可佐辣肉醬。➠用禽絞肉取代牛絞肉時，也許調味料要加量。

印度甜酸醬火雞肉堡（Chutney Turkey Burgers）（4份漢堡）

最簡單的火雞肉堡，就是把1磅的火雞絞肉捏成4片肉排，加鹽和黑胡椒調味，燒烤、炙烤或煎炸，然後放到漢堡包裡再夾上厚片的紅洋蔥。若想要更濕潤多味，我們建議在絞肉裡摻其他的材料，如下。

在一口小碗裡攪勻：

1/2杯印度甜酸醬、1大匙第戎芥末醬

2小匙檸檬汁

在另一只盆裡混合：

1磅火雞絞肉、3大匙印度甜酸醬

2根青蔥，切蔥花、1小匙孜然

1小匙芫荽、鹽和黑胡椒

塑成4片肉排，燒烤、炙烤或煎炸至熟透，翻面一次，每面煎4至5分鐘。與此同時，把甜酸醬混料抹在：

8片烤過的厚片酸麵包（sourdough bread）

在其中4片麵包上放

芝麻菜
紅洋蔥薄片
再把肉排疊上去，撒：

鹽和黑胡椒
調味，最後蓋上剩下的麵包。

火雞肉末糕或雞肉末糕（Ground Turkey or Chicken Loaf）（4人份）──

烤架置於烤箱中央。烤箱轉180度預熱。
將一口8×4吋或8又1/2×4又1/2吋長條型
烤模稍微抹上油。在一口中型平底鍋裡
以中火加熱：
1大匙橄欖油
油熱後放：
1/2杯切碎的洋蔥、1瓣蒜仁，切末
拌炒5至7分鐘。倒到一口中型盆裡，加
進：
1磅火雞絞肉或雞絞肉、1顆大的蛋

1/4杯帕瑪森起司屑、2大匙牛奶
2大匙乾的麵包屑、1大匙番茄糊
1大匙剁碎的新鮮羅勒或1小匙乾羅勒
1又1/2小匙鹽、1/2小匙黑胡椒
用手徹底攪勻，然後混合物撥到備妥的
長條型烤模裡抹平，烤到中央用手壓時
感覺扎實，約35分鐘。靜置10分鐘，接
著，喜歡的話，脫模放到一只淺盤上，
趁熱吃。

火雞肉丸或雞肉丸（Turkey or Chicken Meatballs）（4人份）────

準備：
火雞肉末糕或雞肉末糕，如上
絞肉混料，捏成1吋丸狀，放到：
1/2杯粗玉米粉
裹粉。在一口大的厚底平底鍋裡以中大

火加熱：
2大匙橄欖油
等油熱了但不致冒煙，肉丸下鍋煎黃，
約10分鐘。配上蔬菜或義大利麵加番茄
醬，310頁。

｜關於奶油雞或奶油火雞｜

　　奶油雞或奶油火雞──白色或深色肉配上香濃奶油醬──可以澆在米飯或
義大利麵上，舀到吐司上，或餡餅皮上，也可以用作鍋派或焗盅的底料。

奶油雞或奶油火雞（Creamed Chicken or Turkey）（4至6人份）────

I.　準備：
水煮雞肉或火雞肉
在一口大的醬汁鍋裡以中小火加熱：
4大匙（1/2條）奶油
加：
1/3杯中筋麵粉（做奶油雞的話），或
者1/2杯（做鍋派或焗盅料理的話）
攪打到滑順。煮1分鐘，要經常攪動。

接著鍋子離火，加2杯煮肉湯進去，攪
到滑順，再打進：
1又1/2杯牛奶或半對半鮮奶油
把火轉大，加熱至微滾，要不時攪
拌。鍋子離火，刮一刮醬汁鍋內面，
使勁攪打，把結塊都攪散。鍋子放回
火上，不停攪動，微滾後再續煮1分
鐘。拌入煮熟的禽肉，再煮至微滾，

接著續煮1分鐘。鍋子離火,加:
新鮮檸檬汁
鹽和白胡椒或黑胡椒
肉豆蔻屑或粉

調味。

II. 準備作法I,用4杯熟雞或火雞肉。做醬汁時,把煮肉湯換成:
2杯罐頭雞高湯

速成奶油雞或奶油火雞（Quick Creamed Chicken Turkey）（4至6人份）

在一口大醬汁鍋裡混合3至4杯一口大小的水煮雞肉塊或火雞肉塊,兩罐10又3/4盎司奶油雞湯,以及1杯牛奶。
加熱至熱透即可上桌。

包餡去骨雞（Stuffed Boned Chicken）（10至12人份）

備妥:1/3份的雞肉填料,263頁
把:1隻6磅的雞
去骨,務必要讓雞皮保持完整。
烤箱轉230度預熱。填餡之前,雞脖子、翅膀和腿部要穩當地綁死。把尾部底下的開口也縫合。如果是在雞皮下填餡料,你沿著背部把縫隙縫合後,把餡料推抹一下,好讓雞看似恢復原狀。雞體內填的餡料或雞皮下塞的餡料都不要塞得太緊密,因為烹煮過程中餡料會膨脹,有爆開之虞。把縫隙緊密縫合。在

雞的全身上下豪邁地刷上:
澄化奶油,302頁,約估1/2磅奶油
拿一根銳利的扦子在雞隻表面到處戳,每塗油潤澤一次就重複戳一回。把雞放到架在烤盤內的架子上,送進熱騰騰烤箱,馬上把溫度調降至180度。烤40分鐘後,每烤10分鐘就塗油潤澤雞的表面,直到雞中央的溫度達到77度,總共約2小時。包餡雞可以熱熱的吃,但吃冷的也不會覺得奇怪。冷藏至少24小時可以更入味。如果要吃冷的,用一把熱的鋸齒刀切薄片食用。

火雞肉凍（Galantine of Turkey）（15人份主菜或30人份小菜）

禽肉凍是從去骨開始做起的一項奢華製品。禽鳥的皮最終會變成一條超大豐盛的香腸外皮,包著摻有蛋、香料和其他肉類的禽肉。當肉凍最後閃著光澤、鑲上松露華貴亮相,沒有人會想起它的出身,因為它和火雞沒有一丁點相像之處。順著脊骨劃下頭一刀之後,➡讓其餘的雞皮保持完整很關鍵。若有劃破的地方一定要縫合。將:
1隻12至15磅火雞
去骨。
肉要保留下來,包括從棒棒腿和雞胸切下來的部分。用骨頭熬高湯。留一半的胸肉做餡,切成1/2吋條狀,連同:

1磅無骨瘦牛肉、1磅無骨瘦豬肉
一起絞碎,混肉加:
1/4杯白蘭地或不甜的雪莉酒或馬德拉酒
1大匙鹽、2小匙烏斯特黑醋醬
1小匙肉豆蔻屑或肉豆蔻粉
黑胡椒,自行酌量、少許辣椒醬
調味,再加:
8顆大的蛋,打散、1/2杯細切的荷蘭芹
混合成滑順的肉泥。在案板上鋪一大張打濕的紗布,假使紗布很薄,用上兩層或三層紗布。將火雞皮放在紗布中央,外側朝下,把肉泥混料放到火雞皮上,推抹成均勻的長方形,往每一邊一路延展到底,沿著中央交替地整齊鋪排

熟火腿絲或舌肉

以及預留的火雞胸肉絲。在最中央鋪上一排：

小顆黑松露，或去核罐頭黑橄欖

在整體上撒：

3/4杯開心果、1/4杯細切的荷蘭芹

從離你最遠的長邊下手，輕輕地拉起紗布往你的方向把鋪餡的火雞皮包捲成香腸形狀。別把紗布捲進火雞捲裡，而是把它撥弄成香腸外表的腸衣一般。你可能需要額外的一雙幫手。紗布兩端牢牢綁緊。這肉捲應該均勻平順。也要縱向地圈綁起來。

放進擺在一口大鍋內的架子上，接縫朝下，覆蓋上：

綜合調味蔬菜丁☆，見「了解你的食材」

倒進：夠多的禽肉高湯，淹過表面

蓋上鍋蓋煮沸，然後轉小小火慢燉1又1/2至2小時，燉到肉捲摸起來扎實，而且內部溫度達到79度。小心地把肉捲移到大盤子上，你可以趁熱吃，切片配上奶油吐司。或者包著紗布在盤子上放涼。等它涼到21度——不能高於這溫度——再拆掉紗布，包上保鮮膜或鋁箔紙，冷藏至徹底冰涼。用預留的煮肉汁做的：

鹹味肉凍（savory aspic），剔除鹹味的食材以做出光滑表層。配著切薄片的：

奶油吐司

| 關於鴨 |

　　幾乎所有市售的家鴨都是**綠頭鴨**（mallards）的子嗣。家鴨諸如**長島鴨**或**北京鴨**，均以肥腴出名。事實上鴨的油脂幾乎都分布在鴨皮底下，或者在體腔和頸部的開口處。鴨肉本身相當精瘦。你可以從鴨皮逼出大部分油脂☆，見「了解你的食材」，只要小心操作，而且鴨皮酥脆又可口。鴨不該留到特殊節慶才吃。

　　鴨的重量通常在三至五磅半之間。由於鴨的骨架重，脂肪含量高，▶每人份約估一又三分之一至一磅半。事實上，大多數的餐廳每人份供半隻鴨。在以前，鴨通常以冷凍形式送到市場，但現在很多超市供應新鮮的鴨隻，其包裝的方式可以保存一星期或更久。如果你購買這種鴨，一定要檢查包裝上的有效日期，務必要在有效期限內食用完畢。

　　近幾年，特殊的鴨種，尤其是**慕拉鴨**（moulard）和**番鴨**（Muscovy），也可以在市面買到。這類的鴨比超市的家鴨滋味豐厚，番鴨尤其有著大得可觀的胸肉。這些鴨必須特別訂購，而且很昂貴。製造商供應全鴨，也供應個別包裝的鴨胸和鴨腿。特殊鴨種的烹煮法和超市賣的家鴨一樣，只不過如果鴨隻或鴨肉很大的話，要煮久一點。

| 關於烤鴨和烤鵝 |

　　從畜腔或脖子的開口拉出大塊脂肪。▶烤這些禽鳥時一定要小力地頻頻

在表面到處戳，好讓多餘的油脂流出，但是扦子或刀尖只刺到皮裡，沒有戳進肉裡。你也可以用中國人的古老祕訣，在鴨腔裡放幾根金屬叉子加強火力，以加速烹煮。➡一般而言，烤鴨或烤鵝時，把禽鳥送進以二百三十度預熱的烤箱，然後把溫度降到一百八十度，接著按烤雞的方式進行，沒有鑲餡的鴨每磅約烤二十分鐘，小鵝每磅烤二十五分鐘。大鵝每磅約需十五分鐘。如果鴨或鵝有鑲餡，➡增加二十至三十分鐘。

烤鴨（Roast Duck）（2至4人份）

烤箱轉230度預熱。去除：
1隻4又1/2至5又1/2磅的鴨
頸子和內臟，從畜腔和頸部的開口拉出大塊脂肪。用：
1瓣剖半的蒜頭
搓抹鴨身，或者撒上：
匈牙利紅椒粉
若想填塞餡料，請參見「關於將家禽填餡和紮綁」。備妥熱騰騰或呈室溫的：
香腸餡料加蘋果，270頁；蘋果和蜜棗餡料，271頁；或配野禽的德國酸菜餡料，273頁
把餡料鬆鬆地塞進畜腔及頸子內。喜歡

的話紮綁起來。把鴨置於擱在烤盤內的架子上，送入烤箱，並馬上把溫度降至180度。沒有填餡的鴨每磅烤20分鐘，有填餡的鴨烤25分鐘，或者烤到腿排用溫度計量達到82度。靜置10至15分鐘再按照切脆皮烤鴨的切法來切，如下。
製作：
禽肉鍋底醬或肉汁，285頁
配上：
玉米糕
或者，假使鴨沒有填餡的話，配上：
壓碎的鳳梨、禽肉鍋底醬或肉汁；或辛香草鍋底醬，287頁

脆皮烤鴨（Crispy Roast Duck）（2至4人份）

以非常低溫慢烤，細緻的鴨胸肉會嫩而多汁，鴨皮則酥脆而不含油脂。
烤架置於烤箱中央。烤箱轉120度預熱。去除：
1隻4又1/2至5磅的鴨
頸子和內臟，從畜腔和頸子的開口處拉出大塊脂肪。在畜腔內部和鴨皮搓抹：
鹽
在鴨皮表面20至30處戳洞。把鴨隻置於架在一口大烤盤內的V型烤架上，鴨胸那面朝下。
烤3小時，每烤1小時左右就在鴨皮上多戳

幾個洞。倒掉烤盤裡的鴨油，把鴨胸那面翻向上，把烤箱溫度增加至180度，續烤45分鐘。鴨皮應該酥脆漂亮。把鴨移到大盤子上，靜置10分鐘。與此同時，準備：
禽肉鍋底醬或肉汁，285頁
若供2人份，把劈開鴨胸骨切對半。若供4人份，先切下腿部，再從腿排/棒棒腿的關節下刀切開來。切下翅膀再切對半。把每半邊的鴨胸從骨頭上切下來，再把每半邊切對半。每人分得一隻棒棒腿或腿排，半隻翅膀，以及一塊鴨胸。

脆皮烤鴨佐速成橙醬（Crispy Roast Duck with Quick Orange Sauce）（2至4人份）

準備脆皮烤鴨，如上。鴨烤好也切塊之後，在一口小的醬汁鍋裡混合：

1/2杯香橙醬、2大匙醬油

2大匙香橙利口酒、1大匙白酒醋

以中火煮沸，煮至醬汁的稠度像稀的糖漿。假使醬汁變得太稠，加高湯或水稀釋。加：

鹽和黑胡椒，自行酌量

調味，連鴨肉一起上桌。

水果蜜汁烤鴨（Fruit-and-Honey-Glazed Roast Duck）（2至4人份）

烤箱轉230度預熱。準備烤鴨（不填餡），在快烤熟之前把鴨移出烤箱。把承載鴨隻的烤架抬到立出邊框的烘焙紙上，倒掉烤盤裡的油，然後烤架和鴨隻再歸位。如果你想用烤盤做肉汁的話，就把鴨移到乾淨的烤盤上。在一口小盆裡混勻：

1杯杏桃、櫻桃或水蜜桃果醬

1/2杯蜂蜜、（1大匙白蘭地）

（大匙香橙利口酒）

用這糖汁裹覆鴨表面，再送回烤箱裡烤到糖汁焦糖化，10至15分鐘。靜置10至15分鐘再切鴨。

橙汁烤鴨（Bigarade）（2至4人份）

準備烤鴨（不填餡）。烤好後移到盤子上並且保溫。用烤盤裡的烤汁做糖醋香

橙鍋底醬，287頁

中式烤鴨（Chinese Roast Duck）（2至4人份）

其有如上了亮漆似的酥脆鴨皮，和有名的北京烤鴨有幾分神似，但是花費的功夫和時間都少得多。去除：

1隻4又1/2至5磅的鴨

頸子和內臟。從畜腔和脖子開口掏出大塊脂肪。

在一口大得足以容納整隻鴨的鍋子裡混合：

5杯水、1/2杯醬油、1/4杯蜂蜜

煮沸。把鴨放進滾沸的混液裡灼燙1分鐘，用2根木匙來翻滾鴨身，以均勻地沾裹混液。撈出鴨隻（丟棄混液），瀝乾後再拭乾。把鴨置於擱在烘焙紙上的晾架上，不加包覆，冷藏24小時。或者，把鴨擺在陰涼處用電風扇吹2至3小時，把鴨皮充分吹乾。把烤架置於烤箱下三分之一處，烤箱轉220度預熱。鴨隻置於擱在烤盤上的V型架上，鴨胸那面朝上。為避免油烤到冒煙，倒2杯水到烤盤裡。烤20分鐘後，把鴨胸翻向下，續烤20分鐘。把鴨隻移出烤箱，烤箱溫度降至180度。倒光烤盤裡的油水，然後鴨胸翻向上。用刀尖或金屬扦在鴨皮表面到處戳洞，小心別戳進鴨肉裡。在一口小盆裡攪勻：

3/4杯柳橙汁、1/4杯米酒醋

3大匙醬油、2大匙蜂蜜

（1/2小匙五香粉）

把橙汁混液刷在鴨皮表面，烤20分鐘。鴨胸那面翻向下，再刷上橙汁混液，續烤20分鐘。鴨胸那面再翻向上，再刷橙汁混液一次，再烤20分鐘。烤好後鴨隻靜置10分鐘，再按照切脆皮烤鴨的切法切。

| 關於鴨肉塊 |

鴨肉全都是深色肉,雖然鴨胸和鴨腿肉質不同。鴨胸軟嫩而瘦,鴨腿扎實而韌。這意味著,整隻鴨烤到全熟時的鴨胸肉儘管還是很美味,但是對很多人來說,把鴨胸肉分開來烹煮,而且只煮到一分或三分熟滋味更好。相反的鴨腿需要煮到全熟,不管整隻鴨烤或分開來烹煮。

去骨鴨胸肉,不管帶皮或不帶皮,以及鴨腿,都可以在專售店或很多超市裡買到。如果你想自己動手切,參見「關於切家禽」,86頁。仔細切除附著在肉上的小塊脂肪和筋膜——當鴨胸肉是生的時,肉眼幾乎看不見——而且筋膜一旦烹煮過後並不雅觀。鴨翅可以煮來吃,或者切塊連同鴨骨架和內臟一起熬鴨高湯。參照「禽肉高湯」★,204頁的說明。

乾煎鴨胸肉(Pan-Seared Duck Breasts)(6人份)

去骨去皮鴨胸肉和無骨瘦牛排很相似,而且大都煮成一分熟或三分熟。除了乾煎之外,鴨胸肉也可以炙烤或燒烤。
備妥:
6片半邊的無骨去皮鴨胸肉
在一口不起化學反應的盆子裡混合:
3大匙覆盆子醋或水果調味醋
2大匙橄欖油、2大匙蜂蜜
2大匙洋蔥末、紅蔥頭末或青蔥末
1大匙蒜末
1/2小匙乾的馬鬱蘭或奧瑞岡
1/2小匙乾的鼠尾草,壓碎

1/2小匙乾的百里香、1/2小匙鹽
1/2小匙黑胡椒、1/4小匙多果香粉
把鴨胸肉浸到醃料,翻動一下使之裹上醃料,然後加蓋冷藏2至12小時。
從醃料裡取出鴨胸肉,刮除固體物並且拭乾。在鴨胸肉兩面以及一口大的厚底平底鍋面刷上:
橄欖油
平底鍋以中大火加熱至油開始冒煙,鴨胸肉下鍋,煎到第一面稍微焦黃,2至3分鐘,翻面再煎2至3分鐘即起鍋。

乾煎鴨胸肉佐無花果紅酒醬(Pan-Seared Duck Breasts with Fig and Red Wine Sauce)(6人份)

這醬汁可以在一星期前做好,裝在加蓋的容器裡冷藏保存。可能的話,用大型綠皮無花果(Calimyrna figs),而不是小型黑皮無花果(Mission figs)。在一口中型醬汁鍋裡混合:
2杯果香濃郁的不甜的紅酒,譬如金芬黛
1/4杯鴨高湯或雞高湯或肉湯
2大匙糖、1/2小匙乾的百里香
1條2吋長的檸檬皮

1瓣蒜頭,切末、1片月桂葉
1撮丁香粉或多果香粉
以大火煮沸,經常攪拌。加:
16顆無花果乾,去柄蒂
再次煮沸。然後火轉小,加蓋文火煨煮至無花果變得非常軟但仍保有形狀,約45分鐘。假使無花果尚未煮軟,鍋汁已經少於1杯的量,補一點水進去。
鍋子離火,撈除檸檬皮絲和月桂葉。用

食物調理機或攪拌機把3顆無花果和1/3杯煮汁打成泥，然後倒回其餘的無花果中。需要的話，加紅酒、高湯或水稀釋醬汁。準備：

乾煎鴨胸肉，130頁

把醬汁熱一熱，佐鴨肉吃。

燒烤鴨胸肉佐薑味海鮮醬（Grilled Duck Breasts with Hoisin Ginger Sauce）（4人份）

燒烤鴨胸肉有點棘手。燒烤之際滴淌的油會起火。一旦起火，就把鴨肉移到燒烤爐上的其他地方。

燒烤爐準備弱火。在一口小盆裡混勻：

1/2杯海鮮醬、1/4杯米酒醋

1大匙去皮生薑末

備妥：4片無骨鴨胸肉，帶皮的

撒上：鹽和黑胡椒，自行酌量

帶皮那面朝下，置於燒烤架上，烤約6分鐘。翻面再烤5至7分鐘，烤至三分熟，而且摸起來扎實。盛盤靜置10分鐘，然後斜切成薄片。舀醬汁淋到肉片上即可享用。

｜關於肥肝（foie gras）｜

*foie gras*一詞是法文，直譯是肥肝，實際上指的也是鴨或鵝經過特殊的灌食和產製技術後，肥大得比例巨大的肝。肥肝滋味溫潤，比一般的肝更像奶油。

　　新鮮的肥肝一定要特別訂購或上網訂購，而且向來昂貴。通常都是整副販售，但是你偶爾也買得到較大的那一葉，或沒那麼討好的稍小那一葉。一概是收縮薄膜（Cryovac）包裝，可以保存好一段時間，儘管不是沒有期限。處理肥肝時，記得它大體上是脂肪。在太冰的狀態下切它會剝落粉碎，若是煮過頭會整個化掉。烹煮前，肥肝要在室溫下回溫一小時，讓它稍微變軟。用手指小心地把兩片肝葉撥開來，用手指盡量把繫連的物質剝除。別太用力，否則會把肥肝撥裂。在傳統作法裡，肥肝要去血脈，不過如果你打算切片香煎（美國最常見的料理肥肝的方式），而不是水煮、清蒸，或整副烘烤的話，這手續相當繁複。如果你想把肥肝裡多餘的血水放出來，把它浸在加冰塊的水裡，冷藏一小時。肥肝一旦被清理乾淨，烹煮前可以用保鮮膜緊密包起來，冷藏一天。

　　冰冷的肥肝在切片之前，要放室溫下回溫一小時（如果你清洗完直接切片，中間沒有經過浸泡這一道手續的話，它已經夠軟了）。準備一盆滾燙的熱水、一疊紙巾和一把利刀。把每一片肝葉橫切成半吋的厚片，每切一刀，刀就往讓水裡浸潤一下，徹底擦乾淨再切下一刀。切片的肥肝排在鋪了蠟紙的烘焙紙上平鋪一層。如果你不打算馬上烹煮這些肥肝，覆蓋上另一張蠟紙，冷藏可放上十二小時。

　　冷的肥肝傳統上會佐配非常甜的白酒，諸如梭甸酒。不過熱的肥肝佐配其他甜味或半甜的白酒也很對味，尤其是德國麗絲玲。

乾煎肥肝（Pan-Seared Foie Gars）（8至10人份前菜）

乾煎肥肝端上桌時通常中央生而綿滑。它只消煎一下下即可，而且一定要立即食用，所以煎之前要張羅好所有食材、烹飪鍋具和上菜盤——你的賓客也要入席等候。乾煎肥肝通常會準備一層襯底——我們建議玉米糕、香煎鮮玉米，或芒果和水蜜桃細丁——不過簡單放在烤過的布里歐修小圓薄片上或玉米麵包上也同樣美味。

清洗：

1整副肥肝（至少12盎司）

想的話也可以浸泡去血水。

如果是冰涼的，放室溫下回溫1小時。切成比1/2吋稍寬的厚片。加：

鹽和黑胡椒

調味。備妥一只大盤子，等一下要盛煎好的肥肝片，以及一口碗，待會裝油用。在一把寬口厚底平底鍋刷上薄膜似的一層：

蔬菜油

以非常大的火加熱至油開始冒煙。把4至6片肥肝放進鍋裡，煎到底面稍微往內縮，而且釋出油到鍋裡，約15秒。用鍋鏟翻面，第二面再煎個15秒。肥肝盛盤，鍋裡的油倒到那口碗裡。重複這手續，把其餘的肥肝都煎好。鍋裡留2大匙左右的油，倒進：

1/2杯波特酒或馬德拉酒

煮沸，用木匙刮起鍋底的脆渣，開最大的火力沸煮至酒液差不多蒸發光了，再倒入：

1/2杯蘋果汁或蘋果酒

熬煮至濃縮成一半，稠得像糖漿。加：

2大匙仔牛釉汁，340頁，溶解在1/3杯的溫水裡；或1杯濃厚的仔牛高湯或鴨高湯，濃縮成1/3杯

1大匙葡萄酒醋或濾過的新鮮檸檬汁

把醬汁煮到稍微帶糖漿的稠度，鍋子離火。肥肝沾醬汁潤澤一下，立即享用。

| 關於鵝 |

鵝全身都是深色肉，吃起來非常像全熟的烤牛肉。在十七世紀的英國，烤牛肉的某些部位就很妙的被稱為鵝肉。

帶羽毛的鵝重量通常在九至十二磅之間。購買你找得到的最大隻鵝，因為和肉比起來，鵝皮、鵝骨和脂肪占相當大的比例。除了節慶期間，市面上販售的鵝都是冷凍的，而鵝肉很禁得起冷凍。

鵝是出名的多油脂——單單一隻鵝在烤的過程中可能釋出一夸特以上的油——不過跟所有禽鳥一樣，脂肪都分布在皮底下，不在肉裡，因此肉是瘦的。烤之前，鵝應該要燙皮，並且風乾讓鵝皮收緊，以便在烹煮過程中逼出油來。這樣處理下來，鵝皮酥脆而精瘦，和北京烤鴨的皮一樣美味得無可抵擋。

要將鵝滾水燙皮，將一大鍋水煮到大滾。戴橡皮手套保護雙手，讓鵝先從脖子端沉入滾水裡燙皮燙一分鐘，然後倒轉過來，從尾端沉入滾水裡燙一分鐘。把鵝瀝出，盡可能裡裡外外都擦乾。把鵝隻擺在擱在烤盤內的一個平面架

子上，鵝胸朝上，不加包覆，冷藏二十四至四十八小時，讓鵝皮乾燥。

鵝還是填塞餡料為上。餡料不會吸油，再說鵝身上的肉相對很少，要充足供應八人份得要塞料才夠。切鵝的方法基本上和切雞和火雞相同，不過，鵝腿和鵝翅的關節很靠近背部，比較緊也比較難切。換句話說，鵝最好是在廚房裡切好再端上桌（但是先拿到餐桌上展示一下），因為要把鵝大卸八塊，免不了會場面凌亂。在廚房切鵝時，你不妨順手把肉、皮、餡料和肉汁分開裝盤，這樣一來，最後你為賓客盛盤時，可平均分配稀少的肉和珍貴的脆皮，再用大分量的餡把餐盤填滿。

如果烤完後留在烤盤上的鵝油呈金黃色，不焦黃也沒燒焦，那麼會非常美味，別把它倒掉。濾入乾淨的容器裡保存，可以取代豬油做油封鴨，或炸任何東西都可以——尤其是炸馬鈴薯格外香酥。

烤鑲餡鵝佐內臟肉汁（Roast Stuffed Goose with Giblet Gravy）（8人份）

注意一點，鵝皮要風乾，烤出來才會酥脆，而風乾需要1至2天。
把：
1隻10至12磅的鴨
切除頸子和內臟，保留備用。把鵝翅尖端也剪掉，和內臟放一起備用。從畜腔開口周圍掏出大塊脂肪。鵝皮上若還有鵝毛，用小鉗子夾出。用一根扦子和刀尖，在鵝皮上到處戳洞，尤其是腿排和胸部的地方。小心別戳到肉裡面。
與此同時，用預留的頸子、內臟和翅尖準備：
內臟肉汁，285頁
做到用油糊增稠的那個步驟，放涼，然後加蓋冷藏。
把烤架置於烤箱中央，烤箱轉165度預熱。備妥熱騰騰或呈室溫狀態的：
加香腸和蘋果的麵包丁餡料，265頁；
加烤堅果或烤栗子和水果乾的麵包屑餡料，265頁；或馬鈴薯泥餡料，272頁
把餡料鬆鬆地塞進鵝的畜腔和脖子內，開口用籤子串合或用針縫合。多出來的餡料裝在抹了奶油的烤盤裡，烤到用溫度計量達到75度，約35分鐘。把鵝隻置於

擺在烤盤內的架子上，胸部朝下，烤1個半小時。鵝移出烤箱，把烤盤裡大部分的油都舀掉，小心別把烤汁和盤底脆渣舀掉。把鵝胸翻向上，繼續烤到棒棒腿的肉按壓的感覺是軟的，而且鵝胸和腿排上端的鵝皮鼓膨，再1又1/4至1個半小時。若想要➡️鵝皮格外酥脆，把鵝連同架子一起移到立出邊框的烘烤紙上，烤箱溫度轉到200度，把鵝再烤個15分鐘。然後把鵝移到砧板上，鬆鬆地覆蓋上鋁箔紙，靜置30分鐘。小心的把烤盤裡的油倒掉，再用湯匙舀除，讓所有烤汁和盤底脆渣都留在盤內。把烤盤放到開中火的爐頭上，倒進：
1/2杯馬德拉酒或波特酒
煮到微滾，這之間不斷的刮起盤底的脆渣。把這油汁和庫存的肉汁基底倒到一口醬汁鍋裡混合，以中火煮到微滾，偶爾拌一拌，續滾5分鐘，讓味道融合。
加：
鹽和黑胡椒，自行酌量
把餡料從體腔內掏出，切開鵝肉。把從肉上剝離的鵝皮切片。餡料、肉和脆皮淋上肉汁。

油封鵝（Goose Confit）（12人份前菜或6人份主菜）

由於目前油封的作法僅僅只著眼於滋味，這份食譜裡鹽的用量也只夠讓肉有鹹味而已，也就是說，油封鵝放冰箱裡保存頂多只能放上一個月。油封鵝是砂鍋料理的經典食材，傳統上只用鵝腿來做，但這食譜從一整隻鵝開始做起，因為大多數的家庭廚子買來的很可能就是一整隻鵝。當然也可以用4至6隻鵝腿來取代，用8至10隻鴨腿也行。

把：

1隻10至12磅的鵝

切成6大塊。混勻：

1/3杯猶太鹽、2大匙黑胡椒

2小匙乾的百里香、1/4小匙多果香粉

均勻地搓抹到鵝肉塊表面。抹好後放進淺烤盤裡，緊密地包覆起來，冷藏1至3天。在一口大型厚底鍋裡混合：

2顆中型洋蔥，切片

10瓣沒剝皮的蒜頭

10枝新鮮百里香或1小匙乾的百里香

7磅鵝油或豬油

以小火加熱，拌攪至豬油融化。然後鍋子離火，讓鵝肉塊滑入油裡，油要徹底淹沒肉塊，如果沒有，加：

1至3磅額外的豬油或固態的植物酥油

油應該要保持在懶懶地冒泡的狀態，約93度。需要的話，把鍋子置於散熱鐵板（heat diffuser）上。不蓋鍋蓋，火盡量轉到最小，煮到鵝腿用刀子戳感覺很軟，1又1/2至2小時。把鵝肉移到盤子上，火轉成中大火，把油加熱5至10分鐘，接著用非常細的網篩過濾，丟棄渣滓。把鵝肉塊放進瓦罐或擦乾淨的烹煮鍋裡，倒進濾過的油淹蓋表面。放涼至室溫，再加蓋冷藏。

只要確認鵝肉始終完全浸在油中，鵝肉可以放上一個月。把鍋裡少許的油再次融化，再淹蓋過肉。食用前，以文火把油封鵝肉炙烤或煎炸至熱透而鵝皮酥脆。

｜關於珠雞｜

　　珠雞又叫做**非洲雉雞**，幾世紀以來在世上很多地方被大量飼養來販售。其軟嫩的肉質清爽細緻，滋味和雉雞肉相似，兩者確實也是親戚。料理雉雞或雞的食譜用來處理珠雞也同樣美味。珠雞肉質精瘦，烤之前也許要包油。燴燒、燜燉或油煎也很好吃。珠雞重量通常在一至四磅之間。➡每人份約一小隻珠雞；較大隻的剖對半或四等分可供二或四人份。

烤珠雞佐辣味奶油（Roast Guinea Hen with Chile Butter）（4人份）

這道雞可以在烤之前的2小時準備好，冷藏備用。

烤箱轉230度預熱。在一口小的平底鍋裡以中火加熱：

2大匙橄欖油

油熱後下：

1/2杯紅蔥頭末或青蔥末

4瓣蒜仁，切碎

拌炒至軟身，盛到一口小碗裡放涼。在鍋裡拌入：

1/4杯（1/2條）放軟的奶油

1/2小匙肉桂粉、1/2小匙孜然粉

1又1/2小匙辣粉

2大匙新鮮的芫荽末和／或荷蘭芹末

1大匙新鮮檸檬汁、鹽和黑胡椒，適量

備妥：

1隻3至3又1/2磅的珠雞

把雞胸和腿排周圍的雞皮撐鬆，小心別扯破，然後用手指把奶油推擠到皮底下，把多出來的奶油搓抹在珠雞表面。置於架在烤盤內的V型烤架上，雞胸那面朝下，烤

20分鐘。把烤箱溫度降至180度，雞胸那面翻向上。喜歡的話，在烤盤裡倒入：

（1/4至1/2杯不甜的白酒）

烤到腿排最厚的地方用溫度計量達到82度，而且雞皮被戳破時從腿排流出的汁液是清澈的，約再25至30分鐘。移到砧板上，鬆鬆地罩上鋁箔紙，靜置10分鐘再切。切開後，把烤盤裡的烤汁淋在雞肉上。

｜關於乳鴿（squab）｜

乳鴿或雛鴿（pigeonneau）是飼養的家鴿仔（通常不滿四週），尚不會飛。其肉質色深，滋味濃郁，軟嫩多汁。為了呈現最佳滋味和肉質，➡乳鴿應該煮三分熟，煮到這種程度肉汁呈粉紅色，鴿肉仍略呈玫瑰紅，而且濕潤。要是再煮久一點，肉會帶有明顯的肝的味道。乳鴿適用多種料理方法，可以整隻烤或燴燒，或剖半炙烤、燒烤或油煎。烹煮時一定要先把胸肉煎黃，這樣鴿皮底下的一層薄油才會在後續的烹煮過程裡潤澤鴿肉。➡乳鴿重量一般在四分之三至一磅之間——足供一人份。也可以剖對半供兩人份開胃菜。

炙烤乳鴿（Broiled Squab）（2人份）

炙烤爐預熱。將炙烤盤抹油。把：

2隻乳鴿（每隻約1磅）

開蝴蝶刀。

帶皮那面朝下排放在炙烤盤上，充分刷上：

2大匙融化的奶油

放在火源下方4吋之處炙烤，翻面一次，

烤到鴿皮被戳穿時，腿排流出的汁液呈淡粉紅色，15至20分鐘。加：

鹽、辣味或甜味的匈牙利紅椒粉

配上：（奶油吐司）

把烤盤裡的油汁淋在鴿肉上，立即享用，點綴上：

剁碎的荷蘭芹

燒烤乳鴿（Grilled Squab）

燒烤爐升中大火。按炙烤乳鴿的方法進行，奶油換成橄欖油。帶皮那面朝下開

始燒烤，喜歡的話，吃的時候每一隻上面加一片調味奶油，304-306頁。

紅燒乳鴿（Salmi of Squab）（2至3人份）

真正的紅燒（salmi）是費工的兩道手續的法式烹調法，多用來烹煮野鴨、雉雞、鷓鴣或山鷸。首先，禽鳥烤到快熟，接著把肉從骨頭剃下來，骨架用一具榨鴨機（duck press）或大型杵缽壓榨出汁來。這些汁液是醬汁的基底，可以用半釉汁、干邑白蘭地以及甚至松露來增加風味。鴿肉和醬汁可以隆重地放在桌邊的保溫鍋裡溫著，立即享用。不用說，在今天這道菜餚很少以最初的形式呈現，這裡介紹的是簡單得多的版本。也可以改換其他的野禽。

將：2隻乳鴿（每隻約1磅）
剔除背骨，從胸骨剁成對半。兩面加：
鹽和黑胡椒，自行酌量
在一口大的平底鍋以中大火加熱：
2大匙橄欖油
乳鴿下鍋，帶皮那面朝下，需要的話分批下過，煎到酥黃，4至5分鐘，翻面再煎2至3分鐘。移到盤子上。用鍋中餘油拌炒：
1磅蘑菇，最好是香啡菇，切片
炒到開始焦黃，約8分鐘，盛盤置旁備用。在平底鍋裡加：

1大匙橄欖油、1/2杯切片的紅蔥頭
1大匙新鮮百里香或1小匙乾的百里香
轉中火，拌炒至紅蔥頭軟身，約2分鐘。
加：
3大匙干邑白蘭地或其他白蘭地
拌一拌，刮起鍋底脆渣，煮到酒幾乎蒸發光了，再加：
1又1/2杯不甜的紅酒
煮到濃縮成一半，續加：
1又1/2杯野味高湯、牛高湯或雞高湯或肉湯
再煮到濃縮成一半。鴿肉回鍋，煨煮到鴿肉開始從骨頭剝落，20至25分鐘，中途要翻面。鍋子離火，鴿肉盛盤，稍微放涼；鍋子置旁備用。剝除鴿皮丟棄，從骨頭剝下鴿肉，放進平底鍋裡。再把預留的菇也加進去，以中火重新加熱，拌入：
（2大匙奶油）
鹽和黑胡椒，自行酌量
2大匙切碎的荷蘭芹
再加熱2至3分鐘，配上：
烤玉米糕，或熟義大利麵

中式煙燻乳鴿（Home-Smoked Chinese-Style Squab）（4人份）

任何小型禽鳥都可以用這種方式煙燻，但小心別燻過頭，否則肉質會變得乾柴。請參見「關於煙燻食物」☆，359頁。在一口大的淺鍋裡混合：
1顆檸檬皮的絲屑
1顆柳橙皮的絲屑
1/2杯生抽、1/3杯蠔油
2大匙蜂蜜
1大匙切碎的芫荽
1小匙切細的去皮生薑
2瓣蒜仁，切細碎
1片月桂葉

1/2小匙黑胡椒
將：
4隻乳鴿（每隻約1磅），整隻，或去背骨剖對半
放進去，翻動一下讓肉裹上醃料。加蓋冷藏，醃上6至12小時，偶爾要翻面。準備一具有罩蓋的燒烤爐來熱燻☆，360頁。把乳鴿熱燻至鴿皮被戳破時，腿排流出略微粉紅的汁液，45分鐘至1個半小時，端看火力的熱度。每15分鐘用醃汁潤澤一次，中途加8至10塊木炭到火裡，維持平穩的熱力。立即享用。

| 關於鴕鳥和鴯鶓 |

　　儘管被歸為禽鳥，鴕鳥和鴯鶓吃起來很像鹿肉，煮法也差不多。這兩種飼養的禽鳥肉呈深紅色，脂肪含量極低，尤其是飽和脂肪，所以膽固醇也很少。這兩者的差別在於，鴯鶓的肉質更細，其體型也更小。雖然鴕鳥和鴯鶓不同部位的切塊很容易讓人搞混，➡️最軟嫩的部位是扇形肉（fan fillet）、內條肉（inside strip）、里肌肉、和精肉；其次是尖端肉（tip）、上腰肉（top loin）和外條肉（outside strip）。較韌的切塊來自腿部。➡️烹煮瘦鹿肉和牛肉的食譜都可以用來料理鴕鳥或鴯鶓。最理想的煮法是油煎或快速燒烤至三分熟。跟鹿肉和水牛肉一樣，煮過頭肉質會變得又乾又韌。燒烤時，用少許橄欖油搓抹肉塊，加鹽和胡椒調味。

鴯鶓或鴕鳥肉排（Emu or Ostrich Fillets）

在一口大型鑄鐵鍋或荷蘭鍋裡，加熱：
2大匙橄欖油
油熱後：
24盎司鴕鳥或鴯鶓，切成6片肉排

下鍋，需要的話分批下鍋。三分熟每面烙煎3分鐘。佐上：
辛香草鍋底醬，287頁；洋蔥醬，293頁；或配野味的基本鮮奶油醬，289頁

| 關於野禽 |

　　被稱為「野禽」的禽鳥，曾經只能在野地獵獲。現今有些品種的野禽也有飼養販售的。除非你打獵，或者有一大堆朋友打獵，否則你處理的會是飼養的野禽，因為根據法律，唯有飼養的野禽，或者在歐洲獵獲進口到美國的野禽品種，才能在超市或其他店家販售。不管是買的還是野外獵的，野禽毫無例外地比雞或火雞要精瘦得多。因此，料理野禽時最好要包油。

　　理想上來說，判定肉熟了與否的指標應該是內部溫度，不過某些野禽的肉很薄，尤其是體型小的禽鳥，因此用溫度計行不通。廚子不妨➡️參考我們建議的烹煮時間，而且需要的話，戳穿肉觀察一下，或者在烹煮的一開始小心地把肉切一道口子，藉此判斷還需多少烹煮時間。記得，肉離開火源之後烹煮過程還會持續一段時間，而且➡️所有的野味煮得偏生一點比較好吃──滋味特殊而豐富。肉永遠可以回鍋繼續煮；但煮過頭是無法復原的。野味煮過頭，不管是禽鳥或牲畜，吃起來像肝。

　　要用上野味才經典的食譜，均列有相關建議。➡️且讓我們推薦格外對味的配菜，栗子淋醬或菰米；菊苣或水田芥沙拉；加了鵝莓醬或榲桲醬的菜餚；加了酸奶、濃的鮮奶油或紅酒醬，以及傳統上會加杜松子調味的菜餚。

| 關於獵獲的野禽 |

我們多年來住在某個主要飛航道底下，總是盼著我們家獵人到附近的沼澤和原野搜尋禽鳥的日子。他們歸來時，晚餐聚會上向來豐盛無比。小孩子通常會嚷嚷著要吃滋味溫和、豐腴的小鵪鶉，把煮得很生的鴨子留給更懂得吃的大人。

打獵的目的一向是提供糧食與肉品。因此，▶獵人的道德原則始終是，獵到的禽鳥一定要吃下肚。這道德原則必須被推翻的情況很少，但還是有：野鳥顧名思義過著不受控管的生活，除非被獵獲，而且在烹煮過程中被檢視，否則狀況不明。野鳥吃些什麼，畜齡多大，這兩者如何影響牠的整體健康，在扣板機的那當下，不得而知。▶假使鳥看起來生病——肉變色，有腐臭味——還是丟棄為妙。這不意味著，只因為禽鳥年紀大了或吃魚維生，就應該回歸野地或沼澤的生物鏈，而是▶有疑慮就要丟棄。

很大的程度上，▶獵獲之後要立即進行適當的處理，禽鳥的狀態（被射殺得乾淨俐落，獵犬銜回過程也沒有受損）決定了烹煮的方式和最終的美妙滋味。被獵的野禽應該早點去除內臟才好，並放在陰涼乾燥處，譬如冰桶。可行的話，野禽也最好整隻放冰箱裡，甚至帶著羽毛。冷藏是野味處理很關鍵的一環。

| 關於準備獵獲的野禽 |

吊掛野禽在歐洲仍是普遍的作法，在美國已漸漸沒落。把肉吊掛風乾是一個熟成過程，這期間肉的組織會分解，使得肉質軟化，有人說，滋韻也提升了。在美國，我們的味覺偏好熟成軟嫩牛肉的滋味，我們還是會把大型動物吊掛熟成，包括鹿在內。但話說回來，把野禽吊掛數天或數星期儘管會軟化肉質增強滋味，就大多數人來說，這不見得必要也非首選。吊掛熟成需要時間，會受溫度變化的不利影響，而且可能招致腐敗。▶單單把整隻禽鳥放冰箱裡冷藏幾天，就能達到吊掛熟成的好處。何況對於鵪鶉、鴿子、山鷸和鷸來說，沒必要吊掛；吊掛主要是對大鵝或雉雞才有作用。

拔毛和燒毛

除非你打算把禽鳥皮剝掉，不然拔毛很有必要，而且最好是採用乾拔法，▶如果禽鳥是冰冷的就更容易進行了。假使禽鳥後續會被放上一陣子才烹煮或冷凍，拔毛前用滾水燙或泡會過快分解皮裡的脂肪組織，就算放的時間很短也一樣。用手拔毛，拔的時候小心別把皮扯破，從軀體往下拔到腿的膝關節，

以及靠近翅膀的第一關節（如果只打算取用胸肉，只拔胸部部位的羽毛也很必要——見以下）。拔完羽毛後也要除去所有針羽（嵌在皮膚裡的幼羽）。針羽不會影響口感，只是不美觀。用一把鉗子來拔，或者用你的食指和刀尖夾住每根針毛，然後往上拉。有些針羽也會在燒毛過程中被除去。

拔掉較粗的羽毛後，很可能留有絨毛或細毛。你可以➠灼燒禽鳥來除去最後這些有礙觀瞻的毛。握住禽鳥的腿，用瓦斯火或小的丙烷噴槍來灼燒針羽。即便用蠟燭燒也行，只是這樣很麻煩。灼燒時要翻動禽鳥身體，讓全身上下都暴露在火焰中。

除臟和打理

小型野禽諸如鴿子（dove）、斑尾鴿、鵪鶉和山鷸特別需要**切取胸肉**，而這些禽鳥也只有胸肉可取。因此禽鳥不需要整隻拔毛和除臟。要切取胸肉，先把胸部的毛拔掉，用一把利刀，從胸骨和肋骨把每半邊的胸肉切取下來（這很像把雞胸去骨，只不過你這會兒是往整隻禽鳥身上切，而且只取胸肉）。通常不需要留下胸肉的皮；見個別食譜說明。

處理整隻禽鳥時，先斬斷頭部，把脖子皮往下拉，然後在靠近軀體之處把脖子斬斷。接下來用菜刀或禽肉剪切除腳和翅膀。處理野火雞或雉雞，在切下腿部前，請參見「關於野火雞」，142頁。

禽胸那面朝上平放，從胸骨下方順著骨架橫向劃一道淺淺的口子，小心別戳進內臟，再從肛門朝上切向胸骨，劃第二道口子，讓這兩道口子形成T字型。把你的手指伸進胸骨和器官之間的空洞，掏出內臟、胃和腸，假如在野外沒有被掏乾淨的話；仔細查看，確認所有臟器都被掏除，過多的脂肪也要掏出來，否則味道會太濃烈。➠野禽的可食內臟是心臟，其肉質細緻。肝和胗雖然也可以吃，但處理過程好比繃緊神經進行外科手術一樣，你會覺得花那些功夫很不值得。

如果你要食用內臟，一定要去除心臟周圍的血管、動脈、薄膜和血液。也要非常小心地切除連著肝的綠囊，或膽囊。最好是切掉的膽囊上有一小塊肝肉連著，若是切口太靠近膽囊可能有刺破膽囊之虞，膽囊裡的苦汁會把沾到它的一切都毀了。同時把肝臟變色的部分也一併切除。➠切除連著胗的腸管，胗上面的膜和脂肪也要切除。然後沿著胗內凹的弧度淺淺劃一道口子，小心別切得太深，免得刺破內囊的內襯。用大拇指壓迫胗的外表，讓內囊從胗的開口處外翻，丟棄內囊。把胗洗淨擦乾。放冰箱保存，盡快使用或食用。內臟的用法，參見雜碎肉，240頁；餡料，263頁；以及鹹醬，277頁。

烹煮之前，➠仔細檢查野禽，用尖頭的器具取出子彈，如果有子彈卡在裡頭的話。➠也不要食用被子彈射穿的肝或胗。子彈附近變色的肉，或者被

狗咬而損壞的部位，也都要切除。用流動的清水把野禽裡裡外外沖洗乾淨，用紙巾充分拭乾。不管是烹煮前，或是準備要冷藏去血水之前，都要這麼做。血往往是「野腥味太濃」的原因，它也會讓肉有苦味。➠野禽不該浸泡，而且烹煮或冷藏之前一定要充分拭乾。不過吃魚的鴨譬如潛水鴨例外，如果一定要用這種鴨，烹煮前可先行預煮三十分鐘。

烹煮獵獲的禽鳥

禽鳥的內部可以抹鹽，或用兩大匙檸檬汁、白蘭地或雪莉酒洗潤一下。如果要不填餡地烤，塞一顆蘋果、一顆洋蔥、一根胡蘿蔔、荷蘭芹，幾枝西芹梗，幾枝迷迭香或些許杜松子。食用前掏出丟棄。

禽鳥和動物的畜齡和飲食會影響肉質滋味，也決定了烹煮方法。就禽鳥來說，年齡只對大型禽鳥——火雞、鵝和雉雞（見143、144頁來判別年齡）——有影響。對於鴨或體型較小的禽鳥，年齡不是考量。一般而言，較熟齡的禽鳥燴燒比烘烤好。

一般只取禽鳥胸肉食用，因為腿肉韌，而且腿腱太多，不可能盡除。處理腿部最好的方法是用家鴨油，進行油封處理做成開胃菜或前菜。或者連同骨架一起熬野味高湯。這是最有用的作法，因為野禽在烹煮過程裡生出的汁液不多，高湯可以為醬汁提味。如果沒有野味高湯可用，最佳的替代品是仔牛高湯。

把禽鳥包油

適合包油與否的建議，請參見個別食譜。**若要包油**，使用培根、義式培根、義式火腿或八分之一至四分之一吋厚的豬脂薄片，或者豬背肥脂，切成小正方片或長片。在你紮綁禽鳥時，在胸的兩側和腿之間塞幾片培根或肥脂進去，以覆蓋胸肉。另外的作法是，用培根和肥脂包覆紮綁好的禽鳥——腿部和全身上下——然後再把包油穩固地綁好，確認曝露的表面被包覆得密不透風。烹煮過後，包油要丟棄。謹記一點，➠包覆的肥脂可避免表面焦黃。你可以在燒烤中途剔除包油，但假使你這麼做，一定要用奶油或橄欖油潤澤禽肉，直到烤熟為止。

包油之外的另一個作法是，把禽鳥全身上下搓抹上奶油或淋上橄欖油再烤。調味奶油，也可以用來潤澤禽肉同時提升滋味。輕輕地撐鬆禽鳥胸部和腿排周圍的皮，把軟化的奶油抹到皮膚底下——用在體型像鴨或更大的禽鳥效果最好——甚至禽鳥的表面也塗抹奶油再烤。參見烤珠雞佐辣味奶油。奶油不僅讓禽鳥保持濕潤，皮也變得金黃漂亮。

| 關於野鴨 |

其滋味多半取決於鴨被餵食的方式。淺水型或戲水型的鴨種很可能在附近的穀物田裡覓食，因而肉質非常多汁。這些鴨種包括**綠頭鴨**（mallard）、**黑鴨**（black duck）、**針尾鴨**（pintail）、**葡萄胸鴨**（baldpate）或**赤頸鳧**（widgeon）、**赤膀鴨**（gadwall）、**小水鴨**（teal）、**琵嘴鴨**（shoveler）以及**北美鴛鴦**（wood duck）。**潛水鴨**吃的是水生植物，這類的鴨包括**紅頭鴨**（redhead）、**棕硬尾鴨**（ruddy）、**白枕鵲鴨**（bufflehead）、**金眼鵲鴨**（goldeneye）、**斑背潛鴨**（scaup）、**帆背灣鴨**（canvasbacks）和**環頸潛鴨**（ringneck）。這些品種有時也吃魚或蝦貝類，如此的飲食會改變肉的滋味。紅色的美國**秋沙鴨**（merganser）或其他習慣吃魚的鴨，肉帶有魚味，並非最美味的鴨肉。➠牠們的胸肉可以切丁，用牛奶預煮過，再用奶油和辛香草香煎，是一道不錯的開胃菜。

野鴨通常不填餡，不過畜腔內可以抹油來留住肉汁。也可以用薑或檸檬汁搓抹，澆上蘋果白蘭地或白蘭地。畜腔內塞進西芹、葡萄、新鮮辛香草或蘋果片也可添加鮮美滋味。➠食用前要掏出這些添加料丟棄。

烹煮的時間因品種而異。大隻綠頭鴨可能長至二十五分鐘，小水鴨只需十二分鐘。

烤野鴨（Roast Wild Duck）（4人份）

這種烹煮方法是獵人最理想的煮法。切鴨時紅色的肉汁泗溢橫流。

烤箱轉260度預熱。把：

2隻野鴨，諸如綠頭鴨、針尾鴨或黑鴨，呈室溫狀態

裡裡外外清洗乾淨並徹底拭乾。在畜腔內搓抹：

奶油

鬆鬆地把：

幾顆剝皮洋蔥或削皮去核的蘋果，或1杯瀝乾的德國酸菜

塞進畜腔裡。把鴨包油，如上。包好後放在架在烤盤內的架子上，送進烤箱，烤箱溫度轉低至180度。不加包覆，烤至一分熟，20分鐘左右。需要的話，撇除烤盤內烤汁的油。接著加：

葡萄酒和高湯

熬煮濃縮，離火後再加：

酸奶

加熱至熱透，但不煮沸。佐上鴨肉立即享用，配上：

燴燒西芹

法式燉黑鴨（Black Duck Fricassee）（4人份）

將：

從4隻黑鴨或其他野鴨切取的胸肉清洗並拭乾。

把一口大的平底鍋以中大火熱鍋，鍋熱後鴨胸肉下鍋，皮那面朝下，烙煎到皮酥脆焦黃，翻面一次，煎到肉呈三分熟，約15

分鐘。鴨肉盛盤，加蓋保溫。倒掉鍋裡大部分的油，留2大匙左右。放入：

2大匙橄欖油、2顆洋蔥，切碎

4根胡蘿蔔，切片、1根韭蔥，切碎

拌炒至洋蔥變透明，約8分鐘。加：

2杯雞高湯或肉湯

2小匙切碎的百里香

煮沸，然後轉中小火煮至汁液收汁至盛原來的一半，約10分鐘。再攪入：

1/4杯（1/2條）無鹽奶油

2顆大的番茄，去皮去籽切碎

鴨肉回鍋，加熱至溫熱，2至3分鐘。加：

鹽和黑胡椒、切碎的百里香

｜關於野火雞｜

即便是飼養的「野」火雞，在肉質和滋味上和超市賣的親戚相比也很不一樣。野火雞的腿肉較多，胸肉較少，就跟很多野禽一樣，牠們的肉都是深色肉，包括胸肉在內。野火雞肉儘管精瘦，但是味美多汁：想像一下馴養的火雞和乳鴿的混生種就知道了。新鮮的野火雞肉通常只會在感恩節和聖誕節期間出現在超市裡。冷凍的野火雞肉偶爾也買得到；放冷藏庫慢慢退冰以留住肉汁。

據估計，每年被獵捕的野火雞有五成是一歲的野火雞。這很好，因為熟齡的野火雞肉較韌，大抵應該煙燻或油炸。➠要判別野火雞是否稚齡，握住鳥喙下部，使勁甩一甩，如果鳥咧著嘴晃動，就不是老鳥。

野火雞連羽毛重達十五磅以上的很少見，不管是飼養或在野地捕獲的都一樣，年幼的母野火雞——一般認為是滋味最好的——通常只有六至十磅重。➠每人份約估一至一磅半。

假使你打算烤野火雞，並希望腿肉盡可能軟嫩，➠剔除肌腱很重要，而且最好是在切除腳之前剔掉。其作法是，在膝關節處切劃一圈，然後彎折關節把肌腱折斷。扭動腿部，讓關節鬆脫，把腳扯離，這樣大部分的肌腱就會連帶被抽出，殘留的肌腱末端通常可用鉗子夾出。我們也建議將胸肉包油，這樣才能保住瘦肉的水分。如果你又烤禽鳥，要經常潤澤禽肉表面。

裝袋烘烤的野火雞（Wild Turkey Roasted in a Baking Bag）（6至10人份）

我們熟識的一名獵人太太發現，把野火雞裝在袋子裡烤可以留住寶貴的肉汁。填不填餡都可以，隨你喜歡。

烤箱轉190度預熱。準備一只23又1/2×19吋的烘烤袋。把：

1隻野火雞（6至10磅）

洗淨並拭乾。

搓抹上：

鹽和黑胡椒，自行酌量

填入：

（基本麵包丁餡料，264頁，或加香腸和蘋果的麵包丁餡料，265頁）

或：

（3枝西芹，切成1吋小段）

（1顆洋蔥，切4瓣）

把腿綁攏。把烤肉用溫度計插進腿排肌

肉中央。把火雞裝進烘烤袋裡，袋口綁緊，再置於烤盤上。烤到溫度計顯示75度，而且當腿排的皮被戳破時流出的汁液略帶粉紅色，沒填餡的每磅約烤10分鐘，填餡的話約12分鐘。從烤箱取出火雞後，靜置20分鐘再拆開袋子和切肉。如果你想要配肉汁，小心地把袋內的汁液倒到醬汁鍋裡。在一口小碗裡混勻：

（2大匙玉米粉）

（2大匙水）

然後攪進醬汁鍋裡，煮滾。加：

（鹽和黑胡椒，自行酌量）

調味。

燴燒野火雞或野鵝（Braised Wild Turkey or Wild Goose）（5至6人份）

將：

1隻5至6磅野火雞或野鵝

洗淨，拭乾，並切成方便食用的肉塊，置旁備用。

在一口荷蘭鍋裡以中火加熱：

5大匙奶油

油熱後下：

1又1/2杯小顆的白洋蔥

1/4磅切細丁的鹹豬肉

拌炒至洋蔥呈金黃色，約10分鐘。用漏勺撈出洋蔥和豬肉；丟棄豬肉。用鍋中餘油把禽鳥肉塊的兩面都煎黃，需要的話分批下鍋煎。然後加：

1/2顆檸檬的汁

1/2小匙多果香粉

（幾片去皮生薑）

蓋上鍋蓋，文火煮30分鐘，其間偶爾拌一拌。把洋蔥加進去，連同：

2杯不甜的紅酒

加蓋煨煮到火雞肉軟爛，約再45分鐘。把火雞和洋蔥盛盤。要把鍋裡肉汁稍微變稠，拌入：

乾的麵包屑，烤過的

配上：

新鮮蛋麵

杏桃或野山楂（crabapples）

鍋燒野禽（Potted Wildfowl）（每人份約估1/2磅）

保存多餘野禽肉的好方法，譬如腿肉。請參見「關於準備獵獲的野禽」。

準備：

1隻幼齡野鵝或其他野禽，清理乾淨

按照：

油封鵝

方式處理。冷熱皆宜。

| 關於雉雞 |

雉雞是最受歡迎的野禽之一，在歐洲和美國已經**被飼養**了數百年。儘管和雞肉很像，而且帶有「異國情調」，飼養的雉雞肉色粉紅偏白，滋味溫和細緻，更勝雞肉。

整隻雉雞▸重量介於二至四磅之間，可供兩人份。骨架小的雉雞，肉佔的比例高。雉雞腿和腿排的肉色有點深，比胸肉要扎實，滋味也更濃。雖然體

型比雞小，不過➡可按照大多數的雞肉食譜來做，只要了解一點：雖然飼養的雉雞的胸肉覆有薄薄一層脂肪保護，但還是比雞肉瘦得多，一定要避免煮過頭，否則肉會變得柴而無味。烤之前將胸肉包油，有助於保持濕潤。

野雉雞的滋味鮮明濃郁。但願你的雉雞幼齡，胸骨有彈力，腿部呈灰色，翅膀末端有一根長而尖的羽毛。如果是公的，雞距應該是呈圓頭的結瘤，不是銳利或長的，這代表牠稚齡；你可以烘烤或炙烤來吃。若要烤野雉雞，➡剁掉雞腳之前，先抽出腿部肌腱很重要。判別年齡和／或抽出腿部肌腱的方法，參見「關於野火雞」。通常也會建議包油處理。

要讓肉多味又軟嫩，➡雉雞應該披覆羽毛冷藏大約三天。熟齡的雉雞應該進行包油，加以燴燒或使用其他的濕式加熱的食譜。

另一個作法是，把雉雞切塊，較韌的腿排和腿肉加以燴燒或燜燉，較軟嫩的胸肉則燒烤、香煎或烘烤來吃。

烤雉雞（Roast Pheasant）（2人份）

玻璃內的華貴雉雞，在古早年代裡被視為高雅餐飲的極致，端上桌前會罩在玻璃罩下，好讓肉質在出爐至上桌之間保持水潤。雉雞會填上菰米和蕈菇做的餡，佐上獵人醬，299頁。這些餡料和其他選擇如下。
烤箱轉200度預熱。把：
1隻幼齡的雉雞（2至3磅）
洗淨並拭乾。裡裡外外加：
鹽和黑胡椒
調味。填上：

（栗子餡料，271頁；香腸餡料，270頁；或菰米餡加牛肝蕈，275頁）
包油，喜歡的話，或者刷上：
（3大匙融化的奶油）
置於架在烤盤內的架子上，送入烤箱，烤香溫度轉低至180度。烤到腿排被戳穿時流出清徹汁液，沒填餡約35至40分鐘，填餡的1個半小時。靜置20分鐘再切開。如果有包油的話，除去包油再切。佐上：
（獵人醬）

琴酒杜松子燴燒雉雞（Pheasant Braised with Gin and Juniper）（2人份）

文火慢燉，肉質肯定水潤。用好品質的琴酒來做滋味最棒。
把：
1隻幼齡的雉雞（2至3磅）
洗淨並拭乾。裡裡外外抹：
鹽和黑胡椒
調味。把腿部綁攏。包油，把雉雞外表徹底包覆著：
2至4盎司培根或豬脂薄片

再把包油穩固地綁起來，在一口荷蘭鍋裡以中大火加熱：
2大匙蔬菜油
雉雞下鍋煎，偶爾翻面，煎5至10分鐘。
把雉雞移到盤子上。在鍋裡加：
1/2杯切片的紅蔥頭
拌炒至呈金黃色，3至5分鐘。雉雞回鍋，連同：
1杯雞高湯或肉湯、2/3杯琴酒

1/4杯不甜的雪莉酒

1/2小匙壓碎的杜松子

2片月桂葉

煮沸，蓋上鍋蓋，火轉小，燜煮至雉雞軟嫩，而且腿排被戳穿時流出清澈汁液，35至40分鐘。雉雞盛盤並保溫。

將鍋裡汁液過濾，撇除油脂，撈除月桂葉，然後倒回鍋裡。轉中大火煮滾，煮至稍微變稠，3至5分鐘。拌入：

3大匙荷蘭芹末

（2大匙奶油）

鹽和黑胡椒，自行酌量

去除雉雞表面的包油，把雉雞切開。舀醬汁淋到雞肉上享用。

燴燒雉雞佐蘋果（Braised Pheasant with Apples）（2至3人份）

四季皆宜，秋天尤其會讓人想到它。

把：

1隻幼齡的雉雞（2至3磅）

洗淨並拭乾。在一口大得足以寬裕地容納雉雞的厚底鍋裡放：

2大匙奶油

以中火加熱至奶油開始上色。雉雞下鍋，把每一面都煎得微黃，5至7分鐘。鍋子離火，把雉雞的胸部那面翻向上，在胸部和腿排上披覆著：

3片培根

在雉雞周圍散布著：

3顆金冠蘋果，削皮去核切成1/2吋方丁（3杯）

拌一拌蘋果丁，使之裹油，接著再淋下：

2大匙白蘭地或蘋果白蘭地

1大匙新鮮檸檬汁

1/4小匙乾的百里香

煮至微滾，然後緊密地蓋上鍋蓋，以小火煨燉至雉雞皮被戳穿時流出清澈汁液，45分鐘至1小時。把雉雞移到一口大淺盤上，覆蓋鋁箔紙保溫。蘋果丁盛到一口小盆裡。轉大火把鍋裡的汁液熬煮濃縮至1/2杯。鍋子離火。在一口中型碗裡攪勻：

1杯酸奶、1大匙中筋麵粉

緩緩把鍋裡汁液攪進去，接著全數倒回鍋內，把蘋果丁也加進去，溫和地攪拌，以小火煮至醬汁微滾並稍微變稠。千萬別煮沸，否則醬汁會結塊。加：

鹽和黑胡椒

調味。雉雞佐上醬汁，配著：

菰米，或義式麵疙瘩

| 關於鷓鴣與松雞 |

　　現今美國**飼養的鷓鴣**都是所謂的**石雞**（chukar partridge）這個品種。石雞體型小，以軟嫩可口又精瘦的胸肉受到喜愛，其肉質和雉雞的相似，但較為扎實，也沒那麼細緻。飼養的鷓鴣每隻的重量一般略少於一磅，➡️因此一隻可供每人份。可以烤來吃，照以下烤松雞的作法做，或者切塊燒烤、香煎或燴燒。

　　除了野石雞之外，在美國另有一種野鷓鴣品種，名叫**匈牙利鷓鴣**（Hungarian partridge）──而且會把人搞得霧煞煞的是，在北方，匈牙利鷓鴣

指的是披肩松雞（ruffed grouse），在南方，指的是鵪鶉。

松雞是鷓鴣的近親，向來一直是真正的野禽，從沒被飼養過；在美國市面上找到的都是進口的。很多人認為松雞是最美味的野禽，肉質往往比鷓鴣更有滋味。在美國，我們獵**披肩松雞**、**雲杉松雞**（spruce）、**艾草松雞**（sage）、**雷鳥松雞**（ptarmigan）和**尖尾松雞**（sharptail grouse），還有聽起來一點也不像松雞的**草原雞**（prairie chicken）。有小至一磅左右的披肩松雞，也有大至五或六磅重的大隻艾草松雞。不管體型大小，**➤**這美味濃郁的禽肉每人一磅算是很豪邁的一客了。

雖然松雞或鷓鴣的年齡對於肉的滋味和口感沒什麼影響，但牠們吃進的食物卻大有關係。松雞和鷓鴣在飲食習性上相當自由。存活當然是第一要務，因此牠們的棲息地有什麼牠們就吃什麼。就披肩松雞來說，牠是美國北部和加拿大森林裡土生土長的禽類，也就是說，秋天時牠們往往在蘋果園裡出沒，或者靠其他水果諸如野葡萄裹腹。這樣的飲食使得披肩松雞格外美味。雲杉松雞一如其名生活在雲杉林裡，吃的也是雲杉針，因此有個壞名聲是肉帶有「雲杉味」。在晚秋和冬季裡，牠們的食物非常有限，極其倚賴雲杉維生，肉也比早秋時更不可口。一般而言，不管是什麼品種，**➤**早季的禽鳥吃得比較好，而吃進形形色色理想食物的禽鳥，在獵人餐桌上最受青睞。

雖然野石雞和匈牙利鷓鴣在滋味上和松雞很不同，牠們的體型和飲食內容相似，所以**➤**大部分的松雞食譜和鷓鴣食譜都可以相互通用。

烤松雞（Roasted Grouse）（4人份）

烤箱轉200度預熱。把：
4隻松雞（每隻約1磅）
洗淨並拭乾。裡裡外外撒：
鹽和黑胡椒，自行酌量
把：
1顆小的蘋果，切4瓣
1顆小的洋蔥，切4瓣
1根西芹梗，切成4段
平均塞進每一隻的軀殼內，並且包油。

把牠們放在烤盤內的烤架上，送入烤箱烤，烤箱溫度轉低至180度。烤到腿排的皮被戳穿時流出淡粉紅色的汁液，約25至35分鐘，其間要時常塗油潤澤肉的表面。把松雞盛盤，加蓋保溫。準備：
配野禽的鍋底醬，285頁，或禽肉鍋底醬或肉汁，285頁
剝除包油。配上：
（生鮮的蔓越莓佐料＊，369頁）

烤醃過的鷓鴣或松雞（Baked Marinated Partridge or Grouse）（2至3人份）

把：
1隻鷓鴣或松雞
洗淨、拭乾，切塊或對剖開來。放在一

只深烤盤裡。
在一口盆子裡混合：
2杯波特酒，或自行酌量

1顆小的洋蔥，切4分
1瓣蒜頭，切片
1片小的月桂葉
3/4小匙鹽、1/2小匙黑胡椒
倒到禽鳥上。確認醃汁淹沒禽鳥；需要的話，加多一點波特酒進去。加蓋並冷藏24小時。
烤箱轉265度預熱。把禽鳥從醃汁裡取出，用紙巾擦乾。保留醃汁備用。在一口大得足以讓禽鳥平鋪一層的砂鍋或荷蘭鍋融化：
2大匙奶油

禽鳥下鍋，翻動一下使之裹油。不蓋鍋蓋，烤45分鐘，其間翻面幾次。將醃汁過濾，澆淋在鷸鴣上，再送回烤箱續烤30分鐘左右，烤到肉軟爛。鷸鴣盛盤，加蓋保溫。把烤盤裡的汁液倒進一口小醬汁鍋裡，以大火煮滾，熬煮收汁至約剩1杯的量而且略帶糖漿的稠度。加：
幾滴檸檬汁
調味。
把醬汁淋在鷸鴣上。配著：
菰米★，597頁，蕎麥片★，573頁，或新鮮雞蛋麵★，539頁

烤尖尾松雞、雷鳥松雞或草原雞（Roasted Sharptail Grouse, Ptarmigan, or Prairie Chicken）（每人1隻）

烤箱轉150度預熱。將：松雞
洗淨並拭乾。你可以把：鹹豬肉
薄片嵌入胸肉裡，或者包油。你也可以把：
（小顆蘋果、剝皮洋蔥或幾枝西芹梗）
塞進體腔內。放在烤盤內的烤架上，烤到一分熟——肉應該呈淡粉紅色。約需30至45分鐘。如果你沒包油，要經常用：
融化的奶油或盤裡的烤汁
潤澤禽肉表面。移出烤箱，烤箱溫度轉

高至260度。剝除培根，如果有包油的話。在肉表面刷上：
融化的奶油或油
敷上薄薄的：麵粉
再送進烤箱烤到焦黃。靜置15分鐘再食用。製作：
禽肉鍋底醬或肉汁，285頁，或配野禽的鍋底醬，286頁
配上：
蔓越莓醬★，368頁

| 關於小型野禽 |

　　此處談到的野禽有很多種：**鵪鶉、山鷸、大鷭**（coots，不是被叫做水鴨的海鴨，而是很像秧雞的小禽鳥）、**野鴿、斑尾鴿、鷸、秧雞、麻鷸**（curlew）和**鷭**（gallinule）。牠們被歸為一類是因為體型小，烹理的方式雷同，而且每人份是一隻或多隻。小型禽鳥通常要盡可能趁新鮮食用，雖然只要腿部還能彎曲都屬於可食的狀態。烤這類禽鳥之前的拔毛手續非常耗功夫，特別是因為➡每人份通常至少兩隻。不過如果你要舉辦餐宴而且打算烤整隻禽鳥，如同所有野禽，應該用乾式-拔毛法。➡小型禽鳥應該包油，或者包上無花果葉或葡萄葉。牠們都可以烘烤、串燒或炙烤；需三至十分鐘。任何特殊的作法或經典組合請參見個別食譜。

小型禽鳥能釋出的油汁很少。把這油汁澆到香酥麵包丁或一塊玉米肉餅（scrapple）上。或者把油汁和半釉醬，298頁，以及葡萄酒或檸檬混合在一起，又或做成獵人醬，299頁；薑味香橙醬，289頁；或香檳醬或白酒醬，295頁。

| 關於鵪鶉（Quail） |

鵪鶉是野禽之中肉質最甘甜最軟嫩的，由於廣泛被飼養，因此也是最容易買到的野禽。市面上販售的鵪鶉分新鮮的和冷凍的（不管哪一種都不錯）。牠是美國人常吃的最小型野禽，重量在四至八磅盎司之間，每一隻的胸肉僅有幾盎司。➤兩隻鵪鶉可供一份主菜，一隻供一份開胃菜。我們超愛吃剛從燒烤爐或火堆上烤好的鵪鶉，用手指扒來吃，不過整隻烤或切塊再炙烤或香煎也很棒。

「去骨」或「半去骨」的鵪鶉是去除了背骨和胸骨，但是小巧的翼骨和腿骨仍留著。這樣處理過的產品很普遍，就廚子和食客的立場來說也很方便。

在我們深南部，野鵪鶉有時也叫做鷓鴣，其白色肉質很美味。在美國我們**獵山齒鶉**（bobwhite）、**珠頸翎鶉**（California）、**刀翎鶉**（mountain）和**黑腹翎鶉**（gambel quail），這些鵪鶉的體型都差不多，牠們都是表親。如同所有野禽，野鵪鶉的狀態不可預料的，滋味也可能比在市場買地要濃烈。

不管是買來的，或騎馬從野地裡成群的鵪鶉中獵來的，在廚房裡的料理方式都一樣。配上 梓醬和咖哩飯；水田芥和檸檬角；青葡萄；或柿子椒夾心的烤梨。若要炙烤鵪鶉，不妨刷上鰻魚奶油，304頁。

五香楓糖烤鵪鶉（Spicy Maple-Roasted Quail）（4人份主菜或8人份前菜）

這道菜可以單獨當開胃菜，或者配上炒青蔬和米飯當主菜。醃料也可以用來醃童子雞、雞，以及豬里肌肉。把：
8隻鵪鶉
洗淨並拭乾。裡裡外外撒上：
鹽和黑胡椒
調味。在一口淺盆裡混勻：
1/3杯楓糖、1/4杯醬油
2大匙紅酒醋、2大匙辣味蒜泥
8瓣蒜頭，剁細
1/2小匙五香粉☆，見「了解你的食材」

把鵪鶉放進來，翻動一下使之裹上醃料。加蓋冷藏，醃上4至8小時。烤箱轉250度預熱。

瀝出鵪鶉，置於烤架上放進烤盤內，醃料保留備用。把翼尖折到禽體下方，把腿部綁攏。烤10分鐘。接著烤箱溫度轉低至200度，烤到腿排的皮被戳穿時流出略帶粉紅色的汁液，而且肉依然多汁，約再10分鐘，這期間用預留的醃汁潤澤肉的表面兩次。鬆鬆地罩上鋁箔紙，靜置5分鐘再切。

烤小體型野禽（Roasted Small Game Brids）（3至6人份）

將：

6隻小體型野禽

洗淨，拭乾，並且包油。

沒必要填餡，但是可塞進幾顆去皮的葡萄或西芹或荷蘭芹碎粒，烤好後掏出丟棄。放到烤盤裡，烤約5分鐘。接著把溫度轉低至180度，續烤5至15分鐘，視體型大小而定。一般來說，山鷸需烤8至10分鐘，沒填餡的鵪鶉10至15分鐘，有填餡的鵪鶉15至18分鐘。剝除包油，靜置15分鐘再切開。

炙烤小體型野禽（Broiled Small Game Birds）（3至6人份）

炙烤爐預熱。將：

6隻小體型野禽

洗淨，拭乾，並且包油。

放進炙烤盤裡，炙烤12至20分鐘，視體型大小而定，其間要經常翻面。差不多快烤好時，可以把包油剝除，短暫地把禽鳥烤至焦黃。準備：

禽肉鍋底醬或肉汁，285頁；配野禽的鍋底醬，286頁；或韭蔥、香橙和迷迭香鍋底醬，288頁

配上：香酥麵包丁☆，見「了解你的食材」

把醬汁淋到禽肉上，點綴上：

切碎的荷蘭芹

燴燒小體型野禽（Braised Small Game Birds）（3至6人份）

在這個作法裡，禽鳥可以去皮並切塊。

烤箱轉180度預熱。

在一口荷蘭鍋裡融化：

2大匙奶油

將洗淨並且拭乾的：

6隻野禽

放入鍋中，把每一面都煎黃。在鍋裡倒進：

1/2杯滾燙的高湯或葡萄酒

綜合調味蔬菜料☆，見「了解你的食材」

用烘烤紙包覆禽肉，移到烤箱裡，烤15至20分鐘。禽肉盛盤，加蓋保溫。製作：

禽肉鍋底醬或肉汁，285頁

喜歡的話，在肉汁裡加：

（2大匙新鮮檸檬汁、白蘭地或酸奶）

配上：

香酥麵包丁☆，見「了解你的食材」

點綴上：

切碎的荷蘭芹

燒烤小體型禽鳥（Skewered Small Birds）

將：

小體型禽鳥

洗淨，拭乾，包在抹奶油的葡萄葉或無花果葉裡。或者用切得非常薄的：

（義式火腿或義式培根）

包油。

燒烤爐升大火。把禽鳥置於燒烤架上，烤10至15分鐘，烤至焦黃。食用前，你可以剝除葉片或包油，把禽鳥敷上乾的麵包屑，再用油汁潤澤外表，放到180度的烤箱烤個5分鐘。

| 關於小鴿子、鷸和斑尾鴿 |

小鴿子（Doves）、鷸（Snipe）和斑尾鴿（Ban-Tailed Pigeon）（每人2隻）

這些禽鳥都有著滋味細緻的深色肉。小鴿子（Dove）通常比家鴿（pigeon）、秧雞或鷸來得軟嫩。

準備：

烤小體型野禽，如上，或炙烤小體型野

禽，如上

配上：杏仁夾心的橄欖

或：

水波煮厚皮水果，用櫻桃來做

鴿肉佐麵（Doves and Noodles）（6人份）

在這個作法裡，鴿子可以去皮並切塊。

把：

12隻小鴿子，整隻或切塊

洗淨，拭乾並放進一口大鍋裡，加水蓋過表面。煮沸，然後煨煮至鴿肉軟嫩，10至15分鐘。瀝出鴿肉，把皮剝除，如果還帶皮的話。加：

鹽和黑胡椒，自行酌量

調味。放涼。涼了之後，把鴿肉從骨頭上剝下來，保留備用。烤箱轉180度預熱。

在一口中型醬汁鍋裡以中火融化：

2大匙奶油

接著放：

1顆小的洋蔥，切碎、1瓣蒜仁，切末

拌炒至洋蔥軟身。鍋子離火，拌入：

1杯酸奶

1罐10又3/4盎司濃縮的奶油蘑菇濃湯

1/4小匙鹽、1/8小匙黑胡椒

把這醬料倒到一口13×9×2吋的烤盤裡，混合：

4杯煮熟的雞蛋麵（8盎司的乾麵煮的）

再把鴿肉拌進去。用鋁箔紙包覆起來，烤30至40分鐘，烤到冒泡。撒上：

切碎的荷蘭芹和/或薄荷

鴿肉佐菰米抓飯（Doves and Wild Rice Pilau）（4人份）

把：12隻小鴿子，清除內臟

洗淨並拭乾。

烤箱轉190度預熱。把：1杯葡萄乾

泡熱水，泡至膨脹，約30分鐘。瀝出。在一口平底鍋裡以中火煸：6片培根

取出培根，倒掉鍋裡大部分的油，僅留1大匙。培根切1吋小塊。在鍋裡放：

1杯切碎的西芹

拌炒至軟身，約5分鐘。把西芹盛到一口大的攪拌盆裡，加進葡萄乾和培根，並且拌入：

2又1/2杯菰米飯、1大匙奶油

1小匙鹽，或自行酌量

1小匙鹽，或自行酌量

4顆蛋，打散

把這餡料填進鴿子肚裡。混勻：

1杯巴薩米克醋、3大匙芥末粉

把這混合液刷在每隻鴿子表面，刷好後放進一只淺烤盤內。每隻鴿再淋上：

橄欖油

不加蓋，烤30分鐘，其間經常用醋和芥末的混液潤澤鴿肉。出爐後再把潤澤用的汁液淋在表面。

｜關於山鷸｜

美洲山鷸是老饕心目中真正的珍饈，也是野禽迷的至寶。其深色、濃郁的肉無與倫比，➡務必烹理至一分熟即可。這是專為深諳野味之妙的老練味覺準備的，偶爾會「全副」上桌——整隻禽鳥連頭和內臟一起——此外，因為這多少是慢慢練就出來的品味，最好是留給嗜山鷸如命的人。美洲山鷸比歐洲的表親略小，屬於一種候鳥，只能在野地裡尋見，而且牠們每天被獵殺的數量，也被明令限定在非常小的數額。雖然牠蛋白質含量格外高，因此體態豐盈，➡一人一隻可勉強算一餐——但獵人獵獲的量往往僅供開胃菜或小菜。

山鷸佐迷迭香奶油醬（Woodcock in Rosemary Cream Sauce）（2至4人份主菜或8至10人份前菜）

可用牙籤串著當小菜，或者以天使髮絲麵襯底當主菜。

把：

4隻山鷸、小鴿子或乳鴿

洗淨，拭乾，並且切取胸肉，或者，假使去骨的話，切成肉條。

在一口大的平底鍋裡以大火加熱：

2大匙橄欖油

山鷸肉條下鍋，拌炒約1分鐘。這時肉應該依然呈粉紅色。用一把漏勺把肉撈到溫熱的盤子上。在鍋裡放入：

3大匙雅馬邑白蘭地（Armagnac）

1大匙杜松子，壓碎或磨碎

用攪打器攪一攪，確認把鍋底精華都刮起。加：

1/2杯濃的鮮奶油

煮沸，然後熬煮收汁至剩一半的量。再攪進：

1大匙切碎的迷迭香

加：

鹽和黑胡椒，自行酌量

調味。把醬汁淋在肉上。

紅肉

Meat

新手廚子來到肉舖前可能會杵在那兒，一臉茫然。在從前的年代裡，會熱心提供你意見的肉販，往往已經換成隱身在隔間後面切肉、絞肉或包裝的師傅，或者近年來的情況是，換成從肉品加工廠直送的滿屋子盒裝肉，在那些加工廠房裡，新式的去骨和包裝作業省下了運輸成本和衛生措施。不管預先包裝的肉品好處為何——精巧的熟成過程顯然不在其中——某些部位的切塊，看起來一個樣令人困惑，下鍋後的反應卻又徹底令人傻眼。在這一章裡，我們希望能提供你技巧和經驗，為你腦裡所想的菜式挑選正確的部位。

軟嫩的肉質，通常位於動物運動量最少、最不緊繃的部位，適用**乾式加熱法**：烘烤、燒烤、炙烤、熱鍋炙（pan-broiling）、油煎、油炸和煎炒（stir-fry）。這些方法的進一步細節以及料理較韌肉質的方法，見「烹飪方式與技巧」☆。較韌的肉質因為帶有較多的結蒂組織，需要以長時間細火慢煮，用的是**濕式加熱法**：燴燒、燉煮、法式紅燒（fricasseeing）、紅燒（pot-roasting）和水波煮。除了水波煮之外，其他烹煮方式的煮汁溫度，▸絕不能高過八十二度。減少肉的韌度的方法，見「烹煮韌質的肉」，155頁，「關於把肉剁成肉末、絞碎、捶打和斷筋」，156頁，以及「肉的調味」，155頁。

▲在高緯度的地方，海拔七千呎以下，烤肉的時間都不需另外調整；高於七千以上，很可能需要烤久一點。

至於退冰以及烹煮冷凍肉品，見154頁。

有一把鋒利的刀，處理肉會輕鬆安全得多。有關磨刀的說明☆，見「烹飪方式與技巧」。

肉品除了切法、等級和烹煮方式之外，還要考慮許多面向。動物吃什麼飼料、肉被保存了多久、被保存在什麼溫度、有沒有添加防腐劑，以及何時包裝——這些因素都要考慮到，你必須部分仰賴經驗，但多半有賴業者良心。仔細閱讀標籤說明，大方提問，留意各種資訊。

| 關於肉品等級與購買 |

大部分美國消費者受惠於美國農業部在肉品市場立下的兩項法規。首先，所有在州際販售的商用肉品都要接受政府針對衛生和清潔的檢驗；▸購買在

地宰殺的肉品一定要當心，這些肉品不受這些嚴格的聯邦衛生法令規範。其次，批發包裝公司販售的肉品要分級，並且根據全國統一的聯邦品質標準，由進駐包裝廠內政府所雇用的「評定員」，針對柔嫩度、多汁度和肉的風味進行評鑑，貼上等級標章。此處我們特別關心的是區分等級，因為在我們選定烹調的方式後，肉的品質和它取自畜體的哪個部位一樣重要。美國的等級分成八大級別，見下面所述，但是**「特級」**（Choice）和**「上選」**（Select）是大部分消費者最感興趣的兩個等級。

頂級（prime）

在被評等的牛肉和羔羊肉當中，這個等級僅占大約百分之二，通常被餐廳和一些特產市場所獨占。頂級的肉富含大理石紋脂肪或者說布滿油花；柔嫩、風味十足而且質地細緻。

特級

通常是市面上買得到的最高等級。特級是高品質的肉，只不過大理石紋油花比頂級的要少一些。較柔嫩的部位可以烘烤、燒烤或炙烤。肉應該呈鮮紅色，帶有些許大理石紋油花。

上選

依然是相對柔嫩的等級，但瘦肉的比例比脂肪高。外圍的脂肪層也許薄，但肉質沒那麼多汁多味。以爐烤的恆定加熱法來處理較柔嫩部位的肉也許不錯，但通常應該優先考量濕式加熱法。

合格級（standard）、**商用級**（commercial）、**可用級**（utility）、**切塊級**（cutter）和**製罐級**（canner）的肉品，外觀比其他等級粗劣，沒有大理石紋油花。這些等級的肉主要是製成絞肉或加工肉品。雖然我們一直被保證說，熟齡畜肉的蛋白質絲毫不輸幼齡畜肉的蛋白質，但是我們知道，兩者吃起來就是差很多。特定的例外可用來熬高湯★，199頁，以及煮湯★，214頁。用較熟齡的畜肉來熬湯或煮湯，湯的滋味都會更醇厚。注意一點，有些肉品在販售時沒有被評等，但事實上屬於上選級。➡️只要肉品看起來品質不錯，不妨開口問一問。**猶太**肉品是依據猶太法規處理過的肉，清真肉是依照伊斯蘭法規處理過的肉。根據美國農業部，標籤上的**「天然」**一字僅意味著該肉品被最低限度地加工過，而且不含有人工調味劑、色素、防腐劑或其他合成材料。所有的新鮮肉品都屬於這一類。不過，「天然」一詞也日漸代表著，在飼養過程裡未施打抗生素和生長荷爾蒙的肉品。仔細閱讀標籤。**「有機」**認證代表著動物被餵食百分百有機栽種的飼料。**「草飼」**動物指的是被餵食草、青貯飼料（發酵草）或

玉蜀黍稈的動物。

購買肉品時，謹記一點 ➤骨頭和脂肪占的百分比最小的最划算，骨頭多
和肥肉多的肉雖然每磅的價格較便宜，但是你要把每人份買足，總量也會增
加。得知下列的事實，你也許會吃驚：每一客沙朗牛排的價格和帶骨肩胛肉不
相上下，每人份中段帶骨豬排比前腰脊肉或肋肉排便宜，每人份子排可能比中
段帶骨豬排要貴上一倍。

每一份的量

購買**修清的肉塊**（trimmed meat），➤去骨的肉每人份約估四分之一至三
分之一磅。這一類包括牛絞肉、羔羊絞肉和仔牛絞肉；去骨的燉煮用的肉；去
骨的烘烤用的肉和牛排；腹脅肉和前腰脊肉；腰內肉；以及大多數的雜碎肉。
購買**帶骨的肉**，➤每人份約估三分之一至二分之一磅。這些包括肋排；帶骨肉
排和排骨，以及火腿。**多骨的肉**，➤每人份約估四分之三至一磅。這一類有牛
小排、子排、腿腱肉、肩肉、胸肉和腹板肉（plate cuts）、牛腩，和蹄膀。

｜烹煮之前肉的貯存｜

從風味的保持和食用安全來說，絞肉、新鮮香腸和內臟肉屬於最容易腐壞
的肉。購買後的二十四小時內烹煮完畢。如果絞肉要貯存的量超過一磅，務必
鬆鬆地包覆起來，置於不超過二吋高的容器內，好讓冰箱的冷度能夠快速滲
透。切丁和切角塊的生肉要在四十八小時內烹煮完。肉排和帶骨肉排可以放二
至四天，烘烤用的肉可放三至五天。一般說來，越大塊的肉，可存放的時間比
較久。有些部位的肉會用收縮膜包裝，包裝上會標示烹煮的有效期限。

預先包裝的醃肉或煙燻肉以及香腸，以原包裝冷藏可保存一星期。一旦拆
封，暴露的表面就應該受到保護。檢查是否腐壞時，確認肉摸起來不會黏滑，
而且表面或骨頭和肉交接處沒有異味。

在建議期限內無法烹煮完畢的肉應該冷凍（參見「儲存食物」☆，316
頁）。假設冷凍庫溫度在零下十八度或以下，牛肉、羔羊肉和仔牛排或烘烤用
的肉，可以放上一年；豬排或烘烤用的豬肉可放四至八個月；絞肉三個月；香
腸則不到三個月。

我們建議，烘烤用的大塊肉在烹煮前要先放室溫回溫，大多數其他的肉可
以直接從冰箱取來烹煮。冷凍的肉品要放冷藏室徹底解凍。肉排和帶骨肉排可
在一天內解凍；更大型的烘烤用肉可能要花上三天解凍。解凍期間從肉流出的
汁水，一定要用容器盛起。貯存和處理生肉時，➤謹慎地避免和其他食物交
叉感染，尤其是打算要生吃的食物，譬如沙拉或水果。

| 肉的調味 |

如果肉要加鹽，一開始煮就要加。胡椒則另當別論。現磨胡椒的味道會隨著烹煮而褪淡。我們建議胡椒要加兩次：一次在烹煮前，讓味道稍微滲透肉表，然後食用前再加一次。

還有其他方法可以突顯風味。若**採用乾式加熱法**，烹煮前的半小時，肉可以搓抹上大蒜、洋蔥、辛香草和／或香料。烹煮之前，要把殘留在肉表的大蒜屑去除乾淨，否則蒜屑燒焦會變苦。另一種作法是，在大型肉塊的表面劃幾道小口子，把蒜片或洋蔥、鯷魚碎粒，又或綜合香料及辛香草塞進去。這些小小的調味口袋，會形成一層香氣把肉包圍起來。若**採用濕式加熱法**，煮汁裡添加了辛香草或葡萄酒，因而所需的鹽分減少。頭半小時的烹煮之後，倒掉或撇除多餘的油脂，可讓油脂豐富的肉留住細緻風味。

乾醃香料和香料糊，見「關於乾醃料和濕醃料」，348頁，可以在烹煮前才搓抹在肉上，或者可以提前一天抹好然後冷藏。乾醃香料或香料糊可以大大增添肉的滋韻，形成微酥的外殼，同時留住肉內部的原汁原味。

醃漬（marination）是提升肉的柔嫩度和滋味的一道手續，作法是把肉浸泡在含有某種形式調味的液體中，而且總會用上一種酸性物質，譬如醋、葡萄酒、檸檬汁、酪奶或優格。醃汁也可以用來醃肉以外的其他食物，所以在「關於醃汁」，343頁，有充分的說明。泡鹵水（brines）☆，見「了解你的食材」，也是讓豬肉多汁多味的絕佳方法。

| 烹煮韌質的肉 |

生肉的柔嫩度不僅取決於牲畜的年齡，也關乎品種和進食方式。肉之所以會韌，是因為帶有結蒂組織，以及缺乏脂肪。**穿油**（larding），**如下**，以及**包油，140頁**，可多多少少彌補脂肪的不足，不過把多筋的肉轉化成較軟嫩組織的最佳方法，還是細火慢燉，總括在濕式加熱法之中。參見「紅燒、燜燉和燴燒肉」，160頁。把肉絞碎和剁成末，咀嚼會容易些。話說回來，假使肉的質地基本上很韌，再怎麼處理也差不了多少，這種肉就不要用在諸如俄羅斯燉牛肉或燜燉肉這類菜式中，或者甚至也不要用在漢堡肉這種常見料理當中。

所有的肉加上調味料或添加油脂或淋醬都會更加美味。捶打肉或在肉表輕輕打花刀也有助於肉塊變軟，這通常用在乾式加熱法，譬如油煎或煎炸。

對於在肉上撒木瓜蛋白酶，一種木瓜抽取物，這作法我們不敢恭維，因為它雖然會軟化肉質，但也會對肉的風味產生不良作用。假使你想加市售嫩精試看看，撒在肉的兩面，每磅約用一小匙嫩精。撒上嫩精後，用叉子在肉表面

到處戳洞。嫩精應該在肉臨要下鍋前才加。

| 關於把肉剁成肉末、絞碎、捶打和斷筋 |

把肉剁成末或絞碎，結果很不一樣。**肉剁成末**，進一步烹理之後仍粒粒分明，但是**絞肉**，尤其是絞了二或三次的肉，會黏結在一起。➡處理絞肉時動作要放輕，免得最後的質地變得黏稠。

捶打肉來鬆肉斷筋，可以用**木槌、金屬槌、橡膠槌**或**斷筋槌**（macerating mallet）來進行，用**刀背**拍肉也行。如果你用刀背拍肉的經驗不多，記得，用雙手握住刀柄，➡確認刀柄突出砧板或案板之外，這樣你才不會撞到手指。如果你把槌子或刀背潤濕，拍打時手勢稍微偏斜，肉比較不會沾黏。拍打細緻的肉，譬如仔牛肉片，把肉夾在兩張保鮮膜或對折的烘烤紙之間。有這些預防措施，即便要把肉拍打得如紙一般薄，肉片也完好無損。一位廚師友人建議說，如果肉片太薄，看起來很寒酸，你可以把它拍打一番，然後對折來烹煮，這樣上桌時就體面多了。

經過這些手續後，案板和器具都要用熱水和清潔劑清洗，仔細烘乾，器具和案板沒有適當消毒，會滋生沙門氏菌和其他有害細菌。再次提醒，生食和熟食要格外謹慎地分開處理，以避免交叉感染。

| 關於穿油 |

穿油，也就是把豬脂條或培根穿進瘦肉塊中，可以讓肉多汁多味。這道手續變得越來越有用，因為當今的肉品趨勢，是油花少的肉當道。**準備肥肉條**（lardoons）的方式，見以下食譜。一磅的肉約需二至三盎司豬脂。你可以在靠近肉表的地方穿入短肥肉條，而且要逆紋穿嵌。也可以切長條，讓肥肉條的兩端稍微突出大塊肉的兩側外，那就要順著紋路穿嵌，這樣一來，肉被切開時，切面上就會布有油丁。為了美觀起見，把所有肥肉條切成厚度一致，介於八分之一至二分之一吋厚的正方條。用**穿油針**來穿。穿油針分兩種，用在表層穿油的，呈細長針型，一頭有個活動機關，可以被輕易撬開，好塞肥肉進去，然後它會緊緊夾著肥肉條，當針以淺角度戳穿肉而且被抽拉時，如下圖所示。第二種穿油針具有鋼筆尖似的葉片，針桿可以伸長一倍，呈開槽設計。這一型的既可用來製作肥肉條，也可用來穿嵌肥肉條。

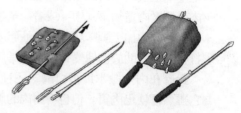

用穿油針穿嵌短肥肉條和長肥肉條

一個更快速穿油的方法是，把肥肉切成二分之一至四分之三吋寬的小段，將每一段的一頭削尖。接著放入冷凍庫冰到僵硬。在肉表劃幾道口子，再把冷凍脂條當圖釘或針一般壓入肉中。防止肉變得乾柴的另一種方式，見包油，140頁。

肥肉條（Lardoons）（足夠穿嵌2又1/2磅的肉）

肥肉條可以短暫汆燙脫鹽，然後再晾乾。也可先冷凍再塞進肉裡，見上述說明。

I. 喜歡的話，用：
   （1瓣切半的蒜頭）
   搓抹：
   4盎司豬背肥肉、鹹豬肉或培根板
   （slab bacon）
   接著切成大小一致的小條，厚度介於
   1/8至1/2吋。沾上：

黑胡椒、丁香粉

II. 把：
   1/4磅鹹豬肉或豬背肥肉或培根板
   切成肥肉條，用：
   幾匙白蘭地
   醃一醃。使用前撒上：
   肉豆蔻屑或粉
   切碎的荷蘭芹或蝦夷蔥

| 把肉煎黃 |

煎黃這道手續，可以讓肉的風味更濃郁鮮明，口感更迷人。採用乾式加熱法，譬如燒烤、炙烤、油煎或烘烤，煎黃的狀態會自然發生。但採用濕式加熱法料理時，譬如燴燒、燜燉或鍋燒，肉就要先煎黃。

把一口大得足以寬裕地容納肉塊的厚底鍋加熱至肉下鍋會滋滋響但不會燒焦的程度。肉要翻面，每一面都煎黃。作法對的話，煎黃需花點時間；大塊肉，譬如烘烤用的肉，需要十五至二十分鐘；小塊一點的燉煮用的肉塊，約需十至十五分鐘。➡別把鍋子塞滿—否則鍋裡溫度會下降，會形成蒸氣，結果肉煎出來灰灰的，而不是漂亮的焦黃。見「紅燒、燜燉和燴燒肉」。

| 油煎或煎炸肉 |

這技巧可用在很多食物而不只是肉，完整的說明請見「烹飪方式與技巧」☆。這是烹煮薄嫩的肉片或裹粉肉片熱門又快速的方法。

| 熱鍋炙肉（pan-broiling meat） |

這炙烤法用來烹理厚達二吋的肉排或帶骨肉排很便利。慢慢加熱一口厚底平底鍋——最好是鑄鐵鍋——加熱到肉排的一角稍微接觸鍋面時發出輕快的滋滋響而不是銳利的嘶嘶響。烹煮帶有大理石紋油花的肉或帶有正常脂肪含量牛

絞肉，鍋子不需要抹油；烹煮瘦肉，可用少量的油塗抹鍋面。不上蓋，讓肉輕快地滋滋響，約五分鐘。當肉的底面被烙燒得焦黃，翻面把另一面也烙燒幾分鐘。不要烙過久，免得肉變硬。➠倒掉累積在鍋內的油，否則最後會變成是炸肉或煎肉，而不是熱鍋炙肉。

｜炙烤肉｜

請參見「關於炙烤」☆，見「烹飪方式與技巧」，另外，如果適用的話，「關於串燒料理」☆（spit-cooking），見「烹飪方式與技巧」，以及「戶外燒烤」☆，見「烹飪方式與技巧」。選擇肉質柔嫩的部位來炙烤，譬如牛排或羔羊排。腹脅排也可以炙烤，但是烤一分熟就好，免得肉變硬。炙烤前看一下烤爐的說明書，以決定是否需要預熱，以及烤爐的門是否要半開。切除多餘的肥脂，並且在肉外緣的其餘肥脂上每隔兩吋切割一刀，以免肉排捲曲。肉要放在烤盤中央——烤盤應該是冷的，以避免肉黏在盤面——調整炙烤架的位置，讓肉的表面距離上火源三至五吋。假使烤盤是熱的，烤盤或肉就要抹油。炙烤到表面充分焦黃，然後翻面把第二面也炙烤到焦黃。一吋厚的肉排或帶骨肉排只需翻面一次，而且帶骨肉排應該距離火源二吋。至於二吋厚的肉，炙烤架往下移，讓肉的表面距離火源四吋，而且要更常翻面。➠炙烤時間視厚度、脂肪量、肉有沒有熟成，以及想要的熟度而定。各個部位的肉所需的時間請參考個別的食譜。

｜烘烤肉｜

哪些部位的肉適合烘烤，請參見「關於肉品等級與購買」，152頁。為這類乾式加熱法挑選肉品並決定選用哪一種變異作法時，要考慮的重要因素是➠肉質的柔嫩度以及大理石紋油花含量。溫度和計時請見個別食譜。請參見「計時與熟度」，162頁。至於肉汁製作的方法，參見「關於肉汁和鍋底醬」，285頁。

烤頂級或特級的肉時，帶油脂那面朝上，置於架在淺烤盤內的架子上，送進預熱過的烤箱裡。把肉放在**烘烤架**上——也許是V型的，也許是平面網格型的——可讓肉不接觸烤盤底，烤箱裡乾熱的空氣得以環繞著整塊肉循環流通，促使肉表面焦黃得更均勻。➠當你一關上烤箱的門，馬上把溫度轉低，並從那一刻開始計時。頂級肉品含有豐富油花，所以烘烤期間不需要淋油潤澤肉表。所有特級的肉都可以受益於淋油，也從穿油或包油，得到好處。

如果你處理的是更次一級的上選級肉品，在此先提醒一下，因為肉的油花

更少，採用烤箱烘烤而不是紅燒或燴燒，可能要冒一些風險。重量不到四磅的上選級肉品，不建議採用乾式烘烤法料理。超過四磅的，採用恆溫加熱烘烤法會比高溫烘烤法好。把肉送進預熱過的烤箱——豬肉以一百八十度預熱，牛肉和羔羊肉以一百六十五度預熱——烘烤全程溫度都要保持穩定。穿油和包油，以及淋油，都會有幫助。總之，可以提升較瘦等級肉品的軟嫩度的所有方法都可以試試看。➡訣竅之一是，沒那麼柔嫩的肉絕不能烤超過三分熟，而且➡切肉時要逆紋斜切成非常薄的薄片。

　　另一種恆溫烘烤法，是以較低溫烤更久一點。烤箱溫度始終要維持起碼一百三十五度，否則可能無法殺死有害細菌，不管烤多久。比上選級等而下之的肉品不建議採乾式烘烤法料理。這些質地更韌的肉品應該用濕式加熱法長時間慢燉。見「紅燒、燜燉和燴燒肉」。

｜淋油（basting）｜

　　淋油是讓烘烤的肉保住肉汁的一種方式，其作法是用融化的奶油、肉汁、醬汁或醃汁不時潤澤肉的表面。烘烤和炙烤一樣，屬於乾式加熱法，肉不加包覆，也不用水或高湯，因為這些液體會形成蒸氣，把乾式加熱變成濕式加熱。油脂含量高、大理石紋油花分布密集的肉不需要淋油潤澤，其他油花較少的肉都可以從淋油潤澤受益。

　　烘烤前，在烤盤裡刷上少許的油脂，可避免烤汁燒焦，若是燒焦，稍後製成的肉汁就會有苦味。➡從烘烤的頭半小時之後開始淋油，而且要視情況反覆淋油以避免肉質變乾——每十分鐘一次或更多次，端看肉塊大小、精瘦度、烤箱溫度以及烤到哪個程度而定。淋油最理想的工具是**充氣型滴油管**（bulb-type baster），它可以吸取烤盤裡的烤汁，而這烤汁裡含有其他融化的油脂。或者也可以用一把長柄的大湯匙。非常精瘦的肉用穿油的方式最好。包油能產生有效的**自動淋油**（self-basting）的形式。

使用充氣型滴油管和湯匙淋油

| 紅燒、燜燉和燴燒肉 |

　　這三種方式可以讓沒那麼柔嫩的肉變得可口，譬如肩胛肉、肩肉、上後腿和下後腿肉、板腱肉、牛腩和臀肉。作法是把肉放進液體量不一的密封鍋子或砂鍋裡，小火煨煮相對較長的時間。**紅燒**可以用在重量達四至五磅的肉塊，**燜燉**則用於較小塊的肉。大小不一的肉塊可以燴燒，燴燒所用的液體量比燜燉要少，煮的時間也多少久一點。燴燒前一定要先進行煎黃這道手續。採用這三種烹煮法最理想的鍋具是一口厚重的鍋子，譬如荷蘭鍋，附有可緊密封合的鍋蓋。

　　對於一般的濕式加熱法，我們建議以下的步驟。肉在煎黃之前，可以簡單地擦乾，也可以敷上麵粉☆，見「了解你的食材」，也可以先醃過再擦乾，155頁。至於煎黃，我們偏愛用橄欖油或蔬菜油，它們可烘托肉的風味，▶油量足以覆蓋鍋面，避免黏鍋即可。在一口荷蘭鍋或厚底平底鍋，把油緩緩地加熱，直到用一塊肉來試，肉觸及鍋底時發出輕快的滋滋響。別把鍋子塞滿很重要──這樣會降低熱度，產生蒸氣，結果會把肉煎灰，而不是煎黃。▶肉要頻頻翻面，好讓它慢慢焦黃。若要調味，蔬菜丁諸如洋蔥丁、西芹丁和胡蘿蔔丁，可以在肉已經部分上色的時候加進油鍋裡。或者，要更輕鬆地掌控烹煮過程，蔬菜丁用另一口鍋煎到透明，然後再和肉混合起來。另外把洋蔥丁煎香或焦糖化，可以讓燉肉的風味更濃郁，色澤更好看。

　　肉煎黃之後，把鍋裡多餘的油倒掉。你可以留一或兩大匙餘油，用一層調味蔬菜丁☆，見「了解你的食材」，來為肉墊底。或者，若要紅燒，把肉擺在鍋內的架子上。接著加高湯或其他液體，煮沸。要紅燒或燴燒，液體加到四分之一至二分之一吋高。若是燜燉，液體要幾乎蓋過肉的表面。一等液體沸滾，馬上把火轉小，維持在要滾不滾的狀態，▶把鍋蓋蓋緊。需要的話，用滾燙的高湯或水不時把液體補足。偶爾翻動肉塊，保持濕潤。

　　若是放爐頭上煮，配肉的蔬菜可以在烹煮的最後四十五分鐘加進去──四分之一磅蔬菜配四分之三磅的肉。非常熟老的蔬菜預先汆燙一下比較好。若用烤箱燉肉，蔬菜最好另外用爐火煮好，在肉快要燉好之際加進鍋裡。

　　使用慢**燉鍋**來紅燒、燜燉和燴燒，非常節能有效。肉要先在爐頭上煎黃，然後按照慢燉鍋說明書操作。使用慢燉鍋，食譜要稍做調整，請參考《廚藝之樂[飲料‧開胃小點‧早、午、晚餐‧湯品‧麵食‧蛋‧蔬果料理]》，176頁。你可以用壓力鍋大幅縮短燉煮的時間，但高溫燉煮出來的肉可能沒那麼討喜。紅燒、燜燉和燴燒肉會越放越入味；很多廚子都說，紅燒、燜燉和燴燒肉放到隔天更好吃。

　　肉煎黃後若用烤箱紅燒，連鍋帶肉放進預熱過的文火烤箱完成其餘的烹煮

過程，━▶溫度始終維持不變。烤箱的溫度和鍋內保有的熱力將決定長時間文火慢燉的恰當溫度——一百五十度至一百六十五度。

最適合紅燒的肉來自肩胛部和臀部，而兩者當中又以肩胛肉為佳。後腿肉大多太瘦，燴燒會變得乾柴。不過━▶後腿臀尖肉（bottom round rump roast）例外，這部位的肉是紅燒的首選。去骨的紅燒用肉比帶骨的要好處理和食用，不過烹煮前一定要綁成整齊密實的形狀，否則鬆散的或格外瘦的部分會煮過頭，而整塊肉卻還沒軟嫩。當紅燒肉達到**叉子剝絲**的程度，也就是你把叉子戳入肉裡扭一下，可輕易把肉分成一絲絲的地步，就可以起鍋了。肉此時多少仍是濕潤的。假使火候夠溫文，肉的中央甚至會略帶粉紅色。如果肉仍然又韌又硬，就再煮久一點，讓肉裡的膠質溶解，直到**叉子剝絲的軟嫩**。當心紅燒肉的常見失誤，也就是煮過頭結果肉變得又粗又乾柴。

至於所謂的**白汁**（à blanc）烹調法——有時用來燉煮仔牛、豬肉或禽肉——是把生肉直接放進滾水裡，而不先煎黃，待━▶肉一變色隨即把火轉小，保持要滾不滾的狀態。這種更溫和的作法可讓肉軟嫩而高湯濃厚。

佐配燴燒肉或紅燒肉的肉汁不該濃稠，但要醇厚。━▶燉煮或紅燒肉離火後一定要至少先放個五分鐘，好讓油浮到表面，等撇除浮油後再食用。如果提前數小時燉好，肉可以先撈起來，肉汁放涼後更容易撇除油脂。你可以用少量的麵糊，282頁，或馬尼奶油，283頁，或玉米粉把肉汁增稠。重新加熱吃剩的肉，見165頁。

｜燒烤肉｜

對於柔嫩的厚切肉排，沒有比燒烤更細緻的處理方式了。外表焦脆，內裡多汁。━▶一吋半是燒烤肉最理想的厚度。太薄的肉排很快就會乾柴；太厚的，外表焦脆了裡面還沒熟透。燒烤時我們偏好不蓋上爐蓋，因為蓋上爐蓋燒烤，肉容易被煙燻味蓋過（煙燻肉☆，見「烹飪方式與技巧」）。燒烤用的肉浸泡醃汁，344頁，抹上乾醃香料，348頁，以及淋油，先行處理過也很有幫助。也請參見「燒烤」☆，見「烹飪方式與技巧」。

｜炭烤肉｜

炭烤是非常美式的消遣，一種在戶外進行的慢烤料理。最棒的炭烤，是木炭或硬木炭在與肉隔開的另一個區間裡燃燒，而肉則受著熱力和熱煙慢慢燻烤。用燒烤爐也可以達到同樣效果，只要燒烤時蓋上爐蓋，而且肉不要直接放在熾熱木炭上烤，而是置於火源側邊間接受熱☆，見「烹飪方式與技巧」。

| 計時與熟度 |

　　下表列的是肉出爐之後，**放上**或靜置五至十分鐘後的最終溫度。在這段靜置時間裡，肉持續處在烹煮的狀態裡——也就是所謂**餘溫烹煮**——最後達到如表所示的最終溫度。因為餘溫烹煮，➡肉的溫度比表列的最終溫度少五至十度時，就要從烤箱移出。我們大部分的食譜都有把這個因素考慮進去，也有相應的說明。

　　各種熟度的計時和溫度，請見個別食譜。在計時上頂多只能大致估計，無法達到精確，其因素很多——在一開始烹煮時肉的溫度、肉的形狀和厚度、脂肪和骨頭的含量、熟成狀態。因此我們建議，➡使用溫度計，以便更精確地掌握成品。如果用**肉類專用溫度計**，要插到肉中間，避開脂肪和骨頭，溫度計頂端也要盡量遠離火源。烹煮過程裡溫度計就插在肉上。**速讀溫度計**是省錢的工具。一插進肉最厚的部位（沒接觸到骨頭），溫度會立即顯示出來。速讀溫度計不能一直插在肉裡。較貴的**連續讀取溫度計**（continuous-read thermometer）則可以在烹煮全程插在肉裡。若要測量薄片食物的溫度，譬如豬排或漢堡肉排，從側面插入溫度探針，讓感應區深入肉的中央。

　　如果你沒有溫度計，有兩種歷史悠久的方法**測試熟度**。用手指**按壓肉的表面**，如果肉很軟但會彈回來，也就是說，輕易就凹陷但立刻恢復原狀，肉就是三分熟。如果手指一壓肉，肉很扎實，就是全熟。另一個方式是，把紅燒、燒烤或炙烤的肉切劃一道小口子，查看肉心情況。一分熟的肉會流出紅色的汁；三分熟，粉紅色；全熟；無色。再次提醒，➡肉離火之後，依然處在烹煮狀態，所以溫度會上升。

　　以下是幾個和計時有關的通則：烤肉前烤箱要預熱；若炙烤，閱讀一下說明書。

　　確認內部溫度高得足以殺死細菌，➡一百三十五度是烤箱烤肉的最低限度，烤豬肉例外，見207頁，不管肉烤多久都一樣——即便烤上十二小時也是。若用濕式加熱法烹煮相同的時間，八十二度的溫度便足夠，因為這種熱力的穿透性更高。

肉經過餘溫烹煮之後的內部溫度

		攝氏
新鮮牛絞肉、仔牛絞肉、羔羊絞肉、豬絞肉		71度
牛肉、仔牛肉、羔羊肉		
（烘烤用的肉、肉排、骨排）	一分	57度
	三分	63度
	五分	71度
	全熟	77度
新鮮豬肉		
（烘烤用的肉、肉排、骨排）	五分	66度
	全熟	71度
火腿，新鮮（生肉）		66度
火腿，全熟，重新加熱		60-63度

| 包酥殼的料理（En croûte） |

包酥殼的肉格外適合自助式餐會：若是熱騰騰的，理想的食用狀態可以維持半小時，而且不管冷或熱的，都會帶動話題。分兩道手續進行。烘烤肉——可用牛肉、羔羊肉或火腿——預先烤至差三十至四十五分鐘就會達到所要的熟度，然後稍微放涼，再包上麵皮；接著包好的肉僅需烘烤至酥皮焦黃，肉的烹煮結束即可。

另一個作法是，把生肉包在麵皮裡，然後烘烤至裡頭的肉條也好肉末糕也罷皆熟透，同時酥皮焦黃。因為裡頭的肉尚未烹煮過，所以包在外面的麵皮要有好幾處通風孔，讓蒸氣得以逸散，免得酥殼會鼓起變形，見威靈頓牛肉，如下。

硬酥殼通常不會被食用，僅當作留住香氣和肉汁的介質。如果你想要新型的美式可食酥皮，你可以用豪華奶油派皮，477頁，布里歐修餐包，392頁，或食物調理機做的起酥皮，484頁。或者用硬的麵包麵團，擀開之前要用力往麵團打一拳。這裡的食譜介紹的是不拿來食用的傳統酥殼——用上大量的蛋，以便形成穩固地包覆著大體積的肉所需要的抗張強度。

包半熟的肉（For Partially Cooked Meats）

肉預先烤到差30至45分鐘就會達到所要的熟度。移出烤箱，放涼至室溫。按上述的麵團做出一張麵皮，或者按以下的方法來做。所有材料均呈室溫狀態。在一口大盆裡混合：

4杯中筋麵粉、1又1/2小匙鹽
1杯蔬菜酥油

和成粗玉米粉的稠度。在麵團中央挖出一個洞，一次一顆，一共打進：

3至4顆大型雞蛋

和勻。然後再加：

1/2杯水

把麵團倒到案板上，搓揉至滑順。滾成球狀，覆蓋起來，靜置於室溫下1小時。

然後把麵團擀成1/8吋厚的一大張麵皮。把肉置於麵皮上，拉起麵皮蓋著肉的表面，用麵皮把肉整齊地包裹起來，麵皮邊緣交疊，接合處刷上：

1顆蛋的蛋白，打散

捏合密封。

翻轉包好的肉，使接縫朝下，撥掉多餘的麵粉。這時，你可以用麵皮碎條或起酥皮碎條，來裝飾表面。把肉放進以230度預熱的烤箱，隨即把溫度轉低至180度。把酥殼烤到焦黃。若想焦黃得均勻好看，在快要烤好時，在表面刷上蛋液。你也可以在肉出爐後將奶油刷在酥殼表面。

包生的肉（For Uncooked Meats）

按以上的作法準備麵皮，或者使用先前提及的麵團。用麵皮把肉包裹起來，喜歡的話加以點綴。在麵皮上切劃一連串

的通氣口，就像製作有上蓋的派。送入以150度預熱的烤箱烤2至3小時，視大小而定。火腿和羔羊腿烤之前可以去骨並

包餡。使用的餡料一定要預先煮過，因為熱力可能無法充分穿透，導致餡料無法熟透。

威靈頓牛肉（Beef Wellington）（6至8人份）

在經典的作法裡，牛肉要烤兩回——包酥皮之前和之後各烤一次——結果往往很遺憾地若不是牛肉烤過頭，就是酥皮沒烤熟。我們的作法是，省略初步的烘烤，而是把生肉包在酥皮裡。用這方法，保證牛肉濕潤，中央呈玫瑰紅，而且酥皮酥脆。厚度一致的肉條是成功的關鍵。

把烤架置於烤箱中央。烤箱轉200度預熱。把：

1條上選的烘烤用牛肉（約3磅），充分修清

加：

鹽和黑胡椒

調味。在一口中型盆裡混合：

5盎司（1/2杯）肥鴨肝或肥鵝肝，或者雞肝慕斯和鵝肝醬，239頁，搗至滑順

1又1/2杯法式蘑菇泥★，472頁，放涼

3大匙馬德拉酒、雪莉酒或苦艾酒

把肝醬混合物抹在整條牛肉上。把：

布里歐修麵團，392頁，或1磅的食物調理機做的起酥皮，頁471，稍微冰過的，或者14×10吋的一張冷凍起酥皮，退冰並放軟的開成一張1/4吋厚的正方麵皮，足以輕易地包裹整塊肉而且邊緣可重疊，約

14×10吋

輕輕地攪勻：

1顆大的雞蛋、1大匙水、1大匙牛奶

把牛肉置於麵皮中央。輕輕地拉起酥皮蓋住牛肉，包成整齊的包裹。修掉多餘的麵皮，邊緣刷上蛋液，交疊捏合。將一只烤盤略微抹油。把包好的牛肉放進烤盤，接縫朝下，表面刷上蛋液。喜歡的話，用麵皮碎條做裝飾葉片或渦卷飾物。在麵皮表面相隔等距的地方戳2至3個洞，好讓蒸氣逸散，也讓你插入肉類專用溫度計時不必把酥皮戳破。烤到酥皮呈漂亮的金黃色，要一分熟的話，插在肉的最厚部位的溫度計應顯示50度至52度，三分熟，52至55度，五分熟，57至60度，共55分鐘至1小時又10分鐘（出爐後溫度會再上升5至10度）。如果在烤的過程裡酥皮慢慢變得太焦黃，鬆鬆地蓋上一張鋁箔紙。從烤箱取出肉，不加蓋地靜置15至20分鐘。在餐桌上切肉，用一把鋸齒刀，切成3/4吋厚的肉片。喜歡的話，醬汁的點子可參考鹹味醬汁，277頁，或者佐上：

（蘑菇紅酒醬，299頁，或紅酒骨髓醬，299頁）

｜肉餅和肉派的派餅皮｜

我們很有口福，曾在一場世界烹飪大賽擔任評審，品嚐了各國廚子拿手的家鄉肉餡餅！麵團從Q彈到薄脆多層都有，餡料各式各樣五花八門，其中包括了餛飩★，565頁、方餃★，561頁、三角餃★，163頁、俄羅斯酥餅★，162頁、鍋派★，182頁，以及燒賣★，566頁。這些都是家常菜，因季節而異，也因個別廚子的手藝而巧妙不同，所以是真正的庶民料理。很多小巧的特產需要用

預先煮過的餡料，一旦包好外皮，只要將麵皮短暫煮一下，將餡料重新加熱即可，不管是放肉湯裡煨煮、油炸、油煎或烘烤。在菜單納入肉餡餅的方式很多，端看它的大小，從小菜或湯的配料到單獨一道的餐食都可以。最澎湃豐盛的一道，非英國的牛肉腰子派莫屬，見186頁。在美國人的餐桌上，最常見的一道是鍋派——燉肉用肉汁加熱，有時會加蔬菜進去，最後再用一張麵皮以各種方式覆蓋其上。

方式之一是把生的比司吉或麵團子放在燉肉表面，間隔要夠寬，好讓蒸氣逸散。►製作肉派要把握兩個要點，首先，要有夠多又夠味的肉汁幾近蓋過熟肉，其次，要確保蒸氣不會讓酥皮變得濕軟。避免酥皮濕軟的一個萬無一失的方法如下：

I. 把：**任何無甜味的酥皮麵團**（pastry dough），**476-477頁**

擀開後覆蓋盛肉派的烤盅或個別小皿。因為麵皮在焙烤過程會皺縮，所以要裁得比盅皿的口緣略大，而且用叉子在麵皮上戳洞。然後放到烘焙紙上以二百二十度烤十五或二十分鐘，烤到呈漂亮的金黃色。酥皮另外焙烤意味著，燉肉在烤盅裡加熱時，你要用其他方法把烤盅加蓋——把一張鋁箔紙輕輕地置於其上，或者蓋上盅蓋但是別蓋密。等那盅肉熱透，再把預先烤過的酥皮蓋在盅口，立即享用。

II. 如果你偏好把生麵皮放在盅口連同燉肉一起烘烤，按以下方式進行。

烤箱轉一百八十度預熱。把燉肉和肉汁盛到烤盅裡，液面距盅緣留一吋寬。蓋上夠大的一張麵皮。為避免縮水，麵皮的底面先刷上蛋白液，讓蒸氣無法滲透進去。►麵皮上一定要切割幾個氣孔。烤四十五分鐘至一小時，直到燉肉徹底熱透，酥皮金黃。你也可以在食用前把奶油刷在酥皮上。

｜貯存熟肉｜

明智的作法是，吃剩的肉要立即打包冷藏，一等略微變涼就打包密封。►別把肉留在超過三杯的大量熱肉汁裡。假使肉汁的量很多，把肉汁過濾出來，分開放涼。►如果肉有包餡，取出餡料分開貯存。

｜重新加熱熟肉｜

為方便起見，有時候你不得不提前把肉烤好，等上桌前再重新加熱。儘管這道手續不見得會令人滿意，因為在重新加熱過程裡，肉——特別是大型烤肉——容易變乾，不過如果你解決不了時間的問題，還是可以試試看。把提前烤過的肉放室溫回溫，然後用預熱過的中溫烤箱溫熱。

重新加熱切片的肉或拌醬的肉、帶肉汁的肉譬如燉肉，或者肉末雜碎，先把醬汁單獨加熱至沸滾，接著把肉放進去，隨即把火轉小。一等肉熱透，立即享用。另一個把切片的烤肉溫熱的方法，見165頁。

｜關於肉的部位｜

請參見171頁顯示的牛的剖面圖，其他四腳哺乳動物的剖面結構也很相似，只是骨和肉的比例不同。羔羊、豬和仔牛的剖面圖，見196、208和189頁。

所有的四腳動物，在脊柱兩側，多少介於肩胛骨和髖臼之間的部位──肌肉的運動量最少的區塊──肉質最軟嫩。採用乾式加熱法來料理準沒錯：烘烤、炙烤、燒烤和煎炸。與之接鄰的區塊採用乾式加熱的方式有時候效果也不錯，但是從肩部到前腿上部，以及從臀尖到後腿上部的大部分的肉，運動量大，需要濕式烹調細火慢煮才能分解結締組織。當你選用的肉品從頂級降至上選級，更是如此。

不同部位的肉當然不同，在烹理方法上也有很大的差別。這些在個別食譜以及討論牛肉、仔牛肉、豬肉和羔羊肉的篇章裡均有說明。

｜關於大分量的肉的實惠用法｜

如果家裡只有兩口子，你上菜市場不免有時會眼巴巴看著當週特價肉品。掛在那兒的帶骨牛肋排、牛臀肉、春羔羊腿、豬腰脊肉、仔牛後腿肉，又或半隻或整隻火腿，多麼誘人！除非你打算宴客，否則實在遠遠超出你要採買的量。不過，你也可以好好利用特價的機會預先規畫，把部分的肉冷凍起來他日再用，如此一來買大分量的肉還是很經濟實惠。你可以享受美味的小分量肉──或火腿排或仔牛排、羔羊排或豬排、牛小排。剩下的肉可以用在很多迷人的剩菜料理；見「早午餐、午餐和晚餐菜餚」★，171頁。

｜關於牛肉｜

牛肉無疑是美國最熱門的肉品。大部分牛肉都來自幼齡牛隻，以確保肉的柔嫩，儘管它不如較熟齡的牛肉那麼有滋味。請參見本章一開始的大致說明，要辨識牛肉的不同部位，請見「關於肉的部位」，如上，「關於牛菲力和腰內肉」，169頁，以及「關於牛肉的部位」，170頁。下列的食譜，使用乾式加熱法的在前，使用濕式加熱法的在後。至於牛絞肉食譜，見226-234頁；熟牛肉和吃剩牛肉的食譜，見「早午餐、午餐和晚餐菜餚」★，171頁。

| 烤無骨牛肉 |

為了切肉方便起見，一些無骨的部位用來燒烤絕佳。最軟嫩的部位是**腰內肉**（tenderloin）或**牛菲力**（fillet），**去骨肋肉**（rolled rib roast）或**肋眼**（rib eye）——無骨的頂級肋排——以及**前腰肉**（strip loin roast），有時又叫做**上腰肉**（top loin或shell roast）。沒那麼軟嫩但是更經濟實惠，而且如果沒烤過頭也同樣美味的是**下沙朗**（bottom sirloin）、**後腿眼肉**（eye round）、**內側後腿肉**（top round）和**沙朗尖端**（sirloin tip）。

烤牛肉（Roast Beef）（每磅2至3人份）

這些說明是以大而柔嫩的部位為主，我們認為很適合週日晚餐享用。帶骨的肉每磅可供2人份，無骨的肉每磅可供3人份。最柔嫩的部位是帶骨牛肋排以及去骨肋排。沙朗尖端、後腿眼肉或臀肉（rolled rump），如果是頂級或特級的，也可以用同樣方式料理。如果你選擇帶骨肋排，請你的肉販切除肩骨和脊骨，然後請他/她把脊骨綁回肉上，維持肉的輪廓，好讓脊骨在燒烤過程中保護整塊肋眼肉。

烤箱轉290度預熱。提前2小時將肉取出冰箱回溫。肥肉那面朝上，把肉置於抹了油的淺烤盤上。別加蓋，也別加液體。肉送進烤箱後，隨即把溫度調降至180度。每磅烤18至20分鐘可得三分熟。去骨肋排每磅要多烤5至10分鐘。一分熟時溫度計應該顯示52度至55度之間，五分熟則57度至60度之間。靜置一會兒。若要做肉汁，見「禽肉鍋底醬或肉汁」，285頁，以及「紅肉鍋底肉汁」，285頁。

切肉時，用肉叉穩住肉塊，把一整塊肉切離骨頭，然後把帶肥肉那面翻向上，再依照你要的厚薄度縱向切片。第二種切法，如下圖所示，是把整塊肉側放，從肥肉那側下刀，水平地切向肋骨，切較厚的一片，接著才縱向下刀把肋骨切離，一次切一片。

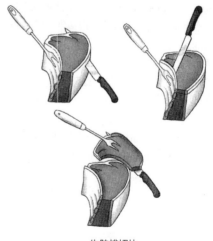

牛肋排切片

| 關於製作烤汁（jus） |

讓烤牛肉多汁多味的一個簡單方法，是用烤肉出爐後烤盤裡的油汁製作速成烤汁。把烤好的牛肉移出烤盤，鬆鬆地覆蓋起來靜置一旁。將烤盤內油汁裡多餘的油倒掉。

製作烤汁（Making a Jus）

將烤盤置於中火上，加：
1/2至3/4杯任何調味高湯，最好是牛肉高湯或蘑菇高湯，或低鈉的罐頭高湯
煮沸，用一根木匙刮刮鍋底，將所有脆渣精華都溶解出來。加：

鹽和黑胡椒
調味。把烤汁淋到切片的牛肉上。記得，烤汁和更濃厚的醬汁不相牴觸——反而相得益彰。

為一大群人烤沙朗肉（Roast Strip Sirloin for a Crowd）（24至30人份）

烤箱轉290度預熱。切除：
1塊18至22磅沙朗眼肉（eye of strip sirloin）多餘肥肉。帶肥肉那面朝上，把肉置於烤架上，然後連架子一起擺進抹油的淺

烤盤內。送入烤箱後，馬上把溫度調降至180度。不加蓋，烤1小時約一分熟，或者烤到溫度計顯示52度至55度，一分熟至三分熟。

烤後腿眼肉、上後腿肉或下沙朗（Roast Eye or Round, Top Round, or Bottom Sirloin）（6至8人份）

經濟實惠的大塊肉諸如後腿眼肉、上後腿肉以及後腿沙朗尖肉（round sirloin tip roast），滋味豐富，但價格不如豪華部位昂貴。這部位的肉精瘦，只烤到三分熟最美味。
烤箱轉165度預熱。準備：
1塊後腿眼肉、上後腿肉或下沙朗（3至3又1/2磅）

肥肉那面朝上，置於抹油的淺烤盤。不加蓋，烤1小時30分鐘，或烤到插入最厚部位的溫度計達到52度至55度即一分熟。把肉移到淺盤裡，鬆鬆地蓋上鋁箔紙，靜置15至20分鐘再切薄片。要製作肉汁，見「關於肉汁和鍋底醬」，285頁。或者。佐上：
辣根醬，294頁，或佩里戈松露醬，298頁

開蝴蝶刀鑲餡的後腿眼肉或上後腿肉（Stuffed Butterflied Eye or Round or Top Round Roast）（8至10人份）

烤箱轉220度預熱。在一口中型平底鍋裡以中火加熱：2大匙橄欖油
油熱後放：2顆洋蔥，切碎
拌炒至軟身，約5分鐘，再下：
1杯細切的義式火腿或火腿（約4盎司）
1杯熟菠菜，充分瀝乾並剁碎
1/3杯剁碎的黑橄欖
2瓣蒜仁，剁碎
2大匙切碎的新鮮羅勒或2小匙乾的羅勒
2小匙切碎的荷蘭芹
1小匙黑胡椒

1/2小匙鹽
拌一拌，加熱至熱透。放涼，然後拌入：
2/3杯新鮮的麵包屑
備妥：
1塊無骨後腿眼肉或上後腿肉（約4磅），充分修整過
順著肉塊中央劃一道又長又直的口子，深及肉中央。再從切口內下刀，刀略微偏斜，先向左切一刀再向右切一刀，兩刀均約1又1/2吋深（這是所謂的Y型切口，如果你從肉的橫斷面來看，看起來

就像顛倒的Y字型）。把肉攤開，將菠菜混料抹上去。把肉包回原狀，每間隔1又1/2吋綁上棉線。混勻：

6瓣蒜仁，縱切薄片

1小匙切碎的新鮮百里香或1/3小匙乾的百里香

1小匙鹽

1/2小匙黑胡椒

在肉表面劃幾刀，將調味的蒜片塞進切口裡。整條肉抹上：

2大匙橄欖油

放到烤盤內的烤架上，烤到溫度計插入肉的最厚部位顯示52度至55度即一分熟，57度至60度三分熟，66度至68度五分熟，烤25至40分鐘（出爐後溫度會持續上升5至10度）。把肉從烤箱取出，鬆鬆地蓋上鋁箔紙，靜置15至20分鐘再切開。切成3/4吋肉片來享用。

為一大群人烤牛肋排或頂級肋排（Standing Beef Rib Roast, or Prime Rib for A Crowd）（25至30人份）

最豪華又傳統的烤牛肉是帶骨牛肋排（standing rib roast），又叫牛肋排（rib roast）或頂級肋排（prime rib）。一整排的牛肋有7支肋骨，形成天然的烤肉架，讓肋肉上桌時排場十足。如果不買一整排的肋排，請肉販從較嫩的腰肉那端切起，也就是從小的一端切起。大多數的市場會把背骨或脊骨切除，好讓肉受熱均勻，也比較好切。覆蓋肋肉的厚層肥肉要修切至不超過1/4吋。

烤箱轉230度預熱。喜歡的話，加：

鹽和黑胡椒

調味。把：

1排7支肋骨的肋排（18至20磅），修整過拭乾。肋骨那一面朝上，放在抹油的淺烤盤裡。烤30分鐘。把肉那一面翻向上，火力轉低至180度，烤到插在肋肉最厚部位的溫度計達到你要的溫度。把肋排移到盤子上，鬆鬆地蓋上鋁箔紙，靜置15至20分鐘再切開。喜歡的話，按照說明製作烤汁。把肋排切成1/8至1/2吋的薄片，淋上烤汁。喜歡的話，配上：

獵人醬，299頁；辣根奶醬，315頁；貝亞恩醬，308頁；或紅肉鍋底肉汁，285頁

｜關於牛菲力或腰內肉｜

菲力或腰內肉是牛最軟嫩的精選部位，用途有很多。**要修整出一整條腰內肉**，首先修清脂肪和肌腱。從小的一端或尾端把脂肪修清，靠近較厚一端的脂肪也修清，連同垂在肉的側緣，質韌而軟滑的**肌連**（chain）也一併修除。用一把鋒利的尖刀，切除底下薄而韌、泛青色的肌腱，所謂的**銀膜**（silverskin）。**烹煮整條牛菲力時**，把薄的一端塞到肉下方，好讓整片的厚度一致，用廚用細繩綁起來。或者，乾脆切掉尾端六吋，留下來做俄式酸奶牛肉，175頁；壽喜燒，176頁；熱炒，176頁；肉串，202頁。我們不會把牛腰內肉煮超過五分熟，而且我們總會用乾式加熱法來做，譬如烘烤、燒烤、油煎或烙煎。

關於經典的菲力牛排有些令人混淆的地方。一整條菲力從寬端最前頭延伸至不到一半的地方稱為菲力頭（head），或腰內肉桶（tenderloin butt）。寬端

的後半段就是**夏多布里昂牛排**（chateaubriand），通常會厚切得足供兩或三人份。如果你把其餘的菲力切成四段，你會先有**菲力牛排**（filet steak），再來是**圖內多菲力牛排**（tournedos），接著是**迷你菲力**（filet mignons），或小菲力，最後是尖端部位，通常切角塊做串燒或串烤，202頁。這些牛排厚度不一，夏多布里昂牛排的厚度在二至三吋之間，菲力牛排是一吋半至二吋厚度，圖內多菲力牛排一吋。因此烹煮的時間依厚度而定。

烤牛菲力或腰內肉（Roasted Fillet or Tenderloin of Beef）（10至12人份）

如果用量不到一整條腰內肉，買從寬端切起的一大塊。烤的時間和烤一整條腰內肉差不多。一定要用大得足以容納整塊腰內肉的淺烤盤來烤。

烤箱轉220度預熱。烤盤稍微抹油。把：
1塊牛腰內肉（約5磅），修清，並且綁起來拭乾。把：
2大匙橄欖油或放軟的奶油
1/2小匙鹽、1小匙黑胡椒

混勻，抹在整塊肉的表面。抹好後把肉放進烤盤裡，烤到插進肉的最厚部位的溫度計達到52至55度即一分熟，達57至60度三分熟，或達66至68度五分熟，25至45分鐘。烤好後用鋁箔紙鬆鬆地蓋起來，靜置15至20分鐘。把線剪開，切成1/2吋片狀。喜歡的話，佐上：
貝亞恩醬，308頁；酒商醬，299頁；辣根醬，294頁；或波爾多醬，299頁

燒烤牛菲力或腰內肉（Grilled Fillet or Tenderloin of Beef）（10至12人份）

覺得牛菲力的滋味太平淡的人，肯定沒嚐過用炭火燒烤的牛菲力。把肉置於熾熱的火上方烙燒，然後把木炭撥到兩側，蓋上爐蓋，用間接的火力烤完，這樣烤出來的牛肉外表酥脆，內裡軟嫩多汁。修整燒烤用的牛腰內肉時可以不用那麼講究，少許的外層肥肉可以增添美妙的炭烤味。

準備燒得熾熱的炭火。把：
1條牛菲力（約5磅），修整過
加：2小匙壓碎的黑胡椒粒

調味。將牛肉兩面烙燒，每面10分鐘。把肉從燒烤爐上移開，把所有木炭撥到燒烤爐的一側，再把肉放在底下沒有炭火的那一側上方，蓋上爐蓋，通風孔稍微打開，燒烤到插入肉最厚部位的溫度計達到57至60度，三分熟，或者達到你想要的溫度。見162頁的表。把肉移到盤子裡，鬆鬆地蓋上鋁箔紙，靜置15至20分鐘再切。把腰內肉切成1/2吋肉片。喜歡的話，佐上：
阿根廷醬，316頁；或辣根奶醬，315頁

｜關於牛肉的部位｜

　　一如數量眾多而且不斷攀升的牛排店顯示，各部位的牛肉，人氣不分軒輊。家裡若有值得慶祝的事，往往會大聲歡呼：「吃牛排！」牛排一詞涵蓋了很多部位，按照定義，牛排是逆紋切、厚板狀的一片肉，厚度介於四分之三至三吋之間，而且預備以高溫烹調：燒烤、炙烤、熱鍋炙燒或油煎。

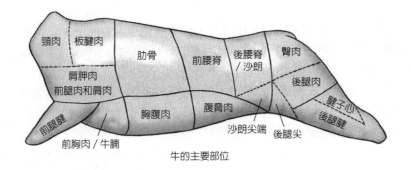

牛的主要部位

最柔嫩的牛排來自母牛的**肋骨**（rib）、**前腰脊**（short loin）和**後腰脊**（sirloin）部位，如圖示。較沒那麼柔嫩但滋味更豐富的牛肉來自前四分之一和後四分之一的部位。大部分頂級或特級牛排都比上選級的要柔嫩。

紅屋牛排（Porterhouse）和**丁骨牛排**（T-bone steaks）來自前腰脊。兩者都帶有一支大的T型骨。**紅屋牛排**是兩者之中體積較大的，帶有更大塊的腰內肉。前腰脊不含腰內肉的肉排稱為**上腰肉**（top loin，別名有strip loin、shell或strip steak），俗稱**德爾莫尼科牛排**（Delmonico），如果是去骨的，這些牛排往往又被稱為**堪薩斯城牛排、紐約客牛排**和**無骨小牛排**（club steak）。僅從腰內肉切下來的牛排，見「關於牛菲力和腰內肉」，169頁。

肋骨牛排（rib steak）、**頂級肋排**（prime rib）和**無骨肋眼牛排**有時又稱為**斯班瑟牛排**（spencer steaks），都是從牛的肋骨部位切下來的。

後腰脊是介於前腰脊和臀肉之間的後段部位。這部位包含很多令人滿意的牛排。最棒的牛排來自後腰脊的前段，叫做**上沙朗**（top sirloin，有時又被稱為top butt sirloin、hip sirloin或center-cut sirloin）。取自**下沙朗**（bottom sirloin）的是人氣越來越旺的**角尖肉**（tri-tip）或**三角牛排**（triangle steak）。

多滋多味的**上後腿牛排**（top round steak）來自後腿或臀。其他取自臀或後腿的人氣牛排有**下後腿**（bottom round）和**後腿尖**（round tip steak），又稱為**股肉排**（knuckle steaks）。ᴿ➤燒烤或炙烤，避免**後腿眼牛排**（eye-of-the-round），記得，後腿眼最好是燴燒。

你也可以考慮常常被忽略的**板腱牛排**（blade steak），來自肩胛部位。這部位的牛排便宜又柔嫩，中央有一條韌硬的結締組織，烹煮後可以剔除。**腹脅牛排**（flank steak）是取自牛下側精瘦平坦的無骨部位。滋味很棒，但是要快速烹煮，逆紋切薄片食用。**側腹橫肌牛排**（Skirt steak）也是取自下側的長條薄片，但是比腹脅牛排更軟嫩，油脂也較多。

判別牛排熟度的最簡單方法，是在肉最厚的部位切劃小小的一刀，往內瞧瞧。若是烹煮帶骨牛排，就在靠近骨頭的地方劃一刀。在牛排看起來就快達到你要的熟度時從火源移開，因此，如果你希望牛排三分熟，當它裡面看起來像

一分熟就要停止加熱。出爐之後厚片牛排會持續在烹煮狀態下幾分鐘，肉汁會重新分布，使肉達到完美的熟度。我們也靠感覺來判斷熟度。這需要一些練習，不過你可以從觸摸生牛肉開始——感覺起來很軟。煮到一分熟的牛排，用手指壓不太會凹陷，仍舊相當軟嫩。到了三分熟，肉感覺起來更有彈性，但稍帶一點扎實感。接下來，肉越煮會越扎實（變韌）；全熟的牛排感覺起來硬梆梆，絲毫不會凹陷。超過一吋半厚的牛排，你可以把溫度計從牛肉側面插入，要深入數吋，不要觸及骨頭；溫度達五十至五十五度即一分熟，五十五至五十七度三分熟，六十至六十六度五分熟，六十八至七十四度八分熟。牛排超過五分熟很容易變得乾而韌，瘦的牛排更是如此。

　　配牛排的醬料，可試試紅酒酸櫻桃鍋底醬，288頁；辣根醬，294頁；波爾多醬，299頁；鰻魚奶油，304頁；蒜香奶油，305頁；或阿根廷醬，316頁。

燒烤或炙烤牛排（Grilled or Broiled Steak）（4人份）

燒烤和炙烤的時間差不多，端看牛排的不同部位和烹煮溫度。

燒烤爐升中大火，炙烤爐和炙烤盤預熱。若要炙烤，把炙烤盤置於火源下方4至5吋之處。將：

4塊牛排或2塊大塊牛排，1又1/4至2吋厚

拭乾。在兩面撒：

鹽和黑胡椒，適量

調味。喜歡的話，用：

（1瓣蒜頭，切半）

切面搓抹肉的表面。

燒烤或炙烤牛排，在剛過烹煮時間的一半時，翻面一次。較厚的牛排炙烤時可能要離火源遠一點，或者移到燒烤爐溫度較低的區域來結束燒烤。靜置5分鐘再切肉。

燒烤或炙烤菲力牛排（Grilled or Broiled Fillet Steak）

牛排的厚度不一，因此烤的時間也長短不同，但這些牛排通常烤得相當生嫩。

把：

菲力牛排，1至2吋厚

略微壓平。每一塊牛菲力用一條培根包圍起來，用牙籤固定培根。抹上：

放軟的奶油

按照：燒烤或炙烤牛排，如上

炙烤。烤好後，剝除培根。配上：

香酥麵包丁☆，見「了解你的食材」

佐上：

貝亞恩醬，308頁；或檸檬片和切碎的荷蘭芹

以及：

炙烤的鑲餡蘑菇＊，471頁；和安娜薯派＊，495頁；或荷蘭風味薯餅＊，498頁

鍋炙牛排（Pan-Broiled Steak）（4人份）

鍋炙或乾煎是料理厚達2吋的牛排的一個簡便的方法。烹煮厚度不到3/4吋的牛排格外有用。鍋炙的一個額外優點是，如此煎出來的牛排有著酥脆焦黃的外皮。

鍋炙所需的高溫會產生煙霧和濺油，所以要打開排油煙機。

鍋炙最好是使用充分吸過油的厚底平底鍋或淺煎鍋。特殊設計的有溝槽的鑄鐵

鍋很理想，但不見得必要。牛排一定要拭乾，而且在下鍋前再調味。若使用充分吸過油的平底鍋或燒烤鍋，牛排如果大理石紋油花豐富就不需要另外加油。若是較精瘦的牛排，我們建議鍋子要稍微抹一層油。把：

4塊小的牛排，或2塊大的牛排，3/4至1又1/2吋厚

拭乾。如果牛排精瘦，刷上：

橄欖油

兩面撒上：鹽和黑胡椒

調味。用中大火加熱一口大型厚底平底鍋、淺煎鍋或烙煎鍋。假使牛排很大塊，用兩口鍋子。一等鍋子燒得火燙，牛排下鍋，不蓋鍋蓋，也別把鍋子塞滿，約烙5分鐘。翻面再烙另一面，3至4分鐘可得一分熟，5至8分鐘五分熟。劃一道小口子，瞧瞧裡面。裡面應該比你要的熟度稍微生一點，因為牛排離火後烹煮的過程會持續幾分鐘。假如牛排還沒好，有一面已經烙得太焦黃，可以翻面不只一次。倒掉鍋裡累積的油。如果油不倒掉，就會變成炸牛排，而不是鍋炙牛排。醬汁的點子，見284頁。

胡椒牛排佐奶醬（Steak au Poivre）（4人份）

綠胡椒粒可部分或全數換成黑胡椒粒，只是使用時要小心：綠胡椒粒加熱時很容易爆出來。

拭乾：

2至4塊無骨紐約客牛排，1又1/2至2吋厚

用手掌根或菜刀的刀面把混勻的：

1/4杯壓碎的黑胡椒

1大匙鹽

壓入牛排的兩面。以大火加熱一口大型厚底平底鍋，最好是鑄鐵鍋。一等鍋子火燙，牛排下鍋烙煎，別讓鍋內擁擠，每面烙6至7分鐘。每面多烙一分鐘即成五分熟。將牛排盛盤，鬆鬆地加蓋，靜置一旁。倒掉鍋裡多餘的油，鍋子置於中大火上。接著製作醬汁，在鍋裡放：

1/4杯切碎紅蔥頭或洋蔥

拌炒一下，約15秒，炒至稍微有點軟。鍋子離火，小心地倒入：

1/4杯白蘭地

假使白蘭地起火，讓它自行熄滅。鍋子放回爐火上，煮到液體幾乎蒸發光了。再倒入：

1杯牛高湯或仔牛高湯或肉湯

沸煮至濃縮成一半，約5分鐘，再加：

1/4杯濃的鮮奶油

煮沸，再熬煮至濃縮成一半，約4分鐘。加：

2大匙切碎的荷蘭芹

鹽和壓碎的黑胡椒粒，自行酌量

淋到牛排上，立即享用。

倫敦烤肉或炙烤腹脅牛排（London Broil or Broiled Flank Steak）（4至6人份）

倫敦烤肉指的是以大火快速鍋炙牛肉，食用前逆紋切薄片的一種烹調方式，而不是指牛排的部位。腹脅牛排是倫敦烤肉傳統上所用的肉，它滋味濃厚而且容易料理，可以說是物盡其用。其他精瘦而較韌的牛排部位，譬如肩肉和後腿肉，用這種方式料理也很理想。要有最佳成果，倫敦烤肉千萬不要烤超過五分熟，否則肉質會變得乾柴。

拭乾：

1塊無骨腹脅牛排，厚度不少於3/4吋

喜歡的話，牛排每一面用：

（1大瓣蒜頭，切對半）
搓抹。撒：
（1小匙乾的奧勒岡）
鹽和黑胡椒，自行酌量
調味。以大火加熱一口大型厚底平底鍋或烙燒鍋，又或把一口耐烤的平底鍋或

小烤盤放進炙烤爐並轉開炙烤爐。一等鍋子火燙，牛排每一面烙燒或炙烤4至5分鐘。翻面再烙燒或炙烤3至4分鐘。劃一道小口子，查看肉心：應該比想要的熟度稍微生一點。牛排盛盤，靜置5分鐘，然後再逆紋斜切成1/4吋厚的肉片。

板烤牛排（Plank Steak）

請參見「關於板燻或板烤」☆，見「烹飪方式與技巧」。炙烤爐預熱。木板刷上：
蔬菜油
預先加熱。在木板中央擺上：
1塊1/2至2吋厚牛排
刷上：融化的奶油
加：

鹽和黑胡椒，自行酌量
置於火源下方4吋之處，炙烤到想要的熟度，薄一點的牛排2分鐘後翻面，2吋厚的牛排3分鐘後翻面。佐上：
四季豆★，418頁；炙烤番茄★，519頁；以及燒烤蘑菇★，470頁

煎牛排（Sautéed Steak）（4人份）

香煎的方式格外適合柔嫩的牛排，譬如菲力、沙朗和紐約客牛排。牛排用少量的油以中大火煎黃，不像鍋炙以大火烙燒。如此煎出的牛排帶有均勻的焦黃外表，也可以用鍋底的脆渣來做美味的鍋底醬。更多醬汁的點子，請參見「關於肉汁和鍋底醬」，284頁。如果鍋裡多加一點油，香煎就變成煎炸，一如炸雞式牛排這類的地方特產，見下述。
拭乾：
4塊無骨牛排，3/4至1又1/4吋厚

在兩面撒：
鹽和黑胡椒，自行酌量
調味。在一口大型厚底平底鍋以中大火加熱：
1大匙橄欖油
牛排下鍋，每面煎約5分鐘即成三分熟，或煎到想要的熟度。牛排盛到溫熱的盤子上，靜置5分鐘再上桌。與此同時，喜歡的話，將煎鍋裡大部分的油倒掉，僅留1大匙左右調製佐牛排的醬汁，284-288頁。

月神牛排（Steak Diane）（4人份）

用豬小里肌來做也相當美味。
準備：
煎牛排，如上
當牛排被靜置一旁時，倒掉煎鍋裡的油，鍋子放回中大火上。放入：
2大匙奶油
並加熱，油熱後下：
1/2杯切碎的紅蔥頭或青蔥（只取蔥白）

拌炒拌炒，晃盪鍋子，直到軟身，約2分鐘。再拌入：
1/4杯牛高湯或肉湯、1/4杯白蘭地
1大匙第戎芥末醬、2小匙新鮮檸檬汁
1小匙烏斯特黑醋醬
鹽和黑胡椒，自行酌量
沸煮1至2分鐘，刮起鍋底脆渣精華。把牛排釋出的汁也加進鍋裡。喜歡的話，鍋

子離火，一點一點地加：

（2大匙奶油）

進去，旋盪鍋子直到奶油融化。再拌入：

2大匙蝦夷蔥

2大匙切碎的荷蘭芹

把醬汁淋在牛排上，立即享用。

炸雞式牛排（Chicken-Fried Steak）（4人份）

這道牛排像南方炸雞一樣裹上麵糊油炸。
用一把菜刀的刀面或肉槌把：

1塊牛後腿肉排或臀肉排（約1又1/2磅）

捶成1/3吋厚，切成4份。在一口淺盆裡混勻：

1杯中筋麵粉、2小匙黑胡椒

1又1/2小匙鹽、3/4小匙紅椒粉

在另一口淺盆裡打勻：

1/4杯牛奶、1顆大型雞蛋

每一塊牛排先敷上調味麵粉，接著裹上蛋液，然後再次敷上麵粉，抖動一下把多餘的麵粉抖落。置於架子上晾乾15分鐘。在一口大型厚底平底鍋裡以中大火加熱：

1/2吋高的蔬菜油、蔬菜酥油或豬油

牛排下鍋炸到呈漂亮的金黃色，翻面一次，每面炸2至3分鐘。撈到溫熱的盤子裡，鬆鬆地加蓋。倒掉油鍋裡大部分的油，僅留2至3大匙左右，鍋子放回火爐上。加：

1顆洋蔥，切薄片

拌炒5分鐘，再下：

2大匙中筋麵粉

繼續拌炒2至3分鐘，再拌入：

1杯牛奶

煮沸，刮起鍋底脆渣精華。接著把火轉小，熬煮至汁液變稠，約3至5分鐘。加：

鹽和黑胡椒，自行酌量

（少許辣椒醬）

調味。澆到牛排上。

| 烹煮牛肉角塊、牛柳以及祕訣 |

煮牛肉的一個快速方法，是把柔嫩牛排切成角塊或牛柳，以大火油煎或快炒。除了方便之外，對於愛吃牛肉但不想吃一大塊牛排的人，這類菜餚也很受歡迎。因為牛肉是以大火快炒，所以▶好吃的關鍵在於使用天生軟嫩的牛肉，譬如菲力、上腰肉或沙朗。至於燉牛肉，見179頁。

俄式酸奶牛肉（Beef Stroganoff）（4至6人份）

把：2磅牛菲力、上腰肉或沙朗尖端

切成2×1/4吋的牛柳，加：

鹽和黑胡椒

調味。在一口大型平底鍋以中大火加熱：

2大匙橄欖油或蔬菜油

肉分批下鍋，炒黃，約2分鐘。把肉移到盤子裡，在鍋裡融化：

3大匙奶油

放入：

1顆洋蔥或2顆紅蔥頭，切碎

拌炒至軟身，約3分鐘，再下：

1磅蘑菇，切片的

拌炒至蘑菇釋出的汁水全數蒸發，約8分鐘。倒入：

2杯牛肉湯或高湯

（2大匙干邑白蘭地）

讓汁液微滾約10分鐘，接著再倒入：
1杯酸奶、1大匙第戎芥末醬
鹽和黑胡椒，自行酌量
把牛柳和蓄積在盤底的汁水倒回鍋裡。
保持要滾不滾——別煮沸——的狀態，

煮至肉熱透但仍三分熟，約2分鐘。喜歡
的話，拌入：
（2大匙切碎的蒔蘿）
立即起鍋，配上：
新鮮雞蛋麵★，539頁

快炒牛肉蔬菜（Beef and Vegetable Stir-Fry）（4至6人份）

這道基本的熱炒料理可以用不同的蔬菜
和調味料的組合加以變化。使用任何柔
嫩的瘦牛肉。牛肉也可以換成瘦豬肉、
羔羊肉和雞肉。請參見「關於煎炒」☆，
見「烹飪方式與技巧」。
在一口中型盆裡混勻：
1/4杯醬油
2大匙中式米酒醋或不甜的雪莉酒
1大匙水、1大匙糖、1大匙玉米粉
2小匙麻油
把：
1磅無骨牛排，逆紋切成2×1/2吋牛柳
放進醃料裡，抓醃一下，起碼醃上20分
鐘。備妥：
1顆中型洋蔥，剁碎
2顆甜椒，最好一顆青的一顆紅的，切碎
1杯蘑菇蓋，切片
4枝青蔥，切成2吋小段
在一口小碗裡混勻：
2大匙去皮生薑末、1大匙蒜末

（1/2至1小匙辣油，或依個人喜好多一
些）
把牛肉從醃料裡取出，在醃料裡加進：
1/3杯雞高湯或肉湯或水
置旁備用。在一口中式炒鍋或大型厚底
平底鍋裡以大火加熱：
2大匙花生油
直至油火燙但尚未冒煙。倒入薑蒜調
味料，快炒爆香，但別炒至焦黃，約
30秒。接著牛肉下鍋並快炒，將牛柳攪
散，炒黃，約炒2分鐘。將牛肉和薑蒜撈
到盤子上。把鍋子擦乾淨，以大火重新
加熱至火燙。加：
1大匙花生油
加熱至油火燙但不致冒煙。洋蔥、甜椒
和蘑菇下鍋，煎炒至脆嫩，約2分鐘。再
下蔥段。牛肉回鍋，連同蓄積在盤底的
汁液以及醃料混汁也倒進去。以大火翻
炒10秒。起鍋前加：
（2大匙切碎的芫荽或青蔥）點綴。

壽喜燒（Sukiyaki）（6至8人份）

日本有名的「鋤燒」是歡聚在餐桌旁，
用電子煎鍋或中式鍋準備的料理——或
者，如果不是過節慶祝，也可以在廚房
裡用中式炒鍋或厚底平底鍋烹煮。條理
分明的烹煮過程持續約15分鐘，在這期
間，切得大小一致，美美地擺在盤子上
的食材，一樣樣被放入鍋裡煎炒。
為了容易切片，把：
2磅無骨牛肉（沙朗尖端、腿眼肉或牛菲

力）
冷凍20分鐘。逆紋切1/8吋厚的肉片，鋪
排在盤子上。同時把斜切成大小一致的：
1/2杯洋蔥薄片、6枝青蔥薄片
2杯蘑菇薄片、2杯大白菜薄片或水田芥
罐頭竹筍，洗淨切薄片
1/2杯新鮮或乾的金針菇，如果是乾的要
泡水30分鐘再瀝乾
1/2杯3/4吋板豆腐塊

也美美地擺在盤子裡。在一口小碗裡混勻：

1/4杯醬油、1/2杯雞高湯或肉湯

1小匙糖

以中火加熱一口中式炒鍋或平底鍋。鍋熱後放：

3大匙花生油或蔬菜油

如果只用一口平底鍋，盤中食材一次只下一半的量，然後大伙分著吃，待會再料理「第二批」；或者用兩口鍋來煮。牛肉下鍋，經常翻動，不要煎黃，約3分鐘。把肉盛到另一只盤子裡，然後洋

蔥、青蔥、蕈菇、大白菜和金針菇依序下鍋煎炒。等洋蔥煎到幾乎呈金黃之後，再逐步放入其他蔬菜，全程約花7分鐘。其他蔬菜下鍋後，少量少量地分次把醬油混液倒入鍋裡。這過程會產生急遽竄升的蒸氣，但水分不足以讓蔬菜變得濕漉漉。把牛肉連同蓄積在盤底的汁水一併倒回鍋裡，接著放入竹筍和豆腐，再煎炒4分鐘左右。蔬菜應該保有脆度和色澤。加調味料調味。配上：

米飯

立即享用。

貝克版蒙古牛肉（Becker Mongolian Beef）（4人份）

在一口小碗裡攪勻：

2大匙日式黑抽醬油（tamari sauce）

2注辣椒醬、1大匙玉米粉

1大匙米酒醋

在一口大型平底鍋裡以中火加熱：

2大匙花生油

放入：

1截1吋的生薑片，去皮切細絲

4瓣蒜仁，切薄片

煎炒2分鐘。用一把漏勺把薑絲和蒜片撈

到一口小碗裡。轉中大火，分批將：

1磅牛沙朗尖端或紐約客牛排，切成細條

下鍋煎黃，每一批煎黃就盛到盤子裡。等所有肉都煎黃，全數再回鍋，連同玉米粉混液、蒜片和薑絲一起放，以中火拌炒3至4分鐘，直到醬汁變稠。再拌入：

3把青蔥，切成火柴棒大小或切絲

鍋子離火，加蓋燜個5分鐘，把青蔥燜得萎軟。配上：

米飯

紅燒牛肉（Beef Pot Roast）（6至10人份）

燒一鍋軟嫩水潤的紅燒肉，關鍵在於肉要在要滾不滾的狀態下烹煮。

拭乾：

1大塊無骨紅燒用牛肉（3至5磅）

如果肉很瘦，不妨穿油。加：

鹽和黑胡椒

調味。在一口大型荷蘭鍋裡以中大火加熱：

2至3大匙蔬菜油

油熱後牛肉下鍋，把每一面都煎黃，約20分鐘。別把肉煎焦了。把肉移到盤子裡。倒掉鍋裡大部分的油，僅留2大匙左

右。放入：

2杯切碎的洋蔥、1/2杯切碎的西芹

1/2杯切碎的胡蘿蔔

（1顆蕪菁切碎）

偶爾拌炒一下，煎至蔬菜開始上色，約5分鐘。加：

1杯牛高湯或雞高湯或肉湯、不甜的紅酒、啤酒或水

進去，煮沸，再加：

1片月桂葉

1又1/2小匙切碎的新鮮百里香或1/2小匙乾的百里香

肉放回鍋裡，蓋上鍋蓋。把爐火轉至最小，好讓鍋液維持在要滾不滾的狀態。把肉燉至軟嫩，每30分鐘左右翻面一次。扁身的肉約需1又1/2至2又1/2小時；圓身或橢圓形的肉可能要花上4小時。確認鍋裡隨時保有些許汁液；需要的話補一點進去。當肉達到可用叉子剝絲的軟嫩，即可盛盤，蓋上鋁箔紙保溫。將液面浮油盡數撇除，再過濾汁液，務必撈除月桂葉。鍋汁隨即可淋在肉上享用，也可以煮沸再熬煮濃縮。每一杯的量，拌入用另一口碗攪勻的：

1大匙中筋麵粉、1大匙放軟的無鹽奶油

煮至變稠，其間要經常攪動。起鍋後澆到牛肉上。

義大利紅燒肉（Italian Pot Roast〔Stracotto〕）（8至10人份）

經典的義式家常菜。紅燒的汁液可以用來拌義大利麵，吃剩的肉放在有嚼勁的麵包上，澆上鍋汁，做成熱的三明治，滋味一絕。將：

3大瓣蒜仁、1/4杯包裝的荷蘭芹葉
4片新鮮鼠尾草葉或1小匙乾的鼠尾草
1大匙切碎的新鮮迷迭香或1小匙乾的迷迭香

一起剁碎。將其中一半置旁備用，其餘的混以：

1大匙橄欖油、1/4小匙黑胡椒
把：
1大塊無骨紅燒用牛肉（4至5磅）

深深切劃10道口子。把辛香料和油的混合物塞進裂口內。在一口大的荷蘭鍋裡以中大火加熱：

3大匙橄欖油

油熱後牛肉下鍋，把每一面都煎黃，約20分鐘。別把肉煎焦了。把肉移到盤子上。倒掉鍋裡大部分的油，僅留2大匙左右。煎黃的肉撒上：

1小匙鹽

鍋子放回爐火上，放入：

1顆洋蔥，切碎、1根胡蘿蔔，切碎

1枝帶葉的西芹，切碎
4盎司蕈菇，切薄片、1片月桂葉

煎炒至洋蔥略微焦黃。拌入預留的辛香草混料，拌炒30秒。倒入：

1/2杯不甜的紅酒
2大匙番茄糊

煮沸，再續煮至幾乎收乾，再倒入：

1杯不甜的紅酒
1杯牛高湯或雞高湯或肉湯

熬煮濃縮至不到1/2杯的量。把肉放回鍋裡，連同：

1罐28盎司的整粒番茄，瀝乾並壓碎
1杯不甜的紅酒
1杯牛高湯或雞高湯或肉湯

煮至微滾，蓋上鍋蓋。把火轉至最小，好讓鍋液維持在將滾未滾的狀態，煮約2又1/2小時。每30分鐘左右把肉翻面一次。等到肉軟爛，盛到盤子上，蓋上鋁箔紙保溫。將液面浮油盡數撇除，並撈除月桂葉。嚐嚐味道，調整鹹淡。假使醬汁看起來稀稀的，熬煮幾分鐘。把肉切成1/4吋厚的肉片，澆上紅燒鍋汁潤澤一下。配上：軟玉米糕★，576頁

德式糖醋牛肉（Sauerbraten）（6人份）

這是《廚藝之樂》的經典菜色，自從1931年便收錄在書裡。

拭乾：
1大塊無骨的紅燒用牛肉（約3磅）

把：黑胡椒、（1瓣蒜仁，切對半）
徹底搓入肉裡。把肉放進深的瓦缸或玻璃碗裡。在一口醬汁鍋裡混合：
2杯白醋或白酒醋、2杯水
1/2杯洋蔥片、2片月桂葉
1小匙黑胡椒粒、1/4杯糖
（2小匙葛縷子）
加熱至糖溶解，要不時攪拌，別煮沸。把這熱醃汁澆到牛肉上；超過一半的牛肉會浸在醃汁裡。加蓋冷藏2至4天，偶爾要把牛肉翻面（醃越久，牛肉越酸）。下鍋前再把牛肉瀝出來，醃汁保留備用。在一口荷蘭鍋裡加熱：
2大匙蔬菜油
把肉的每一面煎黃，就像做紅燒牛肉那

樣。接著按照說明操作，把高湯換成預留的醃汁。肉煮到軟嫩時，撒上：
1/4杯紅糖
再多煮5至10分鐘，或煮到糖溶解。把牛肉盛盤，加蓋保溫。撇除鍋液表面浮油，用：
中筋麵粉，見紅肉鍋底肉汁，285頁
將高湯增稠，拌入：
1杯濃的鮮奶油或酸奶
加熱至熱透但不要煮沸。我們喜歡「純」肉汁。有些廚子會加：
（葡萄乾、番茄醬和薑餅）
配著：
馬鈴薯麵團子★，554頁；鍋煎馬鈴薯★，494頁；或賓州荷蘭雞蛋麵★，540頁

紅酒燉牛肉（Boeuf à la Mode）（6人份）

豪華的紅燒肉，擺盤高雅精緻。牛肉切得很薄，覆蓋著醬汁，盤內點綴著鋪陳得很好看的蔬菜。
在一口深盆裡放：
1大塊無骨紅燒用牛肉（約3磅）
把：紅酒醃汁，344頁
倒到牛肉上，加蓋放冰箱醃漬，最多醃24小時。瀝出牛肉並拭乾。在一口荷蘭鍋裡以中大火加熱：
1/4杯蔬菜油
把牛肉的每一面煎黃。把肉移到盤子裡。用同一口鍋子把：

1磅仔牛腱（2或3塊牛腱）
煎黃。倒掉鍋裡多餘的油。牛肉回鍋，加：
5杯牛高湯或牛肉湯
煮沸，接著把火轉小，加蓋燜煮至軟嫩，3又1/2至4小時。煮好的前一小時，撇去微滾湯汁上的浮油，放入：
1杯切片的胡蘿蔔、1杯切片的洋蔥
起鍋前，拌入：
1杯炒蘑菇★，470頁
把紅燒肉切薄片，撈出牛腱肉切條。點綴上蔬菜料，舀湯汁澆淋牛肉，即可食用。

法式燉牛肉（Boeuf Bouilli）（6人份）

用一口荷蘭鍋把：
6杯牛高湯或牛肉湯或水
煮沸，放進：
3磅的一整塊燉煮用或紅燒用的瘦牛肉
再煮沸，撇去湯面上的浮油。加：
1顆洋蔥，嵌上3整顆丁香、1片月桂葉
1杯切片胡蘿蔔、1杯切片的帶葉西芹

1至1又1/2小匙鹽、（1顆蕪菁，切片）
蓋上鍋蓋，把火轉小，慢慢燉煮至肉軟爛，3至4小時。把肉盛盤並保溫。將湯汁過濾，然後撇去浮油。在同一口鍋子裡融化：
1/4杯（1/2條）奶油
放入：

1/2杯切碎的洋蔥

稍微炒黃，拌入：

2大匙中筋麵粉

煮約1分鐘，直到拌勻，再徐徐拌入2杯高
湯。加：

2大匙現磨的辣根屑或現成辣根泥

鹽、（糖）

（醋或新鮮檸檬汁）

調味。如果加現成辣根泥，醋或檸檬汁
要少放一點。把肉逆紋切成薄片，放到
熱肉汁裡短暫地重新加熱。點綴上：

切碎的荷蘭芹

燉牛肉（Beef Stew）（6至8人份）

充分煎黃的牛肉和文火微滾的高湯或紅
酒，提供了醇厚的底蘊，而辛香草、新
鮮蔬菜和香料等食材，則形成整道菜餚
的鮮明風味。就如很多滋味濃厚的慢燉
料理，燉牛肉放上1或2天再吃，更入味可
口。用小火慢慢重新加熱，需要的話多
加一點汁水進去。盛在寬口碗裡，配上
義大利麵、米飯、馬鈴薯、新鮮麵包、
麵團子或比司吉。

最棒的燉牛肉用的是肩肉、肩胛肉、牛
肋條、橫肋條（cross-rib）、牛腩、板
腱肉以及下後腿肉。也可以用腱子肉來
做，不過添加的比較是口感，甚於滋
味。我們建議買牛排或紅燒用的肉，自
己動手修清並切成1/2至3吋的角塊。一
整包切好而且被標示為「燉煮用的牛
肉」，每磅的單價通常比較貴，況且你
永遠不曉得你買到的是哪部位的肉。肉
切得越小塊，也就越快燉好。小塊的肉
也讓燉肉更濃醇更有同質性，不過大塊
一點的肉才能保持形狀。不管切大塊切
小塊，達到可用叉子剝絲的軟嫩就是燉
好了。變換所加的蔬菜及其比例，這燉
牛肉有無限多的變化。若要讓燉肉的味
道更鮮美，在快要燉好的時候多加一些
蔬菜或辛香草進去。

把：

2磅無骨燉煮用牛肉，譬如肩胛肉、牛肋
條或下後腿肉

修清並拭乾，切成2吋的角塊。加：

1/2至1小匙乾的辛香草（百里香、馬鬱
蘭、香薄荷、奧瑞岡和／或羅勒）

1/2小匙鹽、1/2小匙黑胡椒

調味。放進：

1/2杯中筋麵粉

裹粉，抖掉多餘麵粉。在一口荷蘭鍋裡
以中大火加熱：

2大匙橄欖油或蔬菜油，培根油或牛肉油

牛肉分批下鍋，把每一面都煎黃，小心別
把鍋內塞滿，也別把肉煎焦。用漏勺撈
出。倒掉鍋裡大部分的油，僅留2大匙左
右（不夠的話，補一點進去）。放入：

1顆洋蔥，切碎、1條胡蘿蔔，切碎

1小枝西芹梗，切碎、4瓣蒜仁，切碎

加蓋以中火煮至洋蔥軟身，約5分鐘，其
間要經常攪拌。把肉放入鍋裡，連同：

2片月桂葉

1/2至1小匙乾的辛香草，如上

1/2小匙鹽、1/2小匙黑胡椒

倒入：

2至3杯牛高湯或雞高湯或肉湯，不甜的紅
酒或白酒，或者啤酒

液面起碼要淹蓋所有肉量的一半。煮沸，
然後把火轉小，加蓋慢燉至肉可用叉子剝
絲的軟嫩，1又1/2至2小時。再加：

2至3條胡蘿蔔，切大塊

3至4顆水煮用的馬鈴薯，削皮切大塊

（2顆蕪菁，削皮切大塊）

（2顆歐洲防風草根，削皮切大塊）

蓋上鍋蓋，煮到蔬菜軟身，約35至40分

鐘。鍋子離火，撇去液面上的浮油，撈除月桂葉。嚐嚐味道，調整鹹淡。醬汁若要增稠，把：

（1至1又1/2大匙馬尼奶油，283頁）

攪入燉肉鍋裡，讓鍋汁微滾至變稠，其間要拌攪一下。點綴上：

切碎的荷蘭芹

勃根地紅酒燉牛肉（Boeuf Bourguignonne）（6人份）

以在地的食材和在地的紅酒入菜，這道滋味醇厚的燉牛肉，是法國勃根地風味濃郁的鄉土菜的典範。要燉出極致風味，挑選酒體輕盈、不甜的紅酒，譬如黑皮諾（勃根地產的葡萄）或薄酒萊，而且牛肉要冷藏醃一夜。

把：

2至3磅無骨燉煮用的牛肉，譬如肩胛肉

切成2吋的角塊。把肉塊放進一口大盆裡，倒入：

2杯不甜的紅酒、1/4杯橄欖油

1顆洋蔥，切碎、1根胡蘿蔔，切碎

1瓣蒜仁，切碎、1片月桂葉

2大匙切碎的荷蘭芹

1小匙切碎的新鮮百里香或1/2小匙乾的百里香

1小匙壓碎的黑胡椒粒、1/2小匙鹽

攪拌一下好讓肉塊沾裹著醃汁。加蓋冷藏醃漬至少1小時，或者醃上24小時，偶爾要翻動一下牛肉。瀝出牛肉，醃汁和菜料分開保留備用。以中大火加熱一口大的荷蘭鍋，鍋熱後放：

4盎司培根，切丁

煎黃後撈出，讓油留在鍋內，大約有2大匙左右。如果不夠，補一點蔬菜油進去。把鍋子放回中大火上，牛肉分批下鍋，把每一面都煎黃，小心別把鍋子塞滿。煎黃後用漏勺撈出。把預留的菜料也放進去，煎到稍微焦黃，約5分鐘。拌入：

2大匙中筋麵粉

拌炒至麵粉開始變黃，約1分鐘。拌入醃汁，接著牛肉和培根也回鍋。加：

2杯小洋蔥，去殼

煮沸，然後把火轉小，蓋上鍋蓋，煮到肉可用叉子剝絲的地步，1至1又1/4小時。再加：

2杯蘑菇，切4瓣（約8盎司）

加蓋再煮軟，約20分鐘。撇去液面上的浮油。加：

1/4杯切碎的荷蘭芹

鹽和黑胡椒，自行酌量

喜歡的話，攪進：

（1至1又1/2大匙馬尼奶油，283頁）

讓醬汁微滾至變稠，其間要攪拌攪拌。

白酒芥末辛香草燉牛肉（Beef Daube）（6至8人份）

*Daube*一字源自法文daubière（燜肉鍋），意指可密封的砂鍋。這是從我們印象中滋味濃厚的燉牛肉變化而來的清爽版本。

把：2磅無骨燉煮用的牛肉

拭乾並切成3吋的角塊。放入：

調味麵粉☆，見「了解你的食材」

裹粉。在一口荷蘭鍋裡加熱：

3大匙橄欖油

牛肉分批下鍋，把每一面煎黃，小心別把鍋子塞滿，也別把肉煎焦了。煎黃後用漏勺撈出，置旁備用。倒掉鍋裡大部分的油，僅留附著鍋底的薄薄一層。倒入：

3杯不甜的白酒

煮滾，刮起鍋底的脆渣。把火轉小，不蓋鍋蓋，慢慢煮至酒液收汁剩一半，7至10分鐘。加：

2大匙第戎芥末醬

攪勻，牛肉回鍋，蓄積在盤底的牛肉汁也一併倒進去，連同：

1罐16盎司李子番茄，連汁一起加

3顆中型洋蔥，切對半再切片

3瓣蒜仁，切半

1束綜合辛香草束☆，見「了解你的食材」

加蓋以小火煨煮至肉可用叉子剝絲的地步，2至3小時。撈除綜合辛香草束。用一把漏勺把牛肉、洋蔥和番茄撈到盤子裡。把火轉大，把鍋汁煮至稍微變稠，而且濃縮至剩下三分之一，約10分鐘。把火轉成中火，牛肉和蔬菜料回鍋，緩緩重新加熱。

比利時啤酒燉牛肉（佛蘭德式燉牛肉）（Carbonnade Flamande）（4至6人份）

將：2磅無骨燉煮用牛肉

拭乾，切成1又1/2吋角塊。敷上：

調味麵粉☆，見「了解你的食材」

在一口荷蘭鍋裡加熱：

1大匙奶油

放入：1/2杯切薄片的洋蔥

拌炒至焦黃，用漏勺撈出，保留備用。

鍋裡再放：

1大匙奶油

肉分批下鍋，把每一面都煎黃，瀝除鍋裡多餘的油。把肉移出鍋外。在鍋裡混合：

1杯沒氣的啤酒、1瓣蒜仁，切碎

1/2小匙糖、1/2小匙鹽

煮沸，肉全數回鍋，把火轉小，也把洋蔥加進去。加蓋煨煮2至2又1/2小時，煨至肉軟爛。肉盛盤。過濾醬汁，加：

（1/2小匙醋）

澆淋在肉上，配著：

水煮新生馬鈴薯★，491頁，點綴上荷蘭芹或蒔蘿

匈牙利燉牛肉（Pirkilt）（6人份）

這種菜燉牛肉，肉一定要先煎黃再慢燉。一位很懂吃的朋友說，牛小腿骨肉（shinbone meat）的膠質含量高，用來做燉肉棒透了。用仔牛肉、豬肉或羔羊肉來做的變化版，不管是單用一種肉或混合多種肉，也可以用白汁的方式料理——也就是說，不需先煎黃。蔬菜有時候會在燉煮的最後一小時才放。6顆削皮的小馬鈴薯也可以在最後半小時才加，否則它們會吸光肉汁，對有些人來說，肉汁才是這燉肉的精華。有些廚子用非常少量的水來紅燒，另有些廚子偏好用高湯、酸奶或紅酒。將：

2磅無骨燉煮用牛肉，或1磅牛肉加1磅瘦仔牛肉

拭乾，切1吋角塊。裹上：

調味麵粉☆，見「了解你的食材」

在一口荷蘭鍋裡融化：

1/4杯（1/2條）奶油或1/4杯蔬菜油或培根油

肉分批下鍋，把每一面都煎黃。放入：

1又1/2杯切碎的洋蔥

拌炒至透明，倒入：

大約1杯滾燙的牛高湯或雞高湯或肉湯或番茄汁

（1顆青甜椒，去核去籽並切丁）

1小匙鹽、1至3小匙甜味匈牙利紅椒粉

用剛好夠多的高湯讓肉不致燒焦，需要的話在燉煮過程逐次多加一點進去。蓋上鍋蓋，煨煮1個半小時，或把肉煮到軟嫩。燉好後靜置一會兒，撇去液面上的浮油再享用。

牛腩佐德國酸菜（Beef Brisket with Sauerkraut）（6至8人份）

修清：

3磅修整過的牛腩

拭乾。在一口大的荷蘭鍋裡加熱：

3大匙培根油或蔬菜油

喜歡的話，放入：

（1/4杯切碎的洋蔥）

稍微炒黃，接著肉下鍋，再倒入：

2磅德國酸菜，沖水並瀝乾

（1顆大的蘋果，去核切4等分）

2杯滾燙的牛高湯或牛肉湯或水

火轉小，蓋上鍋蓋煨煮3至3又1/2小時，或煨到肉軟爛。加：

鹽和黑胡椒、（葛縷籽）

調味。佐上：酸奶

糖醋牛腩（Sweet-and-Sour Brisket）（6至8人份）

這道牛肉可以燉好馬上吃，若是提前一天燉好放冰箱冷藏一夜，一如這食譜的作法，滋味更棒。

烤箱轉180度預熱。拭乾：

3又1/2磅修整過的薄切牛腩

抹上：

3瓣蒜仁，切末、黑胡椒，自行酌量

在一口耐烤的烤盤以中大火加熱：

1大匙蔬菜油

把牛前胸肉煎黃，每面煎3分鐘。趁肉在烙煎時，在周圍撒上：

2大顆洋蔥，切片

取出牛腩，轉成中火，把洋蔥煎至非常

焦黃，約再4分鐘。倒入：

1/2杯不甜的紅酒、1/2杯牛高湯或牛肉湯

煮約1分鐘，刮起鍋底的脆渣。拌入：

1杯辣醬、1/2杯蘋果酒醋

1/2杯黑糖、1片月桂葉

嚐嚐醬汁的味道，調整鹹淡。肉回鍋，舀醬汁澆淋在肉上。用鋁箔紙把烤盤緊密封住，烤到牛腩可用叉子剝絲的軟度，2至3小時。從烤箱取出烤盤，掀開鋁箔紙蓋，肉留在盤裡放涼，然後冷藏過夜。撈除月桂葉，把肉切片，再放回醬汁裡。送入180度的烤箱重新加熱25至30分鐘。

煙燻牛腩（Smoked Brisket）（10至12人份）

將：4至5磅牛腩，修清多餘的肥肉

搓抹上：

牛腩乾醃料，349頁；南方烤肉乾醃料，348頁；或胡椒乾醃料，348頁

用保鮮膜包起來，冷藏至少2小時，或放上一夜。煙燻前，肉放室溫下回溫。把煙燻爐加熱，如果用燒烤爐煙燻，準備以間接火力加熱☆，見「烹飪方式與技

巧」。若想要煙燻味加倍，在煙燻爐或燒烤爐裡加：

浸濕的山胡桃木屑或牧豆木屑

把牛腩燻至肉可用叉子剝絲的地步，4至5小時。若是燒烤，每30分鐘左右用：

（基本塗醬，347頁，或啤酒塗醬，347頁）

潤澤肉的表面一次。食用時，切片佐上：

烤肉醬，346頁

鋁箔包烤肩胛肉（Chuck Roast in Foil）（12人份）

鋁箔紙包料理的肉往往看起來白糊糊的，這裡因為加了洋蔥湯包粉，色澤鮮

活了起來，滋味也更帶勁，儘管肉沒有先煎黃也無所謂。不妨在隨興的聚餐試

試這道菜色。烤箱轉150度預熱。把：
1大塊7磅帶骨的肩胛肉
放在大得足以包覆肉塊，厚度加倍的強
效錫箔紙上。混合：
1至2包洋蔥湯包粉、1/2小匙黑胡椒
把一半的混合物撒在肉上，把肉翻面，
再把另一半撒上去。小心地用鋁箔紙把

肉包起來，緊密地封口免得肉汁溢出。
置於烤盤上，烤3又1/2至4小時。假使
同伴都是親朋好友，不妨把鋁箔包端到
餐桌上再拆封切肉。拆封瞬間竄出的香
味，讓人不禁食指大動。配上：
馬鈴薯泥★，491頁，或德式麵疙瘩★，
555頁

瑞士牛排（Swiss Steak）（6人份）

烤箱轉150度預熱。拭乾：
1塊2磅的下後腿牛排，3/4吋厚
用：1/2瓣蒜仁
搓抹表面。用肉槌把：
牛排能夠吸附的最大量調味麵粉
壓入牛排兩面。把牛排切成一份份，或
者保留一整塊。若要保留一整塊，在邊
緣切劃幾刀，避免牛排捲曲。在一口荷
蘭鍋裡加熱：
2大匙蔬菜油
把牛排的一面烙煎至焦黃，翻面，再把
第二面煎黃，接著下：

1/2杯切碎的洋蔥
各1/3杯切碎的胡蘿蔔、甜椒和西芹（總
共1杯）
別把蔬菜煎得焦黃，倒入：
1杯牛高湯或牛肉湯
（1/2杯熱的番茄醬）
調整鹹淡，並且煮沸。蓋上鍋蓋，烤1又
1/2至2小時，或者烤到肉軟嫩。把牛排盛
到熱盤子上。把烤汁過濾並撇油，製作：
紅肉鍋底肉汁，285頁
把肉汁澆淋在牛排上，配上：
馬鈴薯泥

醬烤腹脅牛排（Flank Steak with Dressing）（4至6人份）

調味料越嗆，越有「惡魔」效果。
備妥：
1塊2至3磅腹脅牛排或後腿牛排
把邊緣修清。把：
1小匙鹽、1/8小匙匈牙利紅椒粉
1/4小匙芥末、（1/8小匙薑粉）
（1小匙烏斯特黑醋醬）
壓入肉的表面加以調味。融化：
1/4杯奶油或培根油
放入：
2大匙切碎的洋蔥
煎炒成金黃色，再放入：
1杯麵包屑、1/4小匙鹽
少許匈牙利紅椒粉、2大匙切碎的荷蘭芹
3大匙切碎的西芹、1顆略微打散的蛋

攪拌均勻，約2分鐘。把這醬料抹在牛排
上。把牛排鬆鬆地捲起來，每隔2吋寬用
棉線束捆起來。烤箱轉150度預熱。在一
口大的平底鍋以大火加熱：
3大匙蔬菜油
用熱油把牛排捲的每一面都煎黃。煎黃
後放到烤盤、荷蘭鍋或砂鍋裡。把火轉
小，在鍋中餘油拌入：
2大匙麵粉
再下：
1杯水或高湯、1杯番茄汁或不甜的紅酒
1/4小匙鹽
等汁液變稠，澆淋在牛排上，加蓋烤1個
半小時。需要的話，加調味料。

燴燒牛小排（Braised Short Ribs）（4人份）

牛小排取自肋骨、肩胛和前胸部位，屬於肋排多肉的一端。一般切成長度和寬度不一的厚片販售。不像脊肋排那樣骨頭比肉多，牛小排帶有大量相當有嚼勁的筋肉。在修清外表多餘的肥脂之前，最好先把牛小排煎黃，使之釋出更多的油，增添肉的風味。牛小排有兩種切法，英式切法和橫式切法（flanken）。英式切法帶有一截肋骨；橫式切法帶有數個骨段；不管哪種切法都可行。此處基本食譜裡的辛香草、鹽和胡椒，換成各種不同的乾醃料或辛香草糊，348頁，就有形形色色不同的變化。你也可以更換蔬菜和燴燒的湯汁。

烤箱轉180度預熱。拭乾：

3磅牛小排，修清多餘的肥脂

加：

1小匙鹽、1小匙黑胡椒

1/2小匙乾的辛香草（馬鬱蘭、奧瑞岡、迷迭香、香薄荷、百里香或鼠尾草）

調味。在一口荷蘭鍋或耐烤的大型厚底平底鍋以中大火加熱：

2大匙蔬菜油、牛油或培根油

牛小排分批下鍋，小心別把鍋子塞滿，把每一面都煎黃。用漏勺撈出牛小排。倒掉鍋裡大部分的油，僅留2大匙左右。在鍋裡放：

2杯切碎的洋蔥、1/2杯切碎的西芹

1/2杯切碎的胡蘿蔔、3大匙切碎的蒜頭

1又1/2小匙黑胡椒、1/2小匙鹽

1小撮乾的辛香草（和為肉調味的相同）

以中火拌炒至菜料上色，約10分鐘。倒入：

1又1/2杯牛高湯或禽肉高湯或肉湯

煮沸。把小牛排放回鍋中，加：

2至3片月桂葉

蓋上鍋蓋，烤到肋肉軟嫩，可輕易地從骨頭剝離，1又1/2至2小時。把牛小排盛盤，加蓋保溫。撇去液面上的浮油，以大火熬煮至醬汁像糖漿一般稠，佐配小牛排。

牛肉捲（Beef Rolls）

被捶成薄片的紅肉、禽肉或魚肉包捲蔬菜或其他餡料的菜式，有著各式各樣的名稱，其中包括了roulades、rouladen、paupiettes、或braciole。這些牛肉捲可以進一步再用鹹豬肉或培根包捲起來。若用牛肉來做，使用：

被捶薄的後腿牛肉或腹脅牛排，3×4吋

撒：

鹽和黑胡椒

調味。在每一片上放大約2大匙的下列餡料之一：

調味好的煙燻香腸或熟香腸拌荷蘭芹末或蒔蘿酸黃瓜碎粒

切絲的火腿、胡蘿蔔和西芹

調味的米飯、切碎的鑲餡橄欖或無籽青葡萄拌檸檬皮屑

把肉片包捲起來，兩端用棉線束攏，或者像包甘藍菜捲的方式包☆，如「烹飪方式與技巧」所示。裹上：

中筋麵粉

放入：

培根油或鹹豬肉釋出的油

煎黃。放到一口荷蘭鍋裡，每6捲倒：

2杯牛高湯、牛肉湯或不甜的紅酒

2至3大匙番茄糊

蓋上鍋蓋，送入預熱的150度烤箱慢烤，或以直接火力慢煨，約1小時又15分鐘。

義式牛肉捲（Beef Braciole）（4人份）

這是義大利特色料理，用捶薄的牛臀肉、上後腿肉或下後腿肉來做最棒。在這份食譜裡，牛肉也可以換成豬肉片來做。每一片都要填餡、包捲和束捆，然後放在酒加高湯和番茄的混液中燴燒。包的餡料家家戶戶不同，可以自行發揮。

跟肉販購買，或從紅燒用的肉切出：

4片1/4吋厚的牛臀肉排、下後腿牛排，或上後腿牛排（每片4至5盎司）

用菜刀刀背或扁肉槌，把每一片捶成1/8吋厚，小心別把肉捶破。修清多餘的肥肉，把肉片拭乾。加少許：

鹽和黑胡椒

略微調味。餡料的部分，混勻：

1杯從隔夜麵包製成的新鮮麵包屑

4盎司牛絞肉、仔牛絞肉或豬絞肉

1/2杯帕瑪森起司屑

1/4杯切碎的荷蘭芹

1/4杯切細碎義式火腿或熟火腿

1顆大的蛋，輕輕打散

把餡料均勻地抹在肉片上，邊緣起碼留1吋寬。包捲起來，兩端收攏，整理成緊實整潔的包裹狀。用棉線牢牢地束捆，

橫向或縱向都要。把肉捲放到：

1/2杯中筋麵粉

裹粉。抖掉多餘的麵粉。在一口大型厚底平底鍋裡以中大火加熱：

2大匙橄欖油

肉捲下鍋，仔細把每一面煎黃。用漏勺撈出肉捲，倒掉鍋裡大部分的油，僅留2大匙左右。在鍋裡放入：

1/2杯切細的洋蔥

1/4杯切細的胡蘿蔔

2小匙蒜末

蓋上鍋蓋以中火煎5分鐘。再加：

1/2杯牛高湯或牛肉湯

1/2杯番茄泥或2大匙番茄糊

1片月桂葉

煮沸。把牛肉捲放回鍋裡，火轉小，加蓋燉煮至牛肉可用叉子剝絲的地步，1至1個半小時。牛肉捲盛盤，加蓋保溫。撈除月桂葉。撇去液面上的浮油。需要的話，鍋液以大火熬煮至糖漿的稠度。加：

鹽和黑胡椒，自行酌量

調味。將牛肉捲上的棉線拆掉，切成1吋肉片，或者保留一整條。把醬汁澆淋在肉上。

牛肉腰子派（Steak and Kidney Pie）（6至8人份）

這道英國老式的經典菜餚往往需要用到牛腰子。如果加牛腰子的話，腰子一定要氽燙過，242頁，而且烹煮的時間一定要拉長，確認腰子煮軟了。如果你寧可不加腰子，換上等量的切片蘑菇。我們建議把麵皮蓋在燉肉上，而不是用麵皮把它整個包覆起來。

烤箱轉180度預熱。把：

1又1/2磅無骨後腿牛排或其他牛排

切成1/2吋厚的角塊。將：

12盎司仔牛腰子或羔羊腰子

洗淨，去膜，並切薄片。在一口大型醬汁鍋或平底鍋以中大火融化：

3大匙奶油或牛油

腰子下鍋，連同：

1/2杯切碎的洋蔥

拌炒5分鐘。與此同時，把牛肉塊裹上：

調味麵粉

接著牛肉塊下鍋，需要的話分批下，把每一面都煎黃。倒入：

2杯牛高湯或牛肉湯

1杯不甜的紅酒或啤酒

煮沸，然後火轉小，煨煮1小時，其間偶爾拌一拌。烤箱轉220度預熱。把牛肉混料倒到一口9×9吋的烤盅裡，覆蓋上：

1/2份豪華奶油派或奶油酥皮麵團，477頁，擀成一張11吋圓麵皮

烤15至20分鐘，烤到脆皮焦黃。

肯德基雜燴（Kentucky Burgoo）（10人份）

這道《廚藝之樂》的經典菜色，在我們來自肯塔基州的編輯梅姬·葛林的堅持下，重新被收錄進來。burgoo一字的重音在第一音節。這道濃稠的慢燉雜燴，摻混了紅肉、禽肉以及菜園裡採來的，有什麼就加什麼——在某些正宗的在地版本裡，松鼠肉也被放了進來——反映了舊世界先祖的兼容並蓄。在西班牙，這道菜被稱為什錦菜（Olla Podrida）；在愛爾蘭，其俗稱是菜肉雜燴（Mulligan Stew）。在肯塔基州，這道菜融入了在地特色，自成一格，以餵飽民眾。這雜燴是用殺豬的大鍋爐，架在戶外火堆上烹煮，通常會煮數百人份，為「熱鬧」的守夜這類大集會的民眾供食。這裡的簡化版可以依照你個人喜好，或者看手邊有什麼肉——羔羊肉或仔牛肉也行——來加以變化。按每頓餐的分量把這個時令菜餚分裝成一袋袋冷凍，也是很合理的作法。

在一口大的荷蘭鍋裡混合：

12盎司瘦的燉煮用牛肉，切角塊
12盎司無骨豬肩肉，切角塊
3又1/2夸特水或高湯或肉湯

慢慢地煮沸，然後馬上轉小火，煨煮1個半小時。隨後在鍋裡加：

1隻3又1/2磅的雞，切大塊

再次煮沸，然後馬上轉小火繼續煨煮1小時多，或煮到肉從骨頭上剝離。撈出雞肉，剝除雞骨和雞皮，把肉放回鍋裡，煮滾。加：

2又1/2杯去皮切4瓣的熟番茄
1杯新鮮或冷凍的利馬豆
1/2條墨西哥青辣椒或塞拉諾辣椒，切丁
2顆青甜椒，切丁
2杯切丁的馬鈴薯、1杯切丁的胡蘿蔔
1杯切丁的秋葵、3/4杯切丁的洋蔥
1/2杯切丁的西芹、1大匙烏斯特黑醋醬
1片月桂葉

火轉小，慢煨45分鐘或更久，一旦醬汁變稠就要不時攪拌。再加：

2杯玉米粒（從4穗玉米切下來的）

續煨15分鐘或更久，直到所有蔬菜軟身。加：

鹽和黑胡椒

調味。舀到深碗裡食用，點綴上：

切碎的荷蘭芹

粗鹽醃牛肉（Corned Beef）（8至10人份）

「粗鹽醃」指的是用玉米粒大小的結晶鹽來醃切大塊的牛胸肉。通常也會加香料，諸如大蒜、多果香、黑胡椒和月桂葉。在大多數的超市裡，鹽醃牛肉會裝在真空包裝裡販售，包裝裡含有少許醃牛肉的鹽水和調味料；需要煮過才能食用。鹽醃牛肉做成三明治很美味，當然，還有鹽醃牛肉薯餅★，189頁。

I.　用水沖洗：

1塊4磅的鹽醃牛胸肉

把表面的鹽水洗掉。把一大鍋足以蓋過牛肉的水煮開，把牛肉放進去，連同：

20顆黑胡椒粒、2片月桂葉

蓋上鍋蓋，讓水微滾，煮到用叉子可以輕易地戳入肉中央的地步，約3小時。

喜歡的話，在最後的15至30分鐘把：
（1球綠甘藍菜，切角瓣）
投入鍋裡。撈出牛肉，靜置15分鐘。瀝出甘藍菜並保溫，如果有加的話。把牛肉逆紋切薄片並盛盤。佐上：
辣根奶醬，315頁；或辣根泥
整粒粗芥末和／或辣的英式芥末
水煮馬鈴薯
吃剩的鹽醃牛肉可以連同上述的佐料以夾在三明治裡當冷食，或者更棒的

是，做成熱的鹽醃牛肉三明治，或用在魯賓三明治★，304頁。

II. 若想做戲劇性的蜜汁鹽醃牛肉，混勻：
1大匙紅糖、1大匙水、1小匙醬油
2小匙匈牙利紅椒粉、1/2小匙薑粉
按上述方式煮熟牛肉後，把牛肉放到一張烘烤紙上，裹上糖漿，送入以180度預熱過的烤箱烤15分鐘，或烤到糖漿凝固。

新英格蘭水煮晚餐（New England Boiled Dinner）（10至12人份）

光只有牛肉、洋蔥和甘藍菜，也是一頓美味的晚餐，不過為了力求正宗，我們也納入了額外的蔬菜。熱愛這道菜的一些人士，會在烹煮的最後2小時，把大約8盎司的鹹豬肉加到鹽醃牛肉裡。
準備：
鹽醃牛肉I，如上，但不加甘藍菜
等牛肉軟了，撈到盤子裡。把：
3顆小的歐洲防風草根，削皮，切4瓣
6根大的胡蘿蔔，切4瓣
3顆大的蕪菁，削皮，切4瓣，或1顆蕪菁

甘藍，削皮切4瓣
加到微滾的高湯裡，煮30分鐘。再加：
10顆小洋蔥或珍珠洋蔥，去殼
6顆中型馬鈴薯，削皮切4瓣
再煮15分鐘。再放：
1球甘藍菜，切角瓣
煨煮至軟身，約10至15分鐘。把肉放回湯裡重新加熱。把肉盛在淺盤上，周圍擺上蔬菜，喜歡的話可以重新加熱。點綴上：
荷蘭芹末

紅絲絨雜湊（Red Flannel Hash）

甜菜根賦予這道菜顏色和名稱。
準備：
鹽醃牛肉薯餅★，189頁

加：
2至3顆甜菜根，煮熟的，並且切成1/2吋方塊加到其他蔬菜裡

｜關於仔牛（Veal）｜

　　仔牛是四至六個月大的犢牛。挑選顏色非常淡，帶有乳脂般白色油花的肉。骨頭外表應該是白色的，但中心鮮紅。顏色偏紅的仔牛肉，很可能來自吃穀物而不是喝牛乳的較大犢牛。偏紅的仔牛肉滋味較濃，表面也較韌，很適合燜燉或燴燒。要讓老一點的仔牛肉口感好一點，短暫地汆燙一下，肉從冷水開始煮起；或者泡牛奶冷藏過夜；又或浸泡檸檬汁醃一小時。我們用顏色最淡的仔牛肉來烘烤、做肉排或薄片（scaloppine）料理。烹煮仔牛肉要多留意，因為

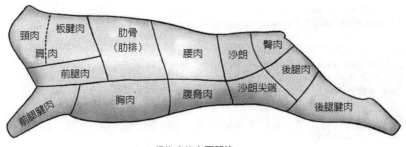

仔牛肉的主要部位

肩肉　板腱肉　頸肉　肋骨（肋排）　腰肉　沙朗　臀肉　後腿肉
前腿肉　前腿腱肉　胸肉　腹脅肉　沙朗尖端　後腿腱肉

仔牛肉的油花不多，肉很快會變韌。也因為結締組織的比例較高，仔牛肉不要以炙烤方式料理；▶加蓋細火慢燉最理想。切大塊的仔牛肉需要一些水分，所以烹煮期間至少要有一段時間是加蓋的。

烤仔牛肉（Veal Roast）（6至8人份）

烤架置於烤箱中央。烤箱轉180度預熱。
拭乾：
1塊3至4磅無骨仔牛肩肉、腿肉（上後腿肉）、腰肉或肋肉
把肉塊束捆成整齊密實的形狀，搓抹上：
2大匙橄欖油或蔬菜油
豪邁地撒：
鹽和黑胡椒
調味。肥肉那面朝上，放到淺烤盤內的烤架上，烤到插入最厚部位的溫度計達到63至66度即五分熟，1又1/4小時至1又3/4小時（出爐後溫度會持續上升5度）。肉移到盤子上，鬆鬆地蓋上鋁箔紙，靜置15至20分鐘。把烤盤置於大火上，倒入：
1/3杯不甜的白酒、1/3杯雞高湯或肉湯
煮沸，用木匙刮起鍋底脆渣，沸煮1分鐘。把肉切片，鋪排在盤子上，舀醬汁澆淋在肉片上。

烤鑲餡仔牛肉（Stuffed Roasted Veal）（15至20人份）

這道料理的擺盤很好看，也是和朋友同歡的絕佳菜色。請肉販切胸肉時，沿著骨頭（貼近骨頭和肉的邊緣）切出水平的開口袋，再從胸肉底下（不是肉的那一面）切穿肋骨之間的軟骨，但沒有切到肉。這樣處理可讓骨頭裂開，烤好後切肉會容易很多。你需要起碼17×11又1/2吋的烤盤才能容納整塊仔牛胸肉。
準備：
基本麵包屑餡料，264頁
烤箱轉165度預熱。拭乾：
1整塊12至14磅仔牛胸肉
加：

鹽和黑胡椒
調味。把餡料塞入口袋內，抹成均勻的一層。把胸肉放到大烤盤裡。刷上橄欖油。不加蓋地烤，烤到當你從靠近骨頭的地方切一道口子，發現裡面不再呈粉紅色，約2又1/2至3小時。把肉移到盤子上，靜置15至20分鐘。撇除烤汁表面的浮油，加：
2杯不甜的白酒或雞高湯或雞肉湯
把烤盤放在大火上，煮沸，然後轉小火熬煮收汁至剩一半的量。仔牛肉切片，把醬汁淋到肉片上。

冷仔牛肉佐鮪魚醬（Vitello Tonnato Freddo）（4人份）

這是經典的義大利冷盤，切片的仔牛肉拌上美乃滋風味的鮪魚醬。提前把仔牛肉煮好並徹底冰涼，滋味最棒。只要是容易切片的仔牛肉都可以，最好是無骨的腰肉。這道佐醬配烤火雞肉或豬肉吃也非常對味。

把：1至1又1/2磅熟仔牛肉
冷藏至冰涼。準備：
鮪魚醬，317頁
仔牛肉切薄片，鋪排在盤子上。豪邁地舀大量的鮪魚醬放在肉片上，配上：
檸檬角

｜仔牛肉片（scallops）和仔牛肉排（cutlets）｜

肉片（Scallop）指的是以快速油煎的方式料理的薄肉片，通常呈圓形或橢圓形。義大利人所謂的薄片（scaloppine），通常會捶成四分之一至八分之一吋薄，裹粉後快速烹煮，配上鍋底做成的醬汁。最受好評的仔牛肉薄片，是長而圓的腿部肌肉，但是要去除筋膜和韌硬的結締組織。嵌骨肉排（cutlets）也是從腿部的圓形肉切出來的，通常會切成二分之一至四分之三吋厚，帶有完整的小圓骨。圓骨被剔除後，往往會捶薄，特別是要用來做肉捲或鑲餡料理的話。從肋脊部位來的仔牛肉有時候也用同樣的手法處理。不管稱之為**肉片**、**肉排**或德文的**炸肉排**（schnitzel），這些肉都可以油煎，裹不裹粉都可以。修清肥肉，假使有連著膜，在多處割劃幾刀，好讓肉在烹煮過程裡不會捲曲。煎煮時不要把鍋子塞滿，否則肉會變成是以自身的肉汁在蒸煮。

香煎仔牛肉片（Sautéed Veal Cutlet or Scaloppine）（4人份）

依照這裡的簡單作法來做，也可試試下列的各種變化。烤箱轉80度預熱。準備一只耐烤的盤子。在：
1磅無骨仔牛肉片或肉排（8至12片），捶成比1/4吋略薄的薄度
撒：
鹽和黑胡椒
調味。放到：
1/2杯中筋麵粉
裡裹粉，抖掉多餘的麵粉。在一口大型平底鍋以大火加熱：
1大匙橄欖油，或視需要增減
1大匙奶油，或視需要增減

把肉片分批煎黃，小心別讓鍋內擁擠；每面快煎30至60秒。煎黃之後撈到盤子裡，置於烤箱內保溫，需要的話，在鍋裡多添一點油或奶油。加：
1/2杯仔牛高湯或雞高湯或肉湯，或1/4杯高湯加1/4杯不甜的白酒
煮沸，用木匙刮起鍋底脆渣。加：
鹽和黑胡椒，適量
調味。以小火微滾10至15分鐘，濃縮汁液。把醬汁淋到仔牛肉片上，食用時佐上：
（炒蕈菇）

嫩煎米蘭仔牛肉（Veal Piccata）（4人份）

準備：香煎仔牛肉薄片，如上
放烤箱保溫。省略高湯，在鍋裡加：
1/4杯不甜的白酒和1/3杯新鮮檸檬汁
煮沸，用木匙刮起鍋底的脆渣。把火轉
小，煮至稍微濃縮，約5分鐘。熄火，快

速地攪入：
1/4杯（1/2條）放軟的奶油
2大匙切碎的荷蘭芹，以及鹽和黑胡椒
把醬汁淋在肉排上，馬上享用。

馬薩拉仔牛肉（Veal Marsala）（4人份）

準備：
仔牛肉薄片，如上，省略高湯
置旁備用；煎黃後不需放烤箱裡保溫。
喜歡的話，用鍋裡餘油香煎：
（1/2杯切片的綜合蘑菇）
拌煎至軟身，2至3分鐘。然後倒：
2/3杯不甜的馬薩拉酒
煮沸，用木匙刮起鍋底的脆渣。把火轉

小，熬煮至酒液濃縮成大約1/2杯的量。
攪入：
2大匙放軟的奶油
繼續煨煮至醬汁變稠而綿滑。仔牛肉排
回鍋，連同：
2大匙切碎的荷蘭芹
煮至肉排剛好熱透，約1分鐘。起鍋，立
即享用。

義式經典仔牛肉捲（Veal Saltim Bocca）（4人份）

*Saltim bocca*一字意思是「一口接一口，
停不下來」，用這字眼來形容這道鑲餡
佐醬的仔牛肉排真是貼切。火腿和鼠尾
草是傳統的餡料，往往也會再加一片起
司。義大利人會用仔牛肉片來包，不過
用火雞胸肉也很不賴。
將：
1磅仔牛肉片（8至12片），捶成1/8吋薄
撒：鹽和黑胡椒
調味。把肉片攤平，每一片疊上：
1片薄如紙的生火腿（總共約2盎司）
2大片新鮮鼠尾草葉（總共8至12片）
把肉片連同餡料包捲起來，用牙籤固
定。在一口大型厚底平底鍋裡以中大火
加熱：

1大匙橄欖油、1大匙奶油
仔牛肉捲下鍋煎，翻面一次，每面煎1分
半鐘左右，煎到稍微焦黃。煎好後移到盤
子上，蓋上鋁箔紙保溫。在熱鍋裡加：
1/2杯不甜的白酒
煮沸，用木匙刮起鍋底脆渣，煮到酒液
差不多蒸發光了。再加：
1杯雞高湯或仔牛高湯或肉湯
1大匙檸檬汁，或酌量增減
以大火煮沸，熬煮至約剩1/2盃的量。鍋
子離火，拌入：
2大匙放軟的奶油
嚐嚐味道，調整鹹淡，多加一點檸檬汁
試試味道。把醬汁淋在肉捲上。

帕瑪森起司焗仔牛肉排（Veal Parmigiana）（4人份）

準備帕瑪森起司雞排，113頁，把雞肉片

換成1磅仔牛肉薄片。

法式檸檬仔牛肉片（Veal Frances）（4人份）

又稱為金色仔牛排（Veal Dorato），因為它深濃的金黃色澤的緣故。

烤箱轉80度預熱。備妥一只耐烤的盤子。把：

1磅仔牛肉片（8至12片），捶成比1/4吋略薄的薄度

放到：

1/2杯中筋麵粉

上裹粉。抖掉多餘的麵粉。在一口碗裡攪打：

3顆大的雞蛋、6大匙帕瑪森起司屑
1又1/2大匙切碎的荷蘭芹
1/2小匙鹽、1/4小匙黑胡椒

打到起泡而且很稠。

在一口大型平底鍋裡以中大火加熱：

1又1/2大匙橄欖油，或酌量增減
1又1/2大匙奶油，或酌量增減

分批把裹粉的肉片放到蛋糊中，沾裹蛋糊後下鍋煎，小心別把鍋子塞滿。每面煎1又1/2至2分鐘，把兩面煎黃。煎好的放盤子上，送入烤箱保溫。需要的話，在鍋裡多加一點油和奶油。最後所有的肉片全數回鍋，撒上：

1大顆檸檬的汁液（1/4至1/3杯）

重新加熱，加不加蓋都可以，煮約1分鐘多。佐以：

切碎的荷蘭芹、檸檬角

維也納炸肉排（Wiener Schnitzel）（4人份）

這道奧地利特色料理是用裹麵包粉的仔牛排做的；德國人則是用豬肉片來做。維也納友人堅稱，真正的維也納仔牛排要深油炸；其他人則認為是油煎。不過，在大部分傳統的維也納食譜，煎鍋裡放了高達3/4杯的奶油，這確實造成油炸而不是油煎的效果。儘管有很多的變化款，我們建議以下的作法。

烤箱轉80度預熱。備妥一只耐烤的盤子。

在：

1磅無骨仔牛肉排（8至12片），捶成比1/4吋略薄的薄片

撒：

鹽和黑胡椒

調味。在一只盤子上撒：

1/2杯中筋麵粉

在一口淺碗裡打勻：

2顆大的雞蛋
1大匙牛奶

在另一只盤子上撒：

2杯新鮮麵包屑

輕輕地將仔牛肉排裹上麵粉，抖掉多餘的，接著沾裹蛋液，再敷上麵包屑，稍微使力把肉片往麵包屑上按壓，讓麵包屑附著其上。在一口大的平底鍋裡以中大火加熱：

3大匙蔬菜油或奶油，或兩者的混合，或自行酌量

仔牛肉排分批下鍋，小心別把鍋子塞滿，煎到酥黃漂亮，每面約1至1分半鐘。煎黃就撈到紙巾上瀝油，接著放盤子上送進烤箱保溫。需要的話多加點油或奶油到鍋裡。在肉片上撒：

鹽和黑胡椒

佐上：

檸檬角或鯷魚柳

如果你在肉排上加放煎蛋，便是豪斯敦式維也納炸肉排（wiener schnitzel à la Holstein）。

匈牙利紅椒仔牛肉排（Cutlet）（4至5人份）

將：

1塊1又1/2磅仔牛肉排，1/4至1/2吋厚

修整並去骨，再捶成1/8吋薄。只在一面

裹上：

調味麵粉☆，見「了解你的食材」

在一口大的平底鍋裡以中大火加熱：

1/4杯（1/2條）奶油

喜歡的話，加：

（1/2杯或更多的切片洋蔥）

拌炒至略微焦黃，把洋蔥盛到碗裡。肉

排下鍋，裹調味麵粉那面朝下，煎到略

微焦黃，翻面，撒上：

1小匙匈牙利紅椒粉、1杯雞高湯或肉湯

以及預留的洋蔥。轉非常小的火，蓋上鍋

蓋，煮到仔牛肉軟嫩，約25分鐘。拌入：

1/2杯酸奶

加熱至熱透，不要煮沸。加：

鹽和黑胡椒

調味，點綴上：

切碎的荷蘭芹、酸豆或鯷魚

配上：

蘋果醬★，360頁、奶油菠菜★，507頁、

德式麵疙瘩★，555頁，或奶油雞蛋麵★，

546頁

藍帶仔牛排（Veal Cordon Bleu）（6人份）

按照藍帶雞排方式做，113頁，把雞肉換

成仔牛肉片，捶薄，再切成大約12片3吋

正方肉片。

｜仔牛排骨肉（chop）和圓肉排（medallions）｜

　　仔牛排骨肉取自肋骨或腰肉。**肋排骨肉**（rib chops）帶有一根彎曲的骨

頭；**里肌排骨**（loin chops）帶有丁骨，一側是腰肉，另一側是菲力。兩者的邊

緣都包著薄層肥脂。你可以把肥脂修清，但我們喜歡留至少四分之一吋，好讓

肉在烹煮過程裡保持濕潤。**仔牛肩排骨肉**（veal shoulder chops），或者有時被

叫做**板腱肉排**（blade steaks），肉質有點韌，一般而言會留做燴燒用。**圓肉排**

（medallions）是取自無骨腰肉的圓形肉排，而且已經修清肥脂和結締組織，

留下一塊精瘦、實心又軟嫩的肉。

　　料理仔牛排骨肉的最佳方式是燒烤或油煎；不建議炙烤。燒烤用的排骨肉

最好切成一吋半厚，這麼一來，不僅爭取到時間，讓靠近骨頭的肉得以被烹

煮，而且肉中央仍保持粉嫩多汁。若是切成一吋厚，那麼用來煎炸很理想；這

厚度不會讓肉排燒焦或變得乾柴。仔牛圓肉排一般會切成四分之三吋厚，並且

用火燙的平底鍋快速烹煮。燒烤的仔牛排骨肉可以單純佐上一瓣檸檬角，或者

試試香料或辛香草乾醃料，或佐上油醋醬、印度甜酸醬、醬菜等等。煎炸的排

骨肉和圓肉排，佐配用煎肉鍋做的鍋底醬最完美，而且肉煎好後只要花幾分鐘

時間即可完成。你也可以事先做好醬汁，用煎肉鍋或另一口鍋子以文火重新加

熱。見「鹹醬、沙拉醬、醃汁、乾醃料」章節，277頁，找點子。

燴燒仔牛肩排骨肉（Braised Veal Shoulder Chops）（4人份）

這些排骨肉也可以先煎黃，再放到爐頭
上加蓋慢慢煨到軟嫩，約15至20分鐘。
烤箱轉165度預熱。在一口大的平底鍋裡
以中大火加熱：
2大匙奶油、2大匙蔬菜油
放入：
4片仔牛肩排骨肉，3/4吋厚
把兩面煎黃。將排骨肉移到荷蘭鍋內，
鋪排成彼此交疊的樣式。用平底鍋裡的
熱油拌炒：

2大匙蔥花或切碎紅蔥頭
炒到萎軟，再放入：
2/3杯不甜的白酒、2/3杯雞高湯或肉湯
1大匙切碎的新鮮羅勒、鹽和黑胡椒
拌一拌，煮到汁液濃縮，約5分鐘。把鍋
汁澆在牛排骨肉上，蓋上鍋蓋烤大約20分
鐘，偶爾要用鍋汁潤澤肉表，烤到鍋汁
開始變稠而且冒泡即成。佐上：
速成番茄醬，311頁、蕈菇紅酒醬，299
頁，或馬德拉醬，298頁

燒烤仔牛排骨肉（Grilled Veal Chops）（4人份）

燒烤爐準備中大火。拭乾：
4塊仔牛肋排骨肉或里肌排骨，1又1/4至1
又1/2吋厚
搓上：2大匙橄欖油
撒上：鹽和黑胡椒
把排骨肉放到燒烤爐上最火燙的區域，

每面烙燒2分鐘。然後把排骨肉移到溫度
較低的區域，直到烤完，8至10分鐘，中
途要翻面。排骨肉應該要充分焦黃，當
你用手指用力壓時只會稍稍凹陷，而且
用溫度計量要達到52度。盛盤，佐上：
檸檬角

香煎仔牛排骨肉（Sautéed Veal Chops）（4人份）

拭乾：
4塊仔牛肋排骨肉或里肌排骨，切1吋厚
加：鹽和黑胡椒
調味。在一口大型平底鍋裡以中大火加
熱：
2大匙奶油

排骨肉下鍋，烙煎兩面，每面2分鐘。轉中
火，續煎3至5分鐘，中途要翻面。排骨肉
盛盤，靜置一旁。轉大火，在鍋裡倒入：
1/2杯仔牛高湯或雞高湯或肉湯
煮沸，攪拌攪拌，煮到呈糖漿的稠度，1
至2分鐘。澆到排骨肉上，立即享用。

｜燜燉仔牛肉和燴燒仔牛肉｜

最理想的燜燉用和燴燒用的仔牛肉，取自肉質較韌，滋味更濃厚的部位，
包括頸部、肩胛、肩部、胸部、沙朗和腿腱。若要燉煮，購買頸部、肩胛或肩
肉，並且切角塊。若要燴燒較大塊的肉，挑選整塊無骨肩胛肉、肩肉或胸肉，
可以帶骨燴燒，也可以去骨包捲起來束捆成條狀──鑲餡最理想的處理方式。
仔牛腿腱應該橫切成厚片，露出骨髓，這可是難得的珍饈，見下方的米蘭燉牛
膝這道義大利燴燒仔牛料理。最上乘的是後腿腱，比較小的前腿腱更多肉而且
軟嫩。

法式白汁燉仔牛肉（Blanquette de Veau）（6人份）

從名稱即可看出，仔牛肉沒有先煎黃。
將：
1又1/2磅無骨仔牛肩肉
1又1/2磅無骨仔牛胸肉
切成2吋肉塊。肉塊下鹽水汆燙2分鐘。瀝出後用冷水徹底沖洗，放入一口荷蘭鍋裡，加：
5杯仔牛高湯或雞高湯或肉湯
1顆大的洋蔥，嵌入一整粒丁香
1根胡蘿蔔，切碎
1枝西芹梗，切碎
1束綜合辛香草束
煮至微滾，不加蓋，保持要滾不滾狀態，煮1又1/4至1個半小時，直到肉軟嫩。撈除蔬菜料和綜合辛香草束。加：

24顆白色小洋蔥或珍珠洋蔥，去殼
2杯鈕釦菇蓋
煮10分鐘，偶爾拌一拌。在一口小碗裡混勻：
1/4杯中筋麵粉
1/4杯（1/2條）放軟的奶油
徐徐地倒入燉肉裡，再煨煮10分鐘。鍋子離火。在一口小碗裡輕輕地打勻：
3大顆蛋黃
拌入：1/2杯溫的濃鮮奶油
將大約1/4杯的熱燉汁攪入蛋黃鮮奶油中，再把混合液倒入燉鍋裡，充分拌勻。加：
2至3大匙新鮮檸檬汁
撒：鹽和黑胡椒
調味，點綴上：荷蘭芹末

米蘭燉牛膝（Osso Buco）（4人份）

*Osso buco*一詞直譯是「有洞的骨頭」，就仔牛腱肉來說，那洞裡含有骨髓。可能的話，挑選仔牛後腿腱肉，後腿腱比前腿腱要多肉。
烤箱轉165度預熱。拭乾：
8塊仔牛腱肉，1又1/2吋厚
在一口荷蘭鍋裡以中大火加熱：
2大匙橄欖油
仔牛腱肉分批下鍋，把每一面煎黃，需要的話，多加一點油。煎好後撈到盤子裡。轉中小火，再鍋裡加：
1小根胡蘿蔔，切碎、1小顆洋蔥，切碎
1/2枝西芹梗，切碎、4瓣蒜仁，切末
1小束綜合辛香草束
拌一拌，煮到蔬菜軟身。把仔牛腱肉放回鍋裡，平鋪一層。倒入：
1杯不甜的白酒
1杯仔牛高湯或雞高湯或肉湯，或自行酌量

黑胡椒，自行酌量
液面高度應該達到腱肉側身的一半。轉大火，煮沸。蓋上鍋蓋，送入烤箱，燴燒1小時。將腱肉翻面，液面下降的話，加：
（1至2杯仔牛高湯或雞高湯或肉湯）
到鍋裡，補足所需的高度。燴燒至肉軟嫩，約再1小時。將烤箱熄火，牛腱肉盛到耐烤的盤子上，放烤箱裡保溫。撇去燴汁表面的浮油，把汁液過濾到一口醬汁鍋裡，以大火煮至稍微變稠。食用前拌入：
義式香檬調味料☆，見「了解你的食材」
鹽和黑胡椒
將醬汁澆在燉肉上，配上：
米蘭燉飯★，592頁，或軟玉米糕★，576頁
用骨髓匙從骨頭裡舀出骨髓，直接吃，或抹在麵包或吐司上吃。

|關於羔羊肉（lamb）和成羊肉（mutton）|

　　市面上的羔羊肉取自五至七個月大的羔羊，屠體重量介於五十至六十五磅。最小隻的羔羊，有時又叫做**溫室羔羊**（hothouse）或**未斷乳羔羊**（milk-fed），可能不到四星期大，重量輕至八盎司。這種體型的羔羊通常整隻烤。其他體重在二十至五十磅之間的小羔羊，往往標示為**春羊**（spring或easter lamb）販售，但一整年都買得到。

　　成羊肉則取自一歲大或一歲以上的綿羊，肉色更深，滋味也比羔羊肉濃郁。➡比起羔羊肉，成羊肉帶有更多的脂肪，烹煮前要先修清。按照烹煮羔羊肉的方法料理成羊肉，烹煮大塊肉的時間要久一點。

　　羔羊肉的等級分為頂級、特選級和上選級。大理石紋油花的分布不是羔羊肉分級的因素，這一點和牛肉不一樣。油花少於百分之十的列為頂級。挑選肉質濕潤而且色澤鮮明的；色澤從粉玫瑰到淡紅色都有，就看畜齡大小。脂肪應呈蠟白色。

　　大塊的羔羊肉會包覆著一層被叫做**皮膜**（fell）的白膜，有些廚子覺得皮膜帶有羶味，因而會在烹煮前去除皮膜。皮膜可以把肉固定在一起，烹煮大塊的肉，最好還是留著皮膜。油脂最好是修清，僅留少少幾絲，以便在烹煮過程裡潤澤肉表。

　　某些羊肉部位——**羔羊腿、帶骨肉排、肋排、和腰肉**——柔嫩得可以用乾式加熱法烹調，譬如烘烤、炙烤、油煎或燒烤。以這種方式烹理的羔羊肉最好煮一分熟或三分熟。要判知熟度，把溫度計插入肉的最厚部位，不要觸及骨頭。➡三分熟的溫度是六十三度，五分熟七十一度，全熟七十七度。記得，大塊的肉出爐後的靜置期間，內部溫度會持續上升五度。沒那麼柔嫩的部位，包括**肩肉、腱肉和胸肉**，最好是燴燒或燜燉至軟爛。

　　羔羊肉禁得起味道鮮明的調味料，從馨嗆的辛香草到香料乾醃料和咖哩醬都行。

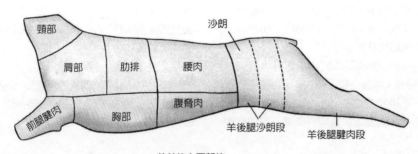

羔羊的主要部位

| 羔羊腿 |

羔羊腿天生軟嫩又滋味濃郁，以整隻烘烤方式料理最理想，可去骨或鑲餡。去骨並開蝴蝶刀的羔羊腿，以及取自腿肉較小較薄的肉塊，譬如羔羊排、腿排或肉角塊，可以燒烤、炙烤或油煎。➡️烹煮不超過五分熟的羔羊肉，滋味和口感最佳。軟嫩精瘦的腿肉禁不起長時間的燉煮。

羔羊腿有幾種型式。最常見的是**一整隻帶骨的腿**，我們偏愛這一種，因為骨頭會增進肉的滋味。帶骨的整隻腿一般而言重七至九磅，也可能少於五磅。➡️帶骨的羔羊肉每人份約估八至十盎司。每條腿有三根骨頭：髖骨或骨盆、股骨和脛骨。肉販可能把三根都去除掉，也可能只去除其中一兩根。如果你要買帶骨的腿，我建議你請肉販把髖骨去掉，這樣肉比較好切。假使你要在家自己動手切，把外圍的油脂都切除，並且沿著骨頭邊緣切，這樣你可以盡量從骨頭兩邊切出兩塊平整的肉。完全無骨的腿肉最常開蝴蝶刀攤平——最適合鑲餡和做肉捲，或者也可以純粹當成一大塊羊排燒烤或炙烤。➡️購買無骨羔羊腿時，每人份約估六至八盎司。

一般說來，烹理羔羊腿時，大隻羊腿（超過七磅）每磅大約需煮十至十三分鐘，小隻一點的（五至七磅）每磅需煮八至九分鐘。

切帶骨的整隻羊腿，你有兩種切法可選。若要切大而薄的扁平肉片，握著用布巾、紙巾或厚布餐巾包著的脛骨，或者腿肉的窄端，往上提拉，使之與盤子形成一斜角。用一把鋒利的刀來切，刀面和骨頭平行，從最厚實的那部分切起，切成四分之一吋厚的扁平肉片。切到刀子觸及腿骨為止。把腿翻面，再以同樣的方式切，直到刀面再次觸及骨頭。最後把骨頭上剩下的肉全數切下。假使髖骨沒切除，同樣的握住脛骨，腿肉厚實的部分朝上。又或者，用一把鋒利的刀，從脛骨尾端切起，垂直的朝向骨頭切割幾刀。然後把刀面轉成和骨頭平行，把肉片切離骨頭。繼續朝腿的寬端切。切完一排後，將腿旋轉某個角度，持續把每一面的肉都切下來。切到髖骨時，繞著骨頭切一圈，把肉切下來。

 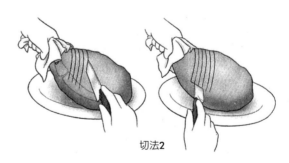

切法1　　　　　　　切法2

羔羊腿的切法

烤羔羊腿（Roast Leg of Lamb）（10人份）

烤羔羊腿只要簡單調味一下，不需要佐醬——雖然有些人堅持配上一點薄荷果凍或薄荷醬，314頁。有些人會佐配檸檬雞蛋醬，309頁，或怪味醬，300頁。烤箱轉230度預熱。將：

1整隻帶骨羔羊腿（7至8磅）

拭乾，修清。

在一口小碗裡混勻：

1大匙黑胡椒

2小匙鹽

1小匙切細末的新鮮迷迭香或1/2小匙壓細碎的乾的迷迭香

把一半的混合調味料搓抹在羊腿的寬端。在剩下的混合調味料裡加：

2大瓣蒜仁，縱切成片或條狀

並拌勻。在羔羊腿上切劃15至20到等距的口子，把調味蒜片塞進口子內。再在整個腿肉的表面抹上：

3大匙橄欖油

剩下的混合調味料也一併抹在腿肉上，把整隻腿肉放在烤盤內的架子上，腿肉較厚實的那一面朝上。送入烤箱，隨即把溫度轉低至165度。烤到插在最厚部位的溫度計顯示60度即三分熟，71度即五分熟，約1又3/4至2又1/2小時（出爐後溫度會再上升5度）。把腿肉移出烤盤，鬆鬆地蓋上鋁箔紙，靜置15至20分鐘。

開蝴蝶刀鑲餡羊腿（Stuffed Butterflied Leg of Lamb）（8至10人份）

烤箱轉190度預熱。拭乾：

1隻開蝴蝶刀的羔羊腿（4至5磅），修切成介於2至2又1/2吋的均勻厚度

在去骨那一面的肉上撒：

（2大匙切碎的大蒜）

1又1/2小匙鹽、1小匙黑胡椒

把：

4杯菠菜、蕈菇和絞肉餡料，273頁，用羔羊絞肉或豬絞肉做的；或者5杯北非小米餡加杏桃乾和開心果，274頁

舀到撒調味料的肉面上抹勻。從較長的那一端包起，把餡料包捲起來。每間隔2吋就穩固地束捆起來，捆成緊實圓柱狀。你可能需要用扎針或用小籤子把較小的那一端

縫合或封合。用一把削刀的刀尖，在腿肉表面劃上20至25刀，刀刀相隔2吋。把：

3瓣蒜仁，縱切成條狀

塞入切口內。在肉表抹上：

3大匙橄欖油、1小匙鹽、1/2小匙黑胡椒

把羊腿放在烤盤內的架子上，接縫處朝下，烤1小時。小心地把羔羊腿翻面，再送回烤箱裡，烤到插在肉最厚部位的溫度計顯示60度即三分熟，30至45分鐘（出爐後溫度會再上升5度）。移出烤箱，鬆鬆地罩上鋁箔紙，靜置10至15分鐘。食用前，拆除繩線，切成1/2至3/4吋厚的肉片（肉捲子可能會鬆開）。喜歡的話，在席間分開傳遞：怪味醬，300頁

燒烤或炙烤開蝴蝶刀的羔羊腿（Grilled or Broiled Butterflied Leg of Lamb）（8至10人份）

拭乾：

1條開蝴蝶刀的羔羊腿（4至5磅），把厚度修切均勻，約2至2又1/2吋

在整個肉表上抹：

1/2杯胡椒乾醃料，348頁；或西印度乾醃料，349頁

或者：
3大匙新鮮迷迭香末或1大匙乾的迷迭香
2大匙蒜末
1小匙鹽
1小匙黑胡椒
等混合物。置於烤紙上，包覆起來，放冰箱醃至少1小時，或長達24小時。把炙烤盤置於距離火源4至5吋的地方，炙烤爐和炙烤盤預熱，或者燒烤爐升中火。

把羔羊腿放在炙烤盤上，去骨那一面朝下，或者放在燒烤架上，去骨那一面朝上。烤到充分炙燒但仍然多汁而且內裡呈粉紅色，翻面一次，每面約烤12分鐘。每面再多烤幾分鐘即成五分熟。鬆鬆地罩上鋁箔紙，靜置6至8分鐘，然後再切成1/2吋厚的肉片。佐上：

（紅洋蔥橘醬，317頁；或烤番茄煙燻辣椒莎莎醬，324頁）

｜ 羔羊肋排 ｜

羔羊肋排是從肩部延伸至腰肉之間的肋骨段，肋骨的一側連著羊肉排。一整副羊肋排通常帶七支肋骨，但有些肉販會附上肩肉那端的第八根肋骨。➠修整過的羊肋排一般介於一又四分之一至二磅半之間，可供二或三人份，每人份約有二至三片肉排。若是肋排較小副，或者胃口分外的大，➠每人份約估三至四片肉排。

把羔羊肋排修整成肋骨末端暴露出來，就是所謂的**法式切法**。把羔羊排放在砧板上，肋骨那面朝下，取一把鋒利的刀，刀鋒與肋骨成正交，從距離肋骨末端二吋以及眼肉的上端下刀，切穿脂肪層劃出一道長口子。接著刀鋒以斜角切入，朝肋骨末端遠離眼肉的方向滑動。讓刀面與骨頭齊平，把覆蓋其上的油脂層切除。再把骨頭和骨頭之間的肉切除，把露出來的骨頭刮乾淨，不留絲毫油脂或筋腱，免得烘烤時燒焦。

烤羔羊肋排（Roasted Rack of Lamb）（3至4人份）

羔羊肋排在烤之前先烙煎，可以讓肋排帶有焦黃外表，也有助於油脂融化。如果你想略過這一道手續，烘烤的時間要拉長5至8分鐘。
烤箱轉220度預熱。拭乾：
1副羔羊肋排（7至8根肋骨），修整過，留薄薄一層脂肪在表面
撒：
1小匙鹽、1/2小匙黑胡椒
以大火加熱一口大型厚底耐烤平底鍋。羔羊排帶肉的那一面朝下，充分煎黃，

約2分鐘。翻面把另一面也煎黃，約再2分鐘。倒掉鍋裡的油，再把羔羊排放回鍋中，骨頭那一面朝下，送入烤箱烤。烤到插在肉最厚部位的溫度計顯示52度即一分熟，57度即三分熟，約15至20分鐘（羔羊排出爐後溫度會再上升5至10度）。移出烤箱，鬆鬆地蓋上鋁箔紙，靜置5至10分鐘。從骨頭之間切開，每人供2或3片羔羊肉排。佐上：

（紅酒酸櫻桃鍋底醬，288頁；或紅洋蔥橘醬，317頁）

醃摩洛哥香料糊的烤羔羊肋排（Roasted Rack of Lamb with Moroccan Spice Paste）

按照烤羔羊肋排的作法備妥一副羔羊排。在一口小碗裡混勻2大匙橄欖油、1/4杯切碎的薄荷、2大匙切碎的荷蘭芹、1又1/2小匙薑粉、1/2小匙多果香粉、1/2小匙肉桂粉、1/2小匙匈牙利紅椒粉、1/2小匙芫荽粉、1/2小匙鹽、1/2小匙黑胡椒、1/4小匙紅椒粉以及1/8小匙丁香粉。把香料糊搓抹在未調味過的羔羊排表面，放冰箱醃30至60分鐘。不需把羔羊排煎黃。按照說明烘烤。

烤羔羊腰肉（Roasted Loin of Lamb）（4人份）

連在背骨兩側的兩塊羔羊腰肉，起自最後一根肋骨，延伸至腿臀部，或叫做羊沙朗。如果腰肉尚附在背骨上，就叫做羊鞍（saddle）。附帶一根骨頭並修整過的腰肉，有小至3/4磅的紐西蘭羔羊或初生羔羊腰肉，或大至2磅的一般家飼羔羊。過年過節可以訂到無骨羔羊腰肉，烤成三分熟尤佳。要避免把太小塊的腰肉烤得乾柴，而且要足供4至6人份，如果無骨腰肉不到1磅，就買2塊，並請肉販把2塊腰肉束捆成密實的圓筒狀。當作2磅重的一整塊腰肉來烤。即便是烤一整塊腰肉，也要用肉販用的麻線束捆起來，使之成形。我們建議留1/4吋的脂肪層在肉表，好讓肉在烤的過程保持濕潤。烤之前在肉表抹上橄欖油也是個好主意。

烤箱轉220度預熱。拭乾：
1副無骨羔羊腰肉（1又1/2至2磅），修整過，每隔1又1/2吋束綑一圈
撒：1小匙鹽、1/2小匙黑胡椒
調味。以大火加熱一口大型厚底耐烤平底鍋。羔羊腰肉下鍋每一面都煎黃，約3分鐘。連鍋帶肉送入烤箱，烤到插在肉最厚部位的溫度計顯示52度即一分熟，57度三分熟，約25分鐘（出爐後溫度會上升5度）。移出烤箱，鬆鬆地蓋上鋁箔紙，靜置5至10分鐘。拆除麻線，切成3/4至1吋厚的圓肉片。喜歡的話，佐上：
（紅酒酸櫻桃鍋底醬，288頁；或酒商醬，299頁）

｜關於羔羊排骨肉（lamb chops）和羊肉排（steaks）｜

最受歡迎、而且也最昂貴的羔羊排骨肉是里肌排骨和肋排骨肉，以柔嫩著稱。**肋排骨肉**的特色是有一根肋骨當「把手」。里肌排骨的肉質更緊密也更厚實，很像小型的丁骨羊排。兩者都可以燒烤、炙烤、鍋炙或油煎；不過，如同羔羊所有的柔嫩部位，烹煮不超過五分熟滋味最棒。排骨肉起碼要四分之三吋厚最理想，更薄的排骨肉很容易煮過頭。➡每人份約估二或三片排骨肉，視大小而定。

取自前腿和肩部的排骨肉標示為**肩肉**、**前腿肉**（arm）和**板腱**。與肋排骨肉和里肌排骨不同的是，這些沒那麼昂貴的排骨肉裡嵌有一條條油紋以及數量不一的結締組織。肩部和前腿的排骨肉往往會以燴燒方式軟化肉質。我們也會

把這些排骨肉先醃一醃再燒烤或炙烤。儘管不如肋排骨肉或里肌排骨柔嫩，但是滋味絕佳，而且煮超過五分熟肉質也不會乾柴。➡每人份約估六至八盎司排骨肉，假使排骨肉的骨頭多，則要再增加一些。

後腿排骨肉（leg chops）比肋排骨肉和里肌排骨要大一些，也沒肩排骨肉那麼多油花。很多人認為取自上後腿（upper leg）的排骨肉，亦即沙朗部位，是羔羊肉最棒的部位之一；後腿排骨肉可燒烤或燴燒。雖不如肋排骨肉和里肌排骨軟嫩，但有著美妙豐富的滋味。然而，每個市場賣的後腿排骨肉都不一樣，➡所以要明確指出你要的是取自沙朗的排骨肉，而不是取自較小、沒那麼軟嫩的後腿排骨肉。取自後腿更下方的大塊肉排，特色是帶有腿骨的橫截面，很像火腿排。後腿排骨肉可用乾式加熱法烹理，譬如燒烤或炙烤，只不過肉質會頗有嚼勁。➡每人份約估六至八盎司腿肉，假使骨頭大，肉則再多一些。

炙烤或燒烤羔羊排骨肉（Broiled or Grilled Lamb Chops）（4人份）

確認排骨肉距火源夠近，好讓肉焦黃均勻，但距離3至4吋最理想。
炙烤爐和炙烤盤預熱，或燒烤爐升中大火。拭乾：
8片羔羊排骨肉，約1吋厚
在兩面搓上：

2大匙橄欖油、1小匙鹽、1/2小匙黑胡椒
把排骨肉放到炙烤盤內或燒烤架上，每面烤5分鐘即三分熟。再多烤1分鐘即五分熟。立即享用，喜歡的話，佐上：
蒜味美乃滋，339頁，鯷魚奶油，304頁，或烤番茄煙燻辣椒莎莎醬，324頁

香煎羔羊排骨肉（Sautéed Lamb Chops）（4人份）

拭乾：8片羔羊排骨肉，約1吋厚
撒：1小匙鹽、1/2小匙黑胡椒
調味。在一口大型厚底平底鍋裡以中大火加熱：1大匙奶油、1大匙橄欖油
直到奶油慢慢變成淡褐黃色。把羔羊排

骨肉鋪排在鍋內，每面煎4又1/2至5分鐘即成三分熟，再多煎1分鐘即五分熟。立即享用，佐上：
辛香草鍋底醬，287頁；韭蔥、香橙和迷迭香鍋底醬，288頁，或切碎的荷蘭芹

燴燒羔羊肩排骨肉（Braised Lamb Shoulder Chops）（4人份）

不像柔嫩的肋排骨肉和里肌排骨，這些滋味濃厚的肉以葡萄酒加高湯來燴燒最美味。
拭乾：4片羔羊肩排骨肉，約3/4吋厚
撒：1小匙鹽、1/2小匙黑胡椒
調味。在一口大型厚底平底鍋裡以大火加熱：1大匙奶油、1大匙橄欖油
直到奶油開始呈淡黃褐色。把羊肉均勻地煎黃，每面約2分鐘。取出羊排，倒掉

鍋裡大部分的油，僅留1大匙左右。將平底鍋放回中火上，放入：
3瓣蒜仁，粗切
1小匙乾的普羅旺斯綜合辛香草（herbs de provence）或1/2小匙乾的百里香、迷迭香和羅勒
拌一拌，煎到蒜末軟身但不致焦黃，倒下：
1杯不甜的白酒

煮沸，接著轉小火熬煮，刮起鍋底的脆渣，煮到濃縮成一半。再倒入：

1/2杯羔羊高湯或雞高湯或肉湯
1杯番茄泥

再次熬煮至濃縮成一半，或直到稍微變稠。羊排回鍋，轉小火，蓋上鍋蓋，燜煮至羊排軟嫩，40至45分鐘，其間翻面一次。鍋子離火，撇除液面上的浮油。加：

（1/2杯去核、切對半的黑橄欖）

嚐嚐味道，調整鹹淡。點綴上：

切碎的荷蘭芹

｜關於羊肉串烤（kebabs）｜

請參見「關於串燒料理」☆，見「烹飪方式與技巧」。骰子羊肉串烤（Shish kebab）最初是土耳其料理，將醃過的羔羊肉串成一串放在炭火上燒烤即成，然而在今天，我們把切骰子狀串烤的牛肉、禽肉、豬肉等等乃至於蔬菜，一概叫做串烤（kebab）。你可以運用醃料或釉汁，諸如照燒醃汁，345頁，或柳橙糖蜜釉汁，342頁，創造你獨門的串烤。肉塊和蔬菜要先稍微抹油，以免沾黏，然後再調味。如同所有柔嫩部位的肉，烤牛肉串不要烤超過五分熟，否則肉會變得又韌又柴。

任何烤肉串，肉要切成一吋半骰子狀，而且肉要醃漬冷藏二至三小時，拭乾後再串成串，要烤一分熟就把肉塊緊密串在一起，要烤全熟就把肉塊串得很寬鬆；肉塊之間可以串上培根片或月桂葉以增添滋味。把肉串置於離火源三吋之處燒烤或炙烤，依想要的口感烤八至十二分鐘。➠如果用木籤或竹籤串烤，籤子要先泡水，至少泡三十分鐘，以免燒烤時竹籤或木籤起火。

烤肉串是絕佳的野餐料理——預先用鹹香的醃汁醃過，置於明火上燒烤，肉從籤子上取下直接夾扁麵包吃。或者把烤好的肉塊擺在一層米飯、蕎麥片或小麥片上，又或以荷蘭芹、水田芥或萵苣絲襯底。

骰子肉也可以換成各種蔬菜，譬如葡萄或櫻桃番茄、青椒片、蕈菇和洋蔥，或者鳳梨或夾心橄欖。蔬菜可以各自串成串，置於燒烤爐的側邊燒烤，側邊的火力沒那麼強。

骰子羔羊串烤（Lamb Kebabs）

按照上述的步驟進行，使用以下一種醃料：

優格或酪奶醃汁，345頁

坦都里醃汁，344頁
巴爾幹醃汁，344頁

骰子牛串烤（Beef Lebabs）（4人份）

準備：

1/4分胡椒乾醃料，348頁

把：

1塊1至1又1/2磅無骨牛上腰肉、沙朗、菲

力或上後腿肉排

切成骰子狀，盛到一口盆子裡，連同：

1顆中型的甜椒，切成片狀

1顆洋蔥，切成小角瓣

裹上乾醃料，加蓋冷藏，醃漬2至24小時。炙烤箱和炙烤盤預熱，或者燒烤爐升中大火。若要炙烤，把炙烤盤放火源下方3至4吋之處。把肉和蔬菜串成串，炙烤或燒烤8至10分鐘，偶爾把肉串翻面。在一塊骰子肉上劃一刀，查看肉的中央：應該要比想要的熟度稍微生一點，因為肉串離火後烹煮過程會持續一下子。立即享用，配上：

抓飯★，585頁，或北非小米★，595頁

| 關於燜燉羔羊肉和燴燒羔羊肉 |

　　燜燉用的羔羊肉通常取自肩部、頸部、胸部、腱肉或腿部。其中，取自肩頸部位的肉滋味最棒；腿肉的滋味最溫和，但經過燜燉或燴燒可能會變得乾柴。一整副肩肉通常也很容易買到，去骨並包捲束捆後，也可以按照紅燒的方式慢慢燴燒，或碳烤。肩肉排最適合燴燒☆，見「烹飪方式與技巧」。羔羊頸肉是濕式的慢燉料理的另一個好選擇；雖然不如其他部位那麼厚實，但滋味一級棒。不似烤羔羊肉和煎羔羊肉，燜燉和燴燒羔羊肉——甚至羔羊排骨肉——得要用少許葡萄酒、高湯或番茄汁，或者這三種的組合，來細火慢煨，直到肉全熟而軟爛。除了以下的食譜，任何用到牛肉、豬肉或仔牛肉的慢燉或燴燒料理，也可以換成羔羊肉來做。請參見「紅燒、燜燉和燴燒肉」，160頁。

燴燒羔羊肩肉（Braised Shoulder of Lamb）（8人份）

羔羊肩有著絕妙滋味，燴燒之後非常軟嫩。大部分的市場都會賣捲捆妥當的無骨羔羊肩肉。如果你偏好帶骨肩肉，煮到肉從骨頭剝離的程度。

烤箱轉220度預熱。拭乾：

1塊羔羊肩肉（4至5磅無骨而且捲捆妥當的，或者8至9磅帶骨的）

撒：

1小匙鹽、1/2小匙黑胡椒

調味。在一口荷蘭鍋裡以大火加熱：

2大匙橄欖油

羔羊肉下鍋，每一面都煎黃。撈出羔羊肉，火轉小，倒掉鍋裡大部分的油，僅留2大匙左右。放入：

1顆洋蔥，切碎、1枝西芹梗，切碎

1根胡蘿蔔，切丁

1顆小的蕪菁或歐洲防風草根，削皮切丁

1又1/2小匙鹽、1小匙黑胡椒

1/2至1小匙綜合香料（芫荽粉、孜然粉、薑黃粉，或者葫蘆巴粉、番紅花絲或番紅花粉和／或咖哩粉）

刮起鍋底的脆渣，慢慢煮到蔬菜開始軟身，約10分鐘。與此同時，另取一口小的醬汁鍋，以大火把：

2杯牛高湯、羔羊高湯或蔬菜高湯或肉湯

1杯番茄泥

煮沸。把羔羊肉放回裝蔬菜料的鍋裡，倒進滾燙的高湯混液，再放：

1片月桂葉

蓋上鍋蓋，煮至將滾未滾，然後送入烤箱裡。馬上把烤箱的溫度轉低至165度，烤到肉可用叉子剝絲的地步，2至2又1/2

小時（若是帶骨的肉，可以長達3又1/2小時）。把肉從醬汁裡撈出並保溫。撇除液面上的浮油，撈除月桂葉。嚐嚐味道，調整鹹淡。切除捆肉的棉線，切大塊或切片享用，澆上大量醬汁。喜歡的話，配上：

（馬鈴薯泥★，491頁，或焗烤馬鈴薯★，493頁）

燴燒鑲餡羔羊肩肉（Braised Stuffed Shoulder of Lamb）（10至12人份）

烤箱轉150度預熱。在：
1塊去骨羔羊肩肉（8至9磅）
搓抹：
（半瓣的蒜仁）
鹽和黑胡椒
或者，喜歡的話，把蒜片塞進羊皮底下。準備大約：
1/2份菠菜、蕈菇和絞肉餡料，273頁，或3杯麵包丁餡料，264頁
攤開羊肉，去骨那一面朝上，把餡料塗抹在肉上。從長邊捲起，捲成蛋糕捲（jelly roll）那樣，用廚用棉線綁好，或者用螺旋狀籤條束捆好☆，見「烹飪方式與技巧」。
在一口大型平底鍋裡加熱：
3大匙蔬菜油或奶油

把羊肉條的每一面都煎黃。把：
1杯蔬菜高湯或蔬菜湯
倒到烤盤裡，把煎黃的肉也放進去，加蓋烤45分鐘。若想增添滋味，把些許骨頭放進盤內一起烤。待肉被烤了大約45分鐘，在烤盤裡加：
3杯切丁的西芹、胡蘿蔔、洋蔥和馬鈴薯
1杯蔬菜高湯或蔬菜湯
加蓋繼續再烤1小時，或者烤到肉內部溫度達80至82度。倒出大部分的烤汁並保留備用。不加蓋地把肉和蔬菜續烤10分鐘，好讓表面有光澤。與此同時，撇去預留的烤汁表面上的浮油，然後倒到一口醬汁鍋裡，熬煮至稍微收汁。加：
鹽和黑胡椒
調味。將肉切片，配著醬汁食用。

燴燒羔羊腱肉（Braised Lamb Shanks）（4人份）

羔羊腱肉是羔羊腿的脛節。前腿腱肉最厚實，也最容易買到。不管前腿或後腿，大部分的羔羊腱肉都切得比更常見的仔牛腱肉要長，連著的肉也夠多，一支羔羊腱肉供一人份可以吃得飽足。腱肉含有大量的結締組織，以濕式加熱慢慢燴燒，燉汁滑順又醇口。任何用仔牛腱肉或牛肋或牛尾燴燒的料理都可以換羔羊腱肉來做。
烤箱轉150度預熱。修清：
4塊厚實的羔羊腱肉（約3至4磅）
外表上大部分的肥脂。撒：
1小匙鹽、1/2小匙黑胡椒
調味。在一口大的荷蘭鍋裡以大火加熱：
2大匙橄欖油
腱肉下鍋，把每一面煎黃，約5分鐘。取出腱肉並保溫。倒光鍋裡的油。在鍋內放：
2大匙橄欖油、2顆洋蔥，切對半再切薄片
2大匙蒜末
轉中火，蓋上鍋蓋，煮到洋蔥變得相當軟，其間要經常拌炒。撒上：
1大匙切碎的新鮮薄荷或1小匙乾的薄荷
1小匙芫荽粉、1小匙孜然粉
1/2小匙黑胡椒、1小撮肉桂粉
1小撮多果香粉
充分拌勻，讓香料裹著洋蔥。再倒入：

2杯雞高湯或羔羊高湯或肉湯或水

1杯不甜的白酒、1/3杯番茄泥

把火轉大，煮沸。羔羊腱肉回鍋，蓋上鍋蓋，烤到肉幾乎從骨頭剝離，1至1個半小時。再加：

2杯胡蘿蔔，切片

2杯去皮切丁的冬南瓜，譬如奶油瓜或哈伯德南瓜

加蓋續烤至蔬菜軟身，約再15分鐘。肉和

蔬菜盛盤，蓋上鋁箔紙保溫。撇去烤汁表面上的浮油，加：

2大匙新鮮檸檬汁

2至3大匙切碎的新鮮薄荷或2大匙乾的薄荷（2小匙哈里薩醬，321頁，或自行酌量增減）

嚐嚐味道，調整鹹淡。把醬汁澆在肉和蔬菜上。配上：

米粒麵、抓飯、燴燒扁豆或白豆

燉春羊（Navarin Printanière）（8至10人份）

把：1磅無骨羔羊肩肉、1磅無骨羔羊胸肉切成1又1/2吋片狀。把肉裹上：

調味麵粉

在一口大型厚底平底鍋裡加熱：

2大匙蔬菜油

肉分批下鍋，每一面都煎黃。肉煎黃之後便放到荷蘭鍋內。倒光平底鍋裡的油，放入：

2杯淡色高湯或肉湯、（2大匙番茄泥）

煮沸，攪一攪讓鍋底脆渣溶解。把鍋汁澆在肉上，加蓋煮1小時。撇除液面上的

浮油，在鍋裡放：

2杯去皮切角塊的新生馬鈴薯

6根胡蘿蔔，切大塊

3顆無菁，削皮切大塊

18顆小洋蔥，剝皮

加蓋續煮1小時，或煮到羊肉軟爛。撇除浮油，輕輕地拌入：

1杯熟的新鮮青豆或冷凍青豆

1杯切片的熟四季豆

徹底熱透，立即享用，撒上：

切細碎的荷蘭芹

愛爾蘭燉羊肉（Irish Stew）（4至6人份）

這道食譜裡的馬鈴薯因用途不同所以切成兩種形狀。切片的馬鈴薯會在燉煮過程裡崩解，增加燉汁的稠度，所以不需額外加麵粉。切對半的馬鈴薯煮到剛好的軟度，增加鬆綿口感。一如法式白汁（French blanquette）的作法，肉不需先煎黃。

烤箱轉165度預熱。在一口荷蘭鍋裡以中火加熱：

2大匙蔬菜油或奶油

油熱後下：

2顆中型洋蔥，切碎

拌炒拌炒，煮到軟身，但不致炒黃，拌入：

3磅無骨燜燉用羔羊肉，切成1吋角塊，或

3磅羔羊肩肉排

2小匙新鮮的百里香或3/4小匙乾的百里香

鹽和黑胡椒

再拌入：

2顆中型水煮用馬鈴薯，去皮切片

3杯雞高湯或雞肉湯、深色烈性啤酒（dark stout）或水

再下：

4顆中型馬鈴薯，去皮切對半

把鍋蓋蓋緊，烤1小時。移出烤箱，拌入：

4顆中型胡蘿蔔，斜切成片

蓋上鍋蓋，再送回烤箱，烤到肉可用叉子剝絲的軟度，約再45至60分鐘。撇除烤

汁表面的浮油，加：
鹽和黑胡椒

調味。食用時撒上：
切碎的荷蘭芹

羔羊肉砂鍋（Cassoulet）（15人份）

口感比法式蔬菜燉牛肉鍋厚實，這道南法料理有個少不了的要角——白豆。砂鍋通常會用上新鮮豬肉和香腸，但往往也會再加上羔羊、鴨或鷓鴣。鵝油也是常見的成分；一如嵌上丁香的洋蔥也是。加什麼蔬菜則因季節不同。大蒜是一定要的。就這份食譜來說，你簡直需要把一道道手續列表才行。不過你若是一步步照著做，你可以胸有成竹、從容不迫地進行。豆子要先泡水，然後再跟肉和其他配料一起煮。豬肉要先烤一會兒，然後再把羊肉加進去。接著跟白豆一起煮的肉要去骨切片，然後再放回白豆鍋裡。如此一來，整鍋的滋味才會融合一氣，最後再用麵包屑做一層金黃酥殼，閃亮登場。

將：
1磅笛豆、蠶豆或大北豆，清洗並挑揀過泡水。

烤箱轉180度預熱。拭乾：
1塊3磅無骨豬腰肉或豬肩肉
烤大約2又1/2小時。與此同時，在一口大型厚底平底鍋裡加熱：
1大匙油
放入：
1塊3磅去骨羔羊肩肉，卷捆妥當，連同預留的骨頭
把每一面都煎黃。把羊肉連同骨頭放入裝有豬肉的烤盤裡，再烤1個半小時。與此同時，在一口裝有冷水的鍋子裡放入：

1塊帶骨火腿（ham shank）
1磅鹹豬肉
水要蓋過肉的表面，煮沸。將兩者瀝出。瀝出豆子，保留泡豆水。把泡豆水倒到一口大鍋子裡，加水補足4夸特的量。煮沸，撇除浮沫，放入豆子、帶骨火腿和鹹豬肉，以及：
1束綜合辛香草束
3瓣蒜頭
1顆中型洋蔥，嵌上幾粒整粒丁香
加蓋煨煮1個半小時。待豬肉總共烤了2又1/2小時，剔出羔羊骨，把烤箱溫度轉低至150度。在肉上面澆淋：
番茄醬，310頁，或2又2/3杯番茄泥
加蓋續烤30分鐘。等豆子煮了1個半小時，加：
8盎司義大利硬香腸、波蘭香腸、薩拉米臘腸
再煨煮1小時，煮到豆子軟而不爛，依然成形。把豬肉和羊肉從烤汁裡取出，烤汁保留備用。肉切片（烤箱的火力依然開著）。瀝出煮熟的豆子，把煮豆子的汁液加到茄味烤汁裡，將火腿、香腸和鹹豬肉修切成一口大小。把所有的肉和豆子鋪在一口大砂鍋內。撇除混合醬汁表面上的浮油，然後拌入砂鍋裡。在最上面放：
1杯拌奶油的乾麵包屑
2大匙奶油，切丁塊
烤箱溫度轉至180度，烤約1至1個半小時讓滋味融合；麵包屑應該呈金黃色。

咖哩羊肉佐番茄（Lamb Curry with Tomato）（4人份）

這道火紅色的咖哩料理有著香醇濃稠的茄汁醬。食用時配上口袋餅一類的扁麵包。若希望滋味溫和些，把紅胡椒的量減至1/4小匙。

瀝出：

1罐28盎司的整顆番茄

汁水保留，番茄粗略切碎。

在一口荷蘭鍋裡以中火加熱：

1/4杯蔬菜油

油熱後下：

1顆中型洋蔥，，切薄片

拌炒至軟身而且勻勻地呈金黃色，5至7分鐘。轉成中大火，放入：

2小匙孜然粉、2小匙芫荽粉

1又1/2小匙蒜末、1又1/2小匙去皮生薑末

1小匙薑黃、1/2小匙紅椒粉

拌炒30秒。倒入1/2杯切碎的番茄和1/4杯茄汁，連同：

1又1/2磅無骨燜燉用羔羊肉，修切成1至1又1/4吋角塊

煨煮到汁液濃縮並略微變稠，5至7分鐘，其間偶爾要拌一拌。拌入其餘的番茄和茄汁。加：

3/4小匙鹽

調味。蓋上鍋蓋，把火轉小至讓液面維持在要滾不滾的狀態，煮到羊肉軟爛，45至60分鐘。用漏勺撈出肉並且保溫。撇除液面上的浮油，把火力轉大，沸煮至醬汁變稠。把肉放回鍋內，使之熱透，並拌入：

（2大匙切碎的芫荽）

| 關於豬肉 |

有人說，豬和聖人很像，都是死後比生前更受尊敬。美國豬肉和以前的大不相同了。為了回應市場需求，豬肉已經從肥膩的肉轉變成精瘦的肉，這讓廚子很傷腦筋——肥油可讓豬肉在烹煮過程中保持濕潤；而今的豬肉很容易變得乾柴，肉韌而無味。養豬場餵豬吃添加蛋白質、維生素和礦物質的穀物，在豬隻長到五至六個月大時，帶到市場賣。

要讓現今的豬肉呈現最好的滋味，我們認為，把豬肉烹煮至➡內部溫度最後達到六十六度，豬肉最軟嫩多汁。會把豬肉煮得灰灰乾乾的，多半是擔心染上旋毛蟲病，這種病一度讓人聯想到吃沒煮熟的豬肉。➡不過旋毛蟲在五十八度便會被殺死——遠比我們建議的溫度來得低。即使烹煮至內部達到正確的溫度，熟豬肉很可能仍是粉紅色的。豬肉呈粉紅色也往往和添加的食材有關，或者和烹煮方式有關，譬如煙燻法。➡千萬別吃生豬肉，不管是哪種形式的生豬肉，包括生培根和生香腸在內。處理完豬肉之後，手和刀具、器皿以及豬肉接觸過的表面都要清洗乾淨。

市面上賣的鮮豬肉部位都是規格化的。最受歡迎的取自**腰肉**（loin）——背骨兩側的肉，起自肩胛板，一路延伸至後腿。從腰肉切下來的零售部位有**肋排**（rib）、**里肌肉**（loin roast）和**排骨**（chops）、**小里肌**和**背肋排**（back ribs）以及**鄉村式肋排**（country-style ribs）。鄉村式肋排取自肩胛板腱那一端的

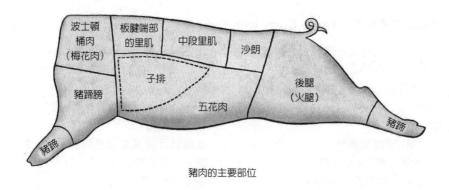

豬肉的主要部位

腰肉。背肋排取自腰肉中段以及肩部那端。

肩肉（shoulder）指前腿和肩胛板腱這大塊區域。有時候會切成重量相等的**腱肉**（shank）和**肩胛端部**（shoulder end）的兩大半販售。**豬蹄膀**（Picnic shoulder roast），取自前腿，鮮肉直接烤非常美味，但通常會煙燻做成火腿。肩肉的上部就是**胛心肉**或**梅花肉**（pork butt 或boston butt）。一整塊**波士頓桶肉**（boston-style shoulder），由於脂肪含量較高，滋味濃郁，細嫩多汁，入口即化。這是燴燒的首選，因為燴燒讓這個部位的肉保持水潤軟嫩。

後腿（leg）通常新鮮販售，有時被叫做**鮮火腿**（fresh ham）。**整隻帶骨後腿**（whole bone-in leg）也會以**去骨並且捲捆好**的形式販售，也可能切成**帶骨**或**無骨**的**紅燒用肉塊**（roast）或**後腿肉排**（leg steaks）。**子排**（spareribs）和**培根**取自豬隻的腹側。

豬肉沒有分等級，因為。養豬場養的豬品質一致。買豬肉時，➡挑選濕潤、呈粉紅色的肉，不要選呈灰色或紅色的肉。最好帶少許大理石紋油花，而且挑選肉紋細緻的肉。外層的脂肪也應該平滑而雪白。用保鮮膜包好放冰箱冷藏二至四天沒問題。

乾式加熱法，譬如烘烤、燒烤、油煎、煎炸和煎炒，很適合烹理取自里肌和小里肌這些天生柔嫩的部位。為達到極致滋味，這些部位的肉烹煮到五分熟，帶些微粉紅色尤佳。肉質較韌的肩胛肉和後腿肉，則用燴燒或燜燉的濕式加熱方式慢煮至軟爛——儘管也可以用烤箱慢烤，只要頻繁地淋油潤澤肉表即可。泡鹽水，也可以讓豬肉柔嫩多汁。

試試抹乾醃料，350頁，以及醃汁，343頁的方式調味。豬肉佐上水果非常美味，譬如蘋果、梅子和櫻桃，況且，水蜜桃或鳳梨配火腿格外對味。

烤無骨豬里肌（Boneless Pork Roast）（6至8人份）

無骨豬里肌最好用慢烤方式料理，由於豬里肌的直徑大小不同，很難給出精確的烹煮時間。一般而言，3磅的無骨豬里肌應該需要總共烹煮1又1/4至1個半小

時。如果肉很小塊，直徑不到2吋，以120度火力烤30分鐘後，就要查看內部溫度如何。不然，在烤到45分鐘時查看。要有最佳的結果，用溫度計來測試熟度。烤好後，把高湯或葡萄酒加到烤盤裡，做速成的醬汁，或者，純粹把撇清浮油的烤汁澆在肉上。

烤箱轉260度預熱。混勻：

1大匙橄欖油

1大匙乾的百里香、鼠尾草、奧瑞岡或迷迭香

1小匙鹽

1/2小匙黑胡椒

均勻地塗抹在：

1塊無骨中段里肌肉（約3磅）

整個表面。喜歡的話，裹上：

（調味麵粉）☆，見「了解你的食材」

把豬肉放在烤盤內的架子上，烤10分鐘。把烤箱溫度轉低至120度，烤到插在肉最厚部位的溫度計達60至63度，1至1個半小時（出爐後溫度會持續上升5至10度）。把肉移到砧板上，鬆鬆地蓋上鋁箔紙，靜置10分鐘。若要用烤汁做肉汁，撇除烤汁表面的浮油。喜歡的話，把烤盤置於中大火上，放入：

（1/2至1杯雞高湯或雞肉湯或不甜的白酒）

補足大約1杯的量。刮起鍋底脆渣，沸煮至稍微變稠。把肉切成1/4至1/2吋的肉片，把醬汁澆在肉片上。

烤帶骨豬里肌肉（Bone-in Pork Loin Roast）（6人份）

烤帶骨豬里肌比烤無骨豬里肌要更有滋味，只不過烤的時間要稍微拉長一些。為了容易切片，請肉販把背骨切斷。市面上也買得到豬肋排（Rack of pork），也就是完全去除脊骨的帶骨肋肉。這份食譜用的調味乾醃料，也可以換成348-349頁所列，用在無骨豬里肌的調味乾醃料。

烤箱轉230度預熱。把：

1塊帶骨的中段豬里肌肉（約5磅）

整個表面搓上：

（胡椒乾醃料，348頁）

把肉置於烤盤上（不需放在烤架上，因為肋肉有背骨支撐著）。烤15分鐘，隨後

把溫度轉低至120度，續烤至插在肉最厚部位的溫度計達63度，約再1至1又1/4小時。把肉移到砧板上，鬆鬆地蓋上鋁箔紙，靜置15分鐘。把烤汁表面的浮油撇清。喜歡的話，把高湯加到烤汁裡，按烤無骨豬里肌，如上的作法熬煮一下。肉切片後澆上用烤盤做的肉汁。

切開烤豬肋冠

烤皇冠豬肋排（Crown Roast of Pork）（12至15人份）

大部分的肉販都會用兩排肋排幫你製作好皇冠豬肋排，但要確認肋排大小一致，這樣才能均勻受熱。通常皇冠豬肋排會鑲餡一起烤，但我們有時候偏好把餡料裝在另一口砂鍋裡烤。

準備：

基本的麵包丁餡料，264頁；加香腸和蘋果的麵包丁餡料，265頁；加烤堅果或烤栗子和水果乾的麵包屑餡料，265頁；或烤皇冠豬肋排的餡料，273頁

放進抹油的砂鍋內。

烤箱轉180度預熱。混勻：

2大匙蔬菜油或橄欖油
4小匙乾的百里香
4小匙多香果粉
2小匙鹽、1小匙黑胡椒

把混合物搓抹在：

1座皇冠豬肋排（8至10磅）

整個表面。抹好後放在烤盤上，烤15分鐘。把烤箱溫度轉低至120度，續烤至插在肉最厚部位的溫度計達到63度，2至3小時（出爐後溫度會持續上升5度）。在皇冠豬肋排烤了1個半小時後，喜歡的話把餡料填到皇冠豬肋排中央，或者把餡料放在抹了奶油的另一只烤盤內，烤到熱

透。把烤好的肉移到砧板上，鬆鬆地蓋上鋁箔紙，靜置15分鐘。撇除烤汁表面的浮油，加：

1/2杯馬德拉酒或不甜的白酒

煮至微滾，刮起盤底的脆渣。倒進一口醬汁鍋裡，加：

1又1/2杯雞高湯或肉湯

煮沸，假使汁稀味薄，便熬煮一會兒。如果你想要把汁液增稠做成肉汁，把火轉小，在微滾的汁液裡加：

（2大匙玉米粉，用2大匙冷水溶解）

攪至汁液滑順，煮滾增稠，調整鹹淡。佐配切成帶骨豬排的肉以及餡料。

奧勒夫烤豬里肌肉「樂土」（Pork Orloff Cockaigne）（6至8人份）

我是在巴黎讀藍帶餐飲學校時愛上奧勒夫烤仔牛。回到辛辛那提，我很難找到好品質的仔牛肉，於是靈機一動，索性用豬肉來做這道經典料理。換成豬肉來做，也獨樹一格別有風味。

準備：

烤無骨豬里肌

趁里肌肉在烤箱烤，準備：

1又1/2份法式蘑菇泥

等肉烤好，在上菜盤上抹薄薄一層蘑菇泥。將肉切片，在肉片上抹蘑菇泥，再把肉片重組回原狀，放在上菜盤上。最後在豬肉上鋪一長條蘑菇泥。點綴上：

切碎的荷蘭芹或切碎的水田芥

配上：

水煮新生馬鈴薯

佛羅倫斯烤無骨豬里肌（Boneless Roast Pork Florentine）（6至8人份）

簡單又優雅，這道義大利經典料理冷熱皆宜。

烤箱轉260度預熱。混勻：

4大瓣蒜頭，壓碎、4小匙切碎的迷迭香

（1小匙茴香籽，壓碎）

1/2小匙鹽、1/2小匙黑胡椒

在：

1塊無骨中段豬里肌（約3磅）

劃幾道深深的口子。在口子裡塞大蒜混合物，把剩餘的混合物抹在肉表面。再抹上：

1至2大匙橄欖油

把肉置於烤盤內的烤架上，烤10分鐘。

接著把烤箱溫度轉低至120度，烤到插在肉最厚部位的溫度計達到63度，1至1個半小時。把烤好的肉移到砧板上，鬆鬆地蓋上鋁箔紙，靜置10分鐘。撇除烤汁表面的浮油。把肉切片，澆上烤汁享用。

切一整隻火腿

烤鮮火腿或豬後腿（Roast Fresh Ham or Leg of Pork）（15至20人份）

一整條豬後腿，又叫做未醃過的鮮火腿，剛好可以餵飽一大群人，是絕佳的節慶料理。烘烤的時間只能大略估計，因為鮮火腿的重量不一。如果你的鮮火腿重量超過20磅，烘烤時間要相應地拉長。每人份約估1磅肉量，如果配菜很多就估少一點。請你的肉販把大部分的皮都去除，僅留腱肉周圍的皮。打花刀時，深深地切劃肥脂和肉，然後搓上調味料，做成酥脆可口的酥殼。

烤箱轉220度預熱。假使肉販沒把豬皮去除，把：

1條帶骨豬後腿/鮮火腿（15至20磅）

皮切掉，但腱肉的皮除外。在肥脂和肉上打花刀，切劃出1至1又1/2吋深、相隔1至1又1/2吋的菱形圖案。混勻：

2大匙橄欖油或蔬菜油、1大匙鹽

2小匙乾的鼠尾草、百里香、香薄荷

奧瑞岡或壓碎的迷迭香、2小匙黑胡椒

把這混合物搓抹在整條豬腿表面。在一口大烤盤裡散布：

2顆大的洋蔥，切對半

4根胡蘿蔔，切4瓣、4枝西芹梗，切4段

1片月桂葉

把豬腿擺在蔬菜料上，烤1個半小時。在豬肉上淋：

2杯不甜的白酒

續烤到插在最厚部位的溫度計顯示63至66度（出爐後溫度會持續上升5至10度）即全熟，其間每隔20至30分鐘便淋油潤澤肉表，需要的話補水到烤盤裡，免得盤底燒焦。烤好後把腿移到大淺盤上，鬆鬆地蓋上鋁箔紙，靜置30至60分鐘。倒光烤盤裡的油。製作：

紅肉鍋底肉汁，285頁

切肉時，從腱肉那一端切起，刀鋒與腿骨呈正交，切幾刀後，讓刀面與腿骨平行，從貼近骨頭之處切劃長長一刀，讓一片片肉脫離腿骨。把切下來的肉片鋪排在淺盤上，喜歡的話，淋上烤汁或肉汁。

手撕豬肉（Pulled Pork）（12人份）

在美國很多地方，這一道就是所謂的烤肉。手撕豬肉是把豬肩胛肉煮到軟爛得可以用叉子剝絲的地步。剝成絲後拌上醬汁，連同涼拌捲心菜絲，放在圓麵包上食用。

把：

1塊無骨的豬梅花肉或肩胛板腱肉（約4磅）

修切多餘的脂肪。搓上：

南方烤肉乾醃料，348頁

抹好後，肉可以馬上烤，或者用雙層鋁箔紙包起來，冷藏至多24小時。把烤架置於烤箱中央。烤箱轉165度預熱。在一口大型荷蘭鍋或其他大得足以容納肉的厚底耐烤的鍋以中火加熱：

2大匙豬油或蔬菜油

肉下鍋，每一面都煎黃，緊密地蓋上鍋蓋，或者用鋁箔紙密封，送入烤箱，烤到肉軟爛得可以用叉子剝絲，3至3又1/2小時。撇除烤汁表面的浮油，用叉子把肉剝絲，和烤汁混勻，再拌入：

1又1/2至2杯烤肉醬，346-347頁

烤乳豬（Roast Suckling Pig）（8至12人份）

我們的編輯總在她曼哈頓家的後院生火烤乳豬。這是她最愛的食譜。一隻15至20磅的豬仔，儘管滿大隻的，烤出來的肉卻只夠8至12人份。那入口即化。

提前幾天訂購，請肉販幫你把畜體徹底處理乾淨，同時清除內臟，包括腰子、眼珠和下眼瞼。一口20吋的烤盤最理想。別用拋棄式鋁箔紙盤，它撐不住豬體所以會坍塌。在前一天或烤之前，準備12杯以下的餡料之一：

1又1/2份基本麵包丁餡料，264頁；1份加烤堅果或烤栗子和水果乾的麵包屑餡料，265頁；1又1/2份番薯加蘋果餡料，272頁；或3份加杏桃乾和開心果的北非小米餡料，274頁

把烤架置於烤箱最下層。烤箱轉230度預熱。在一只20吋長的烤盤裡豪邁地抹油。如果烤盤較小（不能小於17吋），備妥一只長條型烤模和大量的加厚強效鋁箔紙。

把：1隻乳豬（15至20磅）

放到水槽裡。查看一下，確認沒有任何豬鬃或毛髮殘留；假使有的話，用刮刀刮除或者用火灼燒。把豬隻裡裡外外洗乾淨，並且擦乾。把豬放到案板上，讓豬背朝下，把餡料鬆鬆地填入畜體內。開口處，每隔2吋寬用棉線紮綁起來，或者用木籤串合。把前後腿也串籤就位，前腿向前拉並打直，後腿則彎曲成蜷伏姿勢。把豬翻面，在背骨兩側的皮膚上斜斜劃幾道平行的長口子，每道相隔2吋，以避免豬皮在烘烤過程膨脹爆破，同時也讓皮下脂肪釋出油來，潤澤底下的肉。小心別切到脂肪層底下的肉。把一截木頭或一球鋁箔紙塞進豬嘴巴，讓嘴巴張開。混勻：

1/2杯橄欖油、2大匙鹽、1大匙黑胡椒

然後搓抹整隻豬。把豬置於烤盤上，讓牠的臀部坐落烤盤上，身體保持直立。如果你的烤盤太小把豬仔斜放烤盤上，讓頭部突出烤盤外，但臉頰下方擺一口長條型烤盤。把加厚鋁箔紙塞入烤盤，並且一路延伸至頭部和長條形烤模盤下方，以盛住烘烤期間滴淌的汁液，並且讓汁液流回烤盤內。如果豬隻打斜，用捏成球的鋁箔紙支撐。豬耳朵和豬尾巴也用鋁箔紙罩住。喜歡的話，用一把螺絲起子撬開豬嘴巴，塞一球鋁箔紙或木頭撐開嘴巴。把豬仔送入烤箱，不加包覆，烤30分鐘。接著把烤箱溫度轉低至180度，把：

3杯不甜的白酒

倒進烤盤裡，用：

1/2杯橄欖油

潤澤豬仔全身，續烤到插在豬臀最厚部位的溫度計達到63至66度，約再2至2又1/2小時（出爐後溫度會再上升5至10度）。每隔20分鐘用酒和烤汁的混液潤澤豬的體表。烤好後，把豬隻移到一口大淺盤，靜置30至60分鐘。撇除烤汁表面的浮油。把烤盤置於中大火上，加：

2杯雞高湯或雞肉湯

煮沸，攪一攪並刮起盤底的脆渣。直接用這鍋汁搭配豬肉，或者再用這鍋汁做成肉汁，那麼把鍋汁倒到一口醬汁鍋裡。混勻：

1/4杯玉米粉、3大匙冷水

攪入滾燙的鍋汁裡，煮沸，攪動攪動，熬煮至滋味濃厚。加：

鹽和黑胡椒

調味。拆掉豬耳朵和豬尾巴上的鋁箔紙。輕輕地把豬隻側過身來，拆掉綁線和／或木籤。再把豬隻翻正。取出鋁箔紙球或木頭，如果有用的話。在豬嘴巴

裡塞：

（1顆蘋果、檸檬或萊姆）

在眼窩裡塞：

（蜜棗或葡萄）

在盤子上點綴：

1層水田芥或其他嫩葉、烤蘋果鑲香腸*，

361頁，或普羅旺斯風味番茄*，518頁

乳豬端上桌後，先把前腿和後腿切下來，盛在另一個盤子上。把豬皮切成正方片。接著切出一整塊大里肌，再切成片狀。取出肋骨。把肉片和豬皮擺在盤子上，讓賓客隨興取用。在席間傳遞肉汁。

| 關於燴燒和燜燉豬肉 |

　　燴燒和燜燉這兩種濕式烹理煮法，可用在處理豬肩胛和後腿部位沒那麼柔嫩的肉。取自大里肌兩端的部位——板腱那端或沙朗那端——切角塊來燜燉最棒。如同大多數燴燒和燜燉菜餚，以這種方式料理的豬肉隔天會更入味。關於燴燒和燜燉的更多說明，請參見「紅燒、燜燉和燴燒肉」，160頁。

牛奶燉豬肉（Pork Braised in Milk）（6人份）

你也可以用梅花肉、肩胛肉或沙朗肉來做。帶骨不帶骨皆可，若用帶骨豬肉，醬汁更香醇濃郁。

在一口荷蘭鍋以中火加熱：

1大匙奶油

放入：

1塊2又1/2磅無骨豬里肌或3磅帶骨豬里肌，或其他部位

把每一面都均勻地煎黃，總共約10分鐘。假使奶油本身太過焦黃，把火轉小。倒入：

1杯牛奶

煮沸，然後把火轉小，蓋緊鍋蓋，熬煮1又1/2至2小時，其間偶爾把肉翻面，煮到用刀尖戳肉，肉非常軟嫩的地步。把肉移到砧板上靜置。舀掉燉汁表面的浮油，把燉汁煮沸，煮到稍微變稠而且呈黃褐色，約5至10分鐘。若要讓燉汁變稀，拌入2大匙水。加：

鹽和黑胡椒

調味。將肉切片，鋪排在盤子上，撒鹽和黑胡椒調味，把燉汁和牛奶結塊澆在肉上，立即享用。

德國酸菜燉豬肉（Braised Pork with Sauerkraut）（8人份）

在豬肉配德國酸菜的傳統搭配裡加新鮮甘藍菜，別有風味。

混勻：

2小匙甜味匈牙利紅椒粉、1小匙鹽

1小匙黑胡椒、1/2小匙乾的鼠尾草

1/2小匙乾的百里香、1/4小匙芥末籽

把混合物搓抹在拭乾的：

1塊豬肩胛肉、梅花肉或板腱肉（4

磅），修清多餘脂肪

整個表面，冷藏醃漬2至24小時。

烤箱轉165度預熱。在一口大的荷蘭鍋裡以中火加熱：

2大匙橄欖油或培根油

肉下鍋，每一面都煎黃，移到盤子上。倒掉鍋裡大部分的油，僅留2大匙左右。

放入：

4杯切絲的甘藍菜、2杯切薄片的洋蔥
1/2杯胡蘿蔔丁
1/2杯切細的韭蔥,只取白段
蓋上鍋蓋,煮到蔬菜軟身,甘藍菜也菱
軟,偶爾要掀蓋拌一拌,約10分鐘。再
下:
1大匙蒜末
再煮1分鐘。再放:
1磅德國酸菜,清洗並瀝乾

1杯雞高湯或雞肉湯
1瓶12盎司深色啤酒、1小匙葛縷籽
1小匙乾的香薄荷、2片月桂葉
煮沸,把肉放回鍋中,讓甘藍菜料襯
底,蓋上鍋蓋,送入烤箱燴燒2小時。查
看肉的狀況,應該是可以用叉子剝絲的
軟爛。如果不是,續烤30至60分鐘。把肉
從鍋裡取出,撇除燉汁表面的浮油。將
肉切片,佐配蔬菜和燉汁食用。

拉丁烤豬蹄膀(Latin Roasted Picnic Shoulder)(12至15人份)

豬蹄膀是豬肉最好吃的部位之一。此處
是以奧瑞岡和大蒜調味。烘烤時在豬皮
上刷水,好讓脆硬的皮軟得可以吃。
用缽杵把:
12顆大蒜仁
2大匙鹽
搗成泥,或者用刀剁成細末,盛到一口
小碗裡,然後拌入:
2大匙乾的奧瑞岡
1大匙黑胡椒
加:
1至2大匙紅酒醋
使之濕潤。
用一把小削刀,在:
1塊豬蹄膀(約7磅)
外露的多肉端部深深切劃幾道口子,用
手指把些許辛香草泥塞進口子內。將幾
處的豬皮撐鬆,把其餘的辛香草泥抹在
皮底下,接著在沒有皮覆蓋的肉表上也
抹一抹。用鋁箔紙把豬蹄膀整個包起
來,冷藏25至48小時。烤箱轉165度預
熱。撕開鋁箔紙,把豬蹄膀置於烤盤內
的烤架上,烤到內部溫度達85度,約4至
4又1/2小時,每15至20分鐘在豬皮上刷上
冷水,讓豬皮保持柔軟。烤好後把豬蹄
膀移到砧板上,鬆鬆地蓋上鋁箔紙,靜
置20分鐘。與此同時,撇除烤汁表面的浮

油,加:
1杯雞高湯或雞肉湯,或1/2杯高湯或肉湯
加1/2杯不甜的白酒
煮沸,刮起盤底的脆渣,沸滾2至3分鐘讓
脆渣精華溶解。把豬皮切下來,切成條
狀或方形。把肉切片,鋪排在盤子上,
澆上醬汁。把豬皮擺在肉周圍,趁熱享
用。

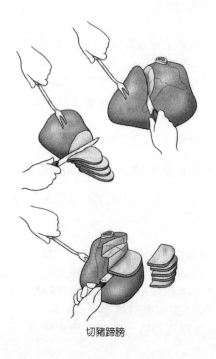

切豬蹄膀

醬醋豬肉（Pork Adobo）（6人份）

阿多包醬是由辣椒、匈牙利紅椒粉和醋做成的醃料，常用來醃豬肉。這一款是新墨西哥州很流行的阿多包醬；也可以用來醃牛肉。在西南方，這道燉肉會配米飯和油炸蜜糕，383頁，但是也可以換成麵粉薄餅或玉米薄餅，383頁。

在一口小盆裡用滾水淹蓋：

4根乾的安可辣椒或6根乾的新墨西哥辣椒（紅色安納海姆辣椒）

泡上20分鐘。瀝出辣椒，保留泡椒水。劃開辣椒，去籽去柄蒂。將辣椒和1/4杯泡椒水放入食物調理機或攪拌機裡，加：

1/3杯蘋果酒醋、4瓣蒜仁，去皮

1小匙孜然籽、1/2小匙乾的奧瑞岡

1/2小匙黑胡椒、1/4小匙芫荽粉

1小撮肉桂粉

攪打成滑順的泥。把泥倒進一口大盆裡，放入：

3磅波士頓桶肉；或去骨修整過的梅花肉，切成2吋角塊；4磅鄉村式肋排，修整過；或3又1/2磅無骨豬肩胛板腱肉排

翻抓一下，讓肉裹上醃料。加蓋冷藏至少12小時，或醃上3天。其間偶爾要把肉翻面。

在一口大型荷蘭鍋以中火加熱：

2大匙蔬菜油

油熱後下：

1杯切碎的洋蔥

拌炒拌炒，煮到軟身但不致焦黃，約5分鐘。接著放入豬肉，所有的醃料也一併倒進去，連同：

1又1/2杯去皮去籽，切碎的番茄

火轉小，蓋上鍋蓋，煮到豬肉軟嫩，約1又1/2至2小時。把肉盛到上菜碗裡並且保溫。舀掉燉汁表面的浮油，再以大火熬煮至變稠。嚐嚐味道，調整鹹淡。把燉汁澆在肉上，拌一拌使之裹著肉塊。

｜關於豬小里肌｜

傳統上，豬的小里肌只當成背骨兩側帶骨大里肌的一部分來賣。現今則普遍以單獨的部位來販售。小里肌含有非常少量的脂肪——幾乎和去皮雞胸肉一樣低脂——非常柔嫩，滋味又佳。小里肌很快熟，最適合煎炸、紅燒、炙烤、燒烤、油煎和油炸。也可以用烤箱烤；由於脂肪含量少，溫度最好設在二百六十度。更低的溫度會使得肉尚未熟透酥黃即變得乾柴。

小里肌可以一整塊烹煮，也可以切片再捶成薄肉片來料理。切片時，從較厚的那一端切起，窄端則留一整塊來煎炸或炙烤。小里肌也很適合切成骰子狀或柳條來串烤、沙嗲或煎炒。開蝴蝶刀的小里肌，不管是一整塊或切片（見鄉村炸豬小里肌佐肉汁，如下），熟得更快。小里肌非常精瘦，小心別煮過頭——始終煮到多汁而且呈淡粉紅色的程度就好。可依照你料理一整塊大里肌那樣處理小里肌，煮到內部溫度達六十六至六十八度，然後靜置幾分鐘即可享用。切片或切散的小里肌煮個幾分鐘即熟。市面上販售的小里肌通常會預先包裝好，每包兩條。➤肉質最好的小里肌都是體積最小的，每條約八至十二盎司，通常足供二至三人份。

紅燒豬小里肌（Pan-Roasted Pork Tenderloin）（4人份）

配鹹味水果醬料最對味。

拭乾：2塊小里肌（每塊8至12盎司）

撒：鹽和黑胡椒

調味。在一口大的平底鍋裡以大火加熱：

1又1/2小匙奶油、1又1/2小匙橄欖油

把肉的每一面都煎黃。轉成中火，翻面一兩次，煎到插在肉最厚部位的溫度計達63度（起鍋後溫度會再上升5至10

度）。肉盛盤，鬆鬆地蓋上鋁箔紙，靜置5至10分鐘再切開。喜歡的話，倒光鍋裡的油，鍋子置於中大火上，製作：

（辛香草鍋底醬，287頁；薑味香橙醬，289頁；或韭蔥、香橙和迷迭香鍋底醬，288頁）

煮沸，刮起鍋底的脆渣。肉切片，澆上醬汁，趁熱享用。

鄉村炸豬小里肌佐肉汁（Country-Fried Pork Tenderloin with Gravy）（12人份）

這道辛香豬肉有時會當早餐，做成三明治或主菜也很棒。

在一口小碗裡混勻：

1大匙甜味匈牙利紅椒粉、1又1/2小匙鹽

1又1/2小匙黑胡椒、1/2小匙蒜粉

1/2小匙乾的鼠尾草、1/2小匙乾的奧瑞岡

1/2小匙芥末粉、1/2小匙紅椒粉

拭乾：

2塊豬小里肌（每塊約12盎司），每塊切成6片

取一把刀，讓刀面與案板平行，從每片肉的一側深長地開蝴蝶刀。不要把肉完全切斷，另一側留1/2吋的寬度保持完整，充當軸承。像翻開一本書那樣把肉攤開，用手壓平。搓上香料混合物，放

冰箱醃個30至60分鐘。在一口大的平底鍋以中大火加熱：

1/4吋高的蔬菜油

把小里肌肉片放進：

1/2杯中筋麵粉

裹粉，抖掉多餘麵粉。分批下油鍋炸，先把一面炸得金黃，3至4分鐘，再翻面繼續煎炸3至4分鐘。炸好後撈到盤子上，加蓋保溫。製作肉汁時，先倒掉鍋裡大部分的油，僅留約2大匙左右。拌入：

2大匙中筋麵粉

再徐徐攪入：1杯牛奶

加熱至滾沸，刮起鍋底的脆渣。把肉汁澆到炸肉片上，配上：

比司吉，432-435頁，或軟的小圓麵包

燒烤豬小里肌（Grilled Pork Tenderloin）（4人份）

燒烤整條小里肌，或者切成圓厚片，或切大角塊來串烤；切得更小會很快變得乾柴。配燒烤小里肌的醬料包括烤肉醬、調味奶油、或乾醃料、佐料、沾醬、油醋醬、釉汁或莎莎醬，見277頁找點子。

燒烤爐升中大火。拭乾：

2條豬小里肌，整條或切成1吋厚的圓片

抹上：

1大匙橄欖油或蔬菜油

撒：

鹽和黑胡椒

調味。整條的每面燒烤8至10分鐘，或烤到插在肉最厚部位的溫度計達63度（離火後溫度會持續上升5至10度）；靜置一旁，鬆鬆地蓋上鋁箔紙，放個5至10分鐘再切開。切圓片的話，每面燒烤2分鐘。

| 關於豬排骨、豬排和豬肉片 |

　　說到豬排，雖然「排骨」、「豬排」、「豬肉片」這幾個用語多少是互通的，不過看到**排骨**（chops）兩字，你往往會預期它是來自帶骨豬里肌、一人份的厚切肉排。**豬排**（steaks）的用法比較鬆散，只要是厚片豬肉都可以這麼稱呼，而**豬肉片**（cutlets）則是不帶骨的薄肉片，取自里肌或腿部。取自里肌的**帶骨豬排**（pork chops）有各種名稱。從肩胛端切下來的叫做**豬里肌板腱排骨**（loin blade chops）（又稱為**板腱豬排**〔blade steak〕）。接著，取自中段的有**肋排骨**（rib chops）和**里肌排骨**（loin chops），後者包含小里肌，很像小型的丁骨牛排。最軟嫩的豬排骨，取自豬里肌的中段；切成厚度不一的肉排販售。中段之後是**後腰排骨**（sirloin chops），較大塊，有時會切成薄肉片。豬排可能取自腿部、肩胛或里肌。腿部則依不同的肌肉提供嫩尖（tip）、**上腿**（top）、**下腿**（bottom）和腿眼（eye），以及，若想更大塊的豬排，取腿部整個橫剖面，即**中片豬排**（center slice）。

　　取自里肌的排骨最好以乾式加熱法烹理——煎炸、鍋炙、油煎或燒烤。燴燒的方式適合處理板腱排骨和沙朗排骨，還有肩胛肉和腿肉，但不適合經典的豬里肌排骨，這種用液體烹煮的方法容易把豬里肌排骨煮過頭、煮老了。挑選大約一吋厚的豬里肌排骨。若要做鑲餡豬排骨，我們建議挑一吋半至二吋厚的，若用薄肉排來做，建議挑四分之一至二分之一吋薄的。我們有時候也用**豬里肌圓肉排**（pork loin medallions），那是切成任何厚度的無骨里肌中段。若切得薄，則以快炒方式料理，厚度若有一吋或更厚，則煎黃之後放入淹過表面的液體裡細火慢煮。如果想佐醬食用，豬排骨或里肌圓片以煎炸或油煎為佳，因為肉煎好後，直接把煎肉鍋內焦糖化的汁液溶解出來即成醬汁。或者你也可以預先備妥醬汁，食用前再重新加熱。見277頁找更多醬汁和肉汁的點子。

豬排（Pork Chops）（4人份）

I. 香煎豬排
　　拭乾：
　　4片中段豬里肌（帶骨或不帶骨皆可），1吋厚
　　撒：鹽和黑胡椒
　　在一口大的平底鍋以大火加熱：
　　1又1/2小匙奶油
　　1又1/2小匙橄欖油或蔬菜油
　　豬排下鍋，每面煎1分鐘。把火轉小，蓋上鍋蓋，帶骨的豬排每面再煎5分鐘，無骨的4分鐘。豬排最後應該外表焦黃，中央略呈粉紅色。把肉夾到溫熱的盤子上，接著平底鍋轉大火收汁。喜歡的話，用鍋汁製作醬汁，或者預備好的醬汁，諸如酒商醬，299頁，加到鍋汁裡重新加熱。

II. 烤豬排
　　建議用厚片豬排來做。
　　烤箱轉180度預熱。拭乾：
　　4片豬排（帶骨或不帶骨皆可）

撒：鹽和黑胡椒

調味。按上述方式烙煎後，加蓋烤1小時。你可以在最後半小時把以下的食材之一或加或灑在豬排上：

（3大匙蔥花和西芹末）

（1瓣大蒜蒜末）

（1又1/2吋的生薑段，去皮切末，放在1大匙醋裡壓成泥）

（3片香橙片或1/2杯橙汁）

III. 燒烤豬排

試試配上醬菜或莎莎醬諸如水果莎莎醬，325頁；紅洋蔥橘醬，317頁，或魔力醬，316頁。

燒烤爐升中大火。拭乾：

4片中段豬里肌豬排（帶骨或不帶骨皆可），3/4至1又1/2吋厚

抹上：

2大匙橄欖油或蔬菜油

撒：鹽和黑胡椒

調味。置於熾熱木炭上，帶骨的每面烤5至8分鐘，無骨的每面烤4至6分鐘，視厚度而定。

裹粉豬排或薄肉排（Breaded Pork Chops or Cutlets）（4人份）

薄的豬排骨或豬里肌薄片可做出鮮嫩多汁的裹粉豬排。若想增添風味，加其他辛香草或香料到麵包屑裡。

準備維也納炸肉排，192頁，把仔牛肉換成：

4片豬里肌排骨或豬里肌薄片

燴燒鑲餡豬排「樂土」（Braised Stuffed Pork Chops Cockaigne）（6人份）

烤箱轉180度預熱。從骨頭上切下：

6片豬肋排肉，約1又1/2吋厚

修清多餘的肥脂。從每片肉的一側切劃深長的切口或口袋。拭乾肉片，填入：

義式麵包丁餡料，266頁

用牙籤把切口串合。接著肉排下熱鍋烙煎，放入盛有：

牛奶或雞高湯或雞肉湯，約1/4吋深

一口有附蓋的烤盤中。加蓋烤1小時又15分鐘，或烤到軟嫩。準備：

紅肉鍋底肉汁，285頁

或者佐上：蔓越莓醬★，368頁

糖醋豬柳（Sweet-and-Sour Pork）（6人份）

把：

2磅瘦的無骨豬肩胛肉或豬里肌

切成2吋長、1/2吋厚的肉柳。

在一口中式炒鍋或大型平底鍋裡以中大火加熱：

2大匙蔬菜油

把肉柳煎黃，煎好後置於紙巾上瀝油。

在鍋裡放入：

1杯鳳梨汁

1/2杯水或雞高湯或雞肉湯

1/2杯蘋果酒醋

1/4杯黑糖、2大匙玉米粉

2大匙醬油

2小匙烏斯特黑醋醬

拌一拌，煮到醬汁略微變稠而且清澈。肉回鍋，把火轉小，加蓋煨煮大約1小時，或煮到軟嫩。再加：

1又1/2杯鳳梨切塊

1顆小的青甜椒，切薄片

（1/4杯洋蔥片）

入鍋，掀蓋煮約10分鐘。配上：

米飯

| 關於豬肋 |

　　子排（spareribs）取自豬隻的側腹或下腹。三種豬肋當中，子排的肉最少，但非常有滋味；一磅子排可供一人份（聖路易式肋排是進一步去除胸骨的子排）。**背肋排**（back ribs）取自里肌部位或豬背，有時候又叫做**里肌小排**（loin back ribs）。里肌小排比子排要多肉，也不如子排多脂。**豬小肋排**（baby back ribs）純粹是取自肋骨末端較窄小的背肋排；有時又叫做**豬小排**（riblets）。一整排的背肋重量介於一磅半至一又四分之三磅；一磅背肋排足供一人份。**鄉村式肋排**（country-style ribs）是所有肋排當中最渾厚多肉的，骨頭也比其他種肋排要少得多；有時候甚至以無骨形態販售。如同背肋排，鄉村式肋排也取自豬里肌部位。八至十二盎司鄉村式肋排可供一人份。

　　肋排可以烘烤、燒烤或燴燒。肋排要煮得好吃，得掌握兩大因素，一是時間——大量的時間，二是火候——非常小的火。烤肋排的溫度最好設在一百五十度至一百六十三度。若是燒烤，肋排置於間接火力之上滋味最好，也就是把木炭撥到燒烤爐兩側，肋排擺中央。一旦你不怎麼出力即可把骨頭從肉中取出，或扭動一下即可取出，而且肉非常軟嫩，肋排就是烤好了。肋排裹上香料乾醃料特別入味可口。燒烤時若要塗醬，燒烤的最後三十分鐘再著手塗；大部分的醬都含有某種糖或甜味劑，容易燒焦。若用烤箱以溫和得多的火力烘烤，肋排則可打從一開始就塗醬。

炭烤子排（Barbecued Spareribs）（6人份）

I. 戶外

拭乾：2排側邊的豬子排（約6磅）

在兩面搓上：

2/3杯南方烤肉乾醃料，348頁

冷藏醃個1至2小時，或者，若想更入味，包上保鮮膜，冷藏12至24小時。升炭火。當木炭覆蓋著淺色的灰，便撥到一側。把燒烤爐底下通風口完全打開。用鋁箔紙包起2杯的山胡桃木煙燻木屑，用叉子在鋁箔紙表面戳幾個小洞，把一整包擺在木炭中間。把肋排並排地置於燒烤架上，盡量遠離木炭，並蓋上爐蓋，頂部的通風口打開三分之二。肋排燒烤2至2又1/2小時，每30分鐘翻面一次。假使火快要熄滅，多加一點炭磚，炭磚離肋排越遠越好。當骨頭慢慢和肉剝離，扭動骨頭時感覺鬆鬆的，肋排就是烤好了。馬上用鋁箔紙把肋排包起來，靜置15分鐘。喜歡的話，將肋排稍微塗上：

烤肉醬

並且／或者讓它在席間傳遞。

II. 室內

把烤架置於烤箱中央。烤箱轉180度預熱。準備：

醃過烤肉醬的子排，如上

烤45分鐘，再把肉的那一面翻向上，烤到肋排呈漂亮的焦黃色而且軟嫩，約再45至60分鐘。出爐後靜置15分鐘。從骨頭之間切開，如上述方式食用。

豬小肋排（Baby Back Ribs）（4人份）

拭乾：

2排豬小肋排（4磅）

搓上：

南方烤肉乾醃料，348頁；胡椒乾醃料，348頁；咖啡香料乾醃料，349頁；甜味香料乾醃料，349頁

置於烤盤上，倒入：

1瓶12盎司啤酒

加蓋冷藏，醃上8小時或一夜。

準備：

1款烤肉醬或塗醬，346-347頁

烤箱轉180度預熱。用鋁箔紙覆蓋肋排，烤1個半小時。在後段的烘烤期間，把溫度轉低至150度，瀝除烤盤裡的油，續烤1小時，每10至15分鐘，在肉表抹烤肉醬或塗醬加以潤澤。若用燒烤爐，升中大火。肋排抹上烤肉醬加以潤澤，置於燒烤架上，多肉那一面朝上，蓋上爐蓋，燒烤至肉質軟嫩，30至45分鐘，每10至15分鐘潤澤肉表一次。

烤肉醬烤鄉村式肋排（County-Style Ribs Baked in Barbecue Sauce）（6至8人份）

經過4小時的烘烤，這些肋排變得細嫩軟爛，充滿濃濃的烤肉醬滋味。

將烤架置於烤箱中央。烤箱轉150度預熱。將：4磅鄉村式肋排

鋪排在一口大烤盤內。在一口盆子裡攪勻：

1又1/2杯烤肉醬，或雷式芥末烤肉醬

1杯柳橙汁

把醬汁澆在肋排上，翻面讓肋排裹上醬汁。罩上鋁箔紙，烤3小時。掀開鋁箔紙，烤箱溫度轉高至180度，續烤1小時，續烤30分鐘後翻面一次。烤好後肋排盛盤，靜置15分鐘。舀掉烤肉醬表面的油當作佐醬。

｜關於將火腿或其他鹽醃肉脫鹽｜

現今冰箱普及，**火腿、加拿大培根、舌肉、鹽醃牛肉**和**鹹豬肉**在醃漬過程裡，鹽的用量比以前少很多。這些鹽醃肉品，儘管辛嗆有味，但是和鹽漬蔬菜一樣，營養價值比新鮮肉品低得多。假使肉品是以重鹽醃漬或陳年醃漬，一如鄉村火腿，如下，務必要泡水十二小時，用一夸特水兌一磅的鹽醃肉來泡。或者，烹煮前要先➜過水汆燙☆，見「烹飪方式與技巧」。汆燙後，把肉放進大滾的水裡，再次煮沸，接著➜馬上把火轉小，維持在要滾不滾的狀態。➜不蓋鍋蓋，煮到軟。時間的長短，見個別食譜說明。

｜關於火腿｜

有人曾經把永恆定義為兩人分食一條火腿。這個定義大概起源於火腿一詞指涉的僅僅是我們今天所說的**全火腿**（whole ham）的年代，嚴格來說，那

像一座小山似的肉，也許是鹽醃也許是煙燻的，是豬的一整條後腿。**生火腿**（fresh ham）是沒被煙燻或鹽醃的後腿，用來紅燒的豬肉。在今天，「火腿」一詞指的是取自後腿或前肩各個部位，經過鹽醃，有時會再煙燻或陳放的加工肉品。

火腿通常會被標示為「半熟」或「全熟」。不管你買哪一種，➡️詳讀標籤上的說明。半熟的火腿——有時候標示上會寫著「非供即食，應充分加熱」——需要烤到內部溫度達一百六十度。全熟的火腿——又叫做「即食」火腿——可以直接食用，不需進一步烹煮，但是如果烘烤過再裹上蜜汁，一如烤火腿，烤到內部溫度達六十至六十三度，滋味更棒，外觀也更誘人。

雖然美國大部分的火腿都是醃燻的，你還是可以找到以其他方式預先煮過，滋味較溫和，價格也較便宜的火腿。濃厚的冷燻法乃用來製作昂貴的特產火腿，譬如本土的**史密斯菲爾德火腿**（Smithfield）以及歐洲的**威斯特伐利亞火腿**（Westphalian）。冷燻過程並未對火腿進行烹煮，但是殺死了微生物，也使得肉脫水而更有風味，造就出以扎實肉質為特色的頂尖火腿。冷燻火腿肉質較乾，色澤更深，滋味更濃郁，這是拜長期陳放所賜；通常切得薄如紙片來鮮吃。

半熟和**全熟火腿**大小形狀不一。全火腿，十至十五磅連著骨頭的一整條豬後腿，是最有滋味而且最能夠物盡其用的部位。➡️通常足供二十至三十人份，甚至綽綽有餘。最上乘的全火腿圓滾短胖，腱子肉粗短而非修長，或者說末端收尖。若所需的量不多，你可以只買全火腿的某一段，譬如被叫做**臀段**（rump half）或**股段**（butt portion）的渾圓部分，也就是豬隻的大腿上部，或者下部的**腱子段**（shank half）。臀段較多肉，但也相對比較難切。➡️不管哪一段都可能重達四至七磅——足供十至十二人份。從腿的中段也可以切取小一些的火腿排（ham steak）和肉塊，這些**中段火腿肉**（center ham slices or roasts）通常不到兩磅，料理起來快速方便；見炙烤火腿排，223頁。

螺旋式切法的火腿（Spiral-cut hams）屬於全熟的鹽醃火腿，因為火腿已經預先切成單一而連續的螺旋花式葉片，賞心悅目之餘，也很容易切取食用。除了取自後腿的一般火腿之外，還有較不昂貴但滋味同樣一級棒的其他帶骨火腿。**野餐火腿**（Picnic ham）是煙燻的前腿肩肉，儘管滋味美妙，但口感比取自後腿的火腿稍韌。也因為和瘦肉相比帶有較多的油脂、骨頭和皮，➡️因此每人份要估幾近一磅的野餐火腿。另一種肩肉火腿，叫做**梅花肉火腿**（boston butt）、**農家火腿**（cottage ham）或**雛菊火腿**（daisy ham），取自波士頓桶肉，儘管軟嫩美味，也相當油膩肥潤。➡️細長的一條通常可供三或四人份。切成片之後可取代培根。可以炙燒、油煎、烘烤或煨煮。

全熟的火腿以很多去骨的形式販售：整條、切段或切成各種大小的大塊。這類火腿主要是切片做成三明治用。熟食店裡常見的這種包裝火腿（deli ham）是以鹽醃的瘦肉製成的，表皮的肥脂大部分已被去除，可能含有額外添加的水分和磷酸鹽。最優質的火腿不加水和其他添加物，單純只標上「火腿」字樣。其他的火腿按照品質優劣依序是「含天然肉汁的火腿」、「加水的火腿」和「火腿與水產品」。

當家裡突然有一大群意外的訪客登門，形形色色的**罐頭火腿**是最能應急的便利成品。購買罐頭火腿時，➡️查看標籤上的有效期限和建議的冷藏方式。大多數較大的罐頭火腿開封前一定要冷藏，因此能夠貯存數月之久。較小的罐頭火腿不需冷藏保存。

鄉村火腿（country ham），有時又叫做**肯德基火腿、維吉尼亞火腿**或**田納西火腿**，是乾醃式、鹽分高的火腿，需要泡水並長時間煨煮來稀釋鹽分。

火腿可以溫熱著吃，或放涼吃，但絕不要冰冷著吃。假使切片的火腿表面現出虹光，別擔心——那只是肥潤的油膜上的反光罷了。為求最佳滋味，➡️未開罐的全火腿烹煮前貯存在冰箱的時間不該超過一星期；小段火腿放冰箱也不該超過三至五天。切片火腿最好在兩天內食用完畢。

在義大利，Prosciutto這字眼指的就是火腿，而這種義大利火腿滋味細緻。製成這種火腿的豬隻有著特殊的飲食，牠們是吃栗子長大的，或者在帕瑪地區，吃的是當地帕瑪森起司製造廠的乳清。豬後腿經過乾醃和風乾，起碼要陳放十個月，因而肉質扎實而乾燥。義式火腿不需烹煮，事實上烹煮過後會變得又乾又柴。若要加到菜餚裡增添風味，反而要在起鍋前才加。義式火腿通常片得薄如紙，佐上香瓜片或無花果片食用，或者保守地加到湯裡或燉菜裡調味。

白豬火腿（serrano ham）是西班牙的山火腿（*jamon Serrano*）。跟義大利火腿很像，白豬火腿來自西班牙多山的地區，在那裡生火腿經由風乾醃製。頂級的白豬火腿滋味濃郁、質地扎實，應該當開胃菜單吃，或者少量地加到菜餚裡調味。

塔索火腿（Tasso）是香料濃厚的煙燻火腿，克里奧和肯瓊風味特產，主要是以豬肩肉製成。豬肉先以鹽水醃漬，接著搓上辛嗆的綜合香料，然後再冷燻處理，直到肉脫水。這種火腿往往剁碎後加到秋葵濃湯、什錦燴飯、燴海鮮或其他路易斯安納菜餚裡調味。塔索火腿可以在特產店買到，也可以網購。

後膝火腿（ham hock）乃後腿下部，帶有骨頭、瘦肉、肥脂和硬皮。這種火腿通常是鹽漬，而且重度煙燻，不過也買得到生的後膝火腿。這種火腿是慢燉料理和豆類湯品的一大功臣，賦予燉汁一股土味和煙燻味，也豐富了口感。

烤火腿（Baked Ham）（每人份估1/3磅）

請參見「關於火腿」，來決定使用哪種火腿和多少分量。

I. 「非供即食」的火腿

烤箱轉165度預熱。把火腿置於烤架

上，然後再擺到一口淺烤盤內。若是一整條10至15磅的火腿，每磅約烤18至20分鐘；若是半條——5至7磅——每磅約烤20分鐘；若是重量介於3至4磅的腱子段或股段，每磅約35分鐘。不論如何，不加蓋烘烤，烤到內部溫度達70度。去除外皮和多餘肥脂，佐上：

葡萄乾醬，314頁；烤肉醬，346頁；或英式昆布蘭醬，314頁

或者，如果你想要外觀誘人，按照下述方式快速裹糖汁修潤。

建議的配菜如下：

焗烤馬鈴薯*，493頁；或栗子泥

II.「全熟」或「即食」火腿

烤箱轉165度預熱。火腿加熱時，要擺在淺烤盤內的架子上，不加蓋地烘烤。若是全火腿，每磅烤15至18分鐘；半條，每磅18至24分鐘。當內部溫度達60度就是烤好了。若想為火腿裹蜜汁，在差30分鐘才會烤好時，把

火腿移出烤箱，將烤箱溫度轉高至220度。除了腱子骨周圍留一圈之外，把所有的外皮剝掉。在火腿頂端的肥脂上打花刀，然後在表面覆蓋一層用：

3大匙蘋果酒醋、蜜棗汁、葡萄酒或火腿油脂

潤濕的：

1又1/3杯紅糖、2小匙芥末粉

在打花刀的肥脂交叉裂隙裡塞：

整顆丁香

或者點綴上：

交錯擺放的嵌有蔓越莓的半圈鳳梨圈和從橙皮乾裁出的星形

把火腿送回烤箱，烤箱的溫度再轉低至165度，烤30分鐘。火腿盛到盤子上，點綴上：

切片的蔓越莓醬膠凍，綴上薄橙片或鳳梨片

或者配上：

番薯泥*，560頁

鄉村火腿（Country Ham）（每人份約估1/3磅）

鄉村火腿要先浸在足以蓋過表面的冷水裡泡24至36小時。然後用菜瓜布把表皮徹底刷洗乾淨，清除霉斑。

把：1條鄉村火腿

放入一鍋足以淹過火腿表面的微滾開水裡，每磅煮20分鐘，或者煮到肉的內部達66度。剩四分之一的時間就要煮好時，在水裡加：

4杯蘋果酒、1/4杯紅糖

烤箱轉220度預熱。瀝出火腿，趁熱把外皮剝除，小心別把肥脂弄破。修切部分的肥脂。將：

2小匙黑胡椒、1杯玉米粉、1/2杯紅糖

混合撒在火腿表面。置於烤盤內的架子上，烤到表面形成釉面。冷熱皆宜，食用時切極薄的薄片。

炙烤火腿排（Broiled Ham Steak）

傳統的配菜是油煎玉米餅*，451頁，以及炙烤番茄*，519頁。每人份約1/3磅火腿。

炙烤爐預熱。在：

1塊火腿排，約1吋厚

表層肥脂上劃幾刀。把火腿排置於火源下方3吋的地方，每面炙烤8至12分鐘。喜歡的話，在即將烤好之際刷上混勻的：

1小匙芥末粉

1大匙新鮮檸檬汁

1/4杯融化的葡萄果凍

鄉村火腿排佐紅眼肉汁（Red-Eye Gravy）（4人份）

一道南方經典，要配上熱比司吉。
在一口大的平底鍋裡以中大火融化：
1又1/2小匙奶油
放入：
1塊3/4至1吋厚的全熟鄉村火腿排（1又
1/2至2磅）
把火腿排煎得金黃好看，每面約煎3至5分
鐘。火腿排盛盤，撒：

黑胡椒
調味。平底鍋放回火源上，倒進：
1杯咖啡
沸煮至咖啡略微變紅色，倒入：
1/2杯濃的鮮奶油
把火轉小，煮到稍微變稠，約10分鐘。
加：鹽和黑胡椒
調味。用這肉汁佐配火腿排。

燉豬頸骨（Stewed Pork Neck Bones）

在煮開的鹽水裡放入：
豬頸骨
水部分淹蓋豬頸骨。火轉小，加蓋煨煮

至肉軟嫩，約1個半小時。在烹煮的最後
30分鐘，可以加蔬菜進去。

燉蹄膀（Stewed Pork Hocks）

在煮開的鹽水裡放：
豬蹄膀
火轉小，加蓋煨煮1又1/2至3小時。你可
以在烹煮的最後30分鐘加馬鈴薯進去，或

在最後20分鐘加切片的青菜或甘藍菜進
去。或者瀝出蹄膀，放涼，然後用：
（加辛香草的法式淋醬）
醃漬2小時或更久。佐配沙拉當冷盤。

｜關於培根｜

　　培根是以豬五花肉製成的，修整過的五花肉經鹽水醃漬後，再煙燻至半
熟。豬五花肉是相當肥腴的部位，肥肉融為其風味和口感的一部分。超市裡賣
的培根大多是切片的，有厚有薄。沒切片的**培根板**（slab bacon）很適合用來做
穿油，155頁，或做肥肉丁（lardons），*lardon*是法文，意指培根切丁或切片，
汆燙並炸至酥脆。

　　加拿大培根和一般的培根沒什麼相似之處，它事實上取自較多肉也較精瘦
的里肌部位，鹽醃之前也被修整得更徹底。儘管大部分的加拿大培根都以鹽水
醃漬並煙燻過，也因此神似火腿，它也以生肉的形式販售。熟的加拿大火腿要
切來做冷盤或煎炸時，方法和切一般火腿沒兩樣。生的加拿大培根通常會滾上
粗玉米粉，通常會以烘烤方式料理；不妨試試切厚片燒烤。

　　Pancetta是義大利版的培根。最常見的是緊密捲成一條，由一層天然腸衣
包著，不過也有厚板狀的。義式培根是用鹽和香料醃漬，但是不經煙燻，所以
比培根更濕潤，滋味也更香醇。➡假使你要把義式培根換成一般培根，要先

把培根放到滾水裡汆燙，以去除煙燻味。

豬五花肉帶有**肥肉**（fatback），豬腹上未被加工過的肥脂，通常用來榨成料理用的豬油，或者做成穿油用的肥肉條。因為沒有醃漬或煙燻過，肥肉的味道香醇純淨。小塊肥肉炸到酥脆即是**豬油渣**（cracklings），有時會被加到玉米麵包裡一併烘烤。**鹹豬肉**取自五花肉或豬蹄或肩肉。鹹豬肉是重鹽醃漬未經煙燻的加工品，其最有價值的部分在肥脂，通常用來榨油供烹理用。加了一塊鹹豬肉煮出來的湯品、燉菜或豆類料理，滋味會更醇厚。使用前要先泡水脫鹽。

含有良好比例的瘦肉層、經醃漬而鹽分不過多的培根片，是最上乘的。我們偏好厚片培根，而且格外喜歡黑胡椒培根。要把生的培根片分開，一次取二或三片，然後再撥開成一片片。每人份二或三片。要**炙烤培根**，用冷盤開始烤。或者，假使你要油煎培根，也要從冷鍋煎起。這樣可以避免培根捲曲，也比用重物或特殊小器具來加壓來得有效。➠火力保持在小至中火，而且要頻頻查看；培根可能幾秒鐘就燒焦了。

烤培根（Baked Bacon）

烤大量培根的最佳方法。
烤箱轉180度預熱。在炙烤盤內的冷架子上，或在立出邊框的烘焙紙內的架子上，放：
培根片

（如果培根片不容易分開，把一疊的培根片放在略微溫熱的烤盤上，等培根片受熱，再把它們一片片剝開來）。烤到酥脆，15至20分鐘。不需翻面。烤好後放紙巾上瀝油。

煎培根（Sautéed Bacon）

依你個人喜歡的口感來煎。煎得越久，釋出的油越多。
在一口大的鑄鐵鍋或其他厚底平底鍋裡放：
培根片
彼此不重疊。把鍋子置於中小火上，慢

慢把培根煎黃。經常翻面，隨時監控火力以免煎焦。煎好後移到紙巾上瀝油。如果分批煎，每煎好一批，就把鍋裡累積的油倒到一口咖啡馬克杯裡。這樣可以避免額外的油爆或濺油。

炙烤培根（Broiled Bacon）

炙烤爐預熱。在冷炙烤盤上鋪排：
培根片
把炙烤盤放在火源下方4至6吋之處。炙烤

到焦黃酥脆，要不時翻面，10至15分鐘。移到紙巾上瀝油。

微波培根（Microwaved Bacon）

因為微波爐的火力和效能不一，以下的方法只能提供大略的微波時間。用你自

己的微波爐多練習幾次，就能掌握所需的時間和你要的熟度。

在盤子上鋪三或四層紙巾，繼而在紙巾上鋪：

培根片

送進微波爐，以大火力微波3分鐘。摸摸培根，如果不夠酥脆，繼續微波，每30秒查看一下熟度。用紙巾拍拍培根表面以吸油，隨即享用。

| 山羊或小山羊 |

你可以在拉丁美洲、希臘、義大利和西印度群島的肉品市場買到小山羊肉，尤其是復活節期間，高檔市場偶爾也賣。根據美國政府規定，小山羊肉的包裝上會有**山形紋**（chevron）標記。

市面上大多數的小山羊都不足四個月大，屠體重量介於十二至三十磅之間。▶體型越小，肉的滋味越細緻軟嫩。凡是燜燉或燴燒羔羊肉或牛肉的食譜都可以換成小山羊肉來做，譬如咖哩羔羊肉佐番茄，207頁；或白酒芥末辛香草燉牛肉，181頁；或者烤山羊肉或大角羊肉，259頁。

牙買加咖哩山羊肉（Jamaican Curried Goat）（4至6人份）────

很多人認為這一道是牙買加國菜，若用加勒比海哈巴內羅辣椒或小圓帽辣椒入菜，這道咖哩菜則火辣夠味。若用較溫和的墨西哥青辣椒，滋味也不賴，同時也沒那麼辣。山羊肉可以換成羔羊肉或豬肉。

在一口大盆裡混勻：

2磅無骨山羊肉，修整並切成1吋角塊
2大匙咖哩粉、2根辣椒，去籽切末
1小匙鹽、1小匙黑胡椒

封口並冷藏，醃漬至少1小時，或醃上12小時。取出羊肉並拭乾，醃漬過程羊肉釋出的汁水保留備用。在一口荷蘭鍋裡以中大火加熱：

3大匙蔬菜油

肉下鍋，需要的話分批下，把每一面都煎黃，5至6分鐘。用漏勺撈出煎黃的肉。用鍋中餘油以中火拌炒：

1顆洋蔥，切碎、1枝西芹，切碎

炒至洋蔥開始變焦黃，約5分鐘。接著山羊肉再下鍋，預留的醃汁也一併倒入，外加：

2又1/2杯蔬菜高湯或蔬菜湯或水
1片月桂葉

煮沸，蓋上鍋蓋，轉小火煮1小時。再放入：

3至4顆馬鈴薯，削皮切成1吋角塊

加蓋續煮至馬鈴薯和肉均可用叉子剝絲的軟度，35至45分鐘。鍋子離火，撇除液面浮油。嚐嚐味道，調整鹹淡，撈除月桂葉，配上：

米飯

| 關於絞肉和漢堡肉 |

德國漢堡港的商人幾百年來和愛沙尼亞人、拉脫維亞人以及芬蘭人經商，習得了波羅的海地區吃生牛肉末的胃口，然而，直到一九○四年聖路易世界博

覽會，圓麵包夾炙燒牛肉才被南聖路易的德國人引介給全世界，而且給它起名叫漢堡。美國人很快地迷上漢堡，漢堡成了他們永遠的最愛；對於鎮日忙碌的人來說，漢堡便利、經濟又美味營養，似乎就是醫生會點來吃的口袋食物。

牛絞肉顯然是美國人最喜愛的絞肉。不同部位的牛肉，脂肪含量不一，滋味也不同。根據聯邦的規定，標示為「**漢堡肉**」販售的牛絞肉，脂肪含量不得超過百分之三十，而大部分的超市和肉舖，根據精瘦程度來販售幾種等級的牛絞肉。**沙朗絞肉**含有百分之十五脂肪，**後腿絞肉**含大約百分之二十脂肪，**頸肩絞肉**差不多百分之三十。最精瘦的絞肉往往是最昂貴的。購買牛絞肉時，脂肪含量是最重要的一項考量，因為脂肪量不僅關乎營養成分，也關乎烹煮方式的選擇。➠為了確保烹飪安全並消滅潛藏在絞肉裡由食物傳播的病原體，我們建議所有的絞肉都要烹煮到內部溫度達七十度。

你可以在自家裡用食物調理機或絞肉機做絞肉。做絞肉的最佳牛肉部位是頸肉、沙朗或後腿肉。在把肉絞碎之前，要先去除軟骨和筋腱。切成角塊，放入食物調理機的盆內。分幾段來絞，免得把肉塊絞過頭。絞絞停停幾次後，把碎肉攪拌一下。小心地操作，因為食物調理機絞碎的速度很快，容易把肉絞過頭，一不留神就會絞成肉泥。最理想的結果是把肉塊絞到不小於四分之一吋的碎末。

購買牛絞肉時，記得，**頸肩絞肉**的滋味最好，也最適合做漢堡，較瘦的**後腿絞肉**可用來做肉糕和肉丸子。肉下鍋前，你就要決定好煎出來的漢堡肉要多厚，並依此塑形。➠絞肉排下鍋後千萬不要用鏟子壓。

至於近來人氣很夯的火雞絞肉和雞絞肉，請見124頁的討論。其他的絞肉還有仔牛絞肉、豬絞肉和羔羊絞肉。仔牛肉含有非常少的脂肪，若用仔牛肉做肉丸子、漢堡和肉糕，通常會混上牛肉或豬肉來調整脂肪量。豬絞肉應該呈好看的粉紅色。顏色非常淡或白的豬絞肉，脂肪含量高，不建議用來做肉丸子和肉糕；可以用來做肉凍派和瓷罐肉凍，239頁。羔羊絞肉應該呈淡粉紅色或深粉紅色，通常取用肩肉。

生絞肉冷藏貯存不要超過二十四小時。在我們家，我們會買一大包絞肉，分裝成小袋冷凍，輕鬆、便利又經濟。

漢堡（Hamburgers）（4份漢堡）

用瘦牛肉來做漢堡其實是錯的，因為漢堡肉需要些許脂肪才會濕潤有味。理想的漢堡肉是用頸肩絞肉做的。
將：1又1/4磅牛肩頸絞肉
均分成4等分，並捏成1吋厚的肉餅狀。撒上：**鹽和黑胡椒**

置於熾熱的火上燒烤，翻面一次，或者用預熱過的炙烤爐炙烤，也可以放入以中大火熱鍋的平底鍋裡烙燒。不管用這三種方式當中的哪一種，每面3分鐘可得一分熟的肉，4分鐘得五分熟，每面5分鐘得全熟的肉。把漢堡肉擺在或夾在：

4個漢堡包或其他圓麵包，剖半，或者8片麵包
加上幾樣下列食材：
美乃滋、芥末醬、番茄片、萵苣葉
洋蔥片、蒔蘿酸黃瓜
番茄醬或選自「醃菜和碎漬物」☆的其他

番茄口味的醬
醃漬綠番茄☆，見「醃菜和碎漬物」
印度辣泡菜☆，見「醃菜和碎漬物」
泡菜☆，見「醃菜和碎漬物」
立即享用。

起司漢堡（Cheeseburgers）

漢堡肉翻面後，疊上美國起司片或你選用的其他起司片。若要做培根漢堡，在

每份煎好的起司漢堡肉上疊2或3片酥脆的培根。

辣味漢堡（Chili Burgers）

在煎好的漢堡肉上放1/2至3/4杯墨西哥辣

肉醬，232頁，以及3大匙洋蔥末。

烤肉醬漢堡（Barbecue Burgers）

在煎好的漢堡肉上放1/4至1/2杯烤肉醬，

346頁。

貝克版漢堡（Becker Burgers）（4份漢堡）

在我們家，傳統的吃法是用全麥吐司片做成開面三明治，而且把鍋汁澆在漢堡肉上。
將：1又1/2瘦的牛頸肩絞肉
均分成4等分，每分捏成3/4吋厚的漢堡肉排。
在 一口厚底平底鍋裡以中人火加熱：
2大匙橄欖油

油熱後，漢堡肉下鍋，煎2分鐘。翻面，另一面續煎4分鐘即成三分熟的肉。在漢堡肉上豪邁地撒：
貝克版胡椒
接著再加：
2大匙醬油、2大匙波特酒、幾滴辣椒醬
鍋子離火，蓋上鍋蓋，靜置5分鐘即可食用。

起司牛堡三明治（Patty Melt）（4人份）

用：
1顆大型紅洋蔥，切成洋蔥圈
1大匙橄欖油
做：油煎洋蔥★，477頁
用：鹽和黑胡椒
為：1又1/2磅牛頸肩絞肉
調味。塑成4份漢堡排。在一口大型淺煎鍋或鑄鐵平底鍋以中大火加熱：
3大匙奶油

把漢堡肉煎至你要的熟度，需要的話，加多一點奶油。煎肉的同時，烤：
8片裸麥麵包
把每一份漢堡排放在一片烤麵包上，在漢堡排上放洋蔥圈和：
8片瑞士起司或美國起司
再把剩下的烤麵包片疊上去。把三明治放回平底鍋內，以中小火加熱，翻面一次，烙煎至起司融化。立即享用。

懶散的喬（Sloppy Joe）（6人份）

懶散的喬——在美國某些地區又叫做「散肉堡」（loosemeat）——起源於1950年代。「喬」是何許人，不可考，不過用「懶散」形容，倒是很傳神。

在一口大的平底鍋以中火加熱：

1大匙蔬菜油

油熱後下：

1顆小的洋蔥，切細丁

1顆小的紅甜椒或黃甜椒，切細丁

4瓣蒜仁，切末

2大枝西芹梗，切細丁

（1小匙新鮮的百里香葉）

鹽和黑胡椒，適量

不時拌炒，炒至洋蔥軟身但不致焦黃，約10分鐘。移到盤子上。在平底鍋裡放：

1又1/4磅牛頸肩絞肉或沙朗絞肉

把火稍微轉大，用木匙把結塊的肉末攪散，炒至焦黃，約3至4分鐘。再倒入洋蔥料，連同：

1/2杯辣醬或番茄醬、1/2杯啤酒或水

3大匙烏斯特黑醋醬、辣椒醬

蓋上鍋蓋，但留個小縫，煮至醬汁略微變稠，約15分鐘，其間偶爾拌一拌。與此同時，烤：

6個大的圓麵包或6個6吋長的法式麵包，剖半

在鍋裡的肉末上灑：

3大匙切末的蔥青

把肉末混料舀到切半的麵包底座上，蓋上麵包蓋。趁熱享用。

貝克版羔羊肉餅（Becker Lamb Patties）（12份2吋肉餅）

完美的派對食物。如果你愛吃羔羊肉，不管香煎或燒烤的，你都會百吃不膩。

在一口大盆裡用手攪勻：

1磅羔羊絞肉、1/2顆檸檬的皮屑和汁液

2小匙雪莉酒、2小匙醬油

1又1/2瓣蒜仁，切細末

1小匙乾的百里香，壓碎

1小匙鹽、1小匙黑胡椒、2注辣椒醬

把混合物塑成2吋肉餅。在一口大型平底鍋裡以中大火加熱：

2大匙橄欖油

肉餅下鍋，煎2分鐘，翻面並淋上：

額外的醬油

續煎1分鐘。鍋子離火，加蓋靜置1分鐘。配上：

法式麵包或烤圓片麵包

肉末餅（Ground Meat Patties）（約15份肉餅）

在一口大盆裡用手攪勻：

2磅雞絞肉

仔牛絞肉或羔羊絞肉

1/2杯軟麵包屑

1大顆蛋

1/2杯切碎的洋蔥

1又1/2小匙檸檬皮屑

1小匙鹽、1小匙芫荽粉

1小匙肉豆蔻屑或粉

1小匙咖哩粉、1/2小匙黑胡椒

把混合物塑成15個大肉餅，靜置15分鐘。接著把肉餅置於抹油的炙烤盤內，送入預熱過的炙烤爐，每面烤10分鐘，或者烤到稍微焦黃。又或，在一口大型平底鍋裡以中火加熱：

（2大匙奶油）

（1大匙橄欖油）

肉餅分批下鍋，每面煎10分鐘。配上：

抓飯*，585頁

剁碎的薄荷

｜關於肉糕和肉丸子｜

　　儘管牛絞肉、仔牛絞肉和豬絞肉的比例在下列食譜裡有明確的說明，但比例可以更改，只是絞肉的總量不變。如果用豬絞肉，➡要確認肉末全熟。攪拌肉糕的材料時，➡力道要放輕，用手或兩叉的叉子攪拌。別煮過頭；肉糕應該結實而不會乾乾的。

　　肉糕可以填入抹油的扁盤裡，或抹油的圈模或長條型模具裡，如此烤出來的肉糕較多汁。也可以做成夾餡的兩層肉糕。製作單人份的肉糕只需二十至三十分鐘——若想漂亮好看——可以用抹油的瑪芬模來烤，並且上釉汁。你可以先倒半杯番茄醬到烤盤底，然後再填上肉末料；或者在肉糕烤到一半時在肉糕表面澆兩大匙辣醬，這樣不僅增添風味，而且表面會形成薄脆殼。你也可以在肉糕上覆蓋一層鋁箔紙，烤到剩十五分鐘時拆除鋁箔紙。

　　如果填入圈模烤，肉糕可以熱熱的吃，配上青豆或其他蔬菜，周圍再擺一些煎黃的馬鈴薯。或者當冷盤吃，配上馬鈴薯或其他蔬菜沙拉。別忘了肉糕也可以用來做三明治和野餐食物。

　　肉糕也非常適合先以生肉狀態冷凍貯存，事後再回溫烹煮，或者先煮熟再冷凍，然後再重新加熱。冷凍前要用保鮮膜或鋁箔紙包妥。

　　肉丸子除了形狀和肉糕不同之外，其他的一切都相同。肉丸子可以放在高湯裡煮，或者煎黃後再加進醬汁或肉汁裡。生的肉丸子可以先放烘烤紙上冷凍，等變硬定型後再裝在塑膠袋裡冷凍貯存，可放上三個月。➡所有的肉糕食譜都可以做成肉丸子。至於用火雞肉或雞肉做的肉糕和肉丸子，見125頁。

肉糕（Meat Loaf）（8人份）

烤箱轉180度預熱。將一口9×5吋的長條型烤模稍微抹油。在一口大盆裡混勻：

12盎司牛頸煎餃肉
12盎司牛後腿絞肉
1又1/2杯剁細碎的洋蔥
1杯快煮燕麥片或乾麵包屑
2/3杯番茄醬
2/3杯切碎的荷蘭芹
3大顆雞蛋，輕輕地打散

1小匙乾的百里香
1小匙鹽
1/2小匙黑胡椒

用手把混合物揉勻。將肉末混料填入長條型烤模裡，表面堆成小丘狀。將烤模放到烘烤紙上，烤到肉糕摸起來結實，而且稍微縮水，或者插入中央的溫度計達到70度，1至1又1/4小時。倒掉多餘的油，靜置15分鐘即可食用。

肉糕（4人份）

烤箱轉180度預熱。在一口大盆裡混勻：

1磅牛後腿絞肉、1至2大匙辣根

2大匙番茄醬或辣醬、1小匙鹽
1/4小匙黑胡椒、6片培根，切丁

1/2杯切碎的洋蔥、1杯薄餅乾碎屑

1大顆蛋

用手攪勻。塑成長條狀。

滾上：

1/4杯薄餅乾碎屑

置於淺烤盤上。在淺烤盤裡倒入：

1/2杯高湯或肉湯

烤到肉糕摸起來結實，或插入中央的溫度計達70度，偶爾要用高湯潤澤肉表，約烤1小時。製作：

（紅肉鍋底肉汁，285頁）

或佐上：番茄醬☆，見「醃菜和碎漬物」

可加到肉糕裡的額外配料

肉糕裡可以加其他材料，以增添滋味和口感。如果你願意試驗一下，先混合出少許的量，捏成肉餅煎來吃看看，滿意後再做成一整條肉糕。對於8杯分量的食譜，你可以加的蔬菜料如下：

1/2杯磨碎的胡蘿蔔、馬鈴薯或番薯

1/2杯切薄片的炒蘑菇，或米飯

1/4杯粗切的杏仁、胡桃或核桃

2小匙辣醬或辣椒醬

2小匙烏斯特黑醋醬

1大匙第戎芥末醬

1大匙瀝乾的辣根泥

1大匙切碎的百里香、羅勒、奧瑞岡、蒔蘿或蝦夷蔥

德國肉丸子（German Meatballs）（約十顆2吋的肉丸子）

這是我們家愛吃的古老菜色。我們拜訪聖路易的表親艾爾莎一家人時，她就是端出這道料理招待我們，就像她小時候外婆會煮給她吃一樣。德國老式的一道慰藉食物。好好享受！

把：1片1吋厚的麵包片

浸泡在水、牛奶或高湯裡，液體要淹過表面。

準備：

1又1/2磅絞肉：牛肉、仔牛肉、豬肉或三者的混合

把：2顆蛋

充分打散，加到絞肉裡。融化：

1大匙奶油

把：1/4杯細切的洋蔥

煎成金黃色。煎好後加到絞肉裡。把麵包片擰乾，也加到絞肉裡，連同：

3大匙切碎的荷蘭芹、1又1/4小匙鹽

1/4小匙匈牙利紅椒粉

1/2小匙檸檬皮屑、1小匙檸檬汁

1小匙烏斯特黑醋醬或少許肉豆蔻屑

少許鯷魚末或1/4條鯡魚末也可以在這時候加進來，或者稍後加到肉汁裡。充分混勻這些材料。用手輕輕地攪拌，而不是用叉子或湯匙。小力地塑成2吋丸狀。

丟入：

5杯滾沸的蔬菜高湯

加蓋煮15分鐘。煮好後撈出來。舀取所需的高湯量。用高湯製作肉汁，每一杯高湯用上：

2大匙奶油

2大匙麵粉

鹽和黑胡椒

攪一攪，煮到汁液滑順。再加：

2大匙酸豆，或2大匙切碎的酸黃瓜、檸檬汁或發酵的酸奶

2大匙切碎的荷蘭芹

把肉丸子放入肉汁裡重新加熱，配上一盤：

水煮麵條，或德式麵疙瘩

覆蓋上大量的：

奶油麵包屑☆，見「了解你的食材」

義大利肉丸子（Italian Meatballs）（約18顆2吋的肉丸子）

在一口大盆裡混勻：

1磅牛絞肉、1瓣蒜仁，切末

1/2杯切碎的荷蘭芹

1/2杯帕瑪森起司屑

1顆中型洋蔥，切細碎

1/2杯新鮮的麵包屑

1大顆蛋，打散

（3大匙不甜的紅酒）

2大匙番茄泥、1小匙鹽

1/4小匙黑胡椒

1/2小匙乾的奧瑞岡

用手攪勻。用大湯匙舀出滿滿一匙的肉末混合物，塑成2吋丸子，再把肉丸子放進：

1/2杯中筋麵粉

裹粉。在一口大型平底鍋以中火加熱：

2大匙橄欖油

肉丸子分批下鍋煎黃。煎好後放進烤盤裡，在預熱的180度烤箱裡烤10分鐘。喜歡的話，佐上：

番茄醬，310頁

瑞典肉丸子（Swedish Meatballs）（約10顆2吋肉丸子）

做出正宗瑞典肉丸子的祕訣，是在絞肉裡加水然後打到蓬鬆滑順。這些肉丸子可以當小菜，也可以配上薯泥和蔓越莓醬當作主菜。

在一口小型厚底平底鍋裡以中大火融化：

1大匙奶油

油熱後下：

1大匙洋蔥末

拌炒至軟身，1至2分鐘。置旁備用。在電動攪拌機的攪拌盆裡混合：

2/3杯新鮮麵包屑、1杯水

泡軟，約1至2分鐘。然後把洋蔥末加進來，連同：

12盎司瘦的牛絞肉、12盎司瘦的豬絞肉

2大顆蛋黃、1小匙鹽、1/4小匙黑胡椒

1/4小匙肉豆蔻屑或粉、1/4小匙多香果粉

以低速打至滑順，接著轉高速，把混合物打到顏色變淡而且蓬鬆，約10分鐘。把肉末塑成2吋丸狀。

在一口大型平底鍋裡以中火加熱：

1/4杯（1/2條）奶油

肉丸子分批下鍋煎黃，然後撈到紙巾上瀝油，之後再盛盤，加蓋保溫。把火轉小，用平底鍋裡餘油拌炒：

2大匙中筋麵粉

炒至略微焦黃，徐徐倒入：

2杯牛高湯或牛肉湯

攪一攪，煮至肉汁變稠而且滑順。喜歡的話過濾，然後澆在肉丸子上。

墨西哥辣肉醬（Chili Con Carne）（6至8人份）

拭乾：

3磅無骨牛頸肩肉，修整並切成1/2吋角塊

加：1至2小匙鹽

調味。在一口大型平底鍋裡以中大火加熱：

2大匙橄欖油

油熱後下：

2杯切碎的洋蔥、10瓣蒜仁，切碎

2至6顆墨西哥青辣椒，去籽切末

1/2小匙鹽

不時拌炒，煎至蔬菜軟身，6至8分鐘。接著肉塊下鍋煎黃，喜歡的話，倒掉多餘的油。拌入：

1/2杯辣粉☆，見「了解你的食材」

煮2分鐘。再下：

1罐28盎司整粒番茄，連汁一併倒入

1大匙紅酒醋、4杯水
用匙背把番茄壓散。加：
鹽

調味。不蓋鍋蓋，煮至肉軟嫩，而且醬汁濃縮變稠，約1又1/2至2小時，偶爾要攪拌攪拌。

辣肉醬加豆子（Chili with Meat and Beans）（8至10人份）

把6杯熟黑豆或墨西哥花豆（1磅乾豆）加到墨西哥辣肉醬，如上，加熱至熱透

即成。

麥克雷的岩城辣肉醬（Macleid's Rockcastle Chili）

這是岩城河溯溪營隊週六夜的主食。營隊隊長也是我們的好友麥克雷來我們田納西山老家作客時，也為我們在火堆上烹煮這道菜。
在一口大型平底鍋裡把：
8盎司培根，切丁
煸至豬油渣金黃酥脆。用漏勺撈出培根。用培根油短暫地拌炒：
1又1/2磅牛後腿肉排，用食物調理機粗略絞碎或切碎
6至12大瓣蒜仁，粗切
2大顆洋蔥，粗切
倒進：
1瓶12盎司黑啤酒
刮起鍋底的脆渣，攪拌至泡沫消失。全

數倒進一口荷蘭鍋或其他大鍋中，拌入：
1罐32盎司整粒番茄，連汁一併倒進去
1罐16盎司腰豆，連汁一併倒
1罐16盎司大北豆，連汁一併倒
1罐16盎司墨西哥花豆，連汁一起倒
6大匙安可辣椒粉
2大匙孜然粉
1大匙黑胡椒
1又1/2杯水或1瓶12盎司黑啤酒
加蓋，煨煮3小時，偶爾要攪一攪免得巴鍋。加：
鹽和黑胡椒
辣椒醬
調味。

辛辛那提辣肉醬「樂土」（Cincinnati Chili Cockaigne）（6人份）

號稱源自葛吉夫（John Kiradjieff）在辛辛那提辣肉醬創始店皇后本舖（The Empress）裡端出的辛辛那提辣肉醬的正宗食譜有上百種。我們格外喜歡我們家鄉的人所偏愛的這個版本。我們敢拍胸脯說，它廣受喜愛不是沒有原因的。
在一口大鍋裡煮開：
4杯水
投入：2磅牛頸肩絞肉
把肉末攪散，轉小火煮。放入：
2顆中型洋蔥，切碎、5至6瓣蒜頭，壓碎
1罐15盎司番茄醬、2大匙蘋果酒醋

1大匙烏斯特黑醋醬
拌入：
10整粒黑胡椒粒，磨成粉
8粒整粒多香果，磨成粉
8顆整顆丁香，磨成粉
1片大的月桂葉、2小匙鹽
2小匙肉桂粉、1又1/2小匙紅椒粉
1小匙孜然粉
1/2盎司無甜味的巧克力，磨碎
煮沸，接著轉小火，維持在要滾不滾的狀態，煮2又1/2小時。放涼，不加蓋，冷藏一夜。食用前，撤除全部或大部分的

浮油。撈除月桂葉。重新加熱。若要辣肉兩吃，配上：

熟的圓直麵

若要三吃，撒上：

切達起司屑

四吃，在起司上再撒：

洋蔥碎粒

五吃，在最上面加：

熟的紅腰豆

傳統的配菜包括：

鹹味小餅乾（oyster cracker）

辣椒醬

俄亥俄農家辣腸醬（Ohio Farmhouse Sausage Chili）（4至6人份）

冷冽天氣裡在林子裡悠閒漫步之後，最可口的「祛寒暖身」食物。

在一口大的平底鍋裡煎黃：

1磅散裝的豬香腸肉末

1大顆洋蔥，切碎

快煎好時，加：

1枝西芹梗，切丁

待西芹軟身，加：

1罐28盎司切丁的番茄，連汁一併倒

2杯番茄汁或雞高湯，或兩者的混合

1至2大匙楓糖漿或糖蜜

2小匙孜然粉

1又1/2小匙鼠尾草粉

1/2小匙黑胡椒

熬煮20分鐘，加：

3又1/2至4杯熟的紅腰豆，瀝乾並沖洗過

再煮15分鐘即成。

西班牙肉醬（Picadillo）（4人份）

這道菜有時會配上個別盛在碗裡的佐料，像是起司屑、萵苣絲、酪梨醬和番茄碎粒。夾在薄烙餅——墨西哥烙餅捲（enchiladas）、塔可餅、墨西哥炸餅（tostados）——也很可口，鑲在辣椒裡也不賴，見烤辣椒鑲起司★，487頁。

在一口大型平底鍋裡，將：

1磅牛絞肉、1杯新鮮西班牙紅椒臘腸

壓散攪碎，直到牛肉末開始焦黃。假使有大量的油釋出，把肉末置於紙巾上瀝油，然後再放回鍋內。下：

1顆洋蔥，切碎、1瓣蒜仁，切末

煮幾分鐘，再下：

1杯切碎的番茄、1大匙醋

1小匙肉桂粉、1/4小匙孜然粉

1撮糖、1撮丁香粉、1片月桂葉

加蓋煮30分鐘。再加：

1/2杯葡萄乾

（1/2杯焯燙去皮的杏仁片）

（1/2杯去核黑橄欖，切碎）

不加蓋地續煮10至15分鐘。起鍋前撈除月桂葉。

印度馬鈴薯牛肉末（Keema Alu）（4人份）

這道含有牛肉末、番茄和馬鈴薯的菜餚，配上熟扁豆和口袋餅，將是令人飽足滿意的一餐。

在一口大型鑄鐵鍋或其他厚底平底鍋以中大火加熱：

3大匙蔬菜油

油熱後下：

1顆洋蔥，切細碎

拌炒至好看的金黃色，再下：

1小匙蒜末、2小匙去皮生薑末

2小匙孜然粉、2小匙芫荽粉

1小匙薑黃粉

1/4小匙紅椒粉，或自行酌量
短暫地拌一拌，拌勻之後加：
1磅瘦的牛絞肉或火雞絞肉
1/2杯稍微瀝乾的切碎罐頭番茄
3/4小匙鹽
再拌一拌，煮至肉末不再呈粉紅色，而且
汁液盡數蒸發光了，8至10分鐘。放入：
12盎司水煮用馬鈴薯，削皮切成1/2吋方
丁、1杯水

蓋上鍋蓋，轉小火，燜煮至馬鈴薯變軟，
15至20分鐘。掀蓋，把火轉大，續煮至水
分蒸發。嚐嚐味道，調整鹹淡。撒上：
2大匙切碎的芫荽
　（1顆瑟拉諾辣椒或墨西哥青辣椒，切成
細絲）
喜歡的話，配上：
　（口袋餅、印度扁豆泥★，429頁，或印
度優格醬，318頁）

｜關於香腸｜

　　香腸是最古老的加工食品之一；遠在三千年前，把肉絞碎灌成香腸已經是地中海地區既成的習俗。這產品和概念千百年來流傳至世界各地，衍生出無以計數的變化。在今天，除了常見的豬肉香腸或牛肉香腸之外，甚至買得到雞肉香腸、火雞肉香腸或鴨肉香腸，添加的配料也五花八門，從日曬番茄乾至蕈菇都有。

　　不管是什麼肉做的，香腸主要分三種。**生香腸**（fresh sausage）是用生肉做的，而且以生肉的形式販售，食用前要烹煮過。通常以絞碎或剁碎的肉為底，因此略帶粗粒口感，並摻混香料或辛香草。這類的香腸在販售時有包著腸衣的，也有散裝的肉粒。你可以在市面上看到的這類香腸有**鄉村式香腸**或**早餐香腸**（breakfast sausage）、**義大利香腸和德國香腸**（fresh bratwurst）及**波蘭香腸**（kielbasa）等等。因為是生肉，所以這類香腸很容易腐壞；應該要馬上冷藏並且在兩天內烹煮完畢。

　　熟香腸（Precooked sausage）可能煙燻過或用其他方式煮過。這類香腸的口感有細膩得像乳糜狀的，譬如**熱狗、波隆納香腸和德國脆腸**（knockwurst），也有口感較粗礪的，像是**煙燻波蘭香腸和熟薩拉米**（cooked salami）。**白腸**（Boudin blanc），是用仔牛肉或雞肉做的質地細緻的白色香腸，**黑血腸**（boudin noir），則是非燻製的一種熟的**血腸**。這類預煮過的香腸都可以安心即食，不過如果加熱至熱透再吃，滋味都會大大提升。這類香腸也很容易腐壞，購買後要立即冷藏，並且在三至五天內，或有效期限內，食用完畢。

　　部分脫水香腸（partially dry）和**臘腸**（fully cured sausage）也許是用生肉做的，就像**薩拉米**，但都用鹽醃漬並風乾，以避免滋生細菌。**臘腸**，譬如**乾薩拉米**或**胡椒臘腸**（pepperoni），不以冷藏保存可以放上數月之久，但是會變硬。**半乾半鹽漬**的香腸，像是**夏令香腸**（summer sausage）、**德國圖林根香腸**（thuringer）和**西班牙紅椒臘腸**（chorizo），比較會腐壞，不過放冰箱可以保存二至三星期。兩者都可以切片直接冷食，也可以用來為熱的菜餚加味，譬如

西班牙海鮮飯★，586頁，和披薩★，319頁。

　　新鮮生香腸以煎炸、燒烤或炙烤處理最美味。我們喜歡以熱水漂燙口感細緻的熟香腸，像是法蘭克福香腸（frankfurters）。口感較粗礪的煙燻香腸，像是波蘭香腸，以煎炸、燒烤、炙烤或甚至烘烤處理最棒，但很容易乾掉。所有的香腸燒烤後滋味都一級棒。置於中等熱力，火苗盡可能小的木炭上烤。生香腸可以先漂燙過再燒烤，燒烤前或燒烤中別把香腸戳破，否則容易起火。煙燻香腸和漂燙過的生香腸置於燒烤架上的時間不要超過七至十分鐘。經常翻面，好讓香腸焦黃得均勻。如果你非得微波熟香腸不可，最好是把香腸浸在水裡或高湯裡，裝在密封盒內微波，免得外皮變韌。包腸衣的生香腸若微波會爆開來。

　　生香腸千萬不要生吃，不管是買來的或自製都一樣，會有感染旋毛蟲病的風險。處理完生香腸後，一定要清洗手以及使用過的任何器皿和案板。➤四人份的量，大約要用上一磅的鮮絞肉，若要做需要風乾陳放的香腸，則略少一點。

｜在家灌製香腸｜

　　在家灌製鄉村式生香腸很簡單，尤其是用食物調理機來做。自己灌香腸的好處是，一切操之在己：脂肪和鹽的用量、肉的品質和部位，以及摻混的香料——這決定了最終的味道。在家自製香腸，要記住幾個關乎安全衛生的原則：➤不要吃生肉末混合物，不妨煎一塊肉餅來嚐嚐，再調整調味料。➤不管進行哪個步驟，肉隨時要冷藏。也別把殘餘的肉留在食物調理機裡。➤所有器皿和器具都要馬上清理完畢，即便你只是暫時休息一下。➤要經常洗手。➤如果生香腸三天內不會吃完，務必冷凍。

鄉村香腸（Country Sausage）（約2磅）

在我們村莊的屠宰期間，最熱門的人物是最懂得為香腸調味——不多不少，恰到好處——的人。這過程得視情況調整，而且香料的強度各不相同。最好的方式是做一個小肉餅，煎給始終飢腸轆轆的幫手們試吃看看。

把：

1又1/2磅豬胛心肉，冷凍過的

8盎司豬肥肉，修清豬皮且冷凍過

切成條狀，如果用絞肉機絞的話，若用食物調理機，則切成1吋角塊。把肉和肥肉一起投入鄰接著一只1/4吋深盤子的絞肉機裡絞，或者投入食物調理機裡粗略地絞碎。

把絞肉放入一口大盆裡，和：

2小匙鹽

2小匙粗磨的黑胡椒

1又1/2小匙乾的鼠尾草或百里香

1/2小匙乾的馬鬱蘭

1/4小匙乾的香薄荷、壓碎

1/8小匙薑粉

（小撮丁香粉）

小撮紅椒粉，或自行酌量

1/4杯冷水

混合在一起。用手揉擠，讓混合物充分混勻。一整批肉料原樣留著，或者視需要塑成肉餅狀。假如沒有馬上烹煮，香腸冷藏可以放3天，冷凍可以放2個月。若

要煎生香腸肉餅，放在沒抹油的冷鍋以中火煎，鍋裡一有油累積便倒掉。煎到全熟，兩面中等焦黃。

辛香草豬肉香腸（Herbed Pork Sausage）（約12盎司）

在一口盆裡充分混勻：
12盎司豬絞肉、1大顆蛋
1大匙切碎的荷蘭芹
（1小匙檸檬皮屑）、1小匙鹽
3/4小匙切碎的新鮮香薄荷，或1/4小匙乾的香薄荷
3/4小匙切碎的新鮮鼠尾草，或1/4小匙乾

的鼠尾草
3/4小匙切碎的新鮮百里香，或1/4小匙乾的百里香
1/4小匙黑胡椒、1/4小匙芫荽粉
1/4小匙肉豆蔻屑或粉
按照鄉村香腸，如上的方式塑形、烹煮或貯存。

雞肉蘋果香腸（Chicken and Apple Sausage）（約2磅）

這香腸可以用來替代鄉村香腸，如上。雖然脂肪比傳統的早餐香腸要少一半以上，只要沒有煮過頭，依然鮮美多汁。這香腸可以配上法國吐司，447頁，加大量的蘋果圈★，359頁。
在一口小醬汁鍋裡把：
1杯蘋果酒
煮沸，然後繼續熬煮至大約2或3大匙的糖漿。放涼。與此同時，將：
2又1/4磅雞腿排
去骨。保留雞皮備用。如果用絞肉機絞，把雞肉切成條狀，若用食物調理

機，則切成1吋角塊。把雞肉和雞皮放入鄰接著3/8吋深的盤子的絞肉機裡絞，或用手粗略地剁碎，或者放入食物調理機裡絞成粗粒，連同：
1又1/2盎司蘋果乾
在一口大盆裡把雞肉蘋果乾混料和糖漿混勻。加：
2又1/2小匙鹽、1小匙黑胡椒
1小匙乾的鼠尾草、1/2小匙乾的百里香
1/8小匙肉桂粉、1/8小匙薑粉
用手把混合物揉擠至充分混勻。按照鄉村香腸的方式塑形、烹煮或貯存。

白香腸（Boudin Blanc）（約1又1/2磅）

細緻，但容易腐壞。
備妥：
腸衣，直徑1吋
一端綁緊。把：
4盎司板油或豬背肥肉
剁碎。把：
8盎司豬里肌，切成條狀
1/2磅雞胸肉或兔胸肉，切成條狀

放入裝有最細刀葉的絞肉機或食物調理機絞一次。放入盆子裡，和剁碎的肥肉以及：
2小匙鹽、1小匙白胡椒、1/4小匙肉桂粉
1/8小匙丁香粉、1/8小匙肉豆蔻屑或粉
1/8小匙薑粉
混合。連同：
2杯切碎的洋蔥

再用絞肉機絞一次。把：
1/2杯新鮮麵包屑
泡在：
1/4杯溫熱的鮮奶油
再倒入：
3大顆蛋，打散
接著把肉末混合物也加進來，整個拌勻。
灌入腸衣裡，灌3/4滿就好，每隔6吋用廚
用綿線纏綁出一節肉腸子。纏綁好之後，

把一節節香腸放進鋼絲網籃中，籃內不要
塞太滿，然後浸到一鍋滾水中。馬上把火
轉小，讓水溫維持在88度，煮20分鐘。要
是有香腸浮到水面，刺破它讓空氣散逸，
免得香腸爆開來。放涼。
刷上：
融化的奶油
燒烤至呈漂亮的金黃色。

鍋烙香腸（Pan-Broiled Sausage）（4人份）

以中火加熱一口大的厚底平底鍋。鍋熱
後放：
1小匙油
8條生香腸或熟香腸

煎至焦黃得很均勻，要經常翻面。熟香
腸約需5至6分鐘才會煎黃熱透；生香腸需
10分鐘左右才能徹底煎熟煎黃。

水煮香腸（Boiled Sausage）（4人份）

佐燉紅甘藍菜★，438頁，或德國酸菜★，
439頁。
用一口中型鍋把8至12杯水煮開。水開後
放入：
8條煙燻香腸或熟香腸，譬如法蘭克福香
腸或白色德國脆腸

煮10至15分鐘。瀝出，放在：
長麵包
淋上：（芥末醬）
或配上：
燉紅甘藍菜，或德國酸菜

玉米豬肉腸（Scrapple）或燕麥豬肉腸（Goetta）（約6人份）

如果加粗玉米粉，就叫做玉米豬肉腸；
加燕麥，則叫做燕麥豬肉腸。
在一口大鍋裡混合：
6杯水、1顆洋蔥，切片
6整粒黑胡椒粒、（1片小的月桂葉）
煮沸，接著加：
2磅豬頸骨或子排
火轉小，煮至肉從骨頭剝離，約1個半小
時。瀝出豬肉，保留湯水備用。湯水應
該有4杯左右。需要的話補一點水或淡色
高湯。用這湯水取代水，準備：
玉米糊★，575頁

或者，做燕麥豬肉腸的話，把粗玉米粉
換成1杯老式燕麥。湯汁的量減少1杯。把
肉從骨頭上剝下來，剁碎或絞細，加到
熟玉米糊裡，加：
1小匙鹽、2小匙或更多的洋蔥碎屑
（1/2小匙乾的百里香或鼠尾草）
少許肉豆蔻粉、一丁點紅椒粉
把混合物倒進用冷水沾濕的長條形烤具，
冷藏至冰涼結實。食用前，切片用：
融化的奶油或培根油
慢煎。

| 關於肉凍派（pâtés）和瓷罐肉凍（terrines） |

肉凍派和瓷罐肉凍是自助式餐宴的冷盤明星，其作法基本上不會比做肉糕困難。差別在於，肉凍派和瓷罐肉凍偶爾會使用奢華的食材。肉凍派通常滋味濃郁，因為加了肝泥、鮮奶油、雞蛋甚或松露的緣故。口感可能滑順，如果肉末絞得很細，或者加一些顏色鮮麗的食材，譬如切丁的綠色開心果或火腿條，製造一些圖案，讓做好的一整條肉凍派切片後，顯現好看的花樣。發揮你的創意，做出你獨門的鵝肝醬，愛加什麼料就加什麼料，使用瘦肉也可以，譬如兔肉，只不過要穿油，或者加動物脂肪。

肉凍派和瓷罐肉凍的食材得要非常新鮮才行。肝要仔細處理；膽囊要去除，如果有的話，所有的筋脈和血管也一樣。用冷水徹底清洗過再烹煮。有些肉品你可以買到絞碎的，不然也可以請肉販幫你絞肉。如果你自己絞肉做肉泥，肉一定要充分冷藏，所有東西要徹底保持乾淨，器具在使用前和使用後都要完全清洗和烘乾。

肉凍派和瓷罐肉凍要煮到用籤子戳流淌的汁液清澈的地步，或者內部溫度達七十度。烤好後攤在架子上放涼。出爐後溫度會持續上升五至十度。放涼至室溫，然後把肉凍派或瓷罐肉凍擺在烘焙紙上（立出邊框以盛住汁液），放重物壓在上面，讓質地更緊實：簡單把一面板子或小一點的長條型模具置於其上，再把幾罐罐頭放上去。冷藏到扎實，起碼要放十二小時。最好放三或四天才會到位。製作而且冷得宜的肉凍派和瓷罐肉凍放冷藏可以保存七至八天沒問題。

至於雞肝肉凍，見117頁。

鵝肝醬（Pâté Maison）（10人份）

細緻口感，加上渾厚的農家風味，鵝肝醬，或者又叫做田園肉凍派（Pâté de campagne），切片之後佐上醃小黃瓜，一種酸嗆的法式醃菜，是絕佳的一道前菜。我們的版本略帶從培根來的煙燻味。

烤箱轉165度預熱。在一口9×5吋的長條型模具的底部和側邊鋪上：

12至16片培根、在一口大盆裡混合：

1磅仔牛絞肉、1磅絞碎的小牛肝或雞肝

2大顆蛋，輕輕打散、1/2杯濃的鮮奶油

1大匙剁細的蒜頭、2小匙乾的百里香

1又1/2小匙鹽、1又1/2小匙黑胡椒

1小匙肉豆蔻屑或粉

1小匙甜味匈牙利紅椒粉

1/2小匙鼠尾草粉

充分拌勻。在一口小的醬汁鍋裡加熱：

1/3杯白蘭地或干邑白蘭地

如果使用電子加熱器，點一根火柴，若是用瓦斯加熱，小心地傾斜鍋子來引火。將燃燒的白蘭地倒到肉末混合物中，充分混勻。接著再把混合物填入鋪了培根的長條型模具裡，把表面抹平。

在表面鋪上：

5或6片培根

在一張鋁箔紙上抹奶油，再把鋁箔紙罩

在培根上封起來。在一口13×11吋的烤盤裡放一條廚巾。在烤盤裡倒半滿的水，隨後將長條型模具置於水浴中。烤到從肉派流淌的汁液清澈，而且插入其中的溫度計顯示70度，1又1/2至2小時。移到架子上徹底放涼。把一面小板子或另一只長條模具放在鋁箔紙蓋上，壓上2至3磅罐頭的重量。冷藏至質地扎實，起碼冷藏12小時，或長達4天。食用前，剝除表層的培根，取一把鋒利的刀劃開側邊，把肉凍派倒扣在上菜盤上或砧板上。剝下底部和側邊的培根，把肉凍派切成大約3/4吋片狀，配上：

醃小黃瓜
第戎芥末醬
切片的法國麵包

｜關於雜碎肉｜

我們都知道，豐富多樣是生活的情趣所在，在每週輪番上桌的牛肉、豬肉、仔牛肉、雞肉和魚肉之外，雜碎肉是讓人鬆口氣的變化菜色。所謂的雜碎肉包括了諸如**仔牛胸線、腦髓、腰子和肝**的**內臟肉**（organ meats）；諸如心、**舌和肚**的**肌纖肉**（muscle meats）；諸如**牛尾或膝節骨**及其**髓芯的骨邊肉**（bony meats）；以及諸如**耳朵、爪子和頭皮**的**末端肉**（extremities）。從前我們幾乎得特別跟肉販訂貨才能買到這些雜碎肉，因為大多數美國人對這些雜碎肉有既定的偏見。但是近年來美國人熱愛旅行，對食物的品味更世界化，更多人懂得欣賞歐洲名菜裡的雜碎肉品。此外，食用這些雜碎肉還有務實的理由：除了**小牛肝**（calf's liver）和**仔牛胸腺**之外，在高檔食材當中，這些雜碎肉在價格上還算相當親民。

雖然一般人很少在自家料理雜碎肉，但是要烹煮也並不困難。我們建議預先跟包辦一切的肉品市場訂購，或者到傳統市場採買。▸雜碎肉一定要新鮮，因為這類的肉很容易腐壞。購買後要馬上使用。

｜關於肝｜

最好買幼畜的肝，其滋味最溫和最軟嫩。真正的小牛肝非常細緻可口，但也相當昂貴。色澤上比更成熟一點的「犢牛」肝要來得淡。挑選顏色最淡的，其滋味最溫潤。在超市裡被標示為小牛肝販售的，往往是犢牛肝。要買真正的小牛肝，向肉販訂購，或者到信譽良好的精品超市採買。

成牛的肝呈深紅色，幾近褐色，而且顏色越深，味道越濃。羔羊肝也很軟嫩，但滋味沒那麼濃郁。豬肝（▸一定要煮到絲毫不帶粉紅色）味道濃郁但又軟嫩，很值得你花功夫修清韌纖。綿羊肝、豬肝和牛肝一定要泡在香料醃料或牛奶裡數小時，泡過肝的液體要倒棄。製作肉凍派或用到鴨肝、鵝肝或雞肝的料理，見禽肉，84頁。

大多數需要用到肝的食譜都把肝切成四分之一或二分之一吋厚，然而超過一吋厚的肝片，可以像牛排一樣拿來炙烤，非常美味。**若要烹煮任何動物的肝**，先用濕布擦拭，再去除筋膜和血管；肝若是新鮮，膜很容易就可以剝除。➤肝千萬不要煮過久，火候也不要過大，否則會變硬。➤千萬不把肝煮老了。肝用馬德拉酒、白酒、酸奶、肉豆蔻和百里香來料理非常對味。煮肝的油汁有時會帶苦味，若要用作醬汁要先嚐一嚐味道。佐配肝的一些好醬汁有貝亞恩醬，308頁，烤肉醬，346頁，里昂醬，298頁，以及奶油醬，302頁。➤一磅的肝可供四人份。

香煎小牛肝（Sautéed Calf's Liver）（4人份）

這經典的作法提醒我們，簡約為上。然而，你也可以隨意為這基本食譜加料點綴。

將：

1磅小牛肝

去除筋膜並切成1/4吋厚的片狀。撒：

鹽和黑胡椒

調味。兩面裹上：

中筋麵粉

在一口大型厚底平底鍋裡以中大火加熱：

2大匙蔬菜油或奶油，或兩者的混合，或視需要酌量增減

肝分批下鍋，將兩面快速煎黃，1至2分鐘；別煮過頭。也別把鍋子塞滿，需要的話多加點油或奶油進去。煎好後便盛到溫熱過的盤子上。

肝佐洋蔥（Liver and Onions）（4至6人份）

準備香煎小牛肝，如上。

在一口大型平底鍋以中小火加熱：

3大匙橄欖油

放入：

3至4大顆洋蔥（總共1又1/2至2磅），切對半後再切薄片

豪邁地撒鹽和黑胡椒

蓋上鍋蓋，以小火煮至洋蔥變得很軟但不致焦黃，20至30分鐘，其間要不時拌炒一下。把煎好的肝擺在煎好的洋蔥上，立即享用。

| 胸腺 |

將莎士比亞筆下的小精靈帕克說的話改一下＊，「這小東西真是美味無比！」胸腺取自幼畜的胸腺，有時是胰腺。其中仔牛的胸腺最受喜愛，成牛的胸腺有時會被摻進肉派、肉凍派或瓷罐肉凍中。

如同所有的內臟肉，➤胸腺很容易腐壞，購買後要馬上烹煮。先泡在➤大量的冷水裡釋放血水，起碼泡一小時，其間換水二或三次。接著要汆燙：

＊譯註：《仲夏夜之夢》的精靈帕克的原句是what fools these mortals be！這些凡人真是蠢得可以！

加酸化的冷水☆，見「了解你的食材」，淹蓋表面，然後慢慢煮沸，不蓋鍋蓋，微滾二至五分鐘，視大小而定。瀝出後馬上丟入冷水中，使之扎實。待涼了之後，瀝出並修除軟骨、管脈、結締組織和較韌的外膜。如果你打算整塊烹理，壓上重物冷藏數小時。如果不是，切片或切小段，小心不要弄破包圍著小塊組織的細緻薄膜。

經過這些初步的處理之後，便可水波煮、燴燒、加奶油或加到醬料裡。
➡️ 一副胸腺可供兩人份。

胸腺（Sweetbreads）（4至6人份）

將：
1磅胸腺，泡水、汆燙、變結實、修整並壓過重物
切成1/4吋厚的片狀。
在一口淺碗裡攪勻：
1大顆蛋，輕輕打散、2至3小匙水或牛奶
在另一口淺碗鋪放：
3/4杯乾的麵包屑
在第三口淺碗裡鋪放：
1/2杯中筋麵粉
將胸腺拭乾，撒：

鹽和黑胡椒
調味。先輕輕裹上麵粉，抖掉多餘的麵粉，接著沾取蛋液，確認表面整個覆蓋蛋液，然後再敷上麵包屑，用手指輕壓，讓麵粉屑附著。動作要放輕，免得外層碎裂。在一口中型平底鍋裡以中大火加熱：
1/8至1/4吋深的橄欖油
胸腺分批滑入油鍋，把第一面煎黃，約1又1/2至2分鐘，翻面把第二面也煎黃，約再30秒。別煎過頭。

| 關於腦髓 |

有感染狂牛病之虞，我們不建議食用牛、羊或豬的腦髓，也不建議食用脊髓的任何部分。

| 關於腰子 |

小牛和仔牛腰子最軟嫩可口。羔羊腰子則軟綿而滋味平淡，但格外適合燒烤。腰子會吸水，所以不要泡水。只要對半剖開，切除中心質體和筋膜即可。

體型大的牛腰子口感偏硬，味道也濃烈，需要泡冷鹽水兩小時。➡️ 不管是豬、牛、羊的腰子，清洗前都要先去除白筋膜。腰子若先用油煎個一分鐘，更容易剝除筋膜。煎過的油要倒棄。放入酸化的水☆，見「了解你的食材」，焯燙二十分鐘可以消除尿騷味；或者，浸泡並擦乾後，用旺火快速煎一下，略微冷卻後再進一步烹煮。

若要炙烤腰子，開蝴蝶刀。➡️ 用籤子串叉保持對開狀態，以免腰子在炙

烤過程變得捲曲。切面先面向火源烤。

小牛、仔牛和羔羊腰子要以中火烹煮，時間盡可能短。▶別煮過頭：中央應該略帶粉紅。若要焰燒腰子，焰燒不超過一分鐘；暴露在這種高溫烈火越久，肉質會變硬。腰子往往會和其他食材一起烹煮，譬如加蕈菇和葡萄酒燉煮，或放入加有芥茉和紅蔥頭的鮮奶油醬燉煮。不論如何，▶千萬別放在醬汁裡沸煮，這樣只會讓腰子變韌。把滾燙的醬汁澆淋在腰子上，或者把腰子放入其中拌一拌，放上一會兒即可。▶一葉中型仔牛或小牛腰子，二或三葉羔羊腰子，二分之一葉牛腰子，或一小葉豬腰子，可供一人份。

香煎腰子佐芥茉醬（Sautéed Kidneys with Mustard）（3至4人份）———

這道傳統的法式菜餚配的是來自第戎這法國小鎮的辛嗆芥末醬，外加酸豆和少許鮮奶油。按上述方式準備：

3葉仔牛腰子或6葉羔羊腰子

將仔牛腰子橫切成1/2吋的片狀，或將羔羊腰子縱切對半。撒：

鹽和黑胡椒

調味。在一口大型厚底平底鍋裡以中火加熱：

2大匙奶油或蔬菜油

腰子分批下鍋煎黃，每面煎1分半鐘。煎好後盛盤保溫。假使油用光了，在鍋裡倒：

（2大匙奶油或蔬菜油）

接著放入：

1/2杯切碎的紅蔥頭或洋蔥

1小匙切碎的蒜頭

拌炒至軟身，約3至4分鐘。再倒入：

1/2杯不甜的白酒

1/2杯雞高湯或肉湯

1小匙切碎的迷迭香或百里香

煮沸，刮起鍋底的脆渣，把湯汁熬煮至大約1/3杯。熄火，拌入：

2大匙濃的鮮奶油

1大匙剁碎並瀝乾的酸豆

1又1/2小匙第戎芥末醬

徹底混勻。加：

鹽和黑胡椒

調味。把腰子連同汁液一併倒回鍋內，輕輕攪拌，使腰子裹上醬汁。配上：

熱騰騰的米飯

┃關於舌肉┃

擅長料理舌肉的廚子很幸運！不管是哪種舌肉——牛舌、小牛舌、羊舌或豬舌——越小的通常越好。最常用到的而且也是最有滋味的是牛舌，不管鮮吃、煙燻或醃漬。若要有最佳口感，選用三磅以下的牛舌。

舌肉要充分刷洗乾淨。若要煙燻或醃漬，可以先用微滾的開水焯燙十分鐘☆，見「烹飪方式與技巧」；瀝出後馬上投入冷水中。再次瀝出後，按照以下的食譜烹煮。

如果舌肉要做成熱食，焯燙瀝出後，浸一下冷水略微降溫，直到不燙手即可。接著將舌肉剝皮，修除舌根、細骨和軟骨。食用前再放回滾燙的開水中重

新加熱。如果舌肉要做冷盤，稍微放涼至不燙手的地步。此時皮很容易剝下來，➠若是徹底變涼，則不容易剝皮。修整一下再放回鍋裡隨著開水一同變涼。做成肉凍★，292頁，很誘人。

　　切舌肉的方法是，與底部平行從冠狀凸起處朝舌尖方向切。➠斜切的切片更好看。

鮮煮、煙燻或醃漬牛舌（Boiled Fresh, Smoked, or Pickled Beef Tongue）（6至8人份）

若要去除鹽醃或煙燻牛舌的鹽水或煙燻味，可以先用上述的方式焯燙。

在一口大鍋裡放：

1條新鮮、煙燻或醃漬牛舌或小牛舌（約3磅）

再放入：

2顆洋蔥，切對半

1根大的胡蘿蔔，削皮

3枝或更多的帶葉西芹梗

6整粒黑胡椒粒、2片月桂葉

加開水把這些材料幾乎淹沒。煮沸，轉小火保持在微滾狀態。煮5分鐘後，撇除液面浮沫，不蓋鍋蓋，煮至舌肉軟嫩，約2又1/2至3小時。讓舌肉泡在煮汁裡，放涼至不燙手的地步。取出舌肉，去皮並修整一下。舌肉回鍋重新加熱。起鍋後切片，趁熱食用，佐上：

怪味醬，300頁

或者把切片牛舌放入煮汁中一同冷卻並冷藏，食用時配上：

俄式辣根奶醬，339頁，或粗粒法式芥末醬或滑順法式芥末醬

| 關於心 |

　　心的肉質韌而相當乾，最好用慢燉方式料理。心臟乃肌肉，不屬於內臟。烹煮前要充分洗乾淨，去除脂肪、動脈、筋脈和血管，小心地晾乾。➠四至五磅的一顆牛心可供六人份；一顆仔牛心可供一人份。

烤鑲餡牛心（Baked Stuffed Heart）（3人份）

烤箱轉165度預熱。按上述說明準備：

1顆4至5磅牛心或3顆仔牛心

需要的話用棉線紮綁以保持形狀。先用紗布或鋁箔紙包起來再紮綁。在牛心上面覆蓋：

4片培根

置於烤盤內的架子上，澆上：

2杯高湯或肉湯

將烤盤緊密地包覆起來，烤到牛心變軟——牛心需要3至4小時，視大小而定，仔牛心約需2小時。將牛心盛盤，稍微放涼。將烤箱溫度轉高至200度。將：

3杯蘋果餡料，271頁

放在雙層蒸鍋內加熱至溫熱，然後填入牛心。別填滿，預留蘋果淋醬膨脹的空間。在牛心上撒：

匈牙利紅椒粉

把牛心送入200度烤箱，烤至熱透。喜歡的話，用烤汁做：

紅肉鍋底肉汁，285頁

| 關於牛肚 |

牛肚是四個反芻胃的肌肉內壁，包括取自第一個胃的**毛肚**（plain or smooth tripe）；**蜂巢肚**最容易買到，連同較肥潤、半蜂巢狀的網胃（gras double），第二個胃；取自第三個胃的**重瓣肚或牛百葉**（feuillet or manyplies）；還有取自第四個胃的**皺肚**（reed）。

蜂巢肚是口感最細緻的牛肚，現今市面上分冷藏塑膠包和一大張販售的兩種。新鮮的牛肚通常被汆燙預煮過。切塊後要徹底清洗乾淨，隨即可調味進行烹煮。▶牛肚非常容易腐壞，所以一定要冷藏，盡早食用完畢。

如果你從頭處理起，烹煮牛肚是相當漫長耗時的一件事。一整個新鮮牛肚至少要花上十二小時烹煮，有些歷史悠久的老食譜甚至需要花上二十四小時。**處理新鮮牛肚的方法是**，需要的話先修整一下，▶接著徹底清洗乾淨，浸泡一夜，然後用鹽水汆燙三十分鐘☆，見「烹飪方式與技巧」。再次洗淨，瀝乾後再切開烹煮。煮好之後牛肚的口感應該像軟骨般脆嫩。不過更常見的情況是，▶由於火力不夠小，因而有如濕皮鞋那般韌。

牛肚有時候會被煮熟再醃漬，佐醃汁當作冷食或熱食。市面上也買得到醃漬牛肚。

西班牙式牛肚（Spanish-Style Tripe）（6人份）

將：
2磅汆燙預煮過的牛肚
切成1又1/2吋寬的條狀，並清洗乾淨。放進鹽水中加蓋煮2又1/2小時。瀝乾。
在一口大型平底鍋裡加熱：
2大匙橄欖油或蔬菜油
油熱後放入：
1杯切碎的洋蔥、2瓣蒜頭，切末
拌炒至金黃色。再下：

2杯番茄泥、1小顆青甜椒，去核去籽切丁
1/2小匙乾的百里香、羅勒或奧瑞岡
1片月桂葉、1/2小匙鹽、黑胡椒，適量
蓋上鍋蓋煮15分鐘。牛肚下鍋，連同：
　（1/2杯熟火腿末）、（1/2杯蘑菇片）
繼續煨煮15分鐘。如果醬汁太過乾稠，加：
　（1/4至1/2杯不甜的紅酒）
配上：米飯

燉牛尾（Oxtail Stew）（4人份）

韌硬粗質的牛尾肉得要細火慢燉才能軟化其大量的結締組織。如此慢燉出來的牛尾軟爛，滋味濃郁，燉汁滑順。牛尾通常被橫切成1至3吋的小段販售；由於骨頭所佔的比例大，每人份起碼要1磅的量。牛尾窄端的部分幾乎沒有肉，這部分最好留著熬高湯。

烤箱轉180度預熱。在一口大型厚底平底鍋裡加熱：
4大匙（1/2條）奶油或1/4杯牛油脂
1大匙橄欖油
將：

4磅牛尾，切小段

裹上：

調味麵粉☆，見「了解你的食材」

煎黃後放進鍋裡，加：

3杯褐色牛高湯★，203頁，或1又1/2杯高湯加1又1/2杯番茄汁，或視需要酌量

1小匙鹽

10整粒黑胡椒粒

煮沸，然後倒進一口砂鍋裡。蓋上鍋蓋，烤至牛尾軟爛，約4至5小時，需要的話，加多一點高湯進去。差45分鐘就會煮好時，加：

2杯切碎的洋蔥、1又1/2杯切碎的胡蘿蔔

1杯切碎的西芹、4瓣蒜頭切碎

2大匙切碎的荷蘭芹

將湯汁過濾出來，撇除大部分的油脂。用部分的湯汁做：

紅肉鍋底肉汁，285頁

加：鹽和黑胡椒

調味，把牛尾、蔬菜和肉汁組合起來。

豬肚（Chitterlings）（6至7人份）

我們上了年紀之後才發現這英文字有e有r又有g，而且有三個音節，當我們發現法國人的內臟香腸都是用豬腸子灌的，則是更後來的事。小豬仔被屠宰後，豬腸子尚溫熱時便被清空，由裡往外翻，並且刮乾淨。腸子用冷水沖洗後，要浸泡在冷鹽水裡，冷藏24小時。之後再次清洗，換5或6次清水。去除多餘的肥油，但保留少許以增添滋味。如果你不打算自己處理，市面上也買得到清洗乾淨並泡過鹽水的豬肚。將：

10磅豬肚，洗淨並切成2吋小段

1/4杯切片洋蔥、2大匙切碎的荷蘭芹

2大匙白酒醋、（3根乾的智利辣椒）

2小匙鹽、1小匙個別磨碎的丁香

1小匙荳蔻、1小匙多香果

1/2小匙黑胡椒、1/2小匙乾的百里香

1瓣蒜頭、1片月桂葉

慢慢煮沸。加蓋轉小火，煨煮3至4小時。偶爾攪拌一下，免得巴鍋。剩最後30分鐘就會煮好時，你可以加：

（1/4杯番茄醬）

鹽和黑胡椒，自行酌量

配上：

玉米麵包，421頁，或黑眼豆佐青蔬★，427頁

香煎豬肚（Sautéed Chitterlings）

準備豬肚，如上，但省略醋和番茄醬。待豬肚煮軟後，瀝出並充分晾乾。裹上調味麵粉。用奶油以文火煎至精美酥黃。

｜關於骨髓｜

骨髓滋味濃郁，富含營養和油脂。骨髓是法式料理的經典食材，可見於動物腿骨骨腔中央，通常是牛腿骨。髓骨應該新鮮、乾淨，而且不帶血。骨髓本身略呈灰白，質地應當堅硬，而且要充分冷藏。

骨髓可用幾種不同的方式處理。骨髓可從剖開的大骨裡取出。用菜刀把骨頭劈裂並掰開來；從中挖取骨髓。將骨髓切成半吋片狀，放在雙層蒸鍋的上

層，以➡️微滾的水而不是大滾的水蒸軟。你也可以把骨髓放進高湯裡，溫和地以水波煮一分半至兩分鐘。煮好後，骨髓摸起來應略微結實。煮好的骨髓擺在烤圓麵包片上即成一道開胃菜。➡️千萬別把骨髓煮過頭，因為骨髓非常油膩，過大的火力會讓骨髓融化崩解。

另一種作法是，較短的三吋髓骨可放入清水、高湯或快煮湯底★，209頁，水波煮一分半至兩分鐘，或者加鹽和胡椒調味後，放進以一百五十度預熱過的烤箱裡烤一小時左右。食用時，用骨髓專用匙或其他長柄匙挖取骨髓抹在烤圓麵包片上，配上印度甜酸醬當佐料。

野味

Game

————————●————————

野味料理在美國烹飪史具有長久而重要的角色。對於大多數都市人，跟蹤獵物的技術以及追逐獵物的刺激也許僅只是道聽途說，但比起從前，現今有更多人搜尋野味供應商，不管是從工商電話簿或網路，或直奔肉舖或超市特產部，帶回「可以丟進鍋裡煮的某樣東西」。野味料理帶來的味覺愉悅——渾厚的味道、獨特的口感，以及十足的養生——起碼要偶爾享受一下，或者說，應當偶爾享受一下，不容錯失。

縱使在廚房裡，野味有時也是不可預料的，因此在準備野味菜餚時，秉持靈活運用、膽大心細的態度很重要——不該把野味煮得讓用餐者驚呼：「吃起來好像雞肉唷！」也不該用精緻、搶味的醬汁蓋過野味的滋韻。我們應該欣賞野味的特殊性，將之突顯出來。

野味近來的高人氣，多少是美食探險精神所帶動的，多少也是因為大眾了解到，大多數野味的飽和脂肪含量遠低於家畜。然而，由於市場上野味的需求量增加，野味的定義也跟著改變。➤野味一詞原本是指在野地獵獲的動物或禽鳥；而今，「野味」涵蓋了從前只在野地被獵獲，而現今是人工飼養的禽鳥和動物，譬如兔子、鹿或鵪鶉。

野味的飼養方式有放牧和圈飼兩種。放牧的野味可以在飼養環境裡自由走動，因而比起圈飼的動物，有著更繁複的滋味和更少的體脂肪。圈飼的動物基本上滋味較溫和也較肥腴。不管是哪種飼養方式，和野生的野味相比，被飼養的野味通常肉質較軟嫩，滋味上也更討喜而一致，儘管喪失了野生野味的鮮明特色。此外，飼養的野味也更便利省事——不只是因為容易取得，而且來到市面上的野味都是經過處理的畜體，已經切分成可食用的大小。

在美國，幾乎每一州，打獵仍然是熱門的消遣。➤假使你選擇打獵，記得一點，適當地處理野味，將會大大提升其滋味；如果你是生手，打獵之前請洽詢當地的農業合作推廣服務處或州政府和聯邦政府魚類及野生動物管理局分部，索取適當處理野味的資訊。烹煮野味時，按照煮圈飼野味的建議來進行，➤但謹記一點，野生野味總是較為精瘦，通常需要淋油，159頁，以免肉質變得乾柴，而且一般而言烹煮的時間比圈飼的動物短。

| 關於購買野味 |

並非每家超市都販售野味。很多肉品部門或肉舖都願意特別為你訂購野味，只要你早幾天通知。也有網路商家願意把野味宅配到府。▶要判定野味的品質，可以採用判定其他肉品及禽肉的同樣標準。雖說新鮮的貨品通常是最好的，不過適當冷凍的野味還是遠優於處理不當的新鮮野味。想要有最佳成品，▶冷凍的野味要放在冷藏室慢慢解凍，參見「烹煮之前肉的貯存」，154頁。

| 關於準備野味 |

獵人一定要熟悉季節性出沒的動物、相關限制，並且遵守法律，同時也要熟知如何清理、切分和貯存花費心血得來的獎賞。▶盡速冷藏、仔細清潔和小心打理可大大提升野味的滋味。令人不快的「野味」通常是烹煮之前處置不當的結果。

要在野地處理動物、魚類和禽鳥，必須知曉在將畜體去除內臟、切分打理和運送過程中，致病的微生物會污染畜肉的潛藏風險。▶野生動物或魚類的生肉可能含有有害細菌，譬如大腸桿菌或腸炎桿菌，這些細菌生活在動物的腸道內。野生動物和魚類體內的寄生蟲是另一個隱憂。▶要避免致病，譬如熊、野豬和鹿引起的旋毛蟲病，207頁；兔子引起的兔熱病，以及沙門氏菌感染症☆，358頁，獵人在處理生肉時務必要戴手套，而且在食用野味之前，一定要確認肉品經過適當溫度的烹煮。不管是處理大型或小型野畜體，手續基本上都類似——在野外就地除臟（field-dress）、剝皮、冷藏、吊掛或盡快冷凍。▶盡快把野畜的脂肪去除也很重要，因為脂肪會快速腐臭。而且畜體上鬆散脫落的毛也要全數清光，或者沖洗乾淨，因為毛上的油脂會產生異味。

可食的雜碎肉，240頁，應該立即在露營野炊烹煮食用，或者馬上冷凍。若獵獲**大型野畜**，屠宰的程序和屠宰家牛相似。後續的準備工作輕鬆與否，就看你的獵殺技巧如何。如果動物被射中內臟，受傷部位的肉一定要修清刮除，或者把流血的部位盡數切除。從腸道溢出的內容物如果附著在畜肉上也會導致「野腥味」。可能的話，用鹽水清洗受傷部位，並充分晾乾。

▶宰殺之後，畜體應該馬上**在野外就地除臟**——或者說，剖開畜體肚腹，取出內臟——並且進行放血，並促使畜體快速喪失體溫。刀葉小偏中的一把鋒利的刀最好用。

從胸骨末端下刀，朝下將肚皮劃開三至四吋的開口。小心別劃破內臟。你也可以一手持刀切割，同時把另一手的兩根手指伸入開口裡，從內撐起肚皮，

讓肚皮遠離腸子。切割時刀鋒朝外，免得刺穿腸子，而且只用刀尖來切割，好讓你僅僅劃開肚皮。

持續以撐開肚皮的兩根手指引導你下刀，切到腸腔的底端，後腿及臀肉的起始處。劃開這道長口子後，將肚皮的兩側往後翻三或四吋，讓鬆脫的毛遠離畜肉。進行到這個程度，內臟和腸子會往前突出來。取出內臟和腸子之前，先把後腿拉開，順著中央那道口子繼續往下劃開畜皮，繞著生殖器的一側切，一路切至肛門。接著再繞著生殖器的另一側切，並把生殖器切下來。

接著把體壁上的橫隔膜切下來：橫膈膜是分隔心肺和其他臟器的肌肉。切割時要貼近體壁，順著肋骨的一側進行，越過背骨，繼而再往上沿著肋骨另一側，回到起點。如果動物被準確地射中肺部或心臟，會有大量的血從胸腔湧出，使得畜體處在放血狀態。切取心肺時，你用手向上摸索，直到摸到食道和氣管，盡量往肺部的最前端切割。切取腸子時，繞著肛門切，然後把腸子往體內抽拉。如果你用一把厚重的刀劈開骨盆，這過程會容易很多。若是處理麋鹿或駝鹿，你會需要一把小斧頭。有些獵人會等到要切割屍體時才把骨盆或胸腔劈開，這樣可以避免招引蒼蠅、小黃蜂和體腔外的污染，假使你必須拖行畜體很長一段距離的話。

接下來，你可把畜體翻向一側，把內臟全數往外掏到地面上。如果你必得修切結締組織，小心別切到位在肋骨架下方、背骨兩側的兩塊嫩里肌。

小心▸別把刀戳入下腹的麝腺或刺破薄壁的膀胱。沿著通往體外的管器官找就可以找到膀胱。握緊管器官，掐扁管壁以關閉膀胱。進一步讓膀胱鬆脫後，在你慢慢把膀胱完全取出之前，都不要鬆開你掐緊管壁的手。切取肝、腰子和心，放進塑膠袋裡方便攜帶。

處理的手法盡可能俐落，最好是除臟後你僅需用乾布擦拭畜體即可。假使從內臟流出的液體或血接觸到畜肉，或者畜肉被子彈戳穿，那麼就要盡量把這些部位刮切乾淨。別留下任何血漬，否則會產生異味。用雪或水擦拭這些部位，或者用鹽水，如果弄得到的話。仔細擦乾。

將畜體吊掛起來，快速冷卻。為了縮短冷卻的時間，不妨用柴枝把體腔撐開。要是天氣炎熱，也可以把冰袋放進畜體內冰鎮。冰塊要留在袋內。

小型野畜，諸如禽鳥、松鼠和兔子，被射殺之後也同樣要在野地就地除臟。手續和上述方式類似，但簡單得多。盡速讓畜體冷卻。別讓畜體彼此挨擠在一起，這樣冷卻過程會變慢。▸小動物要盡快剝皮。

清理完野畜後，盡速冷卻至四度以下，並保持涼爽，切割之前最好至少放上二十四小時。牛肉最好陳放一星期或十天，溫度保持在一至三度之間，鹿肉也一樣。▸大型野畜可以按照烹煮牛肉的方式處理，小型野畜則按照烹煮雞肉方式處理。

如果要製成罐頭，香料要用得保守，蔬菜則一概略過。就肉類加工品來說，白胡椒比黑胡椒更能讓肉保有好滋潤。喜歡的話，可以在每一夸特的空罐裡放一小匙鹽——這個分量的鹽可以為肉品提味但無助於防腐。➟製成罐頭的野味一定要依照「關於罐藏法」的說明進行高壓處理☆，324頁。

｜關於烹煮野味｜

烹煮野味最常見的失誤是煮過頭，因為野味的脂肪含量比其他肉品低，所以更快熟。就跟所有肉類一樣，野味離火之後烹煮的狀態仍舊會持續一會兒。人工飼養的野味不需要燉上數小時肉質才會軟爛。➟一般說來，屬於紅肉的鹿肉和水牛肉，煮到三分熟最美味。更多特定的烹調說明，參見以下食譜。也請參見「高湯和湯品」★那一章「野味高湯」★那一節的食譜，205頁。

｜關於小型野味｜

在野地獵獲小型野味要立即除臟處理，參見「關於準備野味」。➟處理野畜肉，尤其是除臟時，戴手套才算明智，以避免感染兔熱病。挑選食譜之際要考慮畜齡，較熟老的動物採用濕式加熱法為佳，153頁。

小型野畜——**兔子、松鼠、北美負鼠**（opossum）、**豪豬**（porcupine）、**浣熊**（raccoon）、**北美土撥鼠**（woodchuck）、**河狸**（beaver）、**犰狳**（armadillo）、**麝鼠**（muskrat）——往往是年輕獵人最初的獵物，因此一向是美國烹飪傳統的一部分。小型野味在美國地區依然數量充足，不過由於鄉村生活的打獵風氣衰落，料理這些野味的各色食譜也就逐漸乏人聞問。➟幸好小型野味可以依照大多數烹煮雞肉的食譜來料理。我們也納入料理兔肉的一些經典食譜，以及一些沒那麼經典的食譜，這些作法在非獵人之間廣為流傳，同時還可以應用到其他種類的小型野畜。

｜兔子和野兔｜

兔子和野兔在現今市面上很容易買到，不過這兩者大抵還是獵獲的居多。**雪鞋兔**（snowshoe rabbit）大概是最常在廚房裡出現的品種，這種兔子其實屬於野兔，而且是野兔當中體型最小的，總重量介於三至四磅之間。最大型的美國土生野兔是**北極兔**（Arctic hare），重達六至十五磅之間。大體說來，野兔肉色暗深，質地韌，骨頭又多，尤其是雪鞋兔，因此起碼要長時間醃漬或者小火慢燉。一般而言，在肌肉組織和關節變得僵硬後，把兔子和野兔「吊掛」起

來並進行陳放，對於肉質的軟化沒什麼作用。➡兔肉的滋味濃郁強烈，美國每年有數百萬份的主菜是兔肉。

要將兔子或野兔除臟，務必戴上手套以避免感染兔熱病。從前腿關節處切斷，如下圖虛線所示。同樣從關節處把後腿的皮劃開。將兩隻腳牢牢綁在一起，然後把兔子吊掛在鉤子上。➡從虛線的地方下手，把兔皮當手套一般由內往外翻，朝後腳跟的方向扯下來。接著剝除覆蓋身體和前腿的其餘兔皮。將兔頭斬下，連兔皮一併丟棄。劃開兔子的肚腹，取出內臟，心和肝留著，其餘丟棄。➡用酸化的水把畜體裡裡外外洗乾淨☆，見「了解你的食材」。仔細沖洗並拭乾。

烹煮之前切分兔肉時，你基本上把兔肉切成五大塊：將剝皮並洗淨的兔子平放，背朝下，切斷後腿連臀肉的兩大塊，接著再切下前腿連肋骨的兩大塊。剩下的是背板（back strap）——沿著背骨兩側、肋骨和胃的下方以及後腿上方的里肌肉。

剝除兔子或野兔的皮

香煎兔肉（Sautéed Rabbit）（2人份）

如果是小兔仔（帶皮毛約2至3磅），按照煎炸（或香煎）雞肉，101頁，的作法來做。佐上杏桃醬☆，見「果凍和果醬」。

法式紅燒兔肉 （Fricassee of Rabbit） （4人份）

按上述方式將：
1隻兔子
切成可食用的肉塊。裹上：
調味麵粉☆，見「了解你的食材」
在一口大型平底鍋或荷蘭鍋裡融化：
1/4杯（1/2條）奶油
或者把：
4盎司鹽豬肉丁
榨出油來。接著放：
1/4杯切碎的紅蔥頭或洋蔥
（1杯切碎的蘑菇）
拌炒至軟身。用一把漏勺，把紅蔥頭和蘑菇撈至碗裡。用鍋裡餘油把兔肉煎黃，需要的話分批來煎。喜歡的話，可以用：
（1/4杯白蘭地）

熖燒兔肉☆，見「烹飪方式與技巧」。火熖熄滅時，倒進：
1又1/2杯高湯或不甜的白酒
用紗布把：
1片檸檬皮、3整粒黑胡椒粒
2株荷蘭芹
2枝帶葉西芹梗
綁成一袋。丟入鍋中，蓋上鍋蓋，把兔肉煨熟，約1小時或更久，若是放進150度烤箱則要烤2小時左右。從頭至尾都別把湯汁煮沸。剩10分鐘兔肉就要起鍋時，撈出調味袋，把紅蔥頭和蘑菇加進去。將兔肉盛到溫熱的上菜盤裡。用：
馬尼奶油，283頁
把醬汁增稠。

鍋燜野兔肉（Hasenpfeffer）（4人份）

按上述方式將：

1隻兔子

切成可食用的肉塊。放入一口陶鍋、罐子或盆子裡，加：

醃野味的煮過的醃汁，345頁

放冰箱裡醃漬24至48小時。

烤箱轉180度預熱。瀝出兔肉，保留醃汁備用。將兔肉塊拭乾，裹上：

調味麵粉☆，見「了解你的食材」

在一口大型平底鍋裡加熱：

3大匙培根油

兔肉下鍋煎黃，需要的話分批來煎。煎黃的兔肉放入一口耐烤的砂鍋裡。把：

2大匙奶油、1杯切細切洋蔥

放進平底鍋裡，拌炒至洋蔥變軟。將洋蔥倒進砂鍋裡，連同預留的醃汁。將砂鍋置於爐火上，煮沸之後馬上蓋上鍋蓋，送入烤箱。烤約2小時，或烤至兔肉軟爛。

燜兔肉佐蜜棗（Braised Marinated Rabbit with Prunes）（4人份）

在一口大盆裡混合：

3杯不甜的紅酒、3大匙橄欖油

1杯切薄片的紅洋蔥

1/2杯切細丁的胡蘿蔔

2小匙新鮮百里香葉或3/4小匙乾的百里香

2大片月桂葉

加：

1隻3至3又1/2磅兔子，切成可食用的肉塊，喜歡的話，保留內臟

翻動一下，讓肉塊裹上醃料。加蓋冷藏，醃6至24小時。

在一口荷蘭鍋或砂鍋裡以中大火加熱：

2大匙橄欖油

放入：

1杯珍珠洋蔥，剝皮、8盎司小的蘑菇

拌炒至略微焦黃，約15分鐘。用漏勺撈出，置旁備用。再把：

5片培根，切丁

放入鍋裡，稍微煎黃，再用漏勺撈到紙巾上瀝油。將兔肉從醃汁取出（保留醃汁），拭乾後撒：

鹽和黑胡椒

調味。接著兔肉下鍋，稍微煎黃，然後移到盤子上。把火轉小，在鍋裡放：

1大匙中筋麵粉

拌炒至開始微微上色。用細眼篩把醃汁濾入鍋中，攪拌攪拌，使醃汁與麵粉混勻。煮沸，然後把培根和兔肉加進來。再把火轉更小，加蓋燜煮25分鐘。隨後預留的珍珠洋蔥和蘑菇再回鍋，連同：

12盎司去核的蜜棗

加蓋續燜至兔肉軟嫩，約再20分鐘。把兔肉、菜料和蜜棗撈至深盤中，加蓋保溫。如果醬汁稀薄，以大火煮至略微變稠，5至8分鐘。如果要加內臟的話，將之剁細碎，放入鍋中，連同：

2大匙覆盆子醋

（2小匙紅醋栗果醬或杏桃果醬）

鹽和白胡椒，自行酌量

拌一拌，再煮5分鐘。把醬汁澆在兔肉上，立即享用。

芥末兔肉（Lapin à la Moutarde）（4人份）

把這道法式小酒館經典菜色擺在一層油煎甘藍菜上，或者佐上奶油麵。

在一口小碗裡混勻：

1/3杯第戎芥末醬

1大匙新鮮百里香葉，或1小匙乾的百里香

豪邁地刷在：

1隻3至3又1/2磅兔子，切成8塊
表面。撒：
鹽和黑胡椒
調味。在一口大型平底鍋裡以中火加
熱：
3大匙橄欖油
兔肉下鍋，需要的話分批，煎至略微焦
黃，每面約煎5分鐘。煎好的兔肉移到盤
子裡。把火轉成中小火，在鍋裡放：
2大匙切碎的紅蔥頭
拌炒至微黃，接著倒入：
1又1/2杯雞高湯或蔬菜高湯或肉湯
1杯不甜的白酒
（1/2杯濃的鮮奶油）

煮沸，刮起鍋底的脆渣，把火轉小，煮
約5分鐘。兔肉回鍋，蓋上鍋蓋，燜煮至
軟嫩但仍濕潤，約45分鐘。兔肉盛盤，加
蓋保溫。用細眼篩小心地把醬汁濾入一
口醬汁鍋內，拌入：
1大匙切碎的荷蘭芹、蝦夷蔥、龍蒿或山
蘿蔔菜
（2小匙黃芥末籽，略微烤過）
以大火煮沸，煮至醬汁濃縮成大約2杯，
約6分鐘。加：
2至3滴新鮮檸檬汁
鹽和黑胡椒，自行酌量
調味。舀醬汁澆淋在兔肉上以及兔肉周
圍。

兔肉香腸砂鍋（Casseroled Rabbit and Sausage）（4人份）

將：
1隻兔子
剝皮，切成可食用的肉塊。放入一口大
型平底鍋中，再加：
1磅生豬肉香腸或3條煙燻豬肉香腸
1杯啤酒、1/4杯蘋果酒醋
1杯雞清湯、高湯或肉湯

1杯炒黃的麵包屑，或1/4杯生米
1小匙葛縷子籽、1小匙檸檬皮屑
1小匙紅糖、鹽和黑胡椒，自行酌量
煮沸。火轉小，蓋上鍋蓋，燜煮約2小
時。撇除液面浮油，製作：
禽肉鍋底肉汁
兔肉盛盤，佐上肉汁。

兔肉佐辣味蔬菜（Rabbit with Chili）（4人份）

將：1隻兔子
切成可食用的肉塊。在一口大型平底鍋
裡加熱：
2大匙橄欖油
兔肉下鍋，需要的話分批下，連同：
1瓣蒜仁，切末
把兔肉兩面煎黃。煎好的兔肉放入一

鍋：
蔬食辣豆★，424頁
加蓋燜煮至兔肉軟嫩，約2小時。起鍋
前，將炙烤爐預熱。在蔬食辣豆上撒：
2大匙切達起司屑或傑克起司屑
送入炙烤爐烤至起司呈金黃色。

｜關於大型野畜｜

　　不論使用哪種方式處理大型野畜，一些基本的準備工作是少不了的，見「關
於準備野味」。在毫不設防的狀態下被射殺的野畜，肉質更軟嫩，腐壞的速度
也不如被追殺的野畜那麼快速。➡️即刻小心地去除內臟，馬上把暴露出來的

肉周圍的毛剃除乾淨，並且及時剝皮非常重要。➠去除內臟的過程中，小心別把位於下腹的麝腺刺破。➠也要仔細地把這類野畜的脂肪都清除乾淨，牠們的脂肪會快速腐臭，也不要用來為鍋子抹油或油煎。肝和心在冷卻後，通常會在營地食用完畢。一如所有的野畜，旺季和畜齡決定了烹煮的方式。醃漬野味的醃汁，345頁。優格或酪奶醃汁，345頁，或者任何以牛奶為基底的醃汁可以沖淡有茸角的野畜的野腥味。

佐野味的醬汁，見「關於褐醬」，297頁。甘藍菜、蕪菁、栗子、菰米和蕈菇是佐配野味的經典配料，白蘭地酒漬的水果★也是，358頁。

| 鹿肉（venison）|

Venison一字通常意指鹿肉，其實這字眼——源自拉丁字*venari*，意思是「打獵」——正確來說，指的是有茸角的大型野畜，包括**加拿大馬鹿**（elk）、**北美馴鹿**（caribou）和**羚羊**（antelope），當然還有鹿（deer）。目前在美洲，這四種動物都有商用飼養。一般說來，比起野生的，商飼的野味肉質較軟嫩，滋味也沒那麼濃烈。品種、畜齡以及飼養方式和處理過程的差異，也使得商飼野味的滋味和肉質有所不同，➠不過相同的是，所有的鹿肉都是瘦紅肉。鹿仍是最熱門最常見的野味，有圈飼的，也有在廣大區域裡放牧的，在地飼養或進口的都有。現今市面上的鹿肉，很多是來自紐西蘭的圈飼**紅鹿**。**黃鹿**（Fallow deer）也是圈飼的。其他的品種都是放牧的，包括斑鹿（axis deer）和梅花鹿（sika deer），可以在大型野畜牧場裡自由漫步。比起放牧的鹿，圈飼的鹿在體型和味道上比較一致，而放牧的鹿肉質偏瘦，味道也比較繁複些。

羚羊肉滋味細緻，比其他野味略微清淡，近似仔牛肉。烹煮和食用以簡單為上。**藍牛羚**（nilgai或nilgi）和**黑羚**（black buck antelope）均來自德州放牧場；前者體型較大，滋味也較溫和。**北美馴鹿**多年來已經在阿拉斯加被馴養，肉質多汁多味。某些行家認為**加拿大馬鹿**是最頂級的鹿肉，有時可媲美頂級牛肉。

| 烹煮鹿肉 |

不管是烹煮哪一種鹿肉，很遺憾地都很容易失手。由於鹿肉肌肉間脂肪或者說大理石紋油花太少，肉一進熱烤箱或平底鍋很快就失去水分；沒有脂肪裹著蛋白質，肉很快會變得硬而韌。煮鹿肉時記得一個簡單的原則：➠取自腰肉（saddle）、里肌、嫩里肌和後腿的嫩肉要大火快煮，取自肩胛或頸部的較硬的肉則要燜燉或燴燒。就跟羔羊肉或牛肉一樣，➠最軟嫩和最受歡迎的

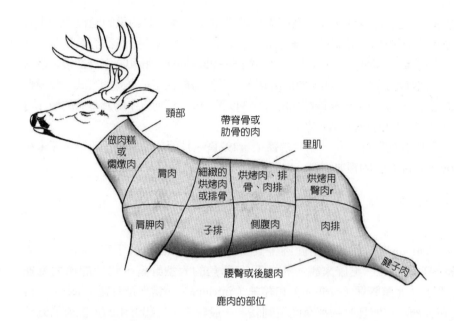

頸部

帶脊骨或
肋骨的肉

里肌

做肉糕
或
爛燉肉

肩肉

細緻的
烘烤肉
或排骨

烘烤肉、排
骨、肉排

烘烤用
臀肉r

肩胛肉

子排

側腹肉

肉排

腱子肉

腰臀或後腿肉

鹿肉的部位

部位都是取自中間和上方部位，以肉排、排骨或長條里肌的形式販售。此外很多製造商會把後腿去骨、修整並剁切，合成七或八塊的方便組合，即所謂的丹佛鹿腿（Denver leg），這些當作肉排、圓肉排和紅燒用肉來料理都很棒。

　　料理➡天生軟嫩的部位的最佳方式，是快速炙烤、香煎或燒烤至一分熟或三分熟。鹿肉應該維持深紅色；如果肉變得灰灰的，就是煮過頭了。➡較韌的部位，譬如肩胛肉、頸肉以及商飼野味燉煮用的肉，或者野生野畜烘烤用的大塊肉，應該以大火烙煎至焦黃，然後送入一百一十至一百二十度的烤箱慢烤或燴燒至軟爛，160頁。商飼鹿肉不見得要醃，➡不過野牛鹿肉經過醃漬之後，不僅肉質更軟嫩，滋味也會提升。紅酒醃汁是最傳統的，優格或酪奶醃汁，345頁，可以沖淡野生鹿肉的濃烈味道，而且奶蛋白可以相當有效地軟化肉質。千萬別過度醃漬；在室溫下醃一小時或放冰箱醃上二十四小時通常就夠了。➡若要燒烤，鹿絞肉最好混一點牛絞肉或豬絞肉或蛋液來保持濕潤。沒有任何添加物的鹿漢堡肉，可先用大火快速烙煎（放在燒烤架上或煎鍋裡都可以），然後再用少許高湯或酒加蓋煮一煮。若要醃製鹿肉，見「肉乾」☆，358頁。

鹿肉堡（Venison Burger）

要讓這精瘦的肉水潤，混合：
4份鹿絞肉
1份生豬肉香腸
按照製作漢堡肉的方式做，但烹煮的時

間拉長一點，確保肉不再呈粉紅色。佐上：
鮮莎莎醬，323頁，或調味美乃滋，334頁

烤鹿腿（Roasted Leg of Venison）（無骨鹿腿肉，8至12人份；帶骨鹿腿肉，6至8人份）

這份食譜若用脊骨或肋骨部位的肉來做，也同樣美味，而且配上馬鈴薯泥，非常對味。

烤箱轉230度預熱。在一口醬汁鍋裡以小火融化：

1/2杯（1條）奶油

放入：

1大匙蒜末、2大匙切碎的新鮮荷蘭芹
1小匙乾的鼠尾草、1小匙乾的奧勒岡

煮5至6分鐘，別煎黃。加：

鹽和黑胡椒，自行酌量

鍋子離火。在烤盤內的烤架上放：

1大塊6至8磅無骨或帶骨的鹿肉

把奶油混料澆在鹿肉上，烤20分鐘。把烤箱溫度轉低至165度，把：

2杯切細的洋蔥、2杯不甜的紅酒

加進烤盤裡繼續烤，要經常淋油潤澤肉表，烤至插進肉最厚部位的溫度計達55度或60度即三分熟，無骨的大約每磅烤12分鐘，帶骨的每磅烤15分鐘。鹿肉盛盤，加蓋保溫。將烤盤置於中大火上，加：

3杯野味高湯或雞高湯

煮沸，刮起盤底脆渣，煮至湯汁濃縮至1又1/2至2杯的量。用細眼篩把湯汁濾入一口醬汁鍋裡，醬汁鍋置於大火上，加：

1/2杯紅醋栗果凍
1/4杯干邑白蘭地或其他白蘭地

撇除液面浮油，煮2至3分鐘，煮至略微變稠。加：

鹽和黑胡椒，自行酌量調味。

紅燒鹿肉（Venison Pot Roast）

用較沒那麼軟嫩的部位來做，包括所有的肩胛肉或板腱肉，以及野生的鹿肉，不管是一大塊肉或切成小肉塊；脂肪要去除乾淨。請參見「烹煮鹿肉」。把肉浸到醃汁裡，344頁，加蓋冷藏12至24小時，其間要經常翻面。把肉從醃汁中取出（保留醃汁備用）並拭乾。按照紅燒牛肉的方式來做，喜歡的話，把些許預留的醃汁加到煮汁裡，其餘的醃汁倒棄。按說明煮至肉軟嫩；烹煮的時間端看鹿肉塊的形狀和大小而定。

香煎鹿肉排（Sautéed Venison Steaks）（6人份）

用取自里肌或腿部軟嫩部位的肉排來做。用肉槌或一口小型厚底鍋的底部輕輕地把：

6片鹿里肌肉排（每片約6至7磅）

捶扁，捶成大約1/2吋厚，且厚度均勻。在一口厚底平底鍋裡以中火加熱：

3大匙橄欖油

加：

4瓣蒜頭，稍微壓碎

快速煎黃。撈出蒜頭並丟棄。把火轉大，快速把肉排煎黃，每面煎2至3分鐘。兩面撒：

鹽和黑胡椒

充分調味。煎好後肉排盛盤並加蓋。把：

2磅熟番茄，去籽切碎
1至2大匙切碎的奧瑞岡
1撮壓碎的紅椒片

加進鍋裡，不蓋鍋蓋，煮至番茄稀爛。拌入：

1/4杯切碎的去核的黑橄欖或2大匙瀝乾的
酸豆
1/2杯不甜的白酒
煮至微滾。加：

鹽和黑胡椒
調味。澆到肉排上，立即享用。

辣味鹿肉佐黑豆（Vension Black Bean Chili）（10至12人份）

將：
2杯乾黑豆，清洗並挑揀過
泡水。或者用：
3罐15又1/2盎司罐頭黑豆，清洗並瀝乾
若是用乾的黑豆，瀝出豆子，放入一
口大鍋，煮沸，然後火轉小續煮1至2小
時，直到豆子軟中帶韌。在一口荷蘭鍋
裡以中火加熱：
2大匙橄欖油
放入：
2顆中型洋蔥，切碎、1枝西芹梗，切碎
拌一拌，煎至軟身，約15分鐘。再下：
8瓣蒜仁，剁碎
拌炒至軟身，約幾分鐘。盛到一口碗
裡。在鍋裡補：
2大匙橄欖油
把：
4磅無骨鹿肉，切成1/2吋角塊

下鍋煎黃，需要的話分批下，以中火來
煎，約10至15分鐘。接著洋蔥混料回鍋，
再加：
1/3杯辣粉、3大匙乾的奧瑞岡
2大匙孜然粉、1大匙芫荽粉、2小匙鹽
1/2至1小匙紅椒粉
拌勻，續煮5分鐘。再加：
1罐28盎司李子番茄，壓碎，連汁一起加
3又1/2杯熱雞高湯或雞肉湯
煮沸，拌勻，把火轉小，不蓋鍋蓋，煮2
小時，直到肉可用叉子剝絲的程度。拌
入黑豆，加熱至熱透。加：
鹽和黑胡椒
調味。配上：
糙米飯或菰米飯
點綴上：
切碎的荷蘭芹
1杯酸奶，混上1顆檸檬的皮屑

貝克版鹿圓肉排（Becker Venison Medallions）（4人份）

把：1磅鹿圓肉排（medallions）
放到兩張蠟紙中間，一次放一片，輕輕
地捶成1/4吋的肉片。撒：
鹽和黑胡椒
調味。在一口大型厚底平底鍋裡以中火
融化：
6大匙（3/4條）奶油

圓肉片下鍋煎黃，需要的話分批，每面
約煎1至2分鐘。肉片盛盤，放置一旁。
把：3大匙波特酒或馬德拉酒
加入鍋中，如果肉片滲出肉汁，肉汁也
一併加進鍋裡，將醬汁熱個1分鐘，然後
澆到圓肉片上，配上：
炒蕈菇

燒烤帶骨鹿肉排佐藍紋起司加葛縷子奶油（Grilled Vension Chops with Blue Cheese and Caraway Butter）（4人份）

把大量奶油和起司塗抹在鹿肉排骨上
——這極其精瘦的鹿肉禁得起添加脂肪

的豪奢對待。
在攪拌器或食物調理機裡把：

1/2杯（1條）無鹽奶油

打到變軟，加：

1大匙掰碎的藍紋起司、1小匙葛縷子籽

數滴烏斯特黑醋醬、鹽和黑胡椒

拌勻。倒到一張保鮮膜上，塑成圓筒狀，緊密地包裹起來。冷藏至少1小時，或者冷藏一夜。在一口大行平底鍋裡加

熱：

3大匙橄欖油

油熱後，放入：

4片帶骨鹿肉排

每面煎2至3分鐘，視厚度而定。肉排盛盤，為每片肉排切兩三塊起司奶油放到肉上面慢慢融化。

｜野生綿羊和山羊｜

野生綿羊和山羊棲居在美國和加拿大西部的崎嶇山區。儘管數量很多，但是大角羊的其中一個品種目前被認為瀕臨絕種。有四種野生綿羊被稱為大角羊：**洛磯山大角羊、沙漠大角羊、白大角羊**（Dall's sheep）**和石羊**（stone sheep）。➡**沙漠大角羊**被列為瀕臨絕種（並非因為過度獵捕，而是缺乏棲地）。不論如何，美國狩獵執照收取的費用（相當可觀），有部分被運用來增加大角羊的棲地並幫助牠們繁殖，因此其餘的大角羊數量充足，可以獵殺，而且數量被謹慎地管制當中。➡野生綿羊和山羊的肉質均細緻；獨特多味而溫潤。帶骨的肉滋味最棒，其質地近似羔羊肉。所有的山羊肉——從我們打獵來的山羊到加勒比海的本土山羊——都可以用以下的食譜來烹煮。

烤山羊肉或大角羊肉（Roast Mountain Goat or Bighorn Sheep）（6人份）

烤箱轉260度預熱。在：

1條6至8磅山羊腿或綿羊腿，去骨

撒：

鹽和黑胡椒

調味。在肉的內面覆蓋上：

2瓣蒜仁，切片

1大匙切碎的新鮮迷迭香

6片厚片培根，最好是培根板

把肉捲起來，用棉線纏繞肉捲6或7圈，將之定型。在肉捲上面放：

3片薄片的義式培根

烤30分鐘。取出肉捲，在肉捲烤盤裡放：

1顆洋蔥，切成一圈圈

1杯仔牛高湯或雞高湯或肉湯

1杯不甜的紅酒

1大匙烏斯特黑醋醬

1/2小匙乾的羅勒

肉捲放回烤盤。將烤箱的溫度轉低至220度，續烤至肉的內部溫度達52度即一分熟，約30至45分鐘。將肉條移到溫熱的盤子上。混勻：

1/4杯中筋麵粉

1/4杯水

接著再攪入烤盤裡的汁液裡，置於中火上煮至變稠。接著再攪入：

1/4杯蜜棗蜜餞或蜜棗果醬

將肉捲切薄片，佐上另外盛一小盅的醬汁。

｜野豬｜

在歐洲幾世紀以來被廣泛獵捕，野豬是家豬的表親，但肉質更軟嫩濃郁。在美洲，野豬包含很多品種，從俄羅斯野豬（Russian boar）、逃到野外的尖背野豬（razorback hogs）乃至於名為**西猯**（peccary或javelina）的土生土長美洲野生豬。野豬肉的滋味從非常溫和細緻到嗆烈鮮明的都有，端看畜齡、體型、季節以及野豬的飲食而定。大致而言，幼齡的動物肉質的滋味和軟嫩度都比較好。野豬肉的料理方式和一般豬肉相同，販售時肉塊的切法也和家豬一樣。最熱門的部位取自里肌或腰背；較韌、較便宜的部位，譬如後腿，以燜燉或燴燒的方式處理最美味。▬▶野豬肉可能帶有旋毛蟲，所以要充分煮熟。佛羅倫斯烤無骨豬里肌，210頁、牛奶燉豬肉，213頁，或德國酸菜燉豬肉，213頁，都可以換成野豬肉來做。

檸檬迷迭香豬排（Lemon-Rosemary Boar Chops）（4人份）

在：4片帶骨野豬排
上撒：鹽和黑胡椒
調味。在一只小盆裡混合：
2顆檸檬的汁液、1/2杯橄欖油
1/4杯切碎的迷迭香、2瓣蒜仁，切碎
1小匙第戎芥末醬
將豬排擺在一只淺烤盤內，倒入醃料，翻動豬排使之裹上醃料。加蓋放冰箱醃漬1至4小時。將燒烤爐升大火☆，見「烹飪方式與技巧」，或者以大火加熱一口大型平

底鍋。豬排放到燒烤架或鍋面上烙燒，每面約2分鐘，直到烙黃。若使用燒烤爐，把豬排移至非直接加熱的區域。若用平底鍋烙燒，轉中小火，蓋上鍋蓋。續煮10分鐘即三分熟，15分鐘五分熟，全熟則要更久時間，煮至肉最厚部位的溫度達66至77度。豬排盛盤，靜置10分鐘。淋上：
特級初榨橄欖油
配上：
2瓣檸檬角

｜關於熊｜

熊一概可食。▬▶將熊肉去脂去骨，冷凍保存或榨油。鮮取的熊脂若立即被榨油，可以做烹煮用油；若是貯存一段時間，只能用作皮革保養油。質韌而味道濃烈的熊肉，烹煮前用以油為基底的醃汁冷藏醃漬至少二十四小時，滋味會更好。醃漬之後可以按照紅燒牛肉或燉牛肉的作法來煮。▬▶熊肉也可能帶有旋毛蟲，所以一定要充分煮熟。

燴燒熊肉（Braised Bear）（4至6人分）

在一口大行平底鍋或荷蘭鍋加熱：
1/4杯玉米油

分批把：
4磅無骨熊肉，切成2吋角塊

煎黃，盛盤置旁備用。在鍋裡加：

1大匙奶油

待奶油融化，放入：

2條胡蘿蔔，切丁、1小顆洋蔥，切碎

1枝西芹梗，切碎

拌炒至軟身，約5分鐘。煎黃的肉回鍋，連同：

2杯不甜的紅酒、1杯雞高湯或雞肉湯

煮沸，火轉小至湯汁微滾。再下：

20瓣蒜頭、1片月桂葉

1小匙乾的百里香

用鋁箔紙蓋住鍋子並往下壓，讓鋁箔紙緊貼著液面，並且緊密地包住鍋緣。再

將鍋蓋蓋上，燉煮至用籤子可以輕易戳抽肉塊，約2至3小時。撇除液面上的浮油。將肉盛盤，撈除月桂葉。將菜料和燉汁倒入食物調理機或攪拌機打成泥，需要的話分批進行。打好的菜泥倒回鍋中，以大火熬煮至濃縮三分之一的量。攪入：

1/4杯奶油（1/2條）奶油，切成小塊

如果醬汁太稠，可以加：

額外的高湯或紅酒

熬至你要的稠度。加：

鹽和黑胡椒

調味。肉放回鍋中加熱至熱透即成。

| 水牛（北美野牛） |

　　美洲水牛或野牛是北美土生土長的動物，曾經成群地在美國草原上漫步，為美國原住民提供食物和遮蔽物。如今為數眾多的野牛放牧場遍布全美境內，提供養殖的野牛肉，其肉質遠優於牛肉。它的蛋白質含量高，膽固醇含量極低（大約比牛肉少百分之三十），熱量和脂肪只有牛肉的一半，但同樣美味，不輸牛肉。所有的牛肉食譜都可以換成水牛肉來做。它➡比牛肉要快熟。不管用哪一種方式烹煮，➡水牛肉煮至一分熟或三分熟即可；全熟的水牛肉乾柴無味。最棒的部位是取自肋骨、腰內和沙朗的肉排、排骨和烘烤用肉塊。烹煮之前要修清可見的脂肪。➡若要燒烤水牛排或帶骨肉排，在火源上方至少六吋的地快速燒烤，用釉汁或醃汁潤澤肉表以保濕。水牛絞肉和鹿絞肉一樣，混上少量豬絞肉或牛絞肉，可以增加脂肪和濕潤度。

烤香橙蜜汁水牛肋排（Buffalo Rib Roast with Orange Molasses Glaze）（10至14人份）

仔細地修除：

1塊（7至9磅）無骨水牛肋肉或上沙朗肉上大多數脂肪，僅留薄薄一層。喜歡的話，穩固地束綁起來，置於擺在烤盤內的烤架上。準備：

柳橙糖蜜釉汁，342頁

豪邁地把糖蜜汁刷在肉表。放室溫下靜置1小時，或加蓋冷藏最多24小時。烤

之前要放室溫下回溫。用剩的糖蜜汁要保留下來，可在烘烤過程裡用來潤澤肉表。烤箱轉230度預熱。烤15分鐘，接著把烤箱溫度轉低至165度繼續烤，這期間偶爾用蜜糖汁潤澤肉表，烤至插入肉的最厚部位的溫度計顯示50至55度即一分熟，約每磅8至10分鐘，或顯示55至60度即三分熟，約每磅10至12分鐘。小心別烤

過頭。烤好後把肉移到砧板上，加蓋保溫。在烤盤裡加：

1又1/2杯牛高湯或牛肉湯

3/4杯不甜的紅酒

煮沸，刮起盤底的脆渣，熬煮至略微變稠而且濃縮至大約2杯的量。用細眼篩過濾醬汁，再加：

鹽和黑胡椒

調味。將肉切片，佐以醬汁食用。

貝克版水牛肉漢堡排（Becker Buffalo Burgers）（4人份）

如果水牛絞肉太乾澀，摻上牛絞肉、香腸或蛋液。我們就喜歡純水牛絞肉的原味。

在一口中型盆裡混合：

1磅水牛絞肉

1/2顆甜洋蔥，切丁

1大匙醬油

1小匙辣椒醬

大量現磨黑胡椒屑

捏成4片肉排，置於盤子上，包覆起來，靜置於冰箱內至少15分鐘，或長達2小時。燒烤至你想要的熟度。

餡料

Stuffings

「不要再給我火雞肉了,但再來一份牠肚裡的麵包。」感恩節餐桌旁的一位小男生說。並非所有餡料都是用麵包做的,只要混合得精緻誘人,全都美妙可口得足以誘使發育中的美食家忽略富有傳統的主菜。有些餡料包括了西芹、香料、辛香草、牡蠣、內臟、香腸、蕈菇、橄欖、堅果和水果,以及洋蔥家族的重要成員。這些材料增添了可以讓**餡料**、**配料**(dressings)和**填料**(farce)凝結的麵包屑、米飯、馬鈴薯、栗子和其他穀片的滋味。**加味的碎肉填料**(Forcemeats)(亦即法文的farce一字)包含了香腸茴香填料,以及雞肉填料,276頁等這些熱門餡料。如同其他餡料,碎肉填料的作法變化多端,但使用前一定要徹底煮熟。

│ 關於麵包屑餡料 │

餡料和配料有沒有不同?有些人認為沒有,不過我們這裡所說的**餡料**,指的是填入禽鳥、紅肉和魚肉裡烹煮的任何材料,而**配料**指的是放在烤盤裡分開烹煮的材料。值得一提的最大不同,是我們不建議在餡料理加蛋,但我們會把蛋加到配料裡,好讓材料凝結。▶我們也要提醒你注意,加到餡料或配料裡的豬肉要煮熟。▶當內部溫度達到七十四度時餡料就是熟了。▶每磅生禽肉或生魚肉,大約是半杯餡料。▶每人份大約四分之三杯的量。

食譜若指明使用麵包屑,我們建議用隔夜麵包來做,不論是義式或法式麵包、自製白麵包、全麥麵包,或玉米麵包都可以。不管用哪種麵包,如果是隔夜的又/或烤過的,餡料就會乾而結實。如果是新鮮而且沒烤過的麵包,餡料就會濕稠。

所使用的麵包屑品質非常重要☆,請見「了解你的食材」,了解新鮮的和乾的麵包屑的差別。▶千萬別磨碎麵包以製成麵包屑,如此一來,餡料會變得太密實。未調味的盒裝原味麵包屑或麵包丁可以用在需要新鮮麵包屑的食譜裡。▶如果你使用這種麵包屑,食譜裡要求的高湯量要多加三分之一。▶一條一磅的麵包可得出大約十杯的新鮮麵包丁或六杯新鮮麵包屑,包含麵包皮在內,麵包皮也應該摻進來,除非食譜特別指明不加麵包皮。

假使你偏好乾的麵包屑,所加的高湯量,僅需達到你把麵包屑捏在手中時

可勉強使之黏在一起的程度。若希望質地更濕潤,加夠多的融化奶油進去,讓麵包屑一經按壓便立即黏在一起。在以下的很多食譜裡,奶油的用量減少了,但高湯或肉湯的用量增加,這是考慮到很多人希望麵包屑更濕潤但不油膩。

　　若預先做好,➡餡料放冷藏可放上一天,但一定要和紅肉、禽肉或魚肉分開貯存。若要回溫,使用前的二十分鐘從冰箱取出,或者以小火或一百五十度的烤箱重新加熱至溫溫的。➡臨煮之前才把餡料填入食物裡,這一點也很重要;➡混合、攪拌及填塞餡料時動作要放輕,別把餡料壓擠得太密;➡填塞時要預留一些膨脹的空間,這樣餡料的口感才會保持輕盈。若有塞不進魚、禽或紅肉裡的多餘餡料,則另外盛在抹油的烤盤裡分開來烤。假使禽鳥肉已經熟了但餡料尚未熱透,把禽鳥移出烤箱,把餡料掏挖到抹奶油的陶盅裡,趁靜置禽鳥的期間,把餡料放回熱烤箱裡繼續烤。

　　放盤子裡烤的配料可以預先組合好,而且從冰箱取出後直接送進烤箱烤。若要烘烤配料,在一只抹奶油的大烤盤內平鋪二至三吋深的配料。在配料表面澆淋高湯、肉湯或牛奶,每四至五杯的麵包屑混料澆半杯汁液。➡若希望配料更軟綿,罩上鋁箔紙;若希望表面形成焦脆的酥皮,在表面星布著奶油塊,不加蓋地烘烤。不管軟綿或焦脆,送入預熱過的一百八十度烤箱烤三十至四十五分鐘。若是配料和紅肉、魚肉或禽肉同時烤,偶爾舀盤中烤汁來潤澤配料。

　　切肉前要把餡料掏挖出來。有關填鑲禽鳥的餡料的說明,見「關於填餡和紮綁家禽」,88頁。

基本的麵包丁餡料(Basic Bread Stuffing)(8至10杯)

這份食譜以及下列的變化款足以填鑲1隻14至17磅的火雞,也可以做成一道陶盅小配菜。若要填鑲1隻烘烤用的雞或6至8隻童子雞,分量減半。若要填鑲更大型的火雞,材料增加一半。請參見「關於麵包屑餡料」。烤箱轉200度預熱。將:
1磅切片、扎實的白色三明治麵包、法式麵包或義式麵包,連麵包皮一起,切成1/2吋方丁(10杯裝得鬆散的麵包丁)
放在大烤盤上烤至漂亮的金黃色,5至10分鐘,其間要攪拌好幾回。烤好後盛到一口大盆裡。在一只大型平底鍋裡以中大火加熱:
1/4至1/2杯(1/2至1條)無鹽奶油
等冒泡的情形消失,放入:

2杯切碎的洋蔥、1杯切細的西芹
拌一拌,煎至軟身,約5分鐘。鍋子離火,拌入:
1/4至1/2杯荷蘭芹末
1大匙新鮮鼠尾草末或1小匙乾的鼠尾草
1大匙新鮮百里香末或1小匙乾的百里香
3/4小匙鹽、1/2小匙黑胡椒
1/4小匙肉豆蔻屑或粉、1/8小匙丁香粉
倒入麵包丁裡,拋翻至混勻。一次一丁點地拌入:
1/3至1杯雞高湯或雞肉湯,或視需要酌量增減
直到餡料稍微濕潤但不會凝結在一起。調整一下調味料。如果你希望配料口感扎實,並打算放在盤裡烤,拌入:

（2大顆蛋，充分打散）

把餡料填入禽體內，或者加額外的高湯

使之濕潤，盛在盤子裡分開烤。當內部溫度達75度，餡料就是烤好了。

加烤堅果或烤栗子和水果乾的麵包屑餡料（Bread Stiffing with Toasted Nuts or Chestnuts and Dried Fruit）

用9至11杯熟栗子，新鮮的、真空包裝的、罐頭的或冷凍的都可以；不要用浸在糖漿裡的栗子，這樣會太甜。準備基本的麵包屑餡料。加1/2至1杯核桃、胡桃或巴西堅果，烤過的，剁成粗粒，或者1

又1/2杯熟的、罐頭的或冷凍的栗子，剁成粗粒，以及1杯水果乾（譬如葡萄乾、蔓越莓乾、櫻桃乾或蜜棗丁）。把麵包丁和調味料拌在一起，按上述方法烤。

加牡蠣的麵包丁餡料（Bread Stuffing with Oysters）

準備10至12杯基本的麵包屑餡料。加24顆去殼的牡蠣，或1品脫生牡蠣，瀝乾，汁液保留備用。麵包丁加調味料拋翻混勻，加預留的牡蠣汁潤澤。當內部溫度

達75度，餡料即是熟了；參見「家禽和野禽」，84頁。用烤盤烤餡料，參見「關於填餡和紮綁家禽」，88頁。

加香腸和蘋果的麵包丁餡料（Bread Stuffing with Sausage and Apples）（14至16杯）

12盎司煎黃可食的香腸，退冰後切成小塊，可以取代散裝的香腸肉。小塊香腸連同蘋果一起煮，用奶油取代香腸油汁。請參見「關於麵包屑餡料」。

在一口大型平底鍋裡以中大火煎：

1磅散裝豬肉香腸肉

用鍋鏟把肉攪散，煎到不再呈粉紅色，8至10分鐘。撈到鋪有紙巾的盤子上瀝油。倒掉鍋裡大部分的油，僅留2大匙左

右。平底鍋放回火源上，放入：

4杯削皮的青蘋果丁，譬如澳洲青蘋果

拌一拌，煮軟。準備：

基本的麵包丁餡料

在將麵包丁和調味料拋翻混合時，也把香腸肉和蘋果丁加進去一併混勻。把餡料填入禽鳥裡，或者加額外的高湯裝在盤子裡分開來烤。當內部溫度達75度，餡料即是烤好了。

麵包丁加蕈菇餡料（Bread and Mushroom Stuffing）（10至12杯）

在一口中型平底鍋裡以中大火加熱：

2大匙無鹽奶油

等冒泡的情形消失，放入：

1磅鈕釦菇或野蕈菇，切片

拌一拌，煮至菇軟身而且釋出的汁水全數蒸發光了。

準備：

基本的麵包丁餡料

在將麵包丁和調味料拋翻混合時，也把蕈菇加進去一併混勻。把餡料填入禽鳥裡，或者加額外的高湯裝在盤子裡分開來烤。當內部溫度達75度，餡料即是烤好了。

義式麵包丁餡料（Itlian Bread Stuffing）（4杯）

這道餡料可以用來填鑲無骨雞胸肉，88
頁，或者填塞整隻烤雞，又或如果多一
倍，可以填塞1隻12至15磅的火雞。➡️若
當作餡料，別加蛋液。請參見「關於麵
包屑餡料」，263頁。
在一口小型平底鍋以中大火加熱：
3至4大匙奶油
等冒泡的情形消失，放入：
2/3杯切細碎的洋蔥
拌一拌，煎炒至軟身但不致焦黃，約5分
鐘。拌入：
1小匙蒜末
煮30秒。倒到一口盆裡，再拌入：
2杯乾的麵包屑
1/2杯帕瑪森起司屑

（1大顆雞蛋，打散）
1/4杯切細的荷蘭芹
1/2小匙乾的迷迭香，壓碎
1/2小匙乾的鼠尾草，壓碎
1/2小匙鹽
1/2小匙黑胡椒
再拌入：
1至1又1/2杯雞高湯或雞肉湯，或視需要
酌量增減
（1大顆蛋）
使餡料濕潤得當你用手緊捏時足以凝結
成一丸粉球即可。
把餡料填入禽鳥裡，或者加額外的高湯
裝在盤子裡分開來烤。當內部溫度達75
度，餡料即是烤好了。

麵包屑加蘋果和櫻桃（Apple and Cherry Bread Stuffing）（約7杯）

搭配豬肉非常對味。
在一口大型平底鍋以中火加熱：
1/4杯（1/2條）奶油、1大匙橄欖油
直到奶油冒泡，放入：
2枝西芹梗，切碎、1顆中型洋蔥，切碎
拌一拌，煎煮至透明，約5分鐘。鍋子離
火，放入：
4杯乾的白麵包丁或全麥麵包丁或玉米麵
包丁，或原味香酥麵包丁
1大顆蘋果，削皮並切丁

3/4杯酸櫻桃乾、1/2杯波特酒或馬德拉酒
1/4杯葡萄乾、（1大匙迷迭香末）
1小匙黑胡椒、1/2小匙鹽
若要裝在盤子裡烤做成配料，加：
（1大顆蛋）
至多倒入：
1/2杯雞高湯或雞肉湯，或視需要酌量
潤澤配料。把餡料填入禽鳥裡，或者加
額外的高湯裝在盤子裡分開來烤。當內
部溫度達75度，餡料即是烤好了。

麵包屑拌內臟（Bread Stuffing with Giblets）（約8杯）

這口感溫和清爽的餡料，如果減少西芹
的用量，可以加堅果碎粒、炒蕈菇，做
出變化。
將：
火雞或雞的內臟：雞胗、雞心和雞肝
剁碎。在一口中型平底鍋裡以中火融化：
1/4杯（1/2條）奶油
接著內臟下鍋，連同：

1/2杯切碎的洋蔥
煎煮2分鐘，偶爾拌一拌，接著蓋上鍋
蓋，煮10分鐘，偶爾拌炒一下。等洋蔥軟
身，裝到一口大盆裡，加：
6杯去皮的隔夜或稍微烤過的白麵包丁或
全麥麵包丁或玉米麵包丁
1/4至1杯切碎的西芹
1/4杯切碎的荷蘭芹

1小匙壓碎的乾龍蒿或乾羅勒

3/4小匙鹽

1/小匙匈牙利紅椒粉

1/8小匙肉豆蔻屑或粉

拌勻，再倒入：

大約1/2杯牛奶、高湯或肉湯，或者融化
的奶油，稍稍地把餡料潤濕，或視需要
酌量增減

若要裝在烤盤裡烤，加：

（2至3大顆雞蛋，充分打散）

再加：

（1又1/2杯切碎的堅果：巴西堅果、松

子、胡桃或核桃）

以及下列其中之一：

1杯香腸肉，煎熟並煎黃

1杯或更多的連洋蔥一起香煎的蘑菇

1杯切碎或整粒的瀝乾生蠔

1杯切碎的軟殼蟹

1杯切碎的熟蝦

把餡料填入禽鳥裡，或者加額外的牛
奶、高湯或肉湯，裝在盤子裡分開來
烤。當內部溫度達75度，餡料即是烤好
了。

基本的玉米麵包丁餡料（Basic Corn Bread Stuffing）（約8杯）

這道地區性的料理，如今廣為流傳。任
何的玉米麵包都適用於這份食譜。不
過，如果你要用玉米粉做玉米麵包，那
麼就要做南方玉米麵包，421頁，這種麵
包是無甜分的。

烤箱轉200度預熱。把：

1份南方玉米麵包，或其他玉米麵包，切
丁（約8杯）

放在一大張烘焙紙上烤成漂亮的金黃
色，約5至10分鐘，其間要攪拌幾回。烤
好後倒到一口大盆裡。如果你想要粉屑
的口感，用手指捏碎麵包丁。在一口大
型平底鍋裡以中大火加熱：

1/4至1/2杯（1/2至1條）無鹽奶油

等冒泡的情形消失，放入：

2杯切碎的洋蔥

1杯切細的西芹

（1顆青甜椒，去核去籽切小丁）

（1顆紅甜椒，去核去籽切小丁）

（2瓣蒜頭，切末）

拌一拌，煎煮至軟身，約5分鐘。鍋子離
火，拌入：

1/4至1/2杯荷蘭芹末

1小匙乾的鼠尾草或1大匙新鮮鼠尾草末

3/4小匙鹽

1/2小匙黑胡椒

倒到麵包丁裡，拋翻至混合均勻。一次
一丁點地拌入：

1/3至1杯雞高湯或雞肉湯，或視需要酌量
直到餡料稍稍濕潤但不會凝結在一起。調
整一下調味料。如果你想要扎實的配料，
並打算裝在盤子裡分開來烤，拌入：

（2大顆蛋，充分打散）

把餡料填入禽鳥裡，或者加額外的高湯
裝在盤子裡分開來烤。當內部溫度達75
度，餡料即是烤好了。

加香腸和甜椒的玉米麵包丁餡料（Corn Bread Stuffing with Sausage and Bell Peppers）（12至14杯）

準備基本的玉米麵包餡料，加青甜椒和
紅甜椒。摻1磅辣味或滋味溫和的散裝

香腸肉，煮熟的，以及（1/4小匙紅椒
粉）。把麵包丁和調味料拋翻混勻。

加牡蠣的玉米麵包丁餡料（Corn Bread Stuffing with Oysters）（10至12杯）

準備基本的玉米麵包丁餡料，省略大蒜。加24顆去殼的牡蠣，或1品脫生牡蠣，瀝乾，牡蠣汁保留備用，以及（1至2杯胡桃，烤過的，切成粗粒）。將麵包丁與調味料拋翻混勻，倒入預留的牡蠣汁潤濕餡料。

加孜然和辣椒的玉米麵包丁餡料（Corn Bread Stuffing with Cumin and Hot Chile Peppers）（10至12杯）

可用兩罐4盎司溫和的智利青辣椒來取代波布拉諾辣椒或安納海姆辣椒。
準備：
基本的玉米麵包丁餡料
要加甜椒和大蒜。再加：
4顆波布拉諾辣椒或8顆安納海姆辣椒，烤過的，去皮去籽切碎

3顆墨西哥青辣椒，烤過的，去皮去籽切碎
1小匙孜然粉
1小匙乾的奧瑞岡
1杯冷凍的、罐頭的或煮熟的新鮮玉米粒
將麵包丁與調味料拋翻混勻，按照說明來烘烤。

乾餡料（Dry Dressing）（約5杯）

這名稱是芳名為莎拉‧布朗的一名家庭主婦為她經常製作的一款餡料取的，想當然爾，這餡料是乾性的。剁碎的胡桃、牡蠣肉和橄欖也可以加進來。
在一口小的平底鍋裡以中火融化：
2大匙奶油
放入：
1/2杯切碎的洋蔥
拌一拌，煎煮至幾乎軟身，5分鐘，倒進：
3又1/2至4杯新鮮白麵包屑或全麥麵包屑
約1杯切碎的西芹

加：
鹽，自行酌量
1/4小匙匈牙利紅椒粉
調味。鍋子離火。用一半的餡料填塞禽鳥。融化：
3/4至1杯（1又1/2至2條）奶油
將一半的奶油倒到禽體腔內的餡料上，再填入其餘的餡料，繼而再把剩下的奶油倒上去。把餡料舀進禽體內，或者加上額外的高湯，裝在盤子裡分開來烤。當內部溫度達75度，餡料即烤好了。

填塞火雞用的火腿餡料（Ham Dressing for Turkey）（約6至7杯）

在一具食物調理機裡把：
10盎司煙燻火腿，切成1/2吋方塊
絞成粗末。你應該有大約1又1/2杯的火腿末。倒到一口大盆裡，加：
4杯新鮮麵包屑
1罐8盎司壓碎的罐頭鳳梨，未瀝乾
1杯黃金葡萄乾

1杯剁碎的核桃或胡桃
摻：
1/4至1/2杯蜂蜜
增加甜味。把餡料填入禽鳥裡，或者加額外的高湯裝在盤子裡分開來烤。當內部溫度達75度，餡料即是烤好了。

填塞魚肉的荷蘭芹麵包屑餡料（Parsley and Bread Crumb Stuffing for Fish）（約2杯）

這道精緻又充滿奶油香的餡料可以用來填塞形形色色的海鮮，從比目魚片到烤整條鱒魚都可以。魚肉很快熟，所以填鑲的麵包屑要捏得細碎，蔬菜也要剁細。這份食譜足供4人份的餡料，或填鑲2磅的魚肉片或輪切片，或3至4磅的一整尾魚。見「烹煮前的準備」，43頁，除非用來做烤包餡全魚，48頁。

在一口中型平底鍋裡以小火融化：

6大匙（3/4條）奶油

放入：

1/2杯切細的洋蔥、1/2杯切細的西芹

拌一拌，煎煮至軟身但不致焦黃，約10分鐘。鍋子離火，拌入：

1又1/2杯新鮮麵包屑

3大匙剁細的荷蘭芹

（2大匙瀝乾的小酸豆）

（1/2小匙乾的龍蒿或蒔蘿）

加：

1/2小匙新鮮檸檬汁

1/4小匙鹽、1/4小匙黑胡椒

填塞魚肉用的培根餡料（Bacon Stuffing for Fish）（約2杯）

填塞諸如鱒魚、鮭魚、竹筴魚和鯖魚等滋味濃郁的魚非常可口。

在一口大型平底鍋裡把12片培根煎到酥脆。撈出培根並瀝油。省略奶油，用培根油來煎煮蔬菜，準備填塞魚肉的荷蘭芹麵包屑餡料，如上。最後把壓碎的培根加到餡料裡。再拌入（3大匙剁碎的胡桃）。

填塞魚肉用的蟹肉餡料（Crabmeat Stuffing for Fish）（約2又1/2杯）

這道濃郁的餡料很適合填塞魚排，譬如鱈魚、比目魚和鮭魚。

準備填塞魚肉的荷蘭芹麵包屑餡料，麵包屑的量減至1杯，檸檬汁增加至1小匙。在蔬菜裡加1/4杯切細的青甜椒。再加入1/2杯切碎現煮或充分瀝乾的熟蟹肉條，或龍蝦肉，挑除蝦殼和軟骨，以及1/4小匙芥末粉。

海鮮配料（Seafood Dressing）（2又1/2杯）

這配料有著麵包布丁的稠度和煙燻培根的味道。可抹在厚切魚排或輪切片的表面來烤——等配料熟透，薄切的魚排會被烤過頭——也可以用來填鑲甜椒或其他蔬果。

在一口平底鍋裡以中火融化：

2大匙奶油

放入：

3/4杯切碎的西芹

1/2杯切碎的洋蔥

2片培根，切末

拌一拌，煎煮至蔬菜軟身但不致焦黃，7至10分鐘。再下：

1杯新鮮麵包屑

拌炒一下，續煮1分鐘。鍋子離火，放涼10分鐘。

在一口中型盆裡混合：

1杯煮熟或罐頭蟹肉，挑除蟹殼和軟骨，或1杯切碎的去殼熟蝦

（2大顆蛋，充分打散）

拌入麵包屑混料中，接著再拌入：
1大匙不甜的雪莉酒、1/2小匙檸檬皮屑
1/8小匙薑粉

當內部溫度達75度，餡料即是熟了。若要
另外製作成配料，263頁。

配魚肉的牡蠣餡料（Oyster Dressing for Fish）（2又1/2杯）

足供4磅重的整尾魚。
在一口小型平底鍋裡以中大火融化：
6大匙（3/4條）奶油
放入：
1/4杯切碎的洋蔥
拌一拌，煎煮至呈漂亮的金黃色，10至12
分鐘。煎好後倒到一口大盆裡，再放入：
2杯乾的麵包屑

1杯瀝乾的整顆牡蠣或切塊的牡蠣
（1/2杯切碎且充分瀝乾的菠菜）
2大匙瀝乾的酸豆
1大匙切碎的荷蘭芹
3/4小匙鹽
1/4小匙匈牙利紅椒粉或紅椒粉
當內部溫度達75度，餡料即是熟了。若要
另外製作成配料，263頁。

配魚肉或雞肉的綠色辛香草配料（Green Herb Dressing for Fish or Poultry）（約1又1/2杯）

這配料有著誘人的開心果綠色和微微嗆
味。若要填塞禽鳥，可以視需要加倍
分量。若要填塞魚肉，見「烹煮前的
準備」，43頁，除非用來準備烤包餡全
魚，48頁。
在一口小平底鍋裡以中火融化：
2大匙奶油
放入：2大匙切碎的紅蔥頭
拌炒一下，煎煮至透明，約5分鐘。鍋子
離火，稍微放涼。在食物調理機裡把：
（1大顆蛋）、1/2杯切碎的帶葉西芹嫩內梗
1/2杯荷蘭芹葉、1/4杯水田芥葉

1/2小匙鹽
1/2至1小匙切末的新鮮羅勒或龍蒿或1/2
小匙乾的羅勒或龍蒿
絞勻，再把煎過的紅蔥頭倒進去，打成
糊狀。接著把：
2片白三明治麵包，去邊皮
撕成易碎的小塊，放進一口中型盆裡，
連同辛香草糊一併倒進來，用一把叉子
輕輕地攪拌。再放：
1/4杯開心果或無籽綠葡萄，切4瓣
當內部溫度達75度，餡料即是熟了。若要
另外製作成配料，263頁。

香腸餡料（Sausage Dressing）（約2又1/2杯）

配鴨肉、雉雞、火雞或豬肉非常可口。
在一口平底鍋裡以中火放：
4盎司散裝的早餐香腸肉或義式香腸肉
用鍋鏟把肉攪散並煎黃。瀝除油脂。再
下：
2杯薄餅乾屑，或1杯新鮮麵包屑加1杯玉
米麵包屑
（1/2杯削皮並切碎的酸味蘋果）

1/2杯切碎的西芹、1/4杯洋蔥末
1/4小匙鹽、1/8小匙匈牙利紅椒粉
鍋子離火，倒入：
1/2杯雞高湯或肉類高湯或肉湯
把餡料填入禽鳥裡，或者加額外的高湯
裝在盤子裡分開來烤。當內部溫度達75
度，餡料即是烤好了。

栗子餡料（Chestnut Dressing）（約4又1/2杯）

帶有濃郁栗子味的綿滑餡料，搭配鴨或鵝格外對味。也可以改用真空包裝的熟栗子（約10盎司）來做。

在食物調理機裡把：

2又1/2杯熟栗子I☆，見「了解你的食材」
打成米糊狀、泥狀或漿狀。倒入一口盆裡，再和：

1杯乾的麵包屑或薄餅乾屑

1/2杯切碎的西芹、1小顆洋蔥，磨碎

1/2杯（1條）融化的奶油

（1/4杯葡萄乾）

1/4杯濃的鮮奶油

2大匙切碎的荷蘭芹

混勻。加：

1/2至1小匙鹽、1/8至1/4小匙黑胡椒
調味。把餡料填入禽鳥裡，或者加額外的高湯裝在盤子裡分開來烤。當內部溫度達75度，餡料即是烤好了。

洋蔥和鼠尾草餡料（Onion and Sage Dressing）（約5杯）

在一口大型平底鍋裡以中火融化：

2大匙奶油或橄欖油

接著下：

2杯切碎的洋蔥

拌炒一下，盛到一只盆裡，再加：

3杯乾麵包屑、1/4杯熟豬肉香腸

2小匙切碎的新鮮鼠尾草或3/4小匙乾的鼠尾草

（1大顆蛋，充分打散）

1/2杯（1條）融化的奶油

3/4小匙鹽、1/8小匙匈牙利紅椒粉

1/2小匙雞粉（poultry seasoning）

（1杯切碎的酸味蘋果或1/2杯切片的橄欖）

倒：

高湯或肉湯

稍稍潤濕一下。把餡料填入禽鳥裡，或者加額外的高湯裝在盤子裡分開來烤。當內部溫度達75度，餡料即是烤好了。

蘋果餡料（Apple Dressing）（6杯）

混勻：

6杯削皮切片的萬用蘋果，諸如金冠蘋果

1杯紅醋栗乾或葡萄乾

2大匙新鮮檸檬汁

1大匙紅糖

（1大匙切碎的鼠尾草）

鹽和黑胡椒，自行酌量

把餡料填入禽鳥裡，或者加額外的高湯裝在盤子裡分開來烤。當內部溫度達75度，餡料即是烤好了。

蘋果和蜜棗餡料（Apple and Prune Dressing）（約4又1/2杯）

配烤豬肉、鵝肉、火雞或鴨肉滋味絕佳。

在一口盆子裡混勻：

3杯白麵包丁（去邊皮）

1杯削皮切丁的蘋果

3/4杯切碎的去核蜜棗

1/2杯切碎的核桃或胡桃

1/2杯（1條）融化的奶油，或1/2杯培根

油

1大匙新鮮檸檬汁、1小匙鹽

1/2小匙匈牙利紅椒粉

把餡料填入禽鳥裡，或者加額外的高湯裝在盤子裡分開來烤。當內部溫度達75度，餡料即是烤好了。

馬鈴薯泥餡料（Mushed Potato Dressing）（5至6杯）

這道清爽得令人驚喜的餡料，可以用吃剩的馬鈴薯泥來做，單獨烘烤後配上烤雞、烤牛肉或烤火腿很棒，不過填塞火雞、鵝、豬肉或閹雞也同樣出色。

在一口大型平底鍋以中火加熱：

1/4杯（1/2條）奶油或1/4杯橄欖油

放：3杯切薄片的洋蔥

偶爾拌炒一下，煎煮至軟身而且開始焦糖化，10至15分鐘。倒到一口大盆裡，再和：

4杯馬鈴薯泥

1/2至1杯末調味的麵包屑

1/2杯荷蘭芹末

1/2至1杯牛奶或雞高湯或雞肉湯，或兩者的混合

2大匙新鮮鼠尾草末或2小匙乾的鼠尾草

1又1/2小匙新鮮百里香末或1/2小匙乾的百里香

（1大顆蛋，打散）

鹽和黑胡椒，自行酌量

混勻。用來當餡料，或者倒到抹奶油的大型淺烤盤裡，在上面散布著：

2大匙奶油，切成小塊

撒上：

帕瑪森起司屑

當內部溫度達75度，餡料即是烤好了。若放烤模裡烤，送入180度烤箱烤至呈金黃色，30至45分鐘。

番薯加蘋果餡料（Sweet Potato and Apple Stuffing）（約8杯）

佐配烤皇冠豬肋排，209頁、烤火雞或烤火腿。

在一口大鍋裡放：

2磅番薯，刷洗乾淨

加水淹蓋表面。煮沸，然後火轉小至微滾，加蓋燜煮至軟身。瀝出，待放涼至不太燙手的地步，剝皮並置於一只大盆裡搗壓成泥。

在一口大型平底鍋以中大火加熱：

2大匙奶油

待冒泡的情形消失，放：

1又1/2杯切碎的洋蔥、1/2杯切碎的西芹

1/2小匙鹽、1/4小匙黑胡椒

拌一拌，煎煮至蔬菜軟身，約5分鐘。再下：

2杯削皮切丁的蘋果，例如澳洲青蘋果或金冠蘋果

1/2杯蘋果酒、1/4小匙肉桂粉

1/4小匙肉豆蔻屑或粉、1/4小匙丁香粉

拌一拌，煮至蘋果軟身但仍保有形狀，3至4分鐘。倒到番薯泥中，連同：

2杯末調味的麵包屑

拌勻，調整鹹淡，需要的話，加：

（1/4杯雞高湯或蔬菜高湯或肉湯）

潤濕。用作餡料，或者倒到抹奶油的大型淺烤盤裡，在表面散布著：

1/4杯（1/2條）奶油，切成小塊

當內部溫度達75度，餡料即是烤好了。若放烤模裡烤，送入180度烤箱，烤至呈金黃色，30至45分鐘。

番薯加香腸餡料（Sweet Potato and Sausage Stuffing）（約9杯）

這分量足以填塞一整隻14至17磅重的火雞。

在一口大的平底鍋裡以中大火把8盎司散裝香腸肉煎黃，用叉子把肉攪散。煎好後起鍋。準備番薯加蘋果餡料，如上，用煎香腸的油而不用奶油來煎炒蔬菜，加麵包屑時連同香腸肉一併加入。

菠菜、蕈菇和絞肉餡料（Spinach, Mushroom, and Ground Meat Stuffing）（約8杯）

絞肉視填鑲的對象而定。若要填鑲仔牛肉、烤皇冠豬肋排，或羔羊肉，用同款的絞肉。若要填塞小禽鳥，試試散裝香腸肉、義式香腸肉或早餐香腸肉。

在一口非常大的平底鍋裡以中大火加熱：

6大匙（3/4條）奶油

待冒泡的情形消失，放：

3杯切細碎的洋蔥

偶爾拌一拌，煎煮至洋蔥軟身但不致焦黃，約7分鐘。再下：

1磅蕈菇，剁細

拌一拌，煮至萎軟。把：

1又1/4至1又1/2磅新鮮菠菜，煮熟，粗略

切過，或兩包10盎司冷凍碎菠菜，退冰的擰乾，拌入菜料中，煮至鍋裡的水分蒸發光了，而且鍋裡看起來乾乾的。

把鍋裡的料倒到一口大盆子裡，拌入：

1又1/2磅仔牛絞肉或豬絞肉，或兩者的混合

2杯細的新鮮麵包屑、1杯切細的荷蘭芹

1又1/2小匙乾的百里香

1小匙鹽、1小匙黑胡椒

1/2小匙肉豆蔻屑或粉

2大顆蛋，打散

按照「紅肉、禽肉和野禽」或「義大利麵」章節裡的食譜說明填鑲餡料，視用途而定。

菠菜瑞科塔起司餡料（Spinach-Ricotta Stuffing）（約2杯）

把這充分調味的混合物抹在雞肉塊的雞皮底下，或者抹在開蝴蝶刀並壓平的全雞雞皮底下。

在一口中型平底鍋裡以中火加熱：

2小匙橄欖油

油熱後放：

1/2杯切細碎的洋蔥、1小匙蒜末

拌一拌，煎至軟身，約5分鐘。與此同時，把：

12盎司菠菜，煮熟的，切成粗粒，或一包

10盎司冷凍碎菠菜，退冰

擰乾，放到一口中盆裡。把洋蔥料加到菠菜中，接著放：

1杯瑞科塔起司、1/2杯新鮮麵包屑

2大匙帕瑪森起司屑、2小匙橄欖油

1/2小匙鹽、1/4小匙黑胡椒

1小撮肉豆蔻屑或粉

攪勻。按照「紅肉、禽肉和野禽」或「義大利麵」章節裡的食譜說明填鑲餡料，視用途而定。

烤皇冠豬肋排的餡料（Stuffing for Crown Roast of Pork）（約2又1/2杯）

在一口大盆裡混勻：

2又1/2磅豬肉香腸，熟的

1/2杯乾的麵包屑、1/2杯切碎的西芹

1/2杯切碎的洋蔥

加：2至4大匙牛奶

濕潤。撒：

乾的香薄荷或鼠尾草、匈牙利紅椒粉

調味。在剩一小時就會烤好時填入餡料。

配野禽的德國酸菜餡料（Sauerkraut Stuffing for Wildfowl）（5杯）

若填入烤鴨中，這美味的餡料吃起來像阿爾薩斯風味燉酸菜。

混勻：

4杯瀝乾的德國酸菜，或市售的德國酸菜

1杯切碎的洋蔥

1顆削皮切碎的澳洲青蘋果

（1杯切碎的罐頭荸薺）

（1/4杯紅醋栗乾）

（2大匙紅糖）

1小匙蒜末、1/4小匙乾的百里香

鹽和黑胡椒，自行酌量

烹煮前，舀少量的餡料塞入禽體內，或者放入180度烤箱溫熱10分鐘，當做配菜。當內部溫度達75度，餡料即烤好了。

北非小米餡加杏桃乾和開心果（Couscous Stuffing with Dried Apricots and Pistachios）（約4杯）

用作填塞小禽鳥的餡料，諸如童子雞、春雞或乳鴿，也可以當作烘烤或燒烤羔羊肉的配菜。若想要更有甜味，把部分的杏桃乾換成切細丁的椰棗。

在一口大型醬汁鍋裡以中火融化：

2大匙奶油

放：

1/2杯切細碎的洋蔥、1/2杯切細碎的胡蘿蔔

拌一拌，煎煮至軟身，約5分鐘，再放：

1又1/2杯雞高湯或雞肉湯

1/2杯切細碎的杏桃乾

（1大匙切碎的鹽漬檸檬*，373頁）

1/4小匙鹽、1/4小匙黑胡椒

1小撮肉桂粉、1小撮薑粉

煮沸，再拌入：

1杯快煮北非小米

鍋子離火，加蓋靜置，燜上5分鐘。用叉子把小米挑鬆，再拌入：

1/2杯切碎的開心果、整顆松子或杏仁片，烤過的

1/4杯荷蘭芹末

烹煮之前，把餡料填入禽鳥裡，或者馬上當配菜享用。當內部溫度達75度，餡料即是烤好了。

米飯餡加西班牙紅椒臘腸和辣椒（Rice Stuffing with Chorizo and Hot Chile Peppers）（約6杯）

這餡料配雞肉，滋味絕美。1罐4盎司切丁的溫和青辣椒可以取代波布拉諾辣椒或安納海姆辣椒。若當作餡料，略過雞蛋。

在一口大型平底鍋裡以中大火加熱：

2大匙橄欖油

油熱後下：

1杯切細碎的洋蔥

1大匙蒜末

拌一拌，煎煮至軟身，約5分鐘。再下：

1又1/4磅西班牙紅椒臘腸，去除腸衣

拌一拌，煎煮至不再呈粉紅色，約10分

鐘。倒到一口大盆裡，再加：

2杯白米飯、（1大顆蛋，稍微打散）

2顆波布拉諾辣椒或4顆安納海姆辣椒，烤過的，去皮去籽並切碎

1杯蔥花、1/4杯芫荽末

1/4小匙鹽，或自行酌量

1/4小匙黑胡椒，或自行酌量

烹煮之前，把餡料填入禽鳥內，或者裝在抹奶油的大淺盤裡分開來烤，加蓋以180度烤20至30分鐘。當內部溫度達75度，餡料即是烤好了。

米飯餡加杏仁、葡萄乾和中東香料（Rice Stuffing with Almonds, Raisins, and Middle Eastern Spices）（約4杯）

這馨香濃郁餡料配童子雞、鷓鴣或鵪鶉非常對味。若用焗盅來烤，也是佐燒烤

雞或燒烤魚的絕佳配菜。

在一口大型平底鍋裡以中火加熱：

2大匙橄欖油

油熱後放：

1杯切碎的洋蔥

拌炒至軟身，約5分鐘，再放：

1杯中梗米或長梗米、1大匙蒜末

1/2小匙孜然粉、1/2小匙芫荽粉

1/2小匙薑黃粉

1/2小匙甜味匈牙利紅椒粉

1/2小匙薑粉、1小匙鹽、1/2小匙黑胡椒

拌入：

1又1/2杯（若是用長梗米則加2杯）雞高湯或雞肉湯

煮至微滾，把火轉小，加蓋燜煮至米粒

變軟，而且所有汁液全數蒸發，約20分鐘。把混合物倒到一口大盆裡，稍微放涼，然後再拌入：

1/4杯黃金葡萄乾

1/4杯去核的切丁蜜棗

1/4杯杏仁片，烤過的

1小匙檸檬皮屑、2大匙新鮮檸檬汁

若要烘烤作為配料，加：

（1大顆蛋，充分打散）

調整鹹淡。烹煮之前，把餡料填入禽鳥內，或者裝在盤子裡分開來烤。當內部溫度達75度，餡料即是烤好了。

配野味的菰米餡料（Wild Rice Dressing for Game）（約3至4杯）

在一口中型醬汁鍋裡混合：

3又1/2杯雞高湯或雞肉湯

1份雞、野禽或火雞的心和胗，切細丁

1份雞、野禽或火雞的脖子，切1吋小段

1小匙鹽（如果高湯未加鹽）

煮沸，然後把火轉小，加蓋燜煮15分鐘。掀開鍋蓋，把火轉大，煮至大滾。

拌入：

1杯菰米

把火轉小，加蓋燜煮至米粒變軟，30至50分鐘。在米差5分鐘就要煮熟，拌入：

（1份肝，切細丁）

撈除雞脖子，米飯置旁備用。

在一口大型平底鍋裡以中火融化：

1/4杯（1/2條）奶油

放入：

1杯切碎的蕈菇、1/4杯切碎的西芹

2大匙切碎的紅蔥頭

（1大匙切碎的青甜椒）

拌一拌，煎煮至差不多都軟了，約3分鐘。把熱騰騰菰米飯拌進去並混勻。你也可以加下列其中之一或更多：

1/4杯切碎的黑橄欖或綠橄欖

1/4杯切碎的堅果

1/4杯罐頭的荸薺片

烹煮之前把餡料填入禽鳥裡，或者裝在盤子裡分開來烤。當內部溫度達75度，餡料即是烤好了。

菰米餡加牛肝蕈（Wild Rice and Porcini Stuffing）（約3杯）

這是搭配野禽、鹿肉或燉牛肉的絕佳餡料或配料。喜歡的話，把泡蕈水過濾後加到煮飯的汁水裡。也可以改用其他的米來做。

在一口小盆裡混合：

1盎司乾的牛肝蕈、1杯熱水

浸泡20分鐘。撈出蕈菇並粗略地切塊，放

到一口大盆裡。與此同時，在一口中型平底鍋以中大火加熱：

2大匙無鹽奶油

待冒泡的情形消失，放：

1/2杯切細碎的洋蔥、1/4杯切細碎的西芹

1/4杯紅蔥頭末、1大匙蒜末

拌一拌，煎煮至軟身，約5分鐘。再把牛

肝蕈拌進來，連同：
2杯菰米飯
（1/4杯切碎的新鮮或冷凍的蔓越莓）
1/4杯荷蘭芹末
1又1/2小匙新鮮的百里香末或1/2小匙乾的百里香

1/2小匙乾的鼠尾草
加：
鹽和黑胡椒，自行酌量
調味。把餡料填入禽鳥內，或者另外裝在盤子裡分開來烤。當內部溫度達75度，餡料即是烤好了。

杏桃或蜜棗餡料（Apricot or Prune Dressing）（約5杯）

備妥：
1又1/2杯杏桃乾或去核蜜棗
如果用杏桃乾，用滾水淹蓋後，靜置泡軟，10至20分鐘，接著充分瀝乾。
把杏桃或蜜棗切成條狀，和：
3杯米飯或4杯麵包屑
1/2杯切碎的青甜椒或西芹

1/4杯（1/2條）融化的奶油
1/2小匙鹽、1/8小匙黑胡椒
混勻，加：
1/4至1/2杯雞高湯或雞肉湯
稍稍潤濕。把餡料填入禽鳥內，或者另外裝在盤子裡分開來烤。當內部溫度達75度，餡料即是烤好了。

雞肉填料（Chicken Farce）（足供3隻6磅的雞）

搭配去骨雞或肉凍的豪奢餡料。
在食物調理機裡分兩或三批把：
大約3又1/2磅無骨去皮的雞胸肉和／或腿排
3杯蕈菇
絞打成細末。倒到一口大盆裡，和：
2杯開心果、8或9大顆蛋，打散的
1又1/3杯不甜雪莉酒或白蘭地

1又1/3杯（2又2/3條）奶油，切成小塊
1/2杯炒蕈菇
（1/4杯切片的黑松露）
2大匙切碎的荷蘭芹、1小匙洋蔥末
1又1/2大匙鹽、1/4小匙黑胡椒
混勻。烹煮之前把餡料填入禽鳥內。當內部溫度達75度，餡料即是烤好了。

香腸茴香填料（Sausage and Fennel Stuffing）（3杯）

用這款肉糕似的美味混料來填塞1隻6至7磅的雞或閹雞。
在一口小型平底鍋裡以小火融化：
1又1/2大匙奶油
接著放：
1份雞心，切小丁、1份雞胗，去皮切小丁
轉中火拌炒至軟身而且稍微變黃，15至20分鐘，再下：
（1份雞肝，切小丁）、2小匙茴香籽
1大匙新鮮的迷迭香末或1小匙乾的迷迭香

3/4小匙鹽、1/4小匙黑胡椒
拌炒2至3分鐘，倒到一口大盆裡，再拌入：
1磅散裝香腸肉
1又1/2杯乾的麵包屑
充分混勻。若要烘烤當作配料，加：
（2大顆蛋，打散）
用作餡料，或者另外裝在盤子裡分開來烤。當內部溫度達75度，餡料即是烤好了。

鹹醬、沙拉醬、醃汁、乾醃料

Savory Sauces, Salad Dressings, Marinades, and Rubs

醬汁不僅是好廚師的標誌──也是廚師美感的展現。沒有什麼東西和醬汁一樣魔幻。總的說來，醬汁的製作都很簡單，而且很容易做得出色。

從歷史來看，最經典的法式醬汁即一般所知的「母醬」，法文是*fonds de cuisine*，意思是烹調的基礎。其中有貝夏美醬，或叫白醬；絲絨醬；褐醬，法文是sauce espagnole（意思是西班牙醬）；以及荷蘭醬。其他的醬汁大部分是這些母醬的變化款，而且滋味雋永，至今依然存在，只不過醬汁的歷史並非僅僅如此。

世上每個地區都有其獨有的醬汁，它們和法國人一度認得的醬汁大異其趣。其中有很多流傳至美國，然後一直被沿襲採用，有時被改編創新。醬汁不再非要極盡滑順溫潤不可，雖然它仍必須是個好配角──烘托食物，突顯食物的滋味和口感，而且通常要讓食物看起來可口誘人。如果這意味著跨越料理的界線，吸納不同的點子和烹調手法，那就這麼辦吧。即使是經典也都是從打破窠臼開始的。

製作熱的醬汁時，基本的先要條件不變，不過：➠要拌入新加的食材之前，在製作中的醬要先離火，此外➠如果要加蛋，而且如果蛋是冰冷的，要先用另外的容器盛著蛋，加少量的熱汁進去，將蛋調溫（temper）之後，再倒進醬汁鍋裡。製作不敗醬汁的其他要點，請見各類醬料說明。

下列醬汁分成兩大類，熱醬和冷醬，但有少數冷熱皆宜。這裡也要提醒一點，溫度不該極端化：冷醬大體上應該涼涼的，而非冰冷的，而熱醬通常是溫溫的。至於本章的內容，順序如下：**肉汁和鍋底醬**（gravies and pan sauces）；**白醬**；**絲絨醬**；**褐醬**；**速成醬**，比經典作法更簡單些；**奶油醬**，包括調味奶油；**荷蘭醬和貝亞恩醬**；**番茄醬**；**佐餐醬**；**沾醬和佐料**；**油醋醬和沙拉醬**；**美乃滋**；**釉汁**；**醃汁**；**烤肉醬**；**乾醃料和濕醃料**；**調味油和裝飾醬**（decorative sauce）。

至於焗烤料☆，見「了解你的食材」；番茄和其他番茄醬（catsups）☆，見「醃菜和碎漬物」；芥末醬☆、調味醋☆以及辣根醬☆，見「了解你的食材」。各種的甜醬☆，見「關於甜醬」☆，250頁。

｜關於製醬工具｜

醬汁鍋，可能的話，一把有斜邊的醬汁鍋，是製作熱醬汁最重要的工具。

這種鍋子能夠快速濃縮醬汁，斜邊也有助於攪打和攪拌醬汁，所以是熬醬汁的一把利器。避開鋁製的鍋子，鋁鍋會和某些食材起化學反應。

　　廚房裡隨手可得的簡單工具，不僅可以讓製作過程更順手，也會鼓勵你在醬汁裡添加有趣的食材。➡攪打器（whisks）不可或缺，當你要乳化諸如荷蘭醬和美乃滋一類的醬汁，或者把以油糊為底的醬汁和肉汁裡的結塊打散。手邊也要備有**量匙**，方便你添加調味料。可自動鬆開樞紐的**廚用剪刀**，容易保持乾淨；也可迅速把辛香草剪成末，使之直接落入醬汁裡。若要迅速剉磨出起司屑、檸檬皮屑或肉豆蔻屑，**四面剉籤器或旋轉式剉籤器**，或**銼磨式刨絲刀**（rasp-type zester），也很方便。不妨也備妥一把好品質的**細眼篩**來過濾醬汁。

　　製作可能會被攪打器打得支離破碎的精緻醬汁時，一定要使用**木匙**或**矽膠匙**。末端收尖的**醬汁匙**可輕易把鍋緣刮乾淨，避免結塊。如果你用金屬鍋鏟，務必用不鏽鋼的，以免讓細緻的醬汁變色。要把醬汁從盆裡或鍋裡刮出來，扁平的木質、橡膠、塑膠或矽膠**抹刀**很好用。

　　製作某些醬汁時要用到雙層蒸鍋——在裝水的醬汁鍋上架一個不鏽鋼盆來權充雙層蒸鍋一樣好用。

　　若要製作必須進行乳化的醬汁和很多佐料，電動攪拌機和食物調理機是省力的一大幫手。不過這兩種機器多少會改變醬汁的口感和味道，因為它們會把大量的空氣打進去，因而使得濃稠的醬汁起泡沫而且變得較不稠，也會讓有些醬汁的顏色變得稍淡。

｜關於製作大量醬汁｜

　　如果你要製作大量的以油糊為底的肉汁或醬汁，在把液體加進油糊之後，➡你要花上很長的時間才能把生粉味給去除掉，遠比你僅僅只製作一或兩杯的量馬上使用要長很多。加熱這些大量醬汁時，我們建議➡不加蓋地放入低溫烤箱裡烤三十至四十五分鐘，使用之前先濾除任何硬皮或結塊。假使你不時把醬汁拌一拌，很可能不需要過濾。

　　➡任何醬汁的食譜若要加倍製作，加足調味料之前一定要先嚐嚐味道，否則很容易加過量。

｜保存醬汁｜

　　白醬、絲絨醬、番茄醬、褐醬和肉汁冷藏可放上四至五天。冷藏保存前，先過濾醬汁，倒進保鮮盒中，覆蓋上一層保鮮膜，把膜直接往下壓，讓它緊貼液面，或者倒薄薄一層油脂、蔬菜油或雪莉酒。也可以把醬汁倒進製冰盒裡冷

凍，結凍後取出醬冰塊，裝到夾鏈保鮮袋裡冷凍，需要幾塊就取幾塊來用。醬冰塊也可以放進雙層蒸鍋裡融化──四大塊會融化成大約半杯醬汁。你也可以冷凍荷蘭醬，307頁，或貝亞恩醬，308頁，但重新加熱時要非常留意；見307頁。不要冷凍美乃滋；否則會油水分離。

除了上述醬汁之外，大體而言，以蛋、鮮奶油或牛奶製成的醬汁冷藏不要超過二或三天。油醋醬冷藏最多可放上一星期，不過用新鮮辛香草做的油醋醬，一做好馬上使用味道最棒。

｜ 醬汁的材料 ｜

很多醬料都是以某種的鍋底油（pan drippings）或鍋底汁為底料做成的，因為大部分的鍋底餘物──除了烤過味道強烈的魚或者雜碎肉以外──都是很棒的醬汁材料。這些鍋底油汁可能是從油煎、烘烤、燴燒或烙煎過程留下來。➡鍋底肉汁的製作，詳見「關於肉汁和鍋底醬」的說明，284頁。

高湯★，199頁，也是製作醬汁的寶貴材料，尤其是熬製肉膠汁★，203頁。可能的話，高湯要和所調味的食物一致：雞肉用雞高湯，羔羊肉用羔羊高湯。雖然肉類高湯，包括禽類高湯和野味高湯在內，經常用來製作醬汁──最受歡迎的是雞高湯和仔牛高湯──魚高湯和蝦貝高湯，應該留到烹煮魚肉或蝦貝才用。肉類和禽肉高湯冷藏二十四小時並去油脂之後，用來製作醬汁味道更美妙。

假使鍋底油或鍋底汁或高湯太少不夠用，拿酒來補──要謹慎斟酌。➡請參見「料理用的葡萄酒和烈酒」☆，見「了解你的食材」。濃烈的野味醬汁有時候耐得住更烈的烈酒，譬如蘭姆酒、白蘭地或馬德拉酒，但不建議使用威士忌。➡任何摻酒的醬汁，都要在酒蒸發光了之後再把蛋、鮮奶油或奶油加進去。

很多醬汁的食譜都是從把辛香蔬菜、香料、辛香草和／或其他芳香的食材爆香開始的，這是為了形成一種香底☆，見「了解你的食材」。

｜ 關於醬汁的芡料 ｜

不是以液體溶解鍋底精華，284頁，或熬煮☆，見「烹飪方式與技巧」的方式做的醬汁，通常都濃稠的足以微微裹著食物，或者說附著「匙背」。這說法常見於這類醬汁的食譜裡；它純粹是指醬汁夠稠，若把湯匙浸到醬汁裡，匙背會附著些許醬汁。如果醬汁不夠稠，湯汁就會往下流光。不要把粉狀芡料譬如麵粉或玉米粉直接加到熱湯汁裡，否則會結塊，汁液永遠無法變得滑順。➡先把澱粉和熱油或冷水混勻，然後再拌入醬汁裡。有關增稠的更多建議，可見

「湯的芡料」[★]，214頁。

油糊

製作鹹醬最常見的芡料是油糊：油脂和麵粉的混合，通常是等量混勻。油脂會使麵粉滑潤，因此再混上液體時不會結塊。油脂可以是奶油、雞油或其他禽鳥油、肉釋出的油、蔬菜油或人造油。油糊的作法是，將油融化或加熱，加麵粉進去，以小火加熱的同時不停的攪動或攪拌。如果煮得過急，油糊最後會沙沙的呈顆粒狀（如果油浮在表面，油糊便是油水分離了；遇到這種情況，其實也沒轍，儘管把那油糊丟棄便是，重新來過）。

油糊有三種：白色、金色和褐色油糊。白油糊，用以製作白醬或貝夏美醬，是把奶油和麵粉煮到均勻混合，約三至五分鐘，在油糊開始上色之前便離火。金色油糊，用在絲絨醬和某些鮮奶油湯品裡，是把油糊煮至開始飄出微微堅果香而且顏色轉為象牙白，六至七分鐘。褐色油糊，肯瓊料理和克里奧料理的基本材料，油糊煮得最久——十五至二十分鐘，有時更久——煮至深褐色而且飄出濃濃堅果香。油糊煮得越久，它為醬汁或其他混合物的增稠效果就越弱。熱能最終會分解麵粉裡的澱粉。

不管是白、金或褐色油糊，稍微放涼之後再徐徐攪入牛奶、高湯或其他液體中。假使油糊已預先備妥，使用之前要先把油糊或者要拌入油糊的液體溫熱，這很重要。避免把非常燙的油糊加到非常燙的液體裡，這樣會使液體噴濺而燙傷，也要避免把冷油糊加到冷液體，這樣會結塊。油糊一旦被加到液體裡，就要經常攪動，直到醬汁變稠而且微滾。一等變稠，就用文火把醬汁熬煮至你要的稠度。文火慢煮幾分鐘後，任何的麵粉味就會消失殆盡。如果出現結塊，先用細眼篩過濾醬汁，再進行下一個步驟。

你會發現，預先把油糊做好並放冰箱保存相當省時。如果你按照以下方式處理再放冷凍庫保存，可以放上幾個月沒問題。當油糊煮到你要的顏色而且依然軟滑時，舀一大匙油糊到製冰盒的每一格，然後冷凍起來。結凍後，取出油糊塊，裝在夾鏈保鮮袋裡冷凍貯存。要將某醬汁增稠時，把油糊塊丟入熱醬汁中——兩塊可以增稠大約一杯的液體——直到達到你要的稠度。

黃樟粉

黃樟粉是從黃樟葉研磨而成。海鮮秋葵濃湯[★]，241頁，就是加了黃樟粉增稠和調味。黃樟粉被加熱後會牽絲，所以要等海鮮秋葵濃湯離火後再加。黃樟粉若重複加熱效果不彰，所以只能加到即將食用的秋葵濃湯裡。

麵粉

又叫做白粉（whitewash），麵粉加水拌勻是應急的芡料，效果始終不如以油糊勾芡來得美味可口。將一份麵粉兌兩份水或高湯，攪成滑順的粉糊。將夠多的麵粉糊拌入滾沸的高湯或鍋底油或鍋底汁裡。把醬汁加熱至變稠，接著➡再微滾起碼三分鐘，以減少生粉味，其間要經常用攪打器攪動。低筋麵粉的蛋白質含量較低，可以在短時間內產生滑順的肉汁。如果你用即溶麵粉☆，見「了解你的食材」，可以直接加到肉汁或醬汁裡，不需先和水混勻。

炒黃的麵粉

用在肉汁裡以提升色澤和風味的一種芡料。其緩慢——但便宜——的製程很值得一試。炒好的麵粉將呈好看的金黃色，飄出堅果香和烘烤香。把大約一杯的中筋麵粉倒進一口乾的厚底平底鍋裡，➡以小火不時拌炒，刮起鍋邊和鍋底的麵粉。或者，把麵粉倒進超厚厚底鍋，送入九十五至一百二十度烤箱裡加熱，定時晃動一下鍋子，好讓麵粉黃得均勻。別烤得太深色，否則就跟褐油糊一樣，會產生苦味，而且增稠力大打折扣。➡就算是恰當地炒黃的麵粉，其增稠力只有一般麵粉的一半而已。炒黃的麵粉可裝在密封罐置於陰涼處保存，使用時要做成粉糊，如上。

玉米粉

玉米粉是絕佳的芡料。增稠力幾乎是麵粉的兩倍，勾芡後的醬汁顯得光滑透明。若直接加到熱汁裡會產生無法溶解的結塊。將少量的冷水和玉米水混勻成粉漿（slurry）。在起鍋前的最後一刻加到微滾的醬汁裡。玉米粉幾乎可以在瞬間增稠，讓你很容易判斷所需的用量。➡一大匙玉米粉可以讓一杯半至兩杯液體變稠。用玉米粉漿勾芡的醬汁若加熱過度會變稀。

葛粉

在所有的芡料當中，以葛粉勾芡的醬汁，質地最細緻。其表現的方式和玉米粉很像，同樣要先在冷汁裡溶解，然後在最後一刻攪進醬汁裡勾芡，它能讓醬汁光滑閃亮，但增稠力比玉米粉更勝一籌，縱使過度加熱也比較不會讓醬汁變稀。➡不過，只有在一種情況下才使用葛粉，那就是做好的醬汁會在十分鐘內被享用。葛粉勾芡的醬汁無法持久，也不能重新加熱。由於葛粉沒有味道，不需烹煮去除生粉味，不像使用麵粉那樣，而且，比起麵粉或玉米粉，它可以在更低的溫度增稠，所以很適合用在以雞蛋為底和其他不能煮沸的醬汁。二又二分之一小匙可將一杯液體增稠。

馬鈴薯粉

某些廚子在製作特定的精緻醬汁時，偏好使用馬鈴薯粉甚於麵粉。馬鈴薯粉要先和冷液混勻，然後再加到微滾的高湯裡。用馬鈴薯粉勾芡，不像用麵粉那般需要沸煮，而且醬汁多少會變得澄澈。▶但如果過度加熱，醬汁也會變稀。再者，醬汁一增稠就要馬上享用，因為馬鈴薯粉沒有凝結力，醬汁放不久。一大匙馬鈴薯粉可以適度增稠一杯液體。通常存放在蔬果店裡猶太食物區的架上。

木薯粉

木薯粉來自木薯根，用來為醬汁、清澈的水果膠汁以及水果餡勾芡，尤其是打算冰涼著吃或冰凍著吃的東西，因為冷凍後它不像麵粉勾芡的醬汁那樣會碎裂。不過，用木薯粉勾芡的液體沸煮時要當心；滾沸後液體會牽絲。一等液體開始微滾，就要離火靜置十五分鐘，在這期間，頭五分鐘只需攪拌個一兩次，醬汁就會凝固。每杯液體用一大匙木薯粉勾芡。木薯粉可在貨品齊全的超市、養生食品店和網路買到。珍珠木薯粉是做布丁用的☆，208頁。

蛋黃

蛋黃不僅能夠勾芡，還能讓醬汁更香濃。▶千萬不要把蛋黃直接加到熱汁裡。一定要先在碗裡加少量熱汁將蛋黃調溫，接著再多加一點熱汁。在熱汁離火的狀態下，把調溫過的蛋汁加到其餘的熱汁裡，然後再置於小火上攪拌至汁液變稠。▶別把醬汁煮沸，否則會凝結。萬一醬汁凝結，把鍋子泡在冷水裡使勁攪拌有時可以讓醬汁恢復滑順的質地，或者，打入少量的冰涼鮮奶油，並且／或者過濾醬汁。除非你能準確控制火候，一般而言，比較保險的作法，是把蛋黃加進置於▶滾水之上──非滾水之中──的雙層蒸鍋上鍋裡的混液。兩或三顆蛋黃加四分之一至三分之一杯濃的鮮奶油可把一杯半液體增稠。

非常緩慢地把蛋黃加到融化的奶油或油裡，同時不斷地攪拌，可以做出相當稠的乳狀液。適當地調味後，這乳狀液就是製作荷蘭醬或美乃滋的底料。

熬煮

這是讓醬汁變濃、味道變厚的另一個經典方法。貝夏美醬和褐醬可以透過文火慢熬來增稠，這過程裡液體會蒸發，因而醬汁更濃醇細緻。如果你打算用熬煮方式讓醬汁變稠，▶等你把醬汁濃縮成剛剛好的稠度之後再調味，否則醬汁會過度調味或過鹹。很多番茄醬食譜都要求長時間的熬煮。除非你把火候保持在非常小的狀態，不然這些醬汁──或者事實上，只要是變稠的醬汁──處在過快的烹煮狀態裡，滋味和色澤都會被破壞。▶為求口感完美，有些熬煮過的醬汁在食用前要先過濾。

奶油渦（Butter swirls）

　　一點一點地把奶油旋打入醬汁裡，是製作很多細緻濃郁的醬汁的最後潤飾，不管做白醬或褐醬，但是要在過濾醬汁之後——如果需要過濾的話，以及最終加熱之後再進行這道手續。把奶油旋打進去之後，醬汁一定要立即使用，➠而且不能重新加熱。除了增添滋韻之外，奶油也會讓醬汁稍微變稠。在過濾醬汁——如果需要的話，並且加熱之後，加➠冷的無鹽奶油進去，一點一點地加，同時旋晃鍋子，好讓奶油在融化過程裡在熱醬汁裡留下可見的渦旋紋路。在奶油尚未完全融化便讓鍋子離火，並持續旋晃。➠千萬別用湯匙攪拌奶油。一大匙左右的奶油一般而言可潤一杯的醬汁。也可以使用調味奶油，304頁，只要味道相配。

揉合麵粉的奶油，或馬尼奶油

　　儘管馬尼奶油是在烹煮過程的末了將稀薄的醬汁增稠的神奇萬靈丹，但它不能用在需要長時間熬煮的醬汁裡。加了馬尼奶油之後，➠千萬別把醬汁煮沸。煮到不再有生粉味即可。馬尼奶油的作法是，用手指把兩大匙放軟的奶油和兩大匙麵粉揉合在一起，就像做油酥麵團那樣。搓成豌豆大小的丸子，投入熱汁裡，不斷地攪打至材料充分混勻而且醬汁變稠。上述的量足夠把一杯的薄汁變稠。

麵包屑和堅果粉

　　細磨的麵包屑和細磨的堅果粉，尤其是杏仁粉，可用來增添醬汁的口感和厚度。松子青醬，320頁，就是用磨碎的松子增稠的，而麵包粉可為俗稱地中海香辣美乃滋的棕紅醬，340頁，增稠。

鮮奶油和法式酸奶

　　濃的鮮奶油若是先行熬煮濃縮過，也可以當作芡料。可以直接加到醬汁裡熬煮濃縮，就像做肉汁或鍋底醬那樣，或者另外做好後再加到醬汁裡。不管用哪種方式，用大型厚底鍋來做，這樣鮮奶油才不致沸滾，把鮮奶油濃縮成原來的量的一半。濃縮的鮮奶油可以大量用在白醬裡，也可以少量地加到幾乎任何其他醬汁裡，以增添絲滑的質韻。**法式酸奶**也可以直接加到微滾的醬汁裡，以增添醇厚度和細緻馨嗆的滋味。雖然一開始法式酸奶和酸奶或凝脂奶油（clotted cream）一樣濃，假使醬汁被熬煮濃縮的話，法式酸奶也不會油水分離。

糊糜

　　熟菜泥、果糊和飯糜也是增加醬汁醇厚滋味的絕佳方法。糊糜可以非常滑

順，也可以略微粗礪。澱粉質蔬菜，譬如馬鈴薯或白豆，會讓醬汁變得很稠，而其他蔬菜或水果，譬如烤甜椒、燉洋蔥或蘋果泥，只會讓醬汁略微變稠。

│ 盛醬汁的器皿 │

盛肉汁的船形盅和各式各樣有嘴的容器，是盛熱醬或冷醬的傳統器皿，事實上還有其他一些很吸引人的方式來端出醬汁。以美乃滋和酸奶為底的冷醬和沾醬，可以盛在空心的清脆甘藍菜內☆，見「烹飪方式與技巧」，或挖空的番茄盒或甜椒盒裡。若要端出冷蝦或水波煮鮭魚佐精緻美乃滋，335頁，或雷莫拉醬，339頁，可把醬汁盛在大貝殼裡。

熱醬可以盛在小蛋糕模具和其他防熱的容器裡。菜單上有熱龍蝦、朝鮮薊或蘆筍時，使用個別的迷你壺具也很合適。自助式餐桌上的醬汁可以盛在小型醬汁鍋裡置於燭火上保溫，或者盛在保溫鍋裡。跟佐配的食物一樣，如果醬汁應該是熱的，就一定要維持在熱呼呼狀態。不過，➠任何稱職的醬汁放在自助式餐桌上或保溫鍋裡，放久了難免會走味。

冷醬和調味奶油，304頁，可以擺在一堆碎冰上冰鎮；盛在容器或模具裡的醬汁或調味奶油塊可以直接放在大冰磚上。不要使用冰塊──奶油可能會掉進冰塊間隙裡。

│ 關於肉汁和鍋底醬 │

肉汁和鍋底醬是從烘烤、油炸或油煎紅肉或禽肉的鍋底油製作而成，它們是從褐醬衍生而來，鮮明生動的速成品。傳統的肉汁是以麵粉來勾芡，鍋底醬則不然。油煎、炙烤、烘烤或烙煎之後的殘留物、肉汁和從鍋底刮起的脆渣，所謂的鍋底（fonds），是佐配禽肉、紅肉和魚肉的眾多可口醬汁的精華。肉烤好後取出，接著將烤盤裡的油汁**去油**（degrease）。有幾種方式可以快速做到這一點。其一是把盤底油汁全數倒進防熱的玻璃器皿裡，再把玻璃皿浸在冷水中。油會馬上浮至表面，然後用湯匙撇除浮油。如果油比湯汁多，另一個作法是使用吸油管：傾斜烤盤，從表層浮油底下吸出有用的汁液。接著倒棄油脂，再把吸出的汁液倒回烤盤裡。也可以用肉汁分離器或油脂分離器代勞。要**溶出烤盤底的精華**（deglaze），加四分之一杯或更多的液體進去，譬如水、葡萄酒或高湯，加以熬煮☆，見「烹飪方式與技巧」，攪動攪動並刮起盤底和盤邊的脆渣。加葡萄酒、高湯或其他有滋味的液體可以增添香氣和滋韻。使用適合肉品的高湯，或者和佐餐酒一致的葡萄酒。肉汁和鍋底醬可以加鮮奶油、馬尼奶油、油糊或玉米粉增稠，也可以用奶油渦做最後的潤飾。➠參見「關於

醬汁的荥料」，279頁。如果要使用油糊，倒出盤中汁液，直接在烤盤裡做油糊，隨後再把原先的汁液攪進來。為確保有足夠的肉汁可以在大型場合裡傳遞使用，你可以用溫熱的高湯和融化的奶油或培根油，依照食譜來加倍製作。

紅肉鍋底肉汁（Meat Pan Gravy）（約1杯）

喜歡的話，可以先過濾油汁，去除多餘的油脂，然後把其中少許油脂倒回鍋裡來吸收麵粉。如果你想用麵粉之外的其他荥料，請參見「關於醬汁的荥料」，估算出要加進下述汁液裡的準確用量。

把烤好的紅肉或禽肉移到淺盤裡並保溫。倒掉鍋裡大部分的油，僅留：

2大匙油或肥脂

拌入：1至2大匙中筋麵粉

攪打至油糊充分混勻而且滑順。倒入：

去油後的鍋汁，外加足夠的高湯、葡萄酒、啤酒、鮮奶油、牛奶或水，補成1杯的量

同時不斷攪拌。熬煮至變稠，最多熬10分鐘。加：

鹽和黑胡椒

（新鮮或壓碎的乾辛香草末，譬如百里香、迷迭香或鼠尾草）

（檸檬皮屑）

調味。

禽肉鍋底醬或肉汁（Poultry Pan Sauce or Gravy）（1杯）

這些分量可供重量在4磅左右的1隻雞。若是更大隻的雞，所有材料的用量要加一倍。

把雞移出烤盤，然後在烤盤裡倒：

1/4杯不甜的白酒、雪莉酒、波特酒、馬德拉酒或水

把烤盤置於雙爐口上，以中大火加熱。將汁液煮至微滾，用一把木鏟，刮起盤底的脆渣。把這混液倒進防熱的玻璃容器裡，讓油浮至表面，再用湯匙撇除浮油（你可以用肉汁分離器代勞）。撇油後的湯汁倒回烤盤，或者倒到一口小醬

汁鍋裡，累積在盛雞肉的盤子裡的汁液也一併倒進去，連同：

3/4杯雞高湯或雞肉湯

煮至微滾，如果你想把醬汁增稠做成肉汁，把：

（1大匙無鹽放軟的奶油）

（1大匙中筋麵粉）

混合成滑順的糊狀，把這麵粉糊一點一點地攪入微滾的醬汁裡，煮至變稠。加：

幾滴新鮮檸檬汁或醋

鹽和黑胡椒，自行酌量

調味。

內臟肉汁（Giblet Gravy）（4杯）

如果要多加一半的量或多一倍的量，你需要多買一些內臟。

將：

1份火雞脖子、火雞心或火雞胗

洗淨並拭乾。把雞脖子切成2吋小段。雞心縱切對半，雞胗從圓鼓處切開。在一

口寬口厚底醬汁鍋以中火加熱：

2大匙蔬菜油

處理好的火雞內臟塊下鍋，在周圍布撒：

1/2至1杯切碎的洋蔥

不需攪拌，把火雞內臟塊的第一面烙煎至十足焦黃，5至10分鐘；如果食材開

始變焦，就把火稍微轉小。將內臟塊翻面，用同樣方式把第二面煎黃。再下：

4杯雞高湯或火雞高湯或肉湯

1/2杯不甜的白酒或紅酒

（1/4杯切細碎的胡蘿蔔）

（1/4杯切細碎的西芹）

（2小枝荷蘭芹）

1大片月桂葉

1/2小匙乾的百里香或2至3枝新鮮百里香

（4整粒丁香或多香果或1小撮丁香粉或多香果粉）

蓋上鍋蓋，但留個小縫，慢慢地煨煮至肉軟嫩，約1小時。加：

（1份火雞肝，洗淨）

煮至扎實，約5分鐘。用細篩濾出高湯，加水補至4杯的量。把火雞脖子肉剁細，雞胗切小丁，加到高湯裡。倒棄蔬菜料。在一口大型醬汁鍋裡以中大火加熱：

3大匙無鹽奶油

待奶油冒泡，再加：

1/3杯中筋麵粉

不斷攪動，煮1分鐘。鍋子離火。若想肉汁口感格外絲滑，把高湯倒到一口醬汁鍋裡，煮至大滾，接著馬上倒進油糊裡，一面倒一面攪動。不然，單純地把溫熱高湯攪進油糊裡，徹底混勻。不時攪動，以中火把肉汁煮至微滾，然後再微滾個1分鐘。鍋子離火並加蓋。假使你會在30分鐘至1小時內潤飾並端出肉汁，就讓肉汁靜置室溫下，否則需要冷藏。

待火雞烤好，移至大淺盤內並保溫。挪走烤盤內的烤架。如果湯汁都蒸發光了，僅剩烤盤底的油脂和脆渣，小心地撇除浮油，脆渣盡數保留。假使尚有湯汁，傾斜烤盤，用湯匙盡量撇除表面浮油。把烤盤置於雙爐口上，以中火加熱。倒：

1/2杯雪莉酒、馬德拉酒、波特酒、不甜的白酒或水

煮至微滾，用木鏟刮起盤底脆渣，將這油汁倒進肉汁裡。肉汁置於中火上，偶爾攪拌一下，煮個5分鐘，讓滋味融合。撒：

鹽和黑胡椒

調味，盛到船形肉汁盅裡。

速成火雞肉汁（Quick Turkey Gravy）（4杯）

要準備的量若多於4杯，食材的量可增加半倍或一倍。

火雞烤好後，挪走烤盤內的烤架。如果湯汁都蒸發光了，僅剩烤盤底的油脂和脆渣，小心地撇除浮油，脆渣盡數保留。假使尚有湯汁，傾斜烤盤，用湯匙盡量撇除表面浮油。把烤盤置於雙爐口上，以中火加熱。倒：

4杯雞高湯或雞肉湯

煮至微滾，用木鏟刮起盤底的脆渣。把火轉小，煮個5分鐘。將：

1/4杯水、3大匙玉米粉

混合成滑順的麵糊。漸次地把這麵糊倒進微滾的高湯裡，不斷攪打，然後再一面煮一面攪打約1分鐘。加：

（雪莉酒、波特酒或馬德拉酒）

鹽和黑胡椒

調味。盛在船形肉汁盅裡。

配野禽的鍋底醬（Pan Sauce for Wildfowl）（1/2杯）

這醬汁非常濃郁，因此只要一些些就很夠用了。若要應付一大群人，所有食材加一倍。佐配以培根、義式培根或鹹豬肉包油烘烤的一隻或多隻野禽，140頁。把烤好的禽鳥移到大淺盤並保溫。將：

1大顆蛋黃、1/2杯濃的鮮奶油

打勻。掉光烤盤裡的油，在烤盤裡加：
2大匙白蘭地
需要的話放到雙爐口上以小火加熱1分鐘，用木匙刮起盤底的脆渣，使之溶解。把蛋奶液倒進去，攪拌至醬汁變稠，但別煮沸。加：
鹽和黑胡椒
調味。

配比司吉的香腸肉汁（Sausage Gravy for Biscuits）（2又1/2杯）

在一口大型平底鍋裡把：
8盎司散裝香腸肉
煎黃，用鏟子把碎肉攪散。煎好後用漏勺舀到鋪有紙巾的盤子上。倒掉鍋裡大部分的油，僅留大約2大匙左右。需要的話，加夠多的：
奶油
補成2大匙的油量。拌入：
2大匙中筋麵粉

攪打至油糊充分混勻而且滑順。不停地攪打，再加：2杯牛奶
繼續攪打，煮5分鐘，或煮至變稠。加：
1/2小匙鹽、1小匙黑胡椒，或自行酌量
2注辣椒醬
將預留的香腸肉和醬汁拌合，再澆淋在比司吉上，432-434頁，或者把香腸肉末撒在比司吉上。

辛香草鍋底醬（Herb Pan Sauce）（2/3杯）

佐配羔羊肉、豬肉或雞肉的一款鮮活醬汁。芥末醬會讓醬汁變稀，如果你偏好較稠的醬汁，那就省略芥末醬。這個醬汁也可以不用烤盤油汁來做，若是如此，先用油或奶油爆香紅蔥頭。
羔羊排、豬排或雞胸肉煎炸好之後，盛盤並保溫。倒掉鍋裡大部分的餘油，將鍋子置於中火上，放：
1/2杯紅蔥頭末
拌炒一下，煎至軟身但不致焦黃。轉中大火，加：
2/3杯雞高湯或雞肉湯、蘋果酒或不甜的白酒
用木匙拌一拌，讓鍋底的脆渣鬆脫並溶解。煮滾後再加：
（4小匙第戎芥末醬）
1大匙新鮮檸檬汁、白酒醋或干邑白蘭地，或自行酌量
鹽和黑胡椒
偶爾拌一拌，煮至稍微變稠濃縮，1至2分鐘。再加：
（1/2杯濃的鮮奶油）
煮至濃縮成一半的量，1至2分鐘。喜歡的話，用細眼篩過濾醬汁，然後再拌入：
大約1又1/2小匙奶油
將肉鋪排在盤子上，舀醬汁澆淋其上，點綴以：
辛香草枝

糖醋香橙鍋底醬（Sweet-Sour Orange Pan Sauce）（2杯）

佐配野禽肉絕佳。若要把它改成正宗的法式橙醬（Bigarade Sauce）搭配鴨肉或鵝肉，使用來自塞維爾（Seville）香橙或苦橙的橙皮和橙汁來做，省略檸檬汁。

用一把蔬果削皮刀，削下：
1顆臍橙
果皮，把橙皮切成1/8吋寬、1吋長的細絲。放到一口醬汁鍋裡，加4杯冷水，以

大火煮沸；沸煮1分鐘。用篩網瀝出橙皮絲，用冷水洗淨，再次瀝出並拭乾。

將烤好的禽鳥盛盤並保溫。倒光烤盤裡的油，在烤盤裡加：

1杯野味高湯，或雞高湯或雞肉湯

需要的話將烤盤置於雙爐口上，以中火煮至微滾，用木鏟刮起盤底脆渣，使之溶解。烤盤離火，置旁備用。在一口小型厚底醬汁鍋裡，以小火混合：

2大匙白酒醋、2大匙糖

攪拌至呈淡棕的焦糖色，把烤盤裡的汁液倒進來，煮4至5分鐘。混勻：

2小匙玉米粉、1大匙水

攪進醬汁裡，煮1分鐘。拌入橙皮絲，不停攪動，連同：

1/2杯新鮮橙汁

2大匙香橙利口酒或退冰的濃縮橙汁

1大匙新鮮檸檬汁

鹽和黑胡椒

加熱至熱燙，但別把醬汁煮沸。把醬汁淋到禽鳥上，點綴以：

1瓣瓣的香橙

韭蔥、香橙和迷迭香鍋底醬（Pan Sauce with Leeks, Orange, and Rosemary）（1/3杯）

牛排、羔羊排、豬排或雞胸肉煎炸過後，盛盤並保溫。

倒掉平底鍋裡大部分的油，僅留約1小匙左右，將鍋子置於中火上，加：

1小枝韭蔥，只取白段，切薄片

拌炒拌炒，煎至開始變軟而且煎黃。加：

1/3杯新鮮柳橙汁

煮沸，用木鏟拌一拌，讓鍋底脆渣鬆脫溶解，煮2或3分鐘。加：

1/3杯雞高湯或雞肉湯

2條2吋長的橙皮

1枝迷迭香

經常攪拌，煮至醬汁濃縮成剩一半的量，4至5分鐘。撈除橙皮和迷迭香。加：

鹽和黑胡椒，自行酌量

調味，一點一點地把：

大約5小匙的奶油

旋晃入醬汁裡。把肉排鋪排在上菜盤上，澆上醬汁，並撒上：

2小匙荷蘭芹末

紅酒酸櫻桃鍋底醬（Red Wine and Sour Cherry Pan Sauce）（1/2杯）

牛排、豬排或雞胸肉煎炸過後，盛盤並保溫。

倒掉平底鍋裡大部分的油，僅留約1小匙左右，將鍋子置於中大火上，加：

1/3杯切細丁的紅洋蔥

拌一拌，煎至開始軟身而且焦黃。與此同時，混合：

1/2杯雞高湯或雞肉湯或水、1/3酸櫻桃乾

置旁備用。把：

1/4杯不甜的紅酒

加到洋蔥丁裡，煮沸，用木鏟拌一拌，刮起鍋底脆渣，使之溶解，煮個1分鐘左

右。把高湯和酸櫻桃倒進去，連同：

1條2吋長的檸檬皮、1小匙黃糖

1/2小匙巴薩米克醋、1/2小匙百里香葉

以大火煮沸，加蓋熬煮至濃縮成原來一半的量，約2分鐘。撈除檸檬皮。把從肉排釋出的汁液也拌進來。加：

鹽和黑胡椒，自行酌量

（數滴新鮮檸檬汁）

調味，一點一點把：

大約1又1/2小匙奶油

旋晃入醬汁裡。把肉排鋪在盤子上，澆上醬汁。

| 關於不用鍋底油汁做的鍋底醬 |

　　鍋底醬也可以不用鍋底油汁來做；替代的作法通常從爆香紅蔥頭或洋蔥開始，接著就按製作鍋底醬的標準作法進行。層層的滋味來自後續添加的馨香材料和液體，諸如葡萄酒、高湯或果汁。這些簡單的醬汁，大多都不會勾芡。做得好的關鍵，在於熬煮高湯或其他汁液要熬得恰到好處而不熬過頭。調味料可盡量添加，毋需拘束——在起鍋前最後一分鐘把奶油旋晃進去會讓醬汁更香醇濃郁，並呈現漂亮的光澤。

　　另一個作法是溫和地加熱油醋醬，不管是用煎過紅肉、禽肉或魚肉的鍋裡加熱，或者另取一口醬汁鍋來加熱都可以。油醋醬是速成又美味的方法，佐配的食物從烘烤肉到燒烤蔬菜都對味。

薑味香橙醬（Orange and Ginger Sauce）（1又1/2杯）

可佐配禽肉、野禽或水煮魚。
在一口大型醬汁鍋或平底鍋裡以中火融化：
1大匙無鹽奶油
放入：
3/4杯切碎的薑菇
1/4杯切碎的紅蔥頭或洋蔥
拌炒拌炒，煎煮至輕微焦黃，加：
1杯不甜的白酒
2大匙去皮生薑末

把火轉大，煮至酒收汁，剩原本一半的量。接著再加：
（3杯雞高湯或雞肉湯）、3/4杯新鮮橙汁
再熬煮至汁液剩一半的量，再倒：
3/4杯濃的鮮奶油
煮至醬汁濃縮而且會附著湯匙的地步。
用細眼篩過濾醬汁，最後拌入：
1大匙橙皮屑
新鮮檸檬汁，自行酌量
鹽和黑胡椒，自行酌量

配野味的基本鮮奶油醬（Basic Cream Sauce for Game）（1/2杯）

佐配鹿肉或深色肉的禽鳥，佐香煎野薑菇或拌義大利麵也不賴。
在一口中型將汁鍋裡混合：
1杯濃的鮮奶油、1大匙輕輕壓碎的杜松子
1大匙切碎的百里香、迷迭香或羅勒

煮至滾沸，用攪打器有一搭沒一搭地攪拌，只要避免沸溢就好。把火稍微轉小，煮至收汁至剩原本一半的量。加：
鹽，自行酌量
調味。

烤紅椒醬（Roasted Red Pepper Sauce）（1杯）

用這款滋味深沉，幾乎可說是甜醬的醬汁來佐配烘烤肉或燒烤紅肉、雞肉、魚肉或義大利麵。
在一口厚底平底鍋裡以中火加熱：
2大匙橄欖油

油熱後放：
1又1/2杯切碎的洋蔥
經常拌炒，煎煮至微黃，5至7分鐘，再下：
3顆大的紅甜椒，烤過的，並且粗略切

碎，或2杯切碎瀝乾的罐頭烤紅甜椒

2大匙蒜末、1大匙甜味匈牙利紅椒粉

1/4小匙肉桂粉

1/8至1/4小匙紅椒粉

拌一拌，煮個1分鐘，再加：

1又1/2杯牛高湯，或牛肉湯加1杯水，又

或2又1/2杯水

煮沸，接著火轉小，蓋上鍋蓋但留個小縫，慢慢煨煮1小時左右。把醬汁倒進攪拌器或食物調理機裡打成泥，加：

鹽和黑胡椒，自行酌量

調味。

勃根地醬（Burgundy Sauce）（約1杯）

用以佐配仔牛肉、鹿肉或牛肉。

在一口中型醬汁鍋裡混合：

2杯不甜的紅酒，最好是勃根地紅酒

1/4杯切細的蘑菇

2顆紅蔥頭，切末

1/4小匙切碎的新鮮百里香或1撮乾的百里香

數枝荷蘭芹、1片月桂葉

煮沸，接著把火稍微轉小，煮至酒收汁至剩原本一半的量。把醬汁濾入一口醬汁鍋裡，即將上桌之前，煮至微滾，再加：

1至1又1/2大匙馬尼奶油，283頁

鹽和黑胡椒，自行酌量

（少許紅椒粉）

煮個1分鐘，撈除月桂葉，調整一下鹹淡。

辣巧克力醬（Red Mole）（5杯）

用以佐配雞肉或火雞肉。吃剩的醬汁可以冷凍☆，見「了解你的食材」，但若想恢復滑順口感，重新加熱前可用攪拌器攪拌一下。

以中火加熱一口中型厚底平底鍋或淺煎鍋，最好是鑄鐵鍋，等鍋變燙，放：

8瓣未剝皮的蒜瓣

焙烤至軟身，偶爾要翻面，約15分鐘。放涼後剝皮。

與此同時，將：

8顆中型的安可辣椒乾（4盎司）

去柄蒂去籽，把辣椒乾撕成扁片，然後放到火燙的平底鍋裡稍微焙烤一下，用金屬鏟將辣椒片壓平，每面壓個10秒左右。焙好後移到碗裡，加熱水淹蓋辣椒片，在水面擺一只碟子，讓辣椒片浸在水裡。泡上30分鐘左右。瀝出辣椒片，放入攪拌機裡，連同大蒜一起，再加：

2/3杯禽肉高湯，或雞高湯或雞肉湯

1又1/2小匙乾的奧瑞岡

1/2小匙黑胡椒、1/8小匙丁香粉

絞打成滑順的泥狀，放進中型網篩，抹壓過篩到一口碗裡。在一口荷蘭鍋裡以中火加熱：

1又1/2大匙蔬菜油

油熱後放：

1/2杯未焯燙去皮的整顆杏仁

不時拌一拌，炒至略微酥香，約3分鐘。用漏勺把杏仁撈到攪拌機裡。用鍋裡餘油煎：

1小顆洋蔥，切薄片

偶爾拌一拌，煎至焦黃好看，約8分鐘。再用漏勺把洋蔥撈到攪拌機裡。在熱鍋裡放：

1/4杯葡萄乾

不時拌炒，直到葡萄乾膨脹，約30秒。同樣把葡萄乾舀到攪拌機裡，連同：

2片白麵包，烤過並撕成小塊

1杯雞高湯或雞肉湯

1/2杯瀝乾的罐頭番茄，切碎

1/4杯剁碎的無糖巧克力或2大匙無糖可可粉

1/4小匙肉桂粉

攪打至非常滑順。在一口荷蘭鍋裡以中火加熱：

1大匙蔬菜油

待油熱後，放預留的安可辣椒混物進去，拌一拌，煮至辣椒泥顏色變深而且

非常稠，約5分鐘。再把杏仁混料拌進來，煮至非常稠，約5分鐘。再拌入：

4杯雞高湯或雞肉湯

煮沸，然後把火轉小，蓋上鍋蓋但留個小縫，煮45分鐘，其間要常常攪拌。加：

鹽，自行酌量、1大匙糖，自行酌量調味。

| 關於白醬（貝夏美醬〔Sauce Béchamel〕）|

這款基本醬汁以溫和特性和滑順口感著稱，不僅可用來增添蔬菜和魚肉等食物的香濃滋味，也是其他很多醬汁的基底。➡製作時要做得比你想要的濃稠度再濃稠一些，因為稀釋它比增稠要容易。製作加鮮奶油醬的菜餚時，每兩杯的固體食材用一杯鮮奶油醬，而且調味時下手要輕。醬汁可以冷藏或放在雙層蒸鍋的上層保溫，至多一小時。把一張蠟紙或保鮮膜直接蓋在醬汁表面，可避免表面形成一層皮膜。

白醬（White Sauce）

I. 白醬（1杯）

在一口中型醬汁鍋裡以中小火融化：

2大匙奶油

將：2大匙中筋麵粉

攪打進去，直到混勻而且滑順，約1分半鐘。鍋子離火，接著再徐徐將：

1杯牛奶

攪打進去。鍋子放回火源上，煮至微滾，不時攪動以避免結塊。接著繼續煮至醬汁滑順、滾燙而且變稠，1至2分鐘，要不停攪動。加：

鹽和黑胡椒，自行酌量

肉豆蔻屑或粉

調味。

注意：若想要有更綿滑的稠度，先將牛奶煮燙☆，見「了解你的食材」，然後再加進油糊裡。你也可以用下列的一樣或多樣材料來改變醬汁風味：

1小匙新鮮檸檬汁

1/2小匙烏斯特黑醋醬

1小匙雪莉酒

2大匙切碎的荷蘭芹

2大匙切碎的蝦夷蔥

II. 濃的貝夏美醬（1杯）

用在製作舒芙蕾。

準備白醬I，如上，用3大匙奶油、3大匙中筋麵粉，和1杯牛奶。

III. 用來稠合的貝夏美醬（1杯）

準備白醬I，如上，用3大匙奶油、1/3杯中筋麵粉，和1杯牛奶。

IV. 稀的貝夏美醬（1杯）

用來做奶油濃湯的速成基底，加蔬菜泥。

準備白醬I，如上，用1大匙奶油、1大匙中筋麵粉，和1杯牛奶。

做好的醬汁應該稠得可以附著匙背。

不含鮮奶油的白醬（No-Cream White Sauce）（2杯）

自製高湯加米糊可產生濃的鮮奶油的外觀和口感。加調味料和辛香草之後，本身可以當作醬汁，可配魚肉、雞肉、義大利麵或米飯，或者當作砂鍋料理或湯品的材料。

在一口中型醬汁鍋裡以中火加熱：

2大匙橄欖油

油熱後放：

1/2杯切碎的洋蔥

拌炒一下，煮至軟身，再放：

1/3杯米，最好是中梗米或短梗米

不時攪拌，煮2分鐘，再加：

2/3杯雞高湯或雞肉湯，或蔬菜高湯或蔬菜湯

1杯不甜的白酒

煮至微滾，蓋上鍋蓋，火轉小，煨煮至液體幾乎完全被吸收而且米粒非常軟，約35分鐘。稍微放涼，然後倒到攪拌機或食物調理機裡，打成滑順的泥。趁機器在運轉時，加：

至多1又1/2杯更多的高湯

直到你要的稠度出現。再加：

（1大匙切碎的龍蒿）

打到滑順。加：

1大匙新鮮檸檬汁、鹽和黑胡椒

調味。

不含麵粉的白醬（Flourless White Sauce）（1杯）

這款醬汁是以濃縮的高湯和濃的鮮奶油為底。成品不如傳統的白醬那般濃稠，但仍然香濃綿滑。用大得足以讓鮮奶油冒泡的醬汁鍋來做，而且要不時攪動醬汁以免醬汁變得沙沙的。沸煮鮮奶油的時間不要超過所建議的時間，否則會喪失細緻口感而且會凝結。除了製作舒芙蕾、焗盅料理、焗烤料理和可麗餅之外，這款白醬可以替代任何的白醬。

在一口小型厚底醬汁鍋以大火把：

2杯禽肉高湯，或雞高湯或雞肉湯

沸煮至濃縮成1/2杯的量，置旁備用。與此同時，在另一口小型厚底醬汁鍋裡以中大火把：

1杯濃的鮮奶油

沸煮濃縮至剩原本一半的量，要不停攪動以免沸溢。

把濃縮的鮮奶油攪入濃縮的熱高湯裡，加：

鹽和白胡椒，自行酌量

調味。

| 莫內醬（起司醬） |

美味而且用途廣泛，這款基本醬汁搭配水煮蛋或烘烤蛋、蒸蔬菜、水煮禽肉、魚肉或海鮮，以及包餡的可麗餅非常對味。喜歡的話，也可把這款醬均勻抹在這些食物表面，送入烤箱或炙烤爐烤黃。它也可以做成雅緻的起司通心粉。使用等量的葛呂耶起司和帕瑪森起司乃傳統作法，其實任何陳年起司，不管是單獨一種或綜合多種，都非常棒。不妨試試瑞士起司、切達起司或藍紋起司，諸如戈貢佐拉起司、洛克福起司和斯提爾頓起司。

莫內醬（Mornay Sauce）

I. 1杯
準備：白醬I，291頁
待醬汁滑順又滾燙時，把火轉小，拌入：
1/4杯裝得密實的起司細屑
不停攪拌，煮至起司融化，起司也可能會牽絲。加：
鹽，自行酌量、1撮紅椒粉
1撮肉豆蔻或荳蔻粉或屑
注意：要是醬會牽絲，煮至剛好滾沸，然後攪入：
（幾滴不甜的白酒或新鮮檸檬汁）

鍋子隨即離火。

II. 1又1/2杯
這款醬較濃郁，搭配青花菜和烤馬鈴薯很對味。
準備：白醬I
待醬汁滑順又滾燙時，把火轉小，拌入：
1杯起司屑（4盎司）
加：
1/2小匙鹽、1/8小匙匈牙利紅椒粉
少許紅椒粉、（1/4小匙芥末粉）
拌至起司融化。

香濃的微波爐起司醬（Creamy Microwave Cheese Sauce）（2杯）

用溫和的切達起司、超濃的切達起司或佛蒙特白切達起司來做。
在一口可微波的盆裡混合：
1杯全脂牛奶優格
4盎司放軟的奶油起司
1杯切達起司絲（4盎司）
1大匙新鮮檸檬汁、1大匙奶油

1/2小匙鹽、1/2小匙黑胡椒
2注辣椒醬，或自行酌量
以強火力微波1分半鐘。靜置2分鐘，攪動一下，再次以強火力微波1分半鐘。靜置2分鐘，然後攪至滑順。需要的話，再多微波1分鐘。

洋蔥醬（蘇比斯醬〔Sauce Soubise〕）（3/4杯）

用以搭配魚肉、仔牛肉、仔牛胸腺、羔羊肉或蔬食主菜。
在一口中型厚底容量1夸特的醬汁鍋裡混合：
1大顆洋蔥，切碎、2大匙雞高湯或雞肉湯
加蓋以小火煮至洋蔥軟身但不致焦黃，約25分鐘，其間偶爾要攪拌一下。拌入：
白醬I

續煮15分鐘，要經常攪拌。用細眼篩濾入一口小型醬汁鍋裡（喜歡的話，洋蔥可以保留下來用在湯品裡）。醬汁將會很濃稠。置於小火上，徐徐攪入：
2至4大匙濃的鮮奶油或牛奶
直到你想要的稠度出現，再加：
鹽和白胡椒，自行酌量
1撮肉豆蔻屑或粉

芥末醬（Mustard Sauce）（1杯）

用來佐配炙烤魚或火腿。
準備白醬I。當醬汁滑順又滾燙時，拌入2至4大匙第戎有顆粒的法式芥末醬，或褐

色英式芥末醬，自行酌量。按照說明調味。

配魚的白酒醬（White Wine Sauce for Fish）（1又1/4杯）

配雞胸肉也很棒。

在一口小型醬汁鍋裡混合：

1/4杯不甜的白酒

1/4杯魚高湯或雞高湯或肉湯

1片月桂葉、2整顆丁香、2粒黑胡椒粒

（1又1/2吋的一段生薑，削皮切薄片）

1小匙切碎的紅蔥頭

以中火煮沸，熬煮收汁至剩原本一半的量。過濾後加到：

白醬I

蝦醬（小龍蝦醬〔Sauce Nantua〕）（1又1/2杯）

小龍蝦醬的經典作法是用小龍蝦奶油來做。你也可以用1大匙以熟蝦肉絞成的蝦泥拌1大匙奶油，來取代這裡的鮮蝦奶油。佐配魚肉，放在吐司片上，或取代荷蘭醬淋在水煮蛋和鮭魚上，或者搭配佛羅倫斯蛋★，329頁。

準備：白醬I

當醬汁滑順又滾燙，把火轉小，加：

1/2杯濃的鮮奶油

取：2大匙鮮蝦奶油，306頁

抹壓過一只細眼篩，把奶油篩入醬汁裡。煮至剛好滾沸。加：

鹽和黑胡椒，自行酌量

調味，點綴上：剁細的熟蝦

牡蠣醬（Oyster Sauce）（2杯）

如果沒加烏斯特黑醋醬則用來搭配魚肉；如果有加，配義大利麵或雞蛋。

準備：白醬I

加：鹽

（1大匙烏斯特黑醋醬）

充分調味。臨上桌前，加：

1杯切細的水煮牡蠣和牡蠣汁（取自1品脫整顆生牡蠣）

3大匙切碎的荷蘭芹

以中火煮至微滾。

鯷魚醬（Anchovy Sauce）（1杯）

微鹹，和魚肉及滋味平淡的蔬菜是絕配。將白醬I和3至5片鯷魚柳，洗淨並

捶成泥，或1至2小匙鯷魚糊充分混勻即成。

辣根醬（艾伯特醬〔Sauce Albert〕）（1又1/3杯）

搭配鹽醃牛肉、紅燒肉或燒烤鮭魚的幸福佐料。抹在冷食的烤牛肉或牛排三明治也很棒。

準備：

白醬I

鍋子離火後拌入：

3大匙辣根泥

2大匙濃的鮮奶油

1小匙糖

1小匙芥末粉

1大匙醋

重新加熱，但不要煮沸。立即享用。

| 關於絲絨醬 |

　　白醬和絲絨醬的差別主要在於其中一樣食材——技術上來說幾乎一模一樣。得名於絲絨般軟滑口感的絲絨醬不含牛奶，而是用「白色」或淡色高湯——雞高湯、仔牛高湯、魚高湯甚至蔬菜高湯——做出來的，並用金色油糊，280頁，增稠。如此做出來的醬汁比貝夏美醬更偏向象牙色，而且稍微透明。這款醬汁需要多熬煮個十五分鐘來去除生粉味。煮好後可冷藏，或者過濾後置於雙層蒸鍋的上層保溫。偶爾攪動一下，以避免表面形成皮膜，食用前再把奶油旋打進去。

絲絨醬（Velouté Sauce）（1又3/4杯）

在一口小的醬汁鍋裡以中火加熱：

2又1/2杯白色仔牛高湯，雞高湯或雞肉湯、魚高湯或魚肉湯，或者蔬菜高湯或蔬菜湯

偶爾攪一攪，煮至熱。與此同時，在一口中型醬汁鍋裡融化：

3大匙奶油

拌入：3大匙中筋麵粉

以小火煮，用木匙或木鏟不停攪拌，直到油糊飄出堅果香而且呈乳白色，約6分鐘。鍋子離火放涼2分鐘。

接著把溫熱的高湯漸次地攪入油糊裡，連同：（1/4杯切末的蘑菇）

把鍋子放回爐火上，慢慢把醬汁煮至微滾，攪動攪動以免結塊。以中小火來煮，經常攪拌並且撇除在表面形成的薄膜，煮至稠得足以附著匙背，約20分鐘；別煮沸。喜歡的話，用細孔篩過濾。加：

鹽和白胡椒，自行酌量

調味。起鍋前，攪入：

（1至2大匙軟化的無鹽奶油，或任何軟化的調味奶油，304-306頁）

鮮奶油醬（超級醬汁〔Sauce Suprème〕）（3杯）

搭配雞肉或蔬菜絕佳。

準備：絲絨醬，如上

連同高湯把：3/4杯濃的鮮奶油

倒到醬汁鍋裡，起鍋前，攪入：

2大匙濃的鮮奶油

（2大匙無鹽放軟的奶油）

香檳醬或白酒醬（Champagne or White Wine Sauce）（1又1/4杯）

很少人會有喝剩的香檳該怎麼處理這種問題，萬一你遇上了，沒有比拿它做成清爽又香醇的醬汁來搭配魚肉或雞肉更好的解決辦法了。

準備：1/2份絲絨醬，如上

如果要佐配魚肉，喜歡的話，可以把高湯換成魚原汁。

備妥：1/2杯（1條）奶油，切成6塊

在一口中型醬汁鍋裡混合：

1杯香檳或不甜的白酒

1/4杯紅蔥頭末

熬煮至幾乎變成釉汁。鍋子離火，用木匙拌一拌，把奶油一塊一塊地加進去，讓奶油軟化但不致液化，讓醬汁保留香濃口感。加：

1又1/2小匙切碎的龍蒿

與此同時，把絲絨醬加熱至熱燙但不煮沸。再把奶油混液攪進去，立即享用。

匈牙利紅椒醬（匈牙利風味醬〔Sauce Hongroise〕）（1又1/2杯）──

用來搭配魚肉、禽肉或仔牛肉。
在一口中型醬汁鍋以中小火融化：
1大匙奶油
放入：1顆中型洋蔥，切細碎
拌炒至呈金黃色，約7分鐘。再放：

2大匙溫和的匈牙利紅椒粉
1杯濃的鮮奶油、1/3杯絲絨醬，如上
攪拌1分鐘。要漸次地加進去，而且經常
攪拌，煮至熱透。加：
鹽和黑胡椒調味。

咖哩醬（Curry Sauce）（2杯）──

在一口中型醬汁鍋裡以中小火融化：
1/4杯（1/2條）奶油
放入：1/4杯切細碎的洋蔥
拌一拌，煎至軟身，拌入：
2又1/2大匙中筋麵粉、1/2至2小匙咖哩粉
1撮至1/4小匙番紅花絲
拌煮5至6分鐘，不要炒黃。接著徐徐倒
入：

1杯雞高湯或雞肉湯、1杯濃的鮮奶油
1/2小匙檸檬皮屑
不時攪拌，煮沸並煮至充分融合。拌入：
（4小匙切碎的芒果甜酸醬）
如果你喜歡辣味咖哩，加幾注的：
（辣椒醬、紅椒粉或薑粉）
讓醬汁更鮮活。最後加：
（幾滴不甜的雪莉酒）

法式酸辣醬（Ravigote Sauce）（1杯）──

溫溫的配著魚肉、淡色肉、雜碎肉或禽
肉吃。
在一口小型醬汁鍋裡混合：
2顆紅蔥頭，剁細碎、1大匙龍蒿醋
煮沸，再繼續煮至醋幾乎蒸發光了，約3
分鐘，其間要不時攪拌。加：
1杯絲絨醬

文火煮約10分鐘，要經常攪拌，加：
鹽和黑胡椒
調味。把醬汁放涼至溫溫的程度，再加：
1又1/2大匙切碎的荷蘭芹
1大匙切碎瀝乾的酸豆
2小匙切碎的蝦夷蔥
1/2小匙切碎的龍蒿

用蛋黃增稠的絲絨醬（蛋黃醬〔Sauce Allemande〕）（1又1/2杯）──

滋味醇厚的絲絨醬，用來搭配水煮雞肉
或蔬菜。如果起鍋前撒上切細碎的荷蘭
芹，就成了布雷特醬（poulette sauce）。
又或，在最後一分鐘加一大匙切碎瀝乾
的酸豆進去，就是酸豆醬，搭配魚肉或
羔羊肉非常對味。►蛋加進去以後千萬
別煮沸，否則會凝結成蛋花。
準備：1又1/2杯絲絨醬
拌入：
3/4杯濃味雞高湯或雞肉湯

攪勻，以中小火煮至濃縮三分之一的
量，約10分鐘，其間要偶爾攪拌一下。鍋
子離火，加：
1大顆蛋黃，用2大匙濃的鮮奶油打散
把醬汁放在小火上，攪拌至稍微變稠。
上桌前拌入：
1大匙新鮮檸檬汁
1大匙奶油
鹽和黑胡椒，自行酌量
1撮肉豆蔻粉

| 關於褐醬（西班牙醬） |

西班牙醬是基礎褐醬，以此或半釉醬（semi-glace sauce）做為起點，如下，可以變化出很多醬汁。這一款母醬可說是一個龐大菁英家族的龍頭，司掌一個多元、豐富、精緻又令人滿意的宗族，在廚師和愛好者的心目中有著崇高地位。褐醬在製作上也許比其他醬汁都要更耗時間，但是它們的滋味和口感無與倫比。製作最繁複又動人的醬汁時，不同的液體（例如葡萄酒、高湯或果汁）和美味食材（洋蔥、火腿丁和辛香草等等）陸陸續續被加進來，而且前一樣材料被熬煮提煉後，才會把下一樣加進來。如果為了省時不得已把液體和食材一股腦兒同時加進鍋裡，最後的醬汁就沒有那麼多層次的甘美滋味。

最棒的褐醬，始於一鍋上乘高湯，最好是自己熬的，但如果你發覺你的高湯或醬汁的味道有點兒平淡，不妨在熬煮醬汁時加一或兩匙肉膠汁★，203頁。用在這類醬汁裡的葡萄酒，應該選用好品質的酒，尤其是在接近起鍋時刻才加的酒更是如此。別把褐醬煮得跟貝夏美醬，或絲絨醬，一樣濃稠；那樣的褐醬會黏呼呼的不討喜。一旦醬汁的稠度和濃的鮮奶油差不多時，就要停止烹煮。用湯匙而不用攪打器來攪拌──攪打的動作會把空氣打進去，使得顏色變淡。起鍋前旋晃奶油渦不僅為這些醬汁增添光澤，也讓醬汁更醇醇。辛香草、香料和蕈菇是褐醬裡常見的添加物。褐醬冷藏保存可以放上四或五天，冷凍可以放上三個月，放冰箱保存時最好在表面淋薄薄一層雪莉酒。

褐醬（西班牙醬）（Brown Sauce）（5杯）

在一口大型厚底醬汁鍋或荷蘭鍋裡融化：
1/2杯（1條）奶油或1/2杯牛油或仔牛油或培根油
放入：1杯綜合調味蔬菜丁☆，見「了解你的食材」
或：
1/2杯切細碎的洋蔥、
1/4杯切細碎的胡蘿蔔
1/4杯切細碎的西芹
拌一拌，煎煮至蔬菜丁開始上色，加：
1/2杯中筋麵粉
把麵粉徹底炒黃。再拌入：
10粒整顆黑胡椒粒
2杯瀝乾、去皮、剁細的罐頭番茄或2杯番茄糊

1/2杯粗切的荷蘭芹
再加：
8杯褐色牛高湯
把火轉大，煮沸，之後再把火轉小，熬煮收汁至剩原本一半的量，2至2又1/2小時。其間偶爾攪拌一下，撇除浮到表面的油。醬汁應該呈現濃的鮮奶油的稠度，別煮得更稠。
用細眼篩把醬汁濾入一口盆裡。醬汁冷卻期間偶爾要攪動一下，避免表面形成薄膜。需要的話，用額外的高湯或水來稀釋醬汁。如果醬汁就這樣要派上用場，加：
鹽和黑胡椒
調味。

半釉醬（Demi-Glace Sauce）（4又1/2杯）

用來佐配菲力牛排或鹿肉，也可做為其他醬汁的基底。

在一口大型厚底醬汁鍋或荷蘭鍋裡以中火混合：

4杯褐醬，如上

4杯褐色牛高湯，或褐色禽肉高湯

1/2杯切碎的蘑菇

煮至微滾，接著稍微把火轉小，不蓋鍋蓋，慢慢地熬煮收汁至原來一半的量，2至2又1/2小時，要常常撇除浮油和浮沫。

用細孔篩把醬汁濾入一口乾淨的醬汁鍋裡，鍋子放在小火上，拌入：

1/2杯不甜的波特酒、馬德拉酒或不甜的雪莉酒

鹽和黑胡椒，自行酌量

起鍋前，把：

（2至4大匙奶油，最好是無鹽的，放軟的）

攪進去，一次一小塊。

馬德拉醬（Madeira Sauce）（1杯）

馬德拉酒可以換成不甜的雪莉酒或波特酒。搭配野味或牛菲力的美妙佐醬。

在一口中型醬汁鍋裡把：

1杯褐醬，如上

煮至微滾，再熬煮收汁至剩原本3/4的量。加：

1/4杯馬德拉酒

（1小匙肉膠汁）

最後一點一點把：

大約1大匙奶油

旋晃到醬汁裡，283頁。

注意：你也可以用煎過肉的鍋子來做這一款醬。把肉移到盤子上並保溫。倒光鍋裡的油，加馬德拉酒來溶解鍋底脆渣，285頁。把酒煮至收汁剩原本一半的量，然後把褐醬加進去，煮個10分鐘，起鍋前再按上述說明潤飾。

佩里戈松露醬（Sauce Périgueux）（1杯）

用來佐配可麗餅、焙烤蛋和雞肉。

準備：馬德拉醬，如上

加奶油之前，拌入：

1大匙切碎的黑松露

再調整鹹淡。類似的醬汁是佩里戈風味醬，不過這款醬裡的黑松露切成細丁而不只是切碎，而且還加了一小方塊的肥鵝肝。

洋蔥褐醬（里昂風味醬）（Sauce Lyonnaise）（滿滿一杯）

搭配吃剩的肉的創意佐醬，我們的作法比較像醬洋蔥（onion relish），不像正宗的洋蔥褐醬。若想質地更像醬汁，按說明添加高湯。

在一口中型醬汁鍋裡融化：

2大匙奶油

放入：

2顆洋蔥，切細碎

拌一拌，煎煮至呈金黃色。加：

1/3杯不甜的白酒或2大匙蘋果酒醋

1大匙切碎的百里香

如果加白酒，熬煮收汁至剩原本一半的量。再加：

1杯褐醬

煮至微滾，續熬15分鐘。想要醬汁稀一
點，加：

（至多1杯牛高湯）

起鍋前加：

1大匙切細碎的荷蘭芹

鹽和黑胡椒，自行酌量

獵人醬（Sauce Chasseur）（2杯）

這款醬傳統上用來佐配野味，配烤紅肉
或禽肉、肉排或帶骨肉排也很可口。
在一口中型厚底醬汁鍋裡以中火融化：

2大匙奶油，最好是無鹽的

放：2大匙紅蔥頭末

拌煮至軟身，再放：

1杯切片的蘑菇

拌一拌，煎煮至微黃，約5分鐘。再倒：

1/4杯不甜的白酒

2大匙白蘭地

不蓋鍋蓋，煮沸並熬煮收汁至剩原來一
半的量。加：

1杯褐醬，或半釉醬

1/2杯番茄泥

鹽和黑胡椒，自行酌量

煮5分鐘，偶爾攪拌一下。起鍋前拌入：

1大匙荷蘭芹末

（1大匙切末的山蘿蔔菜或龍蒿）

最後一點一點地旋入：

（大約2大匙奶油）

紅酒骨髓醬（波爾多醬〔Sauce Bordelaise〕）（約1杯）

用來佐配牛排、仔牛胸腺、帶骨肉排或
野味。如果不加水煮過的骨髓也很美
味，只是沒那麼濃郁而已。
在一口小型厚底醬汁鍋以中大火混合：

1/4杯雪莉酒醋或紅酒醋

1顆紅蔥頭，切末

1枝百里香

1枝荷蘭芹

1/2片月桂葉

4整顆黑胡椒粒

煮至微滾，不蓋鍋蓋，續煮收汁至剩原

來的3/4的量。加：

1/2杯不甜的紅酒

再次煮至微滾，並收汁至剩3/4的量。用
一把細孔篩濾入一口中型醬汁鍋裡。鍋
子放在中火上，拌入：

1杯褐醬，或半釉醬

不蓋鍋蓋，熬煮15分鐘。起鍋前拌入：

1/4杯切丁的牛骨髓，放微滾的水裡汆燙
幾分鐘，然後瀝乾

2小匙荷蘭芹末

鹽和黑胡椒，自行酌量

蘑菇紅酒醬（酒商醬〔Marchand de Vin〕）（1又1/2杯）

用來佐配燒烤或烘烤的肉。
在一口中型平底鍋裡以中火融化：

2大匙奶油

放入：

1杯切薄片的蘑菇

拌煮2分鐘，再放：

1/2杯熱的牛高湯或褐色雞高湯

1/2杯不甜的紅酒或馬德拉酒

熬煮10分鐘，再放：

1杯褐醬，或半釉醬

熬煮20分鐘，熬至剩大約2/3的量。加：

鹽和黑胡椒

（1/2顆檸檬的汁液）

調味。

胡椒醬（Sauce Poivrade）（2又1/3杯）

配鹿肉的傳統醬汁。
在一口中型醬汁鍋裡以中大火加熱：
1/4杯蔬菜油
油熱後放：
1根胡蘿蔔，切碎、1顆洋蔥，切碎
（野味的骨頭、修切下來的零碎肉和內臟，如果有的話）
拌炒至焦黃，約15分鐘。再下：
1/4杯紅酒醋或濾過的醃汁，假使野味有先醃過的話
3枝荷蘭芹、1撮乾的百里香
熬煮至剩原來1/3的量。加：

3杯褐醬

煮沸，然後轉小火熬煮1小時。加：
10整顆黑胡椒粒
續煮5分鐘。把醬汁濾入另一口醬汁鍋裡，壓一壓固體菜料，擠出汁來，再加：
1/4杯醋或濾過的醃汁
繼續熬煮30分鐘。加：
1/2杯不甜的紅酒
鹽，適量
以及夠多的：
壓碎的黑胡椒
做成嗆辣的醬。

怪味醬（Piquant Sauce）（1杯）

配豐盛的肉絕佳。
在一口小型醬汁鍋以中火加熱：
1大匙奶油
油熱後下：
2大匙洋蔥末
拌炒至微黃，再下：
2大匙不甜的白酒
2大匙白酒醋或米酒醋或新鮮檸檬汁

煮至液體幾乎蒸發光了。再加：
1杯褐醬，或半釉醬
煮至微滾，再續熬5分鐘。起鍋前加：
1大匙切碎的荷蘭芹或荷蘭芹、龍蒿和山蘿蔔菜綜合香菜末
1大匙切碎的酸黃瓜
1大匙切碎的瀝乾酸豆
鹽和黑胡椒，自行酌量

｜關於速成醬汁｜

　　罐頭高湯的可貴不僅在於應急時可為醬汁增加醬底厚度和滋味；也可以用來修潤做醬汁的湯頭。如此做出來的醬汁當然不如以油糊為底、從新鮮的紅肉高湯或禽肉高湯精心熬煉出來的那麼精緻細膩，不過，節省下來的可觀時間大大彌補了品質流失的不足。要先嚐過以下混合物的味道再加鹽和最終的調味料。

速成醬汁（Quick Sauce）

I. 搭配雞肉、魚肉和蔬菜（2杯）
　　將：
　　1罐10又3/4盎司罐頭濃縮奶油雞湯
　　1/2杯雞高湯或雞肉湯、1/2杯牛奶
　　加熱至熱燙。

II. 配牛肉或豬肉做的雜湊薯餅（1又1/4杯）
　　在一口小醬汁鍋裡以中小火融化：
　　1大匙奶油
　　放入：

1瓣蒜仁，切碎或壓碎
拌炒至軟而透明，再拌入：
1罐10又3/4盎司罐頭濃縮奶油蘑菇湯
2/3杯罐頭牛清湯
III. 配奶油蔬菜（2杯）

把：
1罐10又3/4盎司罐頭濃縮奶油西芹湯
2大匙奶油、3/4杯雞高湯或肉湯
1/4杯切碎的蝦夷蔥
加熱至熱燙。

速成褐醬（Quick Brown Sauce）（1又1/4杯）

當一般的褐色肉汁來用。
用：
（1/2瓣大蒜）
搓磨一口中型醬汁鍋，接著在鍋裡以中
火融化：
2大匙奶油
加：
2大匙中筋麵粉
拌勻，待麵粉微黃而且飄出堅果味，約7

分鐘後，再拌入：
1罐10又3/4盎司罐頭牛清湯
煮沸，經常攪動。加一樣或多樣下列材
料調味：
黑胡椒或匈牙利紅椒粉
新鮮檸檬汁、番茄醬或辣醬
不甜的雪莉酒或烏斯特黑醋醬
新鮮或乾的辛香草

速成蘑菇醬（Quick Mushroom Sauce）（1又1/2杯）

用來佐配烘烤紅肉、雞肉和砂鍋料理。
在一口中型平底鍋裡融化：
1大匙奶油
放入：

4盎司蘑菇，切片的
拌炒至微黃，加：
速成褐醬，如上
加熱至熱透即成。

速成皇家醬（Quick à la King Sauce）（2杯）

在一口中型醬汁鍋裡融化：
1大匙奶油
放入：
1顆青甜椒，切末
拌一拌，煮軟，再加：

1罐10又3/4盎司罐頭濃縮奶油蘑菇湯
1/2杯牛奶
加熱至熱透，再下：
1顆墨西哥青辣椒，切成細條
（2大匙不甜的雪莉酒）

佐蔬菜的中式醬汁（Chinese-Style Sauce for Vegetables）（1/4杯）

可佐配大約1磅的蔬菜。拌混雞肉或豆腐
和蔬菜並且淋在白飯上非常美味。
在一口小碗裡攪勻：
1大匙玉米粉
3大匙冷水
再放：
4小匙醬油

1又1/2小匙米酒醋
1小匙紅糖
1/2小匙鹽
（2小匙去皮生薑細屑）
澆在正在鍋裡煮的蔬菜上，充分拌炒至
所有的混合物滾沸。

| 關於奶油醬 |

　　一些人氣醬汁幾乎完全倚賴奶油，這些醬汁素來唯有最新鮮的奶油才調製得成——而且最好是無鹽的，才不會和其他調味料牴觸。其中最簡單的一款，榛果奶油，如下，以及檸檬奶油，如下，只不過就是把調味奶油煮至開始焦黃而且帶有奇妙的堅果香氣。稍微複雜一點的白奶油醬，其滑順的質地，出自把奶油攪入醬汁裡的功夫，也就是既要讓奶油融入，使得醬汁變稠，但又不要讓奶油充分融化。奶油醬通常當作溫熱的簡單醬汁，佐配香煎、燒烤、炙烤或清蒸的食物。

澄化奶油或無水奶油（Clarified or Drawn Butter）

這東西一點也不神祕：它只不過是去除水分和乳固形物的溶化奶油罷了。因為它的用途廣泛——包括當作熟龍蝦肉的沾醬、製作超滑順的荷蘭醬和貝亞恩醬，以及烘焙的材料——其作法如下。1杯（2條）奶油可得出3/4杯澄化奶油。

在一口醬汁鍋裡以小火融化：
奶油，切成小塊
不要攪動。奶油溶化後，鍋子離火，撇除浮沫。靜置幾分鐘，讓乳固形物沉澱至鍋底。小心地把澄清的黃色液體倒到一口耐熱的容器裡，留下乳固形物。

印度酥油（Ghee）（約1又3/4杯）

以最小的火煮：1磅奶油
保持在沸點以下，這可能花上10分鐘至1小時，煮至奶油呈金黃色而且褐色乳固

形物沉澱鍋底。以這種緩慢速度來煮，乳固形物會漂亮地沉澱。用紗布或細眼篩濾出即成。

榛果奶油（Beurre Noisette）（5大匙）

用你煎完魚的平底鍋來快速製作這一款醬，然後把醬汁澆在魚肉上，或者另外製作，當作綠色蔬菜的佐醬。
在一口小型平底鍋裡以中小火融化：
4至5大匙奶油，最好是無鹽的
緩慢地煮至奶油呈淡棕色而且飄出堅果香氣，偶爾要晃動一下鍋子或攪拌一

下，好讓奶油煮得均勻。奶油開始起泡時要特別留意；不然很容易煮焦了。讓奶油離火，並且拌入：
1小匙白酒醋或新鮮檸檬汁
鹽和黑胡椒，自行酌量
立即享用。

黑奶油（Beurre Noir）

佐配滋味清淡的香煎魚，諸如比目魚、鱈魚或鰩魚，非常美味。

準備上述的榛果奶油，煮至呈深棕色即成。

檸檬奶油（Beurre Meuniére）

準備榛果奶油，如上，但要加檸檬汁。

拌入1大匙切細的荷蘭芹。

麵包屑榛果奶油醬（波蘭醬〔Sauce Polonaise〕）（1/2杯）

佐配蔬菜的傳統澆頭，尤其是白花椰菜。
準備檸檬奶油，如上。轉中火，加：
1/4杯乾的細麵包屑
拌炒至呈淡棕色，再加：

1小匙鹽，或自行酌量
1/2小匙黑胡椒，或自行酌量
和將食用的蔬菜以及：
切細碎的水煮蛋
充分拌勻。

核桃奶油（Walnut Butter）（1/2杯）

配上南瓜或南瓜方餃很棒。
在一口小的醬汁鍋裡煮：
1/2杯（1條）無鹽奶油

1/2杯粗切的核桃
2分鐘，或煮至奶油略微呈黃褐色。立即享用。

白奶油醬（Beurre Blanc）（1/2杯）

濃郁細緻的白奶油醬可以衍生出不同的變化，譬如用高湯替代全部或部分的葡萄酒，或添加辛香草或柑橘皮，或者把全部或部分奶油換成調味奶油，如下。白奶油醬傳統上會配魚肉，尤其是西鯡，但配雞胸肉、乳鴿、蘆筍、朝鮮薊和韭蔥也不錯。加奶油之前先加少量的鮮奶油可讓醬汁穩定，比較不會油水分離。
在一口小平底鍋裡以中火混合：
6大匙不甜的白酒、2大匙白酒醋
3大匙紅蔥頭末、鹽和白胡椒，自行酌量
煮至微滾，再不加蓋地熬煮收汁至剩原

來的3/4。拌入：
1大匙濃的鮮奶油
鍋子離火，把：
1/2杯（1條）冰冷奶油，最好是無鹽的，至少切成8塊
一次一塊地攪進醬汁裡，要經常攪動，直到醬汁綿滑而乳白，前一塊完全融化後再加下一塊，否則醬汁會油水分離。如果你需要多一點熱力讓奶油融化，把鍋子短暫地置於非常小的火力上。喜歡的話，用一把細孔篩過濾醬汁。加：
鹽和黑胡椒
調味。立即享用。

檸檬奶油醬（檸檬風味白奶油醬）（Lemon Beurre Blanc）

準備白奶油醬，如上，把白酒醋換成2大匙新鮮檸檬汁，連同紅蔥頭末加1小顆檸檬的皮屑。

辛香草奶油醬（Herbed Butter Sauce）

準備白奶油醬，如上。拌入2大匙切細碎的茴香葉、荷蘭芹、蝦夷蔥、羅勒、山蘿蔔菜和／或龍蒿的混合，或1大匙綜合的乾的辛香草。

| 關於調味奶油（beurre composés）|

　　這些佐料製作起來簡單快速又可口，只要把辛香草和其他調味料拌入原味奶油裡就行了，最好是用無鹽奶油。大多數的調味奶油在製作上都比融化的奶油醬要快速，而且幾乎同樣美味。有些調味奶油，譬如鮮蝦和龍蝦調味奶油，可以用來調味和修潤醬汁，本身也可以當作佐醬來用。

　　這些調味奶油上桌時都呈固態，被刻意放在熱騰騰的魚肉、紅肉或蔬菜上慢慢融化。有些也可以取代原味奶油配麵包或小圓麵包。

　　調製好的奶油可以趁它尚軟滑時馬上享用，或者用蠟紙、烘焙紙、保鮮膜或鋁箔紙包捲成長筒狀，冷藏一個半至兩小時，或冷凍數星期，然後再切成薄圓片當作盤飾。不過，辛香草奶油▶冷藏不要超過二十四小時，否則辛香草會快速腐壞。你也可以把奶油塑成迷人的形狀☆，見「了解你的食材」，或者盛在一口小皿或小蛋糕模裡，用叉子在表面刻畫裝飾性渦紋或平行紋路；在室溫下享用。每人份約估一大匙奶油。

基本的調味奶油（Basic Flavored Butter）（1/4杯）

用叉子或木匙在一口小盆裡把：
1/4杯（1/2條）放軟的奶油
打得綿密滑順，然後慢慢地拌入你選用

的調味料，連同：
鹽和白胡椒，自行酌量

堅果奶油（Nut Butter）（1/4杯）

往往用來修潤鮮奶油醬，配上香煎雞肉和肉質細嫩的魚很美味。
用食物調理機或缽和杵把：
1/4杯烤過的整顆去皮杏仁、榛果、開心果、核桃或胡桃
或絞或搗得很細但不致呈泥糊狀。假使

堅果太乾稠，加：
1小匙水
再加到：
基本的調味奶油，如上
拌匀。

鯷魚奶油（Anchovy Butter）（1/4杯）

用來佐配炙烤的魚、牛排和羔羊排，也可以當作卡納佩的抹醬。
混匀：

基本的調味奶油、1小匙鯷魚糊
1/4小匙新鮮檸檬汁，或自行酌量
鹽和紅椒粉，自行酌量

貝西奶油（Bercy Butter）（1/4杯）

用來佐配魚肉或炙烤肉。也是搭配簡單的歐姆蛋很棒的佐料。

在一口小型醬汁鍋裡混合：
2小匙剁細的紅蔥頭

2/3杯不甜的白酒

煮至酒收汁剩大約3/4的量。放涼，加到：

基本的調味奶油，如上

拌勻，連同：

2小匙切細的荷蘭芹

魚子奶油醬（Caviar Butter）（2/3杯）

迷人的一道佐魚的配料。

用一根叉子或木匙在一只小盆裡把：

1/2杯（1條）放軟的奶油

1/4杯黑魚子醬或鮭魚卵

1大匙新鮮的檸檬汁

鹽，需要的話

打至綿密滑順即成。

檸檬荷蘭芹奶油（餐館領班特調奶油〔Maître d'hôtel Butter〕）（1/4杯）

佐配燒烤或炙烤牛排非常美味。

混勻：

基本的調味奶油

1大匙切細的荷蘭芹

1至1又1/2大匙新鮮檸檬汁

蒜香奶油（Garlic Butter）（1/4杯）

用來佐配蔬菜、牛排、帶骨肉排、雞肉、魚肉、蝦貝、蝸牛和麵包。汆燙過的大蒜滋味比生大蒜的要甘甜而溫和。也可以先讓奶油融化後再上桌。喜歡的話，把：

1至3粒去皮的大蒜

丟入滾水中 燙5至6分鐘。壓成泥。如果用生大蒜，跟：

（1/2小匙鹽）

一起搗成泥。準備：

基本的調味奶油

把大蒜泥和：

（1小匙辛香草末，譬如奧瑞岡、馬鬱蘭、羅勒、山蘿蔔菜或荷蘭芹，或者以上的綜合）

拌入奶油裡。

蝸牛奶油（Snail Butter）（1/3杯）

更溫和更有意思的蒜香奶油，但用途相同——最傳統的是搭配蝸牛。配燒烤魚或香煎蝦也很棒。混合：

基本調味奶油

2大匙紅蔥頭末或蔥花（只取白段）

1至2瓣蒜頭，加1/2小匙鹽壓成泥

1大匙荷蘭芹末

黑胡椒，自行酌量

（1大匙新鮮檸檬汁）

（1大匙西芹末）

香橙奶油（Orange Butter）（1/4杯）

用來配魚和蔬菜。

混勻：

基本的調味奶油

1顆柳橙細磨的皮屑

1大匙已過濾的現榨柳橙汁，或自行酌量

1撮紅椒粉

鹽，自行酌量

鮮蝦或龍蝦奶油（Shrimp or Lobster Butter）（1/4至1/3杯）

呈優美的粉紅色而且滋味鮮美。用來修潤佐配魚肉的鮮奶油醬，或單獨佐配在調製這奶油時使用的蝦貝類。分量上可以輕易地加倍製作。

在烘烤紙上鋪排：

取自1磅鮮蝦或淡水螯蝦的殼（煮過或沒煮過皆可），或取自1隻1又1/2至2磅龍蝦，充分洗淨、瀝乾

送進120度烤箱烘乾20至30分鐘。用木槌或擀麵棍盡可能把蝦殼敲碎或壓碎。

在置於微滾的水上的雙層蒸鍋上鍋裡融化：

1/2杯（1條）奶油

把蝦殼放進奶油中，以微滾的水蒸煮10分鐘。取出靜置20分鐘，好讓滋味融合。接著全數倒進擱在一只盆上的細孔篩裡；靜放個20分鐘，好讓奶油盡數瀝出。把裝奶油的盆子置於裝冰水的更大一只盆裡，讓奶油快速冷卻，或者冷藏至奶油冰冷。混合物固化後刮出奶油；倒棄任何汁水。

綠奶油（Green Butter）（約1/3杯）

用來佐配炙烤魚、蒸蔬菜或雞肉，或者加到白醬或奶油醬裡，增添醬汁些許的綠意和勁道。

在裝有滾水的醬汁鍋裡 燙：

2顆紅蔥頭，切碎的，或1大匙切碎的洋蔥
1小匙新鮮龍蒿葉
1小匙新鮮山蘿蔔菜葉

1小匙新鮮荷蘭芹葉、6至8片菠菜葉

5分鐘，瀝出後投入一盆冰水裡使之冷卻，接著再瀝出，用廚巾擦乾。然後放進缽裡搗成泥，或用小的食物調理機打成泥。漸次地拌入：

1/4杯（1/2條）軟化的奶油
鹽適量

｜關於荷蘭醬、貝亞恩醬和其他以蛋黃增稠的醬汁｜

　　這些滑順如絲、香醇濃郁的醬汁，可把最平淡素樸的熟蔬菜，或者炙烤或烘烤的紅肉或魚，變身成超級美味。這兩種乳化的醬汁——一種液體以迷你水珠的型態懸浮在另一種液體中的狀態——都是美乃滋的近親，只不過是熱熱的吃。專業的廚師會直接在小火上製作這類醬汁，除非你準備要示範「攪到瘋掉」的新解，否則不要輕易嘗試。我們強烈建議用雙層蒸鍋，或——更好的方法是——擱在裝有一吋半深的水的醬汁鍋上的一只不鏽鋼盆來做。用不鏽鋼盆來製作的好處是，它的形狀讓你有充裕的空間可以把空氣攪進醬汁裡，讓醬汁更輕盈蓬鬆。不管你用哪種方法，➡下鍋裡的水要微滾，而不是大滾，而且➡滾水不能觸及盆底或上鍋底。如果你覺得醬汁過熱，趕緊將不鏽鋼盆或上鍋移開熱源；攪打至醬汁稍微冷卻後，再放回熱源上繼續攪打。

　　製作荷蘭醬或貝亞恩醬最關鍵的階段，是一開始攪打並且烹煮蛋黃的過程。在離火的狀態下開始把蛋黃和液體（檸檬汁或水）攪打至輕盈而且發泡。接著在將滾未滾的水上方，繼續使勁地攪打，讓蛋黃溫熱。蛋黃會變成淡黃

色、變稠，而且膨脹至原來體積的三或四倍大。

然後蛋黃離火，並且⚫➤把溫的——不是燙的——融化奶油加進去，起先以非常非常緩慢的速度加進去。若希望醬汁更滑順，就用澄化奶油。⚫➤不斷地攪打，等醬汁開始變稠，就把呈一道穩定細水柱的奶油加進去。別忘了也刮一刮盆或鍋的側邊和底部。在攪打的過程別讓醬汁或奶油冷卻過度，否則奶油會開始硬化變稠；如果這情況發生，彈幾滴溫水進去。如果醬汁看起來像是隨時要油水分離，馬上攪入幾大匙冷鮮奶油或冷水。倘若真的油水分離，也不致前功盡棄：只要在另一個乾淨碗裡攪打另一顆蛋黃，然後再把這蛋黃慢慢地攪進油水分離的醬汁裡，讓它重新乳化。我們有些朋友會把荷蘭醬或貝亞恩醬放冷凍庫冷凍，就像保存以油糊為底的醬汁一樣。冷凍後，一定要用置於熱水之上——不是浸在熱水裡——的雙層蒸鍋重新加熱，輕快地攪拌免得黏稠。

這一章裡也納入了其他幾款以蛋黃增稠的醬汁，包括新堡醬，309頁，檸檬雞蛋醬，309頁，慕斯蓮醬，308頁，和糖醋芥末醬，314頁。

荷蘭醬（Hollandaise Sauce）（滿滿1杯）

以小火融化：
10大匙（1又1/4條）奶油
撇除表面的浮沫並保溫。
在雙層蒸鍋的上鍋或大的不鏽鋼盆裡放：
3大顆蛋黃、1又1/2大匙冷水
鍋或盆離火，用攪打棒把蛋黃打至輕盈起泡。接著把上鍋或不鏽鋼盆放在將滾未滾的水之上——不是浸在水裡——繼續攪打至蛋黃變稠，3至5分鐘，小心別讓蛋黃溫度太高。移開上鍋或鋼盆，繼續攪打讓混液稍微冷卻。不斷攪打，以非常緩慢的速度把奶油加進去，留下白色的乳固形物。再攪入：
1/2至2小匙新鮮檸檬汁
（少許辣椒醬）
鹽和白胡椒，自行酌量
假使醬汁太稠，攪幾滴溫水進去。馬上享用。或者蓋上鍋蓋，將鍋或盆浸在溫水（非熱水）中，醬汁可保溫至多30分鐘。

攪拌機做的荷蘭醬（Blender Hollandaise）（1/2杯）

做起來很輕鬆，但是滋味沒手工做的那麼好，顏色也比較淡。⚫➤製作的分量不要比這裡的少——否則熱力將不足以恰當地烹煮蛋黃。
在攪拌機裡混合：
3大顆蛋黃
1又1/2至2小匙新鮮檸檬汁
1撮紅椒粉、1/2小匙鹽
將：

1/2杯（1條）奶油
加熱至冒泡。奶油離火。以高轉速攪打蛋黃3秒；當攪拌機在運作時，倒入形成一道穩定細水柱的奶油。當奶油全數倒進去時——大約30秒——醬汁應該也完成了。如果不是，以高轉速再攪個5秒鐘。如果醬汁太稠，加幾滴溫水進去。立即享用，或者將攪拌盆加蓋浸在溫水保溫最多30分鐘。

速成全蛋荷蘭醬（Quick Whole-Egg Hollandaise）（1杯）

顏色比攪拌機做的荷蘭醬更淡，但免除了多餘的那些蛋白該怎麼辦的問題。

在一只盆裡放：

3大顆蛋、4至5小匙新鮮檸檬汁

3大匙水

攪打至充分混勻而且呈淡黃色。

在一口厚底不沾平底鍋裡，以小火融化：

6至7大匙奶油

徐徐加入蛋混液，不停地攪拌至醬汁變稠，而且湯匙劃過鍋底時留下一道痕跡。別煮過頭。加：

1/2小匙鹽

慕斯蓮醬（Mousseline Sauce）（1又1/2杯）

用來佐配牛菲力和干貝。

將：1/4杯濃的鮮奶油

攪打到軟性發泡☆，見「了解你的食材」。

準備：1杯荷蘭醬

把發泡鮮奶油和冷卻的荷蘭醬拌合。溫溫的或放涼食用。

貝亞恩醬（Béarnaise Sauce）（1杯）

佐配燒烤的紅肉和魚肉，尤其是牛菲力圓肉排，美味絕倫。貝亞恩醬和雞蛋也很適配。

在一口小的醬汁鍋裡混合：

3大匙不甜的白酒

3大匙龍蒿醋或白酒醋

1顆紅蔥頭，切末

6枝龍蒿，摘除葉片，切碎並保留備用

8粒整粒的黑胡椒粒，稍微壓碎

煮至微滾，接著不加蓋地熬煮收汁至剩原來的2/3。撈除龍蒿枝，湯汁保留備用。以小火融化：

10大匙（1又1/4條）奶油

撇除表面的浮沫並保溫。在雙層蒸鍋的上鍋或一只大的不鏽鋼鍋裡放：

3大顆蛋黃、1又1/2小匙冷水

鍋或盆離火，把蛋黃混液打至輕盈起泡。把上鍋或鋼盆放在將滾未滾的水上方──不是浸在水裡──攪打至蛋黃液變稠，3至5分鐘，小心別讓蛋黃溫度太燙。移開鍋或盆，繼續攪打至蛋液稍微冷卻。以非常緩慢的速度把融化的奶油加到蛋黃液裡，同時不斷攪打，留下白色乳固形物。再攪入：

龍蒿葉和熬過的湯汁，自行酌量

加：鹽和白胡椒，自行酌量

調味。如果醬汁太稠，加幾滴預留的湯汁或溫水進去，慢慢地加以稀釋。立即享用，或加蓋保存至食用前，免得表面形成薄膜。溫熱著吃。

攪拌機做的貝亞恩醬（Blender Béarnaise Sauce）（3/4杯）

在一口小的醬汁鍋裡以小火混合：

2大匙不甜的白酒、2大匙龍蒿醋

1大匙紅蔥頭末、1/2小匙切碎的龍蒿

4整粒黑胡椒粒，略微壓碎

熬煮至濃縮至1大匙的量。用細眼篩過濾

後放涼。把這熬汁拌入：

攪拌機做的荷蘭醬，摻水而非檸檬汁

再拌入：

1/2小匙龍蒿末，或更多，自行酌量

嚐一嚐，調整一下調味料。立即享用。

生鮮辛香草貝亞恩醬（Fresh Herb Béarnaise Sauce）（3/4至1杯）

用新鮮薄荷來做即是薄荷蛋黃醬（Paloise Sauce）。

準備貝亞恩醬，如上，或攪拌機做的貝亞恩醬，如上，把龍蒿換成芫荽末、荷蘭芹末、羅勒末、百里香末、山蘿蔔菜末、鼠尾草末或薄荷末。

新堡醬（Newburg Sauce）（1又1/2杯）

在一口寬口醬汁鍋裡以中火融化：
1/4杯龍蝦奶油，或無鹽奶油
放入：
2小匙切細碎的紅蔥頭或味淡的洋蔥
拌煮至變透明，倒入：
1/4杯不甜的雪莉酒或馬德拉酒
煮至混液收汁剩大約1/4杯的量。鍋子離火。
在一口小盆裡把：

1杯濃的鮮奶油、3大顆蛋黃
充分打勻。每次1大匙，把奶油混液攪進蛋黃液裡，等奶油全數加進來，把混合液倒回醬汁鍋裡，置於非常小的火上，不停地攪拌至醬汁稠得足以附著匙背；不要加熱過頭。加：
鹽和白胡椒，自行酌量
　（1/2小匙新鮮檸檬汁，或自行酌量）
調味。立即享用。

檸檬雞蛋醬（Avgolemono Sauce）（2又1/4杯）

這一款熱門的希臘醬汁搭配羔羊肉或綠色蔬菜非常對味，也可以加到湯、燉菜和砂鍋料理中——只要沒摻大蒜或番茄的菜餚都可以，希臘人這麼說。
將：
1杯蔬菜高湯或雞高湯或雞肉湯
煮至微滾並保溫。在一口碗裡用電動打蛋器把：
3大顆雞蛋

打至變稠，接著打入：
1/4杯新鮮檸檬汁
然後把半數的熱高湯打入雞蛋混液中，再把這混合液攪回其餘的高湯裡。以中小火煮醬汁變得濃稠綿滑，而且會附著匙背；別把醬汁煮沸，否則會結塊。鍋子離火，加：
鹽和黑胡椒
調味。立即享用。

｜關於番茄醬｜

　　雖然番茄原產於美洲，我們最熱門的番茄醬卻繞了一大圈才來到我們的廚房裡。從義大利，我們取得義大利麵醬和披薩配料的一整個豐富家族，從英國和亞洲，我們改造出最有名的佐料，番茄醬☆，見「醃菜和碎漬物」。墨西哥提供我們在美國本土沿用的鮮莎莎醬，323-325頁。番茄可以鮮吃或煮熟，可以打成泥或粗切，烘托其他食材或單獨使用，做出形形色色生動的醬汁。番茄鮮明的滋味和多汁的肉質使得它是製醬的理想材料，不需用到眾多其他醬汁所倚重的肉湯或高湯。

大多數的番茄醬食譜都歡迎你發揮創意，但是不管最終加到醬汁裡的其他食材為何，最棒的醬汁莫不始於上好的新鮮番茄或罐頭番茄。去皮與否則關乎個人偏好和傳統。也別以為進口的罐頭番茄最好；美國本地的一些品牌品質也一樣好，有時甚至比進口的還棒。

番茄醬越快煮好，滋味越鮮活；所以我們喜歡用寬大的平底鍋來煮，好讓液體快速蒸發。從另一方面來說，當大量的馨香蔬菜和其他調味料加進來之後，熬煮的時間需要久一點，醬汁鍋可促進滋味的展現與融合。以肉為底的番茄醬往往要煮得較久，因此用荷蘭鍋或大型醬汁鍋來做效果最好。

番茄糊和糖，則依個人喜好添加。前者假使品質高而且少量使用，確實能突顯番茄滋味，而少許的後者可以緩和過多的酸度。

如果要用在義大利麵，三杯番茄醬足夠拌大約一磅義大利麵。番茄醬不限於義大利麵和披薩——也可以搭配紅肉、禽肉、魚肉和蔬菜。烘烤雞胸肉可澆上大蒜番茄醬，如下，或番茄丁，或用風月醬，佐香煎豬圓肉排。

番茄醬冷藏保存可放上四天，冷凍可放上三個月。

番茄醬（Tomato Sauce）（2又2/3杯）

在一口大型平底鍋以中火加熱：
2大匙橄欖油
油熱後下：
1顆小的洋蔥，切細碎
1根小的胡蘿蔔，切細碎
1枝帶葉西芹梗，切細碎
2大匙切細碎的荷蘭芹
蓋上鍋蓋，火轉小，煮至菜料變得非常軟，15至20分鐘，其間偶爾要攪拌一下。
再放：
2小瓣蒜仁，切末

1大匙切碎羅勒，迷迭香、鼠尾草或百里香
接著拌入：
1又3/4磅熟番茄，去皮★，517頁，去籽，粗略切碎，或1罐28盎司整顆番茄罐頭，連汁一起
2小匙番茄糊
3/4小匙鹽，或自行酌量
1/4小匙黑胡椒，或自行酌量
不加蓋地熬煮，用鍋鏟邊緣鏟碎罐頭番茄，煮至醬汁變稠，15至20分鐘。喜歡的話，用食物研磨器研磨。

日曬番茄乾醬（Sun-Dried Tomato Sauce）（2又1/4杯）

將1/2杯日曬番茄乾（非油漬的）放入滾水裡泡軟，水要淹過表面，約20分鐘。

充分瀝乾，剁細碎。加到番茄醬裡，如上，連同大蒜和羅勒。

大蒜番茄醬（Marinara Sauce）（2又1/4杯）

在一口大型醬汁鍋以中小火混合：
2磅熟番茄，去皮，去籽，粗略切碎，或1罐28盎司整顆番茄罐頭，連汁一起

1/3杯橄欖油、3瓣蒜仁，切對半
6枝羅勒、6枝荷蘭芹
不蓋鍋蓋，用鍋鏟邊緣鏟碎罐頭番茄，

熬煮至醬汁變稠，約10分鐘。喜歡的話，用食物研磨器研磨，再加：

鹽和黑胡椒，自行酌量調味。

速成番茄醬（Quick Tomato Sauce）（3杯）

在一口大型平底鍋裡以中火加熱：
1大匙橄欖油
油熱後放：
1/2顆小的洋蔥，切末
煮至軟身，再拌入：
1罐28盎司整顆番茄罐頭，連汁一起
1/4杯番茄糊

2小匙乾的辛香草，諸如羅勒、奧瑞岡或百里香，或綜合辛香草
1/1小匙糖、1小匙鹽
煮沸，接著火轉小，溫和地熬煮，不蓋鍋蓋，用鍋鏟邊緣鏟碎番茄，熬至醬汁變稠，15至20分鐘。喜歡的話，用攪拌機或食物調理機打成泥。

新鮮番茄醬（Fresh Tomato Sauce）（6杯）

當你手邊有熟成多汁的番茄，不妨就來做這一道簡易醬汁。這醬抹在普切塔上和拌義大利麵一樣好吃。你也可以將義大利麵和切小丁的新鮮莫扎瑞拉水牛起司拌勻，再澆上這款番茄醬，盛盤後每人份再撒上1至2小匙的巴薩米克醋。將：
5大顆熟番茄，去籽切細丁
置於瀝水籃裡瀝水20分鐘。瀝乾後倒到一

只大盆裡，拌入：
1/2杯羅勒、奧瑞岡或荷蘭芹葉，切細碎
（1/2杯去核油漬或鹽醃黑橄欖）
3大匙橄欖油
2瓣蒜仁，切細末
（1小顆新鮮辣椒，去籽切末）
鹽和黑胡椒，自行酌量
靜置起碼30分鐘。在室溫下享用。

燒烤番茄醬（Grilled Tomato Sauce）（3又1/2杯）

燒烤爐準備中小火，或者炙烤爐預熱。
在：
12顆熟李子番茄或6大顆圓球番茄
刷上：
2大匙橄欖油或其他蔬菜油
將番茄放在燒烤架上或炙烤爐內。一旦

表皮烤焦便用夾子翻面。當表面整個烤焦，放涼，然後再用食物調理機或攪拌機打成泥。倒到一只盆裡，拌入：
1/4杯特級初榨橄欖油
2大匙切碎的羅勒
鹽和黑胡椒，自行酌量

番茄丁（Tomato Concassé）（1杯）

佐配燒烤雞肉或魚肉的美妙佐料。需要多少就準備多少，因為這醬料放不久。
將：

2大顆熟番茄
去皮去籽和去汁。將果肉切成細丁。

辣味培根番茄醬（Amatriciana Sauce）（2杯）

在一口大型厚底平底鍋裡以中火混合：
1/4杯橄欖油

6至8盎司義式培根，切成1/4吋方丁
煎炒至義式培根釋出大部分的油脂而且

呈深金黃色，約10分鐘。用漏勺撈出培根，保留備用。倒掉鍋裡大部分的油，僅留1/4杯左右。鍋子放回中火上，放入：

1大顆洋蔥，切細碎

拌炒拌炒，煎至呈金黃色，再放：

1大粒蒜瓣，切末、1根紅辣椒乾

拌煮1分鐘，用鍋鏟背壓碎辣椒，小心別把大蒜爆焦。把火轉大，放入：

1又1/2磅熟番茄，去皮，去籽並切碎，或1罐28盎司整顆番茄罐頭，連汁一起

把培根也拌進去，用鍋鏟側邊鏟碎番茄，煮至醬汁變稠，約5分鐘。加：

黑胡椒，自行酌量

壓碎的辣椒片，自行酌量

調味。

風月醬（Puttanesca Sauce）（3杯）

這鹹香辛嗆的風月醬，又叫做「煙花女」醬，只消幾分鐘就可以做好，很合忙碌廚子的意。

在一口大型平底鍋裡以中火加熱：

1/4杯橄欖油

油熱後下：

2大瓣蒜仁，切末

1根紅辣椒乾

拌一拌，用鏟背壓碎辣椒，將蒜末煎成淡金色，約30秒。再下：

1杯油漬黑橄欖，去核剁碎

6條鯷魚柳，泡水5分鐘並瀝乾

1/2小匙乾的奧瑞岡

煮約30秒，再拌入：

1又1/2磅熟番茄，喜歡的話去皮，去籽並切碎，或1罐28盎司整顆番茄罐頭，連汁一起

用鍋鏟側邊鏟碎罐頭番茄，不蓋鍋蓋，熬煮至醬汁變稠，約5分鐘。再加：

3大匙荷蘭芹末

2大匙瀝乾的酸豆

拌一拌，加：

鹽和黑胡椒，自行酌量

調味。

番茄肉醬（Tomato Meat Sauce）（8杯）

以中火加熱一口大型砂鍋或厚底平底鍋，鍋熱後放入：

1/4杯橄欖油

（2盎司義式培根或培根，切丁）

如果有加義式培根或培根，拌一拌，煎至培根釋出大部分的油，約3分鐘。再放：

1磅牛絞肉或甜味義大利香腸，去除腸衣並捏碎

拌一拌，煮至肉不再呈粉紅色，約5分鐘。倒掉鍋裡大部分的油，僅留2大匙左右。放：

1顆中型洋蔥，切碎

拌炒拌炒，煮至軟身，約5分鐘，再放：

2至4瓣蒜仁，切末

拌炒爆香，約30秒，再拌入：

1大匙番茄糊

拌煮2分鐘，再下：

2罐28盎司整顆番茄罐頭，連汁一起

（1小匙新鮮百里香或奧瑞岡葉或1/2小匙乾的）

1小匙鹽、1/2小匙黑胡椒、1/8小匙糖

不蓋鍋蓋，用鍋鏟側邊鏟碎番茄，煮至番茄碎塊軟爛而且聞起來非常香，約15分鐘。加蓋以小火續煮30分鐘，要經常攪拌，煮至醬汁變稠。拌入：

2至3大匙切絲的羅勒或切碎的荷蘭芹

鹽和黑胡椒，自行酌量

波隆納肉醬（Bolognese Sauce）（4又1/2杯）

以牛肉為主料而且番茄少得出奇，這款醬汁裡眾多的細緻滋味融合得非常美妙。搭配義式刀切麵或其他寬麵。

在一口大型醬汁鍋以中小火加熱：

3大匙橄欖油

（1盎司義式培根或一般培根，切細碎）

如果有加義式培根或一般培根，煎煮至培根釋出油但不致焦黃，約8分鐘。轉中火，加：

1根大的胡蘿蔔，切末

2枝小的西芹梗，切末

1/2顆中型洋蔥，切末

拌一拌，煮至洋蔥變透明，約5分鐘。放入：

1又1/4磅粗絞的側腹橫肌牛排或粗絞的牛肩頸肉

煎黃，再拌入：

3/4杯雞高湯或牛高湯或肉湯

2/3杯不甜的白酒

2大匙番茄糊

把火轉小，溫和地熬煮，蓋上鍋蓋但留個小縫，偶爾撇除浮沫，熬煮期間，每次2大匙地不時把總共：

1又1/2杯全脂牛奶

加進去，煮至醬汁的稠度像濃湯，約2小時。鍋子離火，把醬汁放涼。

加蓋冷藏至多24小時。重新加熱前撇除表面油脂。

肉丸子番茄醬（Tomato Sauce with Meatballs）（足夠配1磅義大利麵）

準備番茄醬，或速成番茄醬，以及義大利肉丸子，232頁。按照說明把肉丸子煎黃，再把肉丸子加到微滾的番茄醬裡，煮個15至20分鐘，直到煮熟。

｜關於佐餐醬、沾醬和佐料｜

　　每個國家都有在進餐時從陰涼處取出或新鮮現製擺在餐桌上的特殊醬料。其中有些用作澆頭，諸如松子青醬，320頁，和阿根廷醬，316頁。有些是沾醬，譬如山葵醬油醬，323頁，和花生沾醬，322頁——以及在大都數情況下都是用來沾取的糖醋醬。我們從這些醬汁裡汲取了美妙靈感，而它們的作法大多都很簡單。

　　用這些醬汁來佐配湯品或燉品、蒸蔬菜、穀類和豆類、拌義大利麵、燒烤蔬菜、玉米薄烙餅脆片、麵包或脆餅——或者最棒的是，擺在餐桌上讓賓客隨意取用。

亞洲糖醋醬（Asian Sweet-and-Sour Sauce）（滿滿3大杯）

澆在摻有雞肉、蔬菜和米飯的飯菜上。

在一口中型厚底醬汁鍋裡融化：

2大匙奶油

接著放：

1杯雞高湯或雞肉湯

3/4至1杯青甜椒丁

6片罐頭鳳梨，切丁

煮沸，火轉小，加蓋煮5分鐘。再下：

3/4杯鳳梨汁、1/2杯米酒醋、1/2杯糖
1/2小匙鹽、1/4小匙薑粉
不時拌一拌，熬至大約剩3杯的量，約35
分鐘。

與此同時，在一口小盆裡拌勻：
2大匙玉米粉、1/2杯雞高湯或雞肉湯
2大匙醬油
拌入醬汁裡，煮5分鐘讓醬汁變稠。

糖醋芥末醬（Sweet-and-Sour Mustard Sauce）（2又1/2杯）

以冰冷或室溫狀態佐配冷肉，也可以當
作三明治佐料，或蔬菜沾醬。又或，做
成熱醬並加少許鮮奶油稀釋，用來佐配
雞肉或豬肉。一點點的量就很夠用，因
此這裡的分量足供12人份。
將：2杯濃的鮮奶油
和：2大顆雞蛋黃
打勻。在擱在滾水之上——而非浸在其

中——的雙層蒸鍋上鍋裡混合：
1/2杯糖、1大匙中筋麵粉
4小匙芥末粉
不停攪打的同時，把鮮奶油混液漸次地
加進去，煮至變稠，7至8分鐘。繼而漸次
地拌入：
1/2杯蒸餾白醋
再煮個3至4分鐘。

薄荷醬（Mint Sauce）（2又1/2杯）

佐配烤羔羊肉的傳統醬料。這款醬汁稀薄
而爽利——甜薄荷凍之外的清新變化款。
在一只盆裡把：
1又1/2杯麥芽酒醋或其他烈味醋

1杯糖
攪拌至糖溶解。拌入：
1杯散裝的薄荷葉末
靜置2小時。加蓋冷藏可以放上2天。

櫻桃醬（Cherry Sauce）（1又1/4杯）

佐配火腿、烤豬肉或野味。
在攪拌機或食物調理機裡混合：
1杯瀝乾的罐頭去核酸櫻桃
1/2杯李子果醬（plum preserves）

2小匙醬油、1/4小匙芥末粉
並打成泥。倒到一口小型醬汁鍋裡，拌入：
（1/4杯剁細碎的核桃）
加熱後再食用。

葡萄乾醬（Raisin Sauce）（1又1/2杯）

佐配火腿或舌肉。
在一口小型醬汁鍋裡混合：
2大匙奶油、2大匙中筋麵粉
再加：
1又1/2杯蘋果酒或蘋果汁

1/2杯葡萄乾
煮滾，不停地攪拌。火轉小，續煮10分
鐘，或煮至變稠。再加：
1小匙檸檬皮屑
（1至1又1/2小匙芥末醬）

英式昆布蘭醬（English Cumberland Sauce）

佐配野味，諸如鹿肉、麋鹿肉或鵝肉很
開胃，配冷火腿也很棒。冷熱皆宜。

I. 2杯
　　在一口中型醬汁鍋裡混合：

1又1/2杯波特酒或不甜的紅酒

1大匙紅糖、1小匙芥末粉

1/4小匙薑粉、1/4小匙鹽

1/4小匙丁香粉、少許紅椒粉

（1/2杯葡萄乾）、（1/2杯杏仁片）

煮沸，滾個2分鐘。把火轉小，加蓋續
煮6分鐘。與此同時，攪勻：

2小匙玉米粉、2大匙冷水

拌入醬汁裡，續煮2分鐘。再拌入：

1/4杯紅醋栗果凍

1大匙橙皮屑和檸檬皮屑的混合

1/4杯柳澄汁、2大匙新鮮檸檬汁

若想有更細膩的尾韻，你可以加：

（2大匙柑曼怡香橙干邑甜酒）

II. 3/4杯

如果果凍很硬，以小火融化它的過程
也許要加一大匙左右的熱水來稀釋。

充分混勻：

1/2杯融化的紅醋栗果凍

1大匙波特酒或紅酒

1大匙糖霜、1小匙芥末醬

1顆柳橙的皮屑

1顆檸檬的皮屑

1顆檸檬的汁液

辣根奶醬（Horseradish Cream）（1又1/3杯）

配熱騰騰烤牛肉格外美味，配冷肉也很
棒。在一口中型盆裡把：

1/2杯濃的鮮奶油

打至硬性發泡，接著再漸次攪入：

3大匙新鮮檸檬汁或蒸餾白醋或蘋果酒醋

2大匙現磨辣根泥或瀝乾的辣根醬

1/4小匙鹽、1撮紅椒粉

冷藏30至60分鐘。使用前要輕輕攪拌。

小黃瓜杏仁醬（Cucumber Almond Sauce）（2杯）

多半用來佐肉凍，但配冷肉或魚肉，尤
其是鮭魚，也很棒。

在一口中型盆裡把：

3/4杯濃的鮮奶油或酸奶

打至硬性發泡。如果用濃的鮮奶油，徐
徐打入：

（2大匙蒸餾白醋或新鮮檸檬汁）

加：1/4小匙鹽、1/8小匙匈牙利紅椒粉

調味。再放：

1根大的小黃瓜，去皮去籽切末，並充分
瀝乾

1/4杯杏仁片

（1大匙切細碎的蝦夷蔥或蒔蘿）

立即享用。

冷芥末醬（Cold Mustard Sauce）（1又2/3杯）

用來佐配冷肉或炙烤香腸。將：

1/2杯淡煉乳☆，見「了解你的食材」，或
濃的鮮奶油

攪打至軟性發泡，再和：

2大匙第戎芥末醬

拌合。加：

鹽和匈牙利紅椒粉

調味。

蜂蜜芥末沾醬（Honey Mustard Dipping Sauce）（約2/3杯）

這款簡單的醬料配炸雞或炸魚格外對味。

在一口小盆裡攪勻：

6大匙蜂蜜、1/4杯第戎芥末醬

紅椒粉，自行酌量

以室溫狀態享用。加蓋冷藏可放上1個
月。

斯堪地那維亞芥末蒔蘿醬（Scandinavian Mustard Dill Sauce）（足足1/2杯）

傳統上用來配醃鮭魚，71頁，也可以配其他的煙燻、燒烤或水煮魚。

在一口中型盆裡攪勻：

6大匙瑞典芥末醬或第戎芥末醬

1/4杯切碎的蒔蘿、2至4大匙糖

1/4杯新鮮檸檬汁或紅酒醋，或自行酌量

鹽和黑胡椒，自行酌量、1大撮荳蔻粉

加蓋靜置2至3小時，讓滋味融合。以室溫狀態食用，也可以冰涼著吃。加蓋冷藏可以放上2天。

巴伐利亞蘋果辣根醬（Bavarian Apple and Horseradish Sauce）（1杯）

簡單得討喜又奇妙的佐料，用來搭配熱香腸、豬肉、冷水煮牛肉或冷水煮魚。

在一口中型盆裡攪勻：

1/3杯現磨的辣根泥或瀝乾的辣根醬

1/3杯磨細的去皮酸味青蘋果

2又1/2大匙新鮮檸檬汁

1/2小匙糖、1/2小匙鹽

加蓋靜置15至30分鐘，讓滋味融合。

拌入：1/4杯酸奶

點綴上：

1/小匙荷蘭芹末、（1小匙蒔蘿末）

立即享用。

魔力醬（MoJo）（1杯）

這款在古巴及整個加勒比海地區很熱門的佐餐醬汁，是彩色版的油醋醬。不像大多數的油醋醬，它需要短暫地烹煮一下來帶出十足的大蒜風味。佐配燒烤牛肉、雞肉、豬肉或魚肉，或者當作醃醬醃漬這些肉。魔力醬最好是鮮吃，但加蓋冷藏可以放上3天。

在一口醬汁鍋裡以中火加熱：

1/2杯橄欖油

油熱後放：

8瓣蒜仁，切末

爆香，但不要煎黃，20至30秒。鍋子離火，放涼5分鐘。

接著小心地拌入：

3/4杯新鮮萊姆汁

酸橙汁

葡萄柚汁或鳳梨汁

3/4小匙孜然粉

鹽和黑胡椒，自行酌量

煮沸，放涼至室溫食用。

阿根廷醬（Chimichurri）（1又1/4杯）

辛辣的阿根廷風味醬，用來佐配燒烤或烘烤紅肉。

在一口小盆裡充分攪勻：

1/2杯橄欖油

1/4杯紅酒醋

拌入：

1小顆洋蔥，切細碎

1/3杯切細碎的荷蘭芹或芫荽

4瓣大蒜，切細碎

（1大匙切細碎的奧瑞岡）

鹽，自行酌量

1/4小匙紅椒粉，或自行酌量

1/4小匙黑胡椒，或自行酌量

加蓋靜置2至3小時，讓滋味融合。加蓋冷藏可放上2天。

墨西哥辣醬（Mexican Hot Sauce）（1杯）

配墨西哥牧場煎蛋★，328頁，很對味
——或你想配辣醬吃的任何食物。可以
單獨使用，但混合熱鮮奶油醬或者冷或
熱的美乃滋做成醬汁也很出色。
在一口中型醬汁鍋裡混合：
3大顆新鮮番茄，去皮，切4瓣並去籽，或
3/4杯瀝乾切塊的罐頭番茄
6大匙辣醬、6大匙米酒醋或蘋果酒醋

3大匙新鮮辣根泥或瀝乾的辣根醬
2小匙芥末醬、1小匙洋蔥末
3/4小匙咖哩粉、3/4小匙鹽
1/2小匙糖、1/4小匙黑胡椒
1撮紅椒粉、1瓣大蒜，切片
煮至微滾後再熬至非常稠。濾出醬汁。
加：
1小匙乾的或1大匙新鮮的辛香草

荷蘭芹辣醬（Parsley-Chile Sauce）（3/4杯）

用來佐配燒烤牛肉。
在一口小盆或食物調理機裡攪勻：
1/2杯特級初榨橄欖油
1/4杯巴薩米克醋

1/4杯切碎的荷蘭芹
2小匙辣椒末，或自行酌量
1小匙蒜末
鹽和黑胡椒，自行酌量

義式青醬（Salsa Verde）（3/4杯）

這經典的義大利酸嗆青醬——別和墨西
哥綠番茄莎莎醬，324頁搞混了——傳統
上用來佐配燴燒肉、炸花枝和燒烤魚。
在食物調理機裡混合：
2/3杯荷蘭芹葉、2大匙瀝乾的酸豆
（6條鯷魚柳）、1/2小匙切細的大蒜

1/2小匙芥末醬
1/2小匙紅酒醋或1大匙新鮮檸檬汁
1/2杯特擊初榨橄欖油、鹽，自行酌量
打至稠度均勻，但別打成泥。調整鹹
淡。醬汁加蓋冷藏可放上1星期。在室溫
下享用。

鮪魚醬（Tuna Sauce）（2杯）

用來佐配冷的水煮牛肉或雞肉，或燒烤
或烘烤蔬菜。部分檸檬汁若換成萊姆汁
也別有美妙風韻。
在食物調理機或攪拌機裡混合：
1罐6盎司油漬鮪魚罐頭，瀝乾
1杯美乃滋
5條鯷魚柳，剁細，或2小匙鯷魚糊
3大匙瀝乾的酸豆

3大匙新鮮檸檬汁
黑胡椒，自行酌量
打到滑順，30秒至1分鐘，需要的話刮下
黏在側壁上的材料。盛到一口盆裡，加
蓋冷藏。食用時，把切薄片的冷紅肉或
雞肉部分重疊地排在盤子上，把鮪魚醬
澆在上面，撒上：
切碎的荷蘭芹

紅洋蔥橘醬（Red Onion Marmalade）（1又1/2杯）

佐配烘烤肉很美妙，也是蔓越莓醬之外
搭配烤火雞肉的好選項。

在一口中型醬汁鍋裡以小火混合：
4大顆紅洋蔥，縱切對半再切成1/4吋片狀

（約6杯）
1/2杯不甜的紅酒、1/2杯紅酒醋
1/3杯黃糖、1/4杯蜂蜜
攪一攪，煮至糖溶解，再熬煮至果醬的
稠度，大約熬1個半小時，要經常攪拌。

隨後拌入：
1大匙柳橙汁
1大匙新鮮檸檬汁
攪拌攪拌，煮至混勻。放涼。加蓋冷藏
可以放上3星期。在室溫下食用。

希臘小黃瓜優格醬（Tzatziki）（2杯）

搭配油炸食物絕佳，本身也是很棒的沾
醬。
攪勻：
1杯原味優格
1/2條小黃瓜，去皮去籽切細丁

1大匙橄欖油、1大匙切碎的蒔蘿
1大匙切碎的薄荷
1大匙紅酒醋或新鮮檸檬汁
1瓣蒜仁，切末
1/2小匙鹽

印度優格醬（Raita）（1又3/4杯）

這冰冰涼涼的佐料可配上香辣的紅肉、魚
肉、禽肉或蔬食煮菜——印度優格醬是印
度素食的主要蛋白質來源。最好鮮食，也
可以預先做好加蓋冷藏，可放上2小時。
在一口小盆裡充分拌勻：

1條小黃瓜，去皮，對半切，去籽並切細碎
1杯原味優格或1/2杯優格加1/2杯酸奶
1大匙切細的薄荷
1/4小匙孜然粉、1/4小匙鹽
（1小顆墨西哥青辣椒，去籽切丁）

貝克版海鮮醬（Becker Cocktail Sauce）（1杯）

這份美妙的食譜可做出鮮活生動的醬汁
來浸泡海鮮或小香腸。若想跟上當代的
潮流，加切細碎的芫荽、紅洋蔥、青辣
椒和／或新鮮萊姆汁進去。
在一口小盆裡拌勻：
1/2杯番茄醬（catsup）
1/2杯辣醬、1/4杯新鮮辣根泥

再拌入：
（1大匙日式黑抽醬油或醬油）
（1至2瓣大蒜，切末）
辣椒醬，自行酌量、黑胡椒，自行酌量
1顆檸檬的皮、新鮮檸檬汁，自行酌量
加蓋冷藏可以放上1星期。在室溫下享
用。

墨西哥綠番茄辣根醬（Tomatillo-Horseradish Sauce）（2杯）

用這款醬做的雞尾酒蝦肯定獲得滿堂
彩，做成血腥瑪麗也令人驚豔。
烤箱轉180度預熱。
在一只烤盤裡混合：
12顆墨西哥綠番茄，去殼，洗淨
1大顆紅洋蔥，粗略切碎
4瓣蒜仁，切碎、2顆墨西哥青辣椒，切碎
2大匙芥花油、鹽和黑胡椒

烤到所有蔬菜軟身，20至25分鐘。然後倒
進食物調理機裡，打到滑順。再加：
3大匙米酒醋
1/4杯瀝乾的辣根醬
1/4杯切碎的芫荽
再打至混勻。加：
鹽和黑胡椒，自行酌量
調味。冷藏至少1小時再食用。

木犀草醬（Mignonette Sauce）（1/2杯，足夠搭配24顆牡蠣）

澆在帶殼牡蠣上的經典醬汁，搭配任何生的蝦貝類都對味。若要做覆盆子木犀草醬，換上1/2杯覆盆子醋，並加檸檬汁調味。

在一口小盆裡混勻：

1/2杯紅酒醋
4小匙切細碎的紅蔥頭
1大匙切細碎的荷蘭芹
3/4小匙鹽、2小匙壓碎的黑胡椒粒
冰涼著吃或在室溫下食用。

香檳木犀草醬（Champagne Mignonette）

將木犀草醬，如上，裡的紅酒醋換成1/4

杯香檳和1/4杯香檳醋。

烤墨西哥綠番茄菠菜醬（Roasted Tomatillo Spinach Sauce）（5杯）

用來佐配青醬捲餅★，185頁。這個作法幾乎可以用在所有的蔬菜上，做成形形色色生動的醬料：純粹只要把蔬菜烤到軟身而且開始焦糖化，然後把熱騰騰蔬菜連同其烤汁、少許高湯和對味的調味料，一起放入攪拌機或食物調理機裡打成泥即成。

烤箱轉200度預熱。在一只抹油的烤盤裡將：

2磅墨西哥綠番茄，去殼並洗淨
2顆中型的波布拉諾辣椒或安納海姆辣椒，對半切並去籽
1大顆洋蔥，切4瓣

12瓣蒜仁，去皮

平鋪一層。烤至蔬菜非常軟，40至45分鐘。把蔬菜連同烤汁一併倒進攪拌機或食物調理機裡，並加：

1又1/4杯粗切的菠菜
1/3杯切碎的芫荽
1/4杯雞高湯或蔬菜高湯或肉湯，或自行酌量
鹽和黑胡椒，自行酌量

打到滑順，需要的話加多一點高湯進去，做成中稠度的醬。裝在小醬汁鍋裡以小火重新加熱即可享用，或者加蓋冷藏，可放上2天。食用前要重新加熱。

魚子醬（Caviar Sauce）（1又1/3杯）

用來佐配煙燻鮭魚或新生馬鈴薯小菜或烤馬鈴薯。

混合：

1杯酸奶、1/2杯紅魚子醬

1小匙洋蔥屑或紅蔥頭屑
1大匙瀝乾的酸豆
1小匙切碎的蝦夷蔥或蒔蘿
鹽，自行酌量

香蒜核桃醬（Garlic and Walnut Sauce）（1又1/3杯）

配上小黃瓜、番茄、紅豆、蘆筍、菠菜和甜菜根很可口。喜歡的話，香料可以加量。

在食物調理機裡混合：

1杯核桃，烤過的

3小瓣蒜仁，粗切

並打成細粉末。倒到一口盆裡，加：

3大匙芫荽末
2小匙新鮮檸檬汁或紅酒醋
1/4小匙芫荽粉

1/4小匙紅椒粉，或自行酌量
1/4小匙薑黃粉、（1/4小匙葫蘆巴粉）
攪拌混勻。加：

大約3/4杯雞高湯或蔬菜高湯或肉湯
把醬料稀釋成淡的鮮奶油的稠度。在室
溫下享用。

普羅旺斯青醬（Pistou）（3/4杯）

這款法國版的青醬，沒有摻堅果，配魚
肉很棒，加到湯和燉菜裡也很不賴。
在攪拌機裡混合：
2杯羅勒葉、2瓣蒜仁，切碎、1/2杯橄欖油

打成滑順的泥。倒到一口盆裡，拌入：
1/3杯粗磨的帕瑪森起司屑
1/4小匙黑胡椒
加蓋冷藏可放上2天。在室溫下享用。

松子青醬（Pesto）（1杯）

松子青醬一定要用新鮮羅勒來做，不過
可以預先做好。如果要冷凍保存（可放
上3個月），解凍後再加堅果和起司。把
松子換成杏仁或榛果也非常出色；若是
如此，需要多加1至2大匙的油。

I. 在食物調理機裡混合：
  2杯裝得鬆散的羅勒葉
  1/2杯帕瑪森起司屑
  1/3杯松子
  2瓣中型蒜仁，去皮
  打成粗泥。在機器正在運轉的情況
  下，徐徐倒進：

1/2杯橄欖油，或自行酌量
如果青醬看起來太乾稠（它應該糊糊
稠稠的），多加一點橄欖油。加：
鹽和黑胡椒
調味。立即享用，或者倒薄薄一層橄
欖油覆蓋表面，加蓋冷藏，可放上1星
期。

II. 若想口感更粗獷些，用缽杵來做。
  羅勒葉放進缽裡搗碎，再加大蒜和松
  子進來並搗碎。接著加起司，倒到混
  合物呈稠糊狀。然後徐徐加入橄欖
  油，不斷地搗磨。調整鹹淡。

日曬番茄乾青醬（Sun-Dried Tomato Pesto）（1又1/3杯）

把這款醬抹在普切塔或披薩上；拌義大利
麵；或佐配燒烤禽肉、海鮮或義大利麵。
在一口小型醬汁鍋裡放：
1/3杯切碎的油漬日曬番茄乾
1瓣蒜仁，去皮、6片羅勒葉
加水淹蓋表面，煮沸，然後鍋子離火，
靜置20分鐘。在機器正運轉的情況下，從

食物調理機的進料管投入：
1大瓣蒜仁，去皮、1杯塞得滿滿的羅勒葉
1/4杯橄欖油、1/3杯帕瑪森起司屑
瀝出番茄混料，汁水保留備用。把番茄
混料投入調理機裡，絞細碎。加：
鹽和黑胡椒
調味。拌入1/3杯預留的汁水。

碎醬（Picada）（2/3杯）

這款源自西班牙的醬，不算是真正的醬
汁，而是可以直接拌入燉菜、湯和醬汁
裡佐料，在菜餚起鍋前的幾分鐘才加。
專門用來佐配紅肉、禽肉或野味的碎醬

往往會摻少許的巧克力；用來佐配魚肉
有時會加魚卵或肝。
在一口小型平底鍋裡以中火加熱：
1大匙特級初榨橄欖油

油熱後焙烤：
1片1/2吋厚的法國麵包片或義大利麵包片
兩面焙好後把麵包掰成碎粒，放到缽、
小型食物調理機或攪拌機裡，加：
1/2杯整顆焯燙去皮的杏仁、去皮榛果和
松子的混合，或只放杏仁，烤過的，並
粗切
2瓣蒜仁，切對半
鹽，自行酌量

（1/4小匙黑胡椒）
（1撮焙過的番紅花絲）
用杵搗碎或用機器絞碎。把混合物倒進
一口盆裡，加：
3大匙特級初榨橄欖油，或自行酌量
1小匙切細碎的荷蘭芹
用叉子攪拌成稠糊。靜置一會兒，讓碎
醬凝結成膏狀，約30分鐘。加蓋冷藏可以
放上2天。

哈里薩醬（Harissa）（1/2杯）

這款源自北非的火辣醬汁可拌入燉海鮮、
湯品、辛香草沙拉和蔬菜料理，或摻混黑
橄欖，或者做為串烤（brochettes）、塔吉
鍋和北非小米的醬料材料。
在一口小型平底鍋裡以中火乾焙：
1/2小匙葛縷子籽、1小匙芫荽籽
1/2小匙孜然籽
要經常晃蕩鍋子，免得焙焦，焙至香味
四溢，2至3分鐘。鍋子離火並放涼，然後
用香料研磨器或磨咖啡豆機或用缽杵磨

成細粉。加：
2粒蒜仁，個別切4瓣、鹽，自行酌量
磨至滑順。再放：
3大匙甜味匈牙利紅椒粉
1大匙壓碎的紅椒片、1大匙橄欖油
續磨至充分混勻。這哈里薩醬會非常乾
稠。若要貯存，裝到一口小罐子裡，表
面覆蓋上：
橄欖油
加蓋冷藏可放上6個月。

泰式辣醬（Nam Prik）（1/4杯）

Nam prix 直譯是「辣椒水」，泰國傳統的
佐餐醬，在泰國，這類的辣醬形形色色非
常多樣。通常用來加到蔬菜或湯裡，也可
以拌飯拌麵，或配紅肉魚肉。做好的醬最
好放個一兩天再用，這樣會更入味。冷藏
可以放上好幾星期。如果買不到蝦米和魚
露，加多一點鮮辣椒或乾辣椒和萊姆汁。
在小型食物調理機或缽裡混合：
18隻乾蝦米，切碎

4根小的紅辣椒乾，喜歡的話去籽，捏碎
4瓣蒜仁，切碎、2大匙新鮮萊姆汁
1大匙魚露☆，見「了解你的食材」（泰
式魚露〔nam pla〕）
打成泥或搗成泥。再拌入：
3根小的紅或綠色塞拉諾辣椒，喜歡的話
去籽，切細碎
切碎的芫荽，自行酌量、（少許紅糖）
使用前起碼加蓋冷藏1天。

洋李、水蜜桃或杏桃沾醬（Plum, Peach, or Apricot Dipping Sauce）（3/4杯）

配炸春捲、子排和中式料理的沾醬或醃醬。
在攪拌機或食物調理機裡混合：
1/2杯洋李、水蜜桃或杏桃蜜餞

1/4杯芒果甜酸醬
1大匙米酒醋或蘋果酒醋
打成泥。

泰式辣椒萊姆沾醬（Thai Chile-Lime Dippling Sauce）（滿滿3/4杯）

用來佐配燒烤紅肉或魚肉的火辣沾醬。
把：
6根墨西哥青辣椒，去籽
6瓣蒜頭，去皮

一起剁細。裝到一口小盆裡，拌入：
6至8大匙新鮮萊姆汁
鹽，自行酌量
在室溫下靜置一會兒再上桌。

花生沾醬（Peanut Dipping Sauce）（1又3/4杯）

這類醬汁的某些版本，隨著被稱為沙嗲的紅肉串或雞肉串，或者從春捲到燒烤肉等等很多其他菜餚，遍布東南亞。加少許米酒醋稀釋後，就是泰式沙拉醬或醃醬。
在一口小型醬汁鍋裡以中火加熱：
2小匙蔬菜油
油熱後放：
4瓣蒜仁，切末
1小匙去皮生薑末
1/2小匙壓碎的紅椒片，或自行酌量

拌一拌，煎至呈金黃色，約1分鐘。再放：
1杯水、2大匙醬油
2大匙新鮮萊姆汁
2/3杯有顆粒的花生醬，最好是無糖的
1大匙黃糖，或自行酌量
（3大匙切碎的無鹽烤花生）
拌一拌，煮至變稠，約4分鐘。鍋子離火，然後拌入：
（1大匙切細碎的薄荷）
溫熱著吃或在室溫下吃。加蓋冷藏可放上1星期。

越南甜魚露（Nuoc Cham）（約1杯）

這款萬用醬，在越南不管是在家裡或餐館，幾乎每張餐桌上都有。用做春捲的沾醬，或者是拌甘藍菜絲的沙拉醬。
在一口小盆裡混合：
1根亞洲鮮辣椒或墨西哥青辣椒，最好是紅的，去籽切細碎
6大匙新鮮萊姆汁，或2大匙萊姆汁加1/4杯米酒醋

並靜置5分鐘。再拌入：
2大匙魚露☆，見「了解你的食材」（越南式魚露〔nuo nam〕）
3大匙糖，或自行酌量
2大匙切粗絲的胡蘿蔔
（1大匙切粗絲的白蘿蔔）
3至5瓣蒜仁，切細碎
在室溫下食用。加蓋冷藏可放上6天。

亞洲豆豉醬（Asian Black Bean Sauce）（1/2杯）

這款醬可以塗在魚肉或蝦貝類上再蒸煮，或當作煮熟的魚的佐料。
在小碗裡用叉子把：
3大匙豆豉
壓成泥，再拌入：
2根青蔥，切蔥花
2大匙醬油

2大匙不甜的雪莉酒
4瓣蒜仁，切細碎
2小匙花生油或其他蔬菜油
2小匙麻油
2小匙去皮生薑末
鹽和壓碎的黑胡椒粒，自行酌量
在室溫下享用。加蓋冷藏可放上6天。

山葵醬油（Wasabi Soy Sauce）（1/2杯）

這辛嗆的沾醬用來佐配味道濃烈的魚和牛肉。山葵醬油最好現做現吃，因為放久了會失去嗆味。
在一口小碗裡放：
1大匙山葵根細泥☆，見「了解你的食材」
或者用叉子把：

1大匙山葵粉☆，見「了解你的食材」
2至3滴溫水
攪成滑順的糊。加蓋靜置10分鐘，讓滋味融合。再拌入：
1/2杯老抽，最好是低鈉的
裝在個別的小碟子裡。

薑味醬油（Ginger Soy Sauce）

用來配魚肉、雞肉或紅肉。
準備山葵醬油，如上，把山葵泥換成1大

匙去皮生薑泥。

｜關於莎莎醬｜

　　*Salsa*一字在義大利文和西班牙文裡都是「醬」的意思，泛指從綿滑的白醬到褐色肉汁的所有醬汁。不過，我們現在聽到這字眼時，腦子裡浮現的通常是以番茄和辣椒為底的醬。跟番茄醬一樣，莎莎醬幾乎和餐盤裡的任何食物都合得來。儘管有些材料要先煮過，但莎莎醬一定要用最新鮮的材料來做，而一做好就要在室溫下馬上享用。

　　在很多情況下，我們都建議切好的洋蔥要放到冷水下沖洗，而且有時會淋上柑橘類的汁，然後再把它和其他材料混合在一起。洋蔥沖水可以去除嗆味，以免辛刺的餘味可能蓋過醬汁的其他滋味。番茄可以去籽★，517頁，不過這不是傳統莎莎醬的作法。

　　摻有辣椒的混合物絞碎後，要掀開攪拌機或食物調理機的蓋子時，記得把頭別過去——辣氣非常嗆鼻薰眼。

　　若想滋味更有層次，摻一點淡色龍舌蘭酒或深色蘭姆酒到莎莎醬裡。

　　就大部分的食譜來說，每人份約估二至四大匙。

鮮莎莎醬（Salsa Fresca）（2杯）

這道墨西哥莎莎醬的食譜要做成兩倍或三倍的量很容易，但盡可能當下需要多少就調製多少，因為這醬擺久了不僅口感變差，辣椒的辣味也會增強。若想多一點變化，可以加青蔥或加白洋蔥或紅洋蔥，把萊姆汁換成水，或者換成酸橙汁。凡是新鮮辣椒都可以用——每一種辣椒都會貢獻出它的獨特個性。用量的精準不如各種滋味融合得巧妙來得重要，所以要邊做邊試試味道。鮮莎莎醬幾乎跟所有食物都搭，從塔可餅到熱的燒烤食物乃至於冷蔬菜。在美式墨西哥食物裡，這種粗粒的莎莎醬有時又叫做公雞嘴（pico de gallo）。

在一口中型盆裡混合：
1/2顆小的白洋蔥或紅洋蔥或8根青蔥，切細碎，沖水並瀝乾
2大匙新鮮萊姆汁
2大顆熟番茄或3至5顆熟的李子番茄，喜歡的話去籽，切小丁
1/4至1/2杯切碎的芫荽（取葉片和嫩莖）

3至5顆塞拉諾辣椒或墨西哥青辣椒，或1/4至1顆哈巴內羅辣椒，或自行酌量，去籽切末
（6根櫻桃蘿蔔，切細末）
（1瓣中的蒜仁，切末）
充分拌勻，加：1/4小匙鹽，或自行酌量調味，立即享用。

墨西哥綠番茄莎莎醬（粗莎莎青醬〔Salsa Verde Cruda〕）（2杯）

這款極鮮又辛嗆的辛香草莎莎醬搭配魚肉、雞肉、烤蔬菜和雞蛋格外對味。做好的一小時內要食用；如果放久了，生洋蔥的味道會蓋過醬汁。
在食物調理機或攪拌機混合：
8盎司墨西哥綠番茄，去殼、洗淨並切碎
1小顆白洋蔥或紅洋蔥，切碎

3至5顆塞拉諾辣椒或墨西哥青辣椒，去籽切碎、（1粒蒜頭，去皮）、1/4杯芫荽枝絞成粗泥，讓混合物略帶粗粒。倒到一口中型盆裡，拌入夠多的冷水，讓混合物呈醬汁般稠度。再拌入：
1/2小匙鹽，或自行酌量、（3/4小匙糖）立即享用。

玉米、番茄和酪梨莎莎醬（Corn, Tomato, and Avocado Salsa）（3又1/2杯）

在煮開的鹽水裡煮：
2穗玉米，去殼去鬚
水要蓋過玉米表面，煮1分鐘。瀝出後切下玉米粒，放入一口中型盆裡，連同：
16顆櫻桃番茄，切對半，喜歡的話去籽
1顆熟酪梨，切碎
1/2小顆紅洋蔥，切小丁，沖水並瀝乾

1瓣蒜仁，切細碎
1至3顆墨西哥青辣椒，去籽切碎
1/4杯切碎的羅勒
2大匙蔬菜油
1/4杯新鮮萊姆汁，或自行酌量
1/2小匙鹽、1/4小匙黑胡椒
充分拌勻。加蓋冷藏可放上1天。

烤番茄煙燻辣椒莎莎醬（Roasted Tomato-Chipotle Salsa）（2杯）

熟番茄烤過後滋味更深沉。這款莎莎醬配燒烤雞肉、魚肉或羔羊肉格外對味，佐塔可餅或墨西哥捲餅也很棒。
燒烤爐準備中小火或炙烤爐預熱。
在燒烤架或炙烤盤上放：
6顆中型熟番茄，對半切，喜歡的話去籽
烤至（炙烤的話要盡量靠近火源）表皮有斑斑黑點且稍微軟身，需要的話翻面，若燒烤，每面約烤5分鐘，若炙烤，時間稍微短一點。放涼至不燙手後，剝

皮並切成粗粒。放進一口中型盆裡，再拌入：
1小顆洋蔥，切細碎，沖水並瀝乾
1/4杯粗切的芫荽
3大匙新鮮萊姆汁，或自行酌量
2大匙橄欖油、2瓣蒜仁，切細碎
1又1/2小匙切細碎的罐頭煙燻辣椒，或自行酌量
1小匙孜然粉、鹽，自行酌量
立即享用。

水果莎莎醬（Fruit Salsa）（3杯）

把這食譜款當作水果莎莎醬的基本作法
——配任何食物都很美妙，但和燒烤魚
或油煎魚格外對味。羅勒或荷蘭芹可以
代替芫荽，鳳梨汁或芭樂汁也是柳橙汁
之外的好選擇。

在一口大盆裡混合：

1小顆洋蔥，切碎，沖水並瀝乾
1/4杯新鮮萊姆汁

再加：

1又1/2杯粗切去皮的芒果、木瓜、鳳梨、
水蜜桃或杏桃

1小顆紅甜椒，切成細條
1/4杯粗切的芫荽
（1/4至1/3杯熟的小黑豆，或沖水並瀝乾
的罐頭小黑豆）
1瓣蒜仁，切末
1/4杯新鮮柳橙汁
1顆墨西哥青辣椒或其他小辣椒，去籽切
細碎

充分拌勻。加：

鹽和壓碎的黑胡椒粒，自行酌量
調味。加蓋冷藏可放上1天。

｜關於油醋醬和沙拉醬｜

　　這是兩大不同類型的沙拉淋醬和水果淋醬。油醋醬是油和醋（或其他酸性
液體，諸如柑類汁或葡萄酒）以及調味料的混合物，而更濃郁的一類淋醬是更
稠的乳化液，往往以雞蛋為底，譬如美乃滋。簡單也好，濃郁繁複也罷，除了
很罕見的例外，沙拉醬的內容絕不能和它所要烘托的食材重複。

　　油醋醬最好在食用前才調製。其經典的比例是三至四份油兌一份酸，譬如
檸檬汁、萊姆汁或醋，再加鹽和胡椒調味。油醋醬的用途很多，包括用來醃紅
肉、禽肉和野味。油和酸可以放在一口盆裡混合，也可以和其他材料一起裝進
有密封蓋的罐子裡，或者放進食物調理機或攪拌機裡，攪打至徹底乳化。無
論如何，先把除了油之外的所有材料混合，然後在調理機正在運轉的情況下緩
緩把油加進去。不論如何，不停地攪打、攪拌和搖晃是先決要件。請參見「沙
拉」★，257頁，「關於油」☆，見「了解你的食材」，以及「關於醋」☆，見
「了解你的食材」。若要做更濃稠的淋醬，見「關於蘸醬」★，136頁。

油醋醬（Vinaigrette）（1杯）

喜歡的話，這醬也可以融為製作沙拉的
一環。參見「關於沙拉生菜的淋醬」★，
264頁。

若是喜歡大蒜味，把：

（1小瓣大蒜，去皮）、（2至3撮鹽）
壓成泥。倒到一口小盆裡，加：
1/2小匙鹽、1/8小匙黑胡椒粉

1/4杯紅酒醋或新鮮檸檬汁
（1小匙紅蔥頭末）
（1/4至1/2小匙芥末醬）
攪至混勻。漸次地加：
3/4杯橄欖油或核桃油
每加一次就不停攪打。如果是預先做
好，加蓋冷藏，使用前要充分搖一搖。

新鮮辛香草油醋醬（Fresh Herb Vinaigrette）

新鮮辛香草要等到使用油醋醬之前才加。準備油醋醬，如上，再加1/4杯切末或剪碎的辛香草，譬如羅勒、蒔蘿、荷蘭芹、蝦夷蔥和/或百里香。

羅勒油醋醬（Basil Vinaigrette）

準備油醋醬，再加1/2杯切細絲的羅勒葉或各自1/4杯的羅勒和蝦夷蔥末。

黑胡椒油醋醬（Black Pepper Vinaigrette）

準備油醋醬，再加1至2小匙壓碎的黑胡椒粒和1小匙檸檬皮細屑。

萊姆油醋醬（Lime Vinaigrette）

準備油醋醬，把醋換成1/4杯新鮮萊姆汁，再加（1/4小匙烤孜然籽）。

辣根淋醬（Horseradish Dressing）（1/2杯）

準備1/2杯油醋醬。攪入1大匙新鮮辣根泥或瀝乾的辣根醬，或更多，自行酌量。靜置30分鐘再享用。

酪梨淋醬（Avocado Dressing）（3/4杯）

配番茄片很棒。若想要十足滑順的淋醬，用攪拌機或食物調理機來做。
將1/2顆酪梨去皮，放在一口小盆裡壓成泥。把1/2杯油醋醬，漸次地加進去，攪打至滑順。立即享用。

洛克福起司或藍紋起司油醋醬（Roquefort of Blue Cheese Vinaigrette）（1又1/4杯）

準備油醋醬，攪入1/4至1/3杯捏碎的洛克福起司或其他藍紋起司，或自行酌量。

荷蘭芹萊姆油醋醬（Parsley Lime Vinaigrette）（3/4杯）

在一口小盆裡攪勻：
2大匙新鮮萊姆汁、2大匙紅酒醋
2大匙切碎的荷蘭芹、1大匙第戎芥末醬
2小匙孜然粉、1又1/2小匙蜂蜜
鹽和壓碎的黑胡椒粒，自行酌量
再徐徐倒入呈一道穩定細水柱的：
1/2杯橄欖油
不停地攪打。

檸檬奧瑞岡油醋醬（Lemon Oregano Vinaigrette）（3/4杯）

用來醃雞肉、魚肉或豬肉也很可口。
在一口中型醬汁鍋裡把：
2杯新鮮檸檬汁
煮沸，然後再熬煮收汁成1/4杯。置旁備用。
在一口小平底鍋裡加熱：

1大匙橄欖油

油熱後放：

1/2顆紅蔥頭，切碎、1瓣蒜仁，切碎

拌一拌，煮至軟身。倒進攪拌機裡，也

把濃縮檸檬汁也倒進來，以及：

1小匙蜂蜜

攪打至滑順。趁攪拌機正在運轉，漸次

地加：

1/2杯橄欖油

加：

鹽和黑胡椒，自行酌量

2大匙切碎的奧瑞岡

調味。

蜂蜜芥末油醋醬（Honey Mustard Vinaigrette）（滿滿1/2杯）

在一口小盆裡攪勻：

2大匙新鮮檸檬汁、1大匙白酒醋

1大匙蜂蜜，或自行酌量

1小匙粗粒芥末醬，或自行酌量

鹽和黑胡椒，自行酌量

再徐徐倒入呈一道穩定細水柱的：

6大匙特級初榨橄欖油

不停地攪打。嚐一嚐，調整調味料。

菠菜或水田芥淋醬（Spinach or Watercress Dressing）（2杯）

澆在嫩葉沙拉或小黃瓜上，又或佐配蝦

來吃，滋味絕佳。

在一口小盆裡攪勻：

2大匙新鮮檸檬汁、1大匙龍蒿醋

1/2小匙鹽

1/8小匙黑胡椒

再徐徐倒入呈一道穩定細水柱的：

1/2杯橄欖油

不停地攪打，最後拌入：

2杯水田芥或菠菜嫩葉，切細碎

西南淋醬（Southwest Dressing）（1/2杯）

在一口小盆裡攪勻：

1/2杯芫荽末、1/4杯新鮮萊姆汁

1小匙孜然粉

1/2小匙辣粉，或自行酌量

鹽和黑胡椒，自行酌量

再徐徐倒入呈一道穩定細水柱的：

1/4杯橄欖油

不停地攪打。

雪莉酒油醋醬（Sherry Vinaigrette）（1杯）

在一口小盆裡攪勻：

1/4杯雪莉酒醋、1大匙第戎芥末醬

1大匙切碎的紅蔥頭

1小匙切碎的百里香

1/2至1小匙壓碎的紅椒片

再徐徐倒入呈一道穩定細水柱的：

3/4杯橄欖油

不停地攪打。

酸甜油醋醬（Sweet-and-Sour Vinaigrette）（1杯）

在一口小盆裡攪勻：

1/3杯龍蒿醋或紅酒醋、1/3杯糖

3/4小匙新鮮龍蒿末或1/4小匙乾的龍蒿

3/4小匙鹽、1/4小匙黑胡椒

再徐徐倒入呈一道穩定細水柱的：

1/3杯蔬菜油

不停地攪打。

羅倫佐淋醬（Lorenzo Dressing）（1又2/3杯）

用來佐配牡蠣或綠色蔬菜。
在食物調理機或攪拌機裡攪勻：
1/4杯紅酒醋、1大匙第戎芥末醬
1小匙糖、1/2小匙鹽
1/2小匙黑胡椒
趁機器在運轉，徐徐加入呈一道穩定細

水柱的：
2/3杯特級初榨橄欖油
攪打到變稠，倒到一口盆裡，拌入：
1/4杯辣醬、1/4杯水田芥末
1/4杯捏碎的酥脆煎培根
2大匙紅蔥頭末

鯷魚醬（Anchovy Dressing）（1/2杯）

用來配萵苣葉沙拉。加一些帕瑪森起司
屑就是速成的凱薩沙拉醬。

準備：1/2杯油醋醬
攪入：1大匙鯷魚糊，或更多，自行酌量

西芹籽淋醬（Celery Seed Dressing）（2杯）

用來配水果沙拉，要吃之前再淋上去。
在一口小盆裡混合：
1/2杯糖、1小匙芥末粉、1小匙鹽
1至2小匙西芹籽
不停地攪打，加：

1大匙洋蔥屑
漸次地倒入：
1杯蔬菜油、1/3杯米酒醋或蘋果酒醋
不停攪打。最後點綴上：
（數小枝檸檬百里香）

罌粟籽蜂蜜淋醬（Poppy Seed-Honey Dressing）（2/3杯）

這一款是配綠菜葉加水果的古早味人氣
沙拉醬。
在一口小盆裡把：
1/4杯蜂蜜
3大匙蘋果酒醋或其他水果酒醋

1小顆紅蔥頭，切末、2小匙第戎芥末醬
1小匙罌粟籽、鹽和黑胡椒，自行酌量
攪打至滑順，再漸次加入：
2大匙橄欖油
不停攪打。嚐一嚐，調整調味料。

香辣核桃油醋醬（Spicy Walnut Vinaigrette）（1杯）

澆淋在綜合菜葉佐山羊起司或燒烤雞胸
肉佐菠菜沙拉上非常美味。
在一口小盆裡攪勻：
1顆紅蔥頭，切末
3大匙巴薩米克醋，或自行酌量

2大匙核桃末、2小匙第戎芥末醬
鹽，自行酌量、辣椒醬，自行酌量
再徐徐加入呈一道穩定細水柱的：
1/3杯特級初榨橄欖油、1/3杯核桃油
不停攪打。嚐一嚐，調整調味料。

帕瑪森起司油醋醬（Parmesan Vinaigrette）（1又1/4杯）

很適合搭配清脆的綠菜葉沙拉或切片的
新鮮番茄。
在一口小盆裡攪勻：

1/3杯巴薩米克醋
3大匙帕瑪森起司屑
1又1/2小匙整粒的黑胡椒粒或茴香籽，稍

微壓碎
1顆紅蔥頭，切末
1瓣蒜仁，切末
鹽和黑胡椒，自行酌量

再徐徐加入呈一道穩定細水柱的：
3/4杯橄欖油
不停攪打。嚐嚐味道，調整調味料。立即享用，或加蓋冷藏。

烤紅椒淋醬（Roasted Red Pepper Dressing）（1又1/4杯）

把：
1瓣蒜頭，去皮、1/4小匙鹽
一起壓成泥。倒到攪拌機或食物調理機裡，加：
1罐6又1/2盎司烤紅椒，瀝出

6大匙橄欖油、2大匙新鮮檸檬汁
2大匙白酒醋、3大匙切碎的紅蔥頭
1大匙孜然粉、鹽和黑胡椒，自行酌量
1撮紅椒粉
攪打至滑順。

橘子紅蔥頭淋醬（Tangerine Shallot Dressing）（1又1/3杯）

這款醬配上加雞肉的沙拉或淋在燒烤雞肉上格外美味。把：
1瓣蒜頭，去皮、2至3撮鹽
一起壓成泥。倒到一口小盆裡，加：
1/4杯新鮮橘子汁或克萊門氏小柑橘汁

2大匙新鮮檸檬汁、1小顆紅蔥頭，切末
充分攪勻，再徐徐加入呈一道穩定細水柱的：
2/3杯蔬菜油
不停攪打。嚐一嚐，調整調味料。

杏桃淋醬（Apricot Dressing）（1杯）

加在亞洲青菜或加豬肉或烤羊肉的沙拉上格外對味。
在一口中型盆裡把：
1/4杯杏桃露、3大匙巴薩米克醋
3大匙切末的杏桃乾、3大匙粗切的荷蘭芹
1至2小匙蒜末、2小匙粗粒芥末醬

1小匙糖
鹽和壓碎的黑胡椒粒，自行酌量
攪打至滑順，再徐徐加入呈一道穩定細水柱的：
1/4杯橄欖油
不停攪打。嚐一嚐，調整調味料。

薑味香茅淋醬（Ginger Lemongrass Dressing）（1杯）

在一口小型醬汁鍋裡以大火混合：
2根香茅莖，粗略切碎
2大匙去皮生薑末
2/3杯蒸餾白醋、2/3杯水、3大匙糖
煮滾，然後火轉小，不蓋鍋蓋，熬煮至濃

縮成原來一半的量，約20分鐘，其間偶爾要攪拌一下。濾入一口小盆裡，攪入：
2大匙麻油、2大匙蔬菜油
2大匙醬油、（2大匙魚露）
放涼至室溫。

泰式油醋醬（Thai Vinaigrette）（1又1/4杯）

用來醃魚肉或雞肉也很棒。
在一口小盆裡攪勻：

1/2杯新鮮萊姆汁、（3大匙魚露）
1大匙醬油、1又1/2小匙糖

1/4小匙壓碎的紅椒片，或自行酌量
鹽和黑胡椒，自行酌量

再徐徐加入呈一道穩定細水柱的：
1/2杯蔬菜油不停攪打。

日本牛排館薑味淋醬（Japanese Steakhouse Ginger Dressing）（1又1/2杯）

在攪拌機裡把：
1/2杯粗切的胡蘿蔔、1/4杯粗切的西芹
1/4杯花生油、1/4杯米酒醋
2大匙切碎的去皮生薑、2大匙粗切的洋蔥

2大匙糖、1大匙醬油、2小匙番茄醬
2小匙新鮮檸檬汁、1小匙鹽
1/2小匙黑胡椒、2注辣椒醬
打至稠而滑順。

烤蒜淋醬（Roasted Garlic Dressing）（3/4杯）

烤箱轉200度預熱。在一張強效鋁箔紙上放：
1球蒜頭，上面1/3切掉，鬆脫的皮也剝除
2顆紅蔥頭，剝除鬆脫的皮
撒上：
2大匙橄欖油
緊密地包起來，放在一張烘焙紙上，烤1小時。從烤箱取出後小心地打開鋁箔紙，放涼。待冷卻至不燙手的地步，把蒜仁和紅蔥頭從皮殼擠出，使之落入小的食物調理機或攪拌機裡。加：

2大匙特級初榨橄欖油
1大匙新鮮檸檬汁、1大匙白酒醋
1小匙第戎芥末醬、1小匙百里香葉
1小匙迷迭香末
鹽和黑胡椒，自行酌量
打成泥。趁機器在運轉，徐徐加入呈一道穩定細水柱的：
6大匙橄欖油
打至滑順。嚐嚐味道，調整鹹淡。馬上享用，或加蓋冷藏。

中東芝麻醬（Tahini）（1杯）

這款芝麻醬是中東地區的日常食品，配油炸豆丸子★，315頁，以及摻了鷹嘴豆的沙拉非常對味，也是配沙拉生菜很棒的沾醬。
在一口小盆裡攪勻：

1/2杯中東芝麻醬
1/2杯水
2大匙新鮮檸檬汁
1撮鹽
紅椒粉，自行酌量

俄羅斯沙拉醬（Russian Dressing）（1又1/3杯）

用來淋在擺好的沙拉、蛋和蝦貝類上，或者拌雞肉沙拉。
混合：
1杯美乃滋
1大匙新鮮辣根泥或瀝乾的辣根醬
（3大匙魚子醬或鮭魚卵）

（1小匙烏斯特黑醋醬）
1/4杯辣醬或番茄醬
1小匙洋蔥屑
（1大匙荷蘭芹末）
冰涼後食用。

千島醬（Thousand Island Dressing）（1又1/2杯）

俄羅斯沙拉醬常見的親戚，配冰山萵苣
很對味，當三明治抹醬也很棒。
在一口小盆裡充分攪勻：
1杯美乃滋、1/4杯辣醬或番茄醬
1顆水煮蛋★，324頁，切碎
2大匙酸黃瓜醬（pickle relish）或切末的醃

小黃瓜（gherkins）
1大匙洋蔥末、1大匙蝦夷蔥末
1大匙荷蘭芹末
鹽和黑胡椒，自行酌量
嚐嚐味道，調整鹹淡。馬上食用，或加
蓋冷藏。

牧場沙拉醬（Ranch Dressing）（1杯）

最早的版本源自1950年代在聖塔芭芭
拉的隱谷觀光牧場（Hidden Valley Guest
Ranch）。如果你偏好醬汁稠一點，拌入
1/3至1/2杯酸奶或美乃滋。
在攪拌機或食物調理機裡把：
1瓣蒜頭，去皮、2至3撮鹽

打至滑順。倒到一口盆裡，加：
3/4杯酪奶、2至3大匙新鮮萊姆汁
1大匙芫荽末或荷蘭芹末
1大匙蝦夷蔥末、鹽和黑胡椒，自行酌量
攪打至混勻。嚐嚐味道，調整鹹淡。馬
上享用，或加蓋冷藏。

綠女神沙拉醬（Green Goddess Dressing）（1又3/4杯）

用來佐配魚肉或蝦貝類，尤其是蟹肉或
蝦肉，或者蔬菜沙拉。混合：
1杯美乃滋、1瓣蒜仁，切末
3條鯷魚柳，切末、1/2杯酸奶
1/4杯切細末的蝦夷蔥或青蔥

1/4杯荷蘭芹末、1大匙新鮮檸檬汁
1大匙龍蒿醋、1/2小匙鹽
黑胡椒，自行酌量
嚐嚐味道，調整鹹淡。馬上享用，或加
蓋冷藏。

香濃藍紋起司淋醬（Creamy Blue Cheese Dressing）（2又1/4杯）

好品質的藍紋起司，諸如洛克福起司，
能讓這款醬變成真正出色的沙拉醬。淋
在切角瓣的冰山萵苣上，填入西芹梗
裡，或當作漢堡配料。
在食物調理機或攪拌機裡把：
1杯美乃滋、1/2杯酸奶
1/4杯切細碎的荷蘭芹
1至2大匙新鮮檸檬汁或紅酒醋

1小匙蒜末
6注烏斯特黑醋醬
鹽和黑胡椒，自行酌量
1撮紅椒粉，或自行酌量
打至滑順。再加：
4盎司洛克福起司或其他藍紋起司
打至想要的稠度。嚐嚐味道，調整鹹
淡。馬上享用，或加蓋冷藏。

菲塔起司淋醬（Feta Dressing）（3/4杯）

配上希臘式沙拉，淋在蒸蔬菜或切片番
茄，或當作沙拉生菜的沾醬。油量的多
寡視起司的乾度以及淋醬的用途而定。

在攪拌機或食物調理機裡混合：
4盎司菲塔起司，捏碎（1杯）
2大匙紅酒醋、1小匙奧瑞岡末

鹽和黑胡椒，自行酌量

打至滑順。趁機器在運轉，徐徐加入呈一道穩定細水柱的：

2至4大匙特級初榨橄欖油

打至滑順。嚐嚐味道，調整鹹淡。馬上享用，或加蓋冷藏。

山羊起司淋醬（Goat Cheese Dressing）（1又1/4杯）

配義大利麵沙拉絕佳——趁麵仍熱騰騰時加進去。在一口小盆裡攪勻：

3/4杯酪奶、2小匙白酒醋

1小匙第戎芥末醬、1小匙百里香末

1小匙荷蘭芹末、1撮檸檬皮屑

3/4小匙鹽、黑胡椒，自行酌量

再拌入：

4盎司軟質新鮮山羊起司，壓成泥

嚐嚐味道，調整鹹淡。馬上食用，或加蓋冷藏。

優格辛香草淋醬（Yogurt Herb Dressing）（1/2杯）

用各種不同的辛香草，譬如蒔蘿、百里香、奧瑞岡或薄荷，來呈現這款萬用的香濃沙拉醬的多變風韻；也可以把紅蔥頭換成蝦夷蔥；或加一大撮咖哩粉、孜

然粉或紅椒粉。在一口小盆裡攪勻：

6盎司優格、2至3大匙紅蔥頭末

2大匙辛香草細末、2小匙第戎芥末醬

鹽和黑胡椒，自行酌量

香濃葛縷子淋醬（Creamy Caraway Dressing）（1又1/4杯）

你也可以用等量的優格和酸奶來替代法式酸奶。淋在四季豆或鮮嫩青菜上很可口，也可以拌馬鈴薯沙拉。

在一口小盆裡攪勻：

3/4杯酸奶或法式酸奶

1/4杯新鮮檸檬汁

1大匙葛縷子籽，稍微烤過☆，見「了解你的食材」

1又1/2小匙粗粒芥末醬

1又1/2小匙切碎的紅蔥頭

1/2小匙切碎的百里香

再徐徐加入呈一道穩定細水柱的：

1大匙特級初榨橄欖油

不停攪打，加：

鹽和黑胡椒

調味。馬上享用，或加蓋冷藏。

煮過的沙拉醬（Boiled Salad Dressing）（1杯）

「煮過的」一詞用得不準確，但傳統上都這麼說；「隔水加熱過的」這說法比較貼近。建議用這款《廚藝之樂》的經典食譜來佐配蔬菜和馬鈴薯沙拉、涼拌捲心菜絲、番茄沙拉、肉凍或水果沙拉。冷藏保存。

在一口小盆裡混勻：

2大匙中筋麵粉、1至2大匙糖

1/2至1小匙芥末粉、1/2小匙鹽

1/4小匙匈牙利紅椒粉

攪入：1/2杯冷水

然後在雙層蒸鍋的上鍋將：

1顆大型雞蛋或2大顆蛋黃、1/4杯白酒醋

攪勻，接著把麵粉混液也攪打進來，在微滾的水之上——而非滾水之中——攪打醬汁，打至稠而滑順。然後再攪入：

2大匙放軟的奶油

食用前要把醬汁冰涼。加：

（酸奶）

稀釋。

中西部奶醬（Midwestern Cream Dressing）（1/2杯）

這一款醬是從早期農耕時代留傳下來的，當時很少把油用在沙拉裡。這款醬佐嫩葉萵苣、馬鈴薯沙拉和涼拌捲心菜絲格外對味。

在一口小盆裡攪勻：

1/4杯蘋果酒醋或白酒醋、1/4杯糖

1大匙奶油、1大匙能的鮮奶油

2小匙西芹籽或罌粟籽

鹽和壓碎的黑胡椒粒，自行酌量

馬上享用，或加蓋冷藏。

香濃第戎芥末淋醬（Creamy Dijon Dressing）（1又1/2杯）

如果你用優格來做這款醬，最好摻牛奶而不是酪奶，因為若加優格和酪奶，醬會太酸。很適合佐配生菜或魚肉雞肉。

在一口小盆裡充分攪勻：

1杯酸奶或原味優格、1/2杯酪奶或牛奶

2大匙第戎芥末醬，或自行酌量

1大匙荷蘭芹末、1大匙蝦夷蔥末

1大匙蒔蘿末、1撮糖

鹽和黑胡椒，自行酌量

馬上享用，或加蓋冷藏。

奶油起司油醋醬（Cream Cheese Vinaigrette）（2/3杯）

淋在菜葉沙拉或綜合蔬菜沙拉上。

在食物調理機裡把：

3盎司奶油起司，放軟

打到滑順，加：

1小匙切細末的洋蔥、1/2小匙芥末醬

1/2小匙鹽、黑胡椒，自行酌量

2大匙切碎的荷蘭芹

攪打均勻。趁機器在運轉，徐徐加入呈一道穩定細水柱的：

1/4杯蔬菜油

1又1/2大匙白酒醋

再攪打至滑順。

佐水果沙拉的奶油起司淋醬或優格淋醬（Cream Cheese or Yogurt Dressing for Fruit Salad）（1又1/4杯）

這款醬一經擺放，多少會凝固，所以做好後要馬上淋在水果上。如果用無脂優格來做，多加1至2大匙。

在一口小盆裡用叉子把：

3盎司放軟的奶油起司，或6大匙原味優格壓成泥，然後打至滑順。接著慢慢打入：

3/4杯濃的鮮奶油、2大匙紅醋栗果凍

1大匙新鮮檸檬汁

佐水果沙拉的咖哩淋醬（Curry Dressing for Fruit Salad）（1杯）

在一口小盆裡混合：

2大匙白酒醋或米酒醋

1大匙新鮮檸檬汁

1小匙糖

1/4至1/2小匙咖哩粉

1杯酸奶

佐水果沙拉的蜂蜜淋醬（Honey Dressing for Fruit Salad）（大約1杯）

混合：

1/2杯蜂蜜

1/2杯新鮮萊姆汁

（1撮薑粉）

酪奶蜂蜜淋醬（Buttermilk Honey Dressing）（1又1/3杯）

在一口小盆裡攪勻：
1/4杯米酒醋、1/4杯酸奶、1/4杯酪奶
3大匙蜂蜜、1小匙蒜末
1根青蔥，切末

1撮紅椒粉、鹽和黑胡椒，自行酌量
再把呈一道穩定細水柱的：
1/2杯橄欖油
徐徐倒入，不停攪打。

香濃的辣根淋醬（Creamy Horseradish Dressing）（2/3杯）

在一口小盆裡攪勻：
4小匙紅酒醋、1小匙鹽
接著漸次地攪入：
1/4杯橄欖油、2大匙蔬菜油

攪打均勻後再拌入：
1/4杯濃的鮮奶油
2大匙瀝乾的辣根醬
鹽和白胡椒，自行酌量

佐涼拌捲心菜絲的香濃淋醬（Creamy Dressing for Coleslaw）（1杯）

將：
3/4杯美乃滋、1/4杯蘋果酒醋或米酒醋

1至2大匙糖
攪拌至混合均勻。

香濃的帕瑪森起司淋醬（Creamy Parmesan Dressing）（約2又1/2杯）

在前一版的《廚藝之樂》，這款油醋醬
被稱為半對半淋醬，淋在生菜沙拉、組
合沙拉或萵苣心很可口。
混合：

1杯美乃滋、1杯油醋醬
1/2杯帕瑪森起司屑
1小匙蒜末
（1小匙壓成泥的鯷魚）

｜關於美乃滋和調味美乃滋｜

　　如果你習慣買市售的美乃滋，第一次嚐到自製美乃滋肯定會大為驚豔。自製美乃滋是很雅緻的一款醬，而且手工做的更是極品，有著檸檬汁或醋的鮮活，以及新鮮的油的香醇。光是這一點就很足夠，何況還有個額外的吸引力：可以快速調製好，毫不費事。

　　跟荷蘭醬和貝亞恩醬一樣，美乃滋也是**乳化**的醬汁——一種液體以小水珠的狀態均勻懸浮在另一種液體中的穩定半液狀混合物。你選用的油將會是美乃滋最鮮明的味道。比方說，味濃的橄欖油做出來的美乃滋則馨嗆。就一般的用途來說，以帶有果香的油和味淡的油調和出來的最令人滿意，譬如橄欖油加蔬菜油。通常三份味淡的油兌一份帶果香的油最恰當，雖然有時候也可以半對半調混。油一定要新鮮。只要有一絲油耗味，美乃滋就整個報銷了，所以動手做之前一定要先嚐一嚐油。

　　用食物調理機或攪拌機做美乃滋不僅快速，而且簡單到不行。如此做出來

的醬，體積較大，而且口感更蓬鬆，只不過不如手工做的那麼滑順而具有圓潤光澤。➡呈室溫的食材比冰冷的食材要容易乳化，所以雞蛋要放室溫下回溫，或者連殼短暫泡一下熱水回溫，然後再使用。如果油放冰箱冷藏，也要回溫至室溫再用。➡要做出不敗的美乃滋，記得一點，油的用量必須是其他液體材料的三倍，包括蛋黃在內。攪打盆要用熱水沖洗一遍，再徹底擦乾。

美乃滋的問題，可以簡單搞定。如果美乃滋開始油水分離，把一顆新鮮蛋黃放到一口乾淨的小盆子裡，然後徐徐倒入油水分離的美乃滋並加以攪打，就像你一開始製作時徐徐把油攪打進去一樣。你可能需要多加一點油來融合這額外的蛋黃。美乃滋如果就你的口味來說太濃稠，可以加一點水或鮮奶油來稀釋它。

美乃滋可以用很多種方式調味。一開始在蛋黃裡加辛香草、香料、調味醋和／或芥末粉。加檸檬汁和葡萄酒醋很經典，但也可以用其他的柑類果汁和大多數其他的醋。如果你打算加液體調味料，多加個一至兩大匙的油來讓美乃滋更稠一些。

自製美乃滋以密封狀態冷藏可以放上一至兩天，但是冷藏數小時後它的光澤就會黯淡許多。美乃滋冷藏保存也放不久。供應自製美乃滋或含有美乃滋的食物時，一定要留意它離開冰箱的時間有多久。由於生雞蛋含有微生物，溫度高於四度就會開始增生，所以美乃滋離開冰箱的時間頂多是兩小時——如果室溫是二十九·四度或更高，頂多一小時。如果擔心生雞蛋含有沙門氏桿菌，那就使用經過低溫殺菌處理的雞蛋☆，見「了解你的食材」。

要讓市售的美乃滋的味道鮮活，加等量的酸奶拌合，或者把等量的冰鮮奶油打發然後再拌合。如果你用現成的美乃滋，打入一至兩大匙上好的橄欖油，打到所有的油痕都消失，美乃滋會更堅挺更渾厚，味道也會更好。酸奶，根據個人口味喜好，如果和市售美乃滋融合得好的話，也可以化腐朽為神奇。請注意，市售的「沙拉醬」不是美乃滋，若使用這些沙拉醬，以上這些建議並不適用。以下的任何調味美乃滋都可以從市售的美乃滋下手來做。

美乃滋（Mayonnaise）（1杯）

這是我們基本款的美乃滋，由此可變化出所有不同的口味。可以漸次地加入適當調味過的高湯、蔬菜汁甚或烈酒，攪打成更清爽不黏膩的口感。用陶瓷、玻璃或不鏽鋼盆來做——老式鋁盆或銅盆會和酸性物質起化學反應，影響色澤和滋味。

在一口中型盆裡攪勻：

2大顆蛋黃，呈室溫狀態
1至2大匙新鮮檸檬汁或白酒醋
1/4小匙鹽、1撮白胡椒
打至滑順輕盈後，一滴滴地攪入：
1杯蔬菜油，呈室溫狀態
直到混合物變稠變硬。當醬汁開始變稠——大約加了三分之一的油之後——則要更從容地把油攪進去，確認上一份的

油被徹底拌勻後再加下一份的油。要是油停止被吸收，使勁地攪打後再加。最後拌入：

（至多1又1/2小匙第戎芥末醬）
鹽和白胡椒，自行酌量
立即享用，或冷藏保存最多2天。

攪拌機做的美乃滋（Blender Mayonnaise）（1又1/2杯）

攪拌機做的美乃滋和上述作法的差別在於使用全蛋。如果你沒什麼臂力，我們建議你試試這個方法，讓乳化過程由攪拌機來代勞。你也可以用食物調理機來做；用塑膠葉片來攪打，如果有的話，因為用塑膠葉片打出來的醬汁似乎更為輕盈。
在攪拌機裡放：
1大顆雞蛋，呈室溫狀態、1小匙芥末粉
1小匙鹽、少許紅椒粉、1小匙糖

1/4杯橄欖油或蔬菜油
加蓋以高速攪拌至徹底混勻。趁葉片在轉動時，徐徐加入：
1/2杯蔬菜油
接著再加：
3大匙新鮮檸檬汁
直至充分混勻。再徐徐加入：
1/2杯蔬菜油
攪拌至濃稠。你可能需要偶爾暫停一下，把黏在側邊的材料刮下來再繼續打。

優格美乃滋（Yogurt Mayonnaise）（1又3/4杯）

美妙地清爽帶勁，可以取代所有的美乃滋。混勻：
1杯美乃滋，如上，或攪拌機做的美乃

滋，如上
3/4杯原味優格
鹽和白胡椒，自行酌量

鮮奶油美乃滋（香緹風味〔Chantilly〕）（2杯）

用來配水果沙拉。準備：
1杯美乃滋，或攪拌機做的美乃滋
即將上桌前，加：

1/2杯濃的鮮奶油，打發
拌合。

咖哩美乃滋（Curry Mayonnaise）（滿滿1杯）

配冷蔬菜、雞蛋、魚肉、禽肉和紅肉超級美味，拌水果、雞肉或蝦貝類沙拉也不賴。
在一口小的平底鍋裡以小火攪勻：
2大匙咖哩粉、2大匙味淡的蔬菜油
攪拌30至60秒，直到飄出香味。放涼，然後攪入：

1杯美乃滋，或攪拌機做的美乃滋
再加：
1小匙新鮮萊姆汁、1小匙蜂蜜
1/4小匙鹽、（1大匙切碎的芒果甜酸醬）
（1大匙切碎的金桔）
（1大匙杏仁片）

奶油起司美乃滋（Cream Cheese Mayonnaise）（1杯）

搭配不加雞蛋的冷蘆筍的傳統法式醬汁，油的含量相對上很少。配燒烤雞肉

也很美味。不管如何，這醬很容易油水分離。為避免油水分離，充分冰鎮再享

用。需要的話，倒進食物調理機裡打一兩分鐘，然後馬上享用。

在食物調理機裡把：

5盎司奶油起司或新堡起司

（1/4小匙甜味或辣味匈牙利紅椒粉）

攪打至滑順綿密。趁機器在運轉時，徐徐加入呈一道穩定細水柱的：

5大匙淡味蔬菜油，呈室溫狀態

接著再徐徐加入呈一道穩定細水柱的：

1又1/2大匙新鮮柳橙汁

1又1/2大匙新鮮檸檬汁

再加：

1/2小匙鹽

1/2小匙白胡椒

關掉機器，刮下黏在側壁的醬料。嚐嚐味道，調整鹹淡。盛到一口盆裡，加蓋冷藏。加蓋冷藏可放上1星期。

要做正宗的巴黎醬（Sauce Parisienne），上桌前拌入：

（2大匙切碎的山蘿蔔菜）

芥末美乃滋（Mustard Mayonnaise）（1又1/4杯）

用來佐配冷禽肉、紅肉和味道濃的蔬菜，傳統上會配蟹肉。黃芥末味道最清爽，很適合搭配魚肉和海鮮；味道較濃的第戎芥末醬適合配禽肉和紅肉。

混合：

1杯美乃滋，或攪拌機做的美乃滋

1/4杯芥末醬、鹽和黑胡椒，自行酌量

墨西哥煙燻辣椒美乃滋（Chipotle Mayonnaise）（滿滿1杯）

很帶勁的一款醬，用來佐配燒烤紅肉和禽肉。

混合：

1杯美乃滋，或攪拌機做的美乃滋

2大匙切碎的芫荽

1大匙切末的罐頭墨西哥煙燻辣椒

1大匙從墨西哥煙燻辣椒做的阿多包醬，或自行酌量

1大匙新鮮萊姆汁

1小匙蒜末

鹽和黑胡椒，自行酌量

綠色辛香草美乃滋（Mayonnaise with Green Herbs）（1杯）

佐配冷盤蝦貝類、魚肉和蔬菜美妙可口，配冷盤水煮紅肉也很棒。

混合：

1杯美乃滋，或攪拌機做的美乃滋

2至3大匙切末的辛香草，譬如龍蒿、羅勒、山蘿蔔菜、蝦夷蔥、荷蘭芹和/或奧瑞岡

鹽和黑胡椒，自行酌量

加蓋冷藏30分鐘再食用。

番茄和紅椒美乃滋（安達魯西亞醬〔Andalouse Sauce〕）（1又1/2杯）

用來佐配水煮蛋或生菜。

混合：

1杯美乃滋，或攪拌機做的美乃滋

1小顆李子番茄，去皮，去籽，切細丁

1顆紅甜椒，烤過★，485頁，切細丁，或

1顆西班牙柿子椒，瀝乾，切細丁

鹽和白胡椒，自行酌量

蓬鬆的美乃滋（Souffléed Mayonnaise）（2杯）

用來佐配魚肉或掩飾炙烤番茄。
在一口中型盆裡混合：
1/2杯美乃滋，或攪拌機做的美乃滋
1/4杯酸黃瓜醬
2大匙切碎的荷蘭芹
1大匙新鮮檸檬汁
1/4小匙鹽、少許紅椒粉

充分打勻。把：
2大顆雞蛋的蛋白
打至堅挺而不會乾乾的，再把蛋白霜和
美乃滋混合物拌合。
均勻抹在熱騰騰的熟魚或番茄片上，炙
烤至醬料蓬酥呈金黃色。

水田芥美乃滋（Watercress Mayonnaise）（1杯）

配冷盤魚料理格外對味，尤其是鮭魚。
混合：
3/4杯美乃滋，或攪拌機做的美乃滋

1/4杯切細的水田芥、1大匙新鮮檸檬汁
鹽和黑胡椒，自行酌量

配水果沙拉的美乃滋（Mayonnaise for Fruit Salad）（1又1/2杯）

配水果沙拉很可口，例如由球莖茴香刨片
和柳橙瓣，或紫葉萵苣的其中一種和芝麻
菜組成的沙拉。搭配水果凍也很棒。
混合：

1杯美乃滋，或攪拌機做的美乃滋
1/2杯鳳梨汁、1小匙柳橙皮屑
1大匙柑香酒

塔塔醬（Tartar Sauce）（1又1/3杯）

配炸魚的最佳搭檔。可把荷蘭芹換成其
他辛香菜試試看，譬如龍蒿或蝦夷蔥。
混合：
1杯美乃滋，或攪拌機做的美乃滋
1顆水煮蛋，切細碎
1大匙瀝乾的甜味酸黃瓜碎粒
1大匙瀝乾切碎的酸豆
1大匙切細碎的荷蘭芹

（1大匙切碎的綠橄欖）
1小匙第戎芥末醬
1小匙紅蔥頭末
（紅椒粉或辣椒醬，自行酌量）
鹽和黑胡椒，自行酌量
你可以加：
（少許葡萄酒醋或新鮮檸檬汁）
稀釋醬汁。

香辣塔塔醬（Spicy Tartar Sauce）（滿滿1又1/4杯）

在一口中型盆裡混勻：
3/4杯美乃滋，或攪拌機做的美乃滋
1/4杯切碎的荷蘭芹
3大匙新鮮萊姆汁
2大匙酸黃瓜醬

2大匙第戎芥末醬
1小匙蒜末
4至8注辣椒醬
鹽和黑胡椒，自行酌量

路易斯醬（Sauce Louis）（2杯）

佐配填鑲朝鮮薊、蝦肉或蟹肉格外開胃，見蟹肉沙拉★，275頁。
混合：
1杯美乃滋，或攪拌機做的美乃滋
1/4杯濃的鮮奶油、1/4杯辣醬

1小匙烏斯特黑醋醬
1/4杯切細碎的紅甜椒、黃甜椒或青甜椒
1/4杯蔥花、2大匙新鮮檸檬汁
鹽和黑胡椒，自行酌量

雷莫拉醬（Remoulade Sauce）（1又1/2杯）

這款法式經典醬汁佐沙拉、蔬菜、冷盤紅肉、禽肉和蝦貝類滋味絕佳。
混合：
1杯美乃滋，或攪拌機做的美乃滋
1大匙酸黃瓜末、1大匙瀝乾的小酸豆
1大匙切碎的荷蘭芹

1又1/2小匙切碎的龍蒿
1小瓣蒜仁，切末
1/2小匙第戎芥末醬
鹽和黑胡椒，自行酌量
（1顆水煮蛋，切細碎）

俄式辣根奶醬（Russian Horseradish Cream）（1又3/4杯）

相當夠味又討喜，佐配冷盤牛肉、舌肉、火腿、野味和根類蔬菜超級可口。
在一口盆裡徹底拌勻：
1杯美乃滋，或攪拌機做的美乃滋
1/2杯酸奶

3至4大匙新鮮辣根泥或瀝乾的辣根醬
加：
1至2小匙蘋果酒醋
1/4小匙鹽或自行酌量、（1撮糖）

大蒜蛋黃醬（AïoLi）（蒜味美乃滋）（1杯）

在法國很熱門，在法國有時候會被稱為「普羅旺斯奶油」。當作美乃滋抹在三明治上，用作沾醬佐搭生菜，或淋在冷盤水煮鮭魚、燒烤或烘烤紅肉、冷馬鈴薯或義式烘蛋上。
將：4至6瓣蒜仁
剁成末，而這款醬的特色就在大蒜。把蒜末裝在一口盆裡，攪入：

2大顆蛋黃，呈室溫狀態
1/2小匙鹽、白胡椒，自行酌量
徐徐加入：
1杯橄欖油
如同製作美乃滋，那樣，要不停攪打。
然後再拌入：
1小匙新鮮檸檬汁、1/2小匙冷水
（如果醬汁無法變稠，282頁）。

馬鈴薯泥大蒜美乃滋（希臘式蒜末薯泥醬〔Skordalia〕）

希臘人和西班牙人都用摻入些許馬鈴薯泥這一招來降低美乃滋的濃膩。加杏仁也很美味。兩種版本加到湯裡或配燒烤紅肉都很美味。

I.　1又3/4杯
　　用在需要黏結性醬料的菜餚，諸如蟹餅，也很棒。
　　準備：大蒜蛋黃醬，如上

攪入：
1/2杯溫溫的熟馬鈴薯，用叉子壓成泥
充分拌勻，但不要拌過頭。加：
鹽和／新鮮檸檬汁，自行酌量
如果醬太稠，拌入對味的高湯。
II. 1又1/2杯
也是很棒的沾醬。

準備：大蒜蛋黃醬，如上
在醬變稠後加：
1/4杯杏仁粉
1小顆熟的馬鈴薯，壓成米糊狀，或
1/4杯新鮮麵包屑、1大匙新鮮檸檬汁
2大匙切碎荷蘭芹
1/4小匙鹽，或自行酌量

紅椒大蒜美乃滋（棕紅醬〔Rouille〕）（2/3杯）

味道辛濃的棕紅醬，可抹在吐司上配著
魚湯吃，尤其是配馬賽魚湯★，242頁。
在食物調理機或一口盆或缽裡將：
1/2顆烤過的紅甜椒，或1顆西班牙柿子
椒，瀝乾
1小根新鮮的紅辣椒，用滾水汆燙至軟，
或少許辣椒醬
1/4杯新鮮麵包屑，泡水後擰乾

2瓣蒜仁，壓成泥
1/4小匙鹽
或絞打或搗壓成滑順的泥糊。徐徐加入：
1/4杯橄欖油或蔬菜油
如同製作美乃滋那樣。食用前再加：
2至3大匙你打算用來佐配的湯
來稀釋醬汁。

｜關於釉汁｜

「釉汁」一詞是烹飪用語裡最詭異的之一。不論如何，我們會在後面的甜點章節裡說明甜味釉汁——無疑更容易令人混淆。此處我們僅著眼於鹹味釉汁這較為簡單的主題：賦予紅肉、魚肉、沙拉和蔬菜豐潤色澤和光采的掩飾物兼外衣。裹覆釉汁基本上是添加修飾性潤色的一道手續，這手續同時也會增添滋韻。

裹上鹹味釉汁——尤其是裹在肉和蔬菜上——有幾個意義。在加以釐清之前，我們也要請你回想「溶出烤盤底的精華」，這手續在本章284頁已經說明過了。以這種輕鬆的方式從油煎、炙烤、烙煎或烘烤過的食物取得的汁液，可以按原樣使用，也可以熬煮濃縮，或者製作成以油糊為底的醬。然而肉類也可以用肉膠汁，這種長時間熬煮得來的物質來修飾潤色。這種肉膠汁醇厚可口，但就像所有醇厚的精華，一定要適度使用。

你可以用煎過蔬菜的奶油混上從蔬菜提煉的汁液來為蔬菜裹上光澤。這過程一定要仔細控制火候才會做得好；往往會加一點糖或蜂蜜★，410頁。

要讓醬汁形成像釉一般的光滑表面，也意味著讓醬汁在炙烤爐裡烤至漂亮的金黃色。要讓迎賓小菜有光滑表面，可能是指敷上一層肉凍外衣。你也可以用濃郁白醬，裹覆在雞蛋或蔬菜外表——這道手續會被稱為起絨（napping）

或上光（glazing）。

釉汁也指為食物增添光澤和色澤的液體，而這類釉汁正是此處要討論的。其光澤來自某種形式的溶糖。釉汁必須濃稠得刷在食物表面而不會滴淌的地步。快速地在烹煮的最後階段裏上釉汁，通常是在起鍋的前一刻進行，而且有些釉汁可以當作沾醬在席間傳遞。除了甜味以外，釉汁通常帶有果香和／或辛香。

下列的頭六種釉汁搭配烤火腿和烤禽肉最對味。在烹煮的最後十五至四十五分鐘期間使用釉汁，時間上的拿捏端看烤箱的熱度、醬汁的甜度和肉塊大小。要在大型火腿上裹釉汁，在差四十五分鐘會烤好時把火腿移出烤箱。在表層脂肪上打花刀，喜歡的話在夾縫裡嵌整顆丁香，再刷上釉汁，然後送回烤箱烤。等到差十五至三十分鐘會烤好之際再為禽肉上釉汁，視禽肉大小而定——體型越小的，時間要越短。這些釉汁也可以用來煮火雞肉塊。

黃糖釉汁（Brown Sugar Glaze）（3/4杯）

在一口盆裡用手指混勻：
3/4杯黃糖
2小匙芥末粉

捏散任何結塊。徐徐拌入：
新鮮柳橙汁
直到呈現可以抹開的稠度。

蔓越莓釉汁（Cranberry Glaze）（1又1/2杯）

將：
1杯罐頭蔓越莓醬、1/2杯紅糖

2大匙新鮮檸檬汁
拌勻至可以抹開的稠度。

果醬釉汁（Marmalade Glaze）

需要的話把：
3/4杯柳橙、檸檬、薑、鳳梨或任何喜愛

的果醬
短暫地加熱一下，煮成可抹開的稠度。

芥末釉汁（Mustard Glaze）（1/2杯）

攪勻：
1/2杯黃糖

1/4黃芥末醬
2大匙蜂蜜或淺糖蜜

鳳梨釉汁（Pineapple Glaze）（2/3杯）

攪勻：
1/2杯剁細的新鮮鳳梨碎粒或瀝乾的罐頭

鳳梨碎粒
3/4杯黃糖、1/2小匙薑粉

波本釉汁（Bourbon Glaze）（2至3杯）

混合：
1/2至1杯不甜的紅酒
1/2至1杯波本威士忌

1杯黃糖
6顆丁香，壓碎
2大匙柳橙皮屑

配肉或洋蔥的蜂蜜釉汁（Honey Glaze for Meat or Onions）（1/2杯）

混合：

1/4杯蜂蜜

1/4杯醬油

1小匙芥末醬

蘭姆酒黃糖釉汁（Rum-Brown Sugar Glaze）（1/2杯）

足夠用在24隻大蝦或1又1/2磅的魚肉。

在一口小的醬汁鍋裡混合：

1杯深色蘭姆酒

3/4杯黃糖

煮至微滾，攪拌攪拌讓糖溶解，熬煮至收汁剩原本一半的量。再加：

1小匙粗黑胡椒粉

1撮鹽

趁肉在燒烤時刷在肉上，肉要盛盤前灑上：

2顆萊姆的汁液

這釉汁若加蓋冷藏可放上好幾天。

柳橙糖蜜釉汁（Orange Molasses Glaze）（3杯）

在大塊牛肉、豬肉、火腿、子排或野味要烘烤前的數小時，把這深色的濃郁釉汁塗抹在肉表面，烘烤的過程也要豪邁地塗抹肉表加以潤澤。

在一口中型醬汁鍋裡以中火加熱：

1大匙橄欖油

油熱後放：

1又1/4杯切細末的洋蔥、3大匙大蒜細末

拌一拌，煎至開始上色，拌入：

1大匙壓碎的黑胡椒、1/2杯巴薩米克醋

2杯新鮮柳橙汁、1大匙柳橙皮屑

1/2杯淺糖蜜或深糖蜜

1大匙芫荽籽，壓碎（喜歡的話可烤過）

1/4杯黃芥末籽

1小匙鹽

煮沸，火轉小，不蓋鍋蓋，煮至釉汁變稠，可附著匙背的地步，約30分鐘。放涼至室溫。加蓋冷藏可放上3至4天。

墨西哥煙燻辣椒釉汁（Chipotle Pepper Glaze）（1又1/2杯）

這款基本的萬用醬可當做釉汁，也可做為醃汁，或者像使用番茄醬或烤肉醬那樣使用。它也可以加到油醋醬或美乃滋裡。

在一口大型醬汁鍋裡以中大火加熱：

1大匙橄欖油

油熱後放：

1杯切碎的洋蔥

2小匙蒜末

拌一拌，煎至稍微上色。拌入：

3/4杯不甜的白酒

3/4杯蔬菜高湯或禽肉高湯或肉湯

1/2杯新鮮柳橙汁

1/2杯杏桃乾

2大顆新墨西哥辣椒乾，去籽並撕成小塊

1至2顆罐頭的墨西哥煙燻辣椒，切粗粒

蓋上鍋蓋，火轉小，熬煮至辣椒軟爛，約30分鐘。稍微放涼。

用攪拌機將辣椒混合物連同：

1/4杯純楓糖漿

2大匙第戎芥末醬

一起打成泥，加：

鹽，自行酌量

調味，視用途為何而定，加額外的：

（高湯、肉湯或柳橙汁）

稀釋。放涼至室溫。加蓋冷藏可放上2星期。

｜關於醃汁｜

絕對不能低估醃汁的威力。這些芳香的調味汁可在烹煮之前為紅肉、禽肉、魚肉或蔬菜增添滋韻。因為大部分的醃汁都含有某種型態的酸，例如葡萄酒、醋、柑類的汁或其他果汁，這些酸可以軟化紅肉、魚肉和禽肉的表面，讓肉入味。

醃漬的容器➡必須是食品級的塑膠、上釉陶瓷、玻璃或者不起化學反應的金屬，譬如不鏽鋼製的。大型夾鏈保鮮塑膠袋也是很便利的可拋式醃漬容器。如果容器大得剛好可以容納要醃漬的肉，必須淹過肉表的醃汁就可以少一點。在醃漬過程裡偶爾要將肉翻面或攪動一下。

醃漬是藉由浸泡來滲透滋味的方式。浸泡的時間可能短至幾分鐘，或長達數小時。較濃厚辛香的醃汁可以讓味道平淡的食物變得更誘人，但是醃汁最重要的功能在於軟化食物。

醃汁可能煮過，也可能沒被煮過。煮過的醃汁可以更有效地讓味道進入食物裡，假使醃漬時間會超過十二小時，最好使用煮過的醃汁。這種醃汁應該先行煮過再徹底冷卻，然後再用來醃漬食物。如果肉會被醃超過二十四小時，醋的用量就要稍微少一點。紅肉、禽肉和某些蝦貝類也可以用鹵水醃漬☆，見「了解你的食材」。

較高的溫度可以增加醃漬的效力，但細菌活動力大增的風險也會提高。➡醃漬中的食物一定要冷藏。

不管煮過或沒煮過，只要醃汁沒接觸到生肉，都可以用來調製醬汁。所以在你還沒決定是否要把醃汁加到醬汁之前，不要輕易倒棄醃汁。佐鹿肉的胡椒醬，就是一例。而且諸如鍋燜野兔肉，和德式糖醋牛肉之類的菜餚就是放在醃汁裡烹煮的，並且在肉上桌前把醃汁轉化為得宜的醬汁。不過話說回來，千萬別用➡醃過紅肉、禽肉或魚肉的醃汁來潤澤食物表面，或者沒有先煮沸殺菌就當作醬汁來用。

軟嫩的食物譬如無骨雞胸肉、蔬菜或魚肉，不要醃超過二至三小時，否則肉質會變得多絲甚而軟糊。切角塊的肉醃個二至三小時；一塊五至十磅的肉醃十二至二十四小時，通常是醃上一夜。醃個十二小時或更久可以大幅減少烹煮時間。在放進醃汁之前在食物表面撒鹽可以確保食物均勻入味。如果食物需要煎黃，醃過後要瀝乾並擦乾——濕濕的食物會煎不黃。

大約半杯醃汁可醃一磅食物。油醋醬，以及些許釉汁，也是很不錯的醃汁。

醃蔬菜的醃汁（Marinades for Vegetables）

醃漬蔬菜通常會做成冷盤小菜或沙拉。
適合短時間醃漬蔬菜的醃汁有：

油醋醬，加辛香草調味
法式酸辣醬，296頁

也請參見希臘風味綜合蔬菜*，411頁。

檸檬醃汁（Lemon Marinade）（1/4杯）

用來醃烤羊肉、禽肉或味道較濃的魚肉。
混合：
2至3大匙新鮮檸檬汁

1小瓣蒜仁，切細末
1/2小匙檸檬皮屑、1/2小匙薑黃粉
1/2小匙薑粉

紅酒醃汁（Red Wine Marinade）（滿滿2杯）

一種煮過的醃汁，醃紅肉絕佳。
在一口中型醬汁鍋裡混合：
2杯不甜的紅酒、1小顆紅洋蔥，切薄片
2瓣蒜仁，切細末、3枝荷蘭芹
2枝百里香、6整顆黑胡椒粒，壓碎

1小片月桂葉、2整顆丁香
以小火煮沸2分鐘。鍋子離火，加：
鹽
調味。用之前要放涼。醃汁加蓋冷藏可
放上1星期。

坦都里醃汁（Tandoori Marinade）（1又1/3杯）

在印度料理中，雞肉和烤羊肉在放進坦
都烤爐，一種熾熱的直立式炭火爐之前
會先用優格加香料的馨香混合物醃過。
優格裡的酸會軟化肉的外層，事實上如
果醃超過4小時會過度軟化。醃汁傳統上
含有天然染料，這使得坦都里雞肉有著
招牌的橘黃色。
在一口小的平底鍋以中火加熱：
2至3大匙蔬菜油
油熱後放：
1小匙芫荽粉、1小匙孜然粉
1小匙紅椒粉

1小匙印度什香粉☆，見「了解你的食
材」，或1/4小匙肉桂粉
1/2小匙薑黃粉
拌一拌，直到飄出香味，約2分鐘。盛到
一口小盆裡，徹底放涼。
在另一口小盆裡充分攪勻：
1杯原味優格
2小匙切細末的大蒜
2小匙切細末的去皮生薑
1/2小匙鹽
（1又1/2小匙食用紅色素）
拌入放涼的香料中，馬上使用。

巴爾幹醃汁（Balkan Marinade）（3/4杯）

用來醃烤羊肉或豬肉。別讓肉醃超過2小
時。
在一口盆裡一起壓碎：
1大匙乾的奧瑞岡
1大匙乾的迷迭香
1小匙鹽
1小匙黑胡椒
攪入：

2顆檸檬的皮屑
2顆檸檬的汁液
2至4瓣蒜仁，切末
1/4杯橄欖油
（1大匙巴薩米克醋）
（1小匙乾的百里香）
（3至4滴辣椒醬）
這醃汁加蓋冷藏可放上1星期。

優格或酪奶醃汁（Yogurt or Buttermilk Marinade）（2杯）

醃任何紅肉、禽肉或野味都很棒。
混合：
2杯原味優格或酪奶、2瓣蒜仁，切細末

加：
咖哩粉或肉桂粉、薑粉或小荳蔻粉
鹽和黑胡椒調味。

醃野味的煮過的醃汁（Cooked Marinade for Game）（8杯）

用來醃鹿肉、成羊肉或野兔肉。
在一口大型平底鍋裡以中大火加熱：
1又1/2杯蔬菜油
油熱後放：
1杯切碎的西芹、1杯切碎的胡蘿蔔
1杯切碎的洋蔥
拌一拌，煎至洋蔥呈金黃色，再下：
3杯紅酒醋或蘋果酒醋、2杯水

1/2杯粗切的荷蘭芹、3片月桂葉
1大匙乾的百里香、1大匙乾的羅勒
1大匙整顆丁香、1大匙整顆多香果
1撮荳蔻粉
1大匙壓碎的黑胡椒粒
6瓣蒜頭，壓碎

煮沸，然後火轉小熬煮1小時。過濾後放
涼。加蓋冷藏可放上1星期。

啤酒醃汁（Beer Marinade）（1又2/3杯）

醃牛肉或豬肉。
混合：
1又1/2杯無氣的啤酒、1大匙芥末粉

1小匙薑粉、1/2小匙鹽、3大匙醬油
1/8小匙辣椒醬、2大匙糖或蜂蜜
1/4杯柳橙醬、2瓣蒜仁，切末

貝克版雞肉醃汁（Becker Chicken Marinade）（1杯）

在一口盆裡把：
1/4杯紅酒醋、1/4杯紅酒、1/4杯橄欖油
2大匙巴薩米克醋、2大匙切碎的百里香
1大匙切碎的迷迭香、2小匙鹽

2小匙醬油、2小匙黑胡椒
4至6瓣蒜仁，切末、1/2顆檸檬的汁液
1顆檸檬的皮屑、3注辣椒醬
攪至充分混勻。

貝克版豬肉醃汁（Becker Pork Marinade）（1又3/4杯）

在一口盆裡把：
1/2杯醬油、1/4杯紅酒
1/4杯橄欖油、3至4大匙辣椒醬
2大匙雪莉酒醋、2小匙去皮生薑末

2小匙黑胡椒、4至6瓣蒜仁，切末
1顆檸檬的皮屑、1/2顆檸檬的汁液
充分攪勻。

照燒醃汁（Teriyaki Marinade）（約2杯）

用來醃紅肉、禽肉或肉質結實的魚肉。
醃2至4小時（魚肉不醃超過2小時），烤
的時候用醃汁來潤澤肉表。
混合：

1杯醬油、1/2杯蔬菜油
3大匙紅糖、3瓣蒜仁，壓碎
1大匙去皮生薑屑
2大匙雪莉酒

| 關於烤肉醬和塗醬（mops）|

烤肉醬是用多樣材料調製成的。不管是以番茄醬、芥末醬或醋為底料，它們都為食物增添特色和風格。美國有好幾個地區都以其獨特的烤肉醬自豪；以芥末醬或醋為底的醬稱霸卡羅萊納州和維吉尼亞州。風行於曼菲斯和堪薩斯市的，主要是以番茄為底料，甜度和辛香度不一的醬。而德州的醬汁會加入當地食材，譬如辣椒粉。

烤肉醬通常是在烹調末了才加的最後潤飾，當作一種釉汁來用。何時添加，需要考量烤箱、燒烤爐或炙烤爐的溫度、醬的甜度以及食物的大小。若是高溫烹煮，不管是在炙烤爐下或放在燒烤架上，最後十五分鐘再敷上醬料。如同所有的佐料，烤肉醬應該烘托而非掩蓋肉的煙燻味。確認餐桌上也要提供額外的烤肉醬。

很多廚子喜歡在烤肉的過程中使用被稱為「塗醬」（mops或mopping sauce），滋味豐富、馨香撲鼻的汁液來潤澤肉表保住水分。大多數的塗醬是用醋做成的，可以簡單得一如基本塗醬，或者把些許的醋換成啤酒、葡萄酒或檸檬汁。其他常見的調味料包括威士忌、蔬菜油、辛香草或大蒜。➡️若是在戶外進行燒烤，塗醬應當刷在燒烤食物上。

烤肉醬（Barbecue Sauce）（4杯）

在一口中型醬汁鍋混合：
1又1/2杯番茄醬
1杯蘋果酒醋或紅酒醋
1/4杯烏斯特黑醋醬、1/4杯醬油
1杯黃糖或黑糖、2大匙芥末粉
1/4杯辣粉，或自行酌量

1大匙去皮生薑屑或1小匙薑粉
2瓣蒜仁，切末、2大匙蔬菜油
3片檸檬片
以中火煮至微滾，要經常攪拌，微滾後再煮個5分鐘。喜歡的話，撈除檸檬片。醬汁加蓋冷藏可放上2星期。

雷式芥末烤肉醬（Ray's Mustard Barbecur Sauce）（3杯）

我們的朋友恰克·馬丁的舅舅雷·史密斯調製的一款經典的卡羅萊納中南部烤肉醬。配炸雞很美味，也可以用來澆淋肋排加以潤澤，或佐配手撕豬肉。
在一口中型醬汁鍋混合：
1又1/2杯黃芥末醬
1/2杯番茄醬
1/2杯蘋果酒醋
1/2杯蔬菜油

1/4杯洋蔥屑
1/4杯蜂蜜
4瓣蒜仁，切末
1顆萊姆的汁液
2大匙烏斯特黑醋醬
1又1/2大匙黑胡椒
以中小火慢慢煮至微滾，要經常攪動以免巴鍋，滾了之後再熬煮個15分鐘。這醬汁加蓋冷藏可放上1個月。

搭配禽肉的烤肉醬（Barbecue Sauce for Poultry）（2又1/2杯）

足夠烤2隻全雞，還有夠多剩餘的醬可在席間傳遞。確認多餘的醬沒有接觸過生肉。

在一口中型醬汁鍋裡以中小火加熱：

3大匙蔬菜油

油熱後放：

1顆中型洋蔥，切碎、1瓣蒜仁，切末

拌一拌，煎成金黃色，再放：

1杯番茄醬、1杯水

3大匙醬油或烏斯特黑醋醬

2大匙蘋果酒醋或紅酒醋

1顆紅甜椒，切碎、1/2杯西芹丁

2至4大匙紅糖、1小匙芥末醬

1/2小匙鹽

煮至微滾，偶爾要攪拌一下，滾了之後繼續慢煮30分鐘。然後用食物調理機或攪拌機打成泥，再加：

1/4杯新鮮檸檬汁

北卡羅來納州風味烤肉醬（North Carolina-Style Barbecue Sauce）（1又1/2杯）

在一口盆裡混勻：

3/4杯蒸餾白醋、3/4杯蘋果酒醋

1大匙辣椒醬，或自行酌量

1大匙糖

2小匙壓碎的紅椒片

鹽和黑胡椒，自行酌量

卡羅萊納州西北部烤肉醬（Western North Carolina Barbecur Sauce）（3杯）

準備北卡羅來納風味烤肉醬，如上，糖減至1小匙，並加3/4杯番茄醬或番茄汁。

按說明混勻並保存。

基本塗醬（Basic Mop）（2杯）

足夠塗在4至5磅豬肋排或2隻全雞。

在一口盆裡攪勻：

2杯蒸餾白醋

1大匙粗鹽

1小匙黑胡椒，或自行酌量

1小匙壓碎的紅椒片，或自行酌量

攪到鹽溶解，拌入：

1小顆洋蔥，切薄片

1顆墨西哥青辣椒，切薄片

當日使用完畢。

啤酒塗醬（Beer Mop）（8杯）

足夠塗在5至6磅的牛腩。

在一口醬汁鍋裡混合：

1大顆紅洋蔥，切碎

4瓣蒜仁，切碎

2根塞拉諾辣椒，切碎

6罐12盎司黑啤酒

1杯蘋果酒醋

1/2杯黑糖

2片月桂葉

鹽和黑胡椒，自行酌量

煮至微滾，之後再熬煮15分鐘。鍋子離火，撈除月桂葉，放涼再使用。

｜關於乾醃料和濕醃料｜

乾醃料是彼此相襯的辛香草和／或香料的混合，並在燒烤、油煎或烘烤前搓抹在食物上。➡️若想有最濃烈的味道，可以依照指示把材料磨成粉屑，不管是用杵在缽裡搗磨，或使用香料研磨器或咖啡豆研磨機。一旦乾醃料摻了油或生薑屑或生蒜屑變得濕潤，它就成了濕醃料，濕醃料會漂亮地黏著在食物表面。濕醃料最好是用攪拌機或食物調理機研磨。

不管是乾醃料或濕醃料，簡單地把醃料混合物搓抹在食物的整個表面，用夠大的力氣壓一壓，確認食物表面附著了均勻的一層敷料。味道溫和的醃料自然可以敷得比味道辛香或辛辣的要厚（抹完之後要把手徹底洗乾淨，因為有些香料會刺激皮膚）。

儘管烹煮前才抹上乾醃料或濕醃料仍可添加滋韻，不過最好是在烹煮前至多二十四小時便抹在食物上才會入味。靜置的過程中要翻面幾次，而且把醃料留在原位一起烹煮（有些調味料會形成好看的深色拋光，有些還會形成可口的酥脆外殼，尤其是經過燒烤或油煎）。沒用完的濕醃料可以裝在密封小罐裡冷藏，可放上一星期，不過➡️接觸過生肉的濕醃料要丟棄。沒用完的乾醃料密封後放室溫下可保存六星期。大部分濕醃料加蓋冷藏可放一星期。

胡椒乾醃料（Peppery Dry Rub）（1又3/4杯）————

抹在牛排或其他紅肉上妙透了。
在一口小盆裡充分攪勻：
1杯粗略壓碎的黑胡椒粒
2大匙粗略壓碎的白胡椒粒

1大匙芫荽粉
1至2大匙壓碎的紅椒片
2大匙紅糖
1/4杯鹽

肯瓊乾醃料（Cajun Dry Rub）（1/4杯）————

這款綜合香料，俗稱「黑變香料」（Blackening spice），可以抹在雞肉、油腴的魚肉、牛排或蔬菜上，然後放在鑄鐵鍋裡進行黑變作用☆，見「烹飪方式與技巧」，無論炙烤、燒烤或香煎，隨著食物的烹煮，這醃料會變成香味撲鼻、呈深焦糖色的脆皮。要有心理準備，在

烹煮過程中香料可能會大量冒煙。
混勻：
1小匙乾的百里香
1小匙乾的奧瑞岡或馬鬱蘭
1大匙匈牙利紅椒粉、1小匙紅椒粉
1小匙粗略壓碎的黑胡椒粒或白胡椒粒
1小匙粗鹽

南方烤肉乾醃料（Southern Barbecue Dry Rub）（2杯）————

南方的廚子在烤肉前會把這類的香料混合物抹在豬肉或牛肉上，經過長時間慢

烤，這醃料會轉變成烤肉醬。
攪勻：

1/4杯紅糖、1/2杯甜味或辣味匈牙利紅椒粉　　　1小匙荳蔻粉、1/4杯鹽
1/4杯辣粉、2大匙紅椒粉、2大匙孜然粉　　　　1/4杯壓碎的黑胡椒粒

咖啡香料乾醃料（Coffee Spice Rub）（滿滿1杯）

抹在牛排上很可口。混勻：
1/4杯安可辣椒粉
1/4杯細磨的義式烘焙咖啡豆
2大匙甜味匈牙利紅椒粉、2大匙黑糖

1大匙芥末粉、1大匙鹽、1大匙黑胡椒
1大匙乾的奧瑞岡、1大匙芫荽粉
2小匙薑粉
2小匙阿寶辣椒或其他的純辣椒粉

乾焙過的多香乾醃料（Toasted Whole Spice Rub）（約2杯）

這醃料抹在鴨肉、野雞和豬肉上很美味。
在一口大的平底鍋裡以中火乾焙混合的：
2根肉桂棒、8個小荳蔻莢、1/2杯芫荽籽
1/4杯白胡椒粒、1/4杯孜然籽
1大匙整顆丁香、1大匙整顆多香果

2小根紅辣椒乾、4整粒八角
經常晃蕩鍋子免得焙焦，焙至飄出香
味，2至3分鐘。鍋子離火，放涼至室
溫，然後用香料研磨器或咖啡豆研磨機
或攪拌機，或者缽和杵，磨成細粉。

甜味香料乾醃料（Sweet Spice Rub）（1又1/4杯）

這個分量足夠的香料混合物有多種用
途。可以抹在雞肉、牛肉、羔羊肉或豬
肉以及鮭魚和竹筴魚。混勻：

1/4杯甜味匈牙利紅椒粉
1/4杯紅糖、1/4杯孜然粉
1/4杯黑胡椒、1/4杯粗鹽

牛腩乾醃料（Beef Brisket Rub）（1/2杯）

可醃5至6磅牛腩。
混合：
1/4杯安可辣椒粉或其他純辣椒粉

2大匙甜味匈牙利紅椒粉
1大匙孜然粉、1大匙芥末粉
1大匙鹽、2小匙紅椒粉

西印度乾醃料（West Indies Dry Rub）（1又3/4杯）

抹在禽肉、豬肉、羔羊肉或牛肉上非常
對味。
在一口小的平底鍋裡以中火乾焙混合的：
1/4杯孜然籽、1/4杯芫荽籽
經常晃動鍋子免得焙焦，焙至飄出香
味，約2至3分鐘。鍋子離火，放涼，再用

香料研磨器或咖啡豆研磨機或攪拌機，
或者缽和杵，磨成細粉。倒到一口小盆
裡，再加：
1/4杯咖哩粉、1/4杯白胡椒
1/4杯薑粉、1/4杯鹽
2大匙多香果粉、2大匙紅椒粉

牙買加香辣濕醃料（Jamaican Jerk Paste）（1又1/4杯）

所有香辣醃燻菜餚（jerk dishes）的基底，
是由乾的辛香草混合哈巴內羅辣椒或小

圓帽辣椒，並且帶有醋酸的極辣濕醃
料。如果你弄不到這兩種辣椒，以哈巴

內羅辣椒為底的辣醬是不錯的替代品。
這款醃料傳統上會抹在豬肉或雞肉上。
在食物調理機或攪拌機把：
1/3杯新鮮萊姆汁
至多10根哈巴內羅辣椒或小圓帽辣椒，或
1/4杯以哈巴內羅辣椒為底的辣醬
2大匙蒸餾白醋、（2大匙新鮮柳橙汁）
3根青蔥，粗略切碎、2大匙乾的羅勒

2大匙乾的百里香
2大匙黃芥末籽或1大匙芥末粉
2小匙多香果粉、1小匙丁香粉
1小匙鹽、1小匙黑胡椒
一起打成泥。混合物應該呈現濃番茄醬
的稠度。需要的話加額外的：
（萊姆汁、醋或柳橙汁）
稀釋。

地中海風味大蒜辛香草濕醃料（Mediterranean Garlic Herb Paste）（1又1/2杯）

這款醃料用在燒烤或烘烤蔬菜、魚肉、羔羊肉和牛肉上很美妙。
在攪拌機或食物調理機混合：
2杯綜合辛香草葉（荷蘭芹、鼠尾草、迷迭香、百里香、羅勒和／或奧瑞岡）
10瓣蒜仁

1大匙壓碎的紅椒片
1/4杯粗略壓碎的黑胡椒粒
2大匙鹽
1/2杯橄欖油
打成粗泥狀，讓混合物留有略微粗礪的口感

芥末濕醃料（Mustard Paste）（2/3杯）

用在烤羔羊肉、牛肉、兔肉和雞肉上都同等美味，而且賦予肉鑲上金箔一般的最後潤飾。
在一口小盆裡允分攪勻：
1/2杯第戎芥末醬或褐芥末醬
2大匙不甜的白酒

（1瓣蒜仁，切末）
1大匙切末的新鮮辛香草或1小匙乾的
（羔羊肉用迷迭香，牛肉用百里香，雞肉或兔肉用龍蒿）
1小匙去皮生薑末，或1/4小匙薑粉
馬上使用。

辣椒大蒜香料濕醃料（Chile-Garlic spice Paste）（2杯）

這款濕醃料搭配禽肉、肉質扎實的魚肉、蝦子和蔬菜很對味。
在攪拌機或食物調理機裡把：
3/4杯墨西哥青辣椒末、1/2杯蒜頭

1/2杯橄欖油、2大匙檸檬皮屑或萊姆皮屑
2大匙壓碎的黑胡椒粒、1大匙鹽
2大匙辣粉
絞打至滑順。

亞洲薑味香料濕醃料（Asian Ginger Spice Paste）（2又1/3杯）

這香味濃郁的辛香草濕醃料適合搭配禽肉和野禽，以及滋味濃郁的魚類、豬肉、牛肉和烤蔬菜。
在攪拌機或食物調理機裡把：
1/2杯去皮生薑末、1/3杯麻油

1大匙壓碎的紅椒片、1/4杯切碎的芫荽
1/4杯切碎的薄荷、1/4杯切碎的新鮮羅勒
2大匙鹽、2大匙壓碎的白胡椒粒
打成粗泥，讓混合物留有略帶粗礪的口感。

泰式綠咖哩濕醃料（Thai Green Curry Paste）（1杯）

這馨香的香料濕醃料和肉類及海鮮是絕配，拌入湯品、義大利麵、米飯和其他穀類菜餚也很棒。

在一口小的平底鍋裡以中火乾焙：

2小匙芫荽籽、1小匙孜然籽

1小匙茴香籽、1小匙整粒黑胡椒粒

要經常晃動鍋子免得焙焦，約2至3分鐘。隨後鍋子離火，放涼至室溫，然後再用香料研磨器或咖啡豆研磨機或攪拌機磨成細粉。倒到一口小盆裡備用。在攪拌機或食物調理機裡把：

1/3杯裝得密實的芫荽葉

2片1/4吋厚的去皮高良薑或薑

1株香茅，只取底部1/3，切碎

12顆塞拉諾辣椒或6顆墨西哥青辣椒，去籽切碎

2大顆紅蔥頭，切碎、4瓣蒜仁，切碎

1顆萊姆的皮屑、（1小匙蝦醬）

1又1/2小匙鹽、1小匙肉豆蔻屑或粉

絞打至呈細末，約4分鐘。把香料拌進來，趁機器在運轉時，徐徐倒入：

1/4杯花生油

紅咖哩濕醃料（Red Curry Paste）

準備：

泰式綠咖哩濕醃料，如上

把綠色辣椒換成新鮮的或復原的紅辣椒乾★，485頁。

摩洛哥辛香草濕醃料（薄荷香草醬〔Charmoula〕）（1又1/2杯）

這款醃料是用來為魚肉調味的，可在燒烤、紅燒或焙烤之前或之後使用。其稠度介於濕醃料和醃汁之間。

在一口小盆裡充分攪勻：

1/3杯切細的荷蘭芹、1/3杯切細的芫荽

2大匙橄欖油、2大匙新鮮檸檬汁

2瓣蒜仁，切細碎

在香料研磨器或咖啡豆研磨機或攪拌機，或者用缽和杵，把：

1小匙芫荽籽、1小匙孜然籽

12粒白胡椒粒或黑胡椒粒

1小匙壓碎的紅椒片

（1大撮番紅花絲，烤過並壓碎）

磨成細粉。加到辛香草混合物裡，連同：

1顆中型洋蔥，切細碎

1小匙辣味或甜味匈牙利紅椒粉

鹽和紅胡椒粉，自行酌量

攪拌均勻後，在上面淋：

橄欖油

｜關於調味油｜

　　沁滲著辛香草、香料或水果香味的油是有別於奶油和其他油品之外的清新選擇。調味油製作上很簡單，它不僅會帶給做好的菜餚某種滋韻的深度，同時增添水潤感和誘人的妝點。調味油不是用來烹煮的，而是用來調味，就像你會把橄欖油淋在煮熟的蔬菜、麵條或義大利麵上。最純淨最簡單的方法是冷泡——譬如香橙油，如下。

每份約佔二分之一至三大匙。調味油一定要冷藏，品質大多可維持至少一星期。最多準備一星期內會用到的量。想有最佳風味，把你即將使用的油量放室溫下回溫。➤使用新鮮材料（換言之，不是用乾的材料）製作的調味油，加熱後用剩的一定要丟棄。

香橙油（Orange Oil）（約1杯）

用在油醋醬裡，或者在上桌前淋在水煮蝦貝類或燒烤魚、雞肉或蔬菜上。又或拌入熱番茄湯裡。柳橙皮屑可以換成檸檬皮、萊姆皮、葡萄柚皮或者以上的綜合。

你也可以按這裡的比例用任何新鮮材料來做浸泡油（infused oil），除非新鮮材料的味道特別平淡或濃烈。你可能要在用量上實驗一下，或者浸泡較短的時間；千萬別讓新鮮材料泡在油裡超過4天。在

消菌過的，8至10盎司的罐子裡混合：
3顆柳橙的皮屑（約1/4杯）
1杯味淡的橄欖油、核桃油、花生油或其他淡味油

上蓋後溫和地搖晃罐子，放冰箱浸泡最多4天。用潤濕的咖啡濾紙來過濾油（用紙巾過濾會帶有化學物質的味道）。這調味油上蓋冷藏可放上1星期或更久。

羅勒油（Basil Oil）（3/4杯）

量出：1杯味淡的橄欖油
放進冰箱裡。將一鍋水煮開。備妥一盆冰水。在滾水裡汆燙：
2杯裝得密實的甜羅勒葉
10秒。用過濾器迅速濾出並泡到冰水中，在水裡嗖嗖攪拌攪動，確認葉片都變涼。撈出羅勒葉並輕輕擠掉多餘的水分。粗略

切碎後放進攪拌機裡。把冷藏的油也倒進來，以及：1/4小匙猶太鹽
把羅勒打成泥。混合物會起很多泡沫。讓羅勒泥靜置30分鐘。用鋪了紗布的細孔篩來過濾油，輕輕在固體物上施壓以榨取油。要有最佳風味，讓油在室溫下回溫後再使用。立即使用，冷藏可放上1星期。

辣油（Chile Oil）（約1/2杯）

奇辣無比——保守地使用。加幾滴到水餃沾醬或拌亞洲蔬菜的淋醬裡棒透了。
用攪拌機或香料研磨器把：
1杯乾的辣椒，最好是泰國辣椒
切成粗粒，倒到一口不鏽鋼的醬汁鍋裡，

加：3/4杯花生油
以中火加熱至冒出大泡泡。鍋子離火，蓋上鍋蓋，靜置4至6小時。用濕潤的咖啡濾紙把油濾入消菌過的*罐子或瓶子裡，327頁。加蓋冷藏可放上1星期。

麵包與糕點

Breads and Coffee Cakes

　　想了解麵包的重要性，大概要從麵包帶來的愉悅感著手。麵包是最古老的食物之一，或許可以說是最基本的食物。將麵粉和水製成麵包，不僅是與歷史握手言和一般，更是如同麵包師傅的發現一樣，是回歸到真正的味道，一種令人滿足的喜悅。

　　喜歡的話，你可以從全麥麵粉開始，接著再使用更為巧妙的材料。試試天然酵母裸麥麵包，378頁、長條硬皮法國麵包，370頁，或扎實的鄉村麵包，379頁。或者可以試做時髦的薄脆義大利麵包棒，400頁、羽狀輕盈的布里歐修餐包，392頁、奶油丹麥麵包，或是耶誕編織咖啡麵包，404頁。使用雙手或藉助電動攪拌機和鉤狀攪拌棒來揉製麵包。當然也別忘了比司吉、玉米麵包和司康等快速麵包。製作手工麵包需要有所付出，但是其美妙滋味和質地總是會讓人深感值得。

｜關於酵母麵包｜

　　如果你從未做過酵母麵包，你將目睹一場廚房的混亂戲碼，可是千萬別被那樣的過程嚇壞了。所有的麵包不過就是來自一些簡單材料：酵母☆，見「了解你的食材」，是發酵劑，現在銷售的都是**活性乾燥**的顆粒，成袋或成罐地銷售（至於**新鮮**或「**壓縮**」**酵母**，以及**速發**或**快發酵母**，則需要採取些微不同的處理方式，見「了解你的食材」）。酵母是活的有機體，仰賴麵團裡的麵粉來加以繁殖，酵母會因此釋放出二氧化碳，就是這個氣體的作用才會讓麵團發酵膨脹。➡發酵過程幾乎是不會出錯的，只要遵循一個簡單原則：酵母不該過度受熱。如果受熱過度，酵母就會死亡，麵包就不會發酵膨脹。大多數食譜都指示將酵母溶解於四十・五度到四十六度的熱水或熱牛奶中，有時再加入糖來觸發酵母。➡這是微熱熱度但不會過熱的液體，若有疑慮，以溫度計來測量溫度——或者就是簡單地將液體微溫加熱即可。➡酵母不會因為較低的溫度而有所損，不過就是需要較長的發酵時間。此外，不論是活性乾燥或快發酵母☆，見「了解你的食材」，當不事先加以溶解就直接加入乾燥材料之中，如同在製作「快速白麵包」時，364頁，將液體加熱至五十五度，這種熱度的熱開水可以用來讓麵團成形。

麵粉是製作麵包的主要材料。大多數的食譜中都指示使用中筋麵粉或高筋麵粉，兩者都適用來做麵包，這是因為兩者都富含兩種蛋白質，一旦加入液體加以攪拌或揉捏，如此就會產生麩質，而麩質是能將酵母釋放的氣體鎖住的彈性網；麩質讓麵包能夠有所結構而給予其相關質地。由於**高筋麵粉**具有特別高的蛋白質，因此會比較喜歡被使用來製作法國鄉村麵包，370頁，這種扎實麵包。相較於高筋麵粉，**中筋麵粉**內含較少的蛋白質，因而將可適用所有食譜而有令人滿意的成品，更適合用來製作一些更強調精巧質地的麵包捲和麵包（個別食譜都會指出最適合的麵粉）。**全麥麵粉**通常會與中筋麵粉或高筋麵粉混合使用，如此一來就不致使得麵包過度結實，請見「全麥麵包」，367頁的說明。美味麵包也可以用其他麵粉或穀物來製作，像是**裸麥、燕麥**或黏米粉。不同麵粉的異同☆，見「了解你的食材」的說明。有些麵粉只能產生一點麩質，或者根本不會產生，這種麵粉通常會混用中筋麵粉或高筋麵粉。

水和牛奶是最常用來將麵粉凝結成麵團，並且在麵包烘烤過程中產生蒸氣。加水製作出來通常是較有咬勁的麵包，加入牛奶的麵包則會像蛋糕般較為柔軟。多數以牛奶做成的麵包，像是「白麵包」，363頁，都可以水替代；然而，千萬別用水代替牛奶來做麵包捲、節日麵包、糕點或粗硬麵包。至於軟水和硬水的不同效用☆，請見「了解你的食材」。

許多食譜會要求使用起酥油、油或奶油。即使只含些許**脂肪**，都會讓麵包較為柔軟，這是透過「縮短」麩質段（gluten strands）所做成的結果。大量脂肪會讓麵包變得柔軟且紋理細緻到接近蛋糕的質地。此外，當然，使用一些脂肪，特別是奶油，會增添麵包的風味。

當大量奶油使用在麵包麵團——不論是海綿麵團或傳統麵團，像是在做「布里歐修餐包」的時候，加入奶油的時機就是重要關鍵。當將奶油與麵粉同時加入麵團時，奶油會包覆麵粉而使得麵粉無法吸收水分，如此一來，麩質就無法形成而導致脆裂如蛋糕般的質地，對於有些麵包來說，如德國聖誕蛋糕（Stollen），又名果子甜麵包，404頁，就會預期是這樣的質地。不過，一般而言，有嚼勁的質地才是麵包的理想質地，所以在一般情形下，要等到麵團的基本材料——酵母、液體、麵粉等等——混合揉製之後，最後再加入奶油。要將奶油揉入具有彈性的麵團可能很麻煩——當然，除非是使用有麵團攪拌棒的攪拌器來完成。

蛋，如同脂肪，會增進麵包的柔軟度。蛋也會讓麵包輕盈蓬鬆，正因如此，強調口感的麵包都會使用蛋，像是「哈拉猶太麵包」，369頁，否則的話就會顯得過於縝密。脂肪和蛋（程度較低）會阻礙酵母的作用，因此富含奶油和蛋的麵團會較慢發酵膨脹。

最後，**鹽和糖**都是用來增添風味。鹽會抑制酵母作用，不過加入麵包的

分量不至於多到讓那種情況發生；少量的糖會加速酵母發酵，不過，如果加入大量的糖（若是在一磅麵粉[相當於四杯的麵粉量]加入了超過三分之一杯的糖），反而會減緩酵母發酵。如果使用半杯的糖，麵團就根本不會發酵膨脹，除非之後再採取特別步驟來處理，這就是為何最甜的麵包也不會像蛋糕一樣甜。還有一些其他材料可以為麵包增加厚度和多樣性，就可以即興添加的堅果、葡萄乾、香草和植物，請見「酵母麵團的添加物」，362頁。

| 混製麵包麵團 |

準備酵母，將活性乾燥酵母溶解在四十‧五度到四十六度的液體中，然後放置三到五分鐘（如果使用的是壓縮的新鮮酵母，請溶解在二十九‧四度的液體後，不要攪拌地閒置八到十分鐘）。➡可以加入少量的糖來幫助酵母發酵。➡記得千萬別加入過量的糖。從前認為牛奶要殺菌再使用，現在的牛奶都經過巴斯德加熱消菌法，所以已經不再需要進行這道程序，不過，將牛奶加熱確實會幫助糖類溶解和融化脂肪。

擊打是製作麵團最簡單的方式，這不需要丁點功夫。使用強力電動攪拌器或用手強力擊打來取代揉壓，可以發展麵團的麩質含量，擊打到麵團已經不再黏附碗邊，就表示麵團已經擊打完成。擊打過的麵團氣孔較多，因此也比揉壓而成的麵團來的更快乾硬。對於混製部分的指示說明，請見「小圓烤餅」，399頁。

傳統或**直接**麵團製作法，如「白麵包」裡的說明，就麵包質地、儲存品質和外觀來說，這是我們最喜歡的方法。此外，這有個意外效果，我們發現揉壓的方式是發洩沮喪感的健康出口。使用大小適當的碗，開始攪拌一些麵粉，混入微溫液體、起酥油和溶解酵素的混合液，如此逐漸將所需的半數麵粉，並且揉壓一分鐘。接下來，當你加入其餘麵粉時，停用湯匙，改用雙手攪拌，直到麵團開始不再黏附碗邊，之後就可以將麵團倒出在灑了些許麵粉的板上或糕點布上。➡為了將麵粉少量且均勻地灑在板上，請根據食譜的麵粉指示量，大概就是每用一杯麵粉就用一大匙的麵粉來鋪灑——對於輕量的麵團，分量可以更少。在板下鋪上一條濕毛巾，如此就可以防止板子滑動。反轉麵團數次，如此將會更易於揉壓。➡開始揉壓之前，用乾淨的毛巾覆蓋麵團十到十五分鐘。

關於**攪拌器**製作法，使用強力電動攪拌器可以縮短準備時間，可將在麵粉最外層的活性乾燥酵母和其他乾燥材料，如同在「快速白麵包」的說明，364頁。攪拌器製作的麵包也會快速發酵膨脹，只是因為使用了相當溫熱的液體，所以加速了發酵膨脹的時間。將混合攪拌碗裡的麵粉、酵素、糖和鹽，以低速很快地攪拌一下，接著加入五十到五十五度的液體，以便軟化或溶解脂肪，並

且如同食譜的指示加以擊打。如果需要加蛋，就在此時加入，並且多加一杯麵粉，再如同食譜的指示加以擊打。逐漸加入足夠的麵粉來完成柔軟的麵團。接下來用手揉壓，如以上說明倒出麵團來加以放置。或者，以麵團攪拌棒揉壓約十分鐘，直到麵團平滑且富彈性為止。一台強力馬達的立式攪拌器是製造這類麵包所需的器具；手持攪拌器的力度是不足夠的。

| 揉壓酵母麵團 |

一般而言，麵團會因內含濕度而有所不同，只有端賴經驗才能知道在揉壓過程中需要加入多少麵粉。因此，個別食譜都有針對所需的不同麵粉量提出指示說明。揉壓會使得麵團產生麩質，一旦麵粉混合液體後，就會產生彈性組織網，麵團就會變得平滑且富彈性。酵母會產生二氧化碳而讓麵團開始發酵，這個氣體會被麩質組織包覆而成氣泡般，麵團因而開始發酵膨脹。如同下面的敘述，揉壓可以經由機械而完成，不過，由於揉壓過程會讓人充滿感覺和感到放鬆，許多人都喜愛自己動手揉壓。然而，對於像是裸麥麵團等某些相當濕黏的麵團，即使是追求感官的人，會發現以機器揉壓是比較好的方式。

揉壓可以在流理台或糕點或麵包板上進行。➠在板下鋪上一條濕毛巾以便防止板子滑動。你可能要在指上抹油來避免沾黏的情況。當麵粉在持續強力且規律的揉壓下而產生麩質，麵團就會變得平滑且富彈性。剛翻轉在工作檯時，麵團會有一點黏。第一次（大約十分鐘）的揉壓必須很徹底，但是不要過於強壓或粗糙。

過度揉壓或者是長時緩慢發酵膨脹都會造成質地不佳的麵包。將麵團朝你的方向翻折，然後如同所示，用沾滿麵粉的雙手將之向外推出揉壓；翻轉四分之一，將之翻折後再次向外揉壓。可能會需要在麵包板和雙手上灑上更多麵粉，以便避免沾黏的情形。當開始揉壓過程時，為了防止手部沾黏，一開始要輕抓麵團，而且不要過度壓揉。➠剛開始揉壓軟的麵團時，像是「布里歐修餐包」，392頁，其實並不是真的壓揉，而是將麵團從工作檯上剝離，在將之對內翻折，如圖所示。使用糕點刮刀將有助於處理這樣的柔軟麵團。

不斷重複揉壓過程，直到麵團變得平滑、富有彈性和出現光澤為止。在麵團表層，或作「麵衣」，會出現氣泡。此時的麵團應該不會再沾黏工作檯或你的雙手。➠測試是否完成，

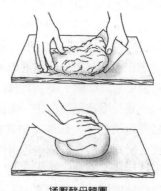

揉壓酵母麵團

可以緩慢輕柔地將一小部分的麵團以畫圓的方式轉動拉出，如此一來就可以施力平均地將之拉扯，直到麵團形成一個透明薄膜，而且不應該會被扯斷，至於薄膜應該要薄到可以讓光線穿透（另一種測試法則是用可以立即顯示溫度的溫度計，完成的麵團的中央部位的溫度應該要介於二十五到二十七度）。

一台強力（馬力至少要三百瓦）的立式電動攪拌機，其**麵團攪拌鉤**可以大幅縮短攪拌和揉壓麵團的時間和氣力。►敬請注意，倘若麵團過於粗糙（這是由於加入不夠量的液體所造成的結果），或者同時處理過多的麵團，馬達可能會被燒壞。記得要閱讀製造商的使用指示說明。

從開始到結束完成，可以使用攪拌鉤來混合和揉壓麵團；不過，先在開始時用板狀攪拌棒，等到麵團變得較結實後再換用攪拌鉤，有些麵包師發現這種作法可以較快速地混合麵團。►大分量的麵團可能需要用手稍加揉壓才能真的變得光滑。切勿獨留攪拌器而不加注意，攪拌器可能會「走離」流理台，或者麵團可能會上爬到攪拌鉤而黏纏住機器。水或麵粉可以再混製過程中加入，以便達到適當的堅韌程度。對此有個通則，加入的麵粉的正確分量就是麵團已經讓攪拌碗裡不再留存麵粉。

一些食物調理機力道不足，因而不法用來混製和揉壓麵團；許多力道夠的調理機則無法一次處理超過三碗或四碗麵粉量的麵團。記得閱讀製造商的使用指示說明，這些說明也會指示你該使用何種調理刀片。

若使用調理機來混製麵團，要減用食譜裡指示的麵粉量、其他材料和（像是溶解在奶油中的）脂肪，放入調理碗後約以二十秒的時間來好好混製。將酵母溶解於（四十・五度到四十六度）溫熱液體中，接著再混入冰箱溫度的剩餘液體和蛋（約為四・四度；►食物調理機往往會讓麵團過熱，這是何以使用冰冷材料的緣故）。在調理機運作中，從食物通管放入液狀材料，持續四十秒到六十秒，直到麵團將機內四周都清乾，如果麵團顯得黏稠，期間可以暫停一次或兩次，添加一些麵粉。►千萬別使用超過六十秒，否則麵團的麩質可能會斷裂。►不論是基於何種原因，倘若使用調理機六十秒後的麵團需要更多揉壓，請以雙手揉壓完成。

你也可能會在沒有溶解的情況下將酵母直接與麵粉一起處理，其他步驟皆如上文所述。快發酵母最適用這樣的混製法。

｜酵母麵團發酵｜

一旦麵團揉製完成後，取一乾淨的大碗，均勻地抹上一層油，將麵團放入大碗中，然後將之翻面。►麵團的整個表面因此塗抹了薄薄的一層油。接著用保鮮膜或一條乾淨的布覆蓋住大碗，讓麵團放置膨脹或發酵。

覆蓋欲使之發酵的麵團，若要測試麵團是否有好好發酵，下壓麵團

　　一般而言，酵母麵團應該要放置在無風且溫度維持二十四度到三十度的地方。如果室溫過低，你可以將麵團放置碗中後架高。➠放在裝了溫水的淺鍋之上；放在接近暖氣爐（而不是直接置放在）的地方；或者在烤箱加熱，時間要少於一分鐘，感到熱度即可關掉──如此烤箱就成了理想的發酵櫃。➠記得在預熱烤箱進行烘焙前要先移出麵包。

　　假如希望麵包條有濕潤的內裡，在麵團首次發酵時，應該要允許其體積膨脹兩倍或更多，時間一般要花上一到兩小時。➠千萬別讓麵團過度發酵到開始縮小，這樣一來會使得麵包變得粗乾。想要確定麵團有足夠發酵，可以指尖試壓。等到麵團體積膨脹兩倍之後，➠麵團上就會留下你的指印。

　　如圖所示，現在用拳頭向下捶打麵團，將麵團從外向內往中間摺疊，將麵團底部（光滑的一面）朝上放入碗裡。如果食譜有此指示，你現在就可以開始進行第二次揉壓，目的是為了讓麵包有更佳的質地。第二次揉壓只需進行幾分鐘，在碗裡進行即可。接下來就讓麵團再次發酵並將之覆蓋，➠直到麵團的體積膨脹到幾乎兩倍為止。

　　▲在高海拔的地區，請使用活性乾燥或壓縮新鮮酵母來製作本書食譜裡的麵包。➠除了有特別指示，避免使用立即或速發酵母，在海平面地區使用速發方式不會有問題，不過在高海拔地區就行不通了，這是因為缺乏氣壓會使得酵母快速發酵，一旦使用速發酵母就會讓麵包發酵膨脹過快，如此一來反而會喪失了麵包的美味和質地。

　　▲如果過程中沒有格外注意，在海拔超過三千呎的地區，酵母麵包麵團會快速發酵而發酵過度。為了應付這種境況，你可以將酵母分量輕微減低，以及／或者增加向下捶打麵團的次數，讓麵團至少發酵三次。或者，在溫暖處讓麵團發酵兩次，然後將之放入冰箱一夜，最後再將麵團取出在室溫下發酵成型。在海拔超過三千五百呎的地區，為了防止發酵過度，不要讓前兩次或三次的發酵體積達到兩倍，而且烘焙前的最後一次發酵體積只要達到三分之一（非兩倍）即可。就高海拔地區的提示☆，請見84頁。

｜形塑發酵麵團｜

　　發酵麵包有兩種基本形式：一種是如「白麵包」等以烤盤烘製完成，另一種則是像「法國麵包」等不拘形狀的麵包。這兩種形式需要個別的形塑步驟（不同麵包捲會根據不同類型來形塑；請照個別食譜指示）。

　　對麵團進行最後一次往下捶打，必要時依照食譜指示將麵團分成個別的小糰，再將每個部分輕輕放入形塑的容器中，放置的工作檯表面要輕灑些許麵粉，接著如下圖所示用乾淨的布覆蓋放置十分鐘。

　　製造烤盤烘焙麵包，要先將烤盤準備妥當。不同麵包烤盤會烤出不同的麵包外皮；選擇適合的烤盤，請閱讀「關於麵包外皮」的說明。除非食譜中有特別註明，一般來說烤盤都應該要抹油。

　　將已經經過放置的一小團麵團放在麵包板上，你就可以開始製作麵包條。你可以使用擀麵棍或手掌來均衡下壓麵團。在形塑麵包條前，一開始時先將之擀成圓形，接著將相對兩邊向中心內部對折形成長方形。你可能會希望將麵團滾成如圖所示的厚卷軸狀，在完成麵包條時就用掌根將之下壓成型。接下來就用手將麵包條兩端施壓封好，如本頁圖示的左邊小圖所示，在將麵團放入抹過油的烤盤，要把兩端多出來的部分向下塞入好讓麵團整個滑入烤盤。➡重要的是要讓已經完成的麵團與烤盤短邊相接觸，如此一來，才能在烘焙膨脹過程中撐住麵包。

　　用乾淨的布覆蓋烤盤。麵團會均衡地填滿烤盤四周角落。麵團發酵（在發酵體積幾乎但還不到兩倍）的期間，將烤箱預熱。倘若麵團發酵到足以進行烘烤時，此時麵包條會呈均衡對稱，➡並且在你用指尖輕壓時會在上頭留下輕微的痕跡，如本頁圖示的左邊小圖所示。千萬別讓麵包條過度發酵膨脹，或讓上端的外皮下方出現空洞空間。烘烤的說明請閱讀個別食譜的特別指示；至於如何在烤箱中放置烤盤☆，請見「烹飪方式與技巧」。

覆蓋放置在工作檯的麵團、做成麵包長條、形塑烤盤烘焙麵包

有些麵包條不是用烤盤來烘焙完成。像是天然酵母鄉村麵包，375頁的這些麵包條，並不是用烤盤周邊來支撐，因而要揉製地相當扎實，如此麵包條才能成形。因此，自由形狀的麵包條要揉製成形可以說就像是門藝術，想要技術熟練就得端靠個人經驗了。別對自己做出的成品過度嚴苛，畢竟就算是多年的專業麵包師傅也會做出形狀有點跑掉的麵包條。

　　先照食譜指示將麵團分割成數著小糰，接著就在輕灑麵粉的工作檯面將每一麵團揉壓成形。成形後用乾淨的布覆蓋放置十五分鐘。此時按照食譜準備一個或數個烘烤淺盤。

　　製作圓形麵包時，要將麵團放在輕灑麵粉的工作檯面。用類似空手道劈砍的手勢將雙手手指伸直捧住升麵團，雙手以四十五度角的角度放在麵包兩側，雙手的一邊則靠放在工作檯上。➠你現在實際上是以V字型捧住麵包。在麵包的下方部分施力，麵團的一小部分就會縮攏進麵包的下方，麵包的表面就會因此緊縮。接著將麵包轉向四分之一後再重複以上動作。以如此的方式不斷施壓和轉向，直到麵包成為圓形並且表面光滑緊實為止。大概需要三到五分鐘的時間，時間長短則視麵包的大小和個人揉壓成形的技術效率。成形的麵包就用乾淨的布輕輕覆蓋放置十分鐘，➠接著再將麵包轉向幾次來使得麵包更加緊實。然後就可以移放到烘烤淺盤了。

製作圓形麵包條

　　多數的圓形和長形的麵包在烘焙前都會**割痕**，也就是在頂部切割劃痕。割痕有幫助發酵膨脹和美觀裝飾的兩個目的。如果麵包沒有割痕就開始烘焙，麵團的擴張壓力可能會撕裂麵包表皮而出現不規則的紋路——或者，更糟的是麵團可能會被表皮困住而只有發酵膨脹一點而已。割痕可以用金屬薄刀（lame，這是專業麵包師傅使用的工具）、單面刀片或相當銳利的刀來完成。記得要以四十五度斜角的角度——千萬別直上直下——來握住完成割痕的工具，切入麵團約二分之一吋的深度。

　　至於圓形麵包，你可以在麵包頂部三分之二處劃出一道新月形割痕。或者你也可以用六道割痕劃出十字交叉的紋路，在麵包頂端劃出約隔一吋每道割痕，接著再以垂直或斜線的方式劃上另六道交叉割痕。在法國長棍麵包劃下六道割痕，或是三道長條斜切痕（從兩端劃下幾乎接近中間的兩道，第三道割痕則劃在這兩道之間）。➠不論是哪種麵包或割痕紋路，切勿將割痕劃在麵包邊緣或尾端，否則你將會解消麵包的表面張力而使得麵包變形。

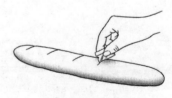

法國長棍麵包割痕

| 關於麵包外皮 |

人們熱愛不同的麵包外皮。➠你所選用的烤盤將會影響麵包外皮。使用標準鋁製麵包烤盤，不管是全鋁製品或不沾黏烤盤，將會製造出金黃的薄皮。玻璃製、黑色烤漆鋁製、瓷製和搪瓷製烤盤則會烘焙出深色厚皮。➠記得玻璃製和搪瓷製烤盤需要低溫烘焙☆，見「烹飪方式與技巧」。

牛奶（加在麵團中或在烘焙結束時塗抹）會讓麵皮整體呈現漂亮的棕色色澤。鮮奶油或奶油也可以在烘焙結束前的十到十五分鐘用來上色。若是糖衣外皮，你可以在烘焙結束前以法式蛋液，來塗抹麵包頂部。想要有柔軟的外皮，在麵包已經烘烤完成取出烤盤之後再塗抹外皮，然後用濕的乾淨布加以覆蓋。

想要有硬脆的外皮，就要利用專業烤爐的分流注射效果。➠在烤爐最下層預熱烘焙烤盤。

當你將麵包放入烤爐後，馬上就在預熱的烤盤裡倒入兩杯熱水或冰塊。➠麵包烘烤不久後以鹽水塗抹也會讓外皮堅硬。將半小匙的鹽加入半杯水中。

如果你真的要做有外皮的麵包，你可能要先投資購買足以提供外皮形成所需高溫的烘烤石頭和/或平樸地石。將石頭或地石放在烤爐的中層。➠若要有更好的效果，你也可以把沒有上釉的地石圍放在爐內四周。烘烤石頭和地石需要花上一段時間燒熱，因此➠在烘焙前置好要先將烤爐和地石預熱四十五分鐘。想讓自由成形的麵包底部外皮特別厚實酥脆，就要直接將麵包放在石頭或地石上烘烤。將在最中膨脹階段的麵包放在無邊的烘烤鐵盤或長餅麵包鏟之上，在上頭隨意灑上玉米粉，接著再小心地將麵包直接上到石頭或地石上面。

| 測試麵包完成度 |

要測試麵包的完成度，注意麵包是否已經從烤盤向內緊縮。或者試著將麵包移起用手指輕敲底部；如果麵包發出砰砰聲響，那就表示已經完成了。或者將可立即讀取溫度的溫度計插入麵包中央部位；此時應該要到達九十度或更高的溫度。必要時，將麵包重新放入烤爐，不管有沒有放入烤盤都好，再烘烤幾分鐘直到完成為止。

不過有些例外，尤其是緊實潮濕的麵包，像是全裸麥麵包，377頁和裸麥酸麵包，377頁等有用催化劑的鄉村麵包。這些麵包一定要烘焙到內部達到九十三度或九十九度左右的溫度。此外，當這些麵包烘焙到這樣的溫度時，縱然外觀看來已經完成（堅硬的金棕或深色外皮）而且敲擊起來也發出砰砰聲響，這些麵包還需要待在烤爐一段時間以便將其水分蒸出。否則的話，麵包冷卻後的外皮會軟掉而不酥脆。➠關掉烤爐，讓麵包再待在烤爐十分鐘。這個

冷卻技巧可以使得麵包乾燥而不至於過度烘烤或將之烤焦。

▲在海拔高度五千呎以上的地區，比起在海平面地區的溫度，提高像是基本麵包等麵包的烘烤溫度約十四度，如此將有助於麵包烘焙；所需烘焙時間可能與在海平面地區相同，或是要花上更多時間。在海拔高度一萬呎以上的地區，將烤爐預熱溫度提高十四度到二十八度將會加強發酵膨脹效果，不過接下來將麵包放入烤爐烘烤時，要將溫度減少至少十四度（或者要將溫度回復到食譜指示的溫度）。

｜冷卻和收藏麵包｜

麵包烘烤完成後，將麵包自烤盤取出倒放在網架上。▶在進行包裹、收藏和冷凍之前，要讓麵包完全冷卻。麵包不應該還會散發熱氣。如果在還溫暖時就包裹麵包，壓縮過後可能會讓麵包容易發霉。▶麵包自烤爐取出後，至少要等二十分鐘後才能切麵包，可以等上一個小時更好（麵包捲和小麵包的時間可以縮短）。麵包冷卻到內部溫度低於三十度後，品嚐起來會風味更佳。以麵包盒裝載、放在通風櫃，或是裝入沒有密封的紙袋中，多數麵包都可保持新鮮三到五天（麵包盒和通風櫃應該要定期以溫和蘇打粉或漂白劑擦拭，以便防止霉菌滋生）。麵包儲放在塑膠袋或包鮮膜之內可以保鮮較長時間，不過外皮將會軟掉。▶千萬別放冰箱──冰箱會讓麵包乾掉。如果你想要延長麵包食用時間，包裝妥當的麵包可以冷凍達三個月。▶麵包一旦解凍就會快速變壞，因此千萬別解凍你無法在一天內食用完的分量。

｜酵母麵團的添加物｜

葡萄乾、棗子、乾果、檸檬蜜餞、核果、去殼芝麻或烤過的去殼葵花子、快炒過的洋蔥、乾燥或新鮮香草、豆子或穀芽、烤過的麥麩、奶製品、啤酒酵母──這些被稱為「改良劑」的材料──會在風味和營養的考量下而加入酵母麵團之中。這些改良劑的使用量很少會超過食譜指示的麵粉量的四分之一。▶有些麵粉指示只是用來鋪灑在水果上來防止水果黏結在一塊。加入以上這些改良劑之前，徹底地混合首次添加的小麥粉來產生麩質。

沒有麥粉的麵包都會缺乏彈性，這是因為麵包彈性是來自小麥裡的麩質。因此，當你要以其他麵粉或穀物取代本書食譜所指示使用的小麥粉時，請注意以下事項：▶以蕎麥、大麥、玉米粉、小米粉、白米或糙米粉、煮過的剩下穀物，或任何以上的混合物來取代使用時，至少要加入二分之一的食譜指示的小麥粉量。▶如果是用麥麩或豆粉來取代使用，至少要加入四分之三的食譜指示

的小麥粉量。➠像是燕麥片、粗麥屑、麥麩等粗糙穀物，一定要先用調理機或咖啡／香料研磨機將之磨成粉狀。全穀物或粗糙穀物一定要先煮過。➠添加煮過的穀物時，要將食譜指示的水分／液體使用減少三分之一到二分之一。

對於過敏人士，請別使用小麥而要以裸麥或稻米取代，可以在第一四七期的美國農業部家庭與花園公報（USDA Home and Garden Bulletin No. 147）上的「食物過敏的人的烹調方式」（Baking for People with Food Allergies）裡找到相關食譜。

康乃爾三重豐富麵粉配方（Cornell Triple-Rich Flour Formula）

在1930年代，美國康乃爾大學的克里夫‧麥凱博士（Dr. Clive McCay）致力於提高多數世界人口的營養標準，他的研究發現，以自然形式將特定材料添加入強化的未漂白麵粉中，如此就可顯著提供麵包的營養價值。你可以使用這個配方來做個人喜愛的麵包、餅乾、瑪芬蛋糕或其他蛋糕。

你在量製時，首先依據指示在每杯麵粉的底部放置以下材料：

1大匙大豆粉

1大匙奶粉

1小匙小麥胚芽

接著再照食譜在杯中放入麵粉。

白麵包（White Bread）（2個9×5吋麵包）

這個完美的白麵包首次出現在本書的1931年版。這是穀物平衡的中筋麵包，不會很快就變壞，容易切來做三明治。

在平底鍋混入以下材料加溫（41到46度）：

1杯牛奶、1杯水、2大匙糖

1大匙植物起酥油或豬油

1大匙奶油、1大匙鹽

在一大碗中加入以下材料，放置約5分鐘來讓酵母溶解：

1/4杯（41到46度）溫水

1包（2又1/4小匙）活性乾燥酵母

同時準備：

6到6又1/2杯中筋麵粉

接著將上述的牛奶混合溫液加入溶解後的酵母。先加入3杯麵粉並攪拌1分鐘，然後才將其他3杯麵粉加入攪拌。接下來將麵團挪到輕灑麵粉的工作板上開始揉壓，直到麵團光滑、富有彈性和充滿氣泡為止；同時要逐漸添加麵粉直到麵團不再黏手為止。之後將麵團放進抹了油的碗裡，在將麵團倒放以布覆蓋，讓麵團在溫暖處（24到30度）發酵膨脹達兩倍體積，時間至少要1小時。

擊打麵團，在時間允許下，讓麵團再次膨脹體積兩倍一次，不然的話就不再進行二次發酵膨脹的過程。將麵團分成兩半而成兩份麵包，然後分別放進已經抹油的9×5吋的麵包烤盤之中。以乾淨布覆蓋讓麵團再次發酵到體積接近兩倍。期間要將烤爐預熱到230度。想要有你喜歡的外皮，請見361頁。麵包烘烤10分鐘後要將調降烤爐溫度至180度，接著再烘烤約30分鐘。烘烤到麵包外皮呈金棕色且底部可敲出砰砰聲響。烘烤完畢後就將麵包自烤盤一次取出放置架上直到冷卻為止。

快速白麵包（Fast White Bread）（1個9×5吋麵包）

快速簡單的酵母麵包要以速發酵母來完成；也可以使用常用的活性乾燥酵母。

在一個大碗或強力攪拌器的碗裡加入以下材料混合攪拌：

2杯麵粉、1大匙糖

1包（2又1/4小匙）活性乾燥或速發酵母

1又1/2小匙鹽

接著加入：

1杯溫熱的水（46到50度）

2大匙融化或軟化的奶油或乳瑪琳

準備：

1杯到1又1/4杯高筋麵粉

以手或攪拌器低速地攪拌1分鐘，期間有時要加入1/4杯的麵粉直到生麵團不再黏手為止。

用手或攪拌鉤以中等速度揉壓約10分鐘，直到麵團光滑且有彈性。接著將麵團放進已經抹油的碗中翻轉抹上一層油。將碗以保鮮膜輕輕覆蓋閒置在溫暖處（24到30度），讓麵團發酵膨脹至兩倍大40到45分鐘。準備好一個抹了油的9×5吋的麵包烤盤，將麵團放進烤盤並形塑成麵包的形狀，將兩端餘邊塞進烤盤之中。接著在麵包表面抹上一層油，並且以乾淨的布覆蓋閒置在溫暖處直到體積再次膨脹兩倍為止，時間約20到25分鐘。將烤爐預熱到230度。麵包烘烤10分鐘後要將調降烤爐溫度至180度，接著再烘烤約30分鐘。烘烤到麵包外皮呈金棕色且底部可敲出砰砰聲響。烘烤完畢後就將麵包自烤盤一次取出放置架上直到冷卻為止。

牛奶麵包（Milk Bread）（1個9×5吋麵包）

牛奶、雞蛋和奶油讓這種麵包有著細緻豐富的風味、柔軟的碎屑層和金棕色的外皮。製作這種麵包的麵團也很容易做成麵包捲。

在一個大碗或強力攪拌器的攪拌碗裡將以下材料加以混合，接著要放置約5分鐘直到酵母溶解為止：

3大匙（41到46度）溫水

1 包（2又1/4小匙）活性乾燥酵母

接著加入：

1杯（41到46度）溫牛奶

5大匙融化或軟化的奶油或乳瑪琳

3大匙糖、1顆大雞蛋、1小匙鹽

以手或攪拌器低速地攪拌1分鐘，期間要漸次加入：

2杯中筋或高筋麵粉

用手或攪拌鉤以低中速揉壓約10分鐘，直到麵團光滑且有彈性。接著將麵團放進已經抹油的碗中翻轉抹上一層油。將碗以保鮮膜輕輕覆蓋閒置在溫暖處（24到30度），讓麵團發酵膨脹1小時。

準備好一個抹了油的9×5吋的麵包烤盤，將麵團放進烤盤並將兩端餘邊塞進烤盤之中。接著在麵包表面抹上一層油，並且以乾淨布覆蓋閒置在溫暖處直到體積再次膨脹至兩倍大為止，時間約1到1個半小時。將烤爐預熱到190度。接著在麵包表面塗抹上：

融化的奶油或牛奶

將麵包表麵烘焙至深金棕色且底部可敲出砰砰聲響，約耗時35到45分鐘。烘烤完畢後將麵包自烤盤取出放置架上直到完全冷卻。

肉桂葡萄乾麵包（Cinnamon Raisin Bread）（1個9×5吋麵包）

準備：

同上述牛奶麵包的麵團

讓麵團閒置發酵膨脹一次。等待發酵的期間，在盛足1/2吋冷水的平底鍋中加入：

1/2到1杯的葡萄乾

將水加熱煮沸，接著將葡萄乾拿出瀝乾冷卻。準備以下材料加以攪拌：

1/4杯糖、1大匙肉桂粉

準備1個抹了油的9×5吋的麵包烤盤。接著捶打麵團，然後使用桿麵棍將麵團擀成8×18吋大小和約1/2吋厚的長方形麵團。完成後在麵團表面塗抹上：

1又1/2小匙的融化後的奶油

在麵團上灑滿2小匙已經準備好的肉桂粉糖，並且在表面上均勻地灑上葡萄乾。先從8吋的一邊開始將麵團像是捲果凍薄捲餅一樣輕捲起來。將接合處捏合，並將兩端黏合。將有接合處的一邊朝下放入烤盤之中。以抹上油的保鮮膜覆蓋，閒置在溫暖處直到體積膨脹至兩倍大為止，需要1到1個半小時。此時將烤爐預熱到190度。

將下列攪拌後塗抹在麵包頂部：

1顆雞蛋、1小撮鹽

在麵團頂部灑上剩下的肉桂粉糖。將麵包表麵烘焙至深金棕色且底部可敲出砰砰聲響，約耗時40到45分鐘。烘烤完畢後將麵包自烤盤取出放置架上。趁著麵包還熱時，在上頭刷上：

2小匙融化後的奶油

完畢後就放置直到完全冷卻。

起司麵包（Cheese Bread）（2個9×5吋麵包）

若要有不同變化，可以在起司上灑一些像是百里香或馬鬱蘭等剁碎的新鮮或乾燥香草。在捲曲麵包時，你也可以加入一些切碎的洋蔥或薑，或是剁碎的青蔥、甘椒或綠橄欖。想要有令人愉悅的變化，可以用全麥麵粉取代一半的白麵粉，並且用2小匙的蜂蜜取代糖的使用。

加熱（41到46度）：

1又1/2杯的牛奶

接著加入以下材料攪拌到奶油幾乎融化為止：

1/3杯糖、1/4杯（1/2條）軟奶油

1大匙鹽

然後就不再加熱。接著在一個大碗中加入以下混合閒置約5分鐘直到酵母溶解為止：

1/2杯（41到46度）溫水

2包（1又1/2大匙）活性乾燥酵母

好了之後拌入上述牛奶混合液。接著加入以下並持續攪拌到滑順為止：

1顆大雞蛋

1又1/2杯的刨絲的切達起司（6盎司）

加入以下用力攪拌：

3杯中筋麵粉

接著再加入以下持續用力攪拌，攪拌到麵團不再黏附碗邊為止：

2到3杯中筋麵粉

繼續揉壓麵團約10分鐘。接著將麵團放進已經抹油的碗中翻轉抹上一層油。將碗以保鮮膜輕輕覆蓋閒置在溫暖處（24到30度），讓麵團發酵膨脹至兩倍大，約1小時。準備2個抹了油的9×5吋的麵包烤盤。將麵團向下捶打，接著將之分成2半並形塑成兩個麵包形狀。將麵團放入烤盤並且放置約1小時讓其體積發酵膨脹至兩倍大。

將烤爐預熱到190度，如果喜歡的話可以在上頭塗抹：

（融化的奶油）

烘烤約30分鐘，將麵包表面烘焙至深金棕色且底部可敲出砰砰聲響。烘烤完畢後將麵包自烤盤取出放置架上直到完全冷卻。

香草麵包（Herb Bread）

如果手邊有新鮮的香草，將香草剁碎；使用的若是乾燥的香草，照以下食譜的指示將分量增為三倍。

準備：

牛奶麵包；或全麥麵包

製作麵包時，揉壓麵團之前要先加入：

1小匙芹菜籽、1小匙葛縷籽

1小匙乾蒔蘿或蒔蘿籽

或者：

1/2小匙乾馬鬱蘭或羅勒

1/4小匙乾百里香、1大匙切碎的西洋芹

（1/2小匙乾奧勒岡）

或者：

1/4小匙薑粉、1小匙乾百里香

1小匙捏碎的香薄荷

1小匙捏碎的迷迭香

或者：

1小匙磨碎或研磨過的肉豆蔻或丁香粉

1小匙捏碎的迷迭香

1小匙乾蒔蘿、1大匙切碎的鼠尾草

蒔蘿糊糕麵包（Dill Batter Loaf）（1個9×5吋麵包）

蒔蘿糊糕麵包一直是本書的最愛，這裡提供的是最新版的食譜。多數超市現在長年都有販賣新鮮的蒔蘿，比起乾蒔蘿或蒔蘿籽，新鮮蒔蘿是比較好的材料。

在一個大碗中加入以下混合閒置約5分鐘直到酵母溶解為止：

1/2杯（41到46度）溫水

1包（2又1/4小匙）活性乾燥酵母

在一個大碗或強力攪拌器的攪拌碗裡將以下材料加以混合：

3杯高筋麵粉、1/2杯切細的洋蔥

3大匙切碎的新鮮蒔蘿，或1大匙乾燥蒔蘿或蒔蘿籽、2大匙糖或蜂蜜

（1大匙炒過的小麥胚芽）、1大匙鹽

在酵母中添加：

1杯大切塊的鄉村起司、1顆大雞蛋

用手或攪拌器低速地混合到麵團成形為止，需要時就添加額外的麵粉或溫水。

接著用手或攪拌鉤以中低速度揉壓約10分鐘，直到麵團光滑且有彈性。完成後就將麵團放進已經抹油的碗中翻轉抹上一層油。將碗以保鮮膜輕輕覆蓋閒置在溫暖處（24到30度），讓麵團發酵到體積膨脹兩倍，時間為1到1個半小時。

將1個9×5吋的麵包烤盤抹油。接著將麵團向下捶打讓麵包成形，將兩邊下塞入烤盤之中。以抹上油的保鮮膜覆蓋閒置在溫暖處，讓麵團發酵到體積膨脹兩倍，時間約1小時。

等待期間將烤爐預熱到180度，如果喜歡的話可以在麵包上頭塗抹：

1顆輕打過的雞蛋，或1大匙融化的無鹽奶油

在麵包表面輕灑：

1/2小匙的粗鹽或些許蒔蘿籽

將麵包表皮烘焙至深金棕色且底部可敲出砰砰聲響，時間約35到40分鐘。烘烤完畢後將麵包自烤盤取出放置架上直到完全冷卻。

全麥麵包（Whole Wheat Bread）（2個9×5吋麵包）

製作全麥麵包或其他全穀物麵包，如羽狀輕盈的質地當然不是主要的目標，然而這種麵包確實應該不致太過緊實。全麥麵包的作法與白麵包相同，不過就是以全麥麵粉取代部分白麵粉。麵包師傅對於全麥麵粉與白麵粉的理想比例的看法不一；本書喜愛的比例是一份全麥麵粉與兩倍白麵粉。在353頁到366頁的白麵包食譜都適用來做全麥麵包。

請見「關於全麥麵粉」☆，「了解你的食材」的說明。

在一個大碗中加入以下混合閒置約5分鐘直到酵母溶解為止：

1/4杯（41到46度）溫水
1 包（2又1/4小匙）活性乾燥酵母

加入以下充分混合：

1顆打過的雞蛋
1/4杯（1/2條）融化的奶油
2又1/2杯（30度）溫水
1又1/2小匙鹽
1/4到1/2杯的糖、蜂蜜或楓糖漿

再加入：

4杯全麥麵粉、4杯中筋麵粉

揉壓、發酵和成形的步驟請照356頁到360頁的指示，先以1個小時的時間覆蓋麵團在一個抹油的大碗發酵膨脹兩倍、接著讓麵包在2個抹上油的9×5吋的麵包烤盤裡以45分鐘的時間再次膨脹兩倍。

將烤爐預熱到180度。

烘焙45分鐘，讓麵包表皮烘焙至深金棕色且底部可敲出砰砰聲響。完畢後將麵包自烤盤取出放置架上直到完全冷卻。

發芽全麥麵包（Sprouted Whole Wheat Bread）

如前述準備全麥麵包的方式，但是使用2包（1又1/2大匙）活性乾燥酵母。混合在2杯溫水之中，接著再加入2杯研磨過的發芽全麥麵粉、大豆、扁豆、白漿果或鷹嘴豆☆，見「了解你的食材」。

全麥三明治麵包（Whole Wheat Sandwich Bread）（2個9×5吋麵包）

如上準備白麵包的作法，不過要以2杯全麥麵粉取代2杯白麵粉，並且使用2包（2又1/4小匙）活性乾燥酵母。

無糖全麥麵包（Sugar-Free Whole Wheat Bread）（2個9×5吋麵包）

如上準備白麵包，363頁的作法，但是不要加糖，並且要以2杯全麥麵粉取代2杯白麵粉。

快速全麥麵包（Fast Whole Wheat Bread）（1個9×5吋麵包）

如上準備快速白麵包的作法，不過要以1杯全麥麵粉取代1杯高筋麵粉。

全麥麵包「樂土」（All-Whole-Wheat Bread Cockaigne）（2個8又1/2×4又1/2吋麵包）

這是質地較為厚實和樸質的麵包。

在一個大碗中加入以下混合閒置約5分鐘

直到酵母溶解為止：

1/4杯（41到46度）溫水

1包（2又1/4小匙）活性乾燥酵母

1大匙壓實的紅糖

先將以下混合：

6杯全麥麵粉、1/2杯乾燥奶粉

再混入：

2杯（41到46度）溫水

1大匙鹽、1到3大匙融化的奶油或培根油

4到6大匙糖蜜或蜂蜜

混合後加入先前準備的酵母混合液。將

麵粉逐漸混入。很快地揉壓一下，需要時就添加一些麵粉。讓放入抹油大碗裡的麵團發酵膨脹致體積兩倍，時間約1個半小時；接著再放入2個抹上油的8又1/2 × 4又1/2吋麵包烤盤裡發酵一次，時間約1小時。

將烤爐預熱到180度。烘焙45分鐘，讓麵包表皮烘焙至深金棕色且底部可敲出砰砰聲響。完畢後將麵包自烤盤取出放置架上直到完全冷卻。

角片全麥麵包（Cracked-Wheat Bread）（2個9×5吋麵包）

如果你買到粗略研磨的角片麥粉，要先放到攪拌器中仔細研磨過。除了角片麥粉之外，已可以試試看用煮過的穀物來製作這個很棒的麵包。

先煮過：

1杯仔細研磨過的角片麥粉

其中要加入：

3杯滾燙的熱水

煮10分鐘，或者直到水分都被麵粉吸收為止。關火後再加入：

3/4牛奶、3大匙糖或蜂蜜

2大匙奶油或植物起酥油

1大匙糖蜜、1大匙鹽

接著放置冷卻。等待期間同時在一個大碗中加入以下混合閒置約5分鐘直到酵母溶解為止：

1/4杯（41到46度）溫水

2包（1又1/2大匙）活性乾燥酵母

接著將先前準備的麥片混合液加入攪拌，然後再加入以下加以拍擊：

4杯中筋麵粉、2杯全麥麵粉

將麵團放在灑了麵粉的工作板上加以揉壓10分鐘左右。將麵團放入一個抹油的大碗中加以覆蓋，閒置在溫暖處（24到30度）讓其發酵到體積膨脹兩倍，時間約為1小時。

接著將麵團向下擊打，揉壓幾次後，將麵團分成2份。將麵團放入2個抹上油的9×5吋的麵包烤盤裡，覆蓋後讓麵團再次膨脹兩倍，時間約45分鐘。

將烤爐預熱到180度。

烘焙35到40分鐘。完畢後將麵包自烤盤取出放置架上直到完全冷卻。

燕麥麵包「樂土」（Oat Bread Cockaigne）（2個9×5吋麵包）

加熱到41到46度：

2杯牛奶

在一個大碗中放入：

1杯傳統扁平燕麥片

先加入已經加熱的牛奶，然後再加入：

1/2杯壓實的紅糖、1/4杯的植物油

2小匙鹽、（1/2小匙的薑末）

接著將之放置到微溫。在等待期間，在一個大碗中加入以下混合閒置約5分鐘直到酵母溶解為止：

1/4杯（41到46度）溫水

2包（1又1/2大匙）活性乾燥酵母

接下來將酵母混合液加入之前準備好的燕麥之中，然後加入以下攪拌：

1或2顆輕打過的大雞蛋

1/4到1/2杯的小麥胚芽

1杯大豆粉、2杯全麥或裸麥

逐漸加入以下攪拌：

3到4杯中筋麵粉

接著開始揉壓並使之發酵，讓麵團在一個抹油的大碗中發酵到體積膨脹兩倍，時間約為1又1/4小時。然後再讓麵團在2個抹油的9×5吋的麵包烤盤裡再次膨脹到體積兩倍，時間約50分鐘。

將烤爐預熱到180度。烘焙約1小時，讓麵包表皮烘焙至深金棕色且底部可敲出砰砰聲響。完畢後將麵包自烤盤取出放置架上直到完全冷卻。

酪奶馬鈴薯麵包（Buttermilk Potato Bread）（2個9×5吋麵包）

這個麵團也可以用來做成麵包捲。

準備：

3/4杯煮好的新鮮馬鈴薯——將還溫熱的馬鈴薯以刨刀刨成長條狀，或以叉子搗成泥狀

將還溫熱的馬鈴薯放入一個大碗或是馬力強勁的攪拌器的攪拌碗中，加入以下一同攪拌：

1/2杯（1條）相當柔軟的無鹽奶油

再加入以下好好攪拌：

2杯室溫（22度到24度）的酪奶

2包（1又1/2大匙）活性乾燥酵母

2顆輕打過的大雞蛋

2大匙糖

2又1/2小匙鹽

逐步加入以下攪拌到麵團濕潤但是不黏手：

6又1/4到6又1/2杯高筋麵粉

當麵團製作完成時，用手或麵團攪拌鉤以低到中等的速度揉壓10到12分鐘，直到麵團滑順、柔軟和富有彈性。隨後將麵團轉放在一個抹油的碗裡翻轉沾滿油，再以保鮮膜覆蓋放置在室溫（22度到24度）下讓體積膨脹兩倍，時間約1到1個半小時。準備2個抹油的9×5吋麵包烤盤。把麵團向下擊打後分成兩半，接著讓麵包成形。將麵包兩邊收進烤盤中。接著再次以抹油的保鮮膜覆蓋，讓麵包膨脹到體積兩倍，時間約1小時。

將烤爐預熱到190度。在麵包上端塗滿：

1顆輕打過且加入少許鹽巴的雞蛋

喜歡的話，可以灑上：

（1大匙罌粟籽）

烘焙40到45分鐘，讓麵包表皮烘焙至深金棕色且底部可敲出砰砰聲響。完畢後將麵包自烤盤取出放置架上，食用前至少要讓麵包冷卻30分鐘。

哈拉猶太麵包（Challah）（1個辮子麵包）

這是傳統的猶太安息日雞蛋麵包，類似布里歐修，特別適合在早餐時食用。

將以下放入一個大碗或是馬力強勁的攪拌器的攪拌碗中，閒置約5分鐘直到酵母溶解為止：

1/2杯（41到46度）溫水

1包（2又1/4小匙）活性乾燥酵母

加入：

1/2杯高筋麵粉、2顆輕打過的大雞蛋

2顆輕打過的大蛋黃、3大匙植物油

3大匙糖、1又1/4小匙鹽

以低速用手或攪拌器攪拌到一切材料徹

編織3條繩形的哈拉猶太麵包

底混合為止。

接著逐漸加入：

2又1/2杯高筋麵粉

用手或麵團攪拌鉤以低到中等的速度揉壓約8分鐘，直到麵團滑順和富有彈性但不黏手或沾鍋為止。隨後將麵團轉放在一個抹油的碗裡沾翻轉沾滿油，再以保鮮膜或乾淨的布覆蓋放在溫暖處（24到30度）讓體積膨脹兩倍，時間約1到1個半小時。

把麵團向下擊打，快速地再揉壓一下後，將麵團放回碗裡，覆蓋後放入冰箱，讓麵包再次膨脹到體積兩倍（膨脹到3/4其實就夠了），時間約2到12個小時。

麵團現在就已經可以加以成形了。

把麵團分成3份。在一個沒沾麵粉的工作檯上滾成球狀，接著已保鮮膜輕輕覆蓋閒置10分鐘。

將麵包烘烤淺盤抹油並在上頭灑上：

粗玉米粉

把每個麵團球滾成13到14吋的繩形麵團，厚度約1又1/2吋，兩端約成圓錐狀。在繩狀麵團上灑上麵粉，如此一來在烘焙時就會更清楚地分開。將3條繩形麵團並排放好後，將一端下壓集結在一起，接著就把剩下到另一端的部分編成辮子。完成後就將兩端下折到麵包下方，隨後就可移到烘烤淺盤上。

在麵包上方一起刷滿：

1顆雞蛋

少許鹽

（保留蛋液）在辮子麵包上以稍微抹油的保鮮膜輕輕覆蓋，閒置在溫暖空間約45分鐘，不過麵包體積不用膨脹到兩倍。

將烤爐預熱到190度。在麵包上端塗上蛋液，喜歡的話，可以灑上：

（1大匙罌粟籽或芝麻籽）

烘焙30到35分鐘，讓麵包表皮烘焙至深金棕色且底部可敲出砰砰聲響。完畢後將麵包取出放置架上完全冷卻。

法國麵包（French Bread）（2條法國長棍麵包）

法國食譜忽視法國麵包，法國人也認為這個富有特色的麵包是商業麵包師傅的工作。為何如此呢？這是因為麵包師傅才會有製造真正法國麵包所需的傳統石磚火爐，以木材燃燒取得均勻分布的熱量。本書認為法國麵包具有獨特的美味。

混合：

4杯中筋麵粉、2大匙鹽

1包（2又1/4小匙）活性乾燥酵母

混合完後在中心位置挖個井深的洞，接著倒入：

1又1/2杯室溫的水

用手或馬力強勁的攪拌器以低速將麵團徹底攪拌，直到麵團柔軟且有彈性為止，時間約12分鐘。以乾淨的布覆蓋麵團，或者將麵團放入抹了油的碗裡翻轉抹上一層油後再以保鮮膜覆蓋。接著放置在溫暖處（24到30度）讓體積膨脹

兩倍，時間約2小時，然後將麵團向下擊打。想做出傳統法國長棍的形狀，要在一個灑上麵粉的工作板上將麵團分成兩半，接著輕拍成兩個相同的長方形，再如圖所示以滾離自己身體方向的方式來讓法國長棍成形。不斷地滾動，以手向外施壓，讓麵團的兩端向外圓錐般突出，一直到出現長細的麵包形狀為止。完成後就將麵包移置到抹了油的烘烤淺盤。➡️如果你在烘烤淺盤上放置超過一條麵包，要記得麵包的體積會膨脹兩倍，因此要記得在麵包之間預留空間——至少有預留一整條麵包的大小。以灑了麵粉的乾淨的布覆蓋麵包。你可以用稍微抹油的1吋鋁箔紙圈圍繞麵包，藉此給予麵包額外的支撐。麵包膨脹發酵到一半時就要將鋁箔紙移除。讓麵包在溫暖處膨脹到將近兩倍的體積即可。接

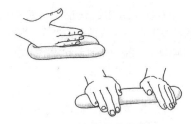

形塑法國長棍麵包

著在麵包上頭劃上割痕。

將烤爐預熱到200度。在烤爐的最下層預熱一個麵包烤盤，倒入1杯熱水，熱水應該有蒸氣。將麵包放在烤爐中層架上烘烤15分鐘，然後就將烤箱降溫為180度再烘烤30分鐘。烘烤到麵包表皮出現金棕色且底部可敲出砰砰聲響。烘烤完成前5分鐘或就在完成之前，在麵包外皮塗上：

1個加入1大匙水打過的蛋清

完畢後將麵包取出放置架上完全冷卻。

| 關於海綿酵頭和混合酵頭 |

酵頭（starter）是指酵母糊或酵母麵團，主要是當作酵母來讓麵包發酵。所有酵頭的關鍵就是產生時長且緩慢的發酵過程，如此一來，才能出現某些生物過程而讓酵頭和麵包都能擁有風味。主要有**海棉酵頭**、**混合酵頭**和**酸味**（sourdough）**酵頭**等三種基本類型。

如德國聖誕蛋糕和義大利托尼甜麵包（Panettone），403頁，由於會使用大量的奶油、雞蛋和/或糖，因此這種麵包通常會以海綿酵頭開始。海綿酵頭是混合了溶解的酵母、液體和食譜指示的部分麵粉量來做成的不太稠的酵母糊。一旦酵母糊發酵後（有時要花上一個小時），酵母糊就會起泡而有如海綿一般。由於海綿酵頭相當溫暖、濕潤且不含脂肪和鹽巴等物質，因此可以做為酵母的理想成長媒介。接著再按照食品指示的步驟將剩餘的麵粉和其他材料加入海綿酵頭之中。

海綿酵頭（Sponge Starter）（1杯）

海綿酵頭（法文為*poolishes*，義大利文為*bigas*）是能快完成的酵頭。只要增加水的

含量，任何效頭都可以做成海綿酵頭。這裡的食譜是以商業酵母做成的海綿酵

頭，只需要6小時的發酵時間。放置在溫暖處可以加速酵頭成熟的時間，不過，我們建議在室溫下發酵以便讓酵頭更有風味。除了麵團直接發酵的發法之外，這是製作麵包最快速的方式，可以讓麵包出現手工製造的純樸質地——包括堅硬的外皮和厚實的麵包心——正因如此才讓使用酵頭發酵的麵包如此誘人。

製作海綿酵頭時，有些麵包師傅會照麵包食譜指示而使用所有液體用量來混合1/4的麵粉量，然後在海綿酵頭發酵後才加入混合其他材料。

將以下放入一個中型碗中，閒置約5分鐘直到酵母溶解為止：

1/2杯（38度）溫水
1/2小匙活性乾燥酵母
加入：
3/4杯高筋麵粉

以木製湯匙快速地攪拌到麵糊出現彈性而開始不再黏附碗邊為止，時間約2分鐘。以保鮮膜將碗緊緊覆蓋，放置在室溫（約21度）下約6小時，直到麵糊起泡且分量膨脹三倍為止。或者，讓酵頭在冰箱中發酵約14個小時（如果要使用剛從冰箱取出的酵頭來做麵包，記得以〔41到46度〕溫水來做麵團）。

當酵頭的分量膨脹到三倍且開始輕微崩壞時，一定要馬上用來開始製作麵包。

混合酵頭（Mixed Starter）（2杯）

混合酵頭是在前次做麵包時預留下的麵團中混加更多麵粉和水，藉此讓麵團能夠再次發酵膨脹。混合酵頭會偏酸，不過不會像酸味酵頭那樣酸，有時也有可能根本不酸（這類的麵包烘焙並非是精準的科學）。任何一種麵包都可以用酵頭取代酵母，不過現在主要是用來製作所謂的鄉村麵包或爐烤麵包——只以麵粉、水、酵母和鹽做成的堅硬但形狀不拘的麵包——這是因為這種麵包的基本特色就是那深沉豐富的風味。▶當酵頭的分量膨脹到三倍且開始輕微崩壞時，一定要馬上用來開始製作麵包。或者要添加3/4杯麵粉和1/2杯的水來保持酵母不致枯竭，讓酵頭不致減輕其作用。當你準備好開始麵包時，要加麵粉和水將這種隔次的麵團加以揉壓、讓麵團膨脹，並讓酵頭在麵團中發揮作用。當這種發酵膨脹後，在你開始麵包之前，可將6盎司的麵團取下保存以便下次使用。如果不斷重複這樣的保存過程，麵包的風味就會越積越多。

第一次製作這種酵頭時，在首批麵團中要添加額外的1/3杯的水和2/3的麵粉，如此就可補足你後來要留存下次使用的麵團分量。如果你持續用隔次麵團來製作麵包，你會發現麵團所需的發酵時間會越來越長，這是因為酵母在如此使用幾次過後就會減低作用。儘管這種緩慢的發酵過程會改善麵包的風味，但是總會有發酵時間實在耗費太久的一天，屆時，在開始閒置混合酵頭發現之前，可以添加溶解過的1/8 小匙的酵母和1小匙的溫水。

取下一部分發酵完全的麵團，緊緊封閉之後放入冰箱保存一天或兩天（在冷凍庫可以保存3個月）：
3/4杯（已經消氣，6盎司）麵團

假如麵團冷凍過，在準備開始做麵包之前，要將保存的麵團解凍到室溫溫度。將麵團放入一個大碗或馬力強大的攪拌器攪拌碗之中，隨後加入：
2/3杯（41到46度）溫水
1又1/2杯高筋麵粉

用手或攪拌器以中等速度加以混合攪拌2分鐘。接著用手揉壓7到10分鐘，或以攪拌鉤以中速揉壓3分鐘。將麵團放入沾油的碗中翻轉抹上一層油，再以保鮮膜包緊緊覆蓋，接著就放置在溫暖處（24度到46度）約4到6個小時，直到分量發酵到兩倍左右為止，或是放置在冰箱中8到12個小時，記得在使用前要讓麵團回復到室溫溫度。如此一來，酵頭已經可以用來照食譜製作麵包了，或者是放在冰箱以便隔夜使用。

｜酸味酵頭｜

一想到這個名詞，馬上就想到那些頑強的開拓者，這些人彼此分享麵包「酵頭」可以算是一種表達情誼的方式。當然，最棒的歐洲麵包和其他許多著名的麵團（如舊金山酸麵團）也是使用麵粉和水的調合物以便藉不同的方式來誘發天然酵母。廚房的酵母烘焙的方式已經有好幾世紀的歷史，這些有機體的流傳相當豐饒且一定可以做出酵頭。然而，在對此不熟悉的新式流線型廚房中，我們建議要以使用酵母的酸味酵頭開始著手，尤其是在冬季時節，使用麵粉、液體、商業或野生酵母來製作，酵頭的發酵時間少則八到十二個小時、多則要花上五天，然後一定要再「餵食」額外的麵粉和水。如此一來，將會使得用此酵頭做成的麵包更具質地和風味。一般來說，海綿酵頭較稀且較濕，也是可以最快做成使用的酵頭。

這裡提供照料和添補酵頭的指示說明。添補循環過程的連貫性是相當重要的。微生物有機體會發展出自己的「記憶」，添補過程也偏好有規律的間隔時間。不過，你可以冷藏酵頭好幾個月而不需加以添補。酵頭會進入睡眠狀態，裡頭的酸性物質會溶解麩質，一種灰色液狀物，就被稱為液體的東西，或是「私釀物」（hootch），會與麵粉分離而漂浮在上頭。想要重新啟動酵頭的作用，只需撈出這些液體，丟棄掉一些睡眠中的酵頭，然後依照以下提供的「酸性酵頭」（Sourdough Starter）的指示，就可以重啟酵頭。酵頭應該就會開始起泡滲水而在二到四天後就可以用來烘焙。

標準添補過程會讓酵頭的分量變成兩倍，因此，假如你有兩杯酵頭的量，之後就會變成四杯，再一次就是八杯，之後就依此類推。如果到後來的酵頭分量已經超過你會使用到的量，可以送人或丟掉一些。當你在做麵包時，總是要記得留下足夠的酵頭，如此就可下次烘焙時可以適時重啟酵頭來進行烘焙。你可以將酵頭冷藏，但是記得要讓酵頭至少要先冷藏二十四小時，而在重啟酵頭時也要讓它閒置在室溫下至少兩個小時。

就保存酵頭的瓦罐、瓶罐或容器，一般而言並不需要消毒來防止污染。酵頭裡的主要細菌和酵母應該會防止外來物質侵入。然而，一旦酵頭的顏色改變

或出現怪味，就該丟掉不再使用。

　　使用酵頭來做麵包，最好是在室溫下的最後一次添補後的四到八小時。假如你在添補前就使用酵頭，酵母可能會過於飢餓而發酵不足；若是在添補後就馬上使用酵頭，你可能會稀釋了酵頭而讓發酵更加緩慢。在室溫下保存的酵頭，至少要每日添補兩次，每次間隔十二小時。如果你發現自己並不經常使用酵頭，就將酵頭覆蓋妥當放置冰箱冷藏，每周添補一次即可。

酸味酵頭（Sourdough Starter）

I. 空氣中沒有酵母菌的廚房
在有大開口的瓦罐或玻璃瓶中加入以下混合：
2杯（30度）溫水
1包（2又1/4小匙）活性乾燥酵母
2杯中筋麵粉
以木製湯匙攪拌——記得永遠不能使用金屬製品。攪拌後不要覆蓋，直接放置在27到32度的地方4到7天，或者放到酵頭開始起泡且散發出酸味為止。在這段期間，每天要攪拌一次；倘若表層出現硬皮，也要將之往下攪拌。可以立即使用，或是放置在冰箱直到要使用為止。進行補充時，留下1杯酵頭後，就將其他丟棄（如果留的過多，除非重啓酵頭，否則可能會開始腐壞）。接著加入：
1/2杯（30度）溫水
1/2杯中筋麵粉
讓酵頭閒置一晚直到發酵和起泡為止，之後就可以使用或是放入冰箱冷藏。要重啓酵頭的話，請加入：
1杯（30度）溫水
1杯中筋麵粉

II. 空氣中充滿來自之前烘焙麵包的酵母菌的廚房，請遵照在上述I部分的指示，不過要用以下取代酵母：
1杯（30度）溫水
1杯中筋麵粉
1/2杯糖
進行補充時，將這三樣東西以同等分量加入1杯酵頭。

│ 使用海綿酵頭或酸味酵頭做成的麵包 │

　　比起直接用麵團的傳統方法製作的麵包，這種麵包需要投注更多時間和心力，不過這種麵包越來越受到歡迎，這是在於更多的居間烹飪發現到這種新鮮烘焙的歐式麵包所帶來的喜悅，因而更樂於嘗試在家做出這種麵包。以下的食譜包含以海綿酵頭和酸味酵頭做成的麵包。只要掌握到需要的額外步驟，製作酵頭其實真的很簡單———一旦完成了一個酵頭，你就可以將酵頭保存在手邊，可以無止境地補充使用。

法國鄉村麵包（Rustic French Bread）（2個圓型麵包、2條粗長棍麵包，或4條細長棍麵包）

使用海綿酵頭來發酵，這些形狀不拘的麵包具有鄉村質地——堅硬外皮和具有嚼勁的濕潤麵包心。

將以下放入一個中型碗中，閒置約5分鐘直到酵母溶解為止：

1/2杯（27-32度）溫水

1/2小匙活性乾燥酵母

再加入：

3/4杯高筋麵粉

以木製湯匙快速地攪拌到麵糊出現彈性而開始不再黏附碗邊為止，時間約2分鐘。 以保鮮膜將碗緊緊覆蓋，放置在室溫下約6小時，直到麵糊起泡且分量膨脹三倍為止。或者，讓酵頭在冰箱中發酵約14個小時（如果要使用剛從冰箱取出的海綿酵頭來做麵包，記得使用〔41到46度〕溫水來做麵團）。

將海綿酵頭倒入一個大碗或攪拌器的攪拌碗中，接著加入以下攪拌：

2杯（22到24度）室溫的水

4又1/2杯高筋麵粉，或視需要的分量加入灑入：

1大匙鹽，最好是品質好的海鹽

攪拌到麵團不再黏附碗邊。需要時可以添加麵粉或水來調整麵團的堅韌度。麵團應該要有感到有點黏手但是又不至於真的黏手的狀態。用手或攪拌鉤以中等速度加以揉壓10分鐘，直到麵團光滑且富有彈性為止。

將麵團放入抹了油的碗裡翻轉抹上一層油，接著再以保鮮膜覆蓋放置在溫暖處（24到27度），讓麵團體積膨脹到兩倍，時間約3小時，或者是在室溫較低的地方放置約6小時。

將麵團分成兩半，做出圓形麵包，或是分成4份做成4條細法國長棍麵包。接著將成形的麵包移到2個灑了麵粉的烘烤淺盤，以保鮮膜覆蓋放置在室溫下讓體積膨脹到兩倍，時間為2到4小時。

在烤爐下層和中層放置烤架，接著將一個烤盤放在下層的烤架上。將烤爐預熱到230度。如果是使用爐石，將爐石放在中層烤架上預熱45分鐘。

在已經發酵膨脹的麵包上頭劃上割痕。將麵包放在烤爐中層。在下層已經預熱的烤盤裡放入2杯滾燙熱水。細法國長棍麵包要烘焙約30分鐘，粗法國長棍麵包要烘焙約35分鐘，圓形麵包則要烘焙約40分鐘。麵包要烤到表皮呈棕色且底部可敲出砰砰聲響；麵包內裡的溫度應該要有95度。完畢後將麵包取出放置架上完全冷卻。想讓麵皮更堅硬的話，關掉烤爐後就讓已經烘焙完的麵包再待上5到10分鐘。

完畢後將麵包取出放置架上完全冷卻。

天然酵母鄉村麵包（Rustic Sourdough Bread）（2個圓型麵包、2條粗長棍麵包，或4條細長棍麵包）

由於製作酸味酵頭所需的時間，在你烘焙麵包之前，你至少要提前3天來製作前述II.，不過做出的成品絕對是會讓人感到值得的。若是要做全麥酸麵包的話，就以2杯全麥麵粉取代所需的2杯高筋麵粉。

I. 準備：

法國鄉村麵包，如上所示。

使用以下取代海綿酵頭：

2杯酸味酵頭

並且減少水分至：

1又3/4杯（如果酵頭剛從冰箱冷藏取出，就要使用溫水）

II. 在一個大碗或馬力強勁的攪拌器的攪拌碗中加入：

2杯酸味酵頭、2杯（30度）溫水

4杯高筋麵粉

用手或攪拌器低速地讓黏稠的麵團成形。以抹油的保鮮膜將碗覆蓋後放入冰箱12到14小時，讓麵團體積發酵膨脹到幾乎兩倍

取出麵團後閒置在室溫中2個小時。

加入：

1/2杯高筋麵粉

4小匙鹽，最好是品質好的海鹽

使用攪拌鉤以低速到中速的速度揉壓

7到10分鐘，讓麵團光滑且有彈性，但是摸起來是黏稠的。以保鮮膜輕輕覆蓋閒置10分鐘。

把麵包揉捏成形、使之發酵、進行烘焙，請遵照如上「法國鄉村麵包」部分的說明。

III. 準備：

法國鄉村麵包，如上所示。

使用以下取代海綿酵頭：

2杯混合酵頭

並且減少水分至：

1又3/4杯（如果酵頭剛從冰箱冷藏取出，就要使用溫水）

記得要存放3/4杯（6盎司）的已經發酵的麵團以備下次使用。

以海綿酵頭製作白麵包（White Bread Made with a Sponge Starter）（2個圓型麵包、2條粗長棍麵包，或4條細長棍麵包）

比起直接以麵團製作而成，這種以海綿酵頭為底的白麵包品嚐起來更具風味。

在一個大碗或馬力強勁的攪拌器的攪拌碗中加入，攪拌到麵團不再牽黏碗邊為止：

2杯海綿酵頭

2杯（22到24度）室溫的水

4又1/2杯高筋麵粉

灑入：

1小匙鹽，最好是品質好的海鹽

必要時，可以加麵粉或水來調整麵團的硬度。麵團應該摸起來有黏度但是又不至於會沾黏雙手。用手或使用攪拌鉤以低速到中速的速度揉壓10分鐘，直到麵團光滑且有彈性。接著將麵團放進已經抹油的碗中翻轉抹上一層油。將碗以保鮮膜覆蓋閒置在溫暖處（24到27度）約3小時，讓麵團發酵到體積膨脹兩倍，若是閒置在較涼爽的地方，時間則為6小時。

將麵團分成兩半，每一半做出圓形麵包

或粗法國長棍麵包，或是分成4份做成4條細法國長棍麵包。接著按照說明將成形的麵包移到藍子裡、放在乾淨布面上，或是抹了油的烘烤淺盤，以抹了油的保鮮膜覆蓋放置在室溫下讓體積膨脹到兩倍，時間為2到4小時。

將烤爐預熱到230度。如果是使用爐石，將爐石放在中層烤架上預熱45分鐘。若要直接在烤熱的爐石上進行烘焙，移動麵團時，你需要準備麵包師傅使用的長柄木鏟或平底鏟，並且在薄烘烤淺盤上灑上粗玉米粉——將發酵膨脹的麵團翻面到長柄木鏟上，每個麵團之間要預留幾吋空間。

在麵包上頭劃上割痕。用噴灑罐向預熱的烤爐噴水，稍等約1分鐘，就著就立刻把將麵包放入爐中。再等2分鐘，然後再向爐壁噴水一次。細法國長棍麵包要烘焙約30分鐘，粗法國長棍麵包要烘焙約35分鐘，圓形麵包則要烘焙約40分鐘。麵包

要烤到表皮呈棕色且底部可敲出砰砰聲響。想讓麵皮更堅硬的話，關掉烤爐後就讓已經烘焙完的麵包再待上5分鐘。完畢後將麵包取出放置架上完全冷卻。

以混合酵頭製作白麵包（White Bread Made with a Mixed Starter）

如同以海綿酵頭製作白麵包開始準備，但是以2杯混合酵頭，取代海綿酵頭，並且將水分用量減為1又3/4杯（如果酵頭剛從冰箱冷藏取出，就要使用溫水）。這種麵團應該會夠堅硬，因此應該不至於會讓不同形狀的麵包在烘烤前走樣。記得要存放3/4杯（6盎司）已經發酵的麵團以備下次使用。

以混合酵頭製作全麥麵包（Whole Wheat Bread Made with a Sponge Starter）（2個圓型麵包或4條細長棍麵包）

如同以混合酵頭製作白麵包，開始準備，但是以2杯全麥麵粉取代2杯高筋麵粉，高筋麵粉的總體用量應為2杯。

全裸麥麵包（All-rye-flour Bread）（2個扁圓麵包）

裸麥麵粉缺乏小麥粉中會產生麩質的蛋白質，正因如此，用裸麥做成的麵包會有密實沉重的質地，就像是裸麥粗麵包一樣。在一個大碗將以下材料加以混合，放置約5分鐘直到酵母溶解為止：
1/2杯（41到46度）溫水
2 包（1又1/2大匙）活性乾燥酵母
加入：
2杯（30度）溫牛奶
2大匙融化或軟化的奶油
1大匙糖或蜂蜜、2小匙鹽
接著加入攪拌：
2杯裸麥麵粉
覆蓋後讓麵團發酵約1小時。
接著逐漸拌入：

3杯裸麥麵粉、（1顆打過的雞蛋）（2大匙葛縷籽）、（2大匙芝麻籽）
覆蓋後讓麵團再發酵約2小時。
在一個工作板上灑上：
1杯裸麥麵粉
在板上揉壓麵團，將板上的麵粉揉入，約10分鐘。將麵團分成兩半做成圓形麵包。將麵包移置到妥善抹油的烘烤淺盤之上，並且在麵包上方抹油。以保鮮膜覆蓋讓麵包再發酵約2小時。
將烤爐預熱到180度。
烘焙約1小時。將烤爐關閉後，讓麵包在烤爐中再待上10分鐘。烘烤至麵包表皮呈金棕色且底部可敲出砰砰聲響。完畢後將麵包放置架上直到完全冷卻。

裸麥酸麵包（Sourdough Rye Bread）（2個圓形麵包或2個長形麵包）

想做出最美味的裸麥麵包就需要使用酸味酵頭。按照這個食譜做麵包之前，你首先要拿一包酵母的一部分做出一個酸味酵頭，接著再用隔天剩下的酵母做出2個海綿酵頭。
準備酸味酵頭，將以下在一個大碗裡輕輕攪拌：
1/2杯中筋裸麥麵粉、1/4杯水

1小匙活性乾燥酵母
用保鮮膜緊緊覆蓋後閒置在（30度）溫暖處24小時。
在酵頭中再加入：
1杯中筋裸麥麵粉、3/4杯水
再次覆蓋讓酵頭再發酵4小時。接著拌入以下做出第一個海綿酵頭：
1又3/4杯中筋裸麥麵粉
3/4小匙活性乾燥酵母、1/4杯水
讓酵頭發酵，以乾淨濕布覆蓋後放在溫暖處，直到分量膨脹兩倍為止。接著拌入以下做出第二個海綿酵頭：
1又3/4杯裸麥麵粉、1又3/4杯中筋麵粉
1/2小匙活性乾燥酵母、1杯水
攪拌到滑順。以乾淨濕布覆蓋讓酵頭的分量膨脹到兩倍，約1小時。
加入：
1又3/4杯中筋麵粉、1杯水
1大匙葛縷籽、1大匙鹽
攪拌到滑順，將麵團覆蓋後發酵膨脹20分鐘。

把麵團放到灑了麵粉的工作板上揉壓，將以下揉入其中：
1又1/2到2杯中筋麵粉
揉壓到麵團結實——麵團不會柔軟到攤平或散開。將麵團一分兩半，做出2條長形麵包或圓形麵包。將成形的麵包放在已經抹油的烘烤淺盤上，讓麵包發酵，但體積不需膨脹到兩倍——發酵過度或讓麵包烘烤或呈扁平狀。
將烤爐預熱到220度。
在烤爐中放入一個盛了1/4吋水的烤盤後，烘烤麵包50到60分鐘。期間可能需要加水，不過盛水的烤盤在20分鐘後就該自烤爐中取出。當麵包烘烤完成後，馬上在麵包上塗滿：
融化的奶油
或者，如果你想要有光滑的外皮，可以在麵包外皮塗上：
鹽水（在1/2杯水中加入1小匙鹽）
完畢後將麵包放置架上直到完全冷卻。

以海綿酵頭製作裸麥麵包（Rye Bread with a Sponge Starter）（2個圓型麵包）

使用中筋裸麥麵粉，這種麵粉比起一般的全白裸麥麵粉的顏色較深且更具裸麥香味。在開始之前，請閱讀「關於海綿酵頭和混合酵頭」的部分說明，371頁。
在一個中型碗中將以下材料加以混合，放置約5分鐘直到酵母溶解為止：
1/2杯（41到46度）溫水
1/2小匙活性乾燥酵母
加入：
3/4杯高筋麵粉
以木製湯匙快速地攪拌到酵頭出現彈性而不再黏附碗邊為止，約2分鐘。以保鮮膜將碗緊緊覆蓋，讓酵頭在室溫下發酵到起泡且分量增為三倍為止，時間約6個

小時；或者讓酵頭在冰箱中發酵14個小時（如果是剛從冰箱拿出的海綿酵頭，記得用41到46度的溫水來製作麵團）。
將海綿酵頭挖到一個大碗或馬力強勁的攪拌器的攪拌碗中，接著加入以下攪拌：
2又1/2杯室溫（22到24度）的水
3又1/2杯中筋裸麥麵粉
3又1/2杯高筋麵粉
用木製湯匙或攪拌器以中等速度快速地攪拌2分鐘。加入高筋麵粉或水來調整麵團的硬度。將以下用手攪拌2分鐘或用攪拌器的攪拌鉤拌入：
4小匙鹽

用手或麵團攪拌鉤以低速到中速的速度攪拌約7分鐘，直到麵團光滑、有彈性和結實為止。 將麵團放入抹了油的碗中翻轉一圈上油。將碗以保鮮膜緊緊覆蓋，閒置在溫暖處（24到30度）約1個半小時，麵團只會些許發酵，但是切勿再閒置，否則會讓酵頭發酵過度而使得麵包吃來厚重（酵母細胞會很快就吞噬掉裸麥麵粉）。將麵團一分兩半，做出2條長形麵包或圓形麵包。接著將麵包放在抹了油的烘烤淺盤之上並且灑上：

粗玉米粉

在沒有支架之下來烘焙麵包。以抹了油的保鮮膜覆蓋，讓麵包閒置在溫暖處發酵膨脹，時間為1個半小時。

在烤爐的下層和中層放上支架。在下層放上烤盤。將烤爐預熱到230度。若有使用爐石的話，將爐石放在中層架上預熱45分鐘。

把麵包放在中層支架。記得在下層燠熱的烤盤中加入2杯滾燙熱水。烘烤至麵包表皮呈棕色且底部可敲出砰砰聲響，時間約45分鐘。完畢後將麵包留置架上直到完全冷卻。

托斯卡尼麵包（Tuscan Loaf）（2個橢圓型麵包）

這種麵包單吃就很不錯，也很適合用來做「普切塔」★，161頁，或是用來做為麵包湯的底。如果你吃過，你就知道：托斯卡尼麵包是不含鹽的。讓麵包自由地發酵可以保證兩件事情：你可以依照自己的時間表來完成麵包，而緩慢的發酵過程也會讓麵包充滿深沉的麥粉香氣。

在一個大碗或攪拌器的攪拌碗中放入以下攪拌1分鐘：

2杯（30度）溫水

1杯全麥麵粉、3/4杯中筋麵粉

1包（2又1/4小匙）活性乾燥酵母

用保鮮膜將碗覆蓋後，將麵團閒置在室溫下發酵8到12個小時。再拌入：

2又1/2杯中筋麵粉、1大匙橄欖油

需要時可以添加1杯麵粉，攪拌到出現柔軟和稍黏的麵團為止。用手揉壓15分鐘，或用麵團攪拌鉤以低速到中速的速度揉壓7分鐘。麵團應該要相當有彈性但是還是有些黏度。

將麵團放入抹了油的碗中翻轉一圈上油。將碗以保鮮膜緊緊覆蓋，閒置在室溫下讓麵團發酵膨脹兩倍，時間約2小時。

將麵團下壓再簡短地揉壓一番。利用製作圓形麵包的延展和下摺的方式，將麵團做成橢圓形的麵包，請見「形塑」部分的說明。在一個烘烤淺盤上輕輕抹油並灑上：

粗玉米粉

把麵包放置在烘烤淺盤之上，麵包表面抹油後就以保鮮膜覆蓋，讓麵包在室溫下閒置發酵直到體積膨脹兩倍，時間為1個半小時。如果你輕輕下壓麵包會在上頭留下自己的指印，這就表示麵包已經可以進行烘焙了。

將烤爐預熱到220度。在烤爐最下層放上一個烤盤。

在已經發酵膨脹的麵包上頭劃上網目線狀的割痕，然後就把烘烤淺盤放進烤爐。隨即在最下層的烤盤裡加入1杯熱水後就將烤爐爐門關上。烘烤至麵包底部可敲出砰砰聲響，時間約40分鐘。完畢後將麵包留置架上直到完全冷卻。

自然發酵麵包（Salt-risen Bread）（3個9×5吋麵包）

這種極佳的不尋常作法，完全仰賴粗玉米粉的一種耐鹽細菌來做為發酵過程的酵母。粗玉米粉一定要是磨石研磨而成。不要在潮濕寒冷的季節裡嘗試做這種麵包，同時要保護這種麵糊不受風寒。即使是在最佳的情狀下，做出來的成果也相當不穩定。在以電煮鍋加熱的熱水中、熱水槽裡，或溫暖的櫥櫃中，我們都曾經將覆蓋後的碗放在這些地方成功地做出麵包。

在一個大瓶罐或大碗中加入：

1/2杯以磨石研磨而成的粗玉米粉，最好是白色的粗玉米粉

1大匙糖

將以下加熱後澆在粗玉米粉上：

1杯牛奶

將之覆蓋後閒置一晚或更久的時間，要放在溫暖處，溫度最好是32到35度，直到上述混合物發酵為止：發酵過的混合物應該要質地很清，並且在表面上有出現一些小小縫隙（倘若質地不清的話，用這種混合物做的麵包將無法適當地發酵）。

在一個大碗中加入以下混合：

1/3杯植物起酥油或豬油

2大匙糖、1大匙鹽

淋入：

3杯（41到46度）溫牛奶

再拌入：

3又 1/2杯中筋麵粉

將準備好的粗玉米粉混合物拌入，接著將碗放在一個盛了溫水的烤盤裡1到2小時，需要時要補水來保持水溫，等到碗底冒出泡泡即可。

再拌入：

5杯中筋麵粉

在一個工作檯上將以下揉壓到光滑但不至於僵硬為止：

2到 2又 1/2杯中筋麵粉

把麵團分成3份後放入3個9×5吋麵包烤盤裡，覆蓋後讓麵團體積發酵膨脹兩倍。要小心觀察——倘若發酵體積過大，麵包可能會發酸。

將烤爐預熱到200度。

麵包烘烤10分鐘後，要將烤爐降溫到180度，接著再烘烤25到30分鐘。烘烤至麵包表面呈金棕色且底部可敲出砰砰聲響。完畢後將麵包自烤盤中取出，移放在架上直到完全冷卻為止。

披薩麵團（Pizza Dough）（2個12吋麵皮）

當你成為一個狂熱的披薩師傅之後，你將毫無疑問地會研發出自己的外皮形式和最愛的頂層加料。我們最愛的頂層加料★，請見190到192頁。烘焙的指示說明★，請見191頁。

在一個大碗或攪拌器的攪拌碗中放入以下混合，放置約5分鐘直到酵母溶解為止：

1又1/3杯（41到46度）溫水

1包（2又1/4小匙）活性乾燥酵母

加入：

3又1/2杯到3又3/4杯中筋麵粉

2大匙橄欖油、1大匙鹽、（1大匙糖）

用手或攪拌器以低速攪拌1分鐘。用手揉壓10分鐘，或攪拌鉤以低速或中速的速度揉壓到麵團光滑且富有彈性。將麵團放入輕輕抹油的碗中翻轉一圈上油。將碗以保鮮膜或乾淨的布覆蓋，閒置在室溫下（24到30度）讓麵團發酵膨脹兩倍，時間約1到1個半小時。

將烤爐預熱到250度。將2個烘烤淺盤上油並灑上粗玉米粉;或者,在烤爐裡放入爐石預熱45分鐘。

將麵團下壓並分成兩半再各自滾成圓球形,接著以保鮮膜稍加覆蓋後讓麵包閒置發酵10到15分鐘。準備喜歡的頂層加料。

每次處理一個麵團球,將麵團球放在稍微灑上麵粉的工作檯上壓平,將球滾動拉扯成12吋的圓形麵皮。接著將圓形麵皮放入已經預熱的烘烤淺盤之上,或者,

如果有使用爐石的話,將麵皮放在無邊的烘烤淺盤或灑了粗玉米粉的麵包師用的長柄木鏟上。將麵皮邊緣拉高捏壓出皮邊。為了防止麵皮裡部滲入水分,要在麵皮表層塗上:

橄欖油

用手指頭壓平麵團表面的凹陷以便防止氣泡出現,然後再讓麵團閒置10分鐘。接下來就可以在披薩的麵皮放上頂層加料並且開始烘烤了。

義式香草麵包(Focaccia)(2個8吋或9吋的圓形麵包或方形麵包)

這是相當受歡迎的義大利扁平麵包,會以橄欖油、鹽和香草來添加風味。

準備:

披薩麵團,如前述

將麵團分成兩半後,每一半再滾動推成1/2吋厚的圓形麵團,接著將麵團移入已經安善抹油的8吋或9吋的圓形或方形烤盤之中。用已經抹油的保鮮膜覆蓋,讓麵團發酵膨脹1個半小時。將烤爐預熱到200度。在烘烤前的10分鐘,用手指將麵團的表面各處下壓壓出凹痕。在麵包上淋上:

最多1/2杯的橄欖油

在麵包頂部放上:

2大匙捏碎的起司,如羅馬諾起司、帕馬森起司或希雅哥起司

1小匙乾燥香草,如迷迭香、蒔蘿、羅勒、百里香或奧勒岡;是2小匙新鮮香草葉或切碎的香草

1/4小匙粗鹽

(切片過的曬乾番茄、橄欖和焦糖化洋蔥★,477頁,或是烤過的番茄切丁)

烘烤至麵包表面呈金棕色,約25分鐘。接著將麵包從烤盤移出放置架上即可。可以就此趁熱吃或在室溫下品嚐,或是將麵包橫切打開做為三明治的麵包。

皮塔薄餅(Pita Bread)(8個薄餅)

這種薄餅又名口袋薄餅(pocket bread),相當適合用來做成三明治,或是用來包鏟蘸料或醬料——特別是鷹嘴豆泥★,140頁、茄子沾醬★,140頁或酪梨醬★,137頁。你可以根據自己的喜愛將食譜的部分麵粉以全麥麵粉取代,不過若使用全麥麵粉就可能需要多加水來讓麵團柔軟有彈性。你也可以在烘焙之前在滾成圓形的薄餅皮上灑滿芝麻。

在一個大碗或攪拌器的攪拌碗中放入以

下混合:

3杯高筋麵粉、1又1/2大匙糖

1又1/2小匙鹽

2包(1又1/2大匙)活性乾燥酵母

再加入:

2大匙融化的奶油

1又1/4杯(22到24度)室溫的水

用手或攪拌器以低速攪拌1分鐘。用手揉壓10分鐘,或用攪拌鉤以低速或中速的速度將麵團揉壓到光滑、柔軟且富有彈

性。必要時要加入適量的麵粉或水；麵團應該要有點黏但又不太黏。將麵團放入抹油的碗中翻轉一圈上油。將碗以保鮮膜覆蓋，閒置在室溫下讓麵團發酵膨脹兩倍，時間約1到1個半小時。

在烤爐下層放上支架，支架上再放置披薩石板或烘烤爐石。將烤爐預熱到230度，時間約45分鐘（如果你沒有披薩石板或烘烤爐石，在預熱烤爐後，你可以將烘烤淺盤倒放在支架上，然後將淺盤烘熱5分鐘）。

在等待烤爐預熱的期間，將麵團下壓均

分成8份，然後將每份滾成小圓球，接著將圓球覆蓋閒置發酵膨脹20分鐘。

在輕灑上麵粉的工作檯上，將每個圓球滾壓成直徑約8吋、厚度約1/8吋的薄圓皮。在烤爐內的石板或淺盤上面噴灑一些水，等待30秒過後，只要在烘烤表面上的薄圓皮不會直接碰到彼此，就可以盡可能地擺放薄圓皮。烘烤約3分鐘讓薄圓麵團膨脹成氣球狀，然後再烤30秒，接著就要馬上將薄餅移放到架上冷卻。假如你讓薄餅在烤爐中烘烤過久的話，薄餅就會乾掉而且不會消氣呈扁平狀。接著將所有薄皮烤完。

印度饢餅（Naan）（4個橢圓形餅）

這種美味柔軟的印度扁平麵包，傳統的作法是使用熾熱的泥灶，不過在家中就只能使用烘烤爐石來做。

在一個大碗或馬力強勁的攪拌器的攪拌碗中放入以下混合：

2杯高筋麵粉

1/2小匙鹽

1又1/8小匙活性乾燥酵母

再加入：

3/4杯室溫的優格或酪奶

2大匙融化的奶油或植物油

1小匙到1大匙水，視需要添加

用手或攪拌器以低速攪拌到麵團球柔軟成形。用手揉壓10分鐘，或用攪拌鉤以低速或中速的速度將麵團揉壓到光滑且富有彈性。將麵團放入抹油的碗中翻轉一圈上油。將碗以保鮮膜覆蓋，閒置在室溫下讓麵團發酵膨脹，時間約1個半小時。

在烤爐下層放上支架，支架上再放置披薩石板或烘烤爐石。將烤爐預熱到250度，時間約45分鐘（如果你沒有披薩石板

或烘烤爐石，在預熱烤爐後，你可以將烘烤淺盤倒放在支架上，然後將淺盤烘熱5分鐘）。

在等待期間，將麵團下壓均分成4份，然後將每份滾成小圓球，接著將圓球覆蓋閒置發酵膨脹10分鐘。

在灑上麵粉的工作檯上，將每個圓球滾壓成長約8到10吋、厚度約1/4吋的橢圓形餅皮。在上面塗上：

1到2大匙融化的奶油

喜歡的話，也可以灑上：

（2大匙切碎的青蔥或2小匙芝麻或罌粟籽）

只要放在披薩石板或烘烤爐石上的餅皮不會直接碰到彼此，就可以盡可能地擺放餅皮。烘烤6到7分鐘，直到每個圓形餅皮膨脹並開始呈金黃色澤。將餅皮從烤爐中移出，喜歡的話，可以在此時淋上：

（融化的奶油）

將饢餅對摺放在有乾淨鋪布的籃子裡，用布覆蓋。將所有餅皮烤完。趁熱食用。

油炸蜜糕（Sopapillas）（12個麵包）

這種麵包可以做為零食或點心。請閱讀「深油炸」☆的說明，見「烹飪方式與技巧」。

在中型鍋中將以下材料妥善攪拌：

2杯中筋麵粉、1大匙泡打粉

1大匙糖、3/4小匙鹽

再加入：

3/4杯溫水、1大匙植物油

用稍微沾上麵粉的雙手開始揉壓，直到麵團快要柔軟且有些許彈性即可，約1分鐘（如果過度揉壓，麵團後來會很難滾動成形）。將麵團放入抹油的塑膠袋中，再放進冰箱1到2小時。把麵團分成12份，用手將每份麵團下壓成3到4吋的圓形扁平麵包。以保鮮膜覆蓋閒置發酵10到15分鐘。在輕灑麵粉的工作檯上，將每個圓形扁平麵包再滾壓成直徑7到8吋的大小。接著以手指在麵包中間部分戳一個洞。

在至少開口有10吋的煮盆或煮鍋中，將以下加熱到190度：

2到3吋深的豬油或植物油

每次只將一個麵包放入熱鍋中炸煮，直到膨脹且稍呈棕色即可，用鉗子將麵包翻邊，每邊煮炸約1分鐘。炸完後放在紙巾上瀝油。可以淋上：

蜂蜜

或灑上：

糖粉

麵粉薄餅（Flour Tortillas）（8個6吋到8吋薄餅）

麵粉薄餅是不放酵粉的麵包，做起來簡單到讓人驚訝。

在一個大碗或馬力強勁的攪拌器的攪拌碗中放入以下混合：

2杯高筋麵粉、1小匙泡打粉、1小匙鹽

1/4杯植物起酥油或豬油

3/4杯（46到55度）熱水

用手或攪拌器以低速攪拌到麵團開始成形。用手揉壓，或用攪拌鉤以低速或中速的速度將麵團揉壓到光滑，約4到6分鐘。

將麵團分成8份，每份再滾成球形。覆蓋後閒置發酵20分鐘。

將每個圓球向下滾壓成大小約6吋到8吋、厚度約1/8吋的圓形薄餅。如果圓球滾不開，就先滾壓下一顆，之後再回頭滾壓成形。

以中火將一個大型鐵鍋或不沾鍋熱鍋。接著將圓形薄餅一個個放入鍋中，煎煮到薄餅上出現棕色顆粒，第一面約30秒，再翻面煎煮反面15秒。煎煮其他薄餅時要將已經完成的薄餅覆蓋保溫。趁熱食用。

玉米薄餅（Corn Tortillas）（16個5吋薄餅）

這種薄餅的麵團乾得很快；因此，在使用到之前，記得要將為使用的部分覆蓋保濕，但是，你永遠可以在需要時加水揉壓來調整麵團的強硬度——再次揉壓並不會傷害到成品的品質。

在碗裡加入以下用手混合，必要時加水來做出柔軟的麵團：

2杯馬薩麵粉☆，見「了解你的食材」

1又1/4杯到1又1/3杯（49到52度）熱水

以保鮮膜覆蓋閒置發酵至少30分鐘。用手揉壓閒置過的麵團，需要時加水或馬薩麵粉來調整強硬度，揉壓到麵團柔軟、光滑

且富有彈性，但是不致太黏或過乾易碎。在爐火上各自放上兩個沒有抹油的煮鍋，或者是用大小可以覆蓋住爐火的淺鍋，將一邊的煮鍋（或是一邊的淺鍋）以中低火加熱，另一邊則以中高火加熱。

將麵團形成一個個1又1/2吋圓球。在你壓出薄餅的時候，記得要時時用濕布覆蓋住這些麵團。將一個麵團球放在兩張塑料紙或蠟紙之間，利用薄餅壓板或（不熱的）重鍋底部來用力壓麵團球，需要時可轉180度再繼續下壓，直到麵團球被均勻地壓成1/16吋的薄餅（如果薄餅拿起來時產生碎裂，這就表示麵團球過乾；如果薄餅會黏住塑料紙，這就表示薄餅過薄或麵團球過濕。因此，在你繼續做剩餘的薄餅之前，要依據情況調整麵團的強硬度）。

將薄餅放置在較低溫的煮鍋上，煎煮到薄餅離鍋但邊緣還未捲起即可，約20秒。緊接著將薄餅翻面移放到較高溫的煮鍋上，煎煮到薄餅底部出現棕色斑點，約20到30秒，隨後再將薄餅翻面煎煮另一面直到完成。只要煎鍋夠熱且麵團濕度適中，薄餅應該會像枕頭般膨起（你可以用手指或抹刀刀背下壓來刺激薄餅膨脹）。當薄餅煎煮呈棕色後，此時就要將薄餅移放到乾淨的布上（薄餅會開始消氣），並且用布覆蓋好。將剩下的薄餅成形煎煮完成，將熱騰騰的薄餅依序疊放，每次都要記得用布覆蓋。趁熱食用（至於沒有吃完的薄餅，在食用之前，可以用鋁箔紙包裹放入烤爐或用蠟紙包裹放入微波爐加熱，加熱到薄餅柔軟且有彈性即可）。

｜關於酵母餐包｜

麵包和餐包的作法差異極少，所以你如果是個新手的話，➡請閱讀「關於酵母麵包」的說明，353頁。這些巧妙成形的脆皮或糖霜餐包，其引人的外觀就會激發人的食欲。就形塑餐包的不同建議，請參照本章節中的圖例說明。

專業麵包師傅會秤量麵團，以便讓餐包的大小一致，不僅外觀好看，也有助烘焙。如果不使用瑪芬蛋糕烤盤，你可以在烘烤淺盤上依一定間隔排放即可。要使用羊皮紙或矽膠烤盤墊，如此不僅省掉清洗烤盤的麻煩，更可以抑制油脂堆積；不然的話，烤盤會因此變色，且會烘烤出不均勻的棕色色澤。

你可以使用任何的酵母添加物，或糕點添加物，來改變餐包的口味。根據你想要的其他風味，可以灑上罌粟籽、茴香、葛縷籽，或輕炒過的芝麻籽。

請依據食譜來烘焙麵包捲。➡餐包要一次就從烤盤中移出放置到冷卻架上。➡重新加熱時，在餐包上灑一些水、用鋁箔紙包覆後放入兩百度烤爐中加熱和覆蓋直到烤熱為止。

免揉餐包（No-knead Light Rolls）（15個2吋餐包）

這是記憶中的兒時餐包：質地如羽狀輕盈，會放在特別柔軟的亞麻布餐巾中來享用。雖然不需經過揉壓，這種麵團最好至少要冷藏放置2到12小時。用這個食譜來做餐包是不會加入太多糖分而影響到發酵膨脹的效果，因此麵團應該可以從冷藏中取出後就開始進行烘焙。

在一個小碗放入以下混合，放置約5分鐘直到酵母溶解為止：

1/4杯（41到46度）溫水

1包（2又1/4小匙）活性乾燥酵母

在一個大碗中混合：

1/4杯（1/2條）奶油或1/4杯植物起酥油

2大匙糖、1又1/4小匙鹽

混合完後澆入以下來讓材料融化且溶解：

1杯熱水

等材料冷卻到微溫時就將準備好的酵母加入，接著打入：

1顆大雞蛋

加入以下持續攪拌擊打到柔軟的麵團開始成形：

約2又3/4杯中筋麵粉

將麵團放入一個抹了油的大碗中翻轉上油，接著可以用鋁箔紙包覆後放入冰箱2到12個小時，或者是以乾淨的布覆蓋後讓麵團閒置直到發酵膨脹兩倍為止。

將麵團向下擊打後分成15份後做成圓形餐包，完成後放入抹了油的瑪芬蛋糕烤杯中，讓麵團體積發酵膨脹到兩倍，若冷藏過要花約45分鐘，沒有冷藏過的話就是30分鐘。

將烤爐預熱到220度。

烘烤至麵包表面呈金黃色，時間約15到18分鐘。完畢後將餐包取出移放在架上冷卻。

派克屋餐包（Parker House Rolls）（30個2吋餐包）

這是不會太甜的麵團，可以用來製作各種形狀的晚餐餐包。

加熱（41到46度）：

1杯牛奶

加入以下攪拌到糖完全溶解：

2大匙軟化奶油

1大匙糖

3/4小匙鹽

在一個大碗放入以下混合，放置約5分鐘直到酵母溶解為止：

2大匙（41到46度）溫水

1包（2又1/4小匙）活性乾燥酵母

當牛奶混合液降到微溫時，就可將酵母液加入攪拌。喜歡的話可以打入：

（1顆大雞蛋）

準備好：

3又1/3到3又2/3杯中筋麵粉

先攪拌一部分的麵粉，然後在揉壓中把其餘麵粉揉入，每次只添加可以輕易進行揉壓的麵粉量來讓麵團成形。完成後移放至抹了油的碗中，接著刷上：

融化的奶油

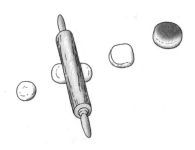

形塑派克屋餐包——最右邊的小圖就是烘烤過的派克屋餐包

將麵團覆蓋閒置在溫暖處讓其體積發酵膨脹為兩倍。

將麵團滾壓成30吋長的麵團條，接著就切成1吋的小麵團。把麵團滾成球狀後再壓扁做成2吋的圓形餐包。接著，用沾上麵粉的刀柄或木製湯匙在每個餐包的中間部位劃出一道深深的摺痕。沿著摺痕對

折餐包，並輕壓邊緣部分，再將餐包以2吋的間隔排放在抹了油的烘烤淺盤上，閒置在溫暖處約35分鐘，讓餐包發酵蓬鬆。將烤爐預熱到220度。烘烤至麵包表面呈金棕色，時間約15分鐘。完畢後將餐包取出移放在架上冷卻。

酢漿草幸運餐包（Cloverleaf Rolls）（24個2吋餐包）

準備好：
如前一食譜的派克屋餐包的麵團
當麵團在碗中首次發酵完成後，就將麵團擊打下壓。將2個瑪芬蛋糕烤盤上油。把麵團分成24份。將每份小麵團再分成3份後再滾成小圓球，然後如圖所示將3個小圓球放入一個瑪芬蛋糕烤杯之中，如此就完成了一個餐包。接著在餐包上塗滿：
融化的奶油
將麵團覆蓋閒置在溫暖處讓其體積發酵膨脹為兩倍，約30分鐘。烘烤至麵包表面

呈金棕色，時間約15到18分鐘。完畢後將餐包取出移放在架上冷卻。

形塑酢醬草幸運餐包

十字小麵包（Hot Cross Buns）（18個小麵包）

源自於中古時期的英格蘭，這是紀念復活節的小麵包。
準備好：
如前述食譜的派克屋餐包或牛奶麵包的麵團
將糖的分量增為1/4杯，並且要加入雞蛋。在糖中加入：
1/4杯醋栗或葡萄乾
（2大匙仔細切碎的檸檬蜜餞）
1/4小匙肉桂粉

1/8小匙肉豆蔻碎粒或肉豆蔻粉
當麵團首次發酵完成後，就將麵團擊打下壓，再把麵團做成18個圓球，接著將小麵團以1又1/2吋的間隔排放在抹了油的烘烤淺盤上，覆蓋後閒置讓麵團發酵膨脹到體積兩倍。
將烤爐預熱到220度。烘烤至麵包表面呈金棕色，時間約20分鐘。使用以下做出傳統的十字形裝飾圖樣：
牛奶糖汁☆，171頁

連指餐包（Joined Finger Rolls）（18個餐包）

準備好：
牛奶麵包的麵團
當麵團首次發酵完成後，就將麵團分成18

份（每份約1盎司）。將烘烤淺盤上油。在一個沒有麵粉的工作檯上將小麵團滾成小圓球，接下來，將小圓球從中間向外拉

長，做成長度約為3吋、中間部位的寬度約1又1/2吋的飽滿橢圓形餐包，餐包兩端稍呈圓錐狀。在烘烤淺盤上將餐包直線排列放好，彼此間隔約1/2吋，如此一來，餐包就會在發酵膨脹後連在一起。

將以下混合攪拌：

1顆雞蛋、些許鹽

在餐包頂端塗上蛋液（存留用剩的蛋液）。用抹了油的保鮮膜覆蓋後放在溫暖處（24到30度），讓餐包發酵膨脹到體積增為兩倍，約1小時。

將烤爐預熱到220度。

再次用蛋液塗滿連指餐包。喜歡的話，可以灑上：

（粗糖或砂糖）

烘烤至麵包外皮表面呈金棕色，時間約15分鐘。餐包在新鮮出爐後要趁熱吃，或者可以200度再次加熱4到6分鐘後再來享用。

連指餐包

棕櫚葉餐包 / 酸鮮奶油餐包（Palm Leaf Rolls/Sour Cream Rolls）（約36個餐包）

如果多加點糖，這種餐包的甜度就足以當成點心，可以與咖啡和水果一起食用。

在一個小碗中混合以下材料，放置約5分鐘直到酵母溶解為止：

1/4杯（41到46度）溫水

1包（2又1/4小匙）活性乾燥酵母

在一個大碗中攪拌混合：

3杯中筋麵粉、1又1/2小匙鹽

將以下切入直到溶成花生米大小：

1/2杯（1條）奶油

再拌入：

2顆打過的大雞蛋

1杯酸鮮奶油、1小匙香草

將以上與酵母液混合，覆蓋後閒置2個小時以上的時間來讓其冷卻。

準備妥當：

1杯香草糖☆，見「了解你的食材」

或是將以下混合：

1杯糖、2小匙肉桂粉

將糖類混合物灑在工作檯上。把生麵團分成兩份，其中一半滾成6×18吋的長方型大小。如下圖左小圖所示，將兩端向內對摺，留約3/4吋的間隔，再如前圖般繼續對摺，然後在如後小圖般對摺一次。用刀將對摺完成的麵團切成厚約1/4吋的「棕櫚葉」，以1吋的間隔排放在抹了油的烘烤淺盤上。將剩下的糖類混合物灑在工作檯上，接著再重複以上步驟處理完另一半麵團。以保鮮膜覆蓋閒置發酵約20分鐘。

將烤爐預熱到190度。烘烤至餐包表面呈金棕色，時間約20分鐘。完畢後將餐包取出移放在架上冷卻。

棕櫚葉餐包的對摺和切片

酪奶餐包／扇貝餐包（Buttermilk Rolls /Fan-Tans）（24個餐包）

這種餐包不需搭配奶油——相當適合自助餐飲。

將以下加熱（約43度）：
1又1/2杯酪奶

把1/3杯的酪奶裝入玻璃量杯，加入以下材料放置約5分鐘直到酵母溶解為止：
1包（2又1/4小匙）活性乾燥酵母

把剩下的酪奶裝入一個大碗，酵母液溶解後就連同以下材料一同加入大碗中：
1/4杯糖、2小匙鹽、1/4小匙蘇打粉

充分打過後再拌入：
2杯中筋麵粉、2大匙融化的奶油

再加入：
2杯中筋麵粉

揉壓出光滑的麵團。完成後移放至抹了油的碗中翻轉一圈上油。用乾淨的布將碗覆蓋，閒置發酵至膨脹到稍微超過兩倍體積，約1小時。將生麵團向下擊壓，輕輕揉壓1分鐘後再分成兩半。把每半邊滾壓成厚約1/8吋的9×18吋的長方形。再閒置發酵10分鐘。

在麵團上塗抹：
2大匙融化的奶油

每次處理半邊麵團，用刀切成6條寬約1又1/2吋的麵團條。將麵團條疊放後，再如下圖所示以線或麵團刮刀切成1又1/2吋寬大小的餐包。將餐包放入抹了奶油的瑪芬蛋糕烤盤的烤杯中，切邊要向上排放。放在溫暖處（24到30度）讓餐包發酵膨脹到體積增為兩倍。

將烤爐預熱到220度。烘烤至麵包呈棕色，約15到20分鐘。完畢後取出移放在架上冷卻。

製作酪奶餐包／翻攤餐包

克拉城餐包（Kolatchen）（約36個2吋餐包）

準備好：
棕櫚葉餐包或牛奶麵包的麵團

將麵團滾成2吋小圓球，再以2吋的間隔排放在已經抹油的烘烤淺盤上。生麵團會相當黏手，必要時要把雙手沾滿麵粉。

將以下材料準備好，準備一個或多個皆可：
蜜棗、杏子、棗子或無花果仁的果醬，

407頁或碎泥（1又1/2到2又1/4杯）

在每個餐包的中央壓出一個約1/4吋的凹槽，每個凹槽中填入2小匙到1大匙的果醬。覆蓋後閒置發酵約40分鐘。將烤爐預熱到190度。烘烤約20分鐘。完畢後取出移放在架上冷卻。喜歡的話，可以灑上：
（糖粉）

隔夜餐包（Overnight Rolls）（約48個餐包）

為此準備的麵團極適合用來做餐包、小麵包和糕點。

將以下放入平底鍋加熱攪拌到起酥油融化為止：
1杯牛奶
1/2杯植物起酥油或豬油

靜置冷卻。等待期間，將以下材料放入一個大碗，放置約5分鐘直到酵母溶解為止：

2大匙（41到46度）溫水

1包（2又1/4小匙）活性乾燥酵母

2小匙糖

將牛奶混合物擊打後，連同以下材料拌入酵母液中：

1/2杯糖、3顆打過的大雞蛋、1小匙鹽

再逐漸拌入：

4又1/2杯中筋麵粉

擊打麵團約5分鐘，接著將麵團移放至抹了油的碗中翻轉一圈上油。用錫箔紙覆蓋後放入冰箱12到24小時。將麵團分成3等分，再將每等分滾成直徑9吋的圓形麵團，然後塗上：

2大匙融化的奶油

混合以下材料後灑上：

1/4杯糖、1小匙肉桂粉

或是：

3/4杯任何一種糕點餡泥，406-408頁

將每個圓形麵團均切出16等分。

接著由每一份較寬的一端開始捲曲，捲曲時可以將麵團稍微延展一些。在每個末端抹上：

蛋液

將餐包以2吋的間隔排放在已經抹油的烘烤淺盤上，有接縫的一面要朝下放，接著閒置發酵約1個半小時。

在烤爐中層放上支架。將烤爐預熱到190度。每次只烘烤一個烤盤，直到餐包成棕色為止，約15到18分鐘。要小心看顧——這種餐包很容易烤焦。完畢後取出移放在架上冷卻。

紙風車包餡餐包（Filled Pinwheel Rolls）（約30餐包）

準備好：

如前一食譜的隔夜餐包的麵團

覆蓋後放入冰箱發酵，讓麵團體積膨脹為兩倍。將麵團分成兩份，每一份再滾成1/4吋厚度，完成後切成4吋的正方形麵團，然後盡情地在麵團上塗滿：

1/2杯（1條）軟化的奶油

並將以下混合後灑上：

3大匙糖

1小匙肉桂粉

在正方形麵團中央部位放上：

1小匙葡萄乾和堅果或1小匙蜜棗、杏子，或覆盆子的果醬（總約1杯）

從四個角中對角切至3/4吋處，再將四個角向中摺疊，如圖所示地彼此重疊，在四個角沾點水來加以黏貼。

放在已經抹油的烘烤淺盤上，讓麵團稍微發酵，約15分鐘。

將烤爐預熱到220度。烘烤到餐包鼓起，約18分鐘。完畢後取出移放在架上冷卻。

製作包餡風車餐包

酪奶馬鈴薯餐包（Buttermilk Potato Rolls）（約48個餐包）

準備好：
酪奶馬鈴薯麵包的麵團
將烤爐預熱到220度。讓麵團發酵膨脹一次，再將麵團向下擊打。依照酢漿草幸運餐包的指示將麵團塑形和發酵。喜愛的話，可以在餐包上頭淋上：

（法式蛋液☆，171頁）
灑上：
（罌粟籽）
烘烤至麵包呈棕色，約15到18分鐘。完畢後一次取出移放在架上冷卻。

起司餐包（Cheese Rolls）（約48個餐包）

準備「起司麵包」的麵團，再按照「隔夜餐包」的作法將餐包成形、烘焙。

焦糖小麵包／鍋牛小麵包（Caramel Buns/Schnecken）（22個3吋小麵包）

準備：
隔夜餐包的麵
覆蓋後閒置發酵，讓麵團體積膨脹為兩倍。在灑上麵粉的工作檯上，將麵團向下擊打後滾做成11×17吋大小的長方形麵團，然後盡情地在麵團上塗滿：
1/4杯（1/2條）融化的奶油
並將以下混合後灑上：
1/4杯壓實的紅糖
1又1/2小匙肉桂粉
再添上：
1杯葡萄乾
1杯胡桃
1小匙檸檬皮絲
從麵團的長邊捲起，捲的方式就像是捲果醬蛋糕捲一樣，捲好後將麵團捲切成

3/4吋的切片。
在一個中型平底鍋上放置一個蒸鍋，加入以下用中火加熱攪拌到糖溶解為止：
1/4杯蜂蜜
1/4杯（1/2條）奶油
1/2杯壓實的淡紅糖
再加入：
1/2杯胡桃
在每個瑪芬蛋糕烤杯底部裝入1小匙焦糖，然後在焦糖上放上麵團切片。閒置約30分鐘讓其發酵膨脹。
將烤爐預熱到180度。烘烤到小麵包呈金棕色，約20分鐘。注意是否出現烤焦的情況。完畢後從烤爐中取出，將小麵包倒放在烘烤淺盤上的支架組，再將之前煮好的蜂蜜液澆淋在小麵包上頭。

小黏包（Sticky Buns）（8個4吋小麵包）

準備好：
酵母甜蛋糕的麵團，403頁
將一個13×9的烤盤抹上奶油。在一個小型平底鍋上放置一個蒸鍋，加入以下用中火加熱攪拌到糖溶解為止：
1杯壓實的深紅糖、1/2杯（1條）奶油
1/4杯蜂蜜

完畢後關火，喜歡的話可以拌入：
（2又1/2杯切碎的胡桃）
將熱糖漿倒入烤盤中，並使糖漿均勻分布。讓其閒置冷卻。
用擀麵棍將麵團擀成16×12吋的長方形大小。然後刷上：
1大匙融化的奶油

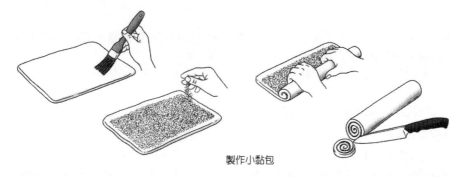

製作小黏包

再灑上：

1/3到1/2杯壓實的深紅糖

2小匙肉桂粉

從麵團的長邊捲起將麵團捲成圓筒狀，捲好後將麵團斜切成8片。將切片間隔有序地以切面放在已經準備好的烤盤上。以抹了油的保鮮膜覆蓋閒置在室溫下，讓小麵包發酵膨脹約1小時。

將烤爐預熱到180度。烘烤到小麵包呈金棕色且糖漿滾燙發泡，約30分鐘。讓小麵包在烤盤上冷卻約5分鐘，接著就可將小麵包倒放在有邊框的烘烤淺盤上；你可能會想在淺盤上鋪上一層鋁箔紙。趁熱或在室溫下食用，從小黏包的接縫處撕開享用。

熊爪麵包（Bear Claws）（6個麵包）

再次用蛋液塗滿連指餐包。喜歡的話，可以灑上：

準備：

酵母甜蛋糕的麵團 或1/2的丹麥麵包的麵團，408頁

將麵團等分成3份，每份擀成18×9吋的長方形麵團，然後刷上：

2大匙融化的奶油

混合以下材料：

1/2杯切碎的核桃、1/4切碎的蜜棗

2大匙糖、1/2小匙肉桂粉

將以上灑在麵團上。將麵團就縱長的方向對摺成三層，再將兩端招緊包住內餡。完成後切成6個長方形等分，然後將

有接縫的一面朝下放在已經抹油的烘烤淺盤上。在每個小長方形做出類似熊爪的3道斜痕，然後刷上：

3大匙融化的奶油

覆蓋靜置發酵45分鐘。

將烤爐預熱到190度。烘烤25分鐘，或者直到小麵包呈金色。喜歡的話可以淋上：

（透明糖汁☆，171頁）

熊爪麵包

全麥餐包（Whole Wheat Rolls）（約40個2吋餐包）

準備好：

全麥麵包，367頁或燕麥麵包「樂土」，368頁的麵團

讓麵團發酵膨脹一次後，再做成2吋的餐

包，然後就再次覆蓋閒置發酵約1小時，直到體積幾乎膨脹到兩倍為止。

將烤爐預熱到220度。在餐包頂部刷上：

1/4杯（1/2條）融化的奶油

喜歡的話也可以灑上：
（粗鹽、切碎的核果或芝麻）
烘烤到餐包呈棕色，約12到18分鐘。，或

者直到小麵包呈金色。完畢後取出移至
架上冷卻。

裸麥餐包（Rye Rolls）（約36個餐包）

準備好：
全裸麥麵包的麵團
讓麵團發酵膨脹一次後再做成餐包。在
餐包上灑上：
粗鹽
再次覆蓋閒置發酵約1小時，直到體積膨

脹到兩倍為止。
將烤爐預熱到190度。烘烤到餐包呈棕
色，約20分鐘。喜歡的話，可以在烘烤到
一半在餐包上刷上：
（融化的奶油或鮮奶油）
出爐移至架上冷卻。

燕麥餐包（Oat Rolls）（36個2吋餐包）

這是就受人喜愛的古老食譜所做出的合
適變化。
準備：
燕麥麵包「樂土」的麵團，368頁
讓麵團發酵膨脹一次後再做成餐包，然

後再次閒置發酵約1個半小時，直到體積
幾乎膨脹到兩倍為止。
將烤爐預熱到190度。烘烤到餐包呈棕色，
約15分鐘。完畢後取出移至架上冷卻。

布里歐修餐包（Brioche）（1條麵包或10個布里歐修餐包）

這是個經典食譜，用雞蛋和許多奶油來
豐富簡單的麵團的風味；可以用來製作
一條麵包、樸實的餐包，和包覆了水
果、肉或起司的餐包，也可以用烘焙坊
或網購而來的特殊布里歐修烤杯來做。
由於這種麵團含有許多奶油，會使人產
生比麵團實際上還來得濕潤的感覺，因
此會讓人想要——但是一定要忍住——
添加麵粉。編織這種麵團很容易，方法
請參見「哈拉猶太麵包」的說明，369
頁。
在一個大碗或馬力強勁的攪拌器的攪拌
碗中放入以下混合，放置約5分鐘直到酵
母溶解為止：
1/3杯（41到46度）溫熱的全脂牛奶
1包（2又1/4小匙）活性乾燥酵母
加入：

1杯中筋麵粉
3顆輕打過的大雞蛋
1大匙糖
1小匙鹽
用手或攪拌器以低速加以混合。逐漸拌
入：
1杯中筋麵粉
攪拌到所有材料混合為止，約5分鐘。用
手揉壓約15分鐘，或用麵團攪拌鉤以低速
到中速的速度揉壓到麵團不再黏附碗邊
為止，約7到10分鐘。由於這是相當黏的
麵團，揉壓時需要特別的技巧：將麵團
朝下擊拍至工作檯上，然後用雙手將一
半的麵團提起（有一半的麵團還會黏在
台上，這是沒有問題的），再將提起的
部分擊拍到麵團上。重複以上的技巧持
續揉壓，直到麵團光滑且富彈性，而且

揉壓布里歐修餐包的麵團

不再黏手為止。完成後再加入：

3/4杯（1又1/2條）軟化的無鹽奶油

大力地揉壓到奶油完全融入麵團而且麵團再次呈光滑的情況。將麵團放入抹了奶油的大碗中，用保鮮膜覆蓋後放在溫暖處（24到30度），閒置發酵到體積膨脹為兩倍為止，約1個半小時。

將麵團向下擊打後再簡短地揉壓一番。覆蓋後冷藏4到12個小時。當麵團體積膨脹到兩倍時，就可以向下擊打後再讓麵包成形。假如麵團體積沒有脹到兩倍，就從冰箱取出，放在溫暖處讓麵團膨脹到兩倍，接著再次向下擊打，然後再放

入冰箱30分鐘，完畢後就可以開始形塑麵包。

將烤爐預熱到190度。用蘸過水的刀子在麵團上劃出4到5道1/4吋深的切口，如此一來就可以讓麵團在烘焙過程中不致出現裂痕或形狀跑掉。在已經發酵膨脹的麵團上刷上蛋液。烘烤到呈出金棕色，而且用刀子插入麵包中間部分不會沾黏，外皮則要呈深金色。若烘烤的是餐包，時間約20分鐘；一條麵包的話則要35到40分鐘。將布里歐修餐包從器皿中取出放在架上冷卻。微溫時或冷掉後食用皆宜。

巧克力布里歐修餐包（Brioche au chocolat）（30個布里歐修餐包）

這是受人喜愛的課後法國點心。

準備好：

布里歐修餐包或丹麥麵包的麵團

將麵團擀成18×15吋的長方形麵團，接著再切成3吋的小正方形麵團，然後放上：

1大塊黑巧克力或半甜巧克力

將麵團如信封般地對摺包覆住巧克力，或這是像雪茄一樣的捲起包住巧克力。

喜歡的話可以刷上：

（法式蛋液☆，171頁）

移到沒有抹油的烘烤淺盤上，用抹了油的保鮮膜覆蓋後閒置發酵到體積膨脹為兩倍為止，約40分鐘。

將烤爐預熱到200度。

烘烤到布里歐修餐包呈金黃色，約15分鐘。

頭珠布里歐修餐包（Brioche à tête）（10個餐包）

頭珠布里歐餐包，望文生義，就是有顆頭珠，就是在較大的底部上有著珠形裝飾。傳統上是用頂部大開的波形模來製作這種餐包。

在沒有灑上麵粉的工作檯上將麵團擀成

圓球形。以保鮮膜包覆後閒置發酵10分鐘。

將10個布里歐修波形模、瑪芬蛋糕烤杯、果子餡餅深烤盤，或模具裡抹上奶油。將麵團等分成10份，每份再滾成小圓

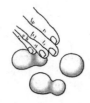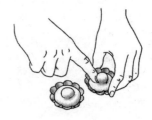

形塑頭珠布里歐修餐包

球。用手掌邊（如空手道的劈空手勢）將餐包成形，將小圓球分成2份，但2份還是相連沒有分離，且一部分要比另一部分大上兩倍。將每個小圓麵團放入模具中，大的（底座）部分先放入，要將小的部分深壓於底座之上。攪拌以下材料後並塗抹在麵團上：

1顆蛋
些許鹽

用抹了油的保鮮膜輕輕覆蓋後放在溫暖處（24到30度），閒置發酵到體積膨脹為兩倍為止，約1小時。烘烤到餐包呈深金色，約20分鐘。

布里歐修切片麵包（Sectioned Brioche Loaf）（1條大麵包）

布里歐修麵包吃起來相當美味，絕對值得多投注些力氣以做出麵包誘人的形狀。這個食譜是將麵團分成4份，每份都會滾成一個圓球，之後再將圓球依偎地放入麵包烤盤之中，如此就可以完成一條相當賞心悅目的麵包。

將一個9×5吋的麵包烤盤抹上奶油。將布里歐修的麵團均分成4份，每份滾成一個圓球後就用保鮮膜包覆閒置發酵10分鐘。將圓球邊靠邊地直立放入麵包烤盤之中，讓圓球彼此接觸。將以下混合後刷在圓球頂部：

1顆蛋、些許鹽

保留下沒用完的蛋液。用抹了油的保鮮膜輕輕覆蓋後放在溫暖處（24到30度），閒置發酵到體積膨脹為兩倍且塞滿烤盤

為止，約1小時。將烤爐預熱到190度。再次在麵包上刷上蛋液。烘烤到呈金棕色，而且用刀子插入麵包中間部分不會沾黏，時間約30分鐘。將麵包從模具中取出放在架上冷卻。微溫時或冷掉後食用皆宜。

製作布里歐修切片麵包

可頌（Croissants）（18個3又1/2吋長的可頌）

法文的可頌就指新月形麵包。口感豐富但做起來有些麻煩，可頌可以說是其他形式的餐包無法比擬的。可頌可以是風味簡單，也可以包餡一起烘焙，像是果

醬、杏仁糊、甚至是火腿或起司這樣的材料都可以入餡。包入巧克力就成了巧克力麵包，法文稱做 *pain au chocolat*。

喜歡的話，你可將食譜的指示用量一分

為二，一半來做可頌，另一半用來做pain au chocolat。

在工作檯上放好：

1又1/2杯（3條）冷的無鹽奶油

測量：

3大匙中筋麵粉

在奶油灑上一點麵粉後，就用**擀**麵棍開始擊打。如同所需，從工作檯上和**擀**麵棍刮起奶油，將奶油堆疊成堆。持續擊打到出現光滑且有延展性的奶油團。用手將剩餘的麵粉揉入奶油團中，動作要快以便讓奶油保持冷卻狀態。將奶油團放在一張保鮮膜上面，接著壓成9×6的長方形形狀。當你在做麵團時，把奶油用保鮮膜包好後放入冰箱。

在一個小碗中放入以下混合，放置約5分鐘直到酵母溶解為止：

1杯（41到46度）溫熱的全脂牛奶

1包（2又1/4小匙）活性乾燥酵母

1大匙糖

在一個大碗中加入以下攪拌：

2又3/4杯中筋麵粉

2大匙切成小塊的無鹽奶油

1小匙鹽

在中間圍做出一個洞，將上面備好的熱牛奶液加入其中。用叉子或手指做好麵團。再將麵團轉置在輕灑了麵粉的工作檯，揉壓一下讓麵團呈光滑。接著將麵團放入冰箱15分鐘。

在上頭灑些麵粉後，把麵團**擀**成15又1/2×8吋的長方形；需要時在麵團下方灑點麵粉來防止出現沾黏的情形。以短邊朝向自己方向把麵團放妥。將先前做好的長方形奶油放在2/3的麵團上方，上端與兩邊都要保留1吋的距離。就像是在摺疊商業信件一樣，將下端1/3麵團向上摺疊覆蓋住奶油；將上端1/3蓋有奶油的麵團向下摺疊蓋住從下端向上摺疊的部分。

將麵團的三邊下壓把奶油封住。接著將麵團轉向，讓摺邊的部分向左而封邊的部分向右。

在麵團上輕灑一些麵粉，用**擀**麵棍輕輕地下壓把麵團稍微**擀**平。將麵團的短邊朝向自己放好，然後再**擀**成18×8吋的長方形。再次將下端1/3的麵團上摺而上端的1/3向下摺疊（這種**擀**摺的方法稱為單轉技法）。將麵團轉向後，讓摺邊的部分向左而有開邊的部分向右（看來就像是一本要被翻開的書）。對麵團進行一次單轉，**擀**成18×8吋的長方形後再就1/3的部分相互摺疊。在工作檯上灑些麵粉來防止麵團出現沾黏；若在進行期間出現奶油軟化的情況，就把麵團放進冰箱10到15分鐘。在麵團上做下兩個記號來提醒自己已經進行過兩次單轉。用保鮮膜鬆鬆地包住麵團後，就放入冰箱冷藏30分鐘。

取出後要將麵團放妥，有摺邊的部分向左而有開邊的部分向右，然後再次進行單轉。將麵團轉向後完成最後一次單轉。若在進行期間出現奶油軟化的情況，就把麵團放進冰箱10到15分鐘。（此時麵團可以冷凍，先用保鮮膜包好，再用鋁箔紙包住，然後放進擠出空氣的塑膠袋。若有經過冷凍，再開始做麵包前要先將麵團放到冰箱下層隔夜解凍）。

將麵團**擀**成24×12吋大小、約1/4吋厚的長方形。閒置麵團5分鐘，藉此讓麵團中的麩質得以放鬆，如此一來，在切割時麵團才不會萎縮。

以縱切的方向切出兩個24×6吋的麵團條。將一條置於烘烤淺盤後放入冰箱。另外一條長方形麵團條的長邊對著自己放好，接著從左邊開始以刀子在麵團的底下邊做出輕切4又1/2吋的間隔記號。接下來在麵團左邊的上邊先做出1個2又1/4吋的記號，然後繼續在上邊連續切出4又

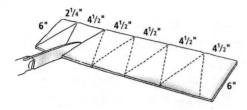

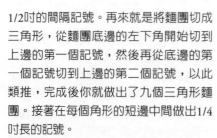

切出可頌的三角形麵團　　　　　　　　　滾做和刷抹可頌

1/2吋的間隔記號。再來就是將麵團切成三角形，從麵團底邊的左下角開始切到上邊的第一個記號，然後再從底邊的第一個記號切到上邊的第二個記號，以此類推，完成後你就做出了九個三角形麵團。接著在每個角形的短邊中間做出1/4吋長的記號。

開始形塑可頌時，當你從延展的三角形麵團的邊緣開始往相對的頂點滾緊（但是不能太緊）麵團時，要先輕拉三角形麵團短邊的角落來延展麵團；完成的可頌應該是三角形麵團的頂點會在可頌的底部。用同樣的方式做出其他可頌。將可頌排放在沒有抹油的烘烤淺盤時，每個至少間隔2吋，並且將可頌兩端彎曲做成新月形。再用同樣的方式將另一半的長方形麵團做成可頌（沒有烘焙過的可頌隔夜冷藏；冷藏過的可頌會有些發酵膨脹，這是因為酵母在冷藏的環境中緩

慢地持續作用的緣故。因此，在烘焙冷藏過的可頌之前，要讓可頌在室溫下閒置完成發酵。可頌也可以冷凍；但是在進行烘焙之前，要先讓可頌在冰箱的下層隔夜解凍）。

用乾淨的布或保鮮膜輕輕覆蓋可頌，閒置在室溫下直到體積膨脹將近一半為止，約1到1個半小時。

在烤爐下層放上一個支架。將烤爐預熱到190度。

在可頌上輕輕刷抹：

1顆輕打過的雞蛋

烘烤到可頌呈金棕色，約20到25分鐘。完畢後取出將可頌放在架上直到完全冷卻。可頌最好是在烘焙當天食用完畢，不過也可以裝在保鮮盒中冷凍一個月。加熱冷凍過的可頌要將烤爐預熱到150度，然後烘烤5分鐘。

覆盆子可頌（Raspberry Croissants）

任何一種果醬都可以用來替代覆盆子果醬——試試杏子醬、藍莓醬、黑醋栗醬或蘋果泥。

準備上述可頌。在滾緊可頌之前，先在

每個三角形麵團的寬邊切口3/4吋的位置放上1又1/2小匙的覆盆子醬（共計9大匙）。捲起可頌的第一圈時，要沿著果醬四周招進麵團來包裹住果醬。

杏仁可頌（Almond Croissants）

準備好上一食譜的可頌。在滾緊可頌之前，先在每個三角形麵團寬邊切口的3/4吋的位置放上1又1/2小匙的杏仁糊☆，307頁（共9大匙）。捲起可頌的第一圈時，

要沿著果醬四周招進麵團來包裹住果醬。刷抹完蛋清之後，在可頌上端灑上切片的杏仁。

巧克力麵包（Pain au chocolat）（32個3又1/2吋長的麵包）

這種薄片麵包是黑巧克力餡的可頌餡餅，是法國傳統的茶點心或課後點心。

準備：

12盎司粗略切碎的半甜或甜苦參半的巧克力，或12盎司大塊巧克力片

準備：

可頌麵團

把麵團分成兩半，一半放入冰箱；將另一半擀成16×16吋的正方形後，把麵團切成16塊4吋的小正方形。在距離小正方形邊緣約1/2吋的地方，平行地用1/2盎司的巧克力塗上一道2吋長的巧克力，然後在小正方形的對邊輕輕刷塗：

1顆輕打過的大雞蛋

從塗上巧克力的一邊開始滾捲，將巧克力包覆後繼續捲成圓筒狀。以至少2吋的間隔將麵包放到沒有抹油的烘烤盤上，記得將有接縫的地方朝下放置。以此方式處理完所有的小麵團和巧克力。

讓麵包閒置發酵後就如前一可頌食譜的指示來進行烘焙。

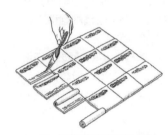

割、填餡和形塑巧克力麵包

香甜包餡新月餐包（Filled Sweet Crescents）（約28個新月餐包）

準備好：

冷藏馬鈴薯餐包，402頁或丹麥麵包，408頁的麵團

在每個新月餐包中填餡：

1小匙堅果或水果餡泥，407頁（可填入滿滿1/2杯）

如果使用的是冷藏過的麵團，將麵團分成4份後，閒置發酵約30分鐘，或是直到麵團體積膨脹到兩倍為止。將每份麵團擀成約1/4吋厚的9吋圓形麵團，然後再切成8塊楔形麵團。將餡泥放置在每份三角形麵團中央之後，以如同牛角餅乾☆，137頁的方式把麵團滾捲起來。如果使用的是北歐斯堪地麵包，要在冷藏後再開始形塑麵包。放到抹了油的烘烤淺盤上，閒置麵團直到體積發酵膨脹到兩倍為止。

在新月餐包上刷塗：法式蛋液☆，171頁

將烤爐預熱到190度。烘烤約18到20分鐘。完成後趁熱食用，並放置架上冷卻。

小硬包／維也納餐包（Hard Rolls/Vienna Rolls）（12個2又1/4吋的餐包）

這種麵包有著相當棒的堅韌嚼勁，打過的蛋白讓麵包有著輕柔的細屑層。

在一個大碗或馬力強勁的攪拌器的攪拌碗中放入混合以下材料，放置約5分鐘直到酵母溶解為止：

1/4杯（41到46度）溫水

1包（2又1/4小匙）活性乾燥酵母

加入：

1杯（41到46度）溫水

2到2又1/2杯中筋麵粉

2大匙植物起酥油

1大匙糖、1又1/4小匙鹽

用手或攪拌器以低速加以徹底混合。

打到軟性發泡：

2顆大蛋白

切拌打過的蛋白到麵團之中。再逐漸拌入

以下材料到麵團濕潤但不黏手的狀態：

1又3/4到2杯中筋麵粉

用手揉壓約7分鐘，或用麵團攪拌鉤以低速到中速的速度揉壓到麵團光滑且富有彈性。完成後移放至抹了油的碗中翻轉一圈上油。用保鮮膜覆蓋後放在溫暖處（24到30度），閒置發酵到體積膨脹為兩倍為止，約1到1個半小時。

將麵團向下擊打，然後約略揉壓一下，再閒置發酵一次，讓麵團體積膨脹為兩倍為止，約1小時。

將麵團向下擊打後分成12等分。在沒有撒放麵粉的工作檯上將每份麵團捍成圓球狀。以保鮮膜輕輕覆蓋住麵團球。在烘

烤淺盤上輕灑：

粗玉米粉

以2吋的間隔將餐包排放在烘烤淺盤上。用抹了油的保鮮膜覆蓋閒置在溫暖處讓其體積膨脹為兩倍，約1小時。

在烤爐的中層和下層放上支架，然後在下層的支架放上1個13×9的烤盤。將烤爐預熱到220度。

將餐包放在中層支架上進行烘烤時，要立即在下層已經加熱的烤盤裡倒入2杯滾水。烘烤到餐包外皮呈金棕且堅脆，約20分鐘。完成後要趁熱食用，或者是放入預熱到220度的烤爐中加熱4到6分鐘。

英式瑪芬蛋糕（English Muffins）（約20個3吋瑪芬蛋糕）

這種瑪芬蛋糕出爐後即立食用，有著天堂般的美味，那是從店裡買來的蛋糕比不上的好滋味，不過，若是隔天食用，兩者的滋味就差不了太多，所有一定要將沒有吃完的瑪芬蛋糕立即放入冰箱冷藏。瑪芬蛋糕環可以幫助蛋糕塑形；店裡都有販售蛋糕環，你也可以用水果罐頭或魚罐頭的罐頭來自行製作——移除罐頭的頂部和底部，並且徹底地刷洗框邊，就成了蛋糕環。永遠用煎餅淺鍋來烘焙英式瑪芬蛋糕。

在一個小碗放入以下混合，放置約5分鐘直到酵母溶解為止：

2大匙（41到46度）溫水

1包（2又1/4小匙）活性乾燥酵母

在一個大碗中混合：

1杯（41到46度）溫水

1/2杯（22到24度）室溫的水

2小匙糖、1小匙鹽

將溶解後的酵母液倒入後，再逐漸地打入：

2杯篩過的中筋麵粉

用乾淨的布覆蓋碗器中的海綿酵頭，閒置在溫暖處（24到30度）約1個半小時，或是直到膨脹後的酵頭又崩解在碗中。

打入：3大匙軟化的奶油

打入或揉入：2杯篩過的中筋麵粉

進行最後一次發酵時，你可以將麵團放入抹了油的蛋糕環裡後，再放在抹了油的烘烤淺盤之上，填入時的深度不應超過1/2吋。或者，你可將麵團放在輕灑麵粉或灑上粗玉米粉的工作板上，將麵團輕拍或下壓至約1/2吋的厚度後，再切成直徑約3吋的圓形麵團，接著再放在烘烤淺盤之上。讓麵團閒置發酵到體積膨脹為兩倍為止。

在煎餅淺鍋塗上厚厚的奶油，再將淺鍋加熱到發燙。小心地將鬆餅鍋鏟滑入每個蛋糕環下或圓形麵團下以將麵團放到淺鍋，移除蛋糕環，一次烘焙一批瑪芬蛋糕。煎到蛋糕底部呈淡棕色，接著再翻面煎。完成後放在架上冷卻。

要在烤前將瑪芬蛋糕分開，可以用兩根湯匙背對背地扒開，盡情地塗上奶油後

再開始烤蛋糕。深淺不一的棕色色澤會
讓蛋糕看來十分誘人。喜歡的話，可以

搭配以下材料食用：
（柑桔醬）

小圓烤餅（Crumpets）（約12個烤餅）

小圓烤餅與英式瑪芬蛋糕相似，差別只在
於小圓烤餅是用麵糊而不是用麵團來製
作。經典的做法是用抹油的瑪芬蛋糕環來
烘焙小圓烤餅，但是也可以如同本書的這
個食譜一樣，採用的是自由形塑的方式，
而這種方式做的小圓烤餅也可叫做薄烤餅
（pikelets）。小圓烤餅要趁熱吃，但是不
需要再烤過一次。奶油或塗在「有洞」的
一面，所以不需要扒開塗抹。
遵循：前述英式瑪芬蛋糕食譜
不過要用1又1/2杯的牛奶取代水的部分。
麵粉用量要減為2又1/2杯。攪拌到麵團呈

光滑，覆蓋後讓麵團發酵膨脹後再接著
崩解，約又1又1/2到3小時。
將1/4杯的麵糊放入加熱到中等溫度的抹
油煎餅淺鍋或煮鍋裡，煎煮出4吋大小的
烤餅（烤餅的形狀不會是一致的）。煎
煮到烤餅底部呈淡棕色且頂部開始膨脹
鼓起，用鍋鏟翻面後繼續煎煮到完成，
每面的煎煮時間約2分鐘。如果沒有一次
食用完畢，記得要封存冷藏。隔次食用
時，可以烤過或用鋁箔紙包覆放入預熱
過的烤爐中加熱。

貝果（Bagels）（8個貝果）

這是奶油起司、鹽燻鮭魚和煙燻鮭魚的
經典良伴。可以在麵團上面試試灑上香
料、葡萄乾、罌粟籽或芝麻、細切過的
堅果，或凍乾的洋蔥。
在一個大碗或馬力強勁的攪拌器的攪拌
碗中放入以下混合，放置約5分鐘直到酵
母溶解為止：
1杯加2大匙（41到46度）溫水
1包（2又1/4小匙）活性乾燥酵母
2又1/2小匙糖
拌入：
1大匙植物起酥油
1又1/2小匙麥芽糖漿或糖
1又3/4小匙鹽、1杯高筋麵粉
再逐漸拌入：
3到3又1/2杯高筋麵粉
用手揉壓約10分鐘，或用麵團攪拌鉤以低
速到中速的速度揉壓到麵團光滑且富有
彈性。接著覆蓋閒置發酵約15到20分鐘。

將麵團向下擊打後分成8等分，將每份
麵團搓成兩端呈圓錐形的10吋長的麵團
繩。將兩端弄濕來幫助將麵團繩連結成
環狀，將上面的一端延展後纏放在下
面一端之上，然後將兩端在下方捏緊結
合。將麵團覆蓋後閒置在灑了麵粉的工
作檯上直到麵團膨起，約15分鐘。
將烤爐預熱到220度。
將以下放入一個大鍋中煮至沸騰：
4夸脫水、1大匙麥芽糖漿或糖
1/2小匙鹽
每次在沸騰熱水中放入4個麵團圈，當貝果
浮起時就翻面繼續煮45秒。將貝果撈出後
放在沒有抹油的烘烤淺盤上，然後灑上：
粗玉米粉
按照自己的選擇為貝果加料。烘烤20到25
分鐘，然後翻面再烘烤15分鐘，要烤到貝
果呈金棕色且硬脆為止。

扭結餅（Pretzels）（12個5吋捲餅）

要做出有嚼勁的扭結餅可說相當簡單，可以用儲藏袋密封保存達3天之久。

在一個大碗或馬力強勁的攪拌器的攪拌碗中放入以下混合，放置約5分鐘直到酵母溶解為止：

1/2杯（41到46度）溫水

1包（2又1/4小匙）活性乾燥酵母

拌入：

1又1/2杯中筋麵粉

1又1/2杯高筋麵粉

2大匙融化的奶油或乳瑪琳

1大匙糖

1/2小匙鹽

再逐漸拌入：

用手或用攪拌器以低速攪拌，期間再緩慢加入：

1/2杯（41到46度）溫水

攪拌1分鐘，必要時可以添加麵粉或水，以確保完成濕潤但不黏手的麵團。用手揉壓約10分鐘，或用麵團攪拌鉤以低速到中速的速度揉壓到麵團光滑且富有彈性。完成後移放至抹了油的碗中翻轉一圈上油。用保鮮膜輕輕覆蓋後放在溫暖處（24到30度），閒置發酵到體積膨脹為兩倍為止，約1到1個半小時。

將麵團向下擊打後分成12份（每份約2盎司）。在一個未灑上麵粉的工作檯上將每份滾成小圓球。用抹了油的保鮮膜輕輕覆蓋後閒置10分鐘。

將2個烘烤淺盤抹油。把每個小圓球擀成18吋長的麵團繩，從圓球中間向外擀，兩端會呈圓錐形。形塑扭結餅時，先把麵團繩兩端提起在面前圈成一個橢圓形，不過兩端沒有黏合：提起後將麵團繩從距離兩端約3吋的地方開始將麵團交纏在一起。在麵團繩3點鐘的地方將一端壓入麵團中，另一端則在7點鐘的地方。將扭結餅放在烘烤淺盤上，閒置發酵在溫暖處直到體積成為兩倍為止，約35分鐘。

將烤爐預熱到200度。在一個大煮鍋或深煎鍋中將以下煮沸：

8杯水、2大匙加小匙1蘇打粉

煮沸後將火候調降來維持沸騰的狀態。用篦式鍋匙輕輕地將幾個扭結餅一起放入水中。沸煮30秒後就翻面，再繼續沸煮約30秒直到扭結餅膨起。將扭結餅撈起後放回已經抹了油的烘烤淺盤上，再灑上：

粗鹽

烘烤到扭結餅成金棕色，約15分鐘。

麵包棒 / 義式脆棒（Bread Sticks/Grissini）

任何一種麵包麵團都可以用來做麵包棒。記得麵團只會閒置發酵一次。

準備好：

白麵包，363頁

在烤爐的下層和中層各自放上支架，並將一個烤盤放置於下層的支架上。將烤爐預熱到260度。隨意地在兩個烘烤淺盤上灑上：

高筋麵粉、粗玉米粉，或粗粒小麥粉

用手掌將麵團平壓成1/2吋厚、25×7大小的長方形後，再用刀子十字交叉地切成寬約1/2吋的麵團條。將麵團條放置於烘烤淺盤上，每條之間要維持1/2吋的間隔。當你移動麵團條後，這些麵團條會延展至相當於烤盤寬度的12吋長短。再輕輕刷上：

水、融化的奶油，或打過的蛋

灑上：

粗鹽、種籽、香草、香料、堅果，或起司碎粒

將烤盤放進烤爐後，立即在裡面已經預熱的烤盤上淋入2杯熱水或滾水。將烤爐溫度調降至200度，烘烤到麵包棒完全呈現棕色，約18分鐘。完畢後放在架上冷卻。

| 關於冷藏麵團 |

所謂「冷藏」，本書的意思很簡單——這不是冷凍麵團。如果你要的是冷凍產品，為了有最好的成品，最好是在烘焙前再進行冷凍。我們發現以下的食譜在使用上會有所限制，這是因為➡用牛奶做成的麵團只能冷凍三天，而用水做成的也只能冷凍五天。冰冷會減緩酵母作用，但是作用還是會持續進行，因此，比起其他種類的麵團，冷藏麵團會需要較多的脂肪和糖來維持酵母在冷藏期間的效力。我們也發現在冷藏前進行揉壓也有助於保持酵母的發酵力。當然，這種麵團有個好處，你可以每次只烘焙其中一部分，其他就冷藏到下次再使用。

進行冷藏時，➡將麵團放入抹了油的保鮮袋或保鮮盒中，大小要有足夠空間讓麵團發酵延展。假如麵團在冰箱中發酵膨脹了，就將麵團向下擊打。或者，把球形麵團放入抹了油的碗中翻轉一圈讓表面均勻地上油，再用保鮮膜或鋁箔紙包覆，並在麵團上放盤子來重壓。

當你將麵團從冰箱中取出後，記得總是要➡將麵團覆蓋閒置三十分鐘。接著➡再將麵團向下擊打。形塑或填餡的方式可以參考前面的餐包食譜和圖示說明。要確定麵團在形塑後的體積至少要膨脹為兩倍。由於麵團是處於冷藏過的狀態，記得要有足夠時間來發酵膨脹。烘焙時就參考本書中的個別食譜。

免揉冷藏餐包（No-Knead Refrigerator Rolls）（18個2又1/2吋餐包）

將以下混合加熱到脂肪溶解：
1杯牛奶
6大匙（3/4條）奶油或1/3杯植物起酥油
1/3杯糖
1小匙鹽
等到降溫至微溫時，再倒入馬達強勁的攪拌器的攪拌碗中。
等待的期間，在一個小碗放入以下混合，放置約5分鐘直到酵母溶解為止：
1/2杯（41到46度）溫水
1包（2又1/4小匙）活性乾燥酵母
在溶解後的酵母液中打入：

1顆大雞蛋
倒入準備好的牛奶混合液中。再加入：
1又3/4杯中筋麵粉
以中等速度攪拌擊打2分鐘。再加入：
1又3/4杯中筋麵粉
攪拌擊打到麵團不再黏覆碗邊為止，約10分鐘。至於如何儲備冷藏、形塑和進行烘焙準備，請閱讀上述「關於冷藏麵團」的說明。
將餐包放入預熱到220度的烤爐中烘焙到餐包呈金棕色，約15分鐘。

冷藏馬鈴薯餐包（Refrigerator Potato Rolls）（約40個2吋餐包）

這種甜麵團相當適合做成糕點。

準備好：1杯新鮮烹煮過的馬鈴薯，用馬鈴薯絞碎機或用湯匙搗爛

在一個大碗中放入：

1/2杯豬油或植物起酥油

將以下加熱後淋入：1杯牛奶

攪拌到豬油溶解，放置冷卻降至微溫。

在等待的期間，在一個小碗放入以下混合，放置約5分鐘直到酵母溶解為止：

1/2杯（41到46度）溫水

1包（2又1/4小匙）活性乾燥酵母

將溶解後的酵母液和馬鈴薯倒入牛奶混合液裡。再加入：

3顆大雞蛋、3/4杯糖、2小匙鹽

仔細打勻。再加入：4杯中筋麵粉

徹底打勻後，再加入：1杯中筋麵粉

或者，可以將麵團甩打在工作板後再揉壓入麵粉。至於如何儲備冷藏、形塑和進行烘焙準備，請閱讀上述「關於冷藏麵團」的說明。為了能夠做成麵團，有可能會需要添加1杯多的麵粉。喜歡的話，可以在成型的餐包上刷上：

蛋液或濃鮮奶油

放入預熱到220度的烤爐中，烘焙成金棕色的餐包，約15分鐘。

冷藏全麥餐包（Refrigerator Whole Wheat Rolls）（約20個2吋餐包）

在一個小碗放入以下混合，放置約5分鐘直到酵母溶解為止：

1杯（41到46度）溫水

1包（2又1/4小匙）活性乾燥酵母

在一個大碗中將以下打到成乳脂：

1/3杯糖、1/4杯植物起酥油

然後拌入酵母液中。再逐漸拌入：

1又3/4杯中筋麵粉

1又1/2杯全麥麵粉

1又1/4小匙鹽

打到完全混合為止。至於如何儲備冷藏、形塑和進行烘焙準備，請閱讀上述「關於冷藏麵團」的說明。

放入預熱到220度的烤爐中，烘焙成棕色的餐包，約12分鐘。

冷藏麥麩餐包（Refrigerator Bran Rolls）（約48個2吋餐包）

這種是質地輕脆、爽口和輕盈的餐包。

在一個大碗中混合：

1杯植物起酥油、3/4杯糖

1又1/2到2小匙鹽

加入攪拌到起酥油溶解為止淋入：

1杯滾水

再加入：

1杯麥麩或100%的麥麩片

放置冷卻降至微溫。等待期間，在一個小碗放入以下混合，放置約5分鐘直到酵母溶解為止：

1/2杯（41到46度）溫水

2包（1又1/2大匙）活性乾燥酵母

在麥麩液中拌入：2顆打好的大雞蛋

再倒入準備好的酵母液。然後逐漸加入

6杯中筋麵粉

徹底打勻。至於如何儲備冷藏、形塑和進行烘焙準備，請閱讀上述「關於冷藏麵團」的說明。

如果閒置過後的麵團形成黑色的硬皮，就在形塑成前再揉壓成麵團。放入預熱到220度的烤爐中，烘焙成金棕色的餐包，約15分鐘。

| 關於酵母甜蛋糕 |

為了慶祝假期，糕點師傅因而創意十足。葡萄牙人製作的復活節麵包，裡頭居然藏著水煮蛋；義大利人的托尼甜麵包，則是塞滿了堅果和水果的豐富成品。

不要忘記，你用來製作麵包和餐包的許多麵糰，都可以做成甜蛋糕和甜餐包，不妨也試試此部分結尾所建議的特調餡料，請見406-408頁。

托尼甜麵包 / 義式節慶麵包（Panettone/Italian Easter Bread）（2個大的圓麵包）

用抹油的咖啡罐來烘焙後，搭配迷人的裝飾，這種麵包就是送人的極佳禮物。

在一個中碗放入以下混合，放置約5分鐘直到酵母溶解為止：

1杯（41到46度）溫水

2包（1又1/2大匙）活性乾燥酵母

拌入：1杯中筋麵粉

將海綿酵頭覆蓋後放在溫暖處（24到30度），閒置發酵約30分鐘。

在一個大碗中打軟：

1/2杯（1條）奶油

再逐漸加入打到形成清爽的乳脂狀：

1/2杯糖

一次一顆打入：2到3顆大雞蛋

再加入：1小匙鹽、2小匙檸檬皮絲

打入海綿酵頭裡。然後再逐漸打入：

3又1/2杯中筋麵粉

麵團持續打上5分鐘。喜歡的話可以加

入：

（1杯碎堅果）

（1/4杯黃金葡萄乾、糖漬橘子皮，或糖漬鳳梨碎片）

（2大匙圓佛手柑碎片）

以乾淨布覆蓋住碗，讓麵團發酵約2小時，或直到體積膨脹為兩倍。

將麵團向下擊打後分成兩半，放入兩個抹了油的9吋凸盤或6杯量的咖啡罐中，閒置發酵到麵團膨起，約30分鐘。

將烤爐預熱到180度。

如果沒有水果或果仁可以加入麵團，可以混合灑上：

（1/2杯去皮杏仁片）、（1/4杯糖）

烘焙到麵包呈金黃色，約30分鐘。如果你不要使用杏仁片和糖，可以在麵包烘焙完成且冷卻之後再抹上：

（牛奶糖汁或檸檬糖汁☆，171頁）

酵母甜蛋糕（Yeasted Coffee Cake）（1個蛋糕）

這種多用途的酵母甜食蛋糕麵團做來簡單且深受喜愛，在這裡是做成有酥粒加料的早餐蛋糕。

在一個大碗或馬力強勁的攪拌器的攪拌碗中放入以下混合，放置約5分鐘直到酵母溶解為止：

1/2杯（41到46度）溫水

1包（2又1/4小匙）活性乾燥酵母

加入：

1/2杯中筋麵粉或高筋麵粉、1/3杯糖

1/4杯牛奶、2顆大雞蛋

1小匙香草、1小匙鹽

用手揉壓或用麵團攪拌鉤以低速攪拌到完全混合。再逐漸加入：

2到2又1/4杯中筋麵粉或高筋麵粉

攪拌1分鐘，或直到開始形成麵團為止。

用手揉壓約10分鐘，或用麵團攪拌鉤以低速到中速的速度揉壓5到7分鐘，讓麵團光滑、富有彈性、且不再黏手或黏覆碗邊。再加入：

6大匙（3/4條）非常柔軟的奶油

用力地將奶油揉壓入麵團之中，讓兩者完全融合且麵團再度呈現光滑的狀態。

將麵團放入一個抹了奶油的大碗裡，再用保鮮膜包覆，閒置在溫暖處（24到30度）直到體積發酵膨脹至兩倍為止，約1個半小時。

將麵團向下擊打，簡短地揉壓一番後就覆蓋放入冰箱，閒置發酵體積成為兩倍，4到12個小時。

將1個9×5吋的烤盤抹上奶油。準備好：

2/3杯酥粒I☆，170頁或酥粒II☆，170頁

將麵團向下擊打後擀成1/3吋厚、16×9

吋大小的長方形，在表面塗上：

1又1/2小匙融化的奶油

將一半的酥粒平均地灑在麵團上：

（1/3杯堅果碎片，如核桃或胡桃）

從短邊開始向捲曲果醬蛋糕捲般地捲起麵團。將有接縫處面朝下放在烤盤上，再用保鮮膜輕輕覆蓋後閒置在溫暖處讓麵團體積發酵為兩倍，約1個半小時。

將烤爐預熱到190度。將以下混合後塗上：

1顆雞蛋

些許鹽

將剩下的酥粒灑在麵團上。烘焙到蛋糕呈金棕色，且刀子插入麵包中間部分不會沾黏，約45分鐘。完畢後將蛋糕從烤盤取出放置架上冷卻。

填餡揉壓甜麵包（Kneaded Filled Coffee Cake）（2個長麵包）

準備好：

酪奶馬鈴薯餐包，390頁或牛奶麵包，364頁的麵團

額外添加：1/4杯糖

想為麵包添加有趣的色澤，可以使用極小量的：

番紅花（Saffron）☆，見「了解你的食材」

如同擀果醬蛋糕捲☆，67頁一樣地擀麵團。若要做成圓圈狀蛋糕，將2磅的麵團擀成22×11吋的長方形後，再鋪上任何一種甜餡，然後如同「丹麥麵包」，408

頁的作法將蛋糕成形。若想做成龜裂狀蛋糕，將1磅的麵團擀成10×15吋的長方形後，再打麵團切成9條1又1/2吋寬的條狀。在中間部分至少應該有3吋置放內餡的空間。填餡時，請參考下頁「關於甜蛋糕的口味和內餡」的說明。將條狀麵團交織在內餡之上，每次只摺疊一條麵團條，每邊交替進行，確保每一麵團條的末端與另一邊的麵團條相互覆蓋。交織到最後一條麵團條時，把末端摺放到麵團下方藏起來。至於如何上糖汁☆，請見171頁。

果子甜麵包／德國聖誕麵包（Christmas Loaf）（2個長麵包）

果子甜麵包在傳統上是在聖誕時節食用，不過許多人都會在整年內動手做這種麵包。一般認為，這種麵包的形狀和麵團的摺疊法都象徵著包裹嬰兒時期的基督的毛毯。果子甜麵包與布里歐修麵

包類似，不過前者有稍粗的質地且含有較多糖，也添加較多堅果和糖漬水果來製造一種節慶的風味。

備妥：

6到8杯中筋麵粉

在一個大碗中放入以下混合，放置約5分鐘直到酵母溶解為止：

1/2杯（41到46度）溫水

2包（1又1/2大匙）活性乾燥酵母

加入1杯麵粉後，將此海綿酵頭覆蓋後放置在溫暖處直到出現變清和起泡的情況，約1小時。

在一個大碗中將以下打至乳脂狀：

1又1/2杯（3條）軟化的奶油

逐漸將以下加入打至出現清爽乳脂狀：

3/4杯糖

然後每次只打入一顆：

3顆大雞蛋

加入：

3/4小匙鹽、3/4小匙檸檬皮絲

倒入準備好的海綿酵頭，再逐漸拌入足夠的麵粉來揉壓出光滑且有彈性的麵團。覆蓋後閒置發酵讓體積膨脹為兩倍，約1到1個半小時。

在麵團上連同一些麵粉一同擲放：

1又1/2到2杯葡萄乾

1又1/2到2杯杏仁碎粒或去皮杏仁片

（1/2杯切碎的糖漬水果）

把麵團拋甩至灑上麵粉的工作板上。將水果與堅果揉壓入麵團後，把麵團分成兩等分；先將其中一份覆蓋後放置一旁。用擀麵棍將一份麵團擀成1/2吋厚、16×9寸大小的長方形，記得別將橢圓形麵團的邊緣向外擀出——這種麵包的麵團的邊緣部分需要比中間部分來得更厚。在麵團上塗滿一半的：

2大匙融化的奶油

從橢圓形麵團少於一半邊長的地方摺疊，如此一來麵團長邊邊緣會有1/2吋的距離。在將短邊摺疊至麵團下方（約是兩端的1吋）。把果子甜麵包放到抹了油的烘烤淺盤上。照以上的方式處理完另外一份橢圓形麵團。用抹了油的保鮮膜輕輕覆蓋住兩份麵包，放在溫暖處（24到30度）閒置發酵約45分鐘，體積不需膨脹到兩倍，膨脹約3/4就足夠了。

在烤爐中層放置一個支架。將烤爐預熱到180度。

烘烤到麵包呈深金棕色，而且用刀子插入麵包中間部分不會沾黏，約50到60分鐘。在麵包上刷上：

3大匙融化的奶油

在麵包上厚厚地篩上一層：

1/4杯糖粉

將麵包放回烤爐再烘烤3分鐘。再次篩上一層：

1/4杯糖粉

完畢後取出放在架上冷卻。

咕咕霍夫蛋糕（Kugelhopf）（1個蛋糕）

這種微甜的裱花蛋糕來自於法國的阿爾薩斯地區。咕咕霍夫是以高雕花凹槽環具製作完成，傳統上會用陶土模具，但是金屬製或玻璃製模具也可以。你也可以就只是使用無雕花或有雕花的烘烤用凸盤來做蛋糕。這種是相當棒的早餐蛋糕。

在裝了1/2吋深的水的小平底鍋中放入：

1/2杯醋栗

煮至沸騰，然後瀝乾。將醋栗移放至一個小碗中，再灑上：

2大匙蘭姆酒或柳橙汁

至少要覆蓋後浸泡1小時，或長達3天。

準備好：

布里歐修餐包的麵團，392頁

將7到8個咕咕霍夫模具或凸盤抹上奶油。在模具底部灑上：

1/4杯杏仁片

或者，在模具的凹槽處放上：
杏仁
把醋栗和任何其他尚未吸收的液體揉壓入麵團之中。將一個個小圓麵團壓入模具底部而將杏仁完全覆蓋住。將剩餘的麵團盡可能均勻地壓放上方。用抹了油的保鮮膜輕輕覆蓋，將麵團放在溫暖處（24到30度）閒置發酵直到體積膨脹為兩倍，約1到1個半小時。

將烤爐預熱到190度。

烘烤到咕咕霍夫蛋糕呈金棕色，而且用刀子插入麵包中間部分不會沾黏，約45分鐘。完畢後要立刻將蛋糕自模具取出放至架上。在蛋糕上灑上：
糖粉
讓蛋糕完全冷卻。在食用之前，再次灑上：
糖粉

烘烤完成的咕咕霍夫蛋糕

｜關於甜蛋糕的口味和內餡｜

想讓麵包內裡混合物的風味提升，可以添加額外壓碎的馬卡龍、杏仁糊、捲心蛋糕夾心，或仔細磨碎的堅果（尤其是榛果），或是直接添加核桃、胡桃、杏仁，或巴西堅果。但是仔細切碎的花生、椰子和腰果就沒有辦法提升太多風味。

你也可以添加小量的檸檬汁、磨碎檸檬或柳橙泥、甜巧克力或是薄層果醬或橘子醬，藉此做出足以辨識的內餡。進行填餡的時機是在最後一次形塑之後和最後一次發酵膨脹前。一個九吋蛋糕需要大約一杯多的內餡、個別小餐包則需要約兩小匙的分量。至於不同的頂部加料、糖汁和酥粒☆，請見171-171頁。

甜蛋糕的堅果內餡（Nut Fillings for Coffee Cakes）

I. 1個9吋蛋糕
混合：
1/2杯研磨過的榛果或其他堅果
1/2糖
2大匙仔細切碎的糖漬圓佛手柑或糖漬橘子皮
2小匙肉桂粉、1/2小匙香草
加入：
1顆打好的大雞蛋
再加入薄薄一層：
牛奶

直到內餡有適當的濃度而足以塗在麵團上。

II. 1個9吋蛋糕
準備好：
1/4杯切碎的去皮杏仁
1/4杯切碎的圓佛手柑
1/4切碎的葡萄乾
溶解：
1/4杯（1/2條）奶油，或者是2大匙奶油再加上 2大匙酸鮮奶油
在已經擀完的麵團上，塗抹上融化的

奶油和灑上已經切碎的材料，而且喜
歡的話也可以添加：

（糖）

（肉桂粉）

III. 3個9吋蛋糕

杏仁糊可以購買罐裝的或者自己動手
做☆，307頁。每個蛋糕：

10盎司杏仁糊

添加：

1杯糖、2顆大蛋白

將以上材料攪拌混合到滑順的狀態，
攪拌時要放入碗中且置於冰塊上，如
此一來就可以保持材料冷卻，並且防
止杏仁的油脂流失。

甜蛋糕的內裡水果內餡（Crumb Fruit Filling for Coffee Cakes）（1個9吋蛋糕）

妥善混合：

3/4杯壓碎的馬卡龍或義式杏仁餅

1/2杯葡萄乾、切碎的蜜棗或西梅，或甜
味椰子仁

（1/4杯切碎的堅果）

3大匙融化的奶油

1/2大匙糖

甜蛋糕的蘋果內餡（Apple Filling for Coffee Cakes）（2個9吋蛋糕）

將以下混合加熱到汁液濃稠，至少4分鐘：

2又1/2切碎的去皮蘋果

1杯壓實的紅糖、1杯葡萄乾

6大匙（3/4條）奶油

1/2小匙肉桂粉、1/2小匙鹽

塗抹麵團前要讓汁液稍微降溫。

甜蛋糕的西梅或杏子內餡（Prune or Apricot Filling for Coffee Cakes）（1個9吋蛋糕）

按照「西梅或杏子丹麥麵包」的食譜，
410頁，準備一份內餡，但增添1大匙融化

的奶油。

甜蛋糕的蜜棗或無花果內餡（Date or Fig Filling for Coffee Cakes）（1個9吋蛋糕）

將以下放入平底鍋混合並加熱煮沸，要
攪拌到糖完全溶解：

4大匙（1/2條）奶油

1/3杯壓實的紅糖

煮沸2分鐘後將火關閉，接著拌入：

3/4杯切碎的蜜棗或乾無花果

1/4杯杏仁糊，自己動手做☆，307頁或購
自商店皆可

1/2小匙肉桂粉

一個研磨過的肉豆蔻

使用前要先稍微降溫。

甜蛋糕的罌粟籽內餡（Poppy Seed Fillings for Coffee Cakes）

I. 「樂土」蛋糕（1個9吋蛋糕）

這是特殊時節的蛋糕。

研磨：1/2杯罌粟籽

將罌粟籽放入兩層蒸鍋的上層，並加
入：1/4杯牛奶

直接用火加熱到煮沸後，關火後再加

入：

1/3杯壓實的紅糖、2大匙奶油

將一個平鍋放在沸水上（不是放在水裡），再加入：

2顆大蛋黃

開始加熱，要不斷攪拌，直到混合液濃稠為止。讓混合液稍微降溫後再加入：

1/3杯杏仁糊，自己動手做☆，307頁或購自商店皆可，或1/2杯去皮杏仁粉

（3大匙切碎的糖漬圓佛手柑）

（2小匙新鮮檸檬汁或1小匙香草）

使用前要先稍微降溫。

II. 2個9吋蛋糕

將以下妥善攪拌：

3/4杯罌粟籽粉、1/2杯酸鮮奶油

1/4杯糖、1/4杯葡萄乾

1小匙檸檬皮絲、1/8小匙肉桂粉

III. 4個9吋蛋糕

研磨：

2杯罌粟籽

混合攪拌：

1顆大雞蛋、1/3杯蜂蜜

1/4杯切碎的堅果

1大匙新鮮檸檬汁

甜蛋糕的起司內餡（Cheese Filling for Coffee Cakes）（1個9吋蛋糕）

在碗中利用條狀擠壓器或濾過器將以下做成泥條狀：

1又1/2杯瑞科塔起司

再加入以下徹底攪拌：

1/4到1/2杯葡萄乾、1/4杯糖

1顆大蛋黃、2小匙檸檬皮絲

打到混合物堅硬但不乾的狀態，再加入拌勻：

1顆大蛋白

甜蛋糕的巧克力水果內餡（Chocolate Fruit Filling for Coffee Cakes）（2個9吋蛋糕）

將以下攪拌直到徹底混合：

2/3杯子細切碎的胡桃或核桃

2/3杯壓實的淡紅糖

1/3杯巧克力碎片

2大匙無糖可可粉

2大匙即溶咖啡粉或濃縮咖啡粉

2小匙肉桂粉

1/4杯蔓越莓乾、櫻桃乾或切碎的無花果乾

丹麥麵包麵團（Danish Pastry Dough）（足夠做成24個3吋麵包）

這種富含奶油的麵包會讓人大感意外，具有結合豐富麵包和蓬鬆麵包的特點，自己動手做的丹麥麵包似乎就是與店裡買的完全不同，兩者就像是兩種完全不一樣的東西。想了解更多關於擀麵團的資訊，請閱讀「用食物調理機製作蓬鬆糕餅」的說明，484頁。特別要記得將麵團放入冰箱冷藏，尤其是在奶油開始軟化或麵團已經不容易擀壓的時候。讓這種麵團發酵膨脹的理想溫度是21到27度。

由於丹麥麵包麵團富含雞蛋，因此不像可頌一樣薄而容易碎落，可是兩者的作法相當類似。烘烤丹麥麵包要使用沒有抹上奶油的烘烤淺盤，不過要是你做的是有包餡、捲曲或切片的麵包，就要讓有內餡的麵包周邊與烘烤淺盤接觸——使用有塗抹奶油的烤盤在做這種麵包時就相當重要。丹麥麵包在製作完成當天食用最佳。

在工作檯上放上：

1杯（2條）冷的無鹽奶油

測量好：

2大匙中筋麵粉

在奶油上頭灑上些許麵粉，接著就用**擀麵棍**開始擊打。將奶油從工作檯和**擀麵棍**刮起是必要的，然後就將奶油堆成堆。繼續擊打奶油直到呈光滑且具延展性的奶油團。再用手將剩下的麵粉揉壓入奶油中，記得動作要快，以便讓奶油保持冷卻狀態。把奶油放在一張保鮮膜上，並且形塑成8×5又1/2吋的長方形。在你製作麵團時，就將奶油包覆好放入冰箱。

在一個小碗中放入以下混合，放置約5分鐘直到酵母溶解為止：

1/2杯（41到46度）溫牛奶

1包（2又1/4大匙）活性乾燥酵母

1大匙糖

在大的攪拌碗中攪拌：

2杯和2大匙的中筋麵粉

2大匙糖

1/2小匙鹽

1/2大匙無鹽奶油，要切成小塊並且使之軟化

攪拌完成後在中間做出一個凹井，接著將酵母混合液倒入，然後用叉子在井中做出稀薄的麵糊。

將以下一起擊打後再加入凹井中：

1顆大雞蛋

1顆大雞蛋黃

用叉子或手指攪拌做出麵團。完成後，將麵團轉放到灑上些許麵粉的工作檯上，然後再揉壓一下讓麵團光滑。接著讓麵團閒置5分鐘。

在麵團上頭灑上麵粉。把麵團**擀**成14×8吋的長方形，必要時要在麵團下方灑上麵粉防止黏附的情況。將長方形麵團的短邊朝著你的方向放好，然後就把已經做好的長方形奶油覆蓋住麵團頂部約2/3的面積，記得要在麵團兩邊和頂部預留約1吋的距離。接下來就將麵團底1/3的部分折疊在奶油上方，再將麵團頂部1/3連同奶油一起折疊在剛摺疊好的部分的上方，折疊方式就如同摺疊商業信件一樣。一同下壓麵團的邊緣，將麵團的三邊壓封住。接著將麵團轉向，此時摺疊的邊緣在左、壓封的邊緣在右。在麵團上灑一些麵粉後，用**擀**麵棍輕輕地下壓麵團以便讓麵團稍微扁平。保持長方形短邊面向你的方向，接著就將麵團**擀**成16×8吋的長方形。接下來再重複一次把麵團下部1/3面積和頂部1/3面積的摺疊動作（這個**擀**壓和摺疊的動作就是所謂的單轉）。再將麵團轉向，讓麵團摺疊的邊緣在左、壓封的邊緣在右（就像是一本要被打開的書一樣）。接著再進行單轉一次，把麵團**擀**成16×8吋的長方形，並摺疊成1/3的大小。必要時要在工作檯灑些麵粉，以便防止麵團出現黏附的情況。在製作期間，只要奶油出現軟化的情況，就要將奶油放入冰箱10到15分鐘。記得在麵團上做兩個刻記，提醒自己已經為麵團進行過兩次單轉。用保鮮膜鬆散地包覆麵團，再放入冰箱30分鐘。

要為麵團再多進行兩次單轉，永遠要記得將麵團摺疊的邊緣在左、壓封的邊緣在右，然後再接著開始下一次的**擀**壓工作。在麵團上做四個刻記，用保鮮膜包覆後，再放入冰箱30分鐘。

為麵團進行完最後一次單轉、包覆和冷藏至少30分鐘（到了這個階段，麵團可以放到冷凍庫冰凍或放在冰箱下層隔夜冷藏。在冰凍前，要先用保鮮膜包好，然後用鋁箔紙包，最後再放入密封的保鮮袋中；在進行**擀**壓之前，要先放在冰箱下層隔夜解凍）。

風車造型覆盆子丹麥捲（Raspberry Danish Pinwheels）（18個3吋麵包）

將以下擀成18×9吋的長方形：
一半如上述做成的丹麥麵包麵團
將長方形麵團做成18個3吋的正方形，然後在每個正方形麵團上輕輕刷上：
1顆輕打過的大雞蛋
從正方形麵團的四個角落向中央做出1又1/2吋的切口。接下來，從左下方開始將每個三角邊的一個角落往中央摺疊並下壓，以此做出紙風車的形狀。
在每個小麵團的中央放上一團：
1小匙覆盆子果醬（總計為6大匙的分量）

灑上：糖
在沒有抹油的烘烤淺盤上，以2到3吋的間隔排放好紙風車麵團。讓麵團發酵膨脹，時間為30到60分鐘。
在烤爐下部1/3底架上放上支架。將烤爐預熱到190度。
烘烤約20到30分鐘，麵包外皮要烘烤成金棕色。完畢後取出放置架上直到完全冷卻。

西梅或杏子丹麥麵包（Prune or Apricot Danish）（18個3吋麵包）

在平底鍋中將以下混合加熱：
8盎司對半切的去核西梅或乾杏子
1杯水或蘋果汁
1/4杯糖
少許鹽
將火轉小後，將水果蒸到相當柔軟，20到30分鐘（有些水果會較其他來得乾燥——為了軟化所需，可以多加點液體並且煮久一點）。
拌入：
2大匙新鮮檸檬汁
（2大匙雅馬邑白蘭地或干邑白蘭地）
接著放入果汁機或食物調理機中攪成果泥。完成後移入一個小碗中，使用前

要先讓果泥冷卻。
準備好：
前一食譜的蔓越莓丹麥紙風車麵包
不過不切割正方形麵團，並且以西梅餡泥取代蔓越莓果醬。在每個正方形麵團中央放上少計1匙的內餡，接著將麵團四個角落拉起包住內餡。在沒有抹油的烘烤淺盤上以2到3吋的間隔排放好麵包，閒置發酵30到60分鐘。
在烤爐下部1/3底架上放上支架。將烤爐預熱到190度。
烘烤約20到30分鐘，麵包外皮要烘烤成金棕色。完畢後取出放置架上直到完全冷卻。

奶油奶酪丹麥捲（Cream Cheese Danish Spirals）（16個3又1/2吋麵包）

在一個大碗中將以下打到滑順：
6盎司軟化的奶油奶酪
1/4杯糖
加入以下攪拌混合：
（1又1/2到2小匙肉桂粉）
1又1/2大匙濃鮮奶油
將以下擀成17×12吋的長方形：

一半的丹麥麵包麵團，408頁
將準備好的奶油奶酪混合液平均地塗抹在麵團上，不過在麵團四周要留下1/4吋的留邊。自麵團長邊將麵團捲成捲狀，然後把有長邊接縫的地方朝下放到塗了奶油的烘烤淺盤，再冷藏15分鐘。
將麵包捲放在砧板上，兩端各自修掉1/2

吋。接著切成16片厚度1吋的切片，在切片時，必要時要把刀子抹淨來切。將切片面朝下以2到3吋的間隔排放在烘烤淺盤上。讓切片閒置膨脹，時間為30到60分鐘。

在烤爐下部1/3底架上放上支架。將烤爐預熱到190度。

輕輕刷上：

1顆打過的大雞蛋

烘烤到麵包呈金棕色，約15到20分鐘。完畢後取出放置架上，趁著麵包還熱，將以下攪拌後塗抹在麵包上：

6大匙糖粉

2小匙水

放置直到完全冷卻。

丹麥甜蛋糕（Danish Coffee Cake）（1個10吋糕餅）

由於斯堪地半島的人是世界上最愛喝咖啡的人士之一，這就讓人可以理解何以當地可以做出一些最好的糕點，特別是這種介於風味豐富的甜蛋糕和麵包之間的清爽糕餅。如果要加上「水果糖汁」☆，172頁，記得要在糕餅冷卻淋上溫暖的糖汁；關於其他糖衣☆，171頁。

準備好：

一半的丹麥麵包麵團

在輕灑麵粉的工作檯上，將冷藏過的麵團**擀**成29×11的長方形大小、厚度約3/8吋。修掉任何可能會防止麵團發酵膨脹的摺疊部分。在長方形麵團上鋪滿任何一種喜歡的甜蛋糕內餡，並且從短邊開始將麵團捲曲成圓筒狀，完成後再把兩邊連接起來，用一點水幫助黏結。連結完成後，利用一支或兩支煎鍋鏟移到抹了油的烘烤淺盤上。在麵團圈的外圍上半部，以垂直方向，用沾抹了麵粉的剪刀在麵團圈上以1到2吋的距離對角剪下，距離麵團圈的內圈約1吋的距離。在你剪切時，將每個剪切過的部分平放到烘烤淺盤上。完成後在麵團圈上方刷上：

法式蛋液☆，171頁

塗刷時要注意別覆蓋到剪切的部分，否則糖衣可能會讓麵團無法發酵膨脹。用乾淨的布覆蓋後閒置發酵到體積膨脹為兩倍，約25分鐘。

將烤爐預熱到200度。

烘烤到麵包成金棕色，約25分鐘。

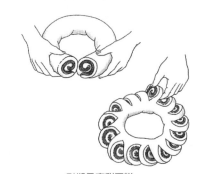

形塑丹麥甜蛋糕

｜關於快速麵包和甜蛋糕｜

這些麵包和甜蛋糕令人愉悅、相當美味，而且絕對名副其實。那些以堅果和水果做成的麵包糕點可以保存，不過，像是沙莉倫恩（Sally Lunn）、愛爾蘭蘇打麵包（Irish Soda Bread）等較平實的麵包，以及一些快速甜蛋糕，就應該要在烘焙完成後立即食用；這些很快就不好吃了。如果你希望甜蛋糕能夠好好

保存並且重新加熱食用，請閱讀酵母甜蛋糕的食譜的說明，403到406頁，也請參考「酵母麵團的添加物」，362頁和「康乃爾三重豐富麵粉配方」，363頁豐富這些麵包。

使用六盎司的果汁罐或小型麵包烤盤來製作堅果和水果麵包，將會使得麵包相當引人，這是因為麵包可以很漂亮地切來做為茶點，製作時記得不要放入超過四分之三的量，要讓麵團有擴張的空間，烘焙的時間也要少於一般麵包。將快速堅果和水果麵包在冷卻後用鋁箔紙包裹後放入冰箱冷藏十二個小時，如此麵包就會切得更漂亮。

▲快速麵包使用泡打粉和/或蘇打粉來發酵，一旦是在緯度增高的地方製作麵包，使用的量就要減少。蘇打粉會產生二氧化碳，也會中和麵糊的酸度。➡在海拔較高的地方，麵糊的酸性會較高，在烤爐中就會更快受熱──這是很大的好處。就某些食譜來說，最好是減用多一點蘇打粉的用量來保留麵糊較多的酸度（不過，千萬別完全不加泡打粉），或者是用泡打粉替代一部分的用量，或是重新調整泡打粉和蘇打粉的用量比例。

堅果麵包（Nut Bread）（1個9×5吋麵包）

將一個9×5吋的烤盤上油。將烤爐預熱到180度。
在一個中碗中將以下攪拌混合：
2杯中筋麵粉、1/2杯糖或壓實的紅糖
2小匙泡打粉、1小匙鹽
在另外一個碗中將以下擊打到呈淡黃色：
1顆大雞蛋
再打入：
1杯牛奶、2大匙融化的奶油

（1/2小匙香草）
將這些液狀的材料打到乾，直到充分混合為止。再包入：
1又1/2杯切碎的核桃或胡桃
將麵糊倒入抹了油的烤盤之中，烘焙到用一根牙籤從中央插入抽出時不會沾黏為止，約40分鐘。稍微冷卻後就可以從烤盤取出。

蜂蜜堅果麵包（Honey Nut Bread）

可以加點葡萄乾或乾燥水果來增加麵包的質地。
準備好前一食譜的堅果麵包，不過要多

用1/2杯的麵粉，而且不要加糖。添加3/4杯蜂蜜和1/2小匙蘇打粉。

蜜棗堅果麵包（Date Nut Bread）（1個9×5吋麵包或4個5又1/2×3吋麵包）

要選用相對較乾的蜜棗，而不是對這食譜而言過軟的椰棗。在烤爐下部1/3底架上放上支架。將烤爐預熱到180度。將1個9×5吋的麵包烤盤或或4個5又1/2×3吋的

麵包烤盤上油。
將以下切成4份（若分量較大就切成6份）後放入一個中型碗中：
1又1/2杯去核蜜棗

拌入：

1杯滾水、1小匙蘇打粉

讓上面的混合液放到降至微溫，約20分鐘。

在一個中碗中將以下徹底混合：

1又2/3杯中筋麵粉、1又1/2小匙鹽

1又1/2小匙泡打粉

在一個大碗中將以下混合：

2顆大雞蛋、1杯壓實的紅糖

1/4杯植物油、1小匙香草

以上混合液準備妥後就拌入已經備妥的

蜜棗混合液中。再拌入麵粉混合液至拌勻為止。再加入：

2杯粗略切碎的胡桃

將麵糊挖到烤盤裡，並且均勻地鋪平在盤內。

烘焙到用一根牙籤從中央插入抽出時不會沾黏為止，小麵包要35到40分鐘，大麵包則約55到65分鐘。先讓麵包冷卻5到10分鐘後再從烤盤取出，取出後放置架上直至完全冷卻。

沙莉倫恩麵包（Sally Lunn Bread）（1個13×9吋麵包）

1個清爽的甜麵包。若要更加清爽，請參考「布里歐修餐包」食譜，392頁。

將烤爐預熱到220度。將一個13×9吋的烤盤抹上奶油。在一個中碗裡混合：

2杯篩過的中筋麵粉、2又1/4小匙泡打粉

3/4小匙鹽

在一個大碗中將以下混合後以中速到高速的速度擊打到呈清爽和發泡的情況，約3分鐘：

1/2 杯植物起酥油或10大匙（1又1/4條）軟化的奶油、1/2杯糖

再每次打入一顆：

3顆大雞蛋

混合液會看來像是凝固了一般。接著以緩慢的速度將乾燥的材料分成3份加入麵糊中，每次加入的間隔要加入：

1杯牛奶

繼續擊打麵糊直到呈光滑的狀態。接著挖出放入已經準備好的烤盤裡。烘焙到用一根牙籤從中央插入抽出時不會沾黏為止，或是麵包開始從烤盤脫離為止，約30分鐘。將麵包切成正方形，趁熱食用。

橘子麵包（Orange Bread）（2個8又1/2×4又1/2吋麵包）

這是相當容易做的茶點麵包。如果你想要有個快速點心，切塊麵包趁熱吃，有沒有抹上許多奶油都沒有關係。如果你想要的是搭配茶的三明治，就用罐子來做麵包；請閱讀「快速麵包」的說明，411頁。你會發現隔天切麵包時更加輕鬆。

將烤爐預熱到180度。將一個8又1/2×4又1/2吋的烤盤抹油。在一個大碗中將以下混合：

3杯中筋麵粉、1大匙泡打粉

1/2小匙鹽、1大匙橘子皮絲

1/2到3/4杯糖

使用較多的糖量會做出較接近蛋糕的麵包。

在一個中碗中將以下打在一塊：

1又1/4杯牛奶、1/4杯橘子汁

1大顆雞蛋、2大匙融化的植物起酥油

喜歡的話，可以加入：

（1杯切碎的胡桃或核桃）

（1/3杯仔細切碎的蔓越莓或杏子）

將以上準備好的液狀混合液加到乾的材料之中，並且快速地猛烈地拌打幾下。接著輕輕攪拌到快要混合為止。將麵糊挖起放入抹油的烤盤中。烘焙約50分

鐘，或是直到用一根牙籤從中央插入而抽出時不會沾黏為止。等麵包稍微冷卻後再從烤盤取出。

香蕉麵包「樂土」（Banana Bread Cockaigne）（1個8又1/2×4又1/2吋麵包）

準備室溫溫度（約21度）的食材。

將烤爐預熱到180度。將一個8又1/2×4又1/2吋的烤盤抹油。

混合：

1又1/2杯中筋麵粉、1又1/2小匙泡打粉

1/2小匙鹽

在一個大碗中將以下打到起泡：

2/3杯糖

1/3杯植物起酥油或6大匙（3/4條）軟化的奶油

3/4小匙檸檬皮絲

打入：

1到2顆打過的大雞蛋

1 到1又1/4杯搗爛的熟香蕉（2到3根）

將乾的材料分三個部分加入，每次加入時要打到呈滑順的狀態。喜歡的話可以包入：

（1/2杯切碎的堅果）

（1/4杯子細切碎的乾燥杏子）

將麵糊挖到抹了油的烤盤裡。烘焙麵包約1小時，或是直到用一根牙籤從中央插入而抽出時不會沾黏為止。等麵包稍微冷卻後再從烤盤取出。

在切片前，一定要等到麵包完全冷卻。

快速香蕉麥芽麵包（Quick Banana Wheat-Germ Bread）

準備好前一食譜的香蕉麵包，不過要將麵粉量減為1又1/4杯，並且添加1/4杯的麥芽。

南瓜麵包（Pumpkin Bread）（1個9×5吋麵包）

調製這種麵包可以使用任何一種煮過的南瓜泥、山芋泥或番薯泥。

將烤爐預熱到180度。將一個9×5吋的烤盤抹油。

混合：

1又1/2杯中筋麵粉、1小匙蘇打粉

1/4小匙泡打粉、1小匙鹽

1又1/2小匙肉桂粉、1小匙薑粉

1/2小匙磨碎的肉豆蔻或肉豆蔻粉

1/4小匙丁香粉

在一個小碗中加入：

1/3杯水或牛奶、1/2小匙香草

在一個大碗中將以下打到蓬鬆：

6大匙（3/4條）軟化的奶油，或1/3杯植物起酥油

1又1/3杯糖或 1杯糖加上 1/3杯壓實的紅糖

每次打入一顆：

2顆大雞蛋

將以下加入後以低速擊打到混合為止：

1杯煮過的或罐裝的南瓜泥

將準備好的麵粉混合液分成三部分，每次加入之間要替代加入準備好的奶混合液，用低速擊打，或是用橡膠刮鏟攪拌到呈滑順的狀態，必要時要記得刮下沾黏碗邊的泥。再包入：

1/2杯粗略切碎的胡桃或核桃

1/3杯葡萄乾或切碎的蜜棗

倒入已經準備好的烤盤裡，要均勻鋪平。烘焙到用一根牙籤從中央插入抽出時不會沾黏為止，約1小時。先讓麵包冷

卻5到10分鐘後再從烤盤取出，取出後放　　置架上直至完全冷卻。

胡蘿蔔堅果麵包（Carrot Nut Bread）（1個9×5吋麵包）

將烤爐預熱到180度。將一個9×5吋的烤盤抹油。

將以下混合：

1又1/2杯中筋麵粉、1小匙蘇打粉

1小匙泡打粉、1/4小匙肉桂粉

在一個大碗中充分混合：

4/3杯糖、2顆打過的大雞蛋

1/2杯植物油、1小匙香草

1/2小匙鹽

拌入乾燥的材料。將以下混入後強勁地打幾下：

1又1/2杯胡蘿蔔泥

1又1/2杯胡桃泥或核桃泥

將麵糊挖到已經上油的烤盤裡。烘焙到麵包開始從烤盤脫離為止，約45分鐘。先讓麵包冷10分鐘後再從烤盤取出，取出後放置架上直至完全冷卻。

甜櫛瓜麵包（Sweet Zucchini Bread）（1個9×5吋麵包）

準備前一食譜的胡蘿蔔堅果麵包，不過要將麵粉量減為1又1/4杯，並且以2杯胡

蘿蔔替代多餘水分擠出的櫛瓜泥。

啤酒麵包（ Beer Bread）（1個8又1/2×4又1/2吋麵包）

可以搭配豐富的濃湯或燉湯，也能與氣味溫和或強勁的起司一同食用。切片後烤來吃，或者將整條麵包放入烤爐加熱後來獲取酥脆的外皮。這種麵包可以保存2到3天。

將烤爐預熱到200度。將一個8又1/2×4又1/2吋的烤盤抹油。

在一個大碗中充分混合：

1杯全麥麵粉、1杯中筋麵粉

1/2杯傳統燕麥片

2小匙泡打粉

1/2小匙蘇打粉

1/2小匙鹽

加入：

1又1/2 杯淡啤酒或黑啤酒（不可以用烈性啤酒），冰涼或是溫皆可，但是不能是沒了氣泡的啤酒

攪拌到乾燥的材料開始濕潤即可。將麵糊挖到烤盤裡，並且均勻地鋪平。烘焙到用一根牙籤從中央插入到底而抽出時不會沾黏為止，約35到 40分鐘。先讓麵包冷卻5到10分鐘後再從烤盤取出，取出後放置架上至完全冷卻。

啤酒起司蔥麵包（Beer, Cheese and Scallion Bread）

準備前一食譜的啤酒麵包，不過要在混合麵粉時添加1/2杯仔細切好的較濃的切

達起司或較久的蒙特雷傑克乾酪、1/4杯切好的青蔥，以及（2小匙葛縷籽）。

愛爾蘭蘇打麵包（Irish Soda Bread）（1個8吋圓形麵包或1個8又1/2×4又1/2吋麵包）

當這種麵糊用比較多量的糖和酪奶做成後，放入麵包烤盤烘焙，完成就是有著極佳脆皮的麵包，而且可以在3到4天內都保持濕潤。

將烤爐預熱到190度，若是用麵包烤盤就要預熱到180度。將一個大型的烘烤淺盤或一個8又1/2×4又1/2吋的烤盤抹油。

在一個大碗中充分混合：

1又2/3杯中筋麵粉

2大匙糖，若是茶點麵包則是5大匙糖

1小匙泡打粉、1/2小匙蘇打粉

1/2小匙鹽

拌入：

1杯葡萄乾、（2小匙葛縷籽）

在另一個碗裡混合：

1顆大雞蛋

2/3杯酪奶，若是茶點麵包則要1杯酪奶

1/4杯（1/2條）溶解後且尚溫熱的奶油

加到準備好的麵粉混合液中，攪拌到乾燥的材料呈濕潤為止。麵糊會有點硬但是黏稠的狀態。把麵糊挖到烘烤淺盤中，堆成直徑6到7吋的小丘，或者是平均鋪平在麵包烤盤裡。用一把銳利的刀子在麵糊上方割劃出1/2吋深的X形。

烘焙到麵包呈金棕色，而且用一根牙籤從中央插到底，抽出時不會沾黏為止，用烘烤淺盤的話要花25到30分鐘，若是用麵包烤盤則要45到50分鐘。完成後將圓形麵包移放在架上，待完全冷卻後再食用。或者，假如用的是麵包烤盤的話，先讓麵包冷卻5到10分鐘後再從烤盤取出，取出後放置架上直至完全冷卻。

罌粟籽麵包（Poppy Seed Bread）

在烤爐下部1/3底架上放上支架。將烤爐預熱到180度。將1個8又1/2×4又1/2吋的麵包烤盤抹油。

準備上述愛爾蘭蘇打麵包，不過要使用更多的糖和酪奶。加入1大匙加2小匙罌粟籽來取代葡萄乾和葛縷籽。將麵糊挖至烤盤中放好後，按照前一食譜進行烘焙，不過時間改為30到40分鐘。

棕麵包（Brown Bread）（2個8吋圓形麵包或7又1/2×3吋麵包）

將布丁模具或耐高溫的小碗等2個4杯量的模具，或者是2個7又1/2×3吋的麵包烤盤上油。並且要有空間足以容量2個模具的蒸鍋、荷蘭鍋或有蓋的水鍋，或是2個有蓋的小淺鍋來各別放置1個模具。

在一個大碗中充分混合材料：

1杯黃玉米粉、1杯裸麥麵粉

1杯全麥麵粉、2小匙蘇打粉、1小匙鹽

在另一個碗裡混合：

2杯酪奶、1杯切碎的葡萄乾

3/4杯糖蜜

加到前面的乾燥材料中，攪拌到一切混

合。將麵糊分等分放入模具裡。如果用的布丁模具有蓋子和彈夾，記得要在蓋子內抹油，並且要固定好彈夾。不然的話，用抹了油的雙層厚的鋁箔紙來包裹，記得抹油的面要朝下，再以廚房用綑繩好好綁緊。

將模具放在蒸鍋內的三角架或摺疊的毛巾上，接著倒入滾水到模具一半的高度。蓋好蒸鍋後，開到大火。等到鍋內的水沸騰後，就將火轉小緩緩蒸煮。蒸煮時間為3小時，期間必要時要在鍋內加水。當用一根牙籤從中央插入抽出時不

會沾黏就表示麵包完成了。

將模具移放到支架上，掀開麵包的蓋子，讓麵包冷卻20分鐘後再從模具取出。趁熱食用，或者放置架上直到完全冷卻再包覆起來儲藏。想要將麵包切得漂亮而不崩落，可以用強硬的繩子或牙線來回切割。食用前，可以將麵包放入150度的烤爐加熱，或者把麵包放回模具再蒸煮一次。

速成甜蛋糕／德式蛋糕（Quick Coffee Cake/Kuchen）（1個9吋方形甜蛋糕）

我們認為這是星期天早午餐的最佳甜蛋糕。

烤爐預熱到190度。將一個9吋的方形烤盤抹油。

將以下篩在一起：

1又1/2杯篩過的中筋麵粉

2小匙泡打粉、1/4小匙鹽

用木匙在一個大碗中將以下打到發泡：

1/4杯（1/2條）軟化的奶油

逐漸加入以下並打到呈清爽蓬鬆的狀態：

1/4到1/2杯糖

打入：1顆大雞蛋、2/3杯牛奶

再將乾燥的材料打入。然後加入：

3/4小匙檸檬皮絲或1/2小匙香草

攪拌到呈滑順的狀態，完成後鋪入烤盤之中。再用以下覆蓋：

1又1/4杯藍莓或櫻桃（要先沾滾過 1/3杯糖）、酥粒☆，170頁，或蜜蜂糖汁☆，171頁

如果覆蓋的是酥粒或糖汁，烘焙時間約25分鐘；若是使用水果，烘焙時間則為25到30分鐘。完成後放置架上冷卻。

速成酸鮮奶油甜蛋糕（Quick Sour Cream Coffee Cake）（1個9吋方形甜蛋糕）

這種蛋糕相當美味而且很容易完成。

準備室溫溫度（約21度）的食材。

將烤爐預熱到180度。將一個9吋的方形烤盤抹油。

充分攪拌：

1又1/2杯中筋麵粉、1杯糖

2小匙泡打粉、1/2小匙蘇打粉、1/4小匙鹽

在一個大碗中充分打勻：

1杯酸鮮奶油、2顆大雞蛋

加入準備好的乾燥材料，再打到呈滑順的狀態。過度擊打會讓蛋糕變得較硬。

接著就鋪入烤盤之中。再灑上：

酥粒☆，170頁

烘焙到可以用一根牙籤從中央插入抽出時不會沾黏為止，約25分鐘。完成後放置架上冷卻。

主教麵包（Bishop's Bread）

準備前一食譜的酸鮮奶油甜蛋糕，不過要在麵糊中加入2盎司無糖巧克力粉、1杯切碎的蜜棗和1杯切碎的堅果。

蔓越莓或蘋果酥粒甜蛋糕（Cranberry or Apple Streusel Coffee Cake）

準備前一食譜的快速酸鮮奶油甜蛋糕，不過要將糖的分量增加為1又1/4杯。如果使用的是蔓越莓，就加入酸鮮奶油混合液中（1大匙橘子皮絲）。將麵糊放入烤

盤後，在上頭灑上2又1/2杯蔓越莓乾或去皮蘋果切片。然後在水果上再灑上酥粒。烘焙時間為40到45分鐘。完成後放置架上冷卻。

大理石內餡甜蛋糕（Coffee Cake with Marbled Filling）（1個大蛋糕）

將一個8到10杯分量的波形凹盤或圓環烤盤抹油。準備好：
巧克力水果內餡，408頁
備妥：
之前食譜的快速酸鮮奶油甜蛋糕的麵糊
用湯匙將1/4的麵糊放入烤盤裡並平均鋪平。灑上一半的內餡。接著再鋪上剩下的一半麵糊，然後再灑上剩餘的內餡。最後再將剩下的麵糊鋪上。用一根小湯匙將蛋糕和內餡做出大理石的樣子，從烤盤底部向上挖起麵糊五到六次，每次挖起的時候要順道在凹盤四處移動。完成後再將麵糊表面整平。

烘焙到可以用一根牙籤從中央插入抽出時不會沾黏為止，約40到45分鐘。先讓麵包在烤盤裡放在支架上冷卻5到10分鐘。接著再翻轉和拍打烤盤，藉此讓蛋糕四周鬆開，然後再將蛋糕倒放在支架上冷卻。趁熱吃或在室溫時食用皆可，並且灑上：
糖粉

糖酥蛋糕（Crumb Cake）（1個13×9吋甜蛋糕）

將烤爐預熱到165度。將一個13×9吋的烤盤抹油和灑上麵粉。
攪拌混合：
1又1/2杯中筋麵粉、1/2杯糖
2又1/2小匙泡打粉、1/2小匙鹽
（1/2小匙小荳蔻粉）
在一個中碗中充分混合：
1顆大雞蛋、1/2杯牛奶
2大匙植物油、2小匙香草
使用橡膠刮鏟將乾燥的材料加入。將麵糊以塊狀放入準備好的烤盤中，將麵糊表面抹順後就先放置一旁。
使用橡膠刮鏟在一個中碗中充分混合：

2又1/2杯中筋麵粉
（1/2杯切碎的核桃或胡桃或是甜味椰子仁）
1杯壓實的淡紅糖、1小匙肉桂粉
在以上的混合物淋上：
1杯（2條）融化的奶油
用橡膠刮鏟翻攪到出現大碎屑。接著將碎屑灑在麵糊上頭。烘焙約30分鐘，或是烘焙到可以用一根牙籤從中央插入抽出時不會沾黏為止。連著烤盤將麵包放置支架上冷卻到室溫為止。
灑上：糖粉
將蛋糕切成3吋的方形切片。

週日早晨豪華甜蛋糕（Deluxe Sunday Morning Coffee Cake）（1個10吋蛋糕）

這是有著脆硬上皮的濕潤蛋糕。一部分的乾燥材料會是蛋糕上的酥粒添加物，而連帶著額外添加的酪奶和雞蛋的其他材料就會做成豐富的蛋糕。

準備室溫溫度（約21度）的食材。將烤爐預熱到180度。將一個10吋的彈簧扣模鍋的底部和四周慷慨地抹油。在烤鍋底部灑上：

乾燥麵包碎屑

輕輕地翻轉鋪上碎屑，接著要挑出多餘的碎屑。

在一個大碗中將以下攪拌充分混合：

2杯中筋麵粉、1杯加2大匙糖、1小匙鹽

將以下加入並且翻攪一下直到混合物出現類似粗糙碎屑的狀態：

10大匙（1又1/4條）奶油

先用一個小碗裝入1杯量的碎屑放置一旁待用。接著在一個大碗中將以下加入準備好的混合物中充分攪拌：

1小匙泡打粉、1/2小匙蘇打粉

再加入：

3/4杯酪奶或原味優格

1顆大雞蛋、1小匙香草

使勁地攪拌麵糊到滑順蓬鬆的狀態，1分半到2分鐘（麵糊是厚重的；倘若你喜歡的話，可以用中速到高速來攪拌1分鐘）。將麵糊挖到準備好的烤盤裡，並且要將麵糊抹平。

至於酥粒添加物的部分，將以下材料加入放置一旁待用的碎屑中，並用叉子翻攪到混合為止：

3/4杯子細切碎的核桃或胡桃

1/2杯壓實的深紅糖、1小匙肉桂粉

完成後就將碎屑灑在麵糊上頭。烘焙到用木籤從中央插入而取出時不會沾黏為止，50到65分鐘。連著烤盤放置架上冷卻約5到10分鐘。用一把細刀沿著蛋糕四周插入滑動，藉此讓蛋糕脫離烤盤。接著就可將彈簧扣模鍋的外框移除。食用前先放置架上冷卻1個半小時。

椰子巧克力碎片豪華甜蛋糕（Deluxe Coconut Chocolate Chip Coffee Cake）

準備上述週日早晨豪華甜蛋糕，不過要在麵糊中拌入1杯小型巧克力碎片。至於酥粒添加物部分，將堅果的分量減少為1/2杯，並且不要加肉桂粉，而是添加1杯稍加壓實的甜味乾燥椰片。

覆盆子杏仁豪華甜蛋糕（Deluxe Raspberry Almond Coffee Cake）

準備之前食譜的週日早晨豪華甜蛋糕，加入香草時要多加1小匙杏仁萃取液。將麵糊挖到準備好的烤盤裡並且抹平。把1/2杯無籽覆盆子果醬攪拌到滑順且呈液體狀，然後再將果醬鋪在麵糊上頭。至於酥粒添加物的部分，不要加肉桂粉，並且以1/2杯糖取代深紅糖，而且用3/4杯的杏仁粉替代切碎的核桃或胡桃。再加入1顆大雞蛋蛋黃和1小匙杏仁萃取液。

使用叉子攪拌後，用手指用力地揉壓混合物直到顏色一致為止。在果醬上灑上碎屑後，接下來就照食譜指示進行烘焙。

｜煎鍋或平台烤爐麵包｜

不論是「愛爾蘭蘇打麵包」，或「煎鍋玉米麵包」，都可以用直接露天用火烘焙出可以任人接受，甚至相當不錯的煎鍋麵包。不過，直接用火烘烤的麵包，我們發現這種作法做出的麵包質地並不如用爐火烘烤的成品。把煎鍋用支架或烤架架高在燃燒的炭火之上，將麵包覆蓋後進行烘焙；烘焙必須很緩慢——將會長達一個小時——否則麵包底部會燒焦。如果你偏愛**愛爾蘭烤麵包**

（Irish Farls），請按照「愛爾蘭蘇打麵包」的食譜，將麵包切成約一吋後的三角形切片，然後放在加熱到一百九十的平台烤爐上進行烘烤，並且輕輕抹油。先用十分鐘來烘烤一面，接這再翻面烘烤十分鐘。

｜關於玉米麵包｜

對於吃著美國南方玉米麵包長大的人來說，他們都會渴望著玉米麵包的金棕色外皮、脆邊和清爽但稍帶沙粒般的口感。玉米麵包最好是用石磨粗玉米粉做成，並且在預熱的厚重烤盤中來烘焙出金棕色的外皮。想要做出很脆的外皮，記得要將烤盤好好抹油，並且將烤爐預熱至二百二十度。

不論你烘焙的是玉米瑪芬蛋糕、玉米棒或玉米麵包，你可以依據自己的口味以兩杯的分量為限來調整粗玉米粉和麵粉的用量比例。本書推薦一又四分之一杯粗玉米粉配四分之三杯中筋麵粉的比例。你可以用全麥麵粉來取代最多一半的麵粉量，或者是用蜂蜜或糖蜜來替代加入混合液中的糖，或者也可以不加任何糖類。你也可以用油、培根油或其他脂肪來替代奶油。若要加入切碎的堅果、葡萄乾或起司片等乾燥的添加物時，要等到麵糊混合完成後再加入。若是濕潤的添加物，如蜂蜜、玉米粒和煮過的辣椒或洋蔥，則要與液狀材料一同混合。至於香草和香料等乾燥材料，記得要拌入麵粉混合物中。

▲玉米麵包要使用泡打粉和（或）蘇打粉來發酵，一旦製作麵包的緯度增高，兩者的用量就要減少。蘇打粉會產生二氧化碳，也會中和麵糊的酸度。在海拔較高的地方，麵糊的酸性會較高，在烤爐中就會更快受熱──這是很人的好處。就某些食譜來說，最好是減用蘇打粉的用量來保留麵糊較多的酸度（不過，千萬別完全不加泡打粉），或者是用泡打粉替代一部分的用量，或是重新調整泡打粉和蘇打粉的用量比例。

玉米麵包的添加物

罐裝墨西哥辣椒醬（Canned chipotle peppers in adobo）：3到4條瀝乾、去梗、並細切過的辣椒
墨西哥辣椒：1到2條新鮮或烤過的辣椒，要去皮後剁碎
罐裝中辣青辣椒──可用到1個4盎司的罐頭，瀝乾後切丁。
波布拉諾辣椒：1條烤過的辣椒，去皮去籽後切成丁狀。

油漬日曬番茄乾（Sun-dried tomatoes in oil）：1/2杯，切丁。
玉米粒：可用到1杯的新鮮玉米粒或冷凍玉米粒，或是1杯罐裝奶油玉米粒。
切達起司或蒙特雷傑克乾酪：最多1杯，切碎。
炒過的切碎洋蔥：1杯
煎脆的培根或火腿：1/2杯，切丁
葵花籽或烤過的南瓜籽：1/2杯

玉米麵包、玉米瑪芬蛋糕，或玉米棒（Corn Bread, Muffins, or Sticks）（1個8吋方形麵包、約15個 2吋瑪芬蛋糕，或約20個麵包棒）

使用2顆雞蛋會讓成品更香濃。

準備室溫溫度（約21度）的食材。將烤爐預熱到220度。將烤盤以奶油、油或培根油來上油。將烤盤放入烤爐中直到火熱的狀態。

在一個大碗中將以下材料混合：

1又1/4杯黃色或白色的粗玉米粉，最好是石磨產品

3/4杯中筋麵粉、2又1/2小匙泡打粉

1到4大匙糖

3/4小匙鹽

加入：

1或2顆打過的大雞蛋

2到3大匙融化的奶油、培根油，或植物油

1杯牛奶

快速地攪拌幾下將以上混合。將麵糊挖到烤熱的烤盤裡。烘焙玉米棒要12分鐘，若是玉米麵包和玉米瑪芬蛋糕則要15到18分鐘，要烘烤到呈棕色。要趁熱立即食用。

煎鍋玉米麵包（Skillet Corn Bread）（1個8×8吋麵包）

準備前一食譜的玉米麵包，要使用全脂牛奶。將麵糊倒入已經大量抹油的10吋煎鍋裡，以小火煎烤約20分鐘，或煎烤到完成為止。

蕎麥玉米麵包（Buckwheat Corn Bread）（1個8吋方形麵包）

準備之前食譜的玉米麵包，不過，原本使用的1/2杯粗玉米粉，現在要用1/2杯蕎麥麵粉來替代，並且加入（1/2杯去殼葵花籽）。

南方玉米麵包（Southern Corn Bread）（1個8吋方形麵包或12個瑪芬蛋糕）

傳統的南方玉米麵包是用白粗玉米粉、酪奶、雞蛋、發酵劑和鹽做成的——如果有加的話，就是少許的麵粉或糖。有些麵包師傅會拌入一大匙的培根油脂。這種濕潤的麵包有著脆皮。烘烤完就要立即從烤爐取出上桌食用。如果你喜歡的是瑪芬蛋糕，請閱讀之前的「玉米麵包、玉米瑪芬蛋糕，或玉米棒」部分。

將烤爐預熱到230度。準備一個不怕爐火烘烤的9吋厚重煎鍋（最好是鑄鐵鍋），或是一個8吋的玻璃烤盆，在上頭抹油：

1大匙培根油脂、豬油、油；或植物起酥油

在大碗中充分混合：

1又3/4杯粗玉米粉、最好是石磨的白色產品

（1大匙糖）、1小匙泡打粉

1小匙蘇打粉、1小匙鹽

在另一個碗中將以下攪拌到起泡：

2顆大雞蛋

再拌入：

2杯酪奶

將上述混合液加入之前準備好的乾燥材料中，攪拌到混合為止。將抹油的煎鍋或烤盤放入烤爐烘烤到油汁冒煙。接著就一口氣把麵糊倒入其中。

烘焙到麵包外皮呈棕色且內部下壓時有

緊實感為止，20到25分鐘。連著烤盤一起上桌食用，切成楔型或方形，搭配以下一起吃：奶油

吃剩的麵包會變得有點乾，不過只要用鋁箔紙包好保存，就可以用烤爐小火重新加熱。

酪奶脆脂玉米麵包（Buttermilk Cracking Corn Bread）（1個9吋或10吋圓麵包）

這種玉米麵包有著布丁般的內裡，脆脆的頂部且邊緣呈金棕色的外皮。

將烤爐預熱到220度。

將以下快速沖洗後再拍乾：

4盎司富含油脂的鹽漬豬肉

將豬皮切除後，把豬肉切成1/4吋的小丁（如果豬肉過於柔軟而不好切的話，就將豬肉鮮冷藏30分鐘）。準備一個不怕爐火烘烤的9吋或10吋厚重煎鍋，最好是鑄鐵鍋，用中火烤到油脂滲出，豬肉切丁應呈深棕色且脆脆的。完成後就可關火。

在大碗中充分混合：

3/4杯粗玉米粉

3/4杯中筋麵粉

1大匙糖

1又1/2小匙泡打粉

1/2小匙蘇打粉

1/2小匙鹽

在另一個碗中將以下攪拌到起泡：

2顆大雞蛋

再拌入：

1又1/2杯酪奶

將上述混合液加到準備好的乾燥材料中，攪拌到濕潤的狀態。將豬肉脆脂全部加入，不過要將其中1大匙放到煎鍋中。將煎鍋用大火加熱到油脂冒煙。關火後，再將麵糊一次全部倒入煎鍋。

烘焙到用木籤從中央插入取出時不會沾黏為止，15到20分鐘。趁熱一次食用，可以直接吃或是搭配：

（果醬或高粱糖漿）

玉米和風泡芙「樂土」（Corn Zephyrs Cockaigne）（約30個2又 1/2吋泡芙）

在我們尋找這種糕點的最佳食譜的過程中，我們衷心歡迎來自美國南方友人一直不斷自我讚嘆的和風食譜，而在接到食譜後，這就成了本書口耳相傳的最愛食譜。我們認為這是對本書最棒的讚美。搭配沙拉一起食用，這種如空氣般輕盈的泡芙就是如此精緻味美。

在一個平底鍋中混合以下材料：

1杯粗玉米粉，最好是石磨的白色產品

1大匙豬油或植物起酥油

倒入：

4杯滾水

加入：

1小匙鹽

以小火煮30分鐘，要不斷攪拌。關火後，在上頭塗上些許奶油以便防止硬化。放置到溫度降至室溫。

將烤爐預熱到180度。將一個烘烤淺盤抹油。把玉米粉混合液充分擊打完成。再將以下打到發硬：

4顆大雞蛋蛋白

完成後就加到玉米混合液中。用大匙將麵糊挖起滴放到烘烤淺盤上。烘烤到外皮脆硬的狀態，約40分鐘。

玉米道奇包「樂土」（Corn Dodgers Cockaigne）（約24個小圓包）

食用時可搭配奶油或楓糖漿。

將烤爐預熱到200度。將一個大型烘烤淺盤抹油。

在一個大碗中混合以下材料：

1杯粗玉米粉，最好是石磨的白色產品

1又1/2小匙糖

1小匙鹽

在乾燥材料淋上：

1杯滾水

充分攪拌。再將以下充分擊打：

2大匙軟化的奶油或培根油脂

1顆打過的大雞蛋

將麵糊用湯匙挖起滴到烘烤淺盤上。或者，先以冷水浸泡手，用手抓起麵糊後，讓麵糊「滴擊」在淺盤上頭。這種用手處理麵糊的方法得益於我們的好友莎拉，她從小就幫忙父親在美國肯德基賽馬大會（Kentucky Derby）販售道奇包。烘焙到呈金黃色澤，約25分鐘。

強尼玉米糕（Jonnycakes）（10個3吋煎糕）

這種玉米糕有著脆皮和濕潤的內裡。強尼玉米糕可以搭配楓糖漿、奶油或果醬在早餐食用，與紅燒肉，177頁或「紅燒雞」，105頁一起吃，或者是淋上莎莎醬，323頁或玉米調味醬☆，見「醃菜和碎漬物」，也很美味。使用石磨粗玉米粉來做，烘焙完成後要盡快食用。

在一個大碗中混合以下材料：

1又1/2杯石磨粗玉米粉

1小匙鹽、1小匙糖

將以下緩緩加入並且要不斷攪拌來防止結塊：

2又1/4杯滾水

攪拌完後先擱置一旁約10分鐘。將兩個煎鍋放在中火上加熱（你也可以使用平台烤爐，調到約165度的中火）。平均將以

下分配到兩個煎鍋內：

2大匙奶油

當奶油開始變色時，就把1/4杯的麵糊加入，玉米餅應該要有厚度（約3/4吋），但是大小不超過3吋。必要時就用手指將表面輕輕抹順。靜靜熱煎玉米餅，不要讓奶油煎到出現比堅果的棕色還深的色澤，但要煎到玉米餅呈金棕色，約6到11分鐘。將以下切成極薄的大小：

1到1又1/2大匙奶油

將切好的奶油薄片壓在每個強尼玉米餅上，用鍋鏟翻面後繼續煎烤另一面直到呈金棕色，約為6到11分鐘。將玉米餅放在熱到95度的烤爐中保溫，再重複以上的步驟把剩餘的麵糊完成。

黃金玉米球（Hush Puppies）（約18個2又1/2吋玉米球）

從前的漁夫會在河岸的魚獲旁做這種手指形狀的混合球。傳言，他們會丟一堆玉米球給豢養的吵鬧小狗吃，並且一邊告誡牠們：「別叫了！小狗們！」（Hush, puppies!）請閱讀「關於深油炸」的說明。

在一個大碗中攪拌以下材料：

1杯粗玉米粉，最好是石磨的白色產品

1/4到1/2杯剁碎的油蔥

1小匙泡打粉、1/2小匙鹽

（1/4小匙紅辣椒粉）

在一個小碗中將以下攪打在一起：

1顆大雞蛋

1/2杯牛奶

打完後就加到準備好的乾燥材料裡並且攪拌到混合。形塑呈橢圓形的小蛋糕或玉米餅，大小約為2×4×3/4吋。用加熱到190度的熱油油炸到呈金棕色。用紙巾將油瀝乾，完成後一次食用完畢。

| 關於匙用麵包（Spoon Bread） |

這種玉米麵包柔軟到可以用湯匙（或叉子）來吃。這種麵包可以做為澱粉類來食用，所以可以搭配雞肉或火腿等主食。若是想吃的清淡一些，可以灑上一些起司碎片或是加一團酸鮮奶油和辛辣的莎莎醬，然後搭配沙拉來吃。

皮硬內軟匙用麵包（Crusty Soft-Center Spoon Bread）（4人份）

使用石磨製粗玉米粉可以做出更類似舒芙蕾的質地。

將烤爐預熱到190度。

在一個大碗中攪拌以下材料：

3/4杯粗玉米粉，最好是石磨的白色產品

1/4杯中筋麵粉、1大匙糖、1小匙鹽

1小匙泡打粉

將以下攪拌到充分混合：

1顆大雞蛋、1杯牛奶

以一個8吋的方形烤盆裝入以下後放置烤爐使之融化：

2大匙奶油

接著就倒入麵糊。然後在上頭再倒入：

1/2杯牛奶

烘焙到麵包頂部烤好且脆硬，時間為45分鐘。

酪奶匙用麵包（Buttermilk Spoon Bread）（4人份）

在一個大碗中放入以下材料：

1杯粗玉米粉，最好是石磨的白色產品

接著倒入：

1又1/2杯滾水

充分攪拌後，放置冷卻一會。

將烤爐預熱到180度。

在一個中碗中將以下充分打和在一起：

1顆大雞蛋、1杯酪奶、1大匙融化的奶油

1小匙蘇打粉、3/4小匙鹽

打和完後就加到粗玉米粉混合物中，並且攪拌均勻。將一個抹了油的8吋方形烤盆放入烤爐加熱到發燙。將麵糊倒入烘烤到有點蓬鬆定形，30到40分鐘。假如你希望麵包有柔軟的外皮頂端，可以在烘焙的時候不時加入幾大匙的牛奶，分量如下：

（1/2杯全脂牛奶或半對半鮮奶油）

若是採用這樣的作法，烘烤時間較長，約1個小時。

| 關於瑪芬蛋糕 |

瑪芬蛋糕的麵糊很容易做。➡要攪拌時，將液狀材料使勁幾次加入乾燥的材料之中。➡攪拌的動作應該要盡量減少，就算是輕微攪拌十到二十秒，

也會讓麵糊出現一些結塊。麵糊不應該要攪拌到像帶狀般地從湯匙傾出的狀態，而是應該斷裂成一塊塊粗粗的團塊。假如麵糊被打得過久，麵粉裡的麩質就會產生而使得麵糊變硬，如此做出的瑪芬蛋糕就會太硬而且都是氣孔。

好的瑪芬蛋糕應該是頂部飽滿，有著瑪芬蛋糕一致的穀物顆粒，但是不會精緻過頭，而且會有濕潤的內裡。如果瑪芬蛋糕的頂部軟塌，這是因為烤爐烘焙的火候過低；若是出現歪七扭八的頂部，這種不對稱的形狀則是烤爐火候過高所造成的。

將瑪芬蛋糕杯盤上油時要使用植物起酥油、奶油或不沾黏的烹飪噴霧劑，或者是放入紙杯做為襯底。不管是採用哪一種方式，假如你要做的是有著洋菇頭的巨大瑪芬蛋糕，記得一定要將杯盤的頂端抹油。

你可以自行決定在瑪芬蛋糕烤杯裡填充的分量多寡。一般會填入約三分之二滿的分量，但是你可以裝填到杯子邊緣，甚至超過杯邊來做大型的瑪芬蛋糕。如果你的麵糊不夠將蛋糕杯盤內的每個杯子填滿，記得要在沒填麵糊的空杯裡注入幾大匙的水，如此一來可以保護烤盤，可以維持蛋糕做出來的濕潤度。足夠做十二個標準瑪芬蛋糕的麵糊量可以用來做出二十四個到三十二個小瑪芬，但是只夠做六個到八個大瑪芬。

瑪芬蛋糕杯盤有很多種，因此烘焙的時間也不一樣：製作小蛋糕要花十到十二分鐘、標準蛋糕要二十到二十五分鐘、大蛋糕則要二十二到二十五分鐘。

除非在個別食譜有另外指示，➡瑪芬蛋糕要在預熱至二百度的烤爐中烘烤。➡將瑪芬蛋糕留置在杯盤中幾分鐘而不要立即取出，如此一來會比較容易取出。最好是能夠立刻食用。如果必須加熱食用時，就用鋁箔紙輕輕包覆放入預熱到二百三十度的烤爐中烘烤五分鐘。

愈是豐富和香甜的瑪芬蛋糕，就可以保持濕潤愈久。只有加入四大匙或更少的奶油或油所做成的蛋糕，最好是在烘焙完成後就盡快食用完畢，不然的話蛋糕很快就會不新鮮了。

大部分的瑪芬蛋糕麵糊可以在攪拌後用湯匙舀入烤盤，然後放入冰箱隔夜冷藏至隔日清晨再進行烘焙。瑪芬蛋糕也可以在烘焙之前或烤完後冷凍儲存。若是要在烘焙前先冷凍的話，就將麵糊舀入以紙杯襯底的杯盤裡再放入冷凍庫。接著再將冷凍後的瑪芬蛋糕放入塑膠冷凍袋，並且要記得在袋上按照食譜註記烤爐的預熱溫度和所需的烘烤時間。進行烘焙時，為了處理冷凍過的麵糊，就將冷凍的瑪芬蛋糕直接放入蛋糕杯盤裡，並且按照食譜指示的時間再多烘烤五分鐘。要將烤完的瑪芬蛋糕冷凍的話，要先讓蛋糕完全冷卻，然後再放入冷凍袋中進行冷凍。加熱時，將冷凍的蛋糕放在烘烤淺盤上，然後放入預熱至一百八十度的烤爐或烤麵包爐具中，烘烤到蛋糕變熱，約五到十分鐘。用微波爐加熱也可行，不過你可能無法得到有著脆皮和脆邊的瑪芬蛋糕。

瑪芬蛋糕的添加物

這些添加物可以讓瑪芬蛋糕更加豐富美味，但是在開始製作前就要準備好，並且快速打入蛋糕內。

I. 可以將以下添加物獨自使用或混合使用：

1/4到1/2杯切碎的堅果、杏桃、西梅、棗子或無花果

1/2杯切碎的蔓越莓加上2小匙橘子皮絲

1/2杯熟香蕉泥或蘋果碎塊

1/2杯充分瀝乾的罐裝鳳梨碎粒

6到8片培根，煎煮過且弄碎

II. 「康乃爾三重豐富麵粉配方」，363頁

III. 至於其他添加物，請參考「酵母麵團的添加物」，363頁

瑪芬蛋糕（Muffins）（12個瑪芬）

請先閱讀前面「關於瑪芬蛋糕」的說明。熟悉這個食譜，你可以加入莓類、切碎的新鮮或乾燥水果，或堅果來做出無數的瑪芬蛋糕。你可以用到1杯的全麥麵粉或全麥低筋麵粉來替代食譜中的中筋麵粉使用量。請記住，從低脂牛奶到鮮奶油中，你可以自行選擇要使用的液狀材料。奶油或油的彈性用量是依照下列準則來控制蛋糕的豐美：使用1/4杯的奶油或油可以讓從烤爐烘烤完成的瑪芬蛋糕相當美味。假如瑪芬蛋糕必須在食用前幾個小時就製作完成，或者甚至在前一天就要做好，你最好是使用1/2杯的奶油或油。

在烤爐的中層放上支架。將烤爐預熱到200度。將一個標準的12個杯模的蛋糕杯盤抹油，或是放入紙杯為襯底。

在一個大碗中充分攪拌以下材料：

2杯中筋麵粉、1大匙泡打粉、1/2小匙鹽（1/4小匙肉豆蔻泥或肉豆蔻粉）

在另一碗中攪拌以下材料：

2顆大雞蛋、1杯牛奶或鮮奶油

2/3杯糖或壓實的淡紅糖

1/4到1/2杯（1/2到1條）融化的奶油，或是1/4到1/2杯植物起酥油

1小匙香草

將以上材料攪拌完後就加入備好的麵粉混合物中，並輕打攪拌幾次，直到乾燥材料濕潤為止。千萬別過度攪拌；麵糊不應該呈滑順的狀態。接著就將麵糊均分在蛋糕杯盤的杯模之中。

烘焙到用一根牙籤從一、兩個蛋糕插入抽出時不會沾黏為止，約17分鐘（若有加入不同水果就需要較長的時間）。從杯盤取出瑪芬蛋糕前要讓蛋糕先冷卻2到3分鐘。如果沒有要趁熱食用，就留置在架上冷卻。不過要盡快食用，最好是在烘烤完成後的幾個小時裡吃完。

酸鮮奶油瑪芬蛋糕（Sour Cream Muffins）

準備前述的瑪芬蛋糕，不過要使用4大匙奶油，並在乾燥材料中添加1/2小匙蘇打粉，還要以1杯酸鮮奶油、酪奶或原味優格取代牛奶或鮮奶油。

檸檬罌粟籽瑪芬蛋糕（Lemon Poppy Seed Muffins）

準備前述的瑪芬蛋糕，在乾燥材料中添加1/2大匙罌粟籽，並且在液狀材料中添加1大匙檸檬皮絲。

南瓜或番薯瑪芬蛋糕（Pumpkin or Sweet Potato Muffins）（16個瑪芬）

準備前述的瑪芬蛋糕，在乾燥材料中額外添加1/3杯糖、1小匙肉桂粉，以及1小匙肉豆蔻泥或肉豆蔻粉。在牛奶混合液中加入1杯煮過或罐裝南瓜，或是1杯冷卻的番薯泥。可以加入（1杯胡桃碎粒）和（2小匙橘子皮絲）。

藍莓瑪芬蛋糕（Blueberry Muffins）

準備前述的瑪芬蛋糕或玉米麵包，使用1/3杯糖，並且在麵糊中拌入1又1/2杯新鮮或冷凍藍莓。在烘焙之前，灑上肉桂糖粉☆，見「了解你的食材」。

香草或蒜烤瑪芬蛋糕（Herb or Roasted Garlic Muffins）

準備前述的瑪芬蛋糕，在麵糊中拌入3大匙切碎的細香蔥、龍蒿或蒔蘿、1大匙切碎的迷迭香或1顆搗爛或切碎的烤蒜頭，再加上1顆檸檬皮。

全麥瑪芬蛋糕（Whole Wheat Muffins）（12個瑪芬）

將烤爐預熱到200度。將一個標準的12個杯模的蛋糕杯盤抹油，或是放入紙杯為襯底。

在一個大碗中充分攪拌：

1又2/3杯全麥麵粉、1杯中筋麵粉

2小匙泡打粉、1又1/4小匙鹽

在另一碗中將以下打在一起：

1顆大雞蛋、1又1/4杯牛奶

1/4杯糖蜜或蜂蜜

2大匙融化的奶油

打完後就加入準備好的乾燥材料裡，並且打個幾下。在乾燥材料完全濕潤之前，再切拌入：

（1/4杯切碎的蜜棗、葡萄乾，或烤南瓜籽）

將麵糊平均填入瑪芬蛋糕杯盤裡。烘焙到用一根牙籤插入蛋糕抽出時不會沾黏為止，20到25分鐘。從杯盤取出瑪芬蛋糕前要讓蛋糕先冷卻2到3分鐘。如果沒有要趁熱食用，就留置在架上冷卻。最好是在烘烤完成後的幾個小時裡吃完。

麩皮瑪芬蛋糕（Bran Muffins）（16個瑪芬）

這種瑪芬蛋糕相當厚重，搭配奶油後，可以說是野餐的極佳良伴。

將烤爐預熱到180度。將一個標準的蛋糕杯盤抹油，或是放入紙杯為襯底。

在一個大碗中充分攪拌：

2杯中筋麵粉或全麥麵粉

1又1/2杯燕麥或麥麩、2大匙糖

（1到2大匙橘子皮絲）

1又1/4小匙蘇打粉、1/4小匙鹽

在另一碗中將以下打在一起：

2杯酪奶、1/2杯糖蜜

1顆大雞蛋、2到4大匙融化的奶油

打完後就加入準備好的乾燥材料裡，並且打個幾下。在乾燥材料完全濕潤之前，再切拌入：

1杯切碎的核桃或胡桃和葡萄乾，或是1杯切碎的蜜棗

將麵糊平均填入瑪芬蛋糕杯模裡。烘焙到用一根牙籤插入蛋糕抽出時不會沾黏為止，25分鐘。從杯盤取出瑪芬蛋糕前要

讓蛋糕先冷卻2到3分鐘。如果沒有要趁熱食用，就留置在架上冷卻。最好是在烘烤完成後的幾個小時裡吃完。

起司瑪芬蛋糕（Cheese Muffins）（12個瑪芬）

將烤爐預熱到180度。將一個標準12個杯模的蛋糕杯盤抹油，或是放入紙杯為襯底。

在一個中碗中充分攪拌：

2又1/2杯中筋麵粉、1大匙泡打粉

1大匙糖、1小匙鹽

將以下拌入以上的乾燥材料裡，要攪拌到起司的微粒完全分離：

1杯哈達起司碎片（4盎司）

在一個小碗中將以下充分擊打：

1顆大雞蛋、1又1/4杯牛奶

1/4杯（1/2條）融化的奶油

打完後就加入準備好的乾燥材料裡，並且打個幾下。將麵糊平均填入瑪芬蛋糕杯模裡。烘焙到用一根牙籤插入蛋糕抽出時不會沾黏為止，約15分鐘。從杯盤取出瑪芬蛋糕前要讓蛋糕先冷卻2到3分鐘。如果沒有要趁熱食用，就留置在架上冷卻。最好是在烘烤完成後的幾個小時裡食用完畢。

蘋果核桃瑪芬蛋糕（Apple Walnut Muffins）（12個瑪芬）

用蘋果的汁液來提升糖和雞蛋，如此就可做出柔軟美味的瑪芬蛋糕。

將烤爐預熱到200度。將一個標準12個杯模的蛋糕杯盤抹油，或是放入紙杯為襯底。

充分攪拌以下材料：

1又1/2杯中筋麵粉、2小匙泡打粉

1小匙蘇打粉、1/4小匙鹽

1又1/2小匙肉桂粉

在一個大碗中將以下材料攪拌在一起：

2顆大雞蛋、3/4杯糖

將以下拌入後且閒置10分鐘：

1又1/2杯粗略磨成泥或仔細切碎的去皮蘋果（約中等大小），要包含蘋果汁

再拌入：

5大匙融化的奶油

1/2杯切碎的核桃或胡桃

接著就加入準備好的麵粉混合物，切拌到乾燥材料濕潤為止。千萬別過度攪拌；麵糊不應該是滑順的狀態。接著就將麵糊均分在蛋糕杯盤的杯模之中。

烘焙到用一根牙籤從一、兩個蛋糕插入抽出時不會沾黏為止，14到16分鐘。從杯盤取出瑪芬蛋糕前要讓蛋糕先冷卻2到3分鐘。如果沒有要趁熱食用，就留置在架上冷卻。要盡快食用，最好是在烘烤完成當天食畢。

香蕉堅果瑪芬蛋糕（Banana Nut Muffins）（12個瑪芬）

這種瑪芬蛋糕因為使用堅果而更加豐富，分量剛好的全麥麵粉或麥麩也添加了額外的質地和風味。完成後要盡快食用。

將烤爐預熱到190度。將一個標準12個杯模的蛋糕杯盤抹油，或是放入紙杯為襯底。充分攪拌：

1又1/2杯中筋麵粉

1/2杯全麥麵粉或麥麩

2小匙泡打粉、1/2小匙蘇打粉

1/4小匙鹽、1小匙肉桂粉

1/8肉豆蔻泥或肉豆蔻粉

再拌入：

2/3杯粗略切碎的核桃

在一個大碗中一起攪拌以下材料：

1顆大雞蛋、3/4杯壓實的淡紅糖

1又1/3杯熟香蕉泥（2到3根）

1/3杯植物油、1小匙香草

接著就加入準備好的麵粉混合物，切拌到乾燥材料濕潤為止。千萬別過度攪拌；麵糊不應該呈滑順的狀態。接著就將麵糊均分在蛋糕杯盤的杯模之中。

烘焙到用一根牙籤從一、兩個蛋糕插入抽出時不會沾黏為止，14到16分鐘。從杯盤取出瑪芬蛋糕前要讓蛋糕先冷卻2到3分鐘。如果沒有要趁熱食用，就留置在架上冷卻。最好是在烘烤當天食用。

雙料巧克力瑪芬蛋糕（Double Chocolate Muffins）（12個瑪芬）

這種瑪芬蛋糕的攪拌方式就如同奶油蛋糕——但是千萬別用油取代奶油。

將烤爐預熱到180度。將一個標準12個杯模的蛋糕杯盤抹油，或是放入紙杯為襯底。

將以下融化後閒置冷卻：

2盎司無糖巧克力

充分攪拌：

1又3/4杯中筋麵粉、1小匙泡打粉

1/4小匙鹽

在一個小碗中混合：

1杯酪奶、1小匙香草

在一個大碗中將以下材料打到起泡，約30秒：

1/2杯（1條）軟化的奶油

逐漸加入以下材料，要以高速擊打到顏色變淡且質地變清，4到5分鐘：

1杯壓實的淡紅糖

再打入：

1顆大雞蛋

將巧克入打入直到混合。將麵粉混合液分三個部分加入，並將酪奶混合液分成兩部分在加入麵粉混合液的間隔中加入，以低速擊打或用橡膠鍋鏟攪拌到呈滑順的狀態，必要時要將黏附碗邊的麵糊挖下。

再拌入：

1杯巧克力碎片

接著就將麵糊均分在蛋糕杯盤的杯模之中。烘焙到用牙籤插入，抽出時不會沾黏為止，20到30分鐘。在將蛋糕留置架上完全冷卻之前，記得從杯盤取出瑪芬蛋糕前要讓蛋糕先冷卻2到3分鐘。

泡泡蛋糕（Popovers）（8個大的或12個中型泡泡芙）

每個人都熱情地提供了自己最愛的泡泡蛋糕食譜，每份食譜都很棒，但是烘焙的指示卻相互牴觸，本書喜歡使用預熱的烤爐，不過用沒有預熱的烤爐也可以做出這種蛋糕。

準備室溫溫度（約21度）的食材。將烤爐預熱到230度。將一個泡泡蛋糕模盤、一個標準12個杯模的蛋糕杯盤，或是八個6盎司卡士達烤杯抹油。如果用的是卡士達烤杯，只要輕輕上油即可，油的分量視泡泡蛋糕的配搭食材而酌量增減，你可以撒上糖、麵粉或帕馬森起司，這樣一來就能讓麵糊有足以黏著的東西。

在一個中碗中將以下材料打到滑順：

1杯牛奶、1大匙融化的奶油

1杯中筋麵粉、1/4小匙鹽

將以下每次打一顆，千萬別打得過度：

2顆大的雞蛋

麵糊不應該比鮮奶油還來得厚重。麵糊裝入烘烤杯模時，最多就3/4滿，千萬別裝太多——在烤杯裡裝入太多麵糊會讓完成的泡泡蛋糕出現如瑪芬蛋糕的質地。➡一次烘烤完成。進行烘烤15分鐘之後，➡記得不要開爐門，逕行將爐火降至180度，然後再烘烤30分鐘。想測試完成度的話，取出一個泡泡蛋糕來確定周邊是否都有烤硬。假如烤得不夠久，泡泡蛋糕就會塌陷。你可能要用利刀輕輕地刺入泡泡蛋糕，如此一來就能讓蒸氣在烘烤之後跑出。立刻食用。

起司泡泡蛋糕（Cheese Popovers）

混合1/2杯切達起司或帕馬森起司碎泥、1/8小匙匈牙利紅椒粉，以及少許紅辣椒粉。

準備前一食譜中泡泡蛋糕的麵糊。每個杯模中放入1大匙的麵糊，接著再將準備好的起司均分到杯裡，放完後再將剩餘的麵糊均分填入。依照食譜指示烘焙。

約克夏布丁（Yorkshire Pudding）（6人份）

這種傳統的美味點心一般都是用烘烤盤來做，以便讓流出的汁液滴在盤裡。不過，如同許多人現在都使用下層烤爐來燒烤牛肉而都不再有奢侈的美味滴汁，我們現在也使用熱烤爐來分別準備約克夏布丁，以便讓布丁快速地烤到膨脹且呈棕色。烘烤完後切成方塊，不需取出而直接就烘烤盤來吃。傳統上，這是到主食前的餐點，但是我們偏愛以約克夏布丁取代搭配主食食用的澱粉類食物。

準備室溫溫度（約21度）的食材。將烤爐預熱到200度。在一個碗中篩入：

3/4杯加上2大匙中筋麵粉

1/2小匙鹽

完成後在中央挖出一個凹井，接著倒入：

1/2杯牛奶

將牛奶完全拌入。接著再打入：

2顆打過的大雞蛋

再加入：1/2水

將麵糊打到有氣泡浮出表面（可以將麵糊覆蓋後放入冰箱冷藏，1個小時後取出再擊打一次，然後才進行烘烤）。在一個9×12吋的烘烤淺盤或6個瑪芬蛋糕烤杯中倒入1/4吋的熱牛肉油滴或融化奶油。將淺盤或烤盤放入烤爐加熱到發燙。接著就將麵糊倒入烘烤20分鐘。將爐火降至180度，然後再烘烤10到15分鐘，烘烤到布丁膨脹且呈金棕色。立刻食用。

｜關於比司吉和司康｜

只需付出一點心力，卻有極佳成品。在這個時代，就像是在先民開拓時期，由於可以烘焙快速，比司吉因而極受歡迎。輕柔揉壓的指觸產生了令人想望的薄而易剝的成果。食譜中的液體使用量會決定比司吉要擀壓而成的或是落放。➡利用酥皮切刀或兩把刀子將起酥油切入乾燥材料裡，直到混合物

呈粗糙玉米粉的濃密度。在這些材料中央挖出一個凹井後，➡將液體一次倒入。要小心攪拌到不再有潑灑的情形，然後再使勁地攪拌到麵團不再黏附碗邊為止。攪拌的時間應該要少於三十秒。

將麵團移放到輕灑了麵粉的工作板上。➡快速地輕輕揉壓三十秒或更少的時間——只要讓麵團不要有疙瘩或沾黏即可。如果沒有如此揉壓或是加入過多蘇打粉的話，完成的比司吉表面會出現一些小小的棕色色斑。使用輕鋪麵粉的擀麵棍來擀麵團，或者用你的手掌或雙手輕輕拍打麵團，直到出現你想要的厚度為止——原味比司吉的適合厚度為四分之一到半吋，花式蛋糕或司康的厚度則為四分之三吋或更厚。將麵團切成小球時，要使用輕沾麵粉的比司吉切割器；➡千萬別扭曲了切割器。形塑比司吉麵團的方式很多。我們喜歡正方形或長方形的形狀，這是因為可以做出只有些許剩餘物的成品。

比司吉捲可以如同三明治般填入內餡：將麵團擀成四分之一吋厚的正方形或長方形，對半切完後，可以鋪上或灑上任何個人喜愛的風味糖霜或可口混合物，像是果醬或蜜餞、酥粒或甜蛋糕內餡、堅果和葡萄乾、印度酸甜醬、義大利青醬或酸豆橄欖醬、鳳尾魚醬（anchovy paste）、羊乳起司或香草。然後再將另外一半的麵團覆蓋在上面，切塊後就可以進行烘焙。

關於早餐餐包，請閱讀「快速落放的比司吉」，433頁。至於做給孩子吃的「復活節兔子比司吉」，請見434頁。你也可以在法國砂鍋上端排放一圈小麵團球。或者，可以把麵團切成棒狀來搭配餐前小菜或如同「紙風車餐包」，389頁般填入內餡。使用鍋鏟來將小包移放入烘烤淺盤裡。

司康是香甜豐富的比司吉，通常是用鮮奶油和奶油來製作完成。雞蛋可以添加風味、豐富色澤，以及給予稍微類似蛋糕的質地。

要讓比司吉或司康表面呈金棕色，可在頂端刷上牛奶或奶油。如果你喜歡全脆的比司吉的話，就要以一吋的間隔排放來進行烘烤；若不喜歡的話，就可以緊緊排放。進行烘焙時，➡放進預熱的烤爐十二到十五分鐘，時間會因為厚度而有所不同。

▲在海拔較高的地區，泡打粉做成的比司吉並不需要特別針對發酵來進行調整。

在食物調理機中混合比司吉和司康

要利用食物調理機來混合比司吉和司康的麵團時，記得將奶油或起酥油切成一大匙般的大小碎塊，每個碎塊再切成四個小塊，接著冷藏二十到三十分鐘直到變硬為止。用食物調理機以脈衝速度將乾燥材料充分混合。加入冷藏過的奶油塊（或起酥油塊）。要讓司康或比司吉有易剝、多層的結構，只需混合到大的奶油塊變成豆子般大小，且最小的小塊就像是麵包屑一般。想要做成傳統的蓬鬆比

司吉，就繼續混合到所有的奶油塊都變成麵包屑的大小。接著再加入液狀材料，混合到麵團糰狀出現即可，別混合過久。千萬別讓奶油與麵粉混合成塊。完成後就將麵團移至輕灑麵粉的工作板上揉壓幾次。再依據食譜指示形塑麵團。

比司吉和司康的添加物

一般而言，火腿或瀝乾辣椒切塊等濕潤食材要加入食譜中的濕潤材料；乾燥食材，如香草等，要加在乾燥材料之中。如果有所疑問，在切入奶油之後和加入液狀材料之前，在間隔期間來混合想要添加風味的食材。

可以在麵團混入以下食材：

3到6片煮烤過的脆培根

1/4杯炒過的洋蔥碎片

5到6大匙細切的火腿或義大利帕瑪火腿

5到6大匙細切的日曬乾番茄

香草：

2大匙細切的西洋芹、鼠尾草或蒔蘿

1/4杯細香蔥

1小匙剁碎的新鮮迷迭香，或1/2到3/4小匙乾燥迷迭香碎片

1/3到1/2杯帕馬森起司碎泥；加到乾燥材料中，喜歡的話可以稍微減少鹽的分量，不要用預熱到230度，而是用預熱到220度的烤爐烘焙。

1/3杯羊乳起司碎片；加到乾燥材料中，喜歡的話可以稍微減少鹽的分量，要用

預熱到220度的烤爐烘焙。

3/4杯細碎的切達起司或蒙特雷傑克起司；在將奶油切入後才加入材料中，喜歡的話，可以稍微減用鹽的分量，要用預熱到220度的烤爐烘焙。

1/4到1/3杯瀝乾的青辣椒切塊；想做出辣味起司比司吉的話，就加到切達起司或蒙特雷傑克起司所做成的比司吉中。

1杯切碎的西洋芹菜葉

或者，可在烘焙比司吉或司康之前灑上：肉桂糖粉

或者，在烘焙快要完成之前加入：

帕馬森起司碎泥和匈牙利紅椒粉

或者，在每個比司吉頂端壓上：1小堆糖

浸入：柳橙汁

你也可以像小餡餅般來準備比司吉，可以使用以下內餡：

1杯糖漬草莓切片或整顆覆盆子或藍莓

1/4杯堅果、棗子或無花果乾

1/2杯葡萄乾或醋栗乾

1杯煮過且調味過的雞肉碎粒、香腸碎粒、火腿碎粒或其他肉類碎粒

擀壓的比司吉（Rolled Biscuits）（約24個1又1/2吋比司吉）

將烤爐預熱至230度。

在一個大碗中篩入：

1又3/4杯中筋麵粉、1大匙泡打粉

1/2小匙鹽

利用酥皮切刀或2把刀子將以下切入直到形成豆般的大小：

4到6大匙放冷的奶油或起酥油，或是兩者的混合

在中央做出凹井，接著一次加入：

3/4杯牛奶

攪拌到麵團不再黏附碗邊為止。將麵團移至輕灑麵粉的工作板，快速地輕輕揉壓約8到10次。使用輕沾麵粉的擀麵棍將麵團擀成1/4到1/2吋的厚度。用1又1/2吋的比司吉切割器輕沾麵粉後來切麵團，切完後就擺放在沒有上油的烘烤淺盤上。喜歡的話，可以刷上：

（牛奶或融化的奶油）

烘烤到呈淡棕色，12到15分鐘。

粗玉米粉比司吉（Cornmeal Biscuits）

準備**擀壓**的比司吉，不過要將麵粉減少至1又1/2杯的分量，泡打粉也減成2大匙，另外在乾燥材料中再加入：1/2杯粗

玉米粉、2大匙糖，以及1/2小匙蘇打粉。並且以3/4杯的酪奶取代牛奶。

速成落放的比司吉（Quick Drop Biscuits）

不需揉壓或**擀壓**。除非使用瑪芬蛋糕杯模來製作，這種相當美味的比司吉的形狀不定。要準備早餐比司吉的話，請準備以下食譜I。把麵團做成12小球，**擀入**融化的奶油後，排放在一個7吋的波形凹盤裡，波形凹盤應該已經倒入「小黏包」，390頁的頂部添加物。

在預熱至200度的烤爐烘焙約25分鐘。

I. 將烤爐預熱至230度。

準備前述的**擀壓**的比司吉，不過要加入1杯牛奶。用湯匙將核桃大小般的麵糊液滴放至沒有抹油的烘烤淺盤上，烘焙12到15分鐘，或直到呈淡棕色。

II. 油製落放比司吉

約24個1又1/2吋比司吉

如果你必須用油取代奶油，最好是能夠高度提升比司吉的滋味；請閱讀前述的「關於比司吉的添加物」。

將烤爐預熱至250度。在碗中篩入：

2杯中筋麵粉、1大匙泡打粉

1小匙鹽

一次將以下加入：

2/3杯牛奶、1/3杯植物油

用叉子攪拌到麵團不再黏附碗邊。用湯匙將核桃大小般的麵糊液滴放至沒有抹油的烘烤淺盤上，烘焙10到12分鐘。

酪奶比司吉（Buttermilk Biscuits）（約24個1又1/2吋比司吉）

由於酪奶和蘇打粉的緣故，這種比司吉相當柔軟和溫嫩。

準備前述的**擀壓**的比司吉或快速落放比司吉I，但是要將泡打粉減少為2 小匙，

並且加入1/2小匙蘇打粉。以3/4到 1杯（依據個別食譜指示）酪奶來替代牛奶。

蓬鬆比司吉或花式蛋糕（Fluffy Biscuits or Shortcakes）（約24個1又1/2吋比司吉，或者約12個2又1/2吋或3吋花式蛋糕）

準備**擀壓**的比司吉，添加1大匙糖到乾燥材料中。為了增加濃郁度，可以使用鮮奶油牛奶來取代牛奶。製作花式蛋糕

時，將麵團**擀**成3/4吋厚，再切成2又1/2吋的正方形或3吋圓形。烘焙後，等比司吉冷卻後再以叉子剝開填入內餡。

鮮奶油比司吉或花式蛋糕（Cream Biscuits or Shortcakes）（約20個2吋比司吉，或者約12個花式蛋糕）

將烤爐預熱至230度。

在一個大碗中充分攪拌以下材料：

2杯中筋麵粉、2又1/2小匙泡打粉

1/2到3/4小匙鹽

將以下一次加入：

1又1/4杯濃鮮奶油

使用橡膠鍋鏟、木製湯匙或叉子攪拌到

多數乾燥材料濕潤即可。接著就按照**擀**壓的比司吉，432頁或前述蓬鬆比司吉或花式蛋糕的食譜來進行揉壓、形塑和烘焙。趁熱食用。

全麥比司吉（Whole Wheat Biscuits）（約20個1又1/2吋比司吉）

將烤爐預熱至200度。

在一個碗中充分攪拌以下材料：

1杯全麥麵粉、3/4杯中筋麵粉

2小匙糖、2小匙泡打粉

1/2小匙蘇打粉、3/4小匙鹽

利用酥皮切刀或2把刀子將以下切入直到

呈現堅韌的內裡狀態：

1/3杯（5又1/3大匙）奶油或起酥油

使用叉子將以下拌入：

1杯酸鮮奶油或酪奶

接著就按照**擀**壓的比司吉的食譜來進行揉壓、形塑和烘焙。趁熱食用。

復活節兔子比司吉（Easter Bunny Biscuits）

將烤爐預熱至220度。

準備：

前述的蓬鬆比司吉或花式蛋糕的麵團

將麵團**擀**成1/2吋厚。用三種大小的圓形切割器來切麵團：3吋、1又1/2吋和約3/4吋。每一隻兔子要用到一個大圓、三個

中圓和一個小圓。組成兔子時，大圓是身體部分，一個中圓是頭部，小圓要滾成球狀來當尾巴。將另兩個中圓稍微壓平並做呈橢圓形來當耳朵。在一個抹了油的烘烤淺盤上放好兔子。烘焙約15分鐘。

餅乾棒（Biscuit Sticks）

準備**擀**壓的比司吉麵團。麵團要**擀**到1/2吋的厚度，並切成3×1/2吋的條棒，之後放入未抹油的烘烤淺盤，再刷上融化的無

鹽奶油。要稍微減少烘烤時間，且將烤好的餅乾棒排成木屋的樣子端上桌享用。

比司吉煎包（Griddle Biscuits）

準備任何一種**擀**壓的比司吉麵團。烹煮時，煎餅用淺鍋要稍微抹油並加熱，放入麵團，兩兩1吋為間隔，一面煎個5到7

分鐘到棕褐色，然後翻面煎至棕褐色即可。

鬆脆比司吉（Beaten Biscuits）（約50個1又1/2吋比司吉）

I. 只要做出這種搭配美國肯德基或維吉尼亞活腿的經典良伴，來讓懷鄉的美國南方人食用，就會出現讓人感激不盡的情形。為了破壞麵團的麩質以便維持溫軟易剝的質地，一定得將麵團

充分擊打。這是投入情感的勞動。如果你經常做這種比司吉的話，購買一台比司吉製作機可能會是值得的，任何供應麵包師傅的公司都有販售。或者，可以考慮製作下面的食物調理機

的版本。

在一個大碗中充分攪拌以下材料：

4杯中筋麵粉、1大匙糖

1小匙鹽、（1小匙泡打粉）

利用酥皮切刀或2把刀子將以下切入直到呈粗玉米粉的堅韌度：

1/4杯冰豬油

加入以下，攪拌到形成堅韌的麵團：

相等分量的冰牛奶和冰水，共約1杯的量

用一根木槌擊打麵團直到碎裂，過程中要不斷折疊。這是一個長時間的過程，需要30分鐘或更久的時間。當麵團滑順後就擀成1/2吋的厚度，然後使用輕沾麵粉的比司吉切割器來切麵團。將比司吉放在沒有抹油的烘烤淺盤上，再刷上：融化的奶油

在每個比司吉上用叉子穿刺三個部位。在預熱至165度的烤爐進行烘焙，直到底部呈淡棕色且頂部呈金棕色為止，約30分鐘。

II. 利用食物調理機混合

約24個2吋比司吉

比起前述用手捶打而成的成品會來得較乾且較脆。

將烤爐預熱至165度。

將以下材料用食物調理機混合，時間約5秒：

2杯中筋麵粉、2小匙糖

1/4小匙泡打粉、1/2小匙鹽

將以下加入調理到混合物呈現粗糙內裡的質地，約10秒：

6大匙（3/4條）奶油或豬油，調理時要切成小塊

將以下加入調理3分鐘：

1/2杯牛奶

麵團會很柔軟且似油灰般的狀態，看起來就像是融化的義大利莫薩里拉起司（mozzarella）一樣。用保鮮膜包覆閒置10分鐘。

在一個沒有灑上麵粉的工作檯面，將麵團擀成稍厚於1/8吋的厚度，再將麵團對半摺疊成兩層，然後擀成3/8吋厚。使用比司吉切割器將麵團切成2吋圓形。將其他碎屑一同揉壓，之後就重複以上的擀壓、摺疊和切割的步驟。在一個沒有上油的烘烤淺盤上排放比司吉，記得排放間隔要很接近但是又彼此沒有觸碰到。接著就用叉子穿刺一番。

烘焙到頂端呈金棕色且底部呈深棕色，30到40分鐘。鬆脆比司吉可以儲存，密不透風的包好，可以在室溫下存放至多3個星期。

經典司康（Classic Scones）（8到12個司康）

想要做比較甜的司康，就將糖量增加為1/4杯。將烤爐預熱至230度。

在一個大碗中篩入以下材料：

1又3/4杯中筋麵粉、2又1/4小匙泡打粉

1大匙糖、1/2小匙鹽

利用酥皮切刀或2把刀子將以下切入直到形成豆般的大小：

1/4杯（1/2條）冷奶油

在一個小碗中打入：2顆大雞蛋

保留2大匙打過的雞蛋液。在剩下的蛋液中打入：

1/3杯濃鮮奶油

用準備好的乾燥材料做出一個凹井，倒入以上的液狀材料，並且擊打幾次混合一下。處理麵團的次數越少越好。將麵團放到輕灑麵粉的工作板上，拍打成3/4吋的厚度。若要做成經典的楔形司康，將麵團拍成8吋的圓形，然後切成8到12

片，或者是切成鑽石般的形狀，或者如同前述的「比司吉棒」來進行切割。切完後就放到沒有抹油的烘烤淺盤上，再刷上保留的蛋液，並且灑上：

鹽或糖

烘焙到呈金色，約15分鐘。趁熱或是室溫溫度食用皆可。

鮮奶油司康（Cream Scones）

在這個最簡單的司康食譜中，濃鮮奶油提供了所需的脂肪和液體。
準備好：

前述的經典司康
不過別使用奶油和雞蛋，而是加入：
1又1/4杯濃鮮奶油

果乾或薑味司康（Dried Fruit or Ginger Scones）

準備經典司康或鮮奶油司康，要在加入雞蛋和鮮奶油之後才再加入1/2杯的乾燥水果（藍莓、蔓越莓、櫻桃、醋栗、切碎的杏子或切碎的梨子），或1/4杯細切

糖薑（或是瀝乾且拍乾的糖漬薑）。如果水果結在一塊，就用1小匙的乾燥材料來輕輕搖晃讓果乾分離。

檸檬司康（Lemon Scones）

準備經典司康或鮮奶油司康，增加為1大匙的糖量，並在雞蛋/鮮奶油混合液中加入1大匙檸檬皮絲。接著再加入1/4杯切碎

的最佳品質的糖漬檸檬皮或1/2杯切碎的乾杏桃、乾藍莓，或杏仁切片。

巧克力碎片橘子司康（Chocolate Chip Orange Scones）

準備經典司康或鮮奶油司康，在雞蛋／鮮奶油混合液中加入加入3到4小匙橘子皮

絲，接著再加入1/2杯半甜巧克力碎片或白巧克力碎片。

｜關於剩餘的麵包與脆餅｜

多餘的麵包可以有很多用途──千萬別丟掉啊！可以拿來做「梅爾巴薄脆吐司」（請見下頁）或「克羅斯蒂尼烤小麵包片」，438頁；拿來「填料」，263頁；做為湯品的濃化劑──參閱「托斯卡尼番茄麵包湯」★，228頁；成為調味料──參閱「麵包屑」，283頁。至於其他用途，請閱讀「關於碎屑」☆，見「了解你的食材」；也別忘了美味的老式「麵包布丁」☆，210頁。本書中的許多食譜都用到了乾燥的麵包、脆餅或蛋糕碎屑。

起司或奶油麵包丁（Cheese or Butter Bread Cubes）

這是趁熱食用的開胃菜，搭配湯品或沙拉也很棒。

I. 將烤爐預熱至190度。把一個烘烤淺盤抹上奶油。

將以下材料打在一起：

1顆大雞蛋

1又1/2大匙融化的奶油

將以下切成大小不一的小丁：

新鮮麵包

將切丁捲入蛋液中，接著加入：

細切的美國起司條

鹽和紅辣椒粉或匈牙利紅椒粉

將切丁鋪在抹了奶油的烘烤淺盤上，
烤到起司融化為止。

II. 將烤爐預熱至190度。

將以下混合後搗爛成醬：

軟化的奶油

帕馬森起司泥

葛縷籽或芹菜籽

鹽

紅辣椒粉

（芥末）

將以下切成大小不一的小丁：

新鮮麵包

與準備好的醬料一起鋪好，再如以上
指示烘烤。

梅爾巴起司麵包圓餅（Melba Cheese Rounds）

與法式洋蔥湯★，224頁，一起搭配享用
會特別棒。

在「梅爾巴薄脆吐司」（見下頁）上頭
塗抹軟化的無鹽奶油。灑上很多帕馬森
起司碎泥。

食用前，放到烤焙用具下用火烘烤完
成。

一次食用完畢，可放一、兩片在湯面
上。

大蒜麵包或烤奶油長麵包（Garlic Bread or Toasted Buttered Bread Loaf）

將烤爐預熱至180度。切片的厚薄度視
個人喜好而定，但是不要將麵包片切開
（要讓底部的外皮完整）：

1條中等長度的長麵包或法國麵包

在頂端和兩邊刷上：

1/2杯（1條）軟化或融化的奶油

喜歡的話，可以添加：

（1個剁碎的大蒜瓣）

（香草：羅勒、馬鬱蘭、奧勒岡等）

將每個切片稍微分開，如此才能讓奶油
均勻。用鋁箔紙覆蓋住長麵包後，放在
烘烤前盤上送入烤爐烘烤，烤到頂部呈
淡棕色，約20分鐘。立即食用。

你也可以在兩顆大蒜瓣加點鹽而搗切成
滑順蒜泥，然後在每個麵包片上抹一
些。接著再如上面指示塗抹奶油。

速成肉桂長麵包（Quick Cinnamon Loaf）

將烤爐預熱至200度。

切片時不要將麵包片切開（要讓底部的
外皮完整）：

1條法國長麵包或維也納長麵包

混合：

1/3杯（5又1/3大匙）融化的奶油

1/3杯壓實的淡紅糖

2小匙肉桂粉

1顆肉豆蔻碎粒

1/4小匙檸檬皮絲

如同前述「烤奶油長麵包」的指示鋪上
備好的混合食材。放在烘烤淺盤上進行
烘焙8分鐘。

肉桂吐司或肉桂棒（Cinnamon Toast or Sticks）

將烤爐預熱至200度。
除去麵包的外皮。拉展以下材料頂部：
薄麵包片
在頂端塗上以下的混合食材：
上述速成肉桂長麵包
你也可以在麵包上淋上：

（蘭姆酒）
喜歡的話，可以將麵包切成細長條。放在烘烤淺盤上用火烤8分鐘。記得要將麵包的每一面都烤到。你也可以將麵包放在烤焙用具下烤到脆。蘋果醬是搭配食用的極佳良伴。

梅爾巴薄脆吐司（Melba Toast）

將以下材料盡量切成最薄的薄片：
白麵包或其他麵包
除去外皮後，以一個烘烤淺盤裝盛放入

預熱至200度的烤爐烘烤，烤到酥脆且呈淡金棕色為止。

克羅斯蒂尼烤小麵包片（Crostini）（42到64片）

克羅斯蒂尼烤小麵包片做起來簡單快速。就是利用剩下的麵包來做烤麵包片。
將烤爐預熱至200度。將以下切成1/4到1/2吋的小麵包片：
2條直徑約3吋、長約16吋的法國長麵包
將切片放在餅乾烘烤淺盤上或是大型淺烤盤上，每個麵包片的兩面刷上：
5大匙冷壓特級純橄欖油
烘焙到呈淡棕色的烤麵包片，約6到10

分鐘。烘焙到一半時要將烤盤轉向，如此才可烤全每個麵包片。出爐，趁還是熱的時候，用以下的切面抹塗每個麵包片：
1顆新鮮大蒜瓣，十字對切
趁熱或是室溫溫度食用皆可。沒有吃完的小麵包片可以用鋁箔紙包覆後放在室溫下保存幾天，再次食用之前就用微波爐快速加熱即可。

速成蜂蜜奶油吐司（Quick Cinnamon Loaf）

準備：
蜂蜜奶油*，301頁
塗抹於：1片麵包片
再用以下覆蓋：1片麵包片

將麵包片切成1吋的麵包細條。將細條的兩面放在烤焙用具下烤到好。食用時再灑上：
肉桂粉

柳橙吐司（Orange Toast）（6片）

這是很棒的茶點心。
混合：
1整顆柳橙皮絲、1/4杯柳橙汁、1/2杯糖
將以下材料去皮並烘烤：
6片麵包片

趁熱塗上：奶油
塗蓋備好的柳橙混合食材。放入烤爐中或是烤焙用具下來進行烘烤，直到頂端呈淡棕色即可。

鬆餅、格子鬆餅、炸物和甜甜圈

Pancakes, Waffles, Fritters, and Doughnuts

大概沒有其他食物可以比本章介紹的食物更常出現在不同的場合裡，這些食物可以當作開胃菜；可以是早餐、午餐和晚餐的餐點；或者就是做為點心。此外，這些也是最理想的食物，可以讓剩餘的熟肉類、水果和蔬菜顯得更加迷人。有些人偏愛在餐桌上用輔助加熱器具來烹煮，如此就可讓食用者吃到最佳狀態的這些點心。今日的廚師在桌邊有方便使用的不沾黏的用電的格子鬆餅烤模、煎鍋或平台烤爐，以及可麗餅烤盤；在廚房裡，鐵製和滑石板製的平台烤爐和煎鍋依然有虔誠的擁護者。

｜關於鬆餅或煎餅｜

不管人們怎麼稱呼——鬆餅、薄烤餅、可麗餅、煎餅，或麵糊餅——這些都很容易混合調製。➤做鬆餅和格子鬆餅時，要控制住三件同等重要的事：麵糊的黏稠度、平台烤爐的檯面，以及均勻的火候。要將液態材料快速地與乾燥材料混合在一塊。➤別擊打過度。只需用攪拌器快速地打幾下好讓乾燥材料有一點濕即可。➤別在意結塊。多數的鬆餅麵糊都可以做出超棒的成品，只要混合完成的麵糊在煎煮前➤能夠閒置、覆蓋並冷藏三到六個小時，或更長的時間。這裡指的閒置期間並不適用於一些食譜，也就是包括了要分開擊打的蛋白或者是酵母發酵的煎餅在名稱裡有著「發酵」字眼的食譜。麵粉的濕潤內容物會有所不同☆，見「了解你的食材」，最好能先試著做個鬆餅來測試一下麵糊。需要調整麵糊的話，➤若太稠就用一點水稀釋一下，➤或者是過稀，那就加點麵粉。你也可以用鬆餅麵糊來做格子鬆餅，按照食譜➤在每個食譜用量中增加至少兩大匙的奶油或油，如此一來就可避免麵團沾黏平台烤爐。

如果你的煎鍋或平台烤爐是不沾黏的表面或是滑石製成，你可能不需使用任何油脂。假如食譜中的每杯液態材料裡已經用了至少兩大匙奶油或油，你也不應該為任何養過鍋的烤盤表面抹油。如果你使用煎鍋或可麗餅烤盤，只需用奶油或植物油輕輕上油，在煎煮每批鬆餅之間則視需要抹油。➤在煎煮之前，先用幾滴冷水滴落在平台烤爐上來進行測試。如果水滴彈濺開來，那表示平台烤爐已經可以拿來煎煮了。假如水滴集聚並煮開，那就表示平台烤爐還不夠熱；如此一來，鬆餅就會散得太開而且無法適當膨脹。如果水滴立刻就蒸

發，那就表示平台烤爐太燙；請看下圖說明。

　　為了確保做出豐滿的鬆餅，使用湯匙、勺子或從湯匙尖端來舀放麵糊時，記得要在烤盤上方幾吋的位置，並且確定麵糊放置時有留下足夠間隔而能有散開的空間。依據個人喜好，你可以隨意做出較大或較小的鬆餅。可能要煎煮兩到三分鐘才需要翻面。當麵糊表面出現氣泡且快要爆開時，使用抹刀提起鬆餅檢查底面是否已經煎煮呈棕色。如果已經呈現棕色，就用抹刀滑到鬆餅下面來進行翻面。➡️只將鬆餅翻面一次，再繼續煎熟另一面。第二面的煎煮時間只要第一面的一半，而且第二面並無法煎煮到表面呈現均勻的棕色色澤。鬆餅最好一次食用完畢，如果沒有吃完，可以將鬆餅放在烘烤淺盤裡，用廚房紙巾分層放好，放入九十度的烤爐保溫。

　　▲在高海拔地區，根據個別食譜指示，要減少約四分之一分量的泡打粉和（或）蘇打粉的用量。

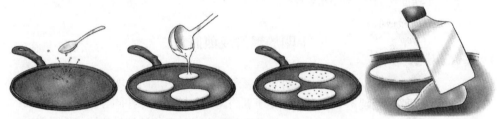

製作鬆餅

　　填餡或攤壓的鬆餅，或者是淋上醬汁放入平台烤爐下烘烤的鬆餅，可以說是相當美味。可以嘗試使用煮過的水果和肉桂當內餡，或者是用炒過的洋蔥碎粒來調味，煎煮完成時，可以在頂端添放海鮮或燴奶油雞。漿果或桃子則可以用來做出香甜的點心。想了解額外的配料和醬汁，請閱讀「冷凍點心和甜醬汁」☆，221頁的說明。

鬆餅或煎餅（Pancakes or Griddle Cakes）（約16個4吋鬆餅）

這是完全美式風味的鬆餅食譜，可以做出似乎是無止境的變化。

在一個大碗中攪拌以下材料：

1又1/2杯中筋麵粉

3大匙糖

1又3/4小匙泡打粉

1小匙鹽

在另一個碗中混合：

1又1/2杯牛奶

3大匙融化的奶油

2顆雞蛋

（1/2小匙香草萃取液）

快速地將液態材料混入乾燥材料之中。煎煮的方法，請參閱「關於鬆餅或煎餅」。每個鬆餅用1/4杯的麵糊。

酪奶鬆餅（Buttermilk Pancakes）（約16個3吋鬆餅）

準備前述的鬆餅或煎餅，在乾燥材料中增加1/2小匙蘇打粉，泡打粉的用量要減為1小匙，並且以酪奶替代牛奶。

鬆餅的添加物

你可以結合許多材料，可以在麵糊中加入細切的堅果和果乾或麥芽精、大豆粉，或麥麩片等等。為了完成最好的成品，根據個別食譜指示的液態材料，在開始做麵糊前，記得要讓水果或穀類製品浸放其中約30分鐘，至於其他材料，要在液態材料和乾燥材料已經攪拌妥當之後，接著才在麵糊中放入：
1杯切達起司碎細絲（約4盎司）

3/4杯新鮮或沒有退冰的藍莓或覆盆子
3/4杯切小塊的熟香蕉
1/2杯葡萄乾或任何切小塊的軟水果乾
1/2杯剁細的烤核桃或胡桃
1/2杯煎煮過的培根碎片
1/4杯甜味乾椰絲

煎煮的方法，請參閱「關於鬆餅或煎餅」。

銀幣鬆餅（Silver Dollar Pancakes）（約30個2吋鬆餅）

在一個中碗中攪拌以下材料：
1/2杯中筋麵粉、1又1/2大匙糖
1/2小匙鹽、1/2小匙蘇打粉
在另一個碗中混合：
2顆大雞蛋

1個8盎司裝的酸鮮奶油（3/4杯又 2小匙大匙）
快速地將液態材料混入乾燥材料之中。
每個鬆餅要用到1大匙的麵糊。

酸味鬆餅（Sourdough Pancakes）（約20個4吋鬆餅）

雖然並沒有必要，不過，隔夜放置後再煎煮，可以讓這種很不錯的酸味濕潤的鬆餅變得棒極了。
在一大碗中混拌以下材料：
1/2杯（41到46度）溫水
1包（2又1/4小匙）活性乾燥酵母
放置約5分鐘直到酵母溶解為止。
打入：
1又1/2杯（41到46度）溫牛奶
3大匙融化奶油
加入以下材料後攪拌到形成滑順的麵糊：

2杯中筋麵粉、3大匙糖
用保鮮膜將碗緊密覆蓋後閒置在溫暖處，直到混合物的體積膨脹至少一半而且出現氣泡為止，約1小時。攪拌到麵糊消氣後，再次覆蓋閒置在冰箱內發酵至少3小時或隔夜。麵糊可以冷藏至多48小時，但是會變得較酸。進行煎煮之前，要讓麵糊閒置在室溫中20分鐘。
攪拌到麵糊消氣後，接著再拌入：
2顆雞蛋
1小匙鹽

四穀煎餅（Four-Grain Flapjacks）（約18個4吋鬆餅）

在大碗中混拌以下材料：
1杯全麥麵粉、3/4杯中筋麵粉
1/3杯粗玉米粉
1/4杯傳統製法或速煮燕麥片
2大匙糖、2小匙泡打粉
1小匙鹽、1/2小匙蘇打粉
（1/2小匙肉桂粉）
（1/8小匙肉豆蔻粒或肉豆蔻粉）

在另一個碗中混合以下材料：
1又3/4杯牛奶
1/4杯（1/2條）融化奶油
1/4杯蜂蜜、3顆雞蛋
快速地將液態材料混入乾燥材料之中。
煎煮的方法，請參閱「關於鬆餅或煎餅」。

粗玉米粉煎餅（Cornmeal Pancakes）

I. 約16個4吋鬆餅

這些厚厚的高金黃鬆餅具有粗玉米粉瑪芬蛋糕的豐富味道和質地，而且形狀會稍微不規則。想做出可口的粗玉米鬆餅，記得別加任何人工甜味劑。
在一個大碗中混合：
1杯白色或黃色粗玉米粉
1到2大匙蜂蜜、楓糖漿或糖
1小匙鹽
緩緩拌入：1杯滾水
覆蓋後閒置10分鐘。充分攪拌：
1/2杯牛奶、2大匙融化奶油
2小匙泡打粉
再加入以下材料充分攪拌：
1顆雞蛋
快速地使勁打幾下拌入：
1/2杯中筋麵粉
煎煮的方法，請參閱「關於鬆餅或煎餅」。每個鬆餅要用到3大匙的麵糊。

II. 約20個4吋鬆餅

這個食譜可以做出濕潤、柔韌，和稍甜的鬆餅。可以搭配蜂蜜或楓糖漿享用，可以做為早餐，也可以搭配火腿、煎豬排或烤雞來吃。
在一個大碗中將以下材料拌勻：
1又1/4杯黃粗玉米粉
3/4杯中筋麵粉、1又3/4小匙泡打粉
3/4小匙鹽
在一個中碗中拌入：
1又2/3杯牛奶
1/4杯（1/2條）融化奶油
1/4杯楓糖漿或蜂蜜、2顆雞蛋
將液態材料倒入乾燥材料之中，用攪拌器使勁地打幾下使之混合。再加入：
（3/4杯新鮮的、解凍過的，或瀝乾的罐裝玉米粒）
每個鬆餅用1/4杯的麵糊。

蕎麥煎餅（Buckwheat Pancakes）（約18個4吋鬆餅）

在一個大碗中拌入：
1杯蕎麥麵粉、1杯中筋麵粉或全麥麵粉
2大匙糖、1小匙蘇打粉、1小匙鹽
在另一個碗中混合：
2杯酪奶、1/4杯（1/2條）融化奶油

2顆蛋黃
將液狀材料倒入乾燥材料之中，用攪拌棒使勁地打幾下使之混合，讓麵糊呈現有些結塊的狀態。將以下打硬但不乾的狀態：

2顆蛋白

打完後就切拌到麵糊中直到混合為止。

發酵蕎麥布利尼薄餅（Raised Buckwheat Blini）（約24個2又1/2吋薄餅）

這是酵母發酵的小鬆餅，傳統上會配著魚子醬和燻魚食用。想要有最佳成品，要用鐵製煎鍋來煎煮。

在一個小型平底鍋裡混合：

3/4杯牛奶、3大匙無鹽奶油

加熱到奶油融化，靜置降溫至41到46度之間。再拌入：

1又1/8小匙活性乾燥酵母

放置5分鐘，攪拌到酵母完全溶解為止。

在一個大碗中拌攪：

1/2杯中筋麵粉、1/2杯蕎麥麵粉

1大匙糖、/2小匙鹽

將液狀材料倒入乾燥材料中，攪拌到充分混合。用保鮮膜將碗緊密覆蓋後閒置在溫暖處直到體積膨脹兩倍為止，約1小時。接下來，你可以立刻開始做布利尼薄餅，或者將麵糊拌到氣消後再覆蓋放入冰箱冷藏至8小時。如果麵糊冷藏過，要在開始煎煮前先閒置在室溫中20分鐘。

將麵糊攪拌到消氣之後，再拌入：

2顆大雞蛋

讓麵糊閒置5分鐘。用滿滿一湯匙的量來做一個布利尼薄餅。在做薄餅之前，假如麵糊又膨脹了，就輕輕地將麵糊拌到氣消。搭配以下食用：

融化奶油和（或）酸鮮奶油或法式酸奶油

（魚子醬或燻魚）

迷你麥布利尼薄餅（Mini Blini）（約60個1又3/4吋薄餅）

這是簡單迷人的開胃餐點。

準備以下麵糊：

前述的發酵蕎麥布利尼薄餅

使用滿滿一湯匙的：

奶油

煎煮每個小薄餅。可以在小薄餅頂端放上：

1撮酸鮮奶油

1/2小匙魚子醬或小燻魚片

燕麥鬆餅（Oatmeal Pancakes）（約20個3又1/2吋薄餅）

在一個大碗中拌入：

1/2杯中筋麵粉、1小匙泡打粉

1/2小匙鹽

在另一個碗中擊打：2顆雞蛋

再拌入：

1又1/2杯煮過的燕麥

1/2杯牛奶或酪奶

2大匙融化奶油或培根油脂

快速地將液狀材料混入乾燥材料中，而麵糊可能出現結塊的情形。每個鬆餅用1/4杯的麵糊。期間要不斷輕攪麵糊以免麵糊沉澱。

檸檬鬆餅（Lemon Pancakes）（約20個4吋薄餅）

搭配蜂蜜、甜味酸鮮奶油或法式酸奶油☆，見「了解你的食材」，會相當美味。

在一個大碗中拌入以下材料：

1杯中筋麵粉、1/3杯糖

1又1/2小匙泡打粉、1/2小匙蘇打粉

1/4小匙鹽

在另一個碗中混合以下材料：

3/4杯酸鮮奶油、1/3杯牛奶

2顆檸檬皮絲、1/4杯新鮮檸檬汁

3大匙融化奶油、1顆雞蛋

1又1/2匙香草萃取液

快速地將液狀材料混入乾燥材料中。麵糊會呈現厚重和起泡的狀態。每個鬆餅要用到1/4杯的麵糊。

| 關於格子鬆餅 |

不需要別人告訴你，你也知道搭配了糖漿、蜂蜜、柑橘醬或煮過水果的格子鬆餅有多麼美味。格子鬆餅也是迷人和可口的食物基底，可以拿來與冰淇淋或「奶油雞或奶油火雞」，125頁，和「炸雞」，101頁等美味奶油食物一起吃。大多數的格子鬆餅麵糊類似於鬆餅麵糊，兩者有相同的混合方式。不過，格子鬆餅麵糊與鬆餅麵糊有個相當不同的特點：格子鬆餅麵糊總是使用一定分量的奶油或起酥油，不僅可以做出堅脆爽口的質地，並且確保格子鬆餅可以輕易從鑄鐵烤模中取出。麵團越豐美，格子鬆餅就會越堅脆。由於已經將奶油香味烤進格子鬆餅裡，因此也就不需要在頂端添加奶油一起食用。你可以用三大匙的植物油取代四大匙的奶油用量。我們也建議➡將蛋白分開來擊打可以保證做出質地輕盈的麵糊。由於格子鬆餅是用麵糊做成的➡因此千萬別過度擊打或攪拌以便讓麵糊可以保持軟嫩。

用電的格子鬆餅鑄鐵烤模，尤其是有不沾黏格子模的種類，可以讓格子鬆餅做起來更加簡單。至於如何使用和保養格子鬆餅鑄鐵烤模，以及如何養一個新購置的格子鑄鐵烤模，請務必遵照製造商的使用者說明指示。➡一旦經過處理後，鑄鐵格子模就永遠不應該清洗或者甚至是用濕布擦拭，而是應該用乾軟布或軟刷將碎屑彈出。不過，若是可以拆卸的不沾黏烤碟，就可以用軟布或海綿來清洗。➡記得千萬別用水浸泡格子鬆餅鑄鐵烤模。每次使用後，只需用沾有清潔泡沫的熱濕布來擦拭外部即可。

將格子鬆餅鑄鐵烤模加熱到指示燈顯示可以開始烘烤為止。如果經過適當保養，其實是不需要抹油的，畢竟格子鬆餅麵團中已經含有夠多的奶油。用大水罐裝盛麵糊，再將足夠的量倒入➡填滿三分之二的格子模的表面，或者是約半杯的量來做出1個格子鬆餅。蓋上蓋子後烘烤約四分鐘。當格子鬆餅烤好時，蒸氣就不會再從烤模細縫中竄出。在打開烤模蓋子時，如果你感覺不好

開，那可能就是表示格子鬆餅還沒有完全烤好。再多烤一會，然後再試一次。

格子鬆餅可以放入九十度的烤爐保溫，可以放在烘烤淺盤後再放到烤架上，或者就直接放在烤架上，不過要記得讓空氣循環，如此就可保持格子鬆餅的脆度。吃剩的格子鬆餅可以在冷卻後以保鮮膜包覆放進冰箱，可冷藏兩天或冷凍至數個月。要加熱的話，使用預熱到一百八十度的烤爐來烘烤和解凍，時間約十分鐘，或者用烤麵包機以最低設定來烘烤五分鐘。

食譜分量會因為格子鬆餅鑄鐵烤模的大小而有所差異。舉例來說，用來做比利時格子鬆餅的烤模有相當深的烤碟，因而只會做出大約一半的傳統烤模的鬆餅量。本書食譜的鬆餅量都是用標準鐵烤模(一個烤碟會有4×4又1/2×1/2吋格子模)計算而來。

▲在高海拔地區，根據以下食譜的指示，要減少泡打粉和（或）蘇打粉約四分之一的用量。

格子鬆餅（Waffles）（約6個格子鬆餅）

我們在此提供準備這個食譜的三種選擇：使用4大匙奶油來做低脂格子鬆餅、使用8大匙（1條）奶油來做出爽口蓬鬆的經典格子鬆餅，或是用1/2磅（2條）奶油來做出令人想望的最酥脆和最美味的格子鬆餅。如果搭配鹹食享用，就不要加糖。

預熱格子鬆餅鑄鐵烤模。在一個大碗中拌攪以下材料：

1又3/4杯中筋麵粉、1大匙泡打粉
1大匙糖、1/2小匙鹽

在另一個碗中充分混合以下材料：

3顆雞蛋

1/4 到1杯（1/2到2條）融化奶油
1又1/2杯牛奶

在乾燥材料中央做出一個凹井，然後就倒入濕潤材料。用攪拌棒使勁打個幾下來攪拌一下。喜歡的話，可以輕緩地加入：

鬆餅添加物，411頁

烘烤的方法，請參閱「關於格子鬆餅」的說明。搭配以下一同食用：

楓糖漿、蜂蜜、切碎的新鮮水果，或是冷凍點心和甜醬汁☆，221頁

酪奶格子鬆餅（Butter milk Waffles）

在乾燥材料中添加1/4小匙蘇打粉，同時將泡打粉的用量減少為2小匙。用酪奶替代牛奶。

粗玉米粉格子鬆餅（Cornmeal Waffles）（約6個格子鬆餅）

拿來與糖漿和香腸一起吃真是棒呆了，也可能切成楔形後搭配「烤雞」，93頁、「烤蝦」，31頁、「紅燒牛肉」，177頁、「炸雞」，101頁。其實就是把這種格子鬆餅當做扁平酥脆的粗玉米麵包。

預熱格子鬆餅鑄鐵烤模。在一個大碗中拌攪：

1杯中筋麵粉、1杯粗玉米粉
2小匙泡打粉、3/4小匙鹽
1/2小匙蘇打粉

在另一個碗中拌攪以下材料：

2杯酪奶、5大匙融化奶油

1/4 杯楓糖漿、2顆蛋黃

在乾燥材料中央做出一個凹井，然後就倒入濕潤材料。使勁打個幾下來攪拌一下。將以下打硬但不乾的狀態，再切拌入麵糊中：

2顆蛋白

將麵糊填滿三分之二的格子模面。

培根粗玉米粉格子鬆餅（Bacon Cornmeal Waffles）

準備前述的粗玉米粉格子鬆餅。把2到3條薄培根片煎煮到香脆，並弄碎後加入麵糊，或者是切成小塊後放在已經填入格子鬆餅烤模的每份麵糊上。

蜂蜜麥麩格子鬆餅（Honey Bran Waffles）（約6個格子鬆餅）

預熱格子鬆餅鑄鐵烤模。在一個大碗中拌攪：

3/4杯中筋麵粉、3/4杯全麥麵粉

1/2杯粗小麥麩皮或糙小麥麩皮（miller's bran）

2小匙泡打粉、1/2小匙鹽

1/4小匙蘇打粉

在另一個碗中拌攪：

1又1/2杯酪奶、1/3杯蜂蜜

1/2 杯（1條）融化奶油

2顆雞蛋、1/2小匙香草萃取液

在乾燥材料中央做出一個凹井，然後就倒入濕潤材料。用攪拌棒使勁打個幾下來攪拌一下。

巧克力格子鬆餅（Chocolate Waffles）（約8個格子鬆餅）

搭配冰淇淋一起吃會使人心情愉快。這種格子鬆餅很脆弱，因此從烤模取出時要特別小心。

預熱格子鬆餅鑄鐵烤模。在一個大碗中拌攪：

1又1/2杯篩過中筋麵粉

1又1/3杯糖

1/2杯無糖可可粉，有結塊的話就要過篩

2小匙泡打粉、1/2小匙鹽

在一個中碗中將以下材料打到起泡：

2顆大雞蛋

再拌攪入：

1杯牛奶、3/4 杯加2大匙植物油

1小匙香草萃取液

將濕潤材料加入乾燥材料之中。用攪拌棒使勁打個幾下來攪拌一下。

比利時格子鬆餅（Belgian Waffles）（約12個格子鬆餅）

這種酵母發酵格子鬆餅可以搭配「發泡鮮奶油」☆，98頁，或草莓切片一起吃。

預熱格子鬆餅鑄鐵烤模。在一個大碗中拌攪以下材料：

3杯（41到46度）溫牛奶

1包（2又1/4小匙）活性乾燥酵母

放置約5分鐘直到酵母溶解為止，接著再將之拌到滑順。打入：

3/4杯（1又1/2條）冷卻至微溫的融化奶油

1/2杯糖、3顆蛋黃

2小匙香草、1又1/2小匙鹽

將以下材料分成3個部分加入，每加入一

次就要用木湯匙打到滑順為止：
4杯中筋麵粉
用保鮮膜緊密覆蓋後閒置在室溫中直到體積膨脹到兩倍大為止，約1到1個半小時。將麵糊拌到氣消。接著將以下材料

打到軟性發泡，打完後就切拌入麵糊中：
3顆蛋白
食用時灑上：
糖粉

法國吐司格子鬆餅（French Toast Waffles）（6個格子鬆餅）

預熱格子鬆餅鑄鐵烤模。在一個大碗中拌攪以下材料：
3顆大雞蛋、1/2杯牛奶
2大匙融化奶油、1/8小匙鹽
將以下切成可放入格子鬆餅烤模格子的

大小：
6片白色三明治麵包
將麵包充分地裹上蛋液後，放入熱烤模中，蓋上蓋子後烤到麵包呈現金棕色為止。

｜關於法國吐司｜

這種早餐餐點是將舊麵包再利用的極佳方式，雖然也可以用新鮮麵包來做。一般會用白麵包來浸泡到牛奶和雞蛋的混合液中，再用奶油烤到呈現棕色。通常上頭會搭配糖漿、糖粉或果醬食用。麵包也可用比司吉切割器切成圓形。

法國吐司（French Toast）（8片吐司）

在一個淺碗中拌攪以下材料：
2/3杯牛奶或鮮奶油牛奶、4顆雞蛋
2大匙糖或楓糖漿
1小匙香草或1大匙蘭姆酒
1/4小匙鹽
每次浸泡一片，將兩面浸到蛋液中：

8片白色三明治麵包
需要時可加奶油
用抹好奶油的煎鍋將吐司兩面煎到呈棕色。趁熱食用，可以灑上：
（糖粉）

填餡法國吐司（French Toast）（8人份）

將烤爐預熱至200度。將一個大型烘烤淺盤輕輕抹上奶油。在一個大碗中混合和攪拌以下材料：
8盎司軟化的奶油起司、1/4杯淡紅糖
1/4杯蜂蜜或楓糖漿、1小匙香草萃取液
（1/2顆柳橙皮絲）
些許肉桂粉

1撮鹽
喜歡的話，可以拌入：
（1/4杯細切的烤核桃或烤胡桃，或1/4杯葡萄乾）
去掉兩端和外皮：
1條1磅沒有切成片的白色三明治長麵包
長麵包切成8片。要小心地將每一片吐司

的一面切出可以用手指打開的一個袋狀切面。用湯匙將等分的內餡填入袋中。在一個淺碗中混合以下材料：

1杯牛奶、3顆雞蛋、1/4杯中筋麵粉

3大匙糖、2小匙泡打粉

2小匙香草萃取液、1/4小匙鹽

每次浸泡一片吐司，將麵包放到蛋液中直到充分吸收蛋液，但是不要浸到破掉，接著就放到碟子上準備煎煮。將以下材料放入一個大煎鍋裡以中小火加熱到融化為止：

2大匙奶油

一次煎煮一批，加入有填餡的麵包，兩面都要煎煮成棕色。完成後就放到準備好的烘烤淺盤裡，再將麵包烘烤6分鐘直到麵包飄出香氣且呈現金棕色。立刻食用。

烤法國吐司（Baked French Toast）（4人份）

在一個大碗中拌攪以下材料：

1杯濃鮮奶油、鮮奶油牛奶，或牛奶

6顆雞蛋、1/4杯楓糖漿、2大匙淡紅糖

1小匙香草萃取液、1/4小匙鹽

將以下去除外皮：

8片白色三明治麵包或哈拉猶太麵包，369頁

每次浸泡一片，將麵包放入包裹蛋液，浸完後的麵包就放到8×8吋的烤盆裡，要放成雙層。用叉子背部輕輕地下壓麵包好讓麵包片壓緊一下。用保鮮膜覆蓋，保鮮膜要直接貼在麵包上，如此可以幫助蛋液的吸收。完成後就隔夜冷藏。將烤爐預熱至200度。將一個烘烤淺盤輕輕抹上奶油，最好是用不沾黏的淺盤。使用一個寬抹刀——或者，如果你覺得比較容易的話，不妨就用雙手——將麵包提起，一片接一片地從蛋液中取出，讓多餘的蛋液滴回到烤盆裡，接著就放到準備好的烘烤淺盤上。烘烤到蓬鬆且呈現金黃色，12到15分鐘，記得烘焙到一半時要將麵包翻面。完成後就搭配以下立即食用：

楓糖漿、（新鮮水果切片）

｜關於可麗餅｜

可麗餅是美味的薄鬆餅，而且可麗餅的麵糊一定要攪拌到滑順為止。用攪拌器來做可麗餅是最容易的方式，不過在碗裡攪拌也行得通。煎煮前，至少要覆蓋閒置三十分鐘。事實上，可麗餅的麵糊可以提早兩天完成，期間就裝入加蓋的儲藏盒放入冰箱冷藏。使用冷藏過的麵糊之前，要輕輕攪拌麵糊並且閒置在室溫中三十分鐘。

可麗餅可以用一般的可麗餅烤盤來做，就如同右頁的圖例所示；或者，也可以用一般小型到中型的煎鍋來做，但是最好是不沾黏的煎鍋。假如是有填入調味食物內餡的可麗餅的話，那就必須用大型的不沾黏煎鍋來煎煮才行。

製作可麗餅的技巧要從經驗中學習，不過往往要嘗試幾次之後才能開始充分練習。將你的烤盤以中火加熱，並且加入半小匙的奶油。當奶油開始變色但

製作可麗餅

沒有冒煙時，那就表示火候夠了。此時就要將烤盤拿離爐火，用個勺子或小量杯將麵糊緩緩倒入，麵糊量要足夠到可以薄薄一層地完全覆蓋住烤盤底。如過麵糊過多，就將多餘的部分倒回碗裡。快速地傾斜轉動烤盤，隨後就放回爐火加熱煎煮到可麗餅開始出現氣泡且底部稍呈棕色，一分到一分半鐘。用抹刀或手指將可麗餅翻面（翻面時，要將烤盤滑離爐火，先用刀子將可麗餅的邊緣拉起，之後再輕輕地拿著邊緣將可麗餅拉離烤盤，接著就可輕輕地將可麗餅翻面）。隨後就將烤盤放回爐火繼續煎煮第二面直到呈現棕色為止，但是第二面是不會顏色均勻的。完成後就將可麗餅滑放到鋪了蠟紙的碟子上。

　　若想儲存可麗餅，可以將碟子用保鮮膜緊緊包覆後冷藏，至多為二十四小時；或者是以鋁箔紙包覆後放入保鮮袋冷凍；至多為一個月。解凍可麗餅時，要先放在冰箱冷藏庫約十二個小時，或者是放在室溫解下凍，要放到可麗餅已經軟到可以彼此剝離而且不會撕破。

鹹味可麗餅或甜味可麗餅（Savory or Sweet Crêpes）（約12個可麗餅）

用鹹味可麗餅裹捲內餡就是一道一流的早午餐、午餐或晚餐餐點；請參照以下的食譜或是使用一些剩下的可口食物。甜味可麗餅一般是用來做成花俏點心，諸如下面的食譜所示。不過，可麗餅可以就只是簡單灑上糖和檸檬汁，或者是塗上溫熱的蜜餞，再摺疊成小方塊或捲起來吃。

I. 鹹味可麗餅

在一個大碗中混合以下材料並攪拌到滑順：

1杯中筋麵粉、1杯牛奶
1/2杯微溫的水、4顆大雞蛋
1/4杯（1/2條）融化奶油、1/2小匙鹽
用保鮮膜覆蓋後閒置30分鐘，或者可冷藏至多 2天。每個可麗餅使用1/4杯的麵糊。

II. 甜味可麗餅

請照以上的食譜準備，但是要添加3大匙糖，並且要將鹽的用量減為1/8小匙。

蕎麥可麗餅（Buckwheat Crêpes）（約10個9吋可麗餅）

蕎麥可麗餅是法國布列特尼地區的特產，比一般的可麗餅大一點且薄一些，

由於蕎麥的關係而有著一種獨特風味。蕎麥可麗餅的特色是填入鹹餡，如下述

的火腿和起司，但是也會填入炒香菇和番茄切粒，而且通常會在上頭放顆炒蛋。煎煮前，需要將麵糊閒置1小時。在攪拌器中將以下材料混合到滑順：

1/2杯蕎麥麵粉、1/2杯中筋麵粉
1杯牛奶、3/4杯水、3顆大雞蛋
2大匙植物油、1小匙鹽

從容器四周刮下麵糊，並充分混合，約15秒或更久的時間。將麵糊倒入大水罐或是其他有壺嘴的容器。以保鮮膜覆蓋後閒置1小時，或是冷藏至多1天。使用12吋的不沾黏煎鍋來煎煮，每個可麗餅使用1/3杯麵糊。

填餡鹹味可麗餅（Filled Savory Crêpes）（12個可麗餅）

將烤爐預熱至200度。將一個13×9吋的烤盆輕輕抹上奶油。準備好：

12個前述的鹹味可麗餅
並且準備4杯以下的一種內餡：
奶油香菇★，471頁，但是不添加牛肝蕈
奶油菠菜★，507頁
奶油雞或火雞，125頁，或者
火腿和起司
將3到4大匙的內餡平鋪在每個可麗餅淡

白面的中央，記得要在內餡四周保留1吋的空間，接著就捲起可麗餅。放入準備好的烤盆時，記得在排放每一層的時候要將有接縫的部位朝下放置。再刷上：

3大匙融化奶油
再灑上：
1/2杯磨碎的帕馬森起司
烘烤到呈淡棕色，約20分鐘。

填餡甜味可麗餅（Filled Sweet Crêpes）（12個可麗餅）

將一個13×9吋的烤盆輕輕抹上奶油。準備好：

12個甜味可麗餅
並且準備4杯以下的一種內餡：
任何一種水煮過或烤過的水果★，355頁；糕餅鮮奶油☆，100頁，原味或是混了漿果、烤堅果，或壓碎的杏仁馬卡龍☆，126頁；發泡鮮奶油☆，77頁，原味或是混了漿果或烤堅果的甜味口味；蘋果醬★，360頁；果醬或大塊果肉果醬☆，見「果凍和果醬」；檸檬凝

乳☆，102頁；熱檸檬醬☆，251頁；或巧克力甘納許☆，165頁

將3到4大匙的內餡平鋪在每個可麗餅淡白面的中央，記得要在內餡四周保留1吋的空間，接著把可麗餅捲起來。放入準備好的烤盆時，記得在排放每一層的時候要將有接縫的部位朝下放置。再刷上：

3大匙融化奶油
再灑上：
糖粉

火腿菠菜可麗餅（Ham and Spinach Crêpes）（12個可麗餅）

將烤爐預熱至200度。將一個13×9吋的烤盆輕輕抹上奶油。準備好：

12個鹹味可麗餅
12片火腿薄切片、奶油菠菜

將1片火腿鋪在每個可麗餅淡白面的中央，接著鋪上2大匙菠菜，然後把可麗餅捲起來。放入準備好的烤盆時，記得要將有接縫的部位朝下放置。在頂部放

上：

莫內醬，293頁

再灑上：

1/3杯磨碎的帕馬森起司

烘烤到醬汁呈現淡棕色，約20分鐘。

雞肉、蘋果藍紋起司可麗餅（Crêpes with Chicken, Apples and Blue Cheese）（12個可麗餅）

將烤爐預熱至200度。將一個13×9吋的烤盈輕輕抹上奶油。準備好：

12個鹹味可麗餅、3杯煮過的雞肉丁

2顆中型蘋果，去皮、對切4等分、去核且切成薄片

2杯白醬I，292頁

3盎司羅克福爾的羊乳起司或其他種類的藍紋起司碎泥

將2到 3大匙的醬汁平鋪在每個可麗餅淡白面的中央，接著先將雞肉放在三層內餡的最下層，然後再放上蘋果薄片和碎起司，隨後就可以把可麗餅捲起來放入準備好的烤盈時，記得在排放時要將有接縫的部位朝下放置，覆蓋多餘醬汁和起司。烘烤到醬汁起泡且呈淡棕色，約20分鐘。

澄酒可麗餅（Crêpes Suzette）（12個可麗餅）

準備好：

12個鹹味可麗餅

將以下材料放入大型煎鍋或火鍋裡以中火加熱：

1/4杯（1/2條）奶油

（1顆小柳橙皮絲）

1/2杯柳橙汁、1/3杯糖

1小匙新鮮檸檬汁

煮到沸騰，將糖攪拌到融化，並繼續煮滾到稍微濃稠的狀態，2到3分鐘。再拌入：

2大匙柑曼怡香橙干邑香甜酒

2大匙干邑白蘭地或其他白蘭地酒

將醬汁放回火上繼續加熱30秒至沸騰。用

鉗子把可麗餅每次一片地放到煎鍋或火鍋裡，每片浸泡醬汁約15秒，接著就把可麗餅摺疊兩次，形塑成三角形且要露出最深棕色的一面。摺好的可麗餅要靠在烤盤邊放好，再繼續完成其他可麗餅。所有可麗餅都摺完後，就排放在煎鍋的底部，然後淋上：

1/2杯柑曼怡香橙干邑香甜酒

煎煮約15秒，要將混合醬汁持續淋在可麗餅上頭。緊接著就後退一步且小心地用一根長打火機或火柴棒點燃醬汁，趁著火焰燃燒時端上桌享用。

拔絲蘋果可麗餅（Crêpes with Caramelized Apples）（12個可麗餅）

蘋果糖汁可以冷藏保存一星期，搭配任何鬆餅或格子鬆餅都相當美味。

在一個小型平底鍋裡混合以下材料：

1杯蘋果汁

3大匙淡玉米糖漿

1大匙淡紅糖

1大匙新鮮檸檬汁

將混合液以中火熬煮到蒸發成一半分量，約10分鐘。將火關掉後，將以下材料一片一片地打旋拌入：

2大匙冷的無鹽奶油，切成6小塊

覆蓋閒置在室溫下至多6小時。在（最好是不沾黏的）大型煎鍋中以中大火融化以下材料：

2大匙無鹽奶油

將以下材料加入煎煮，時時攪拌直到蘋果變軟，約5分鐘：

3顆中型金冠蘋果（1到1又1/4磅），每顆要去皮、去核且切成12片

灑上：

2大匙糖

繼續煎煮且不時攪拌，直到蘋果呈拔絲狀，10到15分鐘。完成就可熄火。將烤爐預熱至180度。在一個大型烘烤淺盤裡放入羊皮紙做為襯底。準備好：

12個甜味可麗餅

3大匙融化奶油

在可麗餅上頭輕輕刷上奶油，並排放到烘烤淺盤上，必要時可以疊放。烘烤到熟透，約5分鐘。等待期間，將蘋果和醬汁放回爐火以小火加溫。如果醬汁出現分離狀態，就再拌攪混合。將蘋果與醬汁淋放在可麗餅上頭一起食用。還可以加上：

（發泡鮮奶油☆，98頁、法式酸奶油☆，見「了解你的食材」，或香草冰淇淋）

可麗餅蛋糕（Crêpes Cake）（12個可麗餅）

若要給10到12個人享用這種特別引人的蛋糕，要按照食譜準備雙份分量的可麗餅。

準備好：

12個甜味可麗餅

將可麗餅如同夾層蛋糕般地疊放在耐熱的大淺盤裡，每個可麗餅都要抹上薄薄一層：

果凍或果醬或熱檸檬醬☆，251頁

在頂端灑上：

糖

完成後閒置一旁，在室溫下至多放8小時。將烤爐預熱至120度。如果你喜歡火燒點心的話☆，見「烹飪方式與技巧」，將以下材料加熱到微熱：

（1/4杯白蘭地酒或蘭姆酒）

完成後淋在可麗餅上頭，接著就後退一步且小心地用一根長打火機或火柴棒點燃醬汁。食用時，要先將可麗餅蛋糕放入烤爐烘烤到充分溫熱，約15分鐘。烘烤完成後就切成楔形。可以加上以下一起食用：

（發泡鮮奶油☆，98頁）

薄餅捲（Blintzes）（約12個7又1/2吋薄餅捲）

使用攪拌器或食物調理機將以下材料混合到滑順：

1杯中筋麵粉、1杯牛奶、3顆大雞蛋

2大匙融化奶油、2小匙糖、些許鹽

將麵糊倒入大水罐或是其他有壺嘴的容器。以保鮮膜覆蓋後閒置在室溫中30分鐘，或是冷藏至多2天。每個薄餅捲使用3大匙的麵糊量。不過，煎煮薄餅捲不需翻面，煎煮到頂部乾燥定形，而底面呈現金黃色即可。

甜起司薄餅捲（Sweet Cheese Blintzes）（12個薄餅捲）

甜起司薄餅捲的經典配料是「水波煮櫻桃」★，371頁。搭配混合的新鮮漿果、一份溫熱的「糖煮水果乾」★，352頁，或「蘋果醬」★，360頁，也很棒。起司薄餅捲可以用顆粒狀鄉村起司或酪農起司來做。如果是用鄉村起司的話，記得

要先用篩子架在碗上瀝乾1小時。

準備好：

如前述食譜的12個薄餅捲

使用攪拌器或食物調理機將以下材料混合到滑順：

1磅顆粒狀瀝乾的鄉村起司或酪農起司

3盎司奶油起司

2顆雞蛋、2大匙糖

1小匙香草萃取液、1小匙鹽

（1/2顆柳橙皮絲）

移放到碗器後，拌入：

（1/2杯葡萄乾）

用湯匙將 3大匙的內餡放在每個薄餅捲沒有烤成棕色的那一面中央。先摺疊兩邊，再將底邊摺上，接著就可以捲成矩形袋狀。填餡薄餅捲餅可以密封後冷凍保存1個月之久。要在冰箱冷藏庫退冰。用一個大型煎鍋來加熱，最好是不沾黏的煎鍋，以中火加熱以下材料到奶油融化且氣泡消失為止：

2大匙奶油、1大匙植物油

將薄餅捲以接縫朝下的方式置放在烤盤裡，要翻面一次，煎煮到兩面都呈現金棕色。將薄餅移放到廚房紙巾稍微吸乾一下。要立即食用，可以搭配：

（酸鮮奶油）

或是任何你想要添加的配料。

藍莓薄餅捲（Blueberry Blintzes）（6個薄餅捲）

在一個中型平底鍋裡混合：

1杯新鮮藍莓或未解凍的冷凍藍莓

1/2顆檸檬皮絲和檸檬汁

2大匙糖

（些許肉桂粉）

用中火加熱到沸騰，要不斷攪拌，接著繼續煮到混合液呈現果醬般的黏稠度。

加入：

如前述食譜的6個薄餅捲

用湯匙將滿滿2大匙的內餡放在每個薄餅捲沒有烤成棕色的那一面中央。將兩邊摺疊包住內餡形成矩形袋狀（填餡薄餅捲可以密封後冷凍保存至1個月之久）。

用一個大型煎鍋來加熱，最好是不沾黏的煎鍋，以中火加熱以下材料到奶油融化且氣泡消失為止：

2大匙奶油、1大匙植物油

將薄餅捲以接縫朝下的方式放在烤盤裡，要翻面一次，煎煮到兩面都呈現金棕色。將薄餅移放到廚房紙巾稍微吸乾一下。搭配以下材料立即食用：

酸鮮奶油、卡士達醬☆，254頁，或檸檬凝乳☆，102頁

維也納或奧地利可麗餅／果醬餡薄餅捲（Viennese or Austrian Crêpes/Palatschinken）（8個鬆餅捲）

使用攪拌器或食物調理機將以下材料混合到滑順：

1杯中筋麵粉、1杯牛奶、2顆大雞蛋

3大匙糖、1/2小匙香草萃取液、些許鹽

將麵糊倒入大水罐或是其他有壺嘴的容器。以保鮮膜覆蓋後閒置在室溫中30分鐘，或是冷藏至多2天。每個薄餅捲使用1/4杯的麵糊量，做出8個比可麗餅稍厚的鬆餅。等冷卻之後就包覆靜置備用。烤爐預熱至180度。在一個大型烘烤淺盤裡放入羊皮紙做為襯底。將鬆餅刷上：

2大匙融化奶油

刷完後就放到烘烤淺盤上，必要時可以疊放。烘烤到充分暖熱為止，約5分鐘。

其間，將以下材料放入小型平底鍋加熱
至沸騰：

1杯杏子醬

1大匙君度橙酒或柑曼怡香橙干邑香甜酒

將火關掉。在每個鬆餅上平鋪2大匙的混
合果醬後就將鬆餅捲起，放到個人食用

餐碟上，接著灑上：

1/2杯剁細的核桃

糖粉

搭配以下一起食用：

（發泡鮮奶油☆，98頁）

｜關於爐火烘烤的鬆餅｜

這種鬆餅應該說是使用烤盤煎煮而成的蛋糕，外觀與一般的鬆餅可以說是
完全不同。雖然傳統上被歸類為點心，不過也常被當作早餐或早晚餐餐點。這
些鬆餅都相當清爽蓬鬆，其中的奧地利鬆餅其實該算是一種舒芙蕾。

荷蘭寶貝鬆餅（Dutch Baby）（2到4人份）

有時也稱做蓬鬆鬆餅，從烤爐出爐時蓬
鬆且金黃，就像是個巨大的泡泡蛋糕一
樣。灑上糖粉後，會搭配水果果肉果醬
或「香煎水果」★，356頁，一起食用。
在烤爐的最下層放上烤架，將烤爐預熱
至220度。

仕一個中碗拌攪：

1/2杯牛奶

2顆室溫溫度的大雞蛋

1/4小匙鹽

加入以下材料拌攪到滑順：

1/2杯中筋麵粉

在一個10吋的鑄鐵煎鍋或其他耐熱平鍋裡
以中火融化：

4杯（1/2條）奶油

將平鍋傾斜好讓鍋邊也沾塗到奶油。將
雞蛋混合液倒入煎鍋煎煮1分鐘，不要攪
拌。把煎鍋放入烤爐烘烤15分鐘，期間不
要打開爐門。將烤爐溫度降至180度，再
多烤10到15分鐘，直到鬆餅蓬鬆且呈現漂
亮的棕色。灑上：

糖粉

在鬆餅鬆垮之前要立即食用，直接就煎
鍋端上桌食用。

德國鬆餅／煎烤餅（German Pancake/Pfannkuchen）（4人份）

這個食譜是根據十九世紀德國最棒的食
譜作家亨里埃塔・達菲達絲（Henrietta
Davides）而來。
將烤爐預熱至200度。
在一個中碗中混合以下材料：

4顆大蛋黃、3大匙糖、1/8小匙鹽

使勁地拌攪到呈濃稠和檸檬色的狀態，1
到2分鐘。打入：

1/4杯牛奶、1/4杯微溫的水

1顆檸檬皮絲、（1/4小匙香草萃取液）

將加入以下材料拌攪到滑順：

1/2杯玉米澱粉

將以下打硬但不乾的狀態：

4顆大蛋白

打完後就加到蛋黃混合液裡，繼續輕輕
拌攪到蛋白溶入液體中但沒有消氣；麵

糊應該要呈現輕盈泡沫般的狀態。在一個最好是不沾黏的10吋耐熱鑄鐵煎鍋中立即以中火融化：

3大匙奶油

當奶油氣泡消退後就倒入麵糊裡。煎煮到用刀子將鬆餅從平鍋挑開可以看到底部呈現金棕色為止，約2分鐘。接著就將平鍋放到烤爐中烘烤，烤到鬆餅蓬鬆且頂端感覺乾燥，而且輕碰時感覺已經定形為止，約5分鐘。完成後就立即將鬆餅滑放到要食用的大淺盤上，然後灑上：

糖粉、（肉桂粉）

趁著鬆餅尚未鬆垮之前，搭配以下材料一次食用完畢：

2/3杯溫熱杏子或櫻桃果醬或「烤糖漬鮮果」★，355頁

奧地利鬆餅／薩爾斯堡蛋霜糕（Austrian Pancakes/Nöckerlen）（4人份）

到奧地利薩爾斯堡的遊客來一道或更多份舒芙蕾球形泡芙，是少有人會不沉溺其中的經驗。這種鬆餅要盡快食用。

烤爐預熱至180度。在一個中碗中混合拌攪以下材料至濃厚發白的狀態：

2顆蛋黃、1大匙糖

　（1/2小匙檸檬皮絲）

在一個大碗中將以下材料打到快要變硬：

3顆室溫溫度的大蛋白

逐漸打入：

1/4杯糖

打到蛋白變得相當硬且發亮，再打入：

1/2小匙香草萃取液

將以下篩過之後，再用一根大橡膠抹刀輕輕地切拌：

2大匙中筋麵粉

接著再輕輕切拌入蛋黃液中。立刻將以下材料放入12吋的耐熱煎鍋裡以中火融化：

2大匙奶油

當聞到奶油香且奶油剛要變色之際，就將四堆1杯量的混合液放到煎鍋，每一堆要堆高而且要盡可能地將每一堆分開。煎煮到鬆餅底部有些變色，約3分鐘。完成後就把煎鍋放到烤爐裡，將內裡中心還柔軟的煎餅烘烤到外皮呈現淡棕色且蓬鬆，10到12分鐘。烘烤完後盡情地灑上：

糖粉

一次食用完畢，可以搭配以下一同食用：

　（溫熱果醬、熱檸檬醬☆，251頁或新鮮水果醬☆，250-267頁）

｜關於甜甜圈、炸扭絞和炸餅｜

　　當混合甜甜圈麵團時，需使用室溫溫度的材料，將所有乾燥和濕潤材料一起快速攪拌到充分混合即可，如此可以防止麵團產生會讓甜甜圈變得較硬的麩質。這些麵團剛混合好時會很柔軟且具黏性，不過，等到冷卻至少兩小時再來切割時，麵團就會變硬到可以處理。除了用酵母發酵的麵團，這些麵團都可以冷藏至一天之久。

　　做甜甜圈時，要在輕灑麵粉的工作檯面或蠟紙上將麵團擀成半吋厚（除非個別食譜有特別指示）。一般來說，比一次處理一大堆麵團，先將麵團分成

兩份，一次只擀一半的麵團會比較容易擀出厚度均勻的麵團。┅▶若想切出甜甜圈，要使用沾滿麵粉的甜甜圈切割器，如下圖，或是用兩種不同大小的圓形比司吉切割器或餅乾切割器，較小的切割器可以做出甜甜圈的洞圈。┅▶本書的甜甜圈食譜都是針對三吋半的切割器和一吋圈洞所設計。假如你使用較小的切割器，做出的數量就會比食譜說明的數量來得多（舉例來說，一個兩吋半的切割器或做出將近兩倍數量的甜甜圈）。要使用抹刀將切割好的甜甜圈移放到灑滿麵粉的蠟紙上。由於閒置的甜甜圈會軟化，因此需要麵粉來防止沾黏的情形。把切下的麵團塊收在一起時，動作輕柔且盡可能減少觸碰，然後再擀壓和切割出更多的甜甜圈。再次切割後的麵團塊會做出比較硬的甜甜圈，因此可以拿來做「甜甜圈球」（doughnut holes），就用手來切分或形塑即可。

　　油炸之前，要讓切好的甜甜圈在室溫下閒置二十分鐘到一小時。在這段閒置期間，麵團會變暖並且形成一層薄脆外皮，如此可以減少甜甜圈在油炸時吸收的油脂量。不過，酵母發酵的麵團不會出現這樣的情況，這是因為麵團在發酵時就已經變暖和產生脆皮的緣故。

　　在開始油炸之前，┅▶請先閱讀「關於深油炸」的說明☆，見「烹飪方式與技巧」。使用深鍋或深的厚煎鍋來油炸甜甜圈，裡頭要倒滿三吋深的植物油或融化起酥油。不管你使用的是哪一種油，油品一定要新鮮，不要用回鍋油。

　　將油或脂肪加熱至一百九十度。為了讓油脂可以保持恆溫，┅▶切勿讓炸鍋裡過於擁擠。要把甜甜圈放入鍋中時，最簡單安全的作法就是┅▶使用已經浸染過熱油脂的鐵製抹刀一次滑放一個。大小不同的甜甜圈，每一面大概要花一分半到兩分鐘來油炸。炸到呈現出深金棕色就表示甜甜圈已經炸好了。如果你想要確定甜甜圈是否炸好了，你可以檢查最先一批炸完的甜甜圈，切開一個看看內部是否真的炸好了。假如沒有炸好，就將沒有切開的其他甜甜圈放回深鍋再炸一會兒。用鉗子或是竹筷穿過甜甜圈的洞來取出炸好的甜甜圈，取出時，要短暫地在鍋子上方停留以便瀝掉多餘油脂。炸好的甜甜圈要放到三層廚房紙巾上，放上後就隨即翻面，如此才能吸乾第二面的油脂。

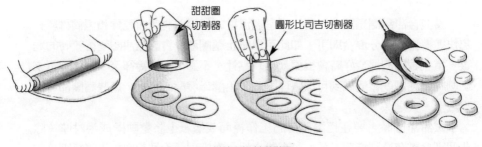

擀滾和切割甜甜圈

等到甜甜圈冷卻之後，灑上加了香料或調味過的糖粉，接著可以放在鋪了糖的碟子上滾一下，或者放入裝了糖的堅固紙袋或塑膠袋中一次搖晃一個或兩個甜甜圈。酵母甜甜圈和酵母蛋糕都可以刷淋糖汁或糖霜，請參閱「糖霜、加料與糖汁」☆，145頁。

自製的甜甜圈最好在完成的當天食用完畢；倘若使用密封儲藏盒來保存，甜甜圈的濕潤度是可以在室溫下保存最多兩天。甜甜圈可以用可重複開封的冷凍保鮮袋來儲存最多至一個月，不過一旦解凍後就要立即食用完畢。

▲在高海拔地區，酵母發酵的甜甜圈食譜是不需要任何調整的，不過，其他的甜甜圈食譜就必須減少四分之一的泡打粉或蘇打粉的用量——▶但是，針對每一杯酪奶或酸鮮奶油的用量，蘇打粉的用量不能減到少於半杯。

蛋糕甜甜圈（Cake Doughnuts）（約18個甜甜圈）

請閱讀「關於甜甜圈、炸扭絞和炸餅」的說明。

在一個中碗中將以下材料充分混合：

4杯中筋麵粉
4小匙泡打粉
3/4 小匙肉桂粉或1小匙檸檬皮絲
（3/4小匙肉豆蔻粒或肉豆蔻粉）
3/4小匙鹽

在一個大碗中用電動攪拌器將以下材料充分擊打：

2顆雞蛋

再緩緩加入以下材料，要打到變得濃稠：

3/4 杯又2大匙糖

再加入以下材料，用電動攪拌器以低速打到充分混合：

3/4杯牛奶、5大匙融化奶油

將濕潤材料倒到乾燥材料中，接著就用大湯匙將所有材料拌攪在一起。麵團會顯得柔軟且有黏性。用保鮮膜包覆後放入冰箱至少冷藏2小時，或者放置24小時。

酵母甜甜圈（Yeast Doughnuts）（約24個甜甜圈）

如果沒有強力電動攪拌器，你可以手拿大型木湯匙來攪拌。

在強力攪拌器的碗中拌攪以下材料：

1/2杯（41到46度）溫水
2包（每包為2又1/4小匙）活性乾燥酵母

放置約5分鐘直到酵母溶解為止。再加入以下材料並拌攪到滑順：

1杯中筋麵粉

用保鮮膜緊緊覆蓋，在室溫中閒置到產生氣泡，約30分鐘。再拌攪入以下材料：

2/3杯糖
2/3杯融化奶油
3顆大雞蛋
2小匙香草萃取液
1小匙鹽
（1/2檸檬皮絲或1/4顆柳橙皮絲）

接著加入以下材料，用攪拌鉤或攪拌槳以中低速度攪拌，直到麵團包覆在鉤上或槳葉且不再沾黏攪拌碗壁為止：

3又1/2杯中筋麵粉

從電動攪拌器取下攪拌碗。用保鮮膜緊

緊覆蓋後，讓麵團在室溫下發酵至體積膨脹為三倍，需1個半到 2小時。將麵團向下擊打後，再以保鮮膜包好後放入一個大型保鮮袋中，接著要放入冰箱至少冷藏3小時，或者長達 16小時。麵團會些許膨脹而且可能會弄破保鮮膜；如果有這樣的情形，保鮮袋應該可以預防麵團

形成脆硬外皮。把麵團擀壓成3/8吋厚，接著讓切割完的甜甜圈閒置發酵一下，不需覆蓋，就閒置在室溫中直到甜甜圈軟化且膨脹，約1小時。一旦甜甜圈發酵膨脹了，就要立即油炸，否則甜甜圈會發酵過度而破壞了口感質地。

酸鮮奶油甜甜圈（Sour Cream Doughnuts）（約36個甜甜圈）

在一個大碗中充分擊打以下材料：

3顆雞蛋

緩緩加入並不斷擊打：1又1/4杯糖

拌入：

1杯酸鮮奶油

篩過：

4杯中筋麵粉

再篩過：

2小匙泡打粉

1/1小匙蘇打粉

1/2小匙肉桂粉，或磨碎的肉豆蔻或肉豆蔻粉

1/2小匙鹽

篩過的原料拌入蛋液直到完全混合為止。

酪奶馬鈴薯甜甜圈（Buttermilk Potato Doughnuts）（約20個甜甜圈）

準備好：

2杯馬鈴薯糜★，491頁

在一個中碗中充分拌攪：

3又3/4杯中筋麵粉

2又1/2小匙泡打粉

1小匙鹽

1/2小匙蘇打粉

1/4小匙磨碎的肉豆蔻或肉豆蔻粉，或肉桂粉

在一個大碗中用電動攪拌器將以下材料打到起泡，約1分鐘：

2顆雞蛋

再逐漸加入以下擊打到濃厚奶稠的狀態：

3/4杯糖

緩慢地加入以下材料並擊打混合：

1杯酪奶、1/4杯（1/2條）融化奶油

1小匙香草

接著就打入馬鈴薯，用一支大湯匙拌入乾燥材料中。麵團會相當柔軟。用保鮮膜包覆後放入冰箱冷藏至少2小時，或最多至24小時。

巧克力甜甜圈（Chocolate Doughnuts）（約18個甜甜圈）

在一個中碗中混合以下材料：

2/3杯將過荷蘭法鹼處理的可可粉

1/4杯（1/2條）奶油切塊

再倒入：

2/3杯滾水

拌攪到滑順，然後閒置5分鐘。再加入以下材料拌攪到充分混合：

1杯糖

2/3杯酸鮮奶油

2顆大雞蛋

2小匙香草萃取液

1小匙鹽

1小匙泡打粉

1/2小匙蘇打粉

加入：

4杯篩過中筋麵粉

攪拌到麵粉完全吸收且形成柔軟的麵團。用保鮮膜包覆後放置冰箱冷藏至少2小時，或多至24小時。當甜甜圈的顏色變得較深時就表示已經炸透了。

巧克力糖衣甜甜圈（Chocolate Glazed Doughnuts）（約18個甜甜圈）

準備好：

前面的巧克力甜甜圈或蛋糕甜甜圈

在一個平底鍋或雙層蒸鍋中將以下材料融化：

4盎司半甜或苦甜巧克力碎片

1/4杯（1/2條）奶油

1/4杯水

熄火後繼續攪拌到滑順。再打入：

1又1/3杯糖粉

把甜甜圈的一面浸入糖汁中，接著就將有糖汁的一面朝上放置架上，閒置到糖汁乾燥為止，約1小時。

落球甜甜圈（Dropped Doughnuts）（約60個1又1/2吋甜甜圈）——

沒有典型甜甜圈的洞孔，在質地上也較為輕爽一些。將湯匙浸入炸油後再用來挖起一小塊麵糊，如此一來甜甜圈就會很容易滑入深鍋中。

準備以下任一種麵團，記得要減少1/2杯的麵粉量：

蛋糕甜甜圈，或上述的巧克力甜甜圈

將麵團覆蓋後，閒置在室溫中30分鐘。不要冷藏。將麵團以大匙的分量放入加熱到190度的深鍋中，每次5到6顆，油炸3分鐘。炸完後放到廚房紙巾上瀝油。

果醬甜甜圈（Jelly Doughnuts）（約24個甜甜圈）——

記得要發酵到呈現清爽蓬鬆的狀態，不然的話，甜甜圈內部中心的果醬四周會出現氣泡。

準備好：

酵母甜甜圈

每次只在一個輕灑麵粉的工作檯上處理1/4分量的麵團，將麵團擀到比1/8吋稍厚的厚度。用一個3吋到3又1/2吋的餅乾切割器或比司吉切割器將麵團切成圓形（不是環狀），切完一回後，收集麵團塊再擀壓和切割一次，你應該會做出總共48個圓形麵團。再準備好：

約3/4杯果凍或果醬

將滿滿一小匙的果醬或果凍放在做好的一半數量的圓形麵團中央。在這些包餡麵團邊緣刷上：

1大顆輕打過的大蛋白

接著就可以把另外一半數量的圓形麵團覆蓋在這些填了內餡的麵團上，下壓麵團邊緣使內餡包裹其中。完成後放到灑滿麵粉的蠟紙上閒置發酵到呈現清爽蓬鬆的狀態，約1小時。

完成後灑上：

糖粉

沾蜜甜甜圈（Honey-Dipped Doughnuts）（約24個甜甜圈）

準備好：

酵母甜甜圈

在烘烤淺盤上放上一個網狀支架。在一個平底鍋內混合以下材料：

1盒1磅重的糖粉（4杯）

1/3杯蜂蜜

1/4杯水

接著以中火烹煮，要不斷拌攪，直到混合物開始出現蒸氣且完全滑順為止。熄火後，將甜甜圈滴落到糖汁中，每次一個，並兩面翻轉沾上糖汁。用一根筷子或長插籤把甜甜圈放到網狀支架上。在糖浸甜甜圈的期間，如果糖汁變硬，就以小火短暫加溫一下。讓沾蜜的甜甜圈在網架上閒置15分鐘或直到糖汁乾燥為止。可能的話，最好是在甜甜圈還是暖的時候浸上糖汁。

炸扭絞（Crullers）（約24個甜甜圈）

炸扭絞不僅比甜甜圈吃來較為豐富，當然，外觀上也不相同。下面介紹的第一種食譜會做出柔軟的辮狀炸扭絞，而按照第二種食譜則會做出舊式的薄脆炸扭絞。請閱讀「深油炸」的說明。

I. 在一個中碗中充分拌攪以下材料：

4杯篩過的中筋麵粉

（1小匙磨碎的肉豆蔻或肉豆蔻粉）

3/4小匙肉桂粉

2小匙泡打粉

3/4小匙鹽

加入：

1/2杯（1條）完全軟化的無鹽奶油

用雙手將奶油搓揉到完全混合消失在乾燥材料中，不要有任何一丁點沒有混合到的殘存奶油。混合物應該有柔軟且稍微滑溜的感覺，抓起時，應該是一團聚在一起的脆裂塊狀物。在一個中碗中用攪拌器以中速將以下攪打到出現氣泡：

4顆大雞蛋

逐步加入以下材料，並且攪打到呈現濃稠的狀態：

3/4杯糖

再以中速攪打以下材料：

2大匙牛奶

將蛋液倒入乾燥材料中，用大湯匙攪拌到柔軟麵團開始成形。用保鮮膜包覆後放置冰箱冷藏至少2小時，或多至24小時。刮起1湯匙平滿的麵團，用雙手將麵團**擀**成48球麵團。別在麵團上灑麵粉；如果麵團過軟而不好處理的話，就短暫地冷藏一下。完成後，將麵團球放在鋪了蠟紙的烘烤淺盤上，再用蠟紙覆蓋，放入冰箱冷藏至少1小時。

將鋪了蠟紙做襯底的烘烤淺盤上灑上滿滿的麵粉。接下來，每次只處理幾顆麵團球，還沒處理到的就留放在冰箱裡。在沒有灑上麵粉的蠟紙上用手掌將2顆麵團球**擀**滾成5吋長的麵團繩。把麵團繩並排放好，先接兩端下壓銜接起來，接著就扭轉幾次。完成後就移放到準備好的烘烤淺盤上，重複以上的步驟，做出24個炸扭絞，不要覆蓋，直接閒置在室溫中30分鐘。油炸時要定時翻轉，炸到呈現金棕色為止，3到4分鐘。炸完後放在架上或廚房紙巾上瀝油。可以趁著炸扭絞還熱的時候滾裹上：

（糖粉）

II. 按照第一種食譜的指示將麵團準備好，不過別加入泡打粉和牛奶。將做好的麵團分成兩份（每份為1又1/2杯的分量），用保鮮膜將分半的麵團各自包裹好，接著就放入冰箱冷藏至少2小時，或多至24小時。

將鋪了蠟紙做襯底的烘烤淺盤上灑滿麵粉。接下來，每次只處理一半的麵團，另外一半要先留放在冰箱裡。在不吝惜地在麵團上灑滿麵粉，並且用手形塑成長方形。把長方形麵團放到灑了麵粉的蠟紙上，在上方灑上麵粉後，就把麵團**擀**成約1/4吋厚、12×6吋大小的長方形。用刀子或波形酥皮輪刀將麵團斜切成12條1吋寬的麵團條。將每條麵條扭轉幾下，接著就轉放到準備好的烘烤淺盤上，不要覆蓋，直接閒置在室溫中1到3小時。

油炸時要定時翻轉，炸到呈現金棕色為止，3到4分鐘。炸完後放在架上或廚房紙巾上瀝油。等炸扭絞冷卻後，滿滿灑上：

糖粉

紐澳良炸餅（New Orleans Beignets） （約30個2又1/2吋炸餅）

美國紐澳良的這種鬆脆點心相當有名，搭配當地知名的菊苣風味咖啡，可說是相得益彰。在一個大碗中混合以下材料：

3/4杯微溫溫水

1小匙活性乾燥酵母

閒置5分鐘後，再拌攪到酵母完全溶解。接著將以下材料拌攪入：

1/2杯奶水

1/4杯糖

1顆雞蛋

1/2小匙鹽

再加入：

2杯中筋麵粉

用大湯匙攪打到出現滑順的麵糊為止。

打入：

3大匙軟化奶油或植物起酥油

再放入以下材料並打勻：

2杯中筋麵粉

用保鮮膜將碗緊緊覆蓋後，接著就放入冰箱冷藏至少12小時，或多至24小時。在一個9到10吋的厚鍋或深煎鍋把以下材料加熱到185度：

3吋深的植物油或植物起酥油

等待加熱期間，開始形塑炸餅（視需要調整火候，讓炸油維持在185度）：將麵團向下擊打後分成兩半，還沒處理到的一半要先放回冰箱冷藏，在一個輕灑麵粉的工作檯面上將一半的麵團擀成1/8吋厚，再用一把利刀把麵團切成2又1/2吋的正方形麵團塊，切完後就趕緊取出在冰箱的另外一半來進行切割；千萬別讓炸餅膨脹。從先切好的炸餅開始油炸，每次炸5到6個，炸到呈現金棕色，每面約炸1到2分鐘。炸完後放在廚房紙巾上瀝油。再灑上：

糖粉

要盡快食用，最好是趁熱吃完。

炸餅或法國炸餅（Beignets or French Fritters）（約28個小炸餅）─────

吃來如羽狀輕爽，這種炸餅實在應該算是深油煎炸的鮮奶油小酥餅。可以做為搭配咖啡的糕點，或者就當做點心來吃。

準備好：

鬆軟泡芙的麵團，使用4顆雞蛋

可加入：

（1小匙檸檬皮絲或柳橙皮絲）

在一個9到10吋的深鍋或深煎鍋把以下材料加熱到185度：

3吋深的植物油或植物起酥油

將平整的1湯匙量的麵團落放到炸油中，一次落放6或8湯匙。一旦麵團的一面煎煮好了，麵團就會自動翻面。油炸約4到5分鐘後，等到兩面都呈現棕色就可以籤式漏勺將炸餅從鍋裡取出，移放到廚房紙巾上瀝油。再灑上：

糖粉

一次食用完畢。若是當做點心的炸餅，喜歡的話，可以搭配以下：

（香草醬☆，261頁、清檸檬醬☆，251頁，或新鮮水果醬☆，250-267頁）

玫瓣炸餅（Rosettes）（約48個3又1/2吋炸餅）─────

玫瓣炸餅是用一種特製的長柄模具形塑完成，是以深油煎炸的方式，藉以確保模具浸入炸油時不會觸碰到深鍋底部。基於經驗法則，炸油的深度應該要高出模具的高度約三倍之多。由於每次只會油炸一個玫瓣炸餅，因此可以使用窄的深鍋來裝載少量的炸油。將深鍋裝滿植物油或起酥油，並且要確實留下在油炸時可以起泡的上頭空間。請閱讀「深油炸」的說明。

在一個中碗中拌攪混勻：

2顆大雞蛋、1大匙糖

1小匙香草萃取液、1/4小匙鹽

將以下兩種材料交互拌攪入蛋液中：

1又1/4杯篩過的中筋麵粉、1杯牛奶

把麵糊倒入一個大小足以讓模具浸入的

淺碗中。在一個8吋的深鍋或深煎鍋把以下材料加熱到185度：

2又1/2到3吋深的植物油或植物起酥油

將模具浸入熱油15秒，接著就把模具浸入麵糊中，只要超過模具一半即可，從麵糊取出後就立即將模具再放入榨油中，記得在浸油時不要讓模具觸碰到深鍋底部。油炸到玫瓣炸餅呈現金棕色且酥脆即可，約30到45秒。用叉子或長插籤將玫瓣炸餅從模具下，把較淺的一面朝下放在廚房紙巾上瀝油。接著將模具浸入熱油中，然後按照以上步驟完成所有炸餅。

在玫瓣炸餅上頭灑上：

糖粉

│關於油炸食物│

　　炸物一詞令人困惑，常常用來稱呼三種相當不同類型的食物。我們認為真實且實在的炸物是指，深油煎炸過的以很多雞蛋所調製的精緻風味的麵糊。雖然炸扭絞和甜甜圈，並不稱為炸物，但是可以說是與炸物相當接近。這種炸物

麵糊要能油炸成功，完全仰賴攪拌混合和深油煎炸時的呵護與技術。

以上論及的炸物，千萬不要與玉米炸物或貝形炸物等食物混淆，後者是用某種煎鍋或淺炸而成的食物，因而比較類似鬆餅而顯得扁平和淺薄。炸物也可以是指浸沾麵糊後在油炸或深油煎炸的肉品、魚類、蔬菜或水果，可以整個炸或切丁來炸，對於這種炸物而言，麵糊是扮演著包覆保護的角色。其他類似炸物的食物還包括「油炸蔬菜」★，405頁，與「關於炸丸子」★，466頁。

煮過或沒有煮過的食物原則上都可以浸沾麵糊後再來油炸，不過▶真正的豬肉或豬肉製品一定要先煮過。準備油炸蔬菜時，幾乎採用的都是過剩蔬菜或是生鮮蔬菜。海鮮和結實番茄切片用這種方式處理也會讓人吃得相當愉悅。

油炸炸物時，請先閱讀「深油炸」☆，見「烹飪方式與技巧」的說明。每次油炸一個。▶把炸物滑入熱油中；如果要使用湯匙，記得要在挖起炸物前先將湯匙浸過熱油。油炸時間是炸物的大小而定。如果是用**煮過的食物內餡**且大小比甜甜圈還小的炸物，用一百八十五度到一百九十度的熱油約油炸兩到三分鐘。假如是用**沒有煮過的食物內餡**的較大炸物，最好是用一百七十七度到一百八十二度的熱油，而且需要油炸五到七分鐘。較低的熱油溫度和較長的油炸時間可以讓炸物的內部能夠炸透。一旦油炸完成，炸物最好立即食用。

▲在高海拔地區，一定需要調整深油煎炸的麵糊，炸油的溫度一定要調低。

炸物或天婦羅麵糊

雖然與簡單的鬆餅麵糊很接近，不過▶炸物的麵糊一定要有足夠的濃稠度，如此才能讓食物得以沾黏麵糊來進行油炸。要將食物先在廚房紙巾上瀝乾。縱然不是總需如此，不過輕灑一些麵粉可以幫助麵糊的黏附效果。只要食物表面真的乾燥，麵糊的黏附應該要通過這個測試：將滿滿一湯匙的麵糊拿在攪拌碗的上方，麵糊不該從湯匙上像一條寬的閃亮帶子（也稱緞帶）般源源不絕向下流，而是應該開始只往下流約一吋半的長度，接著才成接續的長三角形落物滴入碗中。假如麵糊太稀而沒有通過測試，就再多拌入一些麵粉。如果有時間的話，則可以蓋好麵糊冷藏至少兩小時，或多至隔夜，拿出後再攪打到滑順。這樣的閒置過程會讓麵團稍微發酵，如此一來就可以破壞麵團的彈性，不過，只要麵團裡有加入啤酒或酒類，就會進一步觸發發酵過程。▶如果你沒有時間閒置麵糊，就盡可能地使勁將麵糊打幾下來加以混合到滑順為止，如此就能防止麵粉產生更多麩質。重度使用蛋黃的麵糊會在油炸時讓油脂不易穿透。你可以依照自己所希望地使用整顆雞蛋，不過，假如你將蛋黃和蛋白分開而且預計要閒置麵糊的話，要切拌打過的蛋白▶直到變硬，但是不能變乾，而這要在即將包覆食物內餡之前才做。天婦羅是日本著名的外銷食物之一，是以清爽簡單的麵糊裹住魚塊或蔬菜來進行深油煎炸。

蔬菜、肉品和魚類的炸物麵糊（Fritter Batter for Vegetables, Meat, and Fish）（足夠用來包裹2杯食材）

可以試著用這種啤酒麵糊來包裹櫛瓜、茄子、番薯或南瓜的切片；整顆香菇；蘆筍嫩莖；青蔥；扇貝；雞絲；或是鮮蝦（帶殼、只有尾巴帶殼，或整隻剝開）。

在一個中碗中拌攪混勻以下材料：

1杯中筋麵粉、1小匙鹽

1/4小匙黑胡椒

在另外一個中碗中拌攪混合以下材料：

2顆蛋黃、1大匙奶油

再打入：3/4杯啤酒

將濕潤材料倒到乾燥材料中，拌攪到滑順。時間允許的話，用保鮮膜包覆碗器，閒置在室溫中達2小時，或冷藏達12小時。如果採取冷藏方式，在進行後續烘焙程序之前要先讓麵糊回到室溫溫度。將以下打硬但不乾燥的狀態：

（2顆蛋白，室溫溫度）

把蛋白輕緩地切拌入麵糊中。以廚房紙巾將食物拍乾。以一個10吋的深鍋或深煎鍋把以下加熱到190度：

3吋深的植物油或植物起酥油

每次落放3到4個食材到麵糊中並且翻轉讓麵糊完全裹住食物，沾裹完畢後就使用夾鉗取出落放到熱油中，炸煮到呈金棕色，約3到5分鐘，期間要翻轉一到兩次。炸完後放到架上或廚房紙巾上瀝乾。

天婦羅麵糊（Tempura Batter）（足夠用來包裹4杯食材）

在一個中碗中拌攪混勻以下材料：

1杯中筋麵粉

1/2小匙鹽

1/8小匙黑胡椒粉

另外一個中碗中拌攪混合以下材料：

1顆雞蛋、1杯冷水

將以上材料用叉子攪拌混勻，而麵糊應該會結塊。要立即使用。油炸方式就按照之前炸物麵糊食譜的指示。

｜水果炸物｜

如同其他麵糊，攪拌後至少要閒置兩小時，水果的炸物麵糊會因此而獲益。➠請閱讀「炸物或天婦羅麵糊」的說明。

要注意一件相當重要的事，那就是使用在這種點心的水果一定要已經熟透但又不能過爛。每片水果切片要維持約半吋的厚度。可以使用蘋果——去核且十字切片——鳳梨和楔形柳橙片、一半分量的杏子罐頭或燴杏子，或三到四塊對切的香蕉。如果正逢時節，可以試試接骨木白花。灑上糖粉或是櫻桃白蘭地即可完成這種夢幻般的點心。

水果通常會事先浸漬一點酒、櫻桃白蘭地、蘭姆酒或白蘭地。醃漬汁液有時可以加入麵糊中；要這麼做的話，在攪拌麵團之前，你必須要浸漬和瀝乾麵糊，並且要調整食譜指示的液體用量，甚至也可把啤酒當做液體來使用。啤酒和酒類可以破壞麩質而使麵糊柔軟。在浸漬約兩小時之後，要確實➠瀝乾水

果，並且在將水果揉入麵糊之前要先灑上糖粉。要炸煮時，請閱讀以下「水果炸物」的說明。炸物可以灑上糖粉或搭配醬汁一起食用。用這種方式來準備許多種類的水果炸物則會稱為**炸物拼盤**。

水果炸物麵糊（Fritter Batter for Fruit）（8到10人份）

這種麵糊可以用來包覆約2杯的水果切片，或者可以把相同分量的小型水果或漿果直接輕輕拌入麵糊並加以混合。若是有調味的麵糊，則不加糖。

I. 在一個中碗中拌攪混勻以下材料：
1杯中筋麵粉2大匙糖
1又1/2小匙泡打粉
1/4小匙鹽
加入以下材料並打到麵糊滑順為止：
2/3杯牛奶
1顆大蛋黃
1大匙融化奶油或植物油
將以下打到硬性發泡：

2顆大蛋白，室溫溫度
用大型橡膠抹刀將以上材料切拌入麵糊之中。

II. 準備好以下材料，但是要將鹽減為1/4小匙，且不加黑胡椒：
蔬菜、肉品和魚類的炸物麵糊
加入：
1大匙糖
用廚房紙巾拍乾水果。為了幫助麵糊黏附，在拍乾水果之後，可以在充滿汁液的水果上灑上：
（中筋麵粉）

| 麵糊中的花瓣（**Blooms in Batter**） |

食用花瓣是一種古老的習慣。如果你是個有機花園的園丁，對於花朵知之甚詳，一切都在掌握之中；倘若不是的話，那就要謹慎小心。雖然鈴蘭看起來好到像是可以拿來食用，卻是有毒的植物，此外，不只對害蟲有殺傷力，噴灑在玫瑰和其他花朵上的藥劑可會使人致命。如果你要用生花朵當成裝飾，記得一定要洗淨瀝乾花朵或葉子。以下任選：

沒有噴灑藥劑的美洲南瓜、櫛瓜、南瓜、金蓮花、接骨木、紫丁香，或絲蘭等花朵

選用植物莖上的小花。如果還沒有要立即使用的話，先將一層小花排在鋪了廚房紙巾為襯底的烘烤淺盤上，接著再覆蓋上廚房紙巾，可以以此冷藏最多至十二小時。準備好：

水果炸物麵糊 II

用一個十吋的深鍋把以下加熱到一百七十七度：

三吋深的植物油或植物起酥油

可以將大型花朵浸沾麵糊，或是把兩杯小型花朵攪拌到麵糊裡。油炸大型花朵，或者是每次加入幾團約三大匙分量的小型花朵糰塊，炸到呈現灰金色，

三到四分鐘，必要時要翻面。炸完後放在架上或廚房紙巾上瀝乾。灑上：

糖粉

金針花炸物（Day Lily Fritters）（4人份）

將以下蒸煮到萎軟，2到4分鐘，煮軟後再瀝乾：

12朵金針化（沒有噴灑藥劑）

混合：

1杯中筋麵粉、鹽和黑胡椒

將蒸煮過的花朵裹塗麵粉。在中碗裡混合：

2顆蛋黃

1/2杯牛奶

1/3杯山羊起司碎粒

將以下材料打硬但不乾燥的狀態：

2顆蛋白，室溫溫度

把蛋白輕緩地切拌入蛋黃混合液中。以一個10吋的深鍋把以下加熱到180度：

3吋深的植物油或植物起酥油

將金針花浸沾麵糊後就落放到熱油中，每次幾朵，油炸3到4分鐘，直到呈金棕色，必要時要翻面。炸完後放在架上或廚房紙巾上瀝乾。依據喜好灑上調味料：

鹽

玉米和火腿炸物（Corn and Ham Fritters）（6人份）

在一個中碗裡拌攪混合以下材料：

1又1/3杯中筋麵粉、2大匙泡打粉

3/4小匙鹽、3/4小匙紅椒粉

在另一個中碗將以下材料拌攪混合：

2顆蛋黃、1/2大匙牛奶

1/2杯罐裝玉米奶漿

把濕潤材料加到乾燥材料中，拌攪到快要混合即可，讓麵糊呈現結塊的狀態，再切拌：

3/4杯火腿丁

2大匙洋蔥碎粒

2大匙西洋芹碎粒

將以下打硬但不乾燥的狀態：

2顆大蛋白

將蛋白液切拌入麵糊中。以一個10吋的深鍋把以下材料加熱到185度：

3吋深的植物油或植物起酥油

將3大匙分量的麵糊落放到熱油中，每次幾個，油炸成金棕色，3到4分鐘。炸完後放在物架或廚房紙巾上瀝乾。

｜關於炸丸子｜

　　這種蛋糕或麵球要是炸得漂亮的話，不論是鹹食或是甜食，都會是外皮酥脆而內裡濃郁，絕對可以稱得上是經典食物。由於油炸時間很短——三到四分鐘——因此食譜都會用事先煮過的剁碎食材。使用牡蠣和蚌類等貝類海產時，都會要求要煮到半熟。▶牛肉、雞肉、豬肉和豬肉食品應該都要事先煮熟。使用兩杯固體食物（剁碎的肉品、魚類或蔬菜），你會需要四分之三杯用來黏著的食材——馬鈴薯泥、濃「白醬汁 III」，291頁、「褐醬」，297頁，或罐

裝濃縮鮮奶油湯。▶這些固體食物不應該過於濕潤，使用前總要先瀝乾。加到固體食物的醬汁要夠量，如此固體食物才會黏著一起，如肉餅狀。記得要檢查混合物，要確定足以形塑成餡球或小餡餅，接著再將一些炸丸子鋪在抹了油的烤盤上約一吋厚。用保鮮膜覆蓋後，閒置冷卻在冰箱冷藏庫至少兩小時，或是冰箱冷凍庫約一小時。

　　用淺碟裝好麵粉。將冷藏過的混合物切成一吋半到兩吋半的方塊。雙手沾滿麵粉後，開始形塑炸丸子並且上麵粉，每次一顆，若食譜有相關指示，就按照「包裹麵包屑」☆，見「了解你的食材」，來裹勻炸丸子。▶將裹了麵粉的炸丸子閒置架上乾燥三十分鐘。▶如果是柔軟的混合物的話，先閒置乾燥十分鐘後，再重複裹覆的過程。▶假如炸丸子的外層沒有包覆完好的話，混合物可能會溢油並沸煮外溢。

　　請閱讀「深油炸」☆，見「烹飪方式與技巧」，或「煎炸」☆，見「烹飪方式與技巧」的說明。將炸丸子浸入已加熱到一百八十五度的炸油中，或是用以橄欖油或奶油在鑄鐵平鍋或煎鍋中煎炸。除非個別食譜有另做說明，炸丸子應該油炸二到四分鐘而呈金黃色。炸完後放在廚房紙巾上瀝乾。你也可以在食用前將炸丸子放入預熱到一百八十度的烤架上快速地烘烤一下。一旦炸丸子冷掉了，若想重新加熱的話，就預熱烤爐到二百度。

起司炸丸子「樂土」（Cheese Croquettes Cockaigne）

用平底鍋以中火將以下材料融化：
3大匙奶油
逐漸拌入：
1/4杯中筋麵粉
烹煮2分鐘，要不斷攪拌。再打入：
2/3杯牛奶
烹煮拌攪到非常濃稠的狀態，5分鐘。把火降為小火後，再拌入：
1又1/4杯瑞士起司或葛魯耶爾起司（Gruyère）碎泥（約5盎司）
調味的鹽和黑胡椒粉

（些許紅胡椒粉）
熄火後，將以下拌入混合：
2顆蛋黃
將混合物鋪在一個抹了油的8×8吋的烤盆裡，覆蓋後放入冰箱冷凍庫約1小時，或是冷藏庫2到3小時。將混合物自烤盆中倒放在工作檯上，切成2吋的正方形方塊。要進行兩次裹覆和油炸的過程。搭配以下食用：
番茄醬，310頁

鮭魚炸丸子（Salmon Croquettes）（16個炸丸子）

在一個中碗中混合以下材料：
1磅煮熟的、罐裝的，或袋裝的鮭魚，去骨去皮（1又1/2杯）
1又1/2杯粗馬鈴薯泥*，491頁

1顆打過的雞蛋
1大匙切碎的西洋芹
1大匙細香蔥碎泥
1大匙切碎的蒔蘿、2根青蔥切末

1/4小匙紅胡椒粉、調味的鹽

在不同的2個淺碗中分別鋪上：

2杯新鮮麵包屑

1杯中筋麵粉

在第三個淺碗中拌攪：

3顆大雞蛋

將1/4杯分量的混合食材捏成球形，輕柔地將每個麵球滾裹麵粉後，再浸沾打發的蛋液，浸完後再滾裹麵包屑直到整個

麵球都被裹覆。放在架上或碟子上閒置乾燥10分鐘。

用一個深炒鍋或深鍋把以下加熱到190度：

4吋深的植物油或植物起酥油

每次輕放4個炸丸子到熱油中，油炸到整個丸子成深棕色，2分鐘。炸完後就用篦式漏勺撈出放在廚房紙巾上瀝乾。

雞肉或火雞肉炸丸子（Chicken or Turkey Croquettes）（4人份）

準備好以下材料，用4大匙奶油和1/4杯麵粉：

1/2份量的絲絨醬，295頁，或1份食譜分量的白醬汁 I，292頁

用一個中型平底鍋以中火融化：

1大匙無鹽奶油

拌入：

1杯剁碎的洋蔥

繼續烹煮，要時時攪拌，直到洋蔥變得脆軟，7到10分鐘。再加入醬汁烹煮1分鐘。煮完後將醬汁刮到大碗裡，接著就加入以下材料並充分混合：

2又1/2杯細切的煮過的雞肉或火雞肉

1/4杯剁碎的西洋芹

1/2小匙白胡椒或黑胡椒

1/2小匙乾燥百里香

1/8小匙磨碎的肉豆蔻或肉豆蔻粉

調味的鹽

用一張保鮮膜直接下壓在混合食材的表面上。放入冰箱冷藏到冰冷且硬實，至少2小時。在兩個不同的碟子上分別鋪上：

1/2杯新鮮麵包屑

1/4杯中筋麵粉

在一個淺的寬碗中拌攪以下材料：

2顆大雞蛋

將滿滿1/4杯分量的炸丸子混合食材落放在麵粉中，輕柔地讓整個麵球平均地沾黏麵粉，再滾沾蛋液，接著整顆麵球要完全裹上麵包屑。當你在滾裹的時候，就順道將炸丸子捏塑成橢圓形、圓筒狀或三角錐狀。完成後放在碟子上，依照以上的步驟處理剩餘的混合食材，總共做成8個炸丸子。用一個深炒鍋或深鍋把以下加熱到190度：

4吋深的植物油或植物起酥油

每次輕放4個炸丸子到熱油中，油炸並翻轉到整個丸子成深棕色，3到4分鐘。炸完後就用篦式漏勺撈出放在廚房紙巾上瀝乾。將炸完的丸子排放在四個碟子中或是大盤子裡，搭配以下材料一起食用：

檸檬切片或蔓越莓醬★，368頁

派與糕餅

Pie and Pastries

　　無論是在境內或國外，美國人都對美國派相當自豪。在美國的廚房裡，我們從未拒絕來自世界各地各式各樣的派，而這些都成了美國派的基礎，讓全美各地做出似乎層出不窮的美國派。美國人與派的愛戀一直延續著，不論是私藏或者公開，永遠滿載著水果、濃郁卡士達、巧克力、堅果與焦糖、冰淇淋或脹滿空氣的戚風蛋糕。我們也歡欣地接納了奢華塔餅（tarts）、法式烘餅（galettes）、捲酥派（strudels）、半圓捲餅（turnovers）、淋醬奶油泡芙（profiteroles），或閃電泡芙（éclair）。當烤爐傳出烘烤著派或糕餅的香味時，整個廚房就會充滿活力，那是沒有其他事物足以比擬的味道。不論你是想要純粹居家風味的櫻桃派，又或是在尋找外觀漂亮的法式拿破崙千層派或翻轉蘋果塔（tarte Tatin），本書提供了作法平易但是成品絕對遠遠超過店裡販售產品的食譜讓你參考。

| 關於器具 |

　　首先，要做出成功的派、塔餅、捲酥派和蓬鬆糕餅，我們要先考量一下完成這些麵團所需的基本要素。➡擁有適當的器具絕對可以讓你在做出令人讚賞的派和糕餅的烘焙之路走得更為長久。

　　擀麵棍有兩種──有把手的**標準型**和沒有手把的**直式型**（或稱**法國型**）。如果你從未擀過麵團，就選用標準型，選用自己用來最順手的大小和重量。酥皮擀麵棍不是形狀一致的粗圓筒型，就是兩端呈圓錐狀的瘦長型。一旦你開始熟稔如何擀麵團之後，你可能就會想要兩端呈圓錐狀的擀麵棍，這種擀麵棍讓你可以隨心所欲地擀出自己要的麵團，不過初學者對於這樣的擀麵棍都會感到有些不知所措。擀麵棍的最佳材質是木頭。中空的金屬製擀麵棍會出現結水珠的情形，玻璃擀麵棍看來很漂亮但是也很脆弱，大理石擀麵棍則很重。現在還有販售矽膠包覆而表面不沾黏的擀麵棍。

　　攪拌麵團可以用手或機器來完成。有著五片或六片金屬刀片的**酥皮切刀**可以把奶油切入麵粉中，因此是手做麵團時的最佳器具；不過，食物調理機也可以做出很好且快速的麵團。其他有用的器具還包括：可以用來測量麵團厚度與直徑的**量尺**；**波形烘焙輪刀**或**蛋糕滾花刀**（披薩輪刀也很好用）可以切割格子花紋；

麵團刺滾器可以穿刺麵團使得麵團得以均勻延展；以及**金屬製麵團刮片**。重壓尚未填餡的外皮或盲烤（blind-baked）外皮時，可使用**金屬製派皮重珠**（metal pie weights）或生的乾燥豆子或米粒。有些麵包師傅會用**金屬製屏圈**（metal shield）來防止烤的過焦，不過用鋁箔紙自製屏圈也可以達到相同的效果。

從左到右分別是酥皮切刀、波型烘焙輪刀、金屬製麵團刮片、塔餅烤盤

派盤有直徑九吋和十吋等兩種標準類型；九吋型可以容納四杯半的量，十吋型則可容納六杯。玻璃製派盤可以做出美好的鬆脆棕色派皮；不過，不論是土製、不鏽鋼或鑄鐵的重金屬製派盤也行得通。一般的派不能用玻璃製深派盤來做，這種深派盤沒有烤至派皮邊緣所需要的燒製盤框。

製作塔餅時要用**塔餅烤盤**，有沒有波面都行，可以是容納四到四杯半內餡的九吋半到十吋直徑而深度約一吋的大小，或者是容納四杯半到六杯內餡的十一吋直徑而深度約一吋的烤盤。如果要將塔餅取下食用，那就要使用底不可以移除的兩件式烤盤。

從製作開胃點心的一吋半的迷你烤盤，到製作各個小塔餅四吋半的烤盤，**小塔餅烤盤**有許多種大小。一件式或兩件式的組合都有；可能會有直邊或斜邊；烤盤面可以是光滑或波形。小塔餅烤盤有各式各樣的形狀，最好是購買寬且淺的類型，這是因為使用深且窄的類型很容易讓外品在烘烤時變形。你可照一般的作法用來將麵團鋪陳在模具裡，或者是將模具上下翻轉來鋪陳外部。如果你採取後者的作法，記得要用鮮奶油起司酥皮麵團來做，用這種方式來烘烤其他的麵團很容易會讓麵團融化而裂開。

｜關於製作酥皮麵團｜

測量分量時要謹慎——▶麵粉太多會做出硬的麵團；水分太多會讓麵團濕答答的；而過多的起酥油會使得麵團油膩且破碎。更多關於測量材料的資訊☆，請見「了解你的食材」的說明。▶輕柔地處理麵團可以抑制麩質過度發展。我們的目標是要做出薄而軟的酥皮。

用手做酥皮麵團包括了兩個步驟。**首先**，要將油脂切入乾燥材料之中，通常是用酥皮切刀來進行；不過，你也可以用手指來進行這個步驟，只要你的指觸能夠輕柔——切勿過度用力，否則麵團將會變得稠密而油膩。混合後的乾燥材料應該呈現分離的結實碎塊的狀態，有些會像是碎屑般的細小顆粒，有些則是豆子般的大小。**再者**，用水結合出麵團。訣竅在於掌控足以讓麵團聚集

成形的水量即可；加入太多水會讓麵團產生過多麩質，做成的酥皮會因而變得堅硬或不易嚼碎，而且吃起來像麵包一樣。使用的水分多寡也會有所不同，這是基於不同麵粉的蛋白質含量、使用的油脂類型、油脂和麵粉的混合度，以及油脂和水的溫度。對此的一個通則是，麵粉和油脂混合後的濕潤度應該就只是讓人可以形塑成小

使用酥皮切刀將油脂切入乾燥材料之中

麵球，而這些小麵球用手指下壓時不會散開。如果在沒有施壓的情況下，混合物就會自動聚成一團，那就表示水分太多。不過，由於相當乾燥的麵團容易在擀壓時分裂成碎屑，初學者應該會因此而犯下加入水分過多的錯誤。

　　將麵團均分成兩部分，或者按照食譜的指示，接著就用保鮮膜包覆後再放入冰箱。⇥冷藏酥皮麵團多至十二小時，這個過程會讓麵團變得柔韌，不僅讓麵團不致在烘焙時縮小，更可以讓麵團較容易處理。如果麵團曾冷藏超過三十分鐘，就要讓麵團閒置在室溫中直到有硬度但是可以揉捏的狀態，就像是下壓製模黏土般的感覺。假如麵團過度冷卻，麵團會在揉壓時出現邊緣碎裂的情況。

　　▲在高緯度地區做派時，由於蒸發較大，你會發現多加一些水會做出較好的酥皮。若是在高於海拔七千呎以上的地方烘焙雙層外皮的蘋果派，幾乎不可能在外皮沒有烤焦前就先把一堆蘋果片（或其他較硬的水果）烤透。由於水在緯度越高的地方沸點就會較低，因此必須要相當長的一段時間才有可能將熱導入而讓水果軟化。想要改善這樣的情況，就要使用柔軟可食的蘋果而不是拿來做菜的綠色蘋果，或者先在爐灶上頭以糖和香料把部分蘋果事先煮熟，接著再把煮過的部分與生的細薄切片一起疊放成堆，之後才以酥皮加以覆蓋。

使用食物調理機來混合出酥皮麵團

　　先用食物調理機混合乾燥材料，處理約十秒。再把奶油、起酥油和（或）豬油（或先鮮奶油起司）放在乾燥材料上頭，用脈衝速度打個一、兩秒，把多數油脂打成豆子般的大小。關機後，在材料上頭平均的淋灑上冰水（或者，若是鮮奶油起司酥皮，就要淋灑鮮奶油）。再以脈衝速度處理到沒有乾燥的小結塊，而且麵團開始聚集成一些小麵球。接著開始用手指下壓把麵團集結起來；如果麵團無法黏著在一起，就在上頭再多灑一些水（或鮮奶油），然後再以脈衝速度再次處理，試著再重新集結麵團。在用食物處理機混合材料時，切勿讓材料聚集成單一的麵團。完成麵團後就用保鮮膜包覆後放入冰箱；請閱讀前述「關於製作酥皮麵團」的說明。

使用電動攪拌器來混合出酥皮麵團

　　「基本的派或酥皮麵團」、「豪華的奶油派或奶油酥皮麵團」，前兩種的

變化麵團，以及「鮮奶油起司酥皮麵團」都可以用電動攪拌器來製作。

在一個大碗中混合乾燥材料、奶油、起酥油、豬油和（或）鮮奶油起司，用中等速度攪打到混合物呈現粗糙屑粒的堅韌度，期間要不斷將黏附碗邊的麵團刮下。接著加入水後再攪打到麵團黏著在攪拌棍上。如果麵團過於碎裂，就加入一小匙到一大匙的水，再用手將麵團集結一起。

| 擀壓酥皮麵團 |

擀壓麵團時，你可以在糕餅的工作布、工作板、大理石板（可保持冰冷而防止麵團變軟）或乾淨的流理台上進行。千萬別在烤爐旁或廚房裡溫熱的角落進行擀壓，否則油脂會融化。如果麵團在擀壓過程中軟化了，就要從工作檯面上移開，在麵團底下墊個無邊的餅乾淺盤，然後再冷藏到麵團變硬為止。

輕灑麵粉於工作檯面上，然後就把麵團放在灑了麵粉的檯面中央，在麵團上同樣地輕灑麵粉，平均施力在擀麵棍上，➡從中間向四周擀壓麵團，擀壓到接近檯面邊緣即可。為了讓麵團維持圓形，每施壓一次，就應該要比前一施力的角度稍微轉向四分之一。你可以藉著翻轉麵團或移動擀麵棍來進行轉向，但是要不時用手下探麵團底部來查看麵團的黏著情況，必要時就在工作檯面再灑上一些麵粉。用手指集聚麵團來封住破口或裂洞。用麵團刮刀填補任何破洞、裂痕和薄弱點，用冷水沾在其中一面後再緊緊下壓到位，濕潤面在下壓時要朝下。以同樣的方式處理超出部分出現的任何縫隙。

壓酥皮麵團

| 形塑和修整麵團 |

將麵團擀壓成比要用的烤盤大到約三到四吋的圓形麵團，如此一來，就有足夠的麵團可以用來做出皮邊。把烤盤（塔餅烤盤就正面朝上，派餅烤盤就底面朝上）放在麵團中央，然後就直接用看的來決定大小。將擀好的麵團移放到烤盤上，麵團要以擀麵棍輕輕地擀壓一下，作法是把擀麵棍放在烤盤的中央上方之後再展開麵團。假如麵團的位置偏離了，就用手滑到麵團底下來將麵團謹慎地移回正確的位置。先把麵團輕輕地在烤盤裡展開，接著就用指尖或小型的麵團刮片將麵團緊緊壓入烤盤之中。用剪刀或小削皮刀修整麵團邊緣，

要保留四分之三吋的超出部分。修整下來的麵團可以讓小孩拿去「玩麵團」，或者是在烘焙後再灑上糖和肉桂粉。至於頂端的外皮，將在下面另述說明。

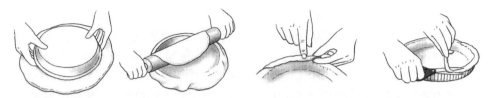

計算派餅麵團的大小以及用擀麵棍將派餅麵團移至碟子上

將超出的麵團折入麵團裡並加以修整

| 關於填餡派餅的外皮 |

處理與內餡一同烘烤的外皮，要使用寬邊的派餅烤盤，而寬邊最好是溝槽式的，如此才可以留住汁液。

對於**單層外皮的派**，要做出呈波形或有皺摺的邊緣（請見以下說明）。這樣的邊緣很重要，如此才能保存內餡汁液。千萬別穿刺外皮底部。如果填入派裡多汁的內餡，要先在外皮底部輕輕刷上蛋白、奶油或輕灑一些麵粉，如此一來，就可以防止外皮變得濕答答的。此外，趁著事先煮好的內餡還很燙的時候就填入派裡也有相同效果。將超出的麵團部分下壓摺入做成雙層的皮邊，接著就讓雙層皮邊閒置在派餅烤盤邊緣，如此也可以幫忙讓汁液留在派裡。

想要做出**皺摺皮邊**，就用叉子的叉齒或刀子的刀背來壓摺一圈。倘若要做的是**波型皮邊**，就用大拇指和食指以約一吋的間隔壓在皮邊外部，接著再用另一隻手的食指從內部在麵團上壓出一個凹痕。至於**旋捲或辮狀皮邊**，就將修整下來的麵團擀成細長的麵繩，接著就照你的意願將麵繩扭捲或編成辮狀，把派皮的皮邊壓平在烤盤邊緣上，刷上冷水後就把做好的麵繩壓黏在皮邊上頭。

製作**塔餅**時，要將超出的麵團折入麵團裡並緊壓，讓外皮上面部分的厚度

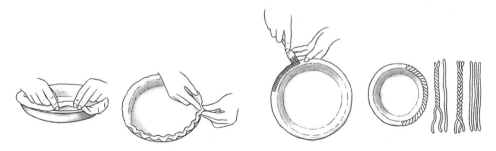

將超出的麵團向下摺塑成雙層波形皮邊並壓出縐摺，也藉由將麵繩編結成辮而壓黏於烤盤邊緣來做出皮邊麻捲

加倍。只要發現麵團兩面有比較厚的部分，就用手指擠壓壓平，再用剪刀或削皮刀修整超出的麵團而使其與烤盤邊緣上端齊平。

想做出雙層外皮的派，就要用像是以起酥油或奶油與起酥油混合物所做出的「基本的派或酥皮麵團」，或者是「豪華奶油派或奶油酥皮麵團」，這種層狀剝落的酥皮麵團可以做出最棒的派。使用豬油做出來的基本麵團特別適合拿來做蘋果派和其他水果派。「鮮奶油起司酥皮麵團」也是適用於各種用途的麵團，不過你可能會覺得這種麵團用來做櫻桃塔餅或大黃塔餅卻可能會讓內餡味道過於刺激。喜歡的話，你可以用「派或酥皮粗玉米粉麵團」來做藍莓派或黑莓派，或者用「派或酥皮果仁麵團」來包裹桃子或櫻桃等有硬核的水果。不過，請謹慎注意，這種麵團往往在烘焙時會讓內餡汁液流出。「派或酥皮甜麵團」並不適合做成裹覆水果的派，這種麵團很容易經過長時間烘烤而燒焦。

以下食譜都是針對九吋大小的派所提出的指示說明。若要做十吋的派，就要自行必要的分量調整。擀壓出底層外皮、調放入烤盤裡、並將超出的麵團周邊修整成四分之三吋；請閱讀前述「形塑和修整麵團」的說明。想做出穩固的頂層外皮，就要把擀壓過的麵團修剪成大於烤盤一吋的大小。

用湯匙將內餡放入底層外皮中。如果食譜有指示的話，就在內餡上頭點綴一些奶油。在底層外皮超出的部分刷上冷水，再用手指緊緊地將上下外皮的邊緣壓黏在一起。接著將壓黏完的雙層皮邊修整出平均四分之三吋大小的超出部分，修整完後再將超出的部分下折折入麵團，讓摺疊部分與派餅烤盤的邊緣齊平。將邊緣扭捲或編成辮狀，作法如在前述單層外皮的派的說明；一個波型的高皮邊可以幫助留住任何會從頂層外皮跑出的汁液。為了讓烘焙時產生的蒸氣得以釋放，要在麵團上穿刺幾個洞；或是用銳利的削皮刀在頂層外皮割劃出三到四條兩吋的凹痕或割痕。喜歡的話，你也可以剪下一些麵團的碎條來做為裝飾之用，輕刷上冷水後再壓黏在頂層外皮上。

有很多方法可以做出迷人的裝飾格。你可以用刀子或酥皮輪刀切下幾條簡單的半吋寬的麵團條；或者，喜歡的話，可以把麵團碎塊擀成麵繩，接著可以將麵繩捲曲或編成辮狀，或是將簡單的麵條或麵繩十字交叉地鋪在頂層外皮上方。想做出九吋派的**簡單格狀頂層外皮**，要把將做成頂層外皮的麵團擀成十三吋半的圓形麵團，再將麵團切成十八條麵團條。用湯匙將內餡放入底層外皮後，在底層外皮的邊緣刷上冷水。先將九條麵團條以半吋的間隔排放在頂層外皮上方，接著再把其餘麵團條交叉放最上方，可以斜放或垂直交叉成十字樣式。排放完畢後就修整裝飾格麵團條，在兩端保留至少四分之一吋的超出部分。再把這些麵團條下壓到頂層外皮，接下來就將底層外皮的邊緣向上反折覆蓋住裝飾格麵團條的兩端，最後在根據以下圖示把邊緣捲曲或做成波形。

想做出九吋派的編織格狀的頂部外皮，要把將做成頂層外皮的麵團擀成

十三吋半的圓形麵團，再將麵團切成十八條麵團條。用湯匙將內餡放入底層外皮後，在底層外皮的邊緣刷上冷水。先將九條麵團條以半吋的間隔排放在頂層外皮上方，接著再把其餘麵團條折半反摺而讓兩端碰觸在一起，在派的中央位置，把一條麵團條交叉過對折的邊緣，然後就把對折的麵團條回放到交叉麵團條的最初平放的位置。對折你在一開始平放的麵團條，再把第二條交叉過對折的邊緣，然後就將對折的麵團條回放過這第二條垂直的麵團條。重複以上的步驟直到你把五條交叉麵團條編織成格狀，此時就已經編好一半了。接下來，從中央的交叉麵團條的另一端來開始將剩餘的四條交叉麵團條編織完另外一半的編織格。排放完畢後就修整裝飾格麵團條，在兩端保留至少四分之一吋的超出部分。再把這些麵團條下壓到頂層外皮，接下來就將底層外皮的邊緣向上反折覆蓋住編織格麵團條的兩端，最後再根據473頁的圖示把邊緣捲曲或做成波形。我們喜歡先在編織格上灑些糖再開始進行烘焙。

在編織的過程中，有可能會出現派裡的汁液使得生的編織格出現軟化的情形。正因如此，你可能會想在餅乾淺盤上按照前述步驟來編織麵團條，編完後才在烘焙前放到派的上方。先短暫地把編織格冷藏一下，會讓轉放的過程更為順利。

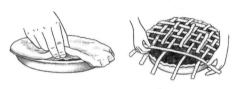

摺疊雙層外皮派超出的麵團以及
做出裝飾編織格

｜關於填餡前先烤外皮｜

如果要在尚未填餡的情況就先烘烤派餅外殼，也就是進行英文裡所謂的「盲烤」，➡當你將麵團放入烤盤、鋪上鋁箔紙做為襯底，並且用乾燥豆子或金屬製重珠將派形壓出之後，你就要用叉子在麵團上穿刺或「穿孔」（dock）。如此一來就能避免捲曲或烘烤不均的情形。你也可以把跟派皮大小相同的派盤放置在派皮上，藉此保持派的麵團的大小；假如你選擇這個方式，就要選擇簡單的皺摺皮邊，這是因為第二個放置的烤盤會壓平波狀或編織狀的皮邊。這種方式也可以避免外皮烤得過焦，用一條鋁箔紙條覆蓋麵團邊緣也有同樣效果。在烘焙過程結束前的幾分鐘，就要將豆子或重珠移除。要切割出事先烘烤的上層外皮，就將麵團放在烘烤淺盤上穿刺後再進行烘焙。

想要做出單一派餅的小外皮，就要使用倒放的瑪芬蛋糕模具，或是用倒放的卡士達模具來做出較深的外殼。將麵團切成直徑四吋半到五吋半的圓形大小，接著再調放在杯模上頭；或者是用鋁箔紙當支助來做出自己想要的迷人樣式。➡烘烤前要先穿刺外殼。當你要在烤好的外殼填餡時，要小心地用湯匙

填入內餡。

在派皮上淋上糖汁，可以增添派的風味與顏色。謹記：糖汁也會讓外皮變硬。

不同的烤盤材質會導致不同的烘焙時間。➡️如果使用的是耐熱的玻璃製或搪瓷製烤盤，要減少五分之一到四分之一的食譜指示烘焙時間。使用派盤來進行烘焙時，若是使用有穿孔、已經沒有閃亮光澤，或是有較深顏色的派盤，這樣的派盤也有助於做出烘烤適當的外皮。

不論是單一派餅或一個大派，除非另有指示，沒有填餡的外殼要在預熱至二百二十度的烤爐來烘烤十五分鐘。移除鋁箔紙和壓重之物後，再烘烤五到十分鐘直到呈現金黃色澤為止。等到冷卻後再開始填餡。

外皮的建議添加物

依據雙層外皮基本的派或酥皮麵團而有所不同，在混合之前，在乾燥材料中加入以下一種材料將可突顯內餡的味道：

1到3大匙罌粟籽或葛縷籽

1到3大匙烤芝麻籽

1/4到1/2小匙肉桂粉和（或）肉豆蔻粒或肉豆蔻粉、2大匙無糖可可粉

2大匙糖粉或1大匙糖

基本派皮或酥皮麵團（Basic Pie or Pastry Dough）（1個9吋或10吋的雙層外皮）

將以下材料拌在一起：

2又1/2杯中筋麵粉、1又1/4小匙鹽

加入：

3/4杯冷豬油或植物起酥油

3大匙冰冷無鹽奶油

用酥皮切刀把一半的起酥油切入麵粉混合物中，也可用指尖輕柔地進行此一步驟，直到呈現如粗玉米粉的濃稠度。接著再將另外一半的起酥油切入麵團之中，直到油脂呈現如豆子般的大小。在

麵團上淋灑：

6大匙冰水

將冰水輕柔地和入麵團直到麵團集聚成形為止；你也可以用叉子提拿乾燥材料，這個動作會幫助水分散開。為了讓材料能夠凝聚在一起，必要時可加入：

1小匙到1大匙冰水

將麵團分成兩半，各自形塑成碟形並用保鮮膜加以包覆。

派麵團「樂土」（Pie Dough Cockaigne）（1個9吋或10吋的雙層外皮）

這種麵團在烘烤後可以妥善冷藏，重新加熱也能有完美的成品。

將以下材料拌在一起：

2又1/2杯中筋麵粉、2小匙糖、1小匙鹽

加入：

6大匙（3/4條）冰冷無鹽奶油

1/4杯冷豬油或植物起酥油

用酥皮切刀把一半的起酥油切入麵粉混合物中，直到呈現如粗玉米粉的濃稠度。再將另外一半的起酥油切入麵團之

中，直到油脂呈現如豆子般的大小。在麵團上淋灑：

6大匙冰水

將冰水輕柔地和入麵團直到麵團集聚成形為止；你也可以用叉子提拿乾燥材料，這個動作會幫助水分散開。為了讓材料能夠凝聚在一起，必要時可加入：

1小匙到1大匙冰水

將麵團分成兩半，各自形塑成碟形並用保鮮膜加以包覆。

豪華奶油派或奶油酥皮麵團／法式酥脆派皮（Deluxe Butter Pie or Pastry Dough/Pâte brisée）（1個9吋或10吋的雙層外皮）

準備前述的基本派或酥皮麵團，不過要以1杯（2條）冰冷無鹽奶油取代植物起酥油或豬油，並且以1/4杯冷起酥油替代奶油。

派或酥皮粗玉米粉麵團（Cornmeal Pie or Pastry Dough）

粗玉米粉會為外皮帶來嚼勁和清爽口感，可以用來製作漿果、桃子或油桃新鮮水果塔。

準備前述的豪華奶油派或奶油酥皮麵團，要在乾燥材料中添加1/3杯糖粉，並且以3/4杯黃色粗玉米粉替代3/4杯的麵粉用量。

派或酥皮果仁麵糰（Nutted Pie or Pastry Dough）

準備前述豪華奶油派或奶油酥皮麵團。在乾燥材料中加入1/2杯剁細碎或粗磨的核桃或胡桃以及1/3杯糖粉。隨著堅果可以一起加入（1小匙檸檬皮絲）。

派或酥皮甜麵團/法式甜派皮（Sweet Pie or Pastry Dough/ Pâte sucrée）

這種酥皮麵團相當美味但是卻很容易烤焦。只要在填餡後僅需一點烘烤時間或根本不需要烘烤，這樣的派或塔才適合使用這種麵團，如檸檬蛋白霜派，515頁和新鮮水果塔。

準備前述的豪華奶油派或奶油酥皮麵團，要在乾燥材料中添加3/4杯糖粉。

派或酥皮全麥麵團（Whole Wheat Pie or Pastry Dough）

準備前述的豪華奶油派或奶油酥皮麵團，要在乾燥材料中添加1/3杯糖粉，並且以1杯全麥麵粉替代1杯的中筋麵粉用量。若想要有額外的柔韌度，將1顆大蛋白與1/3杯冰水一起攪打，打完後將此混合液取代6大匙冰水而加入麵團之中。

鮮奶油起司酥皮麵團（Cream Cheese Pastry Dough）（1個9吋單層派皮或8個3吋的塔皮）

可以做成美味的塔皮、半圓捲餅，530頁或可搭配湯品或沙拉的薄餅。

將以下材料拌攪在一起：
1杯中筋麵粉、1/4小匙鹽

切入以下材料並充分拌勻：
1/2杯（1條）冰冷無鹽奶油
4又1/2盎司鮮奶油起司
將麵團形塑成碟狀，用保鮮膜包覆後放入冰箱冷藏至少12小時。
若想用來做成塔皮，將麵團分成8份後，再利用倒放的瑪芬蛋糕模具形塑成型。

用預熱至230度的烤爐烘烤約12分鐘。
若想用來做成薄餅，將麵團擀壓並切割成數個圓形麵團，或是不要擀壓而是直接放入餅乾壓模來壓製成型。烘烤前，先裝點一些芝麻籽或罌粟籽。用預熱至200度的烤爐烘烤約8到10分鐘。

豐美蛋塔麵團（Rich Egg Tart Dough）（1個9吋或10吋塔皮或6個3吋塔皮）

這種酥皮有許多做法，豐美度和甜度都有所不同。這裡提供的食譜可以做出適合水果內餡的極柔軟麵團。喜歡的話，可以在水果上頭淋上融化且冷卻後的「醋栗或杏子糖汁」☆，172頁。
將以下材料拌攪在一起：
1杯中筋麵粉、2大匙糖、1/2小匙鹽
用酥皮切刀或指尖將以下材料切入：
6大匙（3/4條）冰冷無鹽奶油
完成後在以上材料中央做出凹井，再加入：

1顆輕打過的大蛋黃
1大匙新鮮檸檬汁或水、1/2小匙香草
用手指攪拌到麵團開始形成並且不再黏附手指為止。形塑成碟狀，用保鮮膜包覆後放入冰箱冷藏至少30分鐘。將麵團像要做成派的麵團般地擀壓成1/8吋的厚度。在塔盤鋪上襯底後就開始「盲烤」，7到10分鐘。取下塔皮後就放置架上冷卻。至於填餡，請遵照個別食譜指示。

蛋白霜派皮（Meringue Pie Shell）（1個9吋或10吋派皮）

純白、甜美、酥脆的蛋白霜可以做出極佳的冰淇淋派或冷凍優格派的派皮，或是搭配發泡鮮奶油的水果塔的塔皮。蛋白霜外皮可以用任何大小的小烤盤來做，或者是用湯匙或擠花袋在烤盤上來成形，要注意很長的烘焙——和存藏——時間。若要減低甜度，可以利用咖啡或可可來調味蛋白霜。請閱讀「軟蛋白霜加料」☆，168頁。
在烤爐最下方放上支架。將烤爐預熱到100度。將一個9吋的派盤的內裡和盤邊重重地抹上植物起酥油，最好是用玻璃材質的烤盤。在盤內灑上麵粉並四處傾

斜，藉此讓盤裡四周裹覆完全，再拍除多餘的油脂。準備好：
軟蛋白霜加料I或II
用湯匙匙背在準備好的派盤底部與周邊塗抹上蛋白霜。烘烤到用削皮刀的尖端刺探蛋白霜內部時似乎還有點黏稠的狀態即可，1個半到2小時。關掉烤爐，讓外皮在烤爐中放置到完全冷卻。
外皮密封後可以在室溫中存放至1個月。如果外皮在存放過程中變軟，就將（拆封後）外皮放入預熱到95度的烤爐中烘烤1小時，藉此讓外皮回復酥脆。

| 關於盤內輕拍外皮 |

由於這種麵團很柔順，因此很容易處理和形塑。不是薄而易碎的口感，盤內輕拍而成的外皮有著迷人的酥脆嚼勁，永遠要在填餡前就先行烘烤完成。因此，這種外皮不適合做成裹覆水果內餡的派。不過，奶油酥餅麵團可以善用在製作扁平且形狀不拘的點心塔，如**義式派餅或法式烘餅，532頁。**

形塑派皮或塔皮時，用一個九吋派盤，或是一個九吋半或十吋的兩件式塔盤，放入麵團輕拍，使得麵團平均地依附在盤裡和盤身四周；或者，用擀麵棍將麵團放在蠟紙中間擀壓，成形後再放入盤裡。如果做的是派，要將皮邊做出皺摺或波形。進行烘焙前，要用叉子把外皮底部和盤身四周都全部刺洞。使用預熱至二百二十度的烤爐來烘烤（烘烤奶油酥餅則要預熱至二百度），直到外皮呈現金棕色，十八到二十二分鐘；如果烘烤時出現氣泡，就要穿刺底部一、兩次。如果填入外皮的生鮮內餡需要進一步烘烤，就需拌攪一顆蛋黃和些許鹽，再將蛋液刷在溫熱的外皮上頭，然後再送入烤爐烘烤一到兩分鐘直到蛋液固定完成為止。

這種麵團也可以做成八個三吋半的塔皮。想要做成小塔餅，將麵團分成八份後，壓入模具或用倒放的瑪芬蛋糕模具來形塑成形。若要在尚未填餡前進行「盲烤」，使用預熱至二百三十度的烤爐來烘烤，直到外皮變硬且呈現金棕色，十二到十五分鐘；如果烘烤時出現氣泡，就要穿刺底部一、兩次。

盤內輕拍奶油麵團（Pat-in-the-pan Butter Dough）（1個9吋單層派皮，或9又1/2或10吋塔皮，或8個3又1/2吋小塔皮）

以手把以下材料在碗中拌攪在一起，或是用食物調理機來處理10秒：

1又1/2杯中筋麵粉、1/2小匙鹽

加入：

1/2杯（1條）切成8塊的軟化無鹽奶油

用叉子背面搗碎或以調理機處理，直到混合物呈現如粗麵包屑的狀態。

在上頭淋上：

2到3大匙濃鮮奶油

用手或調理機攪拌到麵包屑呈現濕潤，並且掐捏時會集聚在一起。

盤內輕拍油脂麵團（Pat-in-the-pan Oil Dough）（1個9吋單層派皮，或9又1/2或10吋塔皮，或8個3又1/2吋小塔皮）

這個食譜變化自前一食譜，不過，油脂讓外皮有較為鬆軟的質地，相當適合做成如「酸萊姆派」，517頁和「檸檬蛋白霜派」，515頁等鮮奶油派。外殼一定要在填餡前先烘烤。

在一個中碗中拌攪：

1又1/2杯中筋麵粉、1又1/2小匙鹽

在一個杯中將以下材料拌攪到呈現濃稠

的狀態：
1/2杯植物油、2大匙冷牛奶或冰水

將混合液一次倒到麵粉上頭，輕輕以叉子攪拌到混合為止。

盤內輕拍奶油酥餅麵團（Pat-in-the-pan Shortbread Dough）（1個9吋單層派皮，或9又1/2或10吋塔皮，或8個3又1/2吋小塔皮）

烘焙後，這個豐富甜美的麵團看來像是奶油酥餅餅乾，可以用來做出鮮奶油派、檸檬塔、抹放了糕餅鮮奶油的新鮮水果塔，或是任何包裹鮮奶油或奶油內餡的派或塔。

用手把以下材料在碗中拌攪在一起，或是用食物調理機來處理10秒：
1又1/4杯中筋麵粉、1/3小匙糖
（1小匙檸檬皮絲）、1/4小匙鹽
加入：
1/2杯（1條）切成8塊的無鹽奶油，若用手就要先軟化
用叉子背面搗碎或以調理機處理，直到混合物呈現如粗麵包屑的狀態。再加入：

1顆大蛋黃
用鍋鏟或食物調理機攪拌，直到麵團聚集成球狀。如果麵團軟黏而無法處理，用保鮮膜包覆後放入冰箱冷藏至少30分鐘（或至多2天）。準備一個9吋的派盤，或9又1/2吋或10吋的兩件式塔盤，或者是8個3又1/2吋的小塔餅盤，在盤底抹上油或奶油。在盤裡灑上麵粉，過多的部分要拍除。把麵團均勻地平鋪在準備好的盤底和盤身四周，鋪完後就以叉子將麵皮穿刺一番。穿刺完後冷藏30分鐘。以預熱至200度的烤爐來烘烤，直到外皮呈現金棕色，派皮或塔皮要18到22分鐘，小塔餅皮則要19分鐘。

盤內輕拍切達起司麵團（Pat-in-the-pan Cheddar Dough）（1個9吋單層派皮）

這種麵團可以做出經典的蘋果派，也可以嘗試拿來做成水果內餡塔或法式鹹派等調味糕餅。

在一個碗中輕攪：
3/4杯稍滿的長期熟成切達起司，要磨碎
2/3杯中筋麵粉、1/2小匙鹽
6大匙（3/4條）切成1/4寸大小的冷無鹽

奶油
用酥皮切刀將奶油和起司切入，直到呈現粗麵包屑的一致性，藉著再用手指將材料壓在一起，並且在碗裡揉壓到形成黏著的麵團。把麵團壓平成碟狀，以保鮮膜包覆後冷藏到硬但有彈性的狀態，約30分鐘。

| 關於碎屑與堅果外皮 |

這些外皮是在烤盤裡混合和輕拍完成，可以說是做派的捷徑，傳統上會用全麥餅乾屑做底，不過，巧克力和香草薄餅、薑餅、德式烤乾麵包（zwieback）也可以做成很棒的碎屑外皮，堅果同樣也可以。如果你不是購買餅屑而是用整個餅乾來做，要先用食物調理機把餅乾磨碎，或是放入堅固的塑

膠袋後再用擀麵棍壓到極碎。

最簡單的形塑方式就是將碎屑混合物放在烤盤裡，平均鋪放後，再用另外一個直徑相同的烤盤緊緊下壓麵團，就是這麼快速簡單！移除上頭的烤盤後，呈現在底下的就是厚度均勻的外皮了。將任何因為施力而超過盤邊的部分修整掉，或者就是輕拍入烤盤裡的麵團裡。

碎屑外皮不需在填餡前先烘烤，➠不過，如果沒有烘烤就要開始做，外皮一定要先冷凍二十分鐘，否則內餡會讓外皮軟化。如果填餡前先烘烤過，外皮會更加清脆和更有味道；以預熱至一百八十度的烤爐烘烤十到十二分鐘就可以了。➠填餡前要讓烤過的外皮先冷卻下來。沒有碎屑的堅果外皮不應該再填餡前就先烘烤。

在冷卻或烤好的外皮中，可以填入戚風內餡、巴伐利亞鮮奶油或慕斯☆，197頁，然後在上頭添加甜味的發泡鮮奶油，或是以蛋白霜☆，169頁，覆蓋的卡士達或水果內餡。

碎屑外皮（Crumb Crust）（1個9吋或10吋單層派皮和頂層加料）———

內餡的口味會決定要使用哪一種餅乾碎屑。

喜歡的話，在一個碗中放入以下材料，保留1大匙來做為頂層加料：

1又1/2杯細碎的全麥餅乾屑、香草或巧克力薄餅碎屑或薑餅碎屑

加入以下材料並充分攪勻：

1/4到1/2杯糖，分量需照使用的碎屑種類而調整

6大匙（3/4條）融化且冷卻的無鹽奶油
　（1小匙肉桂粉）

一旦做好派之後，就將預留的碎屑灑在上頭做為頂層加料。

堅果外皮（Nut Crust）（1個9吋或10吋單層派皮）———

使用食物調理機來做這種外皮時，在調理機裡混合一半的堅果或堅果碎粒、糖和鹽，以脈衝的速度處理，直到堅果攪到細碎為止。

將以下材料攪碎成一致的粗麵包屑：

2杯核桃或胡桃

在碗中混合：

1/4杯（1/2條）軟化無鹽奶油

3大匙糖

1/4小匙鹽

用叉子混合到均勻濕潤。

| 關於層狀麵團 |

想要做出任何一種層狀麵團——如「食物調理機蓬鬆糕餅」，471頁、「可頌」，394頁或「丹麥麵包麵團」，408頁——要將一大塊奶油像包裹般地

包覆在麵團之中，接著就擀壓、摺疊、再擀壓和再折疊：這些步驟的用意是為了讓層次分明的麵團之中有著薄勻的奶油層，而不是只是把麵團和奶油整合在一起而已。為了達到這個目的，➡奶油和麵團的溫度和濃稠度要相近，如此一來，才能讓兩者在擀麵棍施壓下以相同速度移動。如果奶油過冷或過硬，在擀麵棍的壓力下，奶油將無法延展，反而可能會被推入麵團之中，進而造成不一致的層次。倘若真的發生這樣的狀況，幸運的是，我們是可能看到和感受到奶油在擀壓時在麵團破碎的情形，你就可以因此而停止繼續擀壓，就讓麵團閒置一會兒（並讓奶油軟化一些），直到可以繼續順暢地擀壓為止。過度軟化的奶油就更糟糕了，擀麵棍施壓時，麵團和奶油融會在一起而無法維持想要的層次。擀壓時，假如麵團似乎呈現糊狀和（或）奶油滲透了，就在停止擀壓後進行冷藏，直到呈現結實但仍具彈性的狀態。➡不論何時，切勿讓麵團吸收過多水分或乾掉。

　　擀壓麵團時，要將工作檯面、麵團和擀麵棍都灑上麵粉。總是要把麵團的短邊朝你的方向擺放。擀壓時要均勻施力，如此才能讓厚度一致：維持擀麵棍與工作檯面平行，從麵團中間向外推出、再從麵團中間往你推入，記得每擀壓一次就要提開擀麵棍（在推出和推入擀麵棍之間，如果沒有提開擀麵棍，會讓麵粉的麩質過度發展，麵團因而會變硬且變形）。千萬別擀壓超過麵團的邊緣。先將麵團擀壓成想要的長度之後，再按照需要加以調整寬度。擀壓時，記得要保持麵團角落成正方形，盡可能維持麵團四周為直線而且厚度相當。適時用手像是整裡一堆報紙般地修直麵團四周，或是用糕餅刮刀或擀麵棍壓齊四邊。如果小部分的奶油在擀壓麵團時沒有被覆蓋到，就在該奶油區塊輕拍些麵團，再將多餘的麵粉拍除。開始摺疊麵團時，要先用乾燥的糕餅刷去除多餘的麵粉。

　　特定的摺疊技巧和「翻轉」（每次摺疊時要迴轉糕餅，因此每次都是折疊新的一面）次數會依據要做的糕餅類形而有所不同。經典蓬鬆糕餅要每次進行三趟兩次翻轉（共計六次翻轉），麵團要像是商業信件般地摺疊成三等分；這就是所謂的單折。食物調理機蓬鬆糕餅，則要四次翻轉，不過其中三次是進行雙折。「可頌」則是進行單折的四次翻轉。「丹麥麵包麵團」為單折的五次翻轉。

　　處理或擀壓所有麥類麵粉做成的麵團時，麩質都會在過程中產生。麩質過度發展會讓麵團變硬，為了防止這種情況，麵團應該要在每次翻轉時就迴轉一次，如此一來，不間斷的翻轉就可以讓麩質段就不同方向獲得延展。在每次翻轉之間，麵團要用保鮮膜包覆後冷藏閒置三十到六十分鐘（時間長短依不同糕餅而有所不同）。這段閒置的期間可以讓麩質段鬆弛而自行調整本身的長度；冷藏則會讓奶油硬化，如此就能使得麵團和奶油的各自層次得以維持（切

勿讓奶油變得堅硬而破碎；假如真的出現這樣的情況，就要讓麵團在流理台上閒置約十分鐘，讓麵團恢復到富有彈性的狀態）。接下來，在切割形塑麵團之前，要把已經擀壓成麵皮的麵團再次冷藏——通常在烘烤前會再冷藏一次（請遵照食譜中的特定指示）。閒置麵團時，實在很容易忘記自己已經翻轉了幾次，為了紀錄翻轉的次數，在將麵團冷藏閒置之前，就在麵團上留下淺淺指印來提醒自己——翻轉幾次就做出幾道指痕。

｜關於蓬鬆糕餅｜

蓬鬆糕餅是你可以想像的最薄脆的糕餅，但是這也不讓人意外，畢竟這種糕餅有著幾百個層次，而且內含的奶油多於麵粉。需要用來製作的工具和器具與製作派皮所需的工具和器具相同；大理石是最理想的工作檯面，不過並非是必要的。擀壓蓬鬆糕餅的方式，請閱讀前述「關於層狀麵團」的說明，並且遵照食譜裡的特定指示。

蓬鬆糕餅可以切成無數形狀或大小，並可填餡做成無數種點心和調味食物，從開味菜、主食到點心皆可。記得保留所有蓬鬆糕餅的碎屑、碎皮和沒有用到的麵團，要按照以下指示加以冷凍。累積下來的碎屑可以在解凍後擀壓在一塊，等到要擀壓和使用之前，再如同單折麵團般折疊過。擀壓過的蓬鬆糕餅碎屑最好是用來做拿破崙千層派、麻花捲、迷你塔餅、棕櫚葉餅，或其他不在乎是否全長的糕餅。

切糕與穿刺麵團：將麵團擀壓成想要的厚度之後，接著就要修整邊緣和切割成想要的形狀。永遠要用銳利的刀子來切蓬鬆糕餅，將麵團直接下壓切穿。用刀子摩擦切割會使得糕餅的邊緣無法均勻膨脹或完全膨脹。

「穿刺」（英文為docking或pricking）一詞指的是用叉子的叉齒刺穿糕餅的全部表面，或是用稱為麵團刺滾器的滿是釘子的器具來穿刺，可以抑制麵團膨脹但又維持薄脆度。拿破崙千層派的派層就會因而保持相當薄脆；穿刺小餡餅皮（bouchées，一口酥）的中間部位會讓餅皮四周邊緣膨脹而內裡維持薄細。除了拿破崙千層派之外，一旦切割之後，就要將每份派餅顛倒翻轉再進行穿刺。

蓬鬆糕餅可以冷藏多至兩天或冷凍多至六個月。先用保鮮膜包裹，再用鋁箔紙包覆，包完後再放入可以封口的保鮮袋中，封口前要將袋中空氣壓出。使用前，要讓還包裹著的冷凍麵團直接移放到下層冷藏庫隔夜解凍。

蓬鬆糕餅也可以在擀壓後就冷凍，不論是擀成麵皮或是切割成形。擀壓之後，留置烘烤淺盤裡直到變硬為止；切成想要的形狀或保持麵皮完整，接著就將之包覆。使用蠟紙來疊放已經切好的每一層麵皮，用保鮮膜包裹後再進行

冷藏。為了有最佳的膨脹效果，直接烘烤尚未解凍的切割過的冷凍（未填餡的）糕餅。如果是整張麵皮放入冰箱冷凍，就要在切割之前先移放到冰箱冷藏庫隔夜解凍。像是半圓捲餅等沒有烘烤過的填餡蓬鬆糕餅，可以在烘烤之前先包裹冷藏多至八小時。

食物調理機蓬鬆糕餅（Food Processor Puff Pastry）（2又3/4磅）

在這個現代化的食譜中，麵團和奶油塊是用食物調理機來混合，成效幾乎與傳統作法一樣好，但是只需花費一部分時間即可完成。

在食物調理機中以脈衝速度混合以下材料：

2又1/3杯中筋麵粉、1又1/4小匙鹽

在麵粉上頭散放：

5大匙冷無鹽奶油，要切成1/2吋的丁塊

以脈衝速度將混合物處理到呈現粗麵包屑的狀態。淋上：

3/4杯冰水

以脈衝速度處理到麵團成形，10到15秒。將麵團刮放到一張保鮮膜上，接著再形塑成5吋的正方形。將麵團包裹冷藏1小時。

將以下材料切成1/2吋的丁塊並冷凍2分鐘：

1又3/4杯（3又1/2條）無鹽奶油

在食物調理機中放入：

1杯中筋麵粉

將奶油丁塊放在麵粉上，再以脈衝速度處理到混合物呈現細碎石般的狀態。把混合物從調理機的四周刮下，再處理直到滑順為止。將混合物刮放到一張保鮮膜上，接著再形塑成6吋的正方形，在你擀壓麵團的期間，就將奶油混合物包裹後進行冷藏。

在輕灑麵粉的工作檯面上將正方形麵團擀成13×8吋的長方形麵團，8吋的短邊要朝你擺放。刷掉多餘的麵粉。從冰箱取出奶油混合物，解開後就放在長方形中心對半的一邊上頭，再將長方形麵團的另一邊摺疊在奶油混合物上方，要完全覆蓋。下壓貼緊麵團的另外三個開邊。翻轉麵團，讓摺疊的一邊朝向左方，一個開邊（下壓貼緊的一邊）要朝向右方，如此改變了糕餅的方向後再進行下一次擀壓。

將麵團包擀壓成17×7又1/2吋的長方形，記得要將短邊朝你擺放。將金屬製麵團刮刀或鍋鏟滑至底端麵團下的1/3處，然後就將這部分的麵團向上朝中摺疊。再將鍋鏟滑至頂端麵團下的1/3處，然後就將這部分的麵團摺疊覆蓋住先前摺疊的部分，方式就像折疊商業信件一般。這個擀壓和摺疊的過程就是所謂的單折。迴轉麵團，讓摺疊的一邊朝向左方，接著就再次將麵團包擀壓成17×7又1/2吋的

摺疊蓬鬆糕餅

長方形，這一次則要把底端向上而頂端往下折疊，所以兩端會剛好對折（而沒有重疊）在中央，然後就以中線再對折一次而形成4層層次的麵團。這個雙層折疊的步驟就是第2次翻轉。在麵團上做出2個指痕來提醒自己已經翻轉2次麵團。用保鮮膜包覆後放入冰箱冷藏45分鐘。

將摺疊的一邊朝向左方放置，接著就再次將麵團包**擀**壓成17×7又1/2吋的長方形，然後就再進行一次雙層摺疊，這就是第3次翻轉。在麵團上做出3個指痕，用保鮮膜包覆後再放入冰箱冷藏45分鐘。

將麵團再次**擀**壓，再進行一次雙層摺疊，這就是第4次翻轉。在麵團上做出4個指痕，用保鮮膜包覆後再放入冰箱，使用前至少要冷藏1小時。

象耳（Elephant Ears）（約48個3吋餅乾或24個5又1/2吋餅乾）

準備好：

1杯糖

在工作檯面輕撒上一層糖，將以下**擀**成12×5又1/2吋的長方形麵團：

8盎司（1個4又1/2×1又1/2吋的**麵團**）食物調理機蓬鬆麵團

在麵團上頭灑上1/4杯糖，再用**擀**麵棍輕輕**擀**壓麵團。將麵團短邊朝你擺放後，把麵團像是摺疊商業信件般地以三等分摺疊。將麵團有摺疊的一邊朝向左方，接著就**擀**成13×7吋的長方形，**擀**壓時要將短邊朝你擺放。灑上2大匙糖後，再用**擀**麵棍輕輕**擀**壓麵團。從麵團長邊各自向中央對折，但中間要留下1/4吋的間隔。在麵團上頭輕輕刷上：

1顆輕打過的大蛋白

在另一折疊過的一面灑上約1大匙糖，從麵團縱長對半摺疊，讓灑糖的一面與蛋白面接觸並下壓結合。將糕餅移放到沒有抹油的烘烤淺盤上，覆蓋後冷藏至少30分鐘，或是密封後冷凍到要使用時再取出。在烤爐下部1/3底架上放上支架。將烤爐預熱到220度。支架上要放入羊皮紙或矽膠襯墊為襯底，或是將兩個烘烤淺盤抹上油。

如果麵團冷凍過，要在切割前先解凍5到10分鐘。在一個淺碗中灑上剩餘的糖。把麵團移放到工作檯上切割，切成1/4吋大小的麵團塊。把麵團塊切割的一面壓沾糖後就朝下放入烘烤淺盤，每塊要間隔至少3吋。必要時，要把每個麵團塊推壓成形。擺放完畢後就在上頭再灑上一些糖。每次只放入一個烘烤淺盤進行烘烤5分鐘，或是直到餅乾的邊緣呈現棕色，再用鍋鏟將餅乾翻面再烤2到5分鐘，繼續烤到餅乾整個呈現金棕色而且出現拔絲狀態。餅乾很快就可能烤焦，因此要小心查看。烤完後移至支架放置直到完全冷卻為止。

小餡餅／一口酥（Patty Shells/Bouchées）

一口酥是指小餡餅——用深烤過的蓬鬆糕餅皮包裹著糖味或調味內餡。可以做成更小的大小來當作餐前菜，也就是迷你一口酥。

準備好：

食物調理機蓬鬆麵團

I. 小型小餡餅（Small Patty Shells）
18個 2吋餡餅皮

將麵團分成3份，每次只處理1份（尚未處理的要先冷藏），**擀**壓成6又1/2×14吋的長方形，使用2吋的切割器切割出12個圓形麵團。先將6個圓形麵團翻面

放入沒有抹油的烘烤淺盤，或者是先在淺盤放入羊皮紙或矽膠襯墊做為襯底，擺放時要每個相隔約2吋。接著要使用1吋的切割器切割另外6個圓形麵團，把中間切除而形成6個圈型麵團（要保留切下的中間部分另做他用）。把圈型麵團翻面覆放在已經放在烘烤淺盤的圓形麵團之上。用一把餐刀的刀背在排好的麵團邊緣壓出鋸齒痕跡，每1/4吋劃下一道，以此做出波形皮邊。用叉子穿刺餡餅皮的中間部分，不要穿刺到圈形麵團。預熱烤爐時要將麵團覆蓋冷藏。將烤爐預熱至220度。利用一把利刀沿著圈形麵團的內邊向下切割。烘烤到蓬鬆且呈現金棕色，約20分鐘。將小餡餅從烤爐取出後，就要立即將已經用刀切割的餡皮中間部分取出。移放在架上冷卻。

II. 中型小餡餅（Medium Patty Shells）
6個 4吋餡餅皮

如同前述「小型小餡餅」的指示來進行，但是要將每份麵團**擀**壓成9×13吋的長方形麵團。使用4吋切割器來切出圓形麵團，再用2吋切割器切出圈形麵團。按照前述說明組合圓形和圈形麵團後再烘焙完成。

III. 大型小餡餅/夾餡酥盒（Large Patty Shells/Vol-au-vent）
1個 8吋餡餅皮

如同前述「小型小餡餅」的指示來進行，但是要將麵團對分成2份，每份麵團**擀**壓成10吋的正方形麵團。使用8吋切割器、可以分離的8吋蛋糕烤盤的底部或8吋的蛋糕烤盤來切出2個圓形麵團，再用6吋切割器或烤盤切除一個原型麵團的中間部分。按照前述說明組合圓形和圈形麵團後再進行烘焙。用預熱至220度的烤爐烘烤20分鐘，接著要將烤爐降至180度，繼續烘烤到蓬鬆且呈現金棕色，約20分鐘。

拿破崙千層派 / 法式千層酥（Napoleon/Mille-feuille）（6到8人份）

當法國皇帝拿破崙說「部隊靠肚子行軍」時，這種糕餅是否可能正浮現他的腦海？一個經典的拿破崙千層派或法式千層酥（法文 *mulle-feuille* 的詞意就是千層的意思），是由塗上杏子醬的三層蓬鬆糕餅加上香草糕餅鮮奶油所組成。拿破崙千層派要在烘烤完成後的幾個小時內食用。如果你是利用保留下來的蓬鬆糕餅碎屑來做拿破崙千層派的話，烘焙過程中就不需要再秤重。

準備以下並冷卻：
糕餅鮮奶油☆，100頁
將以下**擀**壓成1/16到1/8吋厚度的17又1/2×13又1/2吋的長方行麵團：
1/2份食譜分量的食物調理機蓬鬆糕餅
將糕餅移放到一個沒有抹油的烘烤淺盤。用叉子穿刺所有麵團。覆蓋後冷藏至少30分鐘，或是密封後冷凍到要使用時再取出。如果麵團冷凍過，要在修整前先解凍幾分鐘。把麵團移至工作檯上，將麵團四邊修除掉1/2吋，修整成16×12吋的大小。把麵團放回烘烤淺盤裡，預熱烤爐時要將麵團覆蓋冷藏。

在烤爐最底層的架上放上烤架。將烤爐預熱到200度。

在麵團上方倒放一個網架，如此可以防止麵團在烤爐烘烤時膨脹地過高。烘烤成金棕色，20到25分鐘。期間，烘烤10分鐘後，就要將網架移開來穿刺全部的糕餅，接著就放上另一個鐵架繼續烘烤。烘烤到最後的2到3分鐘時，就要移除網架，讓糕餅頂層可以乾燥並且烘烤。烤

完後就滑放到一個網架上閒置冷卻。用一把銳利的鋸齒狀刀子把糕餅輕輕以縱長方向切割成三個相同的長條，喜歡的話，可以在其中兩條上面刷上：

（1又1/2大匙溫熱杏子醬）

在其中一條（抹了果醬的）糕餅條上頭抹上準備好的一半糕餅鮮奶油，將另外一條（抹了果醬的）放在上頭後，再在上頭抹上剩下的準備好的糕餅鮮奶油。最後就將第三條糕餅條倒放在鮮奶油上。冷藏到要使用時再取出，但是最長不能超過6小時。

用一把銳利的鋸齒狀刀子以鋸切的方式把拿破崙千層派切成個人食用的大小，接著在上頭灑上：糖粉

肉桂糖棒（Cinnamon Sugar Sticks）

準備酥皮起司棒＊，165頁，但是要用6大匙糖混合2小匙肉桂粉來取代起司、鹽和胡椒粉。切割成條狀之前，要先在麵團上頭灑上糖再輕輕地下**擀**壓。按照指示切割、扭轉和烘焙，烤到呈現淡棕色，10到15分鐘，由於加入糖的關係，這種糖棒會比酥皮起司棒更快烤好，因此要謹慎觀察。

｜關於法式泡芙（Choux Paste/Pâte à choux）｜

　　法文*choux*的字義是「包心菜」，這種小小的蓬鬆糕餅外皮會在烤爐裡延展，模樣就如同小的包心菜頭。法式泡芙可以做成各式形狀，也可填入相當多種的甜內餡或鹹內餡。這是鮮奶油酥皮點心和閃電泡芙的基礎。

　　人們並非僅是在危機時刻才會想起這種基本且相當簡單的糕餅。沒有加糖的話，可以用來做為義式麵疙瘩的底；或是裝飾湯品；或者是做成餐前開胃菜。加了糖的法式泡芙，則表現出了食物的特性。使用糕餅擠花頭，你可以做出「鮮奶油泡芙」，489頁、優雅的「閃電泡芙」，489頁、「炸餅」，462頁、「天鵝泡芙」，491頁或任何果醬或自己喜好的內餡的精緻外殼。將小泡芙填滿冰淇淋或糕餅鮮奶油後再覆蓋上調味醬，就成為「淋醬奶油泡芙」，490頁。

　　如同糕餅麵團，法式泡芙也是用麵粉、奶油和水來做，不過，泡芙要在形塑和烘焙之前先用爐火烤煮過。一定要等烤煮過的麵團稍微冷卻後才加入雞蛋，如此雞蛋才不至於會被煮熟了；然而，如果麵團過冷，卻會讓加入的雞蛋無法輕易融合。完成的麵團應該是閃亮、滑順且厚重，但是不該堅硬。麵團會先放入熱爐中烘烤幾分鐘來達到所需的延展效果，接著就要將烤爐溫度降低，如此繼續烘烤並讓泡芙空殼得以乾燥。

　　湯匙或擠花袋可以用來做出不同的形狀，不過，擠出麵團之前，一定要對裝滿的擠花袋施壓，藉此讓擠花頭裡的空氣完全擠壓出來。當你將麵團擠放到烘烤淺排時，記得一定要留下允許延展的空間。

想要形塑泡芙或做出典型的包心菜般的泡芙形狀，就要將擠花頭靠近烘烤淺盤來擠麵團。➡不要移動擠花頭，就讓麵團在擠花頭四周堆到想要的大小為止。

想要形塑閃電泡芙，擠壓時要沿著烤盤移動，擠壓結束之際一定要有個反向提起的動作。

想要形塑淋醬奶油泡芙或小糕杯，將麵團做出一吋大小的球形。當你提開擠花袋時而造成的小點，可以用沾濕的手指將之壓平。

開始做小泡芙和閃電泡芙之前，烘烤完就要從烘烤淺盤移開，在小泡芙底部（閃電泡芙的兩端）用竹籤或小刀尖端刺出一個小洞，刺完後再翻面放回烘烤淺盤或放置支架上晾乾。至於較大形狀和圈形泡芙，就用抹刀滑放其下來鬆開泡芙，然後在表面刺幾個小洞。或者，將泡芙的頂端水平切除，然後倒放在烘烤淺盤上，要去除任何內裡麵團還是柔軟的部分，接著就讓泡芙在烤爐中晾乾和變脆。之後泡芙靜置於架上冷卻。

想要在泡芙填餡的話，從冷卻後的泡芙被刺穿的小洞，往裡頭填入糕餅鮮奶油或發泡鮮奶油，或是將頂部切開。如果使用的是糕餅鮮奶油的話，裝入有著四分之一吋平嘴擠花頭的擠花袋或就用湯匙將鮮奶油放入切開的泡芙。若是用發泡鮮奶油，可以用巨大星形的擠花頭來做出迷人呈現，或者就用湯匙將鮮奶油放入切開的泡芙。如果使用小型擠花頭，擠壓過程將使得發泡鮮奶油無法維持質地。

烘烤完且填完餡後，泡芙應該要立即食用，或是冷藏後在幾小時內吃完。不過，尚未填餡的泡芙殼可以用密封盒冷凍保存至一星期。

法式泡芙（Croux Paste）（約2又1/2杯）

測量：1杯中筋麵粉
在一個大平底鍋中混合以下材料：
1杯水或牛奶，或各自1/2杯的水和牛奶
1/2杯（1條）無鹽奶油，要切成小塊
1大匙糖（只加於泡芙甜內餡）
1/2小匙鹽
用中火將以上混合物煮沸。把麵粉一次加入，並且用木製湯匙使勁攪拌。混合物在剛開始時會看似很粗糙，不過會突然變得很滑順，一旦出現如此情形，你就應該加快攪拌速度。奶油可能會散發，不過這並不要緊；這不過是意味著濕氣正在蒸發當中。幾分鐘之內，麵團就會變乾，而且不再黏附在湯匙或平底

鍋邊；用湯匙輕壓時，會在麵團上留下光滑印記。此時切忌過度沸煮或過度攪拌，否則泡芙將無法做得蓬鬆。移放到碗裡閒置冷卻5分鐘，期間要適時攪拌。用手每次加入1顆以下材料，加入後，要用木製湯匙或用電動攪拌器以低速攪打：

4顆室溫的大雞蛋
每次要加入雞蛋前，要確定麵團已經又呈現滑順的狀態。繼續攪打到加完了所有雞蛋，直到麵團滑順且閃亮為止。要判斷麵團已經達到適當的濃稠度，就用木製湯匙的尾端挖起少量麵團，麵團必須能站立起來。麵團可以覆蓋冷藏至多4

小時；不需要將麵團閒置到室溫溫度，　　　取出後可以立即開始形塑。

｜關於鮮奶油泡芙和閃電泡芙的內餡｜

　　使用「發泡鮮奶油」☆，98頁、「卡士達」☆，101-103頁、「糕餅鮮奶油」☆，100頁或其他任何蛋糕內餡☆，100-107頁。盡可能在接近食用之前再填入內餡，如此就可避免泡芙變得濕答答的。不管是用哪種內餡，➡️切記：以鮮奶油為底和以雞蛋為底的內餡一定要記得冷藏。想要做出極佳的茶點，不妨在小泡芙底殼內切入半層：

發泡鮮奶油

在尖端部位輕輕放上：

一顆草莓或覆盆子

接著再覆蓋上小泡芙的另一半外殼。

或者，在泡芙裡填入：

軟鮮奶油起司、一點鮮亮果醬

關於無糖泡芙外殼的內餡，請閱讀「開胃菜和迎賓小點」★，165頁的說明。

鮮奶油泡芙（Cream Puffs）（15個泡芙）

利用這種大型的泡芙外殼，你可以很快就做出迷人的點心。在食用前再填入內餡，稍微斜放覆蓋的頂殼並灑些糖粉。

在烤爐最底層放上烤架。將烤爐預熱到200度。

準備：1/2份食譜分量的法式泡芙

把麵團裝入有著1/2吋開口的平嘴擠花袋中，在一個烘烤淺盤上，按照「關於法式泡芙」的說明指示，將麵團形塑成15個2又1/2吋寬、1吋高的泡芙。烘烤之前，在烤盤裡形塑好的泡芙上頭輕輕灑上幾滴水，如此可以做出清爽的質地。烘烤10分鐘後，要將烤爐溫度降至180度，再繼續約25分鐘，烘烤成金棕色，且觸碰時相當堅實的狀態。烤完後移置架上閒置到完全冷卻。

準備：

2杯稍甜的發泡鮮奶油（調味或原味皆可，或糕餅鮮奶油☆（香草口味或其他），100頁

將泡芙頂部切開，移除沒有煮好的麵團。填入鮮奶油後，再把頂部稍微斜放放回，喜歡的話，還可以灑上：

（糖粉）

巧克力閃電泡芙（Chocolate Éclairs）（8到10個大泡芙或24個迷你泡芙）

在烤爐下部1/3底架上放上支架。將烤爐預熱到200度。如果做的是大閃電泡芙，要將烘烤淺盤抹上奶油並灑上麵粉；若是迷你閃電泡芙的話，則只需準備兩個沒有抹油的烘烤淺盤。

準備好：

法式泡芙

如果做的是大閃電泡芙，請把麵團裝入有著1吋開口的平嘴擠花袋中；若是迷你閃電泡芙的話，則是有著1/2吋開口的平嘴擠花袋。按照「關於法式泡芙」的說明指示，將麵團形塑成8到10個大閃變泡芙（5吋長、1又1/2吋寬），或是24個迷你閃電泡芙（2又1/2吋長、1/2吋寬）。2又1/2吋寬、1吋高的泡芙。烘烤之前，在烤盤裡形塑好的泡芙上頭輕輕灑上幾滴水，如此可以做出清爽的質地。烘烤10分鐘後，要將烤爐溫度降至180度，再繼續約25分鐘，烘烤成金棕色，且觸碰時相當堅實的狀態；若是迷你閃電泡芙的話，降溫後繼續烘焙的時間要較短。烤完後移置架上閒置到完全冷卻。

準備：

2杯糕餅鮮奶油、稍甜的發泡鮮奶油，或

卡士達巧克力或咖啡內餡

把鮮奶油裝入有著1/4吋開口的平嘴擠花袋中。將擠花袋刺入正在晾乾的閃電泡芙裡填入內餡。或者用鋸齒刀子切開泡芙頂部（要將切開的蓋子翻轉），移除任何沒有煮好的麵團，再用湯匙填入內餡；這種方法最適合用來填入發泡鮮奶油。將每個泡芙的頂部（或是整個切開的殼蓋）浸入：

苦甜巧克力糖汁或糖霜☆，165頁、**透明焦糖糖汁**☆，171頁，或**巧克力甘納許或糖霜**☆，165頁

替代切開的閃電泡芙的殼蓋。在糖汁固定之前，用以下點綴：

（烤過的杏仁切片）

將閃電泡芙冷藏，直到糖汁固定為止，至多3小時。

淋醬奶油泡芙（Profiteroles）（24個泡芙；6人份）

這是迷你奶油泡芙。雖然通常被歸為點心，但是其實可以填入任何甜味或調味內餡。香草冰淇淋是傳統內餡，不過也可以使用其他口味，例如「發泡鮮奶油」。

在烤爐最底層架上放上烤架。將烤爐預熱到200度。

準備：

1/2份食譜分量的法式泡芙

把麵團裝入有著1/2吋開口的平嘴擠花袋中，在一個沒有抹油的烘烤淺盤上，將麵團形塑成24個（1吋寬、1吋高）小泡芙。烘烤之前，在烤盤裡形塑好的泡芙上頭輕輕灑上幾滴水，如此可以做出清爽的質地。烘烤10分鐘後，要將烤爐溫度降至180度，再繼續約25分鐘，烘烤成金棕色，且觸碰時相當堅實的狀態。烤完後移置架上閒置至完全冷卻。

準備好：

巧克力甘納許或糖霜

把糖汁拌攪到滑順。必要時，加入以下使糖汁不致濃稠：

（濃鮮奶油）

放在兩層蒸鍋上層保溫（或在使用前再用微波爐加熱）。要食用時，先將泡芙殼水平對半切開，移除任何沒有煮好的麵團，在底殼部分填入一小匙：

冰淇淋（共24小匙）或發泡鮮奶油

將頂殼覆蓋，每個碟子裡擺放4個小泡芙，再淋上巧克力糖汁。完成後就要立即食用，剩餘的糖汁要放在一旁備用。

天鵝泡芙（Croux Paste Swans）（約24個泡芙）

將烤爐預熱到200度。

準備：

1/2份食譜分量的法式泡芙

在一個抹了油的烘烤淺盤上，用小開口的平嘴擠花袋擠出麵團，做出天鵝的頭部和頸部，要頭頸相連。開始擠壓時要先緊握用力擠出較多量的麵團來做出頭部，接著再勾滑擠花袋做出弓形的頸部，如以下圖示。記得要確保擠出的麵團厚度一致，否則的話，天鵝就無法均勻烘烤。至於鵝身的部分，在另外一個烘烤淺盤上，使用星形開嘴的擠花袋來做出3吋長的閃電泡芙。烘烤之前，在烤盤裡形塑好的泡芙上頭輕輕灑上幾滴水，如此可以做出清爽的質地。烘烤10分鐘後，要將烤爐溫度降至180度，再繼續約25分鐘，烘烤成金棕色，且觸碰時相當堅實的狀態。

先將鵝身部分的泡芙殼切開頂殼；翻轉切開的頂殼。在食用之前，在底殼的部分填入發泡鮮奶油。填餡完畢後就移置架上閒置至完全冷卻。把切下的頂殼對半縱切來做成鵝翼。將鵝翼和頭頸安插在鮮奶油內餡上，鵝翼要稍微對角斜放以便穩定頭頸的部分。在鵝身部分輕輕灑上糖粉。如此就完成了最適合小女孩派對的天鵝泡芙了！

製作天鵝泡芙

｜關於酥派（Strudel）｜

　　當最後一件緊身連身裙的緞帶洗燙好後，家裡的匈牙利裔洗衣婦詹卡有時會找時間做個點心；她會做個酥派。在餐桌上鋪上洗淨的桌巾後，她就會開始耐心地處理麵粉。在蒂芙妮燈圈的投射的光圈邊緣，街坊鄰居的小孩聚集觀看，看著詹卡擀壓麵團，只見麵團從不大於壘球的大小被擀成一個大的圓形薄麵團，孩子們都不禁睜大了眼睛。接下來，詹卡會輕握拳頭，手掌向下地從麵團下方和中間開始，她會用指關節合起的平面來延展麵團。可以這麼說，她盡力地進行著一場表演，她不是拉扯而是用哄騙的技巧，只見她沿著餐桌一圈一圈繞著施展著延長且平均的摩擦。

　　我的家裡總是一成不變地用蘋果來做內餡。但是，不管酥派是你親自動手做的或購自商店，或者是相似的**酥皮捲**（phyllo），其實有無數種「室內裝潢」的可能性：罌粟籽、櫻桃、肉燥、起司，或者只是在麵團中添加胡椒粉（這可以做成很棒的餐前開胃菜）。

　　詹卡會事先就準備好內餡。烤過的麵包屑、檸檬皮絲加糖、胡桃、醋栗、細切蘋果片、杏仁，和些許融化奶油，一個大盤裡會擺滿了這些內餡，然後會交替地零星灑放在麵團上。詹卡從不讓手真的觸碰到麵團，而是會用雙手提起桌巾

的一邊，然後以傾斜和輕推的方式來移動桌巾和桌布，如此進行到麵團自個兒擀壓成形——也就像是果醬蛋糕捲的方式——而且完全包住內餡。最後，詹卡會在抹了油的烘烤淺盤上滑放一個長圓柱筒並將之彎曲成馬蹄狀。整個過程從頭到尾展現了精湛的手藝。我們在此會盡可能地如同食譜般向你扼要說明製作技巧。

千萬別受制於食譜指示的材料比例。關於其他內餡，請見406頁。

蘋果酥派（Apple Strudel）（10到12人份）

烘烤之前，做好的酥派可以用鋁箔紙包緊冷藏保存多至2個月，但是這樣一來會使得酥派失去酥脆度。儘管酥派最好是在完成當天食用，但是你還是可以冷凍酥派；解凍後，用預熱到180度的烤爐來加熱15到20分鐘。

用桌巾或桌布覆蓋住至少3吋的正方形面積。確定桌子四周有足夠的行走空間。不要在桌巾上灑麵粉。

將以下材料融化後再移放到一個小碗裡閒置：

1/2杯（1條）無鹽奶油

在一個大碗中將以下材料篩在一起：

1又1/2杯中筋麵粉

1/2小匙鹽

在混合物中做出一個凹井。連著1大匙融化奶油，在一個小碗中將以下材料拌攪在一起，拌攪好後就倒入凹井裡：

1顆大雞蛋、1/3杯室溫溫度的水

1小匙蘋果醋

從凹井的內部向外處理，用手指或叉子很快地將濕潤材料混入乾燥材料中。當所有液體都吸收後，就在輕灑麵粉的工作檯面上開始揉壓麵團，直到麵團呈現絲般柔滑、富有彈性且不再黏附的狀態，約10分鐘。把麵團擀滾成球形，在球面上刷上一些融化奶油。將麵團放入碗中加以覆蓋，在溫暖處閒置30到60分鐘。

將以下切成楔形後，再斜切成1/4吋的薄片（約8碗）

6顆中等大小的乾的酸蘋果，可選用如格拉芬施泰蘋果（Gravenstein）、紐西蘭布雷本蘋果（Braeburn）蘋果和澳洲青蘋果（Granny Smith），要去皮去核

將烤爐預熱到180度。

在蛋糕烤盤裡裝入以下材料後放入烤爐烤10到15分鐘：

3/4杯粗糙新鮮麵包屑

將一半的麵包屑移放到一個中碗裡。加入以下材料並加以攪拌混合：

1杯糖

1/2杯胡桃，要烤過，並細切過

1/3杯醋栗乾、1大匙檸檬皮絲

2小匙肉桂粉

將烤爐溫度增高至200度。在一個烘烤淺盤抹上奶油。

盡可能地將麵團擀到最薄，接著就移放到覆蓋桌巾的桌上：當你擀壓麵團時，只有在必要時才在桌面上輕灑一些麵粉；試著不要用到麵粉來擀完麵團。麵粉將會柔軟而且碰到會有彈性。拿掉手上穿戴的戒指或手鍊後，把麵團的邊緣垂放在手背上（手心向下且手指半彎）。輕輕地在桌上延展麵團，從中心向外拉扯麵團時，同時要移動你的手。每次只延展一部分麵團，如此緩慢地繞著桌子延展。別急躁；耐心將會讓你做成較薄的麵團。試著別撕破麵團或再弄出洞來。將麵團延展成每邊約30到35吋的正方形，假如麵團變大後，就讓邊緣在桌邊下垂。當你在延展其他部分的麵團時，倘若長方形有點內縮的情況，那就

在麵團的四個角落放上一個小碟子來下壓。用剪刀修掉任何過厚的麵團邊緣，再用剪下的麵團來修補弄出來的洞。讓麵團晾乾10分鐘，如此一來，麵團就不至於會在擀壓時自我沾黏。

整個麵團的表面要輕輕刷上一些融化奶油。麵團邊緣要留下3吋寬的邊，接著就在留下的邊的旁邊灑上一圈剩下烤過的麵包屑，麵包屑大概會覆蓋1/3的麵團表面。把蘋果混合物與糖汁混合液混合成餡料。接下來同樣要沿著留下來的3吋寬的邊，將蘋果內餡塗在麵包屑上頭。摺疊留下的3吋寬邊覆蓋在餡料上頭。用雙手提起酥派麵團下方一角的桌巾，讓酥派自個兒滾到另一邊的盡頭。將擀壓過的酥派麵團放在準備好的烘烤淺盤上，再把麵團彎曲成馬蹄鐵的形狀。

在酥派上刷上2/3剩下的融化奶油。烘烤20分鐘。再刷上所有剩下的融化奶油。需要的話，要轉動烤爐裡的酥派以便讓酥皮有均勻的色澤。再烘烤20到25分鐘，直到酥派呈現金棕色。

烤完後就滑放架上閒置冷卻。

在酥派上頭灑上：

糖粉

用一把鋸齒刀子對角切片。

| 關於千層酥皮捲 |

不管你喜歡用外文中的phyllo、filo、yuka、brik或malsouka的哪一個名稱，這種糕餅指的就是希臘和多數中東地區的皮薄如紙的千層酥皮捲。混合最簡單的材料、麵粉和水，再透過有技巧的擀壓、閒置和延展，幾乎是業餘產品無法比擬的糕餅。

雖然千層酥皮捲——希臘字phyllo的字義是葉子——可以用手來做，不過我們建議這麼做；由於涉及了費力和微妙的過程，比起商店販賣的商業製造的冷凍產品或希臘和中東麵包店做出來的新鮮糕餅來說，自己做出來的成品可能不會好到哪裡去。

店裡買來的千層酥皮捲很容易處理，只要記得千萬別讓薄皮乾掉。如果使用的是冷凍產品，記得要在沒有打開包裝的情況下放入冰箱進行緩慢解凍，花上幾個小時或甚至隔夜解凍。一旦解凍完畢，根據個別食譜的指示，只從打開的包裝中取出所需的酥皮分量；要用保鮮膜重新包覆沒有用到的酥皮，並且送入冰箱冷藏或冷凍。將要用的酥皮疊放在碟盤或包鮮膜上，接著就要立刻用保鮮膜覆蓋住，並且再用濕毛巾覆蓋在上頭（千萬別讓濕毛巾觸碰到酥皮，否則的話，酥皮會被溶成麵團）。由於沒有覆蓋的酥皮在幾分鐘內就會乾掉，因而在使用時就會破掉。因此，從覆蓋住的疊放酥皮取下所需的數量後，在你開始之前，要記得馬上重新覆蓋住疊放的酥皮。

在需要使用到這些酥皮的食譜中，我們曾用酥派麵團成功地完成過；請見491頁。使用千層酥皮捲的其他食譜還包括「菠菜菲塔羊奶起司三角包」★，162頁、「蘑菇酥皮三角包」★，161頁和「馬鈴薯青豆薩摩薩三角包」★，頁162。

果仁蜜餅（Baklava）（約30個方形或菱形蜜餅）

在希臘和整個中東地區，果仁蜜餅是相當受歡迎的糕餅。以果仁做成內餡夾層並淋上楓糖漿或蜂蜜，果仁蜜餅可以說是最廣為人知的千層酥皮捲。在希臘，這種糕餅原先是復活節的糕餅，40層酥皮代表的就是旬期（40天的大齋節期）。剁碎的果仁是傳統內餡，不過，乾果、芝麻籽、椰子或鳳梨也已用來替代做成非傳統型的版本。

將烤爐預熱至165度，準備好一個塗了奶油的13×9吋烤盤。把以下材料籽細剁碎或粗略研磨：

3杯粗略剁碎的烤堅果（胡桃、開心果、杏仁和〔或〕核桃）

在一個小碗中攪拌以下材料：

1/4杯糖、1小匙檸檬皮絲

1/2小匙肉桂粉

融化：

1杯（2條）無鹽奶油

在工作檯上開封並疊放：

1磅千層酥皮捲麵團

將酥皮麵團修整成13×9吋的大小；喜歡的話，可以保留修整碎麵團另做他途。在烤盤裡放入2片酥皮麵團，在上面的酥皮塗上融化奶油，接著再疊上2片酥皮麵團並刷上奶油，以此類推再做一次，共計堆疊6片。在上頭灑上一半的堅果碎片和一半的糖混合物。然後就在內餡上覆蓋上2片酥皮麵團，在上面的酥皮塗上奶油，以此重複在內餡上頭疊放共計6片。在上頭灑上剩下的堅果碎片和糖混合物。再疊放上所有剩下的酥皮麵團，每次疊2片，並且每次只在第2片上頭刷上奶油。最後再刷上所有剩下的奶油。

使用一把銳利的鋸齒刀來切割，下切所有酥皮層做出2吋大小的菱形或方形酥皮捲。這是相當重要的步驟，果仁蜜餅一旦烘烤過後，你就不可能在切割時不弄碎酥皮捲；如此一來，也可以讓楓糖漿能夠滲透到每一個果仁蜜餅。

烘烤30分鐘之後，就要調降烤爐溫度至150度，接著要再烘烤45到60分鐘，直到果仁蜜餅呈現金棕色為止。

烘烤期間，也就是在烘烤的最後30分鐘之內，在平底鍋裡混合：

1又1/3杯糖、1又1/3杯水

1/3杯蜂蜜

1大匙新鮮檸檬汁

1顆柳橙皮，撕成長條

將以上混合物加熱至稍微沸騰，期間要攪拌以便讓糖溶解，接下來將火關小且不加蓋地繼續蒸煮15分鐘。

將加熱後的熱糖漿過濾之後，接著就可以均勻地淋在烤好的果仁蜜餅上頭。食用之前，要在室溫下閒置架上直至完全冷卻，至少4小時。

酥皮杯（Phyllo Cups）（6個酥皮杯）

酥皮杯可以有無數用途。為了維持酥皮杯的酥脆度，要在快要食用之前才用湯匙填入甜味或調味內餡。用可密封的儲藏盒保存沒有填餡的酥皮杯，可以在使用前保存至多2天。

在烤爐下部1/3底架上放上支架。將烤爐預熱到180度。將6個標準瑪芬蛋糕烤杯的內裡和杯邊塗抹上奶油。

融化：

1/4杯（1/2條）無鹽奶油

準備好：

1/4杯糖（只用在甜味內餡）

開封取出並疊放以下材料，要先用保鮮膜覆蓋，再蓋上濕毛巾：

4片千層酥皮捲麵團

在工作檯面放上1片酥皮，均勻塗抹1/4的融化奶油後，再平均灑上1大匙糖。覆蓋上第2片酥皮，按照先前步驟塗抹奶油和灑糖，以此類推處理完所有酥皮，最上方將會是一層奶油和糖。

將疊放的酥皮麵團切割成12個4又1/2吋的方形麵團（縱切3刀、橫切4刀）。將一疊方形酥皮放入瑪芬蛋糕烤杯中，用手指稍微調整一下，讓酥皮覆蓋住一半的杯底並且掛放在杯邊。接著再放入第2疊酥皮，要與第1疊稍微重疊，並且覆蓋住另外一半的烤杯。按照以上方式處理完其他5杯酥皮杯。

烘烤到酥皮呈現金棕色，10到15分鐘。從瑪芬蛋糕烤杯中小心地取出酥皮杯，填餡前要先放到冷卻。

| 關於水果派 |

水果派其實就是在兩張派皮中夾入水果一起烘烤，上面的派皮可以是一張酥皮、格狀派皮，或者是酥粒頂層添加物。罐裝水果、冷凍水果、乾燥水果，預煮過的水果，或是沒有加工的新鮮水果，這些都可以做成內餡，而除了水果之外，內餡通常會包括糖和麵粉、玉米澱粉或快煮木薯澱粉等稠化材料。

我們偏愛先處理四到五杯新鮮或煮過的水果，若用的是蘋果，分量甚至會更多，如此一來，就可以確保內餡會看來充足而且派皮不會塌陷。量杯測量時不該高過杯子而是應該只與杯齊。

最好是可以做到以下情況，能夠根據想要的甜度、酸度、水果內含的水分和個人口味，進而調整加到餡料裡的糖和稠化材料的分量。不過，決定要加入多少稠化材料並不容易。嚴格來說，由於每次使用的水果不同且水果熟度也每次都不相同，因此每批水果派都需要加入不同分量的稠化材料。一般來說，倘若食譜的指示說明容許選擇的空間，我們會傾向於加入較少的分量；不過，如果你偏好可以俐落切割的水果派，並且願意承擔做出稍硬的水果內餡的風險，那麼你就可以照食譜指示而添加較多量的稠化材料。

做為派的稠化材料，麵粉依舊相當普遍，不過，玉米澱粉和快煮木薯澱粉可以做出較有光澤和清朗的內餡，而且內餡的濃稠度也會比較一致。然而，蘋果派會受益於麵粉帶來的稠化效果，蘋果內餡可以呈現比較不透明的乳脂般的狀態，而且你可以用麵粉來稠化任何一種水果派。想了解更多關於澱粉的資訊☆，請見「了解你的食材」的說明。

一旦填入內餡並形塑完成後，水果派就應該要盡快烘烤（或冷凍，說明如下），否則餡料就會變得多汁而使得底層派皮開始軟化。在開始動手做派之前，就要先預熱烤爐。要把派放在烤爐最下層的支架烘烤，如此就可烤出色的脆派底，而不致讓頂層的派皮烤得太黑。若是使用沒有煮過的水果內餡，水果派就要先以高溫烘烤三十分鐘來讓派皮定型，接著再降至中溫烘烤餡料三十分

鐘。使用預煮過內餡的水果派則是全程高溫烘烤，一般來說，所花的時間會比新鮮水果餡料的時間來得短。除非頂層派皮變成像是榛果殼的漂亮深棕色，而且濃稠果汁泡泡從頂層的蒸氣裂口或格子派皮竄出，否則千萬別認為派已經烤好了。謹記：倘若淋上了用雞蛋、牛奶或鮮奶油做成的糖汁，在還未整個烤透之前，派皮就會在前三十分鐘烤成棕色，你無法阻止變色，不過可以延緩過程，可以在派皮上輕輕覆蓋一張鋁箔紙，或者是用箔片條包裹住派邊。

購買桃子、櫻桃或漿果等冷凍水果時，要選購採用「單獨快速冷凍法」（individually quick frozen，簡稱IQF）或「乾燥包裝法」的冷凍水果，這種方法意味水果沒有經過糖類處理過程，因此水果會顆顆分明而不會凍成一團。如果食譜指示要使用新鮮水果，你可以用等量的冷凍水果替代。要將水果分離，不過，水果秤重前別先解凍。將冷凍水果加入其他材料混合，要加倍食譜指示的稠化材料的最大用量，接著就用湯匙一次填入派皮中（如果將水果事先解凍，水果內含的汁液會滲出而使得派皮濕答答的）。別在派皮上頭淋上糖或雞蛋，這是因為在較長時間的烘烤過程中會讓派焦掉。用預熱至二百度的烤爐先烘烤五十分鐘，接著就在派的下方滑放入一個烘烤淺盤，把烤爐降至一百八十度後，再繼續烘烤二十五到四十分鐘，直到汁液的泡泡從蒸氣裂口竄出為止。

罐裝水果也可以做出不錯的派，不過最好是選用沒有用糖汁調味的包裝。想做「罐裝或瓶裝漿果或櫻桃派」，請見498頁的說明；「桃子派」，則請見502頁的說明。除非有其他說明，請依照以下的標準模式來做水果派。

新鮮或冷凍水果派的建議

如果下面的食譜沒有你想要的混合水果組合的話，你或許可以自行嘗試做出自己喜歡的內餡。以下的建議可以做為你嘗試時的指引。使用冷凍水果時，記得在水果秤重前別先解凍。

混合以下的水果組合之一：

5杯水果切片或整顆漿果

3又1/2杯去皮梨子切片和1又1/2杯覆盆子、蔓越莓，或葡萄乾

3又1/2杯去皮桃子切片和1又1/2杯藍莓或覆盆子

3 杯去皮蘋果切片和2杯綠番茄切片

3又1/2杯去皮蘋果切片和1又1/2杯覆盆子、黑莓、蔓越莓或新鮮醋栗

2又1/2杯去核酸櫻桃或草莓和2又1/2杯大黃切丁

4杯去核酸櫻桃或甜櫻桃和1杯黑葡萄乾

2又1/2杯草莓切片和 2又1/2杯鵝莓

4 杯新鮮鳳梨切丁和1杯黑葡萄乾或2杯草莓切片

加上：

3/4到1又1/4杯糖

3大匙快煮木薯澱粉、玉米澱粉或中筋麵粉

1大匙濾過的新鮮檸檬汁

1/8小匙鹽

2到3大匙無鹽奶油，切小塊

冷凍的水果派

除了由卡士達做成水果派之外，水果派出乎意料地皆可妥善冷凍保存。最好的冷凍方式是在烘烤前就將之冷凍。關於更多的資訊，請閱讀「冷凍尚未烘烤的派」☆，「冷凍」和「冷凍烤好的派」☆，「冷凍」的說明。

新鮮漿果派（Fresh Berry Pie）（1個9吋雙層派）

請閱讀「擀壓酥皮麵團」、「形塑和修整麵團」和「關於填餡派餅的外皮」，472到474頁的說明。

將以下材料襯入一個9吋派盤：

1份食譜分量的「基本的派或酥皮麵團」，476頁、「派麵團」，477頁或「豪華奶油派或奶油酥皮麵團」，477頁；或是2份食譜分量的「鮮奶油起司酥皮麵團」，477頁

挑選以下材料，必要時要去殼：

5杯新鮮鵝莓、醋栗、黑莓、覆盆子、切開的草莓、藍莓、越橘果或大楊梅

（1又1/2大匙新鮮檸檬汁）

混合：

2/3到1杯糖，或依口味酌量添加分量

1/4杯中筋麵粉

（1/2小匙肉桂粉）

如果是汁液很多的水果，再加入：

（1大匙快煮木薯澱粉）

將以上混合物淋在漿果上，輕輕攪拌到充分混合。閒置15分鐘。

等待期間，將烤爐預熱至230度。把水果放入派殼中，再點綴：

1到2大匙無鹽奶油，切小塊

將派覆蓋上經過充分穿插或可透氣的頂層派皮或是格狀派皮。烘烤10分鐘。把烤爐降熱至180度，繼續烘烤35到40分鐘，或直到外皮呈現金棕色。烘烤完成後就放置架上直至完全冷卻。

冷凍漿果、櫻桃或桃子派（Berry, Cheery, or Peach Pie with Frozen Fruit）（1個9吋雙層派）

準備好：

1份食譜分量的「基本的派或酥皮麵團」，476頁、「派麵團」，477頁或「豪華奶油派或奶油酥皮麵團」，477頁；或是2份食譜分量的「鮮奶油起司酥皮麵團」，477頁

將一半的麵團襯入一個9吋派盤。將以下材料只解凍到可以輕易顆顆分離就好：

5杯冷凍的漿果、櫻桃、黑莓或桃子

混入以下材料：

3大匙快煮木薯澱粉

1又1/4杯糖

1/8小匙鹽

2大匙融化無鹽奶油

在烤爐下部1/3處底架上放上支架。將烤爐預熱到230度。把餡料放入派殼中，再覆蓋上經過充分穿插或可透氣的頂層派皮或是格狀派皮。烘烤10分鐘。把烤爐降熱至180度，繼續烘烤約45分鐘，或直到外皮呈現金棕色。

罐裝或瓶裝漿果或櫻桃派（Berry or Cheery Pie with Canned or Bottled Fruit）（1個9吋雙層派）

準備好：

1份食譜分量的「基本的派或酥皮麵團」，476頁、「派麵團」，477頁或「豪華奶油派或奶油酥皮麵團」，477頁；或是2份食譜分量的「鮮奶油起司酥皮麵團」，477頁

將一半的麵團襯入一個9吋派盤。在烤爐下部1/3處底架上放上支架。將烤爐預熱到220度。

將以下材料倒入放上過濾器的碗裡：

3磅罐裝或瓶裝水果

稍微搖晃以便瀝乾水果。測量3又1/2杯水果和1/2杯果汁，在一個碗裡混合以下材料：

1/2到3/4杯糖

3大匙快煮木薯澱粉或玉米澱粉

2大匙新鮮檸檬汁

讓混合物閒置15分鐘，接著就可倒入派皮底殼裡。再點綴：

2大匙無鹽奶油，切小塊

將派覆蓋上經過充分穿插或可透氣的頂層派皮或是格狀派皮。烘烤30分鐘。

接著就在烤盤下方滑放入一個烘烤淺盤，把烤爐降至180度後，繼續烘烤25到35分鐘，直到汁液的泡泡從蒸氣裂口竄出為止。烘烤完成後就放置架上直至完全冷卻。

藍莓派（Blueberry Pie）（1個9吋雙層派）

當你在做格狀派皮時，要使用較多建議使用量的玉米澱粉，如此可避免濕潤內餡從格條間冒出。

若要使用冷凍藍莓，請見497頁的說明。

準備好：

1份食譜分量的「基本的派或酥皮麵團」，476頁、「派麵團」，477頁或「豪華奶油派或奶油酥皮麵團」，477頁；或是2份食譜分量的「鮮奶油起司酥皮麵團」，477頁

將一半的麵團襯入一個9吋派盤。在烤爐下部1/3底處架上放上支架。將烤爐預熱到220度。

在一個碗裡混合以下材料並閒置15分鐘：

5杯挑選過的藍莓

3/4到1杯糖

3又1/2到4大匙快煮木薯澱粉或玉米澱粉

1大匙新鮮檸檬汁

（1小匙檸檬皮絲）

1/8小匙鹽

接著就可倒入派皮底殼裡。再點綴：

1到2大匙無鹽奶油，要切成小塊

將派覆蓋上經過充分穿插或可透氣的頂層派皮或是格狀派皮。依照495頁的說明進行烘烤，共計烘烤55到65分鐘。烘烤完成後就放置架上直至完全冷卻。

新鮮櫻桃派（Fresh Cheery Pie）（1個9吋雙層派）

酸櫻桃可以做出最棒的櫻桃派，不過熟櫻桃也絕對可以做成內餡。

準備好：

1份食譜分量的「基本的派或酥皮麵團」，476頁、「派麵團」，477頁或「豪華奶油派或奶油酥皮麵團」，477頁；或

是2份食譜分量的「鮮奶油起司酥皮麵團」，477頁

將一半的麵團襯入一個9吋派盤。在烤爐下部1/3處底架上放上支架。將烤爐預熱到220度。

在一個碗裡混合以下材料並閒置15分鐘：

5杯去核或檳櫻桃（Bing cherries）（2到2又1/2磅）

1又1/4糖來配搭酸櫻桃，或3/4杯糖來配搭檳櫻桃

3到3又1/2大匙快煮木薯澱粉或玉米澱粉

2大匙水

1大匙新鮮檸檬汁

（1/4小匙杏仁萃取液）

接著混合物就可倒入派皮底殼裡。再點綴：

2到3大匙無鹽奶油，切小塊

將派覆蓋上經過扎過孔洞或可透氣的頂層派皮或是格狀派皮。依照495頁的說明進行烘烤，約烤55到65分鐘。完成後即放置在架上直至完全冷卻。

酸鮮奶油櫻桃或漿果派或塔（Sour Cream Cherry or Berry Pie or Tarts）（1個9吋單層派或4個 3又1/2吋塔）

使用以下做出1個9吋派皮或4個 3又1/2吋塔皮：

全麥餅乾屑（graham cracker crumbs）做成的「碎屑外皮」，480頁

讓外皮冷卻。將烤爐預熱到165度。在一個中碗中攪打：

3顆大雞蛋

拌入：

3/4杯糖、3/4杯酸鮮奶油

2杯新鮮或瀝乾的罐裝櫻桃或漿果

將餡料倒入外皮。烘烤到內餡的卡士達變硬為止，約1小時。要趁很熱的時候食用，或是放到極冷後再吃。

糖汁漿果派（Glazed Berry Pie）（1個9吋單層派）

準備好相當高的派邊。

將以下襯入一個9吋派盤：

1/2份食譜分量的「基本的派或酥皮麵團」，476頁、「盤內輕拍奶油麵團」，479頁，或是用全麥餅乾屑或香草薄餅做成的「碎屑外皮」，480頁

按照「關於填餡前先烤外皮」，475頁或「關於碎屑與堅果外皮」，480頁的指示進行烘烤。揀選：

6杯草莓，或紅覆盆子或黑覆盆子

將草莓削皮；超大顆的草莓要對切。在一個大碗裡放入測量過的4杯量的漿果。用果汁機或食物調理機把剩下的2杯漿果做成泥狀。

在一個中型平底鍋裡拌攪：

1杯糖

1/4杯玉米澱粉

1/8小匙鹽

再拌入：

1/2杯水

將漿果泥連著以下材料拌入：

2大匙新鮮檸檬汁

以中或大火將混合物煮沸，要不斷攪拌，約煮1分鐘。加入剩下的漿果，輕輕攪拌直到混合。接著就可將餡料倒入外皮裡。派要放進冰箱冷藏定型，至少要4小時。最好在做好派的當天就食用完畢。搭配以下一起食用：

發泡鮮奶油

蘋果派（Apple Pie）

在派的上頭放上冰淇淋是個時髦的吃法；吃著很棒的蘋果塔那可說是品嚐著天堂的滋味

I. 1個9吋雙層派

準備好：

1份食譜分量的「基本的派或酥皮麵團」，476頁或「豪華奶油派或奶油酥皮麵團」，477頁

將一半的麵團襯入一個9吋派盤。在烤爐下部1/3處底架上放上支架。將烤爐預熱到220度。

將以下去皮、去核並切成1/4吋厚的薄片：

2又1/2磅蘋果（5到6顆大蘋果）

在一個碗中混合：

3/4杯糖、2到3大匙中筋麵粉

（1大匙新鮮檸檬汁）

1/2小匙肉桂粉

1/8小匙鹽

閒置15分鐘，期間要攪拌幾次，如此可讓蘋果稍微變軟。將餡料倒入底殼裡，並用匙背輕輕抹平。上方點綴：

2大匙無鹽奶油，要切成小塊

依照473到475頁的說明覆蓋頂層外皮。灑上：

2小匙糖

1/8小匙肉桂粉

烘烤30分鐘。接著就在烤盤下方滑放入一個烘烤淺盤，把烤爐降至180度後，繼續烘烤30到45分鐘，烤到用刀子插入蒸汽會感覺蘋果剛變軟，而且有汁液的泡泡從裂口竄出。烘烤完成後就放置架上直至完全冷卻，3到4小時。如果你希望食用溫熱的蘋果派，就放入預熱到180度的烤爐烘烤15分鐘。蘋果派在做好的當天食用最佳，不過也可以在室溫下保存2到3天。

II. 1個9吋雙層派

這個食譜使用的是預煮過的餡料，藉此避免內餡和頂層派皮之間在烘烤時可能會出現的空隙，如此就可做出漂亮完整無瑕的蘋果派，將這樣的派切片將會令人相當愉悅。

準備好：

1份食譜分量的「基本的派或酥皮麵團」，476頁或「豪華奶油派或奶油酥皮麵團」，477頁

將一半的麵團襯入一個9吋派盤。將以下去皮、去核並切成1/4吋厚的薄片：

3磅蘋果（6到8顆中型蘋果）

在一個寬口的煮鍋或煎鍋以大火加熱以下材料，直到沸騰且散發香氣為止：

3大匙無鹽奶油

加入蘋果翻攪，讓蘋果沾滿奶油。將爐火降至中火，緊蓋鍋蓋再繼續烹煮，期間要不時攪拌，烹煮到蘋果外面變軟但還稍帶脆度，約5到7分鐘。

再拌入：

3/4杯糖

1/2小匙肉桂粉

1/8小匙鹽

將爐火調至大火，把蘋果很快地煮沸，讓汁液變得濃稠到像楓糖漿一樣，約3分鐘。完畢後就立刻將蘋果平鋪在一個烘烤淺盤上，讓蘋果閒置直到降至室溫溫度為止。

在烤爐下部1/3處底架上放上支架。將烤爐預熱到180度。把蘋果餡料倒入底殼裡。

將派覆蓋上經過充分穿插或可透氣的頂層派皮或是格狀派皮。烘烤到派皮呈現漂亮的棕色且內餡開始冒泡為止，約30到40分鐘。烘烤完成後就放

置架上直至完全冷卻，3到4小時。

如果你希望食用溫熱的蘋果派，就放入預熱到180度的烤爐烘烤15分鐘。蘋果派在做好的當天食用最佳，不過也可以在室溫下保存2到3天。

III. 1個9吋單層派

如同I和II準備好：

1/2份食譜分量的「基本的派或酥皮麵團」，476頁或「豪華奶油派或奶油酥皮麵團」，477頁

在覆蓋頂層外皮的步驟，要灑上以下材料取代外皮：

酥粒☆，170頁

依照指示烘烤。如果碎屑外皮開始變深棕色時，就要用箔紙覆蓋保護直到蘋果被烤到變軟為止。烘烤完成後就放置架上直至完全冷卻。

蘋果小塔餅（Apple Tartlets）（8個小塔餅）

請閱讀「擀壓酥皮麵團」，472頁的說明。

在烤爐下部1/3處底架上放上支架。將烤爐預熱到190度。在8個標準瑪芬蛋糕烤杯或個別小派盤中襯入：

1份食譜分量的「基本的派或酥皮麵團」，476頁或「豪華奶油派或奶油酥皮麵團」，477頁

填入以下餡料：

4杯去皮蘋果薄片

混合以下材料後澆淋到蘋果上：

1/2杯糖、2顆輕打過的雞蛋

2大匙融化無鹽奶油、1大匙新鮮檸檬汁

1顆濃鮮奶油，或1/2杯煮沸牛奶加上1/2杯水

（1/2肉桂粉）

（1/8肉豆蔻粒或肉豆蔻粉）

烘烤40分鐘。烘烤完成後就放置架上直至完全冷卻。

桃子卡士達外餡「樂土」（Open-Faced Peach Custard Pie Cockaigne）（1個9吋單層派）

準備好：

1/2份食譜分量的「基本的派或酥皮麵團」，476頁

將麵團襯入一個9吋派盤。按照「關於填餡前先烤外皮」，475頁的指示烘烤。

烤好外皮塗抹：

1顆打過的大雞蛋

在烤爐下部1/3處底架上放上支架。將烤爐預熱到200度。在一個碗中充分拌攪：

1顆大雞蛋或2顆大蛋黃

1/3杯糖

6大匙（3/4條）融化奶油

3大匙中筋麵粉

1/2小匙香草

1/4小匙鹽

將以下材料在底層外皮鋪排一層，邊要修掉：

3到4顆去皮、對切和去核的新鮮桃子，或6到8個切半的瀝乾罐裝桃子

將之前的蛋液澆淋在桃子上。烘烤10分鐘。把烤爐降至150度，繼續烘烤約1小時，烤到卡士達內餡呈棕色且頂端成皮硬皮狀；搖晃派的時候，卡士達看似凝固在派的中央。趁熱食用或冷卻至室溫溫度再吃。烤好的派可以冷藏1天。喜歡的話，可以用以下裝飾烤好的派：

（發泡鮮奶油☆，98頁）

桃子派（Peach Pie）（1個9吋雙層派）

若使用冷凍桃子，請見497頁的說明。

準備好：

1份食譜分量的「基本的派或酥皮麵團」，476頁、「派麵團」，477頁或「豪華奶油派或奶油酥皮麵團」，477頁；或是2份食譜分量的「鮮奶油起司酥皮麵團」，477頁

將一半的麵團襯入一個9吋派盤。在烤爐下部1/3處底架上放上支架。將烤爐預熱到220度。將以下去皮、去核並切成1/4吋厚的薄片：

2又1/2磅桃子

在一個碗裡混合：

1/2又3/4杯糖

3到3又1/2大匙中筋麵粉

快煮木薯澱粉或玉米澱粉3大匙新鮮檸檬汁

（1/4小匙杏仁萃取液）

1/8小匙鹽

閒置15分鐘，其間要適時攪拌，接著就可倒入派皮底殼裡。再點綴：

2到3大匙無鹽奶油，要切成小塊

將派覆蓋上經過充分穿插或可透氣的頂層派皮或是格狀派皮。輕輕刷上：

牛奶或鮮奶油

依照495頁的說明進行烘烤，共計烘烤55到65分鐘。烘烤完成後就放置架上直至完全冷卻。

大黃派（Rhubarb Pie）（1個9吋雙層派）

準備好：

1份食譜分量的「基本的派或酥皮麵團」，476頁、「派麵團」，477頁或「豪華奶油派或奶油酥皮麵團」，477頁；或是2份食譜分量的「鮮奶油起司酥皮麵團」，477頁

將一半的麵團襯入一個9吋派盤。在烤爐下部1/3處底架上放上支架。將烤爐預熱到220度。不需去皮，直接將以下切成1吋長：

1又3/4到2磅修整過的大黃莖

測量出5杯大黃莖的量，並在碗裡加入：

1又1/4到1又1/2杯糖，用量要根據水果酸度而調整

1/4杯快煮木薯澱粉或玉米澱粉

（1到2小匙柳橙皮絲）

1/4小匙鹽

閒置15分鐘，其間要適時攪拌。

接著就可倒入派皮底殼裡。再點綴：

2大匙無鹽奶油，切成小塊

將派覆蓋上經過充分穿插或可透氣的頂層派皮或是格狀派皮。輕輕刷上：

牛奶或鮮奶油

再灑上：

2小匙糖

烘烤30分鐘。把烤爐降至180度後，繼續烘烤25到30分鐘，直到汁液變得濃稠且冒泡。烘烤完成後就放置架上直至完全冷卻。

草莓大黃派（Strawberry Rhubarb Pie）

這種派嚐到的草莓滋味遠大於大黃味道，一般來說，也可以取悅不喜歡大黃的人。準備前一食譜「大黃派」，不過要用2又

1/2杯揀選過且縱向對切的草莓來替代2又1/2杯大黃，並且要減少1杯的糖類，不要加入柳橙皮絲。

康科爾葡萄派（Concord Grape Pie）（1個9吋雙層派）

只使用康科爾葡萄或其他類似葡萄，也就是施壓時會讓果皮容易剝離的葡萄。
準備：
1份食譜分量的「基本的派或酥皮麵團」，476頁或「豪華奶油派或奶油酥皮麵團」，477頁
將一半的麵團襯入一個9吋派盤。將以下洗淨、去梗並揀選：
約2磅康科爾葡萄
測量4杯的量。每次一個，把葡萄施壓剝除掉外皮；果皮和果肉都要保留。用平底鍋以中火烹煮果肉約5分鐘，讓葡萄籽脫出。用大口的篩子過濾到碗裡，將過濾出的葡萄籽去掉。接著就將果皮加到去籽的果肉中，再拌入：
3/4 到1杯糖

2大匙無鹽奶油，切成小塊
1大匙新鮮檸檬汁、1/8小匙鹽
閒置冷卻後，再攪入：
2又1/2到 3大匙快煮木薯澱粉或玉米澱粉（要使用最大分量的玉米澱粉來做格狀外皮的派）
在烤爐下部1/3處底架上放上支架。將烤爐預熱到220度。把餡料倒入頂層外皮上。將派覆蓋上經過充分穿插或可透氣的頂層派皮或是格狀派皮。刷上：
（1大顆蛋黃，以1/8小匙水一同攪打過）
再灑上：
（2小匙糖）
烘烤55到65分鐘。烘烤完成後就放置架上直至完全冷卻。

仿碎肉派（Mock Mincemeat Pie）（1個9吋雙層派）

這是本書經典食譜，最先出現在1931年的版本。請見472到474頁的說明。
將以下材料切成碎片：
1又1/2杯帶籽葡萄乾
將以下去皮、去核並切片：
4顆中型酸蘋果或1份蘋果和青番茄的組合水果（3杯）
混合葡萄乾與蘋果。加入：
1顆柳橙皮絲
1顆柳橙的榨汁（1/2杯）
1/2杯蘋果汁或其他果汁
覆蓋烹煮以上材料，直到蘋果變得很軟為止。拌入以下充分混合：
3/4杯糖
1/4小匙肉桂和1/4小匙丁香

2到3大匙搗到細碎的蘇打餅乾
如果蘋果很乾，就使用較少的分量。以上的混合物可以存放好幾天。要使用混合物之前，再加入：
（1大匙白蘭地）
將烤爐預熱到230度。在一個派盤底部襯入：
1份食譜分量的「基本的派或酥皮麵團」，476頁或「豪華奶油派或奶油酥皮麵團」，477頁
填入準備好的仿碎肉內餡。覆蓋上經過充分穿插的頂層派皮或是格狀派皮。以預熱至230度的烤爐烘烤10分鐘。接著把烤爐降至180度，再繼續烘烤20分鐘。

葡萄乾派（Raisin Pie）（1個9吋雙層派）

在一個中型平底鍋以大火沸煮：
4杯（1又1/2磅）葡萄乾，或2杯黑葡萄乾
加上2杯黃金葡萄乾
2又1/2杯水
把火關小繼續烹煮5分鐘。將火關掉後，
充分攪拌，接著再拌入：
1杯紅糖、1/4杯中筋麵粉
（3/4小匙肉桂粉）、1/2小匙鹽
加入：
3大匙無鹽奶油，要切成小塊
1大匙新鮮檸檬汁或其他種類的醋
用中火煮沸，其間要不斷攪拌，並再烹
煮1分鐘。烹煮完後閒置冷卻至室溫溫
度。準備好：
1份食譜分量的「基本的派或酥皮麵

團」，476頁、「派麵團」，477頁或「豪
華奶油派或奶油酥皮麵團」，477頁；或
是2份食譜分量的「鮮奶油起司酥皮麵
團」，477頁
將一半的麵團襯入一個9吋派盤。在烤爐
下部1/3處底架上放上支架。將烤爐預熱
到200度。將餡料倒入底層派皮裡。覆蓋
上經過充分穿插或可透氣的頂層派皮或是
格狀派皮。喜歡的話，可以在派頂刷上：
　（1顆大蛋黃，用1/8小匙水一同攪打過）
烘烤40到45分鐘，直到派皮烤成漂亮的棕
色且內餡汁液開始冒泡。烘烤完成後就放
置架上直至完全冷卻。烤好的派可以在室
溫下存放至2天。搭配以下一同食用：
發泡鮮奶油☆，98頁或香草冰淇淋

捏塑盤裡輕拍的派皮　　　　捏塑盤裡輕拍的派邊

新鮮水果塔（Fresh Fruit Tart）（1個9又1/2吋或10吋水果塔）

同樣的處理方式已可以用來做小塔餅，不
過或多或少會需要加些糖汁、糕餅鮮奶油
和水果。
在1個9又1/2吋或10吋的兩件式塔盤中襯
入：
1/2份食譜分量的「基本的派或酥皮麵
團」，476頁或「盤內輕拍奶油酥餅麵
團」，480頁
在塔皮塗抹：
1顆大蛋黃
依照「關於填餡前先烤外皮」或盤內輕

拍麵團食譜的指示來烘烤塔皮。烘烤完
成後要放至完全冷卻。
為了防止塔皮濕潤，在底層派皮刷上：
3大匙融化醋栗醬
覆盆子醬或草莓醬，或1大匙軟化無鹽奶
油
將塔皮放入冰箱冷藏10分鐘來固定淋汁或
奶油。在塔皮上頭均勻塗抹：
1杯糕餅鮮奶油，100頁
在鮮奶油上頭鋪上一層：
2杯整顆小漿果、草莓切片，或杏子、奇

異果和芒果等水果薄片

喜歡的話，可以在水果上頭刷上：

2到3大匙融化果凍

或者，食用之前，在塔上輕灑：

糖粉

如果沒有要馬上食用，可先冷藏，但是不能超過6小時。

覆盆子酥粒塔（Raspberry Streusel Tart）（1個9又1/2吋或10吋水果塔）

你可以用任何夏季漿果或漿果組合來做這種塔餅。在1個9又1/2吋或10吋的兩件式塔盤中襯入：

1/2份食譜分量的「基本的派或酥皮麵團」，476頁或「盤內輕拍奶油酥餅麵團」，480頁

在塔皮塗抹：

1顆大蛋黃

依照「關於填餡前先烤外皮」，475頁或「關於盤內輕拍外皮」，479頁的指示來烘烤塔皮。烘烤完成後放至完全冷卻。在烤爐下部的中層架上放上支架。

將烤爐預熱到180度。拌入混合以下材料：

3杯覆盆子或其他漿果

1/2杯糖、2大匙玉米澱粉

1大匙濾過的新鮮檸檬汁

將覆盆子混合餡料均勻放入塔皮中。在漿果上頭灑上：

酥粒 I☆，171頁

烘烤45到60分鐘，直到酥粒烤成棕色且內餡濃汁開始冒泡。烘烤完成後就放置架上直至完全冷卻。

翻轉蘋果塔（Tarte Tatin）（1個10吋或11吋蘋果塔）

這是法國經典的上下顛倒的蘋果塔，其名稱是來自泰塔（Tatin）姊妹，她們在位於羅亞爾河谷的旅館提供這種蘋果塔。將蘋果切成4等分，在鋪有糖和融化奶油的煮鍋底部，把蘋果沿著底部圈放。蘋果會以大火烹煮到汁液變深，接著再覆蓋上酥皮塔皮繼續烘烤。當蘋果塔從煮鍋取出時，塔皮會變成集中的焦糖蘋果圈的底層，呈現一幅金黃誘人的景象。

使用耐烤爐高溫的深煮鍋來準備這種蘋果塔，塔鍋底部要有7到8吋寬而頂部要有10到11吋寬。餡料並不會與鑄鐵器具起反應，不過，當你要取出蘋果塔而翻轉煮鍋時，可能會發現鑄鐵煮鍋太重。你可以在某些廚具店裡買到專門為翻轉蘋果塔所做的烤盤。

準備好：

1/2份食譜分量的「豪華奶油派或奶油酥皮麵團」，477頁

將麵團擀壓成12吋的圓形麵團，在底部滑入一個無邊的餅乾烤盤後就放入冰箱冷藏。

在烤爐最上層的架上放上支架。將烤爐預熱到190度。將以下材料去皮、去核並切成4等分：

6顆中型蘋果（約3磅）

在煮鍋中將以下融化（請見前述說明）：

1/2杯（1條）無鹽奶油

關掉爐火後，在底部塔皮灑上：

1杯糖

沿著烤盤盤邊排放一圈4等分切成的蘋果片，切片的薄邊要朝下排放，如此就可以盡可能放入較多的蘋果片。再把剩下的蘋果片放入煮鍋的中間（可能會剩下1、2片放不進去的蘋果片）。用最大的爐火來烹煮煮鍋中的蘋果片，烹煮到汁液

翻轉蘋果片

排組翻轉蘋果塔

從奶油糖果色澤變成深沉的琥珀色，約10到12分鐘。先將煮鍋從爐火移開，用叉子或削皮刀尖端穿刺蘋果片來翻面到沒有煮到的那一面，接著就再移回爐火繼續以大火沸煮 5分鐘。關掉爐火後，把準備好的塔皮滑放到蘋果片上頭。要小心不要燙傷手指，把塔皮的皮邊輕輕塞入煮鍋內側。

放入烤爐烘烤25 到35分鐘，烤到蘋果塔呈現漂亮的棕色。接著就閒置在架上20分鐘。

用刀子把蘋果塔的四周弄鬆，接下來就可以倒放在耐高溫的碟子上。將任何黏附煮鍋的蘋果派取下放在塔上的適切位置。要立即食用，或者至少在室溫中放置8小時後再食用。要食用時，可以將蘋果派以烤爐最低溫來加熱至微溫。

｜ 關於透明派 ｜

以紅糖、糖蜜，以及玉米糖漿或楓糖漿為底所做成的很棒的派料可說相當多，一般都認為這是美國南方的特色，不過這樣的底甚至影響到了名稱來源不清的切斯派。這些派料通常會加上雞蛋而變得濃稠，不過有時也會用碎屑混合物來做，或者，就像是美國賓州德國城的特產「糖漿餡派」（Shoofly Pie），利用麵粉做底來讓這種糕餅呈現類似蛋糕的質地。有些麵包師會用酸果凍、檸檬或醋來減低甜度。有些則會加入奶油或鮮奶油、香料、堅果和（或）水果乾。你也可以在這些派的上頭添加碎屑混合物、蛋白霜、發泡鮮奶油或糖霜。至於如何測試完成度，請閱讀「關於卡士達派和鮮奶油派」，510頁的說明。這些派要放入冰箱冷藏，不過在食用之前，要放到室溫溫度，或用預熱至一百三十五度的烤爐加熱十五分鐘。

基本透明派（Basic Transparent Pie）

在許多聚會場合中，從宗教狂歡節慶到喪禮，我們都會吃到這種很棒的美國南方特產。這種派有許多變化，但是我們偏愛以下的核桃派食譜，不過我們會用香草加上肉豆蔻粒或1大匙新鮮檸檬汁來取代胡桃。如果你在餡料中加入1/4杯酸果凍，或是將酸果凍襯入派皮中，你就做成了琥珀派。

核桃派（Pecan Pie）（1個9吋單層派）

這是用白糖和淡玉米糖漿做成的派，具有溫和甜美的奶油香。想做出嚐起來有焦糖般口感的深色核桃派，就需使用淡紅糖或深紅糖與深玉米糖漿。用黑胡桃取代核桃也可做成令人垂涎的派。要準備高度很高的派邊。

準備1個9吋派盤，最好是玻璃製，在盤中襯入：

1/2份食譜分量的「基本的派或酥皮麵團」，476頁或「盤內輕拍奶油酥餅麵團」，480頁

在派皮塗抹：

1顆大蛋黃

依照「關於填餡前先烤外皮」，475頁或「關於盤內輕拍外皮」，479頁的指示來烘烤皮。在烤爐下部的中層架上放上支架。將烤爐預熱到190度。在一個大碗中拌攪：

4顆大雞蛋、1杯糖或紅糖

3/4淡玉米糖漿、5大匙融化的無鹽奶油

1小匙香草或1大匙黑蘭姆酒、1/2小匙鹽

拌入：

2杯核桃

把餡料倒入派皮中。烘烤到派邊變硬，而且將派輕推時可以感覺中間部分如膠質般顫動，時間為35到45分鐘。烤好的派要在架上閒置至少1個半小時。趁熱食用或等到降至室溫再吃。烤好的派可以冷藏至多2天；不過，食用之前，要放到室溫溫度，用預熱至135度的烤爐加熱15分鐘。

巧克力碎片或核桃塊派（Chocolate Chip or Chunk Pean Pie）

準備前述食譜的核桃派，不過要減少1杯核桃的用量，而且要在堅果中拌入1杯巧克力碎片，或是各2磅的黑巧克力、牛奶巧克力和白巧克力（要切成1/4吋的小塊）。烘烤35分鐘，或是烤到派皮固定。將烤好的派冷卻後放入冰箱冷藏到冰硬，接著就可切片。食用之前，用預熱至135度的烤爐將切片加熱，加熱到巧克力開始軟化即可。

波本派（Bourbon Pie）

準備核桃派，但是別加入堅果，並且要以3大匙波本威士忌取代香草或蘭姆酒。

糖漿餡派（Shoofly Pie）（1個9吋單層派）

這種美國賓州德國城的特產有「乾底」和「濕底」兩種版本。乾底版本的派有著如同軟薑餅的派皮，我們在此提供的是濕底的版本，會在派頂添加糖蜜卡士達與碎屑。

將以下襯入一個9吋派盤：

1/2份食譜分量的「基本的派或酥皮麵團」，476頁或「盤內輕拍奶油酥餅麵團」，480頁

依照「關於填餡前先烤外皮」，475頁或「關於盤內輕拍外皮」，479頁的指示來烘烤派皮。

在烤爐下部的中層架上放上支架。將烤爐預熱到200度。在一個碗中混合：

1杯中筋麵粉

2/3杯深紅糖

5大匙軟化無鹽奶油

用叉子或奶油切刀攪爛到成碎屑狀。用一支大湯匙在另一個碗中攪打混合：

1杯淡糖蜜、1顆大雞蛋、1小匙蘇打粉

倒入以下充分攪拌：

1杯滾水

把一半的碎屑混合物拌入糖蜜混合物中，

再倒入準備好的派皮裡。將剩下的一半碎屑混合物灑均勻鋪灑其上。烘烤10分鐘，接著要將烤爐降至180度，烘烤到派皮皮邊變硬，20到30分鐘。烘烤完成後就放置架上直至完全冷卻。烤好的派可以在室溫下保存多至3天。搭配以下一起食用：

發泡鮮奶油[☆]，98頁

切斯派（Chess Pie）（1個9吋單皮派）

將以下襯入一個9吋派盤：

1/2份食譜分量的「基本的派或酥皮麵團」，476頁

在塔皮塗抹：

1顆大蛋黃

依照「關於填餡前先烤外皮」，475頁的指示來烘烤派皮。在烤爐下部的中層架上放上支架。將烤爐預熱到135度。在一個耐熱的碗中拌攪以下材料直到不再有黃色紋理殘留：

1顆大雞蛋、4顆大蛋黃、2/3杯糖

2/3杯淡紅糖、1/2小匙鹽

拌入：

2/3杯濃鮮奶油或煮沸牛奶，或1/3杯牛奶和1/3杯濃鮮奶油

在上頭鋪布：

6大匙（3/4條）無鹽奶油，切成小塊

在煮鍋裡加滿1吋的水並煮到滾沸。把碗放到煮鍋中並輕輕攪拌碗裡的混合物，直到呈現光滑且摸起來溫軟的狀態。再拌入：

（1/2到3/4杯切碎的烤過胡桃或核桃）

把餡料倒入派皮中，烘烤到派皮變硬，50到65分鐘。

傑弗遜・戴維斯派（Jefferson Davis Pie）

準備前述食譜切斯派。加熱之前，要在餡料中加入1/2杯蜜棗、1/2杯葡萄乾、1/2杯堅果碎粒、1小匙肉桂粉、1小匙肉豆蔻粒或肉豆蔻粉和1/2小匙五香粉。

酪奶切斯派（Buttermilk Chess Pie）

準備前述食譜切斯派。要添加額外2/3杯白糖來替代紅糖。不要加鹽，而是加入1顆檸檬皮絲。不要用鮮奶油和牛奶，而是以1/3杯濃鮮奶油和1/3杯新鮮檸檬汁來替代。在餡料中拌入（1/2杯碎胡桃或核桃）和（1/2杯剁碎的葡萄乾）。烘烤到輕推派餅時中央部分凝固定形即可，時間35到40分鐘。

檸檬切斯派（Lemon Chess Pie）

準備前述食譜切斯派。要添加額外2/3杯白糖來替代紅糖。不要加鹽，而是加入1顆檸檬皮絲。不要用鮮奶油和牛奶，而是以1/3杯濃鮮奶油和1/3杯新鮮檸檬汁來替代。在餡料中拌入（1/2杯甜味椰絲乾）。烘烤時間要減少為25到40分鐘。

切斯塔（Chess Tarts）

準備好：
1份食譜分量的「豐美蛋塔麵團」，478頁
依照在麵團食譜的指示將麵團襯入6個3吋塔皮中並進行烘烤。要將烤爐溫度減為135度。填入以下餡料：

切斯派、傑佛遜·戴維斯派、酪奶切斯派或檸檬切斯派
烘烤20分鐘。烤完放冷後，在上頭塗上：
發泡鮮奶油

楓糖漿派（Maple Syrup Pie）（1個9吋派）

將烤爐預熱到180度。將以下襯入一個9吋派盤：
1/2份食譜分量的「基本的派或酥皮麵團」，476頁
依照「關於填餡前先烤外皮」，475頁的指示來烘烤派皮。拌攪以下材料：
1又1/2杯紅糖
2顆大雞蛋、1/2杯濃鮮奶油

1/3純楓糖漿、2小匙融化無鹽奶油
把餡料倒入派皮中。烘烤到派的中間看似固定，但是將派輕推時可以感覺中間部分如膠質般顫動，時間為50到60分鐘。烘烤完成後就放置架上直至完全冷卻。搭配以下一起食用：
發泡鮮奶油，酸鮮奶油

花生醬派（Peanut Butter Pie）（1個10吋派）

這種派的內餡與慕斯類似，而且嚐起來有著讓人驚喜的微妙味道，淋在派上頭的巧克力糖汁更讓成品極為優雅迷人。
請閱讀「關於碎屑與堅果外皮」，480頁的說明。
將以下襯入一個10吋派盤：
全麥餅乾屑或巧克力薄餅做成的「碎屑外皮」，481頁
在一個大碗中將以下材料擊打到滑順融和：
8盎司軟化鮮奶油起司
1杯塊狀或滑順的花生醬
1/2杯糖、2小匙香草
在一個中碗中將以下打到硬性發泡的狀態：
1杯冷濃鮮奶油

使用一支橡膠鍋鏟，先將一半的發泡鮮奶油切入花生醬混合料中，把混合料拌得較輕之後，再切入剩餘的鮮奶油。將混合餡料均勻地塗在冷卻的派皮上。直接將一張保鮮膜下壓在表面上，接著就放入冰箱冷藏到變硬，約4小時。
在平底鍋中以大火將以下材料煮沸並攪拌：
巧克力甘納許糖汁或糖霜☆，165頁
閒置到微溫後，將以上糖汁倒到派的上頭並均勻鋪抹。灑上：
（1/3杯鹽味花生碎粒）
放入冰箱冷藏至少1小時或多至3天。喜歡的話，搭配以下一起食用：
（發泡鮮奶油☆，98頁）

| 關於卡士達派和鮮奶油派 |

　　如同所有的卡士達，做為卡士達派的餡料也需要以相對低溫烘烤，如此才能防止內餡凝固，麻煩的是不經高溫烘烤的派皮往往會濕答答的，解決此一麻煩的訣竅就是在趁著卡士達和外皮還熱時就將兩者組合在一塊，卡士達就能以低溫快速烤完，而派皮也不至於因而過於濕潤。要以這個方法成功做出派，請使用「基本的派或酥皮麵團」並進行「盲烤」，475頁，當塗抹蛋黃的外皮烤完後，要注意別弄濕了派皮。為了不讓內餡過度烘烤而使得餡邊呈現顆粒狀，卡士達派一定要在中間部分還如膠質般顫動時就從烤爐中取出。取出後閒置冷卻的內餡會就著餘溫繼續烘烤而變得更為濃重。

　　因為卡士達派和鮮奶油派很容易變壞，冷卻後一定要立刻放入冰箱。最好在烤好的當天食用，否則派皮會開始變軟。不論是冰冷、室溫或微溫的溫度，卡士達派都很好吃。鮮奶油派就一定要冷著吃。

卡士達派（Custard Pie）（1個9吋派）

將烤爐預熱到220度。將以下做成一個高的波狀圓形麵團，並襯入一個9吋派盤，最好是玻璃製派盤：
1/2份食譜分量的「基本的派或酥皮麵團」，476頁
在上頭塗抹：
1顆大蛋黃

準備內餡的期間，依照「關於填餡前先烤外皮」，475頁的指示，先將派底烘烤10分鐘，接著要將烤爐降為165度。在一個大碗中充分拌攪：
3顆大雞蛋、2到3顆大蛋黃
1/2杯糖、1小匙香草、1/8小匙鹽

用平底鍋以中火煮沸：
2杯全脂牛奶
輕輕拌攪，再逐漸將牛奶加入蛋液中。隨後就要立刻把熱卡士達倒到熱派皮上。在上方灑上：
　（1/4到1/2小匙肉豆蔻粒或肉豆蔻粉）
烘烤25到35分鐘。烘烤到輕推派的的中間部分會有如膠質般顫動的狀態時。烘烤完成後就放置架上直至完全冷卻。可以直接食用、搭配灑糖的新鮮水果，或用以下點綴：
甜巧克力削捲條☆，見「了解你的食材」

巧克力糖汁卡士達派（Chocolate Glazed Custard Pie）

這種派在我們祖母的年代極受歡迎，是到了再次受到青睞的時刻了。
準備卡士達派，但是別加肉豆蔻。讓派在室溫中閒置冷卻。準備好：

巧克力甘納許糖汁或糖霜☆，165頁
閒置到微溫後，將以上糖汁倒到派的上頭。冷藏到糖汁固定。

香草鮮奶油派（Vanilla Cream Pie）（1個9吋單層派）

將以下襯入一個9吋派盤：

1/2份食譜分量的「基本的派或酥皮麵團」，476頁、任何一種「盤內輕拍麵團」，474到480頁，或「碎屑外皮」，481頁

依照「關於填餡前先烤外皮」，475頁的指示烘烤10分鐘。

如果在派的上頭添加了蛋白霜，就要將烤爐降為165度。

在一個中型的鑄鐵平底鍋中充分拌攪：

2/3杯糖、1/4杯玉米澱粉、1/4小匙鹽

逐漸拌入：

2又1/2杯全脂牛奶

使勁擊打到沒有殘留黃色紋理：

5顆大蛋黃

可以保留蛋白來做蛋白霜。用一支耐熱的橡膠鍋鏟不斷地攪拌，以中火加熱至即將沸騰的狀態。先從爐火移開，從平底鍋的角落刮下，並拌攪到滑順。再回到爐火加熱，不斷拌攪，烹煮1分鐘，直到開始沸騰即可。關火後，再拌入：

2到3大匙無鹽奶油，切成小塊

1又1/2小匙香草

用湯匙將餡料放入準備好的派皮中，然後直接在表面下壓一張保鮮膜。如果不會添加蛋白霜的話，要冷藏至少3小時來讓餡料變硬。要食用之前，移除保鮮膜並塗抹上：

發泡鮮奶油☆，98頁

或者，如果你要派的上頭添加蛋白霜，就要在烤派後就接著準備：

軟蛋白霜加料I或II☆，169頁

移除保鮮膜之後，把蛋白霜塗抹在烤熱的派上頭，並且要將蛋白霜塗進派皮的每一邊。將派烘烤20分鐘，完成後就放置架上直至完全冷卻，接著就可放入冰箱。

巧克力鮮奶油派（Chocolate Cream Pie）（1個9吋單層派）

請閱讀「關於碎屑與堅果外皮」，479頁。

I. 切碎：2盎司無糖巧克力

　　準備：前述食譜的「香草鮮奶油派」要多加3/4到1杯糖。將巧克力融化在牛奶混合液中，接著再加入蛋黃。然後就按照前述食譜的指示進行。

II. 在派皮中填入：

1/2份食譜分量的「法式卡士達杯」☆，180頁、「巧克力慕斯」☆，200頁、「白巧克力慕斯」☆，201頁，或「摩卡餡料」☆，101頁

冷藏到冰冷，或者直到可以食用為止。點綴：

發泡鮮奶油☆，98頁

香蕉鮮奶油派（Banana Cream Pie）（1個9吋派）

準備好前述食譜香草鮮奶油派所指示的派皮和內餡。將2到4根（1又1/2到2杯）成熟的硬香蕉剝皮並切成薄片。先把1/3分量冷卻後的香草餡料塗抹在派皮上，接著把一半的香蕉灑放在上頭。再覆蓋上另外1/3分量的香草餡料，然後就放上剩餘的香蕉。最後就把剩下的香草餡料全部塗抹其上。接下來就可以按照食譜的指示烘焙。

奶油糖果鮮奶油派（Butterscotch Cream Pie）（1個9吋單層派）

將以下襯入一個9吋派盤：
「堅果外皮」，481頁、「碎屑外皮」，
481頁，或1/2份食譜分量的「基本的派或
酥皮麵團」，476頁
按照「關於碎屑與堅果外皮」，480頁或
「關於填餡前先烤外皮」，475頁的指示
烘烤外皮。
用一個鑄鐵平底鍋混合以下材料，以中
火烹煮攪拌到融化且冒泡，3到5分鐘：
6大匙（3/4條）無鹽奶油
1杯淡紅糖

關火後，逐漸拌入：
1/2杯鮮奶油或煮沸牛奶
千萬別直接加牛奶，一般牛奶會變凝固。
必要時，可以短暫加熱來融化奶油糖果。
閒置使其稍微冷卻。準備以下的餡料：
前述食譜香草鮮奶油派
不過，別加糖，並且要將牛奶分量減為2
杯。接著牛奶加入紅糖混合料中，不加
奶油。把餡料塗上派皮，並按照指示完
成烘焙。

椰子鮮奶油派（Coconut Cream Pie）（1個9吋派）

將以下襯入一個9吋派盤：
準備好前述食譜香草鮮奶油派，連著奶
油，要在餡料中加入1 到1又1/3杯甜味乾
燥椰子仁☆，見「了解你的食材」。喜歡

的話，保留2到3大匙椰子仁，可以用來灑
在添加的發泡鮮奶油或蛋白霜的上頭。
冷藏過的派可以搭配以下一同食用：
（巧克力醬☆，257頁或焦糖醬☆，259頁）

｜關於南瓜派、南瓜小果派和番薯派｜

　　要用煮過的南瓜或番薯等菜泥來做派，處理的方式與卡士達派很類似。**準
備新鮮南瓜泥或南瓜小果泥**：要挑選適合做派的南瓜（要選較甜且果肉質地較
佳的種類，別選用來做成萬聖節傑克南瓜燈的大南瓜）或南瓜小果（如哈伯
德南瓜〔Hubbard〕、美味南瓜〔Delicata〕、日本南瓜〔Kabocha〕或奶油南瓜
〔Buttercup〕）。你會需要五到六磅的南瓜來做成兩個派所需的四杯南瓜泥。
用一把切肉刀或大鐵刀將南瓜切成四等分。將南瓜去梗後，挖出黏性纖維的
部分和南瓜籽，再將南瓜切成四吋大小的南瓜塊。在一個已經起了油的平鍋
裡，將南瓜以外皮朝下的方式放入，用鋁箔紙緊緊包覆後，就可以放入預熱到
一百六十五度的烤爐烘烤到南瓜變軟，約一個半小時。把去掉南瓜皮的果肉和
果泥挖放入食物調理機中處理，或著強壓入手動式副食品處理機或過濾篩網
中。

　　如果瓜泥似乎過鬆或過濕，就倒入襯了粗濾布的過濾器中，再提起粗濾布
的周邊覆蓋住瓜泥，接著就在上頭壓上蛋糕烤盤和幾個大型罐頭，藉此讓瓜泥
瀝乾三十到六十分鐘，或直到呈現如同灌裝瓜泥一般的濃稠度。

南瓜或南花小果派（Pumpkin or Squash Pie）（1個9吋單層派）

使用3顆雞蛋可以做出如卡士達般的軟內餡；只加2顆雞蛋，則可有明確南瓜香氣的較硬的派。倘若用甜煉乳來做內餡，要用1又1/2杯甜煉乳取代濃鮮奶油，並且不要加白糖。

I. 在烤爐下部的中層架上放上支架。將烤爐預熱到220度。做出較高的波狀派邊，將以下襯入一個9吋派盤：
   1/2份食譜分量的「基本的派或酥皮麵團」，476頁
   在派皮上頭塗抹：
   1顆大蛋黃
   按照「關於填餡前先烤外皮」，475頁的指示來烘烤外皮。將烤爐降至190度。
   在一個大碗中充分拌攪：
   2到3顆大雞蛋（數量多寡請參看前文說明）
   再充分拌攪：
   2杯煮過的南瓜泥化或南瓜小果泥

1又1/2杯濃鮮奶油或煮沸的牛奶
1/2杯糖、1/3杯紅糖、1小匙肉桂粉
1小匙薑粉
1/2小匙肉豆蔻粒或肉豆蔻粉
1/4小匙丁香粉或多香果粉
1/2鹽
將派皮放入烤爐加熱到觸碰時會燙，餡料則要放到成為室溫溫度。把南瓜混合餡料倒入派皮中，烘烤35到45分鐘，直到派皮變硬為止。完成後就放置架上直至完全冷卻。烤好的派可以冷藏多至1天。冷的吃或放至室溫溫度再吃都行，可以搭配以下：
發泡鮮奶油☆，98頁，用（2大匙波本酒）和（或）熱白蘭地醬☆，265頁來調味

II. 遵照前述食譜I 的指示，但是別加入牛奶，而且要添加2大匙糖蜜和1又1/2杯酸鮮奶油。

番薯派（Sweet Potato Pie）

準備好前述**食譜南瓜派**，要用2杯番薯泥 取代南瓜。

巧克力乳脂糖派（Fudge Pie）（1個9吋派）

這是沒有外皮的派或蛋糕，擁有難以超越的美妙和迷人的豐富質地。千萬別讓因製作過程的一點沮喪而裹足不前。
將烤爐預熱到165度。把一個9吋派盤抹上油。
拌合：
1杯糖、1/2杯（1條）無鹽奶油
攪打：
2顆大蛋黃
2盎司無糖巧克力，融化且要稍微降溫

攪打：
1/3杯中筋麵粉、1小匙香草
拌入：
1杯胡桃或核桃碎粒
將以下打硬但不乾的狀態：
2顆蛋白、1/8小匙鹽
切入麵糊中。倒入已經抹了油的烤盤，烘烤30到35分鐘。在上頭添加以下一起食用：
冰淇淋或發泡鮮奶油☆，98頁

苦甜巧克力塔（Bittersweet Chocolate Tart）（1個9又1/2吋或10吋塔）

最好在做好的當天食用。

在一個9又1/2吋或10吋的兩件式派盤中放入：

盤內輕拍奶油酥餅麵團，480頁

在烤爐最下方的1/3處放上支架。將烤爐預熱到190度。用一個小平底鍋將以下烹煮到要沸騰的狀態：

1杯濃鮮奶油

關掉爐火，再加入：

8盎司苦甜巧克力或半甜巧克力，剁細碎

輕輕拌攪，直到巧克力完全融化且混合物呈現滑順的狀態，再拌入：

1顆輕打過的大雞蛋

把巧克力混合餡料倒入塔皮中。烘烤至將塔派輕推時可以感覺中間部分如膠質般顫動，約15到20分鐘。閒置架上冷卻。在塔派的溫度還微熱或為室溫溫度時食用，搭配以下材料享用：

發泡鮮奶油☆，98頁

放入冰箱冷藏。

巧克力焦糖塔（Chocolate-Glazed Caramel Tart）（1個9又1/2吋或10吋塔）

將塔切成小塔片來吃，嚐起來就幾乎像是在吃糖果一樣。

在一個9又1/2吋或10吋的兩件式塔盤中襯入：

1/2份食譜分量的「基本的派或酥皮麵團」，476頁或「盤內輕拍奶油酥餅麵團」，480頁

在塔皮上塗抹：

1顆大蛋黃

按照「關於填餡前先烤外皮」，475頁的指示進行烘烤。在烤爐最底層的架上放上烤架。將烤爐預熱到165度。在一個中型平底鍋中放入：**1/2杯糖**

在上頭灑上：**1/2杯水**

以中火加熱平底鍋，不要攪拌，而是輕輕搖晃平底鍋來讓糖溶解而形成清澈的糖漿。要注意很重要的一點，那就是糖要在還沒有沸騰前就要溶解完畢，所以在必要的時候要將平底鍋偏離爐火拿放。一旦糖溶解後，將爐火開至大火將糖漿煮沸。緊緊覆蓋平底鍋來烹煮2分鐘。打開鍋蓋，繼續烹煮到焦糖顏色開始變深。接下來要再次輕輕搖晃平底

鍋，如此烹煮到焦糖呈現深琥珀色。關掉爐火後，把以下倒入鍋中時，要退後一步以免被潑濺到：

1/4杯濃鮮奶油

攪拌到滑順。如果焦糖還是有些結塊，用小火再次加熱並攪拌到滑順。閒置焦糖冷卻10分鐘。在一個中碗中將以下材料拌攪到起泡：

1顆大雞蛋、1顆大蛋黃

1小匙香草、1/8小匙鹽

逐漸拌攪入焦糖混合液中。把餡料倒入準備好的塔皮中。烘烤到塔皮邊緣顏色變深，餡料開始冒泡且中間部分看似已經固定，45到55分鐘。閒置架上直到完全冷卻。

在焦糖內餡上頭抹上：

1/2份食譜分量的「巧克力甘納許或糖霜」☆，165頁

再灑上：

1/2烤過的杏仁切片

放入冰箱冷藏到派變硬，至少4小時或多至2天。搭配以下與冷派一起食用：

發泡鮮奶油☆，98頁

| 關於檸檬派和萊姆派 |

　　如果你要自己動手做新鮮檸檬派或萊姆派，花些時間將皮磨成泥並且從新鮮果肉擠壓出汁液，那將會是相當值得的。柑橘類水果果皮含有刺激性油脂，那是做出極佳風味餡料的重要材料，而且新鮮果汁的味道絕對比較好，這是因為經過巴斯德消毒法和保存方法處理過的冷凍過或罐裝果汁味道已經改變了。

檸檬蛋白霜派（Lemon Meringue Pie）（1個9吋單層派）———

在一個9吋派盤中襯入：
1/2份食譜分量的「基本的派或酥皮麵團」，476頁
按照「關於填餡前先烤外皮」，475頁的指示進行烘烤。在一個2夸脫或3夸脫的平底鍋中混合：
1又1/2杯糖
6大匙玉米澱粉
1/4小匙鹽
逐漸拌入以下並拌到滑順：
1/2杯冷水
1/2新鮮檸檬汁
加入並攪拌均勻：
3顆打勻的蛋黃
再加入：
2大匙無鹽奶油，切小塊

不斷地攪拌並同時逐漸加入：
1又1/2杯滾水
將以上烹煮至沸騰，要輕輕攪拌。一旦混合液開始變得濃厚時，就要將火關小，但要繼續緩緩沸煮1分鐘。關掉爐火，拌入：
1小匙檸檬皮絲
將餡料倒入已經準備好的派皮中。準備：
軟蛋白霜加料I或II☆，169頁
在餡料周圍抹上一圈蛋白霜，並且要將蛋白霜抹入派皮皮邊中。將剩下的蛋白霜放在派的中央，並且要把頂部抹得滑順。再烘烤20分鐘。放至架上直至完全冷卻。可以立即食用，或是放入冰箱冷藏多至3天。

俄亥俄雪格檸檬派（Ohio Shaker Lemon Pie）（1個9吋雙層派）———

這個令人喜愛的派有著用糖浸泡到軟且甜的檸檬薄片，看似怪異，不過別害怕——這種不常見的內餡其實有著不比尋常的美妙滋味。
將以下研磨成泥並保存：
2顆大檸檬
將去籽檸檬切成薄如紙片的薄片。把檸檬皮絲和薄片放入一個大碗中與以下材料一同混合：
2杯糖

1/4小匙鹽
覆蓋後閒置在室溫中2到24小時，其間要適時攪拌，閒置時間越長越好。
準備好：
1份食譜分量的「基本的派或酥皮麵團」，476頁或「豪華奶油派或奶油酥皮麵團」，477頁
在一個9吋派盤中襯入一半的麵團。在烤爐下最下方的1/3底架放上支架。將烤爐預熱到220度。在一個大碗中將以下材料

拌攪到冒泡：

4顆大雞蛋

拌攪入：

1/4杯（1/2條）融化的無鹽奶油

3大匙中筋麵粉

拌入檸檬混合餡料。把餡料倒入底層派皮，並且要用匙背把餡料抹平。覆蓋上經過充分穿刺或可透氣的頂層派皮或是格狀派皮。

將派烘烤30分鐘。把烤爐降至180度繼續烘烤20到30分鐘，直到用刀子插入中間部分抽出時不會沾黏為止。閒置架上直至完全冷卻。烤好的派可以冷藏保存多至2天。不過要食用時，要將派放置恢復為室溫溫度。

檸檬塔（Lemon Tart）（1個9又1/2吋或10吋塔）

雖然這種經典檸檬塔很簡單，不過，其中含有比起其他派或塔的還來得優雅且豐富的滋味。

在一個9又1/2吋或10吋的兩件式塔盤中襯入：

1/2份食譜分量的「基本的派或酥皮麵團」，476頁、「豪華奶油派或奶油酥皮麵團」，477頁、「豐美蛋塔麵團」，478頁或「盤內輕拍奶油麵團」，479頁

在塔皮上塗抹：

1顆大蛋黃

按照「關於填餡前先烤外皮」，475頁的指示進行烘烤。在烤爐下部中層架上放上支架。將烤爐預熱到180度。在一只耐高熱碗裡混合以下材料：

1杯糖

1/2杯（1條）無鹽奶油，切小塊

在一個煮鍋中加入1吋的水並烹煮到要沸騰的狀態。把準備好的碗放到煮鍋中，攪拌到碗裡的奶油融化為止。將碗從煮鍋中取出。加入以下並攪打到不再有黃色紋理：

8顆大蛋黃

拌入：

1/2杯濾過的新鮮檸檬汁（2到3顆）

將碗再放回煮鍋中加熱混合物，輕輕攪拌6到8分鐘，直到呈現如濃鮮奶油的黏稠度（會薄薄一層地沾黏在湯匙上）。用細孔篩子過濾到另一碗中，再拌入：

1大匙檸檬皮絲

把餡料倒入塔皮中。烘烤15到20分鐘，直到搖晃時中間部分呈現固定的狀態。將一張抹了油的保鮮膜直接覆蓋在餡料上。烤好的塔可以冷藏多至1天。食用之前，先將塔回放到室溫溫度再吃。喜歡的話，可以搭配：

（新鮮覆盆子醬☆，267頁）

（發泡鮮奶油☆，98頁）

佛羅里達酸萊姆派（Key Lime Pie）（1個9吋單層派）

這種派具有獨特風味，主要是拜生產於美國佛羅里達的刺激性柑橘類酸萊姆所賜。如果無法取得新鮮酸萊姆，使用瓶裝的也行。

在一個9吋派盤中襯入：

1/2份食譜分量的「基本的派或酥皮麵團」，476頁或全麥餅乾屑做成的「碎屑外皮」，480頁

按照「關於填餡前先烤外皮」，475頁或「關於碎屑與堅果外皮」，480頁的指示進行烘烤。

在烤爐下部的中層架上放上支架。將烤爐預熱到165度。拌攪混勻：

1罐15盎司的甜煉乳

4顆大蛋黃

1/2杯酸萊姆汁（12到14顆酸萊姆）

（3到4茶匙酸萊姆皮絲）

把餡料倒入派皮中。如果沒有塗抹蛋白霜，就烘烤到將派搖晃時可以感覺中間部分已經固定但是還如膠質般顫動，時間為15到17分鐘。烤好的派要在架上閒置至完全冷卻，接著要冷藏至多1天；

搭配以下一起食用：

發泡鮮奶油☆，98頁

如果派的頂部塗抹了蛋白霜，烘烤到內餡變厚到足以支撐頂層加料即可，5到7分鐘，千萬別再多烤。烤焙期間，準備好：

軟蛋白霜加料I或II☆，169頁

在餡料周圍抹上一圈蛋白霜，並且要將蛋白霜抹入派皮皮邊中。將剩下的蛋白霜放在派的中央，並且要把頂部抹得滑順。再烘烤20分鐘。放至架上直至完全冷卻。接著放入冰箱冷藏多至1天。

| 關於戚風派和慕斯派 |

這些派有著清爽的質地，那是因為使用了發泡鮮奶油、打過的蛋白或棉花糖。這種清爽的質地產生讓人——幾乎——不會有吃蛋糕的罪惡感。如果內餡是以加入膠質而變硬的卡士達醬為底，做出來的就是戚風派；若非如此的作法，內餡就是慕斯。其中的祕訣就是要在內餡中輕柔地切入發泡鮮奶油、蛋白或其他充滿氣體的混合料。慕斯派在室溫下會很快軟化，會因而很難俐落地切片，所以食用前都要放入冰箱冷藏。

由於許多戚風派都會指示要用生蛋白，因此請閱讀關於未烹煮過的雞蛋的說明☆，見「了解你的食材」、巴伐利亞鮮奶油☆，202-203頁，或水果發泡甜點☆，196頁，也可以放入烤好的派皮來吃。

檸檬或萊姆戚風派（Lemon or Lime Chiffon Pie）（1個9吋單層派）——

在一個9吋派盤中襯入：

1/2份食譜分量的「基本的派或酥皮麵團」，476頁，或1份食譜分量的「盤內輕拍麵團」，479到480頁或「碎屑外皮」，481頁

按照「關於填餡前先烤外皮」，475頁，或是「盤內輕拍」，479到480頁或「碎屑外皮」，480到481頁等食譜的指示進行烘烤。

請閱讀關於未烹煮過的雞蛋的說明。

在一個雙層蒸鍋的頂層混合：

1/2杯糖、2/3杯水

4顆蛋黃、1大匙膠質

1/3杯檸檬汁或萊姆汁

在煮沸的熱水上頭——不是放在熱水裡頭——烹煮攪拌這些材料直到變稠。加入：

1大匙檸檬皮絲或萊姆皮絲

將混合料放入冰箱冷藏，直到用湯匙落放時可以形成小堆的狀態。拌入：

4顆蛋白

拌打到硬但不乾的狀態。再切入：

1/3杯糖

接下來就將以上的混合料依次切入檸檬混合料中。填入派皮中。將派冷卻成形，這可能要花上幾個小時。

柳橙戚風派（Orange Chiffon Pie）

依照檸檬或萊姆戚風派的食譜來進行，要以新鮮柳橙汁替代加入檸檬凝乳中的水和檸檬汁，並且以柳橙皮絲取代檸檬皮絲。只使用1小匙膠質。遵照食譜指示烘烤。

草莓或覆盆子巴伐利亞派（Strawberry or Raspberry Bavarian Pie）（1個9吋派）

在一個9吋派盤中襯入：
1/2份食譜分量的「基本的派或酥皮麵團」，476頁
按照「關於填餡前先烤外皮」，475到478頁的指示烘烤外皮。等到烤好的派冷卻後，填入：
漿果巴伐利亞鮮奶油☆，203頁

黑底派（Black Bottom Pie）（1個10吋派）

將以下襯入一個10吋派盤：
「碎屑外皮」，481頁，最好是以薑味脆餅做成
將以下倒入一個小碗：
1/4杯冷水
在上頭淋上以下材料並閒置5分鐘：
1又1/2小匙沒有調味的膠質
在一個小碗中放入：
6盎司細切的苦甜巧克力或半甜巧克力，或1杯半甜巧克力碎片
在一個中型鑄鐵平底鍋裡攪勻：
1/3杯糖、4小匙玉米澱粉
逐漸拌攪入：
2杯鮮奶油牛奶，或1杯牛奶加上1杯濃鮮奶油
使勁拌攪以下材料直到沒有黃色紋理：
4顆大蛋黃
用中火烹煮到要沸騰的狀態，不斷攪拌，約30秒。立刻把以上的1杯混合料加入巧克力中。將軟化的膠質加入鍋裡剩下的混合料中，攪拌 30秒，讓膠質溶解其中。使勁將巧克力混合料攪拌到滑順

（如果巧克力沒有完全融化，就把碗放在極熱的熱水中）。將巧克力混合料均勻地塗抹在底層派皮上，塗完後就放入冰箱。在烤盤裡的卡士達裡拌入：
2大匙黑蘭姆酒、2小匙香草
在一個大碗裡將以下材料打到冒泡：
3顆大蛋白
再加入：
1/4小匙塔塔粉
持續打到軟性發泡，接著再逐漸打入：
1/3杯加1大匙糖
加快擊打到呈現光滑的硬性發泡狀態。輕輕地將蛋白切拌卡士達混合料中。用湯匙將餡料放入派皮。要放入冰箱冷藏至少3小時或多至1天。抹上：
發泡鮮奶油☆，98頁
用以下：
1/4杯細砂糖
1/2小匙香草
喜歡的話，可以灑上：
（1盎司苦甜巧克力或半甜巧克力）
這種派烤好後可以冷藏多至1天。

南瓜戚風派（Pumpkin Chiffon Pie）（1個9吋派）

在一個9吋派盤中襯入：

1/2份食譜分量的「基本的派或酥皮麵團」，476頁或是用全麥餅乾屑或香草薄餅做成的「碎屑外皮」，481頁

按照「關於填餡前先烤外皮」，475頁或「關於碎屑與堅果外皮」，480頁的指示進行烘烤。

請閱讀關於未烹煮過的雞蛋的說明。

浸泡：

1大匙沒有調味的膠質

要放在以下浸泡：

1/4杯冷水

在一個雙層蒸鍋頂層輕輕攪打：

3顆大蛋黃

加入：

1/2杯白糖或淡紅糖

1又1/4杯煮過的南瓜或罐裝南瓜

1/2杯牛奶、1/2小匙鹽

1/4小匙肉桂粉

1/4小匙肉豆蔻粒或肉豆蔻粉

1/4小匙薑粉

在煮沸的熱水上頭——不是放在熱水裡頭——烹煮攪拌這些材料直到變稠。拌入浸泡過的膠質直到溶解其中。閒置冷卻到混合料開始固定為止。

在一個大碗中將以下打到變硬但不乾的狀態：

3顆蛋白

逐漸打入：

1/2杯糖

將以上切入南瓜混合料後，就將餡料填入派皮。要閒置幾小時來冷卻固定。

食用時在上頭點綴：

發泡鮮奶油☆，98頁

｜關於水果糕餅｜

　　這個部分涵蓋了果餡餅、深盤派（deep-dish pies）、新鮮水果蛋糕、倒轉蛋糕、奶酥、烤水果布丁、蒸果糕（slumps）、莓果糕（grunts）和酥頂果餡餅（buckles）。請記得，像是德式蛋糕等新鮮水果蛋糕同樣也可以做成個人份的小蛋糕。這個糕點家族都是以比司吉或派麵團、餡包、麵包屑或頂層碎屑加料來做基底；烹煮的水果可以是填放在麵團之下、抹在麵團上頭、和到麵團裡或放到麵團夾層中。其中一些是來自歐洲，但是大部分都是美式糕餅，也是簡單的居家烘焙點心。

　　深盤派應該是在寬且淺的烤盤裡烘烤，而不是用窄且深的烤盤，如此才能讓外皮和水果能夠有所聯繫。多數都應該在烤完當天食用，可以用預熱至一百八十度的烤爐加熱十到十五分鐘。可以在上頭搭配冰淇淋、發泡鮮奶油，或一撮鮮奶油。

　　使用為了深盤派所製的十吋烤盤，也就是沒有一般派盤的寬邊烤盤，特別適合做出包含六杯水果的食譜。若是參照更為豐富餡料的食譜，就要選用較大的玻璃烤盤或陶瓷烤鍋。

　　本章的水果派食譜通通可以做成深盤派。由於內餡不需烤得硬到可以切

——深盤派都是用湯匙吃——你可以把稠化材料的用量減少一半。至於頂層派皮，使用二分之一食譜分量的任何酥皮麵團，475到477頁或一份食譜分量的鮮奶油起司酥皮麵團，477頁來做。要把麵團擀壓成如同烤盤頂部的形狀，不過大小要來得寬些，把麵團覆蓋在餡料上，並且要將麵團邊緣沿著盤邊向下摺入。要在頂層麵團穿刺出通氣孔。喜歡的話，可以在派皮上頭灑些糖或蛋汁（用八分之一小匙水與一顆蛋黃一起攪打）。將派放在烘烤巧盤上，放入預熱至一百九十度的烤爐中層架上烘烤，要烤到外皮呈現漂亮棕色且從通氣孔冒出汁液為止，約四十到六十分鐘。

德式蛋糕（Kuchen），此德文字的原意就是蛋糕，不過，在美國指的是填入起司或水果內餡的早餐糕餅或點心，並且通常是用酵母麵團做成。然而，我們的食譜是使用泡打粉的有效率版本。在烘烤之前，德式蛋糕有時會先灑上酥粒。**酥頂果餡餅**則是另一種會在上頭灑滿碎裂酥粒頂層加料的蛋糕，並且會在烘烤前就將水果切拌入麵糊之中。在麵糊固定前，蛋糕會因為頂層加料的重量而塌陷或碎裂，而且使得糖和奶油出現拔絲的狀態。酥頂果餡餅可以覆蓋後在室溫中保存多至兩天，或是冷藏多至三天（要食用或加熱，冷藏的酥頂果餡餅則要提早三十分鐘從冰箱取出，用鋁箔紙覆蓋後，使用預熱至一百六十五度的烤爐烘烤到中間部分變得溫熱，約二十分鐘）。

奶酥（crisps）則要把麵粉、奶油和糖混合（如同還未加水之前的派麵團），接著再將混合物如同酥粒或碎屑頂層加料般地灑在水果上頭。大約比例是三部分的水果配一部分混合物，如此可做出最棒的奶酥。沒有人知道誰是貝蒂（Betty）。**烤水果布丁**（brown Betty）是多層且上頭添加了甜奶油碎屑的甜點。必須使用乾燥的碎屑，如此才能夠吸收中層和底層的汁液，但是得以保持頂部酥脆（至於如何居家製作麵包屑☆，且見「了解你的食材」）。另外一種烤蘋果布丁則是混合了糕餅鮮奶油卡士達和水果，接著再將混合料與麵包屑放入夾層。

切達起司脆皮蘋果派（Apple Pie with Cheddar Crust）（1個9吋或10吋塔）

準備：
1/2份食譜分量的「豪華奶油派或奶油酥皮麵團」，477頁
連著奶油一起切入：
1杯切達起司碎片（約4盎司）
麵團上輕灑麵粉後，在蠟紙間，將麵團擀成一個9吋或10吋大小的圓形。在麵團下方滑放一個餅乾淺盤，放入冰箱冷藏到變硬，約30分鐘。
將烤爐預熱至190度。
將以下去皮、去核並切成1/4吋厚：
2磅蘋果（4顆中到大型的蘋果）
用一個開口相當寬的煮鍋（不能用鑄鐵鍋）把以下烹煮到沸騰且香氣四溢：
6大匙（3/4條）無鹽奶油
加入蘋果一起烹煮到蘋果開始變軟即

可，5到7分鐘；如果蘋果開始變色，就將火關小。拌入：

（1杯黑葡萄乾）

1/2杯胡桃或核桃碎片

1/2杯糖

1大顆檸檬皮絲

1大顆過濾的檸檬榨汁

1/4杯白蘭地或蘋果汁

1/2小匙肉豆蔻粒或肉豆蔻粉

1/4小匙肉桂粉

1/4小匙丁香粉

1/2小匙鹽

用中火到大火開始沸煮以上材料，要適時攪拌，烹煮到汁液變稠到呈現如楓糖漿般的濃稠度。把混合料倒入一個9吋或10吋的深盤派盤中。將覆蓋在麵團頂端的蠟紙拿開，把麵團倒放在餡料上，再將麵團底部的蠟紙移除。讓麵團稍微閒置軟化，沿著烤盤盤邊把麵團邊向下摺入，並且在上方切出2條2吋的出氣孔。

將派放在一張烘烤淺盤上，放入烤爐烘烤到外皮呈現金棕色且內餡冒泡，30到40分鐘。讓派稍加冷卻後再食用。

搭配：香草冰淇淋

德式新鮮水果蛋糕（Fresh Fruit Kuchen）（1個9吋圓形德式蛋糕）

這裡提供用桃子或油桃（nectarines）的食譜，不過，也可以用杏子、李子、櫻桃、覆盆子、藍莓或混合水果來做這種蛋糕。

在烤爐下部1/3處底層架上放上支架。將烤爐預熱至180度。將一個9×2吋的圓形蛋糕烤盤抹油。

備妥以下待用：

酥粒頂層加料☆，170頁

將以下去皮、去核和切片後，平均排放在烤盤中：

1磅成熟桃子或油桃（3杯切片）

攪入：

1杯中筋麵粉

1又1/2小匙泡打粉

1/8小匙鹽

（1小匙檸檬皮絲）

在一個大碗中將以下打到蓬鬆：

1/2杯（1條）軟化的無鹽奶油

3/4杯糖

一次打一顆，將以下打勻：

2顆大雞蛋

拌入準備好的麵粉混合物中直到完全融合。

把麵團刮到烤盤裡並平均鋪平。在上頭灑上酥粒。烘烤到頂層加料呈現金棕色，而且用牙籤插入中間部分（避開水果）取出時不會沾黏為止，40到45分鐘。閒置架上在室溫下放到冷卻。

藍莓桃子德式蛋糕（Blueberry and Peach Kuchen）（1個10吋圓形或9吋方形德式蛋糕）

在烤爐下部1/3處底層架上放上支架。將烤爐預熱至180度。將一個10×2吋的圓形蛋糕烤盤或9吋方型烤盤抹油。

備妥以下待用：

酥粒頂層加料☆，170頁

將以下切半、去核並切小塊：

1顆成熟桃子

混入：

1又1/2杯藍莓或雜交草莓

攪入：

1又3/4杯中筋麵粉

2小匙泡打粉

1/2小匙鹽

在另外一個碗中將以下材料打到稍微蓬鬆：

1/4杯（1/2條）軟化的無鹽奶油

1杯糖、1顆大雞蛋

逐漸打入：1/2杯牛奶

加入麵粉混合物，攪拌到乾燥材料濕潤且麵糊滑順即可。輕輕切拌入水果。將餡料挖到準備好的烤盤裡並平均抹平。把頂層加料均勻地灑在麵糊上。烘烤50到55分鐘，直到觸碰頂部會彈回而且用牙籤插入中間部分取出時不會沾黏為止。連著烤盤間置架上直至冷卻，至少要過20分鐘再吃。

蘋果、桃子或李子蛋糕「樂土」（Apple, Peach, or Plum Cake Cockaigne）（1個9吋或10吋塔）

珍妮・尼克松（Jane Nickerson）是本書的老朋友，這位《紐約時報》的前任飲食編輯曾建議我們在食譜裡使用新鮮番石榴。這還是深受喜愛的家庭食譜。

將烤爐預熱至220度。將一個9吋或10吋的圓形蛋糕烤盤抹油。將以下材料篩入一個碗中：

1杯中筋麵粉、1小匙泡打粉

2大匙糖、1/4小匙鹽

加入：

1又1/2到3大匙冷無鹽奶油

用酥皮切刀或2隻叉子把奶油切入乾燥材料裡，直到混合物如同粗糙玉米粉。在一個量杯中打勻：

1顆大雞蛋、1/2小匙香草

加入：

足夠的牛奶而滿至1/2杯

（如果使用的水果汁液很多，就要將以上的液體量減為1大匙即可）拌入麵粉和奶油而做成硬的麵團。可以用沾了麵粉的雙手將麵團拍入抹了油的烤盤裡，或者先用湯匙把麵團鋪入烤盤裡，接下來等到加入水果時再加壓水果片來鋪平麵團。在麵團上頭僅僅交疊排放：

4杯去皮蘋果或桃子切片，或李子切片

混合以下材料後再灑在水果上頭：

1杯白糖或紅糖、2小匙肉桂粉

3大匙融化的無鹽奶油

烘烤約25分鐘，直到插入中間部分取出時不會沾黏為止。趁熱吃。

鳳梨倒轉蛋糕（Pineapple Upside-Down Cake）（1個9吋蛋糕）

傳統的作法會使用鑄鐵長柄淺鍋或「蛛型鍋」（spider），這種蛋糕的出現是為了推廣罐裝鳳梨。最好的變化版本是用新鮮杏子、桃子或李子來做，切成楔形或1/2吋的酸蘋果切片，加上一些胡桃碎片點綴其間，並在紅糖頂層加料中加入1/4小匙肉桂粉。想做出甜膩的頂層加料（這是這種蛋糕的引人之處之一），有兩種方式可供選擇：A）把加入烤盤裡的

奶油量增至6大匙和紅糖增至1杯。B）用一個8吋的烤盤來烘烤，如此就只需把奶油量增為4大匙。

將烤爐預熱至180度。準備好一個9吋長柄淺鍋或9×2吋的圓形蛋糕烤盤。

將以下瀝乾，並在廚房紙巾上放成一層來吸收多餘汁液：

7片罐裝無糖鳳梨（20盎司的罐頭）

在長柄淺鍋或蛋糕烤盤裡放入：

3大匙無鹽奶油

把烤盤放入烤爐將奶油融化，或者是用爐火烹煮溶解。搖晃奶油使得盤內四周都沾滿奶油。多餘的奶油會沉在盤內底部。在底部灑上：

3/4杯紅糖

把1個鳳梨圈放在烤盤中央，再把6片鳳梨圍著中央擺放一圈。選擇以下任何一種材料放在每個鳳梨圈的中央和鳳梨圈之間的間隙，最好是朝下放：

19顆酒浸櫻桃（maraschino cherries）或19個開邊核桃（pecan halves）

用叉子在一個小碗中拌攪：

2顆大雞蛋、2大匙酪奶、1/2小匙香草

在一個攪拌鍋或另一個大碗中拌攪：

1杯中筋麵粉、3/4杯糖

3/4小匙泡打粉

1/4小匙蘇打粉

1/4小匙鹽

加入：

6大匙（3/4條）軟化的無鹽奶油

6大匙酪奶

用低速拌攪到麵粉濕潤，接著再加速到中速，手持攪拌器則要增為高速，就只剛好打個1分半鐘。麵糊會變硬。每次加入1/3的蛋液，加入後就攪打20秒，每次加入攪打完後要將麵糊自攪打鍋邊刮下。把麵團刮放在盤裡的水果上頭並平均鋪平。烘烤到用牙籤插入中間部分而取出時不會沾黏為止，35到40分鐘。從烤爐取出蛋糕，傾斜搖晃烤盤來使得蛋糕脫離烤盤盤邊。從盤模取出之前，要閒置冷卻2到3分鐘。在烤盤上方倒放一個大淺盤，帶上烤爐手套後就把蛋糕反轉倒放在大淺盤上。拿開烤盤。假如有水果或堅果位置不正，就用叉子推回正確的地方。如果盤裡有殘留紅糖，就把糖刮出淋在蛋糕上。冷熱皆宜食用。

蘋果或水果奶酥（Apple or Fruit Crisp）（6到8人份）

選擇酸脆蘋果來平衡頂層加料的甜度。格拉文斯頓蘋果、皮本蘋果（Pippin）和布雷本蘋果都不錯，不過，使用在地當季生產的蘋果可能會是最佳選擇。

將烤爐預熱至190度。將一個2吋深、2夸脫的烘烤盤抹上奶油。將以下去皮、去核並切成1吋的小塊：

8顆中型蘋果（約2又1/2磅）

或是使用同等分量的：

桃子、微甜的大黃或去核櫻桃

平均地鋪到烘烤盤裡。

在一個碗中混合：

3/4杯中筋麵粉、3/4杯白糖或紅糖

1/2小匙鹽、1到1又1/2小匙肉桂粉（1/4小匙肉豆蔻粒或肉豆蔻粉）

加入：

1/2杯（1條）冷無鹽奶油，要切成小塊

用酥皮切刀或2把刀子將奶油切入乾燥材料裡，直到混合物如同粗糙玉米粉（這個步驟也可以用攪拌器或食物調理機，但是要注意別把奶油攪拌地太細）。把頂層加料均勻地灑在水果上。烘烤到頂層加料呈金棕色、汁液冒泡且蘋果變軟為止，50到55分鐘。冷熱皆可，搭配以下食用：

發泡鮮奶油[☆]，98頁或酸鮮奶油

蘋果杏仁奶酥（Apple Almond Crisp）

用手將1/2杯杏仁片粗略地弄碎，再加到麵粉之中。

速成櫻桃脆蜜蛋糕（Quick Cherry Crunch）（1個9吋方型蛋糕）

這是味道很棒且簡單的櫻桃糕點。

將一個9吋方形烤盤抹上奶油。將烤爐預熱至180度。混合以下材料並閒置15分鐘：

1/2杯櫻桃汁

1又1/2大匙快煮木薯澱粉

在大鍋裡融化：

1/2杯無鹽奶油

再混入：

1到1又1/2杯紅糖、1杯中筋麵粉

1杯快煮燕麥片、1/4小匙泡打粉

1/4小匙鹽、1/4小匙蘇打粉

把一半的混合料放到烤盤裡。灑放：

2杯瀝乾的罐裝紅櫻桃

同時淋上櫻桃汁和木薯澱粉混合物。把另外一半糕餅麵團覆蓋在水果上。烘烤30到35分鐘，或直到烤成棕色。

烤蘋果布丁（Apple Brown Betty）（1個8吋方型蛋糕）

這種蛋糕也可以用桃子或梨子來做，不過可能需要調整烘烤時間。

將烤爐預熱至180度。準備好一個沒有抹奶油的8吋方形烤盤。

將以下去皮、去核並切片：

1磅蘋果（約3顆中型蘋果）

用叉子把以下材料拌在一塊：

1又1/2杯乾燥麵包屑

6大匙（3/4條）融化的無鹽奶油

拌攪：

1又1/4杯深紅糖

1小匙肉桂粉

1/4小匙肉豆蔻粒或肉豆蔻粉

1/4小匙丁香粉

準備好：

5大匙新鮮檸檬汁

先將1/3的碎屑混合物平鋪在烤盤底部，再將一半的蘋果放在上頭，接著就灑上一半的糖混合物，並且淋上：

1又1/2大匙新鮮檸檬汁

繼續以上的步驟，直到使用完所有檸檬汁，並且做出3個夾層。用鋁箔紙覆蓋後就開始烘烤，烤到蘋果變軟，約40分鐘。拿掉鋁箔紙，將烤爐增溫至200度，再繼續烘烤約15分鐘，烤到變成棕色為止。趁熱以碗食用，搭配以下材料：

香草莢、卡士達醬☆，254頁或香草冰淇淋

｜關於果餡餅｜

　　果餡餅與深盤派可說是近親，這是以豐美的比司吉麵團和水果做成的糕餅。由於並不講究整齊的外形，這是絕對讓人做來愉悅的糕餅，正適合用來啟發年輕一輩對烘焙的興趣。烘焙時，水果可以是麵團內餡或放在麵團上，果餡餅通常會搭配豐美的鮮奶油或甜奶油醬☆，263頁。或者，可以嘗試將溫熱的藍莓果餡餅搭配香草冰淇淋一起吃。雖然幾乎任何水果或水果組合──如蘋果、桃子或李子──都可以使用，漿果類是傳統上會使用的水果。倘若不是當令時節，可以用無糖的冷凍漿果來取代新鮮漿果；從冰箱取出後不需退冰就可以使用，但是需要延長烘烤時間來將麵團烤透。

果餡餅比司吉麵團（Cobbler Biscuit Dough）

準備：

擀壓的比司吉，432頁、酪奶比司吉，433
頁或蓬鬆比司吉，433頁

在麵團上灑些麵粉，用手擀壓或輕拍成
與烤盤上方形狀一致的麵團，厚度約在
1/4吋到1/2吋之間。把麵團切成圓形、方
形、長方形或楔形小麵團，或是1吋寬的
條狀來做成格狀麵團，或者乾脆就只是
整修邊緣後整個使用。你也可以輕柔地

把麵團擀壓成小圓球，稍微壓平後就放
在水果上頭。如果是用整個麵團，記得
要切出3個小出氣孔。把比司吉麵團覆在
水果上，輕輕地在頂部刷上：

1到2大匙融化的無鹽奶油、濃鮮奶油或請
打過的雞蛋

再灑上：

2到4小匙糖

按照個別食譜指示烘焙。

玉米粉果餡餅比司吉麵團（Cornmeal Cobbler Biscuit Dough）

準備前述的果餡餅比司吉麵團，以1/3杯　　玉米粉取代1/3杯麵粉。

酸鮮奶油果餡餅比司吉麵團（Sour Cream Cobbler Biscuit Dough）

準備前述的果餡餅比司吉麵團，混合3/4
小匙泡打粉和1/4杯蘇打粉來取代食譜中
的泡打粉；混合1/2杯酸鮮奶油和1/4杯濃

鮮奶油來取代原本食譜中的濃鮮奶油或
牛奶。加到麵粉混合物之前，要先將鮮
奶油混合妥當。

水果和漿果果餡餅（Fruit and Berry Cobbler）（6到8人份）

在烤爐下部1/3處底層架上放上支架。將
烤爐預熱至190度。備妥一個有上瓷釉的
鑄鐵烤盤、陶製烤盤或玻璃烤盤，大小
為2夸脫和2吋深。

混合以下任何一種水果組合，平均約6
杯：

多至3品脫的藍莓、1又3/4磅去核的成熟
桃子切片、和（或）2杯新鮮覆盆子或未
解凍的冷凍覆盆子

混合以下材料後，再放入漿果一同搖晃：

1/2杯糖

2大匙玉米澱粉或1/4杯中筋澱粉

1小匙萊姆皮絲

均勻地平鋪在烤盤裡。準備好：

任何一種前述的果餡餅比司吉麵團

將麵團擀壓或輕拍成想要的形狀，或是
如同指示做成小圓球。

把麵團壓覆在水果上。刷上糖汁或灑上
糖。烘烤到頂部呈現金棕色，汁液稍呈
濃稠狀，45到50分鐘。

食用前要先冷卻15分鐘。

以淺碗食用，可以搭配：

冷藏過的濃鮮奶油、發泡鮮奶油☆，98頁
或檸檬雪酪☆，239頁

| 關於蒸果糕和莓果糕 |

蒸果糕和**莓果糕**是以蒸過的水果增添的餡包。莓果糕是用模具在水中蒸煮，蒸完後倒放來食用——有些接近溫熱水果花式蛋糕的樣子。蒸果糕則是用加蓋的平鍋來蒸煮，食用時會讓底部餡包朝上——更接近的是在餡包下藏了溫熱甜膩的燉湯。莓果糕的英文名稱（grunt）大概是來自從模具取出時會發出的聲音，蒸果糕的英文名稱（slump）似乎是描述餡包的永恆命運。莓果糕最好是放入舒芙蕾烤具來蒸，不過也可以用布丁模具或耐熱碗；金屬製模具殘留金屬味道，所以並不建議使用。烹煮蒸果糕時，可以用不鏽鋼製、瓷釉鑄鐵烤盤，或玻璃烤盤，但是一定要確定使用的器皿有可密封的加蓋來留住蒸氣。如果餡包還沒有蒸熟就打開煮鍋，餡包會因而塌陷而且變硬。

　　覆果糕（pandowdy）的起源不明，可能指的是把糕餅「弄得邋遢」（dowdying）的這個步驟——割破或弄破還沒烤完的外皮，讓外皮陷入充滿汁液的餡料中，接著再繼續烤完。

　　這些糕點最好是完成後就立刻食用。如果你在食用蒸果糕前還需要等待十分鐘，就需要將一條乾淨毛巾蓋在平鍋之上和鍋蓋之下，藉此吸收過多的濕氣。採取相同方式，莓果糕也可以在取出前留置烤杯中達三十分鐘。要用淺碗來食用這些糕點。

杏子和櫻桃蒸果糕（Apricot Cherry Slump）（6到8人份）————

請閱讀「關於蒸果糕和莓果糕」的說明。

在一個中碗中充分拌攪：

1又1/2杯中筋麵粉、2小匙泡打粉

1/2小匙鹽

加入以下材料並攪拌到乾燥材料濕潤為止：

1杯牛奶

1/4杯（1/2條）融化的無鹽奶油

使用一個有可緊密覆蓋蓋子的大型底部鑄鐵平鍋或荷蘭鍋，在鍋中混合以下材料直到糖溶解為止：

1杯水、1/2杯糖

將以下切拌並去核：

1磅成熟杏子（約8顆中型杏子）

將以下去核：

1磅檳櫻桃

把水果放入糖水中，覆蓋後以大火煮沸。煮沸後就將火關小並繼續沸煮約10分鐘。期間別掀蓋。

打開蓋子後，迅速在水果上方放上麵糊。再將蓋子蓋回，繼續以小火烹煮20分鐘。檢視餡包的完成度（檢視速度要快，盡可能減少蒸氣渙散）。餡包應該看來已經變硬而且觸碰時感覺乾燥。如果還沒好，就將蓋子蓋回再蒸煮5到10分鐘。搭配以下一起食用：

發泡鮮奶油☆，98頁或檸檬或香草優格

黑莓和覆盆子莓果糕（Blackberry Raspberry Grunt）（6到8人份）

可以嘗試使用藍莓或草莓或任何莓果組合來做這道糕點。

將一個1又1/2夸脫的烤盤抹上奶油，可以用舒芙蕾烤杯或布丁模杯。準備一個荷蘭鍋或煮鍋，大小要足夠放入舒芙蕾烤具或模具，而且烤杯周圍要留有空間。

將以下材料一起混搖：

1品脫覆盆子、1品脫黑莓、1/2杯糖

把以上倒入抹了奶油的模杯中並平均鋪平。充分拌攪以下材料：

1又1/4杯中筋麵粉、2大匙糖

1又1/4小匙泡打粉、1/2小匙鹽

再加入：

3大匙冷無鹽奶油，切小塊

用酥皮切刀或2隻叉子把奶油切入乾燥材料裡，直到混合物如同粗糙玉米粉。

加入：

1/2杯牛奶

攪拌到乾燥材料開始濕潤為止。用輕抹麵粉的雙手將麵團收集成圓球，輕輕擀壓碗邊，迴轉加壓任何四散的小塊，藉此擀壓成聚集在一塊的大麵團。在麵團頂部和下方輕灑一些麵粉。在工作檯面把麵團輕拍成圓形，大小就剛好可以覆蓋住水果即可。撕下一張鋁箔紙，大小要大到可以覆蓋模具並且可以包住一半模具邊。在鋁箔紙的中間部分，塗抹上與麵團大小一致的奶油圈。把鋁箔紙覆蓋住模具，塗了奶油的一面要向下，並且緊壓包覆模具外邊的鋁箔紙，用一條繩子或橡皮筋把鋁箔紙綁緊固定。再取一張鋁箔紙，對折後放入荷蘭鍋底部。把模具放在底部的鋁箔紙上，接著在模具上方放張碟子。蓋上牢緊的蓋子後，蒸煮一個半小時，需要時要加水保持煮鍋裡的水量。

從荷蘭鍋裡小心地取出模具。移除碟子。切斷繩子後再小心地剝開鋁箔紙。用刀插入蛋糕邊迴轉一圈，藉此將蛋糕剝離鍋邊。小心地把糕點自模具取出，放入一個足以承載汁液夠深的碟子中。趁熱食用。

蘋果或桃子覆果糕（Apple or Peach Pandowdy）（6到8人份）

這種高點可搭配濃鮮奶油、發泡鮮奶油、香草優格或冰淇淋，要趁熱食用。若要加熱，以鋁箔紙包覆後放入預熱至165度的烤爐烘熱。

請閱讀「關於蒸果糕和莓果糕」的說明。

在烤爐下部1/3處底層架上放上支架。將烤爐預熱至200度。準備好一個沒有抹奶油的8吋烤盤。準備：

1/2份食譜分量的「豪華的奶油派或奶油酥皮麵團」，477頁或「基本的派或酥皮麵團」，476頁

在輕灑麵粉的工作檯上把麵團擀壓成9吋的方形。放入一張餅乾烤盤上，當你製作餡料時，就以保鮮膜覆蓋放入冰箱冷藏。

將以下去皮、對切、去核、並切片成1/4吋厚：

2磅蘋果（4顆中型蘋果）或成熟桃子

在一個碗中混合：

1/2杯楓糖漿、糖蜜、紅糖或白糖

2大匙玉米澱粉或3大匙中筋麵粉

1/2小匙肉桂粉

1/4小匙肉豆蔻粒或肉豆蔻粉

1/4小匙鹽、1/8小匙多香果粉

把混合物平均鋪放在烤盤裡。點綴其上：

2大匙無鹽奶油，要切成小塊

從冰箱取出麵團後，閒置幾分鐘直到有

彈性，接著就把麵團覆放在蘋果上頭。要將麵團邊緣摺入烤盤。烘烤到頂層呈現淡棕色，約30分鐘。

從烤爐取出烤盤，將烤爐溫度降至180度。用刀子把外皮切割成2吋小方格。斜晃烤盤或用湯匙以便讓餡料汁液潤滿所有外皮方格；或者以匙背把方格壓浸到汁液中。

將烤盤放回烤爐，繼續烘烤到用叉子插入時可以感到水果已經變軟、餡料變得稍稠、且外皮呈現金棕色，約30分鐘。食用前先閒置冷卻15分鐘。

藍莓覆果糕（Blueberry Pandowdy）

準備蘋果覆果糕，使用1/2食譜分量的「派或酥皮粗玉米粉麵團」，477頁來做外皮。使用3品脫藍莓、覆盆子或黑莓，或是莓果組合，來替代原先食譜裡的蘋果。要使用淡紅糖。加入1/4小匙肉桂，不要加肉豆蔻和多香果。不要在水果上頭沾點奶油。

法式櫻桃克拉芙緹（Cherry Clafouti）（6到8人份）

克拉芙緹是相當簡單的法國鄉村糕點，跟稱作麵糊布丁的一種老式美國糕點很像，就是將快速麵糊倒在新鮮水果上頭的甜點。

將烤爐預熱至190度。把一個深盤派盤抹上奶油。在一個中碗中將以下材料攪打到起泡：

4顆大雞蛋、3/4杯糖

加入以下材料並攪打到滑順：

1杯牛奶

（1大匙干邑白蘭地或蘭姆酒）

1又1/2小匙香草

拌入：

3/4杯中筋麵粉、些許鹽

在烤盤底部鋪上：

1磅去核甜櫻桃（若是冷凍櫻桃，要解凍並拍乾；也可用罐裝櫻桃，要瀝乾並拍乾）

把麵糊倒在櫻桃上頭，將烤盤放在一張烘烤淺盤上，烘烤克拉芙緹10分鐘。將烤爐溫度降至180度，繼續烘烤到頂部澎起（冷卻後會陷下），並且用牙籤插入中間部分抽出時不會沾黏為止，約35分鐘。食用前要先冷卻約20分鐘。

｜關於水果餡包和半圓捲餅｜

任何派麵團、酥皮麵團或比司吉麵團都可以拿來做水果餡包或半圓捲餅。餡包的作法是把麵粉的四邊拉起將餡料包覆中間，餡包的樣子就個皮包或小袋子；包好餡料的餡包可以烘烤或烹煮完成（烘烤過的酥皮質地會與內餡形成相當引人的對比效果）。半圓捲餅的作法是把麵團摺在餡料上，可以做成迷你版或大型版的各種大小。麵團可以事前準備，放入冰箱冷藏直到要使用時再取出。這些小「派」最好是在做完當天食用完畢。

蘋果餡包（Apple Dumplings）（6個餡包）

可以用果醬或蜜餞來取代加了紅糖的餡料。

準備：

1份食譜分量的「蓬鬆比司吉或花式蛋糕」，433頁或「鮮奶油起司酥皮麵團」，477頁；或者，1/2份食譜分量的「基本的派或酥皮麵團」，476頁或「豪華的奶油派或奶油酥皮麵團」，477頁

麵團要先冷藏至少30分鐘。

將烤爐預熱至220度。把一個烤盤大量地塗抹奶油，烤盤要大到足以讓每個餡包彼此間相隔1到2吋，可以選用11×7吋的長方形烤盤或12吋的橢圓形烘烤盤。將以下去皮和去核：

6顆小型蘋果（每顆約4盎司）

或將以下去皮、對半縱切並去核：

3顆大型蘋果（每顆約8盎司）

用叉子將以下材料充分拌攪混合：

1/2杯深紅糖、1小匙肉桂粉、1/4小匙鹽

加入以下並混合妥當：

1/4杯（1/2條）軟化的無鹽奶油

將混合物填入整個蘋果，把任何多餘混合物輕拍到水果上；如果是用對半縱切的蘋果片，在蘋果的洞中填入混合物，並保留多餘的混合物。在一個輕灑麵粉的工作檯面上，把麵團擀壓成約1/8吋厚的一個18×12吋的長方形，再切成6個6寸大小的正方形麵團，接著再把每個切完後的方形麵團擀壓成較大的7吋正方形麵團。在麵團上刷上：

1顆輕打過的雞蛋

把一顆蘋果放在一份方形麵團的正中央。如果用的是對半縱切的蘋果片，要把去核的切面朝下放，並將保留的混合物鋪灑在蘋果上頭。將每個方形麵團的4個角提起將蘋果包覆其中，接著就捏麵團角落和邊緣使其黏合在一塊。用一支叉子在每個餡包頂端刺幾下。將餡包放在烤盤裡放入烤爐烘烤10分鐘。烘烤期間，開始準備糖漿。在一個平底鍋裡拌攪：

1杯水、1/2杯淡紅糖、1小匙肉桂粉

1/4小匙鹽

加入：

2大匙無鹽奶油

1顆小檸檬，去籽並切成薄片

將以上煮至沸騰後，繼續沸煮5分鐘。當餡包烘烤到開始變色時，就將糖漿澆淋在上頭，約是烘烤到10到15分鐘的時候。把烤爐溫度降至180度，繼續烘烤30到35分鐘，也就是用小刀或牙籤插入餡包可以感覺蘋果已經烤軟了。期間，約每10分鐘就要用糖漿潤淋餡包，藉以形成糖衣並將外皮調味。閒置到稍微冷卻即可。

趁熱搭配以下一起食用：

濃鮮奶油、軟性發泡鮮奶油或香草冰淇淋

甜味水果半圓捲餅（Sweet Fruit Turnovers）

至於形塑這些茶點的方法，請閱讀「包餡餅乾」☆，136頁的說明。

請閱讀前述「關於水果餡餅和半圓捲餅」。

將烤爐預熱至230度。準備：

「食物調理機蓬鬆糕餅」，484頁；或者，1份食譜分量的「豪華的奶油派麵團」，477頁或「酥皮麵團」，477頁

將麵團切割成形後，在每個麵團中間放上滿滿1匙或更多的以下一種餡料：

充分調味的蘋果醬、蜜餞或肉餡☆，354頁

任何一種包餡餅乾的餡料☆，136-139頁
在每個半圓捲餅的邊緣抹上一些水。將麵團摺疊成三角形或半月形並加壓邊緣使其黏附封閉。把做好的半圓捲餅以1又1/2吋的間隔排放在烘烤淺盤上。在上頭

刷上：
1顆蛋黃，要以2大匙濃鮮奶油一起攪打
烘好約20分鐘，或烤到呈現金棕色。趁著該烤完還是熱的時候，灑上：
糖粉

蘋果或梨子半圓捲餅（Apple or Pear Turnovers）（8個半圓捲餅）

準備以下並對切成半：
1磅的「食物調理機蓬鬆糕餅」，484頁；或者，1份食譜分量的「豪華的奶油派麵團」，477頁或「酥皮麵團」，477頁
把每一部分的麵團擀壓成11吋的方形，約1/8吋厚，放在一張烘烤淺盤上後就送入冰箱冷藏。
將以下去皮、去核並切成1/4吋的小塊：
1磅蘋果（約3顆）或梨子
與以下一起搖混：
1/4杯糖、1小匙中筋麵粉
1/2小匙肉桂粉、1/4小匙新鮮檸檬汁
些許鹽
將方形麵團移放到料理台上，麵團的每一邊要修整掉1吋，如此就做成10吋的方形麵團。再將每個方形麵團切成4個5吋的方形小麵團（喜歡的話，也可以用大切割器切成4個圓形麵團）。把每個小麵團

倒放後，就在每個小麵團的中間用湯匙放上均等分量的蘋果餡料。將方形麵團的2個相連的邊緣，用以下刷上一道1/2吋的邊界：
1顆輕打過的大雞蛋
將沒有抹蛋液的乾燥邊緣對摺覆蓋到有抹上蛋液的兩邊，如此就做成了三角形的半圓捲餅，要記得用又齒將邊緣下壓讓捲餅黏合。在每個半圓捲餅上頭刷上蛋液，並且在上頭切出三道小切痕。以至少1吋的間隔將捲餅排放在2張沒有抹油的烘烤淺盤上，接著就送入冰箱冷藏至少30分鐘。在烤爐下部1/3處底層架上放上支架。將烤爐預熱至220度。烘烤到捲餅開始變成棕色，約15分鐘。把烤爐溫度降至180度，再繼續烘烤約20分鐘直到捲餅呈現金棕色為止。趁熱食用。

林茲塔（Linzertorte）（1個9又1/2吋的林茲塔）

這種塔的名稱是來自奧地利林茲鎮（Linz），傳統的林茲塔有著格狀頂層塔皮，塔皮是以堅果做成，並且會填入覆盆子或醋栗果醬。其他種類的果醬、蜜餞和柑桔醬，或是水果奶油，都可以替代做為餡料。實際說來，烤好的林茲塔放個2到3天後再吃會有更棒的風味，而且至少可以放到1個星期之久。
在一個大碗中充分拌攪以下材料：
1又1/3杯中筋麵粉
1杯杏仁片或整顆榛果，烘烤過，或磨成

粉狀
1/2杯晶粒砂糖、（1大匙無糖可可粉）
1小匙肉桂粉、1/4小匙丁香粉
1/4小匙鹽
加入：
10大匙（1又1/4條）軟化的無鹽奶油
2大蛋黃、1顆檸檬皮絲
用電動攪拌器以低速攪拌到形成滑順的麵團。把麵團下壓入一個平碟，用保鮮膜覆蓋後就放入冰箱冷藏至少2小時或多至2天。讓麵團閒置在室溫中直到彈性復

原但依舊硬挺的狀態，約30分鐘。

在烤爐下部的中層架上放上支架。將烤爐預熱到180度。準備好一個9又1/2吋或10吋的兩件式塔盤。先預留1/4的麵團以便後來做成格狀塔皮。把剩餘的麵團平均壓放入派盤底部和盤邊。在兩張保鮮膜或蠟紙之間將麵團擀壓成10吋的方形大小。移除頂層的保鮮膜或蠟紙後，再將麵團切成12條等寬的麵團條。如果麵團條過軟而不好處理的話，就要放入冰箱冷藏到變硬。

在盤裡的塔皮上頭平均放上：

1到1又1/2杯覆盆子醬

果醬的厚度應該至少為1/4吋。小心地將

半數麵團條以彼此相同的間隔排放在塔上；要把麵團條的尾端黏招入塔皮中。再以正確的角度把剩餘的半數麵團條排放在之前排放的麵團條上方，做成十字交叉的格狀塔皮。假如麵團條在做的過程中斷裂，就只需將斷裂處接合；烘烤時麵團會自行黏在一塊。

烘烤到格狀塔皮呈現金棕色，40到45分鐘。閒置架上直至完全冷卻。不要將林茲塔從盤中取出，可以就此密封後放入冰箱存放，冷藏的話可以放到1星期，冷凍的話則可以存放到1個月。食用時要等回復至室溫再吃。

｜關於法式烘餅、義式派餅和披薩餅｜

法式烘餅（galette）和義式派餅（crostata）是形狀不拘的塔餅，不是用派盤或塔盤，而是直接放在餅乾淺盤上來烘烤。法式烘餅和義式派餅可以用扁平的糕餅外皮並且在上頭添加甜的餡料來完成。或者，假如使用汁液豐富的餡料的話，可以把糕餅外皮向上翻摺一部分來承載住汁液。製作披薩餅時，要先將糕餅外皮獨自烘烤完成，接著才在上頭放上一層果醬、甜味發泡鮮奶油或糕餅鮮奶油，以及新鮮水果。

法式烘餅麵團

這種經典糕餅的食譜很多，法國有多少廚師就有多少份食譜。就算法國廚師可以認同少數幾個食譜，他們大概又會與義大利的廚師起了爭議，而義大利的廚師則把這種形狀不拘的扁皮塔餅叫做義式派餅。

我們希望本書提供的法式烘餅食譜是多數人可以認可的版本，是以「豪華的奶油派或奶油酥皮麵團」，並塗加一層果醬或奶油來做成的烘餅。➡只能在頂部塗抹果醬或奶油，如果這些醬料流到外皮之外，醬料會就此固定在外皮外邊而使得烘餅無法烤得應該有的蓬鬆度。

水果法式烘餅或義式派餅（Fruit Galette or Crostata）（8人份）———

準備好：

1/2份食譜分量的「豪華的奶油派或奶油

酥皮麵團」，477頁

在烤爐下部1/3處底層架上放上支架。將

烤爐預熱至190度。

將麵團擀壓成11吋的圓形麵團；請見472頁的說明。把麵團提放到一張大型烘烤淺盤上。將以下平均塗抹在麵團上，注意保留1吋的邊緣不要塗料：

1/4杯覆盆子醬或其他果醬

把預留的邊緣反摺成一圈皮邊。將以下材料輕輕混搖：

4顆中型李子、2顆去皮的中型桃子，或2顆去核且切成1/2吋小塊的中型油桃

（1/2杯覆盆子或藍莓）

2大匙糖

4小匙中筋麵粉

將水果混合餡料平均鋪放在果醬上頭。烘烤到外皮呈現金棕色且水果汁液變得濃稠。25到35分鐘。趁熱食用。

蘋果法式烘餅或義式派餅（Apple Galette or Crostata）（8人份）

準備好：

1/2份食譜分量的「豪華的奶油派或奶油酥皮麵團」，477頁

在烤爐下部1/3處底層架上放上支架。將烤爐預熱至220度。

將麵團擀壓成11吋或12吋的圓形麵團；請見472頁的說明。把麵團移放到一張大型烘烤淺盤上。在麵團上刷抹薄薄一層：

3大匙無鹽奶油，融化後要放置至微溫

保留沒有用到的奶油。在外皮灑上：

1大匙糖

將以下去皮、去核並切成1/8吋的薄片：

2顆大的硬蘋果，如金冠蘋果

把蘋果以同心圓的方式稍微重疊地排放在外皮上，注意保留1吋的外皮邊緣。再將保留的邊緣反摺覆蓋住蘋果圈的邊緣。接著就在蘋果上頭刷上或淋上剩下的約2小匙的融化奶油。將以下材料混合後灑在蘋果上頭：

3大匙糖

1/8小匙肉桂粉

烘烤到外皮開始變色，約15到20分鐘。將烤爐溫度降至180度，再繼續烘烤5到10分鐘，直到外皮呈現金棕色為止。在蘋果上頭刷上剩餘的奶油，趁熱吃或放到室溫溫度再食用皆可。

披薩餅（Dessert Pizza）（4到6人份）

準備好：

1/2份食譜分量的「基本的派或酥皮麵團」，476頁、「派麵團」，477頁或「豪華奶油派或奶油酥皮麵團」，477頁；或是1份食譜分量的「鮮奶油起司酥皮麵團」，478頁

在烤爐下部中層架上放上支架。將烤爐預熱至200度。

將麵團擀壓成10吋的圓形麵團；請見472頁的說明。把麵團放到一個無邊的餅乾淺盤上。烘烤成金棕色，約15分鐘。閒置

架上直至完全冷卻。

在烤好的披薩餅皮上頭鋪上：

1/3杯果醬（草莓或覆盆子），1/2份食譜分量的「糕餅鮮奶油」☆，100頁，或1/4杯發泡鮮奶油☆，98頁

注意保留1吋的外皮邊緣不要塗抹。在鮮奶油上頭排放：

2杯漿果（任何一種皆可），或是切片過的桃子、李子或油桃

放入冰箱冷藏直到要食用時才取出。披薩餅最好是在做好的當天食用完畢。

索引

十七劃

國家圖書館出版品預行編目資料

廚藝之樂（海鮮‧肉類‧餡、醬料‧麵包‧派‧糕點）：
　　從食材到工序,烹調的關鍵技法與實用食譜／伊森‧貝克
　　著;廖婉如、周佳欣譯 .-- 初版 .-- 臺北市:健行文化出版:
　　九歌發行,民 104.11
　　面;　公分 .--（愛生活;16）
　　譯自:Joy of Cooking
　　ISBN 978-986-91923-2-3（平裝）

　　1. 食譜

427.1   104014768

愛生活 016

廚藝之樂
［海鮮‧肉類‧餡、醬料‧麵包‧派‧糕點］
——從食材到工序，烹調的關鍵技法與實用食譜
Joy of Cooking

作者	伊森‧貝克（Ethan Becker）
譯者	廖婉如、周佳欣
責任編輯	曾敏英
發行人	蔡澤蘋
出版	健行文化出版事業有限公司
	台北市105八德路3段12巷57弄40號
	電話／02-25776564‧傳真／02-25789205
	郵政劃撥／0112263-4
九歌文學網	www.chiuko.com.tw
印刷	前進彩藝有限公司
法律顧問	龍躍天律師/‧蕭雄淋律師‧董安丹律師
發行	九歌出版社有限公司
	台北市105八德路3段12巷57弄40號
	電話／02-25776564‧傳真／02-25789205
初版	2015（民國104）年11月
定價	**650元**
書號	0207016
ISBN	978-986-91923-2-3

（缺頁、破損或裝訂錯誤，請寄回本公司更換）